益生菌与健康

赵欣 刘薇薇 王攀◎著

YISHENGJUN YU JIANKANG

中国纺织出版社有限公司

图书在版编目（CIP）数据

益生菌与健康 / 赵欣，刘薇薇，王攀著 . --北京：中国纺织出版社有限公司，2022. 11

ISBN 978-7-5229-0072-8

Ⅰ. ①益… Ⅱ. ①赵… ②刘… ③王… Ⅲ. ①益生菌-关系-健康 Ⅳ. ①Q939②Q983

中国版本图书馆 CIP 数据核字（2022）第 216059 号

责任编辑：闫　婷　金　鑫　　　　　责任校对：高　涵
责任印制：王艳丽

中国纺织出版社有限公司出版发行
地址：北京市朝阳区百子湾东里 A407 号楼　邮政编码：100124
销售电话：010—67004422　传真：010—87155801
http://www.c-textilep.com
中国纺织出版社天猫旗舰店
官方微博 http://weibo.com/2119887771
三河市宏盛印务有限公司印刷　各地新华书店经销
2022 年 11 月第 1 版第 1 次印刷
开本：710×1000　1/16　印张：23.75
字数：430 千字　定价：98.00 元

前　言

益生菌是一类通过定殖在人体内，能够改变宿主定殖部位菌群组成的对宿主有益的活性微生物。益生菌能够调节宿主黏膜与系统免疫功能和调节肠道内菌群平衡，从而起到促进营养吸收保持肠道健康的作用，进而发挥其促进机体健康的作用，其发挥作用可以以单微生物形式，也可以是组合明确的混合微生物。

2021 年 11 月，由中国食品工业协会牵头，北京科拓生物公司主导、中国食品发酵工业研究院、蒙牛乳业、光明乳业等共同参与的《益生菌食品》团体标准正式在协会官方网站及全国团体标准信息平台等发布及实施。进一步推进了我国益生菌产业的发展。对于益生菌食品也进行了规范，指出益生菌食品是指添加了符合相关法规要求的益生菌，并且在保质期内益生菌活菌数量符合一定要求的食品。随着我国益生菌产业的发展、相应标准的规范、产品的多样化，普通国民了解益生菌的愿望越来越强烈。

健康的肠道微生态环境中有益菌、中性菌与有害菌之间相互依存、互相制约，微生态系统处于动态平衡状态。当菌群平衡被打破，有害菌数量增加，有益菌数量减少，身体随之会出现多种疾病症状。肠道中的细菌种类至少多达 400 多种，数量更是在 10 万亿个以上。人体生长发育必需的维生素大部分需益生菌参与合成的，如 B 族维生素、维生素 K 等维生素类，天冬门氨酸、苯丙氨酸、缬氨酸和苏氨酸等氨基酸类，还有烟酸、泛酸等。除此之外它们还能促进肠道对多种矿物质的吸收，并且还参与糖类和蛋白质的代谢。益生菌能够使肠道健康，从而更好的吸收营养物质和排出毒物，与人体健康直接相关。

本书介绍了重庆市高校高水平科研创新平台培育计划支持的重庆市儿童营养与健康发展协同创新中心关于益生菌的研究成果，分十一章介绍了益生菌与健康和疾病的关系和作用。本书由重庆市高校创新研究群体项目（CXQTP20033）；重庆市教育委员会科学技术研究项目重大项目（KJZD-M202201601）；重庆市自然科学基金面上项目（CSTB2022NSCQ-MSX0848）；重庆市留学人员回国创业创新支持计划项目（2205012980094776）和重庆第二师范学院现代大健康产业学院资助。由于时间比较仓促，加上作者水平有限，在撰写的过程中难免出现纰漏之处，敬请读者谅解。

目　录

图书资源

第一章　益生菌对便秘的功效

第一节　植物乳杆菌对便秘的作用

引言

牦牛酸奶是一种营养丰富的自然发酵乳制品，常见于青藏高原地区。它是一种抗氧化剂，可以降低胆固醇水平并调节免疫力。由于其自然发酵技术、原料乳的纯度、发酵温度、所需时间以及所使用的容器和微生物，牦牛酸奶的品质非常特别。此外，其独特的风味在常见的发酵酸奶中是没有的。本研究中，有研究小组从青海玉树藏族自治州采集了自然发酵牦牛酸奶，并对其微生物进行了检测和分离，其中一种被命名为植物乳杆菌 YS4（LP-YS4），并对其功能效应进行了研究。

如果一个人每周排便少于三次，则可以视为便秘。如果情况进一步恶化至每周不到一次，则被视为严重便秘，这会对人体健康，尤其是结肠健康造成危害。而便秘通常不被认为是一种疾病，在大多数情况下，可以通过均衡饮食和改变生活方式来缓解。

乳酸菌可以巩固肠道内源性防御屏障，改善肠道非免疫防御屏障功能，并激活内源性细菌代谢。此外，通过改善肠道免疫防御屏障，可以消除肠道有害细菌，维持肠道微生态平衡。一些乳酸菌可以产生功能性有机酸，因此，这些乳酸菌可以促进肠修补，降低肠道 pH 值，调节肠神经肌肉活动，增强肠蠕动，促进肠消化和吸收。此外，这些乳酸菌还可以用作益生菌来有效抑制肠道腐败菌的繁殖、改善肠道环境、软化粪便以利于排泄，从而防止便秘。便秘期间，肠道菌群会发生变化，需氧细菌、真菌和大肠杆菌水平提高，而厌氧细菌、拟杆菌和双歧杆菌水平降低。益生菌在维持肠道生态平衡、调节便秘和预防其他疾病方面发挥着重要作用。

便秘实验动物模型的建立可以揭示便秘期间食物在肠道内的生理过程。给小鼠灌洗活性炭，使活性炭附着于消化道黏膜表面，这会导致消化道中的水和消化液减少，从而减少蠕动并导致便秘。消化道中高剂量的活性炭甚至会导致阻塞性肠蠕动。由于乳酸菌对便秘有预防作用，对该组的深入研究已证实，第一次黑便的排便时间，以及胃动素（MTL）、胃泌素（GAS）、内皮素（ET）、乙酰胆碱酯酶（AChE）、生长抑素（SST）、P 物质（SP）和血管活性肠肽（VIP）水平可作为评估指标，以了解乳酸菌对便秘的预防作用。此外，精确的分子生物学实验可以有效检测结肠组织中相关 mRNA 的表达，以证实乳酸菌的生理作用。

如今，有很多市售乳酸菌，它们的生物活性不够强，无法进入肠道，也很少有研究证明这些市售乳酸菌具有抗便秘作用。在胃和大肠中作为益生菌的乳酸菌可以根据其定殖和生理活性产生生理作用。因此，寻找具有高生物活性的优质乳酸菌是当前研究的热点。同时，利用分子生物学手段分析优质乳酸菌的作用机制，有助于更好地理解其作用。本研究以 LP-YS4 为研究对象，以普通保加利亚乳杆菌（LB）为参照菌株，通过体外实验比较了 LP-YS4 和 LB 对人工胃液和胆盐的耐受性，初步研究了 LP-YS4 在胃肠道中的作用和生理活性。本研究将验证 LP-YS4 对活性炭诱导的便秘的预防作用，还研究了 LP-YS4 对便秘的作用机制。研究结果为 LP-YS4 的进一步发展奠定了理论基础，使 LP-YS4 可以进一步应用于食品工业。

结果

乳酸菌的鉴定

进行 MRS 培养基培养后，该菌株呈白色圆形，边缘整齐，中心略微隆起，直径约 1.6 mm，表面厚且不透明，光滑。革兰氏染色也呈阳性，长杆状，成簇排列或呈链状排列，染色较深。乳杆菌的生理生化和糖醇发酵检测结果如表 1-1 所示，通过比较乳酸菌鉴定标准（GB 4789.35—2010），初步鉴定为植物乳杆菌。然后，对 16S DNA 基因进行 PCR 扩增，结果显示阴性对照无条带，扩增产物无污染［图 1-1（A）］，泳道长度约为 2000 bp，具有扩增片段的特异性，即预期扩增片段长度［图 1-1（B）］。在 Genbank 进行序列测定和基因序列匹配后，测序结果显示，实验菌株与植物乳杆菌菌株 CIP 103151 的 16S rDNA 基因片段序列相似度达到 98%，将分离鉴定的乳酸菌命名为植物乳杆菌 YS2（LP-YS2）。

表 1-1　LF-YS4 的生理生化和糖醇发酵特性结果

组别	实验条件	结果
生理学测试	10°C，30 分钟下生长	+
	15°C，30 分钟下生长	+
	45°C，30 分钟下生长	+
	60°C，30 分钟下生长	-
	pH 4.5 下生长	+
	pH 9.6 下生长	+w
	厌氧生长	+w
	运动性	-

续表

组别	实验条件	结果
生化试验	接触酶试验	-
	氧化酶试验	-
	硫化氢试验	-
	明胶液化试验	-
	硝酸盐还原试验	-
	吲哚试验	-
	葡萄糖气体产生试验	-
	联苯胺试验	-
	石蕊奶试验-产酸	+
	石蕊奶脱色试验	+
	石蕊奶冷冻试验	+
	石蕊奶试验胃液补充	-
	产精氨试验	-
	酪蛋白分解试验	-
糖醇发酵试验	杏仁蛋白	+
	阿拉伯糖	+
	纤维二糖	+
	秦皮甲素	+
	果糖	+
	半乳糖	+
	葡萄糖	+
	葡萄糖酸盐	+
	乳糖	+
	麦芽糖	+
	甘露醇	+
	塞米诺斯	+
	梅利齐托斯	-
	蜜二糖	+
	棉子糖	+
	鼠李糖	-
	D-核糖	+
	水杨酸	+
	绿柱石	+
	蔗糖	+
	岩藻糖	+
	木糖	-

注：+指正应变；-指负应变；+w 为弱阳性应变。

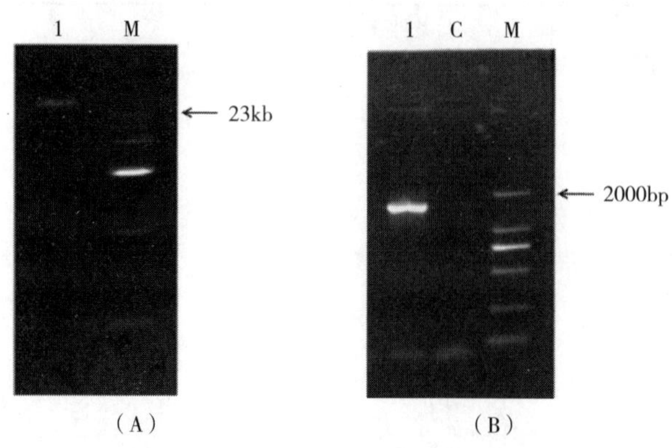

图 1-1　0.8%琼脂糖凝胶电泳图谱

注：M：λDNA/Hind Ⅲ标记物；1：植物乳杆菌（A）；乳酸菌 16S DNA 基因 PCR 扩增图谱，M：DNA 标记；C：无形控制；1：植物乳杆菌（B）。

耐酸和耐胆盐活性

如表 1-2 所示，LP-YS4 在 pH 3.0 的人工胃液中的存活能力（71.08%）显著强于 LB（24.84%）（$P<0.05$）。LP-YS4 在 0.3%、0.5%和 1.0%胆盐中的增长（20.08%、17.62%和 11.25%）显著高于 LB（2.22%、1.32%和 1.06%）（$P<0.05$）。

表 1-2　植物乳杆菌 YS4 和保加利亚乳杆菌的耐酸和耐胆盐活性

菌种	pH 3.0 人工胃液中的存活率（%）	胆盐增长（%）		
		0.3	0.5	1.0
LP-YS4	71.08 ± 7.17	20.08± 1.17	17.62± 2.31	11.25± 1.46
LB	24.84 ± 4.52	2.22± 0.41	1.32± 0.35	1.06± 0.23

注：LF-YS4：植物乳杆菌 YS4；LB，保加利亚乳杆菌。所示值为平均值±标准偏差。

小鼠体重

如图 1-2 所示，使用活性炭（用于诱导便秘）治疗后，所有小鼠的体重均显著降低（$P<0.05$），说明 LB 和 LP-YS4 可以防止进一步的体重下降。值得注意的是，相较于其他组使用的方案，LP-YS4-H（高浓度 LP-YS4）表现出最好的效果。此外，为了防止体重下降，研究还确定了 LP-YS4-H 治疗组小鼠的体重最接近正常组小鼠的体重。

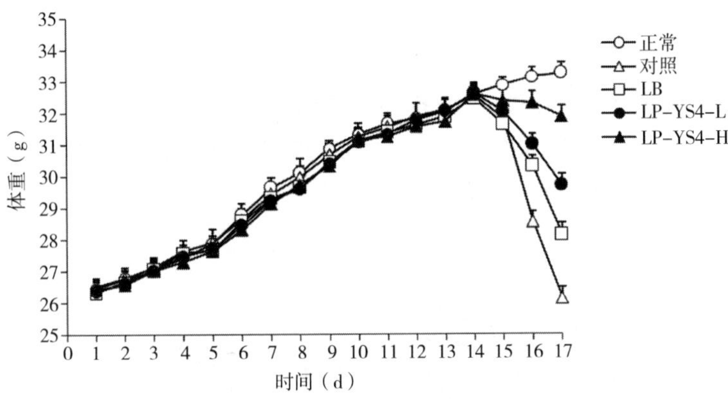

图 1-2　实验期间，植物乳杆菌 YS4 和保加利亚乳杆菌对活性炭诱导便秘小鼠体重变化的影响

注：LB：保加利亚乳杆菌［1.0×10^9 菌落形成单位（CFU）/kg 体重（bw）］；
LF-YS4-L：植物乳杆菌 YS4 低剂量（1.0×10^8 CFU/kg bw）；
LF-YS4-H：植物乳杆菌 YS4 高剂量（1.0×10^9 CFU/kg bw）。

小鼠粪便状态

从第 1 天到第 14 天，五组小鼠的体重、粪便颗粒数和含水量相似，各组间差异无统计学意义（$P>0.05$）（表 1-3）。活性炭诱导便秘后，粪便重量、颗粒数和含水量均下降，对照组最低；LB、LP-YS4-L 和 LP-YS4-H 治疗结果显示，粪便重量、颗粒数和含水量提高。LP-YS4-H 治疗组小鼠的这些指标高于 LB 治疗组和 LP-YS4-L 治疗组。

表 1-3　试验期间乳酸菌处理小鼠的粪便状况

组别	正常	对照	LB	LP-YS4-L	LP-YS4-H
1~14 天（乳酸菌给药期，但不诱导便秘）					
大便重量（g）	0.93±0.04[a]	0.92±0.04[a]	0.92±0.05[a]	0.93±0.05[a]	0.93±0.04[a]
粪便颗粒计数	39±3[a]	38±5[a]	39±4[a]	40±4[a]	40±4[a]
粪便含水量（%）	48±3[a]	49±4[a]	49±5[a]	50±5[a]	50±5[a]
15~17 天（乳酸菌给药期，诱发便秘）					
大便重量（g）	0.95±0.05[a]	0.35±0.04[e]	0.55±0.05[d]	0.67±0.04[c]	0.73±0.05[b]
粪便颗粒计数	40±4[a]	17±4[e]	24±4[d]	28±[bc]	35±4[b]
粪便含水量（%）	49±4[a]	15±3[d]	33±4[c]	34±3[c]	40±4[b]

注：根据 Duncan 多重范围检验，不同小写英文字母表示相应组的平均值有显著差异（$P<0.05$），下同。

小鼠第一次黑便排便时间

正常对照组小鼠的第一次黑便排便时间最短（81 min），对照组为 202 min（图 1-3），而 LB 治疗组、LP-YS4-L 治疗组和 LP-YS4-H 治疗组小鼠的这一时间分别为 175 min、155 min 和 120 min。

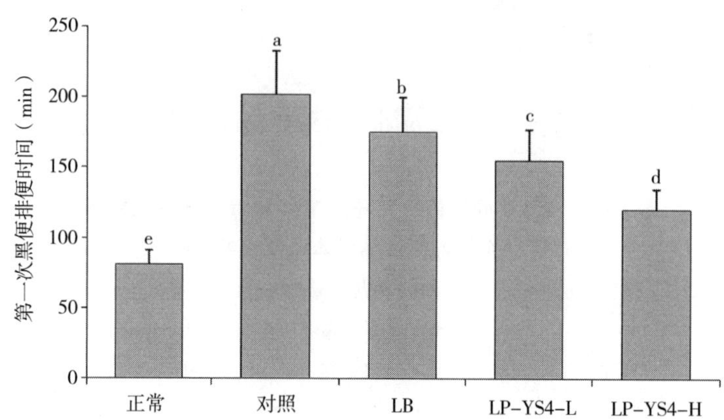

图 1-3　植物乳杆菌 YS4 和保加利亚乳杆菌处理的活性炭诱导便秘小鼠的第一次黑便排便时间

小鼠胃肠道（GI）转运能力

各组小肠长度差异无统计学意义（$P>0.05$）（表 1-4）。正常对照组小鼠的胃肠转运长度最长（39.6 cm），而对照组小鼠的胃肠转运长度最短（7.1 cm）。LB、LY-PS4-L 和 LP-YS4-H 可增加胃肠转运长度，其中 LP-YS4-H 治疗组的胃肠转运长仅比正常对照组短。因此，正常对照组、对照组、LB 治疗组、LP-YS4-L 治疗组和 LP-YS4-H 治疗组的活性炭推进率分别为 96.6%、17.5%、55.3%、65.8%和 75.3%。

表 1-4　植物乳杆菌 YS4 和保加利亚乳杆菌处理的活性炭诱导便秘小鼠的胃肠道（GI）转运能力

组别	小肠长度（cm）	胃肠转运长度（cm）	活性炭推进率（%）
正常	41.0±3.4[a]	39.6±2.9[a]	96.6±1.5[a]
对照	40.5±3.1[a]	7.1±1.5[e]	17.5±2.0[e]
LB	40.7±3.2[a]	22.5±2.3[d]	55.3±2.2[d]
LP-YS4-L	40.9±3.1[a]	26.9±1.7[c]	65.8±2.4[c]
LP-YS4-H	40.9±2.8[a]	30.8±2.4[b]	75.3±2.6[b]

小鼠血清水平

对照组小鼠 MTL、GAS、ET、AChE、SP 和 VIP 血清水平最低，SST 水平最高（表 1-5）。与对照组相比，LB、LP-YS4-L 和 LP-YS4-H 均能提高 MTL、GAS、ET、AChE、SP 和 VIP 血清水平，同时降低 SS 水平。其中，LP-YS4-H 治疗组小鼠的这些水平与正常对照组小鼠仅有较小的差异。

表 1-5 植物乳杆菌 YS4 和保加利亚乳杆菌处理的活性炭诱导便秘小鼠的血清 MTL、GAS、ET、SST、AChE、SP 和 VIP 水平

水平（pg/mL）	正常	对照	LB	LP-YS4-L	LP-YS4-H
MTL	223.6 ± 21.3[a]	91.3 ± 8.1[e]	139.7 ± 13.5[d]	166.3 ± 15.1[c]	190.3 ± 7.6[b]
GAS	102.3 ± 6.6[a]	29.3 ± 3.7[e]	50.3 ± 3.2[d]	61.8 ± 2.7[c]	77.9 ± 3.3[b]
ET	21.3 ± 2.1[a]	4.5 ± 0.7[e]	7.5 ± 0.6[d]	10.5 ± 0.9[c]	15.2 ± 1.1[b]
SST	28.7 ± 2.2[e]	81.2 ± 3.3[a]	64.3 ± 2.5[b]	51.8 ± 2.6[c]	31.2 ± 1.6[d]
AChE	36.7 ± 1.6[a]	7.6 ± 0.5[e]	15.1 ± 0.7[d]	22.1 ± 0.6[c]	30.8 ± 1.7[b]
SP	79.3 ± 2.5[a]	22.0 ± 2.5[e]	41.2 ± 2.3	55.2 ± 2.1[c]	63.9 ± 2.0[b]
VIP	69.2 ± 2.3[a]	19.5 ± 2.1[e]	38.7 ± 2.2[d]	45.6 ± 2.8[c]	60.2 ± 2.1[b]

小鼠小肠组织水平

正常对照组小鼠的小肠组织 MPO（髓过氧化物酶）、NO（一氧化氮）、MDA（丙二醛）水平最弱，GSH（谷胱甘肽）水平最强（表 1-6）。相反，对照组小鼠的 MPO、NO、MDA 水平最强，GSH 水平最弱。LP-YS4-H 治疗组小鼠的 MPO、NO 和 MDA 水平低于 LB 和 LP-YS4-L 治疗组，但 MDA 水平高于 LB 治疗组和 LP-YS4-L 治疗组。

表 1-6 植物乳杆菌 YS4 和保加利亚乳杆菌处理的活性炭诱导便秘小鼠的小肠组织 MPO、NO、MDA 和 GSH 水平

组别	MPO（mU/mg）	NO（μmol/gprot）	MDA（nmol/mg）	GSH（μmol/mg）
正常	5.39 ± 0.32[e]	0.36±0.06[e]	0.44±0.05[e]	8.96±0.54[a]
对照	15.38± 0.49[a]	2.03±0.33[a]	1.17±0.20[a]	4.77±0.36[e]
LB	11.88 ± 0.37[b]	1.46±0.23[b]	0.82±0.13[b]	6.31±0.23[d]
LP-YS4-L	10.03 ± 0.35[c]	1.19±0.24[c]	0.69±0.07[c]	6.83±0.18[c]
LP-YS4-H	7.31 ± 0.33[d]	0.72±0.14[d]	0.53±0.04[d]	7.26±0.16[b]

小肠的病理学观察

如图 1-4 所示，正常对照组小鼠的小肠壁厚度和小肠绒毛形态均完整。但对照组小鼠的小肠壁厚度变薄，小肠绒毛断裂，形态非常不完整。LB、LP-YS4-L 和 LP-YS4-H 能抑制便秘小鼠小肠壁和绒毛的损伤，其中 LP-YS4-H 效果最好。

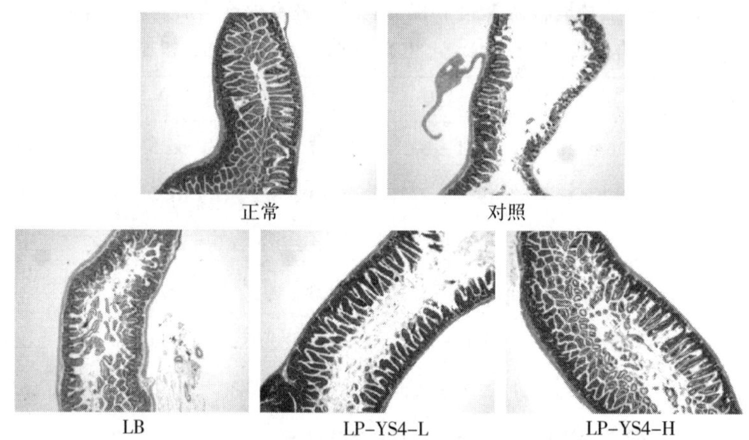

图 1-4　植物乳杆菌 YS4 和保加利亚乳杆菌处理的活性炭诱导便秘小鼠小肠组织的病理学观察

小肠组织中的 c-Kit 和 SCF mRNA 表达

正常对照组小鼠的小肠组织中 c-Kit、SCF mRNA 和蛋白表达最强（图 1-5 和表 1-7、表 1-8），而对照组小鼠表达最弱。与对照组相比，LB、LP-YS4-L 和 LP-YS4-H 可以增加这些表达，且 LP-YS4-H 的 c-Kit 和 SCF 表达均高于 LB 治疗组和 LP-YS4-L 治疗组。

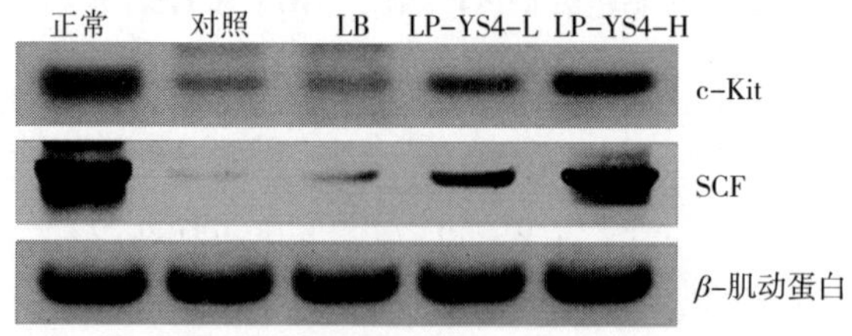

图 1-5　植物乳杆菌 YS4 和保加利亚乳杆菌处理的活性炭诱导便秘小鼠中 c-Kit 和 SCF 的小肠组织蛋白表达水平

表 1-7　植物乳杆菌 YS4 和保加利亚乳杆菌处理的活性炭诱导便秘小鼠的 c-Kit 和 SCF mRNA 表达的小肠组织水平

组别	GAPDH	c-Kit		SCF	
	Ct 值	Ct 值	相对表达强度	Ct 值	相对表达强度
正常	19.21± 1.12[a]	28.37±1.52[a]	5.90±0.42[a]	27.65±1.69[a]	7.36±0.66[a]
对照	18.92± 1.16[a]	31.22±1.71[a]	1.00±0.09[e]	30.82±1.48[a]	1.00±0.12[e]
LB	19.11±1.12[a]	30.19±1.63[a]	1.91±0.23[d]	29.33±1.86[a]	2.62±0.32[d]
LP-YS4-L	19.05±1.21[a]	29.77±1.48[a]	2.44±0.15[c]	28.71±1.62[a]	3.86±0.30[c]
LP-YS4-H	19.08± 1.18[a]	28.94±1.51[a]	4.44±0.27[b]	28.25±1.77[a]	5.43±0.54[b]

表 1-8　小鼠小肠组织中植物乳杆菌 YS4 和保加利亚乳杆菌 c-Kit 和 SCF 蛋白的半定量分析（对照组的倍数）

组别	c-Kit 表达强度	SCF 表达强度
正常	3.12±0.32[a]	81.99±4.75[a]
对照	1.00±0.04[e]	1.00±0.09[e]
LB	1.14±0.07[d]	4.36±0.62[d]
LP-YS4-L	1.32±0.11[c]	20.51±3.88[c]
LP-YS4-H	2.20±0.22[b]	59.42±5.12[b]

小肠组织中的 TRPV1、GDNF 和 NOS mRNA 表达

对照组小鼠的 TRPV1 和 NOS mRNA 表达最高，而 GDNF 表达最低（图 1-6 和表 1-9、表 1-10）。与对照组相比，LP-YS4-H 可以降低 TRPV1 和 NOS 表达，提高 GDNF 表达，并使这些表达更接近正常对照组。

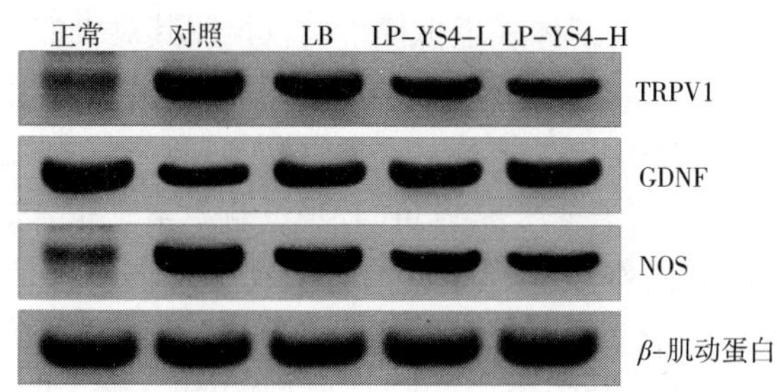

图 1-6　植物乳杆菌 YS4 和保加利亚乳杆菌处理的活性炭诱导便秘小鼠的 TRPV1、GDNF 和 NOS 的小肠组织蛋白表达水平

表 1-9 植物乳杆菌 YS4 和保加利亚乳杆菌处理的活性炭诱导便秘小鼠的小肠组织中 TRPV1、GDNF 和 NOS mRNA 表达水平

组别	GAPDH	TRPV1		GDNF		NOS	
	Ct 值	Ct 值	相对表达强度	Ct 值	相对表达强度	Ct 值	相对表达强度
正常	19.21± 1.12[a]	31.02±1.62[a]	0.23±0.02[e]	26.62±1.44[a]	8.88±0.71[a]	31.81±1.87[a]	0.19±0.03[e]
对照	18.92± 1.16[a]	29.17±2.01[a]	1.00±0.04[a]	30.06±1.51[a]	1.00±0.10[e]	29.69±1.82[a]	1.00±0.11[a]
LB	19.11±1.12[a]	29.44±1.55[a]	0.77±0.05[b]	28.71±1.40[a]	2.38±0.41[d]	30.32±1.76[a]	0.60±0.05[b]
LP-YS4-L	19.05±1.21[a]	29.77±1.23[a]	0.59±0.04[c]	27.76±1.45[a]	4.41±0.52[c]	30.76±1.74[a]	0.43±0.04[c]
LP-YS4-H	19.08± 1.18[a]	30.31±1.48[a]	0.41±0.04[d]	27.23±1.57[a]	6.50±0.69[b]	31.33±1.79[a]	0.29±0.03[d]

表 1-10 小鼠小肠组织中植物乳杆菌 YS4 和保加利亚乳杆菌 TRPV1、GDNF 和 NOS 蛋白的半定量分析（对照组的倍数）

组别	TRPV1 表达强度	GDNF 表达强度	NOS 表达强度
正常	0.47±0.03[e]	1.61±0.08[a]	0.19±0.03[e]
对照	1.00±0.05[a]	1.00±0.05[e]	1.00±0.07[a]
LB	0.89±0.03[b]	1.21±0.04[d]	0.87±0.02[b]
LP-YS4-L	0.74±0.04[c]	1.29±0.03[c]	0.74±0.04[c]
LP-YS4-H	0.67±0.04[d]	1.39±0.06[b]	0.62±0.04[d]

讨论

乳酸菌只能在胃和大肠中的高浓度酸环境下起到益生菌的作用，到达其定殖的目的地（通常在大肠中）并在那里发挥其生理作用。因此，为了研究乳酸菌潜在的益生作用，研究建立了体外虚拟模型，以检测其对胃酸和胆酸盐的耐受能力。在本研究中，LP-YS4 在抗人工胃酸和胆酸盐的能力方面优于 LB，此外还表现出更好的生理活性。LP-YS4 是革兰氏阳性菌。LP-YS4 的氨基酸脱羧酶的脱羧作用可能会通过对 H^+ 的消耗来控制 pH 环境，赖氨酸、精氨酸或谷氨酸脱羧酶可将细胞外氨基酸转化为细胞外产物，同时消耗细胞内 H^+，导致细胞内 pH 升高，从而实现抗胃酸作用。胆盐水解酶（BSHs）能够改变细胞膜特性，去除胆汁中的毒素，并能停留在胃肠道中，它是典型的胞内酶，最适 pH 值为 5～6。LP-YS4 可能会产生 BSHs 酶，该酶降解胆盐交联，将共轭胆汁酸分解成游离胆汁酸，游离胆汁酸溶解度低，并能够沉淀，而这一过程降低了胆盐的毒性，提高

了 LP-YS4 的耐胆盐能力。

体重变化是小鼠便秘的重要指标，活性炭诱导的便秘小鼠比正常小鼠轻，本研究结果也证实了这一点。使用盐酸洛哌丁胺诱导大鼠后，大鼠出现便秘，这也会导致便秘大鼠的体重明显低于正常对照组。因此，可以得出结论，便秘的动物会导致体重增长缓慢。上述各种实验的结果表明，LP-YS4 对由便秘引发的小鼠体重下降具有较好的抑制作用。

排便物性状是便秘程度最明显的特征。便秘状态下粪便的重量、数量和含水量是粪便状态的重要指标，上述指标的降低表明便秘情况的加重。研究表明，大鼠和小鼠在诱发便秘后灌胃乳酸菌，能抑制便秘引起的粪便颗粒数量和含水量的下降程度，从而有助于缓解便秘，最终抑制便秘对动物体的影响。在本研究中，乳酸菌 LP-YS4 还可以通过增加便秘小鼠的排便重量、排便次数和粪便含水量来缓解便秘。

便秘会减少肠蠕动，使粪便在肠道中停留的时间变长，导致有害细菌在粪便中不断繁殖，从而对肠道健康造成危害，并进一步加重症状，最终导致许多急性或慢性肠道疾病。活性炭诱导小鼠便秘后，其在小肠内的推进长度和推进率可作为评估小肠活性和便秘程度的指标。在本研究中，LP-YS4 使小肠中活性炭的推进长度和推进率大于 LB，此外，高浓度 LP-YS1 效果更明显。

根据中医理论，寒气积聚在胃中，会导致气滞。活性炭可导致小鼠排便困难，并诱发便秘，这一过程与中医理论相似。便秘会减慢排便速度，使粪便在肠内停留的时间变长，从而延迟了第一粒黑便的排出。第一粒黑便排出时间越短，肠蠕动效果越好。本研究中，与便秘对照组小鼠相比，LP-YS4 可显著缩短第一粒黑便的排出时间，并具有良好的便秘缓解作用。

MTL 可以刺激胃蛋白酶分泌，促进肠蠕动。GAS 在肠胃中起着非常重要的作用，能促进胃液分泌、肠蠕动，并能舒张幽门，从而缓解便秘。ET 在稳定血管张力和维持基本心血管系统方面具有重要作用。SS 已用于刺激肠蠕动。上述物质均有助于缓解便秘。AChE 可以调节肌肉收缩和黏液分泌，从而放松肌肉，促进排便。SP 是另一种帮助肠蠕动的物质，它可以保持肠壁中 VIP 的正常含量，这也是稳定肠功能的重要因素。本研究结果还表明，LP-YS1 可以使血清水平尽可能保持正常，并能在很大程度上缓解便秘。

ICC（Cajal 间质细胞）是肠慢波的起搏细胞，在肠神经信号传递中发挥重要作用，进而影响胃肠功能。研究表明，便秘患者肠道内的 ICC 密度低于正常人，这减少了 ICC 与神经递质之间的突触后反应，使 ICC 产生自发的慢波节律性活动，导致结肠运动不规则，从而影响肠功能。c-Kit 不仅是 ICC 的特异性标志物，也是 ICC 增殖的关键。SCF 浓度对 ICC 繁殖而言非常重要，因为没有 SCF，ICC

就无法生长。动物实验也表明，便秘小鼠结肠组织中ICC减少，c-Kit表达水平降低。研究显示，乳酸菌可以有效提高便秘小鼠肠道中c-Kit的含量，这表明ICC含量增加，从而促进肠蠕动，缓解便秘。本实验中，便秘可降低小鼠小肠中c-Kit和SCF表达，而LP-YS4可有效上调c-Kit和SCF表达（$P<0.05$），从而增加便秘小鼠肠道中的ICC，抑制便秘。

TRPV1已被证实与排便密切相关，TRPV1的激活可触发神经递质的释放，从而导致小肠肠蠕动障碍，因此TRPV1表达升高是肠损伤的重要标志。胃肠道疾病可导致肠损伤，从而导致便秘患者体内TRPV1的表达升高。GDNF可以调节神经元细胞，从而有助于修复受损肠道，预防便秘。便秘与肠神经系统有关，NO是肠神经系统的一种主要抑制性神经递质，可以松弛平滑肌，减缓肠蠕动。NOS（一氧化氮合酶）阳性纤维的增加会增加NO的含量，从而影响肠功能，引起便秘，NO的增加还可加重结肠动力紊乱。因此，NOS在调节胃肠运动中起重要作用，控制NOS可降低NO含量，这也是控制便秘的一种可行方法。乳酸菌抑制便秘的机制之一是调节TRPV1、GDNF和NOS表达水平，并将其维持至适当水平以缓解便秘。

牦牛是生活在中国青藏高原的一种特殊物种。由于高原环境特殊，牦牛奶中含有丰富的营养物质，如免疫球蛋白、钙、铁、共轭亚油酸等。此外，由于高原气温、湿度和含氧量都与其他地区不同，牦牛酸奶中的微生物多样性也不同于一般发酵乳制品。目前对牦牛酸奶中乳酸菌的研究很少，关于乳酸菌多样性的研究也很少，此外，关于牦牛酸奶中乳酸菌的功能效应研究也较少。牦牛酸奶中的乳酸菌比一般乳酸菌具有更好的肠道定殖性，其功能效应也更强。本研究证明，牦牛酸奶中的乳酸菌具有良好的便秘抑制作用，并对其机理进行了分析，这有助于更好地了解牦牛酸奶中的乳酸菌。

结论

从藏区酸牦牛奶分离出的LP-YS4对胃酸和胆盐具有良好的抵抗能力，可以有效缓解因便秘引起的小鼠体重、排便重量、粒数和含水量下降，提高小肠活性炭推进率，缩短第一粒黑便的排出时间。血清水平结果表明，LP-YS4可提高便秘小鼠的MTL、ET、SST、GAS、AChE、SP、VIP含量，并降低SST水平。RT-PCR实验进一步表明，LP-YS4可以上调便秘小鼠c-Kit、SCF、GDNF基因的mRNA表达，下调TRPV1和NOS表达。这些结果表明，LP-YS4能有效缓解便秘，且效果优于常用的LB（保加利亚乳杆菌），值得注意的是，随着其浓度的增加，效果更好。

第二节　发酵乳杆菌对便秘的作用

引言

中国四川泡菜是一种传统的发酵食品，它是将新鲜的卷心菜清洗干净并密封在罐子中，然后在盐水中进行厌氧发酵而制成的。盐水在发酵过程中起着重要作用，它能够保留有利于发酵的微生物，如乳酸菌。在盐水中，乳酸菌不仅可以利用糖和含氮物质增殖并产生酸性物质，还可以代谢风味成分以产生良好的风味。泡菜中含有大量的乳酸菌，这对泡菜的风味和品质起着关键作用。研究表明，从泡菜等发酵食品中分离出的乳酸菌对人体健康有多种益处，包括预防便秘、结肠炎、肝损伤和糖尿病，所以这些微生物也已被当作益生菌。泡菜中发现的乳酸菌类型因地区、气候和泡菜生产程序而异。因此，不同泡菜产品中发现的微生物包括植物乳杆菌、短杆菌、干酪乳杆菌、酵母菌和嗜酸乳杆菌。为了更好地分离和鉴定有益微生物，需要更广泛的分离和鉴定程序，以寻找可以更好地应用于工业的益生菌菌株。东亚国家对泡菜的消费量很大，因此对不同类型的泡菜进行了相关研究。除了研究发酵剂对泡菜中乳酸菌的影响和对乳酸菌发酵的观察外，还对泡菜乳酸菌本身的生物活性进行了研究，并利用泡菜中乳酸菌的发酵和自身作用研发功能性食品。有研究小组还调查、分离和鉴定了中国四川和重庆生产的泡菜中的微生物。本研究中的菌株也被分离鉴定为乳酸菌菌株。

正常情况下，人体肠道中的益生菌和有害细菌处于平衡状态。益生菌参与消化吸收，去除有害物质，而有害细菌则产生有害物质，破坏肠道健康。扰乱益生菌与有害细菌之间的平衡会导致消化不良、肠功能障碍，严重时甚至会导致肿瘤等恶性疾病。研究表明，乳酸菌可以抑制慢性腹泻、便秘、腹胀和消化不良，因为乳酸菌可以通过胃肠道中的乳酸代谢，从而有效抑制有害细菌的生长和繁殖，维持肠道中的微生物平衡，并维持正常的肠功能。同时，乳酸菌还可以激活巨噬细胞的吞噬功能，在肠道定殖中发挥重要作用。乳酸菌还可以促进细胞分裂和相应抗体的产生，促进细胞免疫，增强免疫应答，提高抗病能力。便秘是指排便次数减少，以及因不良生活方式导致的排便困难和大便干燥。便秘期间，肠动力降低，肠道内的有害细菌可能大量增加，除了影响正常排便外，有毒物质在体内的长期积累还会导致其他肠道疾病。乳酸菌可以在肠道中产生有机酸，降低肠腔的 pH 值。同时，乳酸菌还可以调节肠神经肌肉活动，增强肠蠕动，促进肠道消化吸收，帮助恢复和促进肠功能。此外，乳酸菌还可以有效抑制肠道内有害细菌的增殖，改善肠道环境，软化粪便以利于排便。相关研究中已观察到由这些作用产生的各种活动，包括缓解便秘。

本研究使用活性炭建立了便秘小鼠模型，以观察泡菜中新分离鉴定的乳酸菌（LF-CQPC03）对便秘的抑制作用，通过检测血清和小肠组织中的相关指标，验证了 LF-CQPC03 对便秘小鼠肠功能的恢复作用。此外，通过 qPCR 和蛋白免疫印迹（WB）测定小肠中的基因表达，以进一步阐明 LF-CQPC03 缓解便秘的分子机制。实验结果为更好地利用菌株资源奠定了基础，而 LF-CQPC03 和商用菌株 LB 之间的比较将为后续工业化和在制药工业中的应用提供参考数据。

结果

微生物的分离和鉴定

从外观上看，菌株菌落多呈白色或乳白色圆形，边缘干净，表面湿润光滑［图 1-7（A）］。采用革兰氏染色法初步鉴定菌株为乳酸菌。在显微镜下，菌株

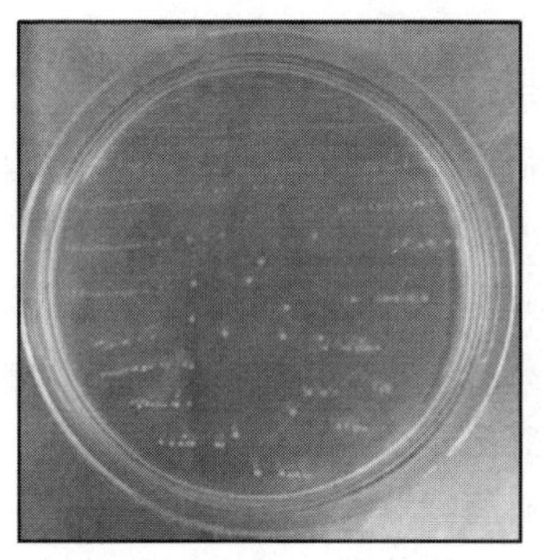

（A）发酵乳杆菌CQPC03的菌落形态

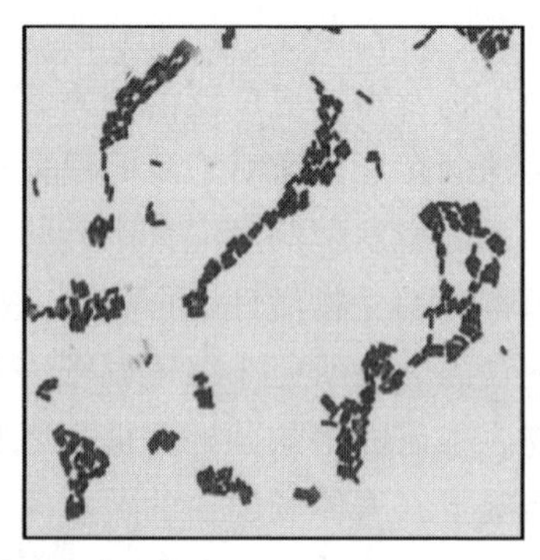

（B）革兰氏染色

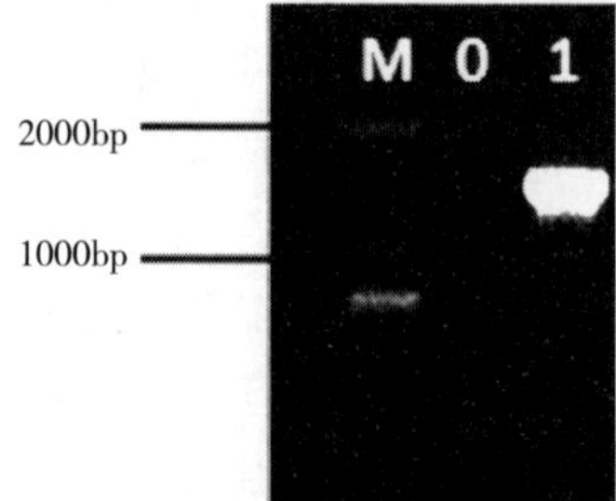

（C）16S rDNA琼脂糖凝胶电泳和
PCR扩增产物16S rDNA琼脂糖凝胶电泳结果

图 1-7 发酵乳杆菌 CQPC03 的菌落形态（A）、革兰氏染色（B）和 16S rDNA 琼脂糖凝胶电泳和 PCR 扩增产物 16S rDNA 琼脂糖凝胶电泳（C）结果

注：M：2000bp DNA Ladder；0：阴性对照组；1：发酵乳杆菌 CQPC03。

有长杆和短杆，无出芽繁殖［图 1-7（B）］。凝胶电泳显示阴性对照组泳道中无条带，而受试菌株泳道中条带约 1500 bp［图 1-7（C）］，表明 PCR 未被污染，可以进行 16S rDNA 测序。测序结果表明，该受试菌株与 GenBank（GenBank 登录号：NC_ 004567.2）中已知的发酵乳酸菌具有 99%的同源性。该菌株是一株新发现的发酵乳酸菌，命名为发酵乳杆菌 CQPC03，保藏于中国普通微生物菌种保藏管理中心（CGMCC，中国北京），菌株保藏号为 CGMCC 14492。

小鼠体重的变化

如图 1-8 所示，各组小鼠前 6 天生长正常，从第 7 天开始给予活性炭水后，除正常对照组外，各组小鼠体重均有所下降。对照组小鼠体重下降最大，LB 治疗组和 LF-CQPC03-H 治疗组小鼠体重下降最慢。在最后一天，LF-CQPC03-H 治疗组小鼠的体重仅低于正常对照组。因此，小鼠体重会受到便秘的影响而下降，而 LF-CQPC03 在一定程度上缓解了这种体重下降，且较高浓度的 LF-CQPC03 对便秘诱导的体重下降具有更好的抑制作用。

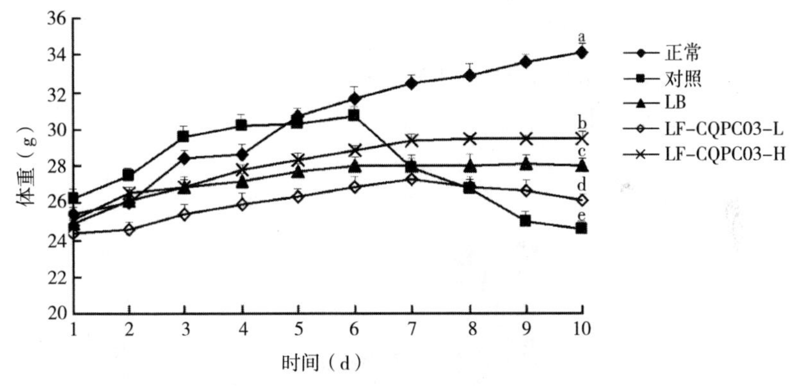

图 1-8　实验小鼠的体重

注：LB：保加利亚乳杆菌（1.0×10^9 CFU/kg b. w.）；LF-CQPC03-L：低浓度发酵乳杆菌 CQPC03（1.0×10^8 CFU/kg b. w.）；LF-CQPC03-H：高浓度发酵乳杆菌 CQPC03（1.0×10^9 CFU/kg b. w.）。

小鼠的排便

如表 1-11 所示，从第 1 天到第 7 天，各组小鼠的粪便状态（粪便重量、颗粒数、含水量）差异无统计学意义（$P>0.05$）。从第 8 天开始，由于活性炭的作用，小鼠粪便的重量、颗粒数和含水量开始下降。LF-CQPC03 和 LB 可以抑制这些变化，而 LP-CQPC03-H 的效果优于 LP-CQPC03-L 和 LB。

表 1-11　活性炭致便秘小鼠的大便状况

组别	正常	对照	LB	LP-CQPC03-L	LP-CQPC03-H
1~7 d（乳酸菌给药期，但不诱导便秘）					
大便重量（g）	1.10 ± 0.03^a	1.08 ± 0.05^a	1.11 ± 0.05^a	1.10 ± 0.04^a	1.13 ± 0.05^a
粪便颗粒计数	43 ± 3^A	44 ± 3^A	45 ± 3^A	45 ± 2^A	44 ± 5^A
粪便含水量（%）	52 ± 5^a	51 ± 5^a	50 ± 4^a	51 ± 5^a	51 ± 4^a
8~10 d（乳酸菌给药期，诱发便秘）					
大便重量（g）	1.16 ± 0.06^a	0.44 ± 0.07^d	0.71 ± 0.06^c	0.76 ± 0.05^c	0.99 ± 0.05^b
粪便颗粒计数	53 ± 2^A	21 ± 6^D	38 ± 5^C	40 ± 3^C	47 ± 2^B
粪便含水量（%）	53 ± 4^a	17 ± 5^d	33 ± 5^c	36 ± 4^c	46 ± 3^b

注：根据 Duncan 多重范围检验，不同英文字母表示相应组的平均值有显著差异（$P<0.05$），下同。

小鼠第一次黑便排出的时间

如图 1-9 所示，正常对照组中小鼠的第一次黑便排出时间最短，而对照组中最长，表明对照组小鼠肠蠕动最弱，排便最困难。与对照组相比，LF-CQPC03 灌胃后小鼠第一次黑便排出的时间显著缩短。因此，LF-CQPC03 显著改善了小鼠的肠蠕动，从而有效促进排便。

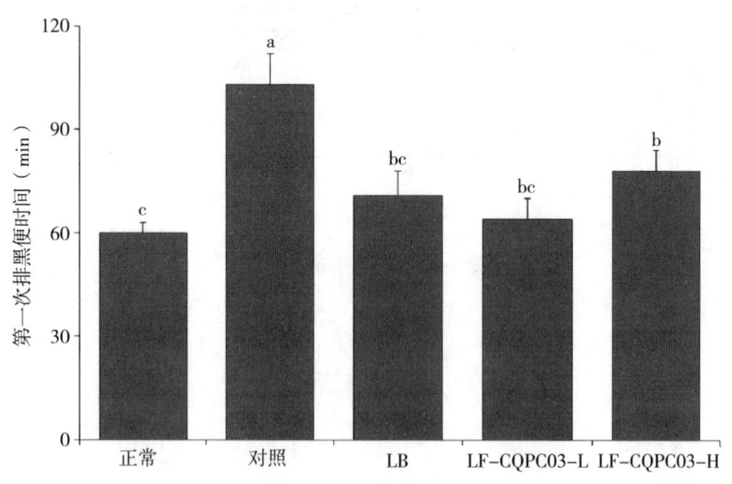

图 1-9　小鼠第一次排黑便的时间

小鼠小肠中活性炭推进率

如表 1-12 所示，在便秘诱导的对照小鼠的小肠中，活性炭的推进率最低，与除正常对照组之外的所有组相比，LF-CQPC03-H 治疗组小鼠的推进率更高。同时，在 LB 治疗组和 LF-CQPC03-L 治疗组的小鼠中，未观察到小肠中活性炭推进率的显著差异。总之，LF-CQPC03 能够以剂量依赖性方式缓解便秘引起的肠蠕动减少。

表 1-12　活性炭诱导便秘小鼠的胃肠道（GI）转运情况

组别	小肠长度（cm）	胃肠转运长度（cm）	活性炭推进率（%）
正常	52.3 ± 4.2[ab]	52.3 ± 4.2[A]	100.00 ± 7.36[a]
对照	52.8 ± 5.1[ab]	23.0 ± 3.7[D]	43.26 ± 7.03[d]
LB	49.4 ± 7.4[ab]	31.4 ± 5.6[C]	68.64 ± 8.32[c]
LF-CQPC03-L	47.8 ± 2.7[b]	29.6 ± 3.6[C]	62.20 ± 5.15[c]
LF-CQPC03-H	56.0 ± 1.7[a]	44.4 ± 1.7[D]	76.05 ± 3.22[b]

小鼠 ET、SST、AChE 和 GAS 血清水平

如表 1-13 所示，正常对照组 SST 血清水平最低，GAS、AChE 和 ET 血清水平最高，而对照组的趋势相反，SST 水平最高，GAS、AChE 和 ET 水平最低。LF-CQPC03-H 灌胃小鼠血清中 ET、AChE、GAS 水平仅低于正常对照组，SST 水平仅高于正常对照组。LF-CQPC03-L 治疗组和 LB 治疗组小鼠的 ET、AChE 和 GAS 水平也高于对照组，而 SST 水平低于对照组。

表 1-13　活性炭诱导便秘小鼠血清中 GAS、ET、SST、AChE、SP 和 VIP 的水平

水平（pg/mL）	正常	对照	LB	LF-CQPC03-L	LF-CQPC03-H
ET	18.2 ± 0.9[a]	5.1 ± 0.5[e]	13.7 ± 0.5[c]	12.1 ± 0.2[d]	16.4 ± 0.1[b]
SST	35.4 ± 0.7[D]	74.8 ± 2.9[A]	41.8 ± 1.5[C]	50.9 ± 0.6[B]	40.6 ± 1.3[C]
AChE	28.3 ± 0.1[a]	8.4 ± 0.2[e]	20.1 ± 0.5[c]	18.3 ± 0.8[d]	23.6 ± 0.1[b]
GAS	79.5 ± 0.8[a]	36.1 ± 0.4[e]	56.2 ± 0.1[c]	48.2 ± 0.2[d]	64.5 ± 0.7[b]

小肠组织的病理学观察

如图 1-10 所示，正常对照组小鼠的小肠结构完整，肠壁均匀光滑，绒毛排列整齐。使用活性炭诱导便秘后，对照组小鼠的肠壁变得粗糙，并且可见大量绒毛断裂和收缩。LB 和 LF-CQPC03 灌胃治疗均减少了小鼠的绒毛断裂和收缩，并保持了小肠壁的光滑外观。LF-CQPC03-H 在减小小肠损伤方面表现出最大的功效，绒毛和小肠壁的外观与正常对照组小鼠的相似。

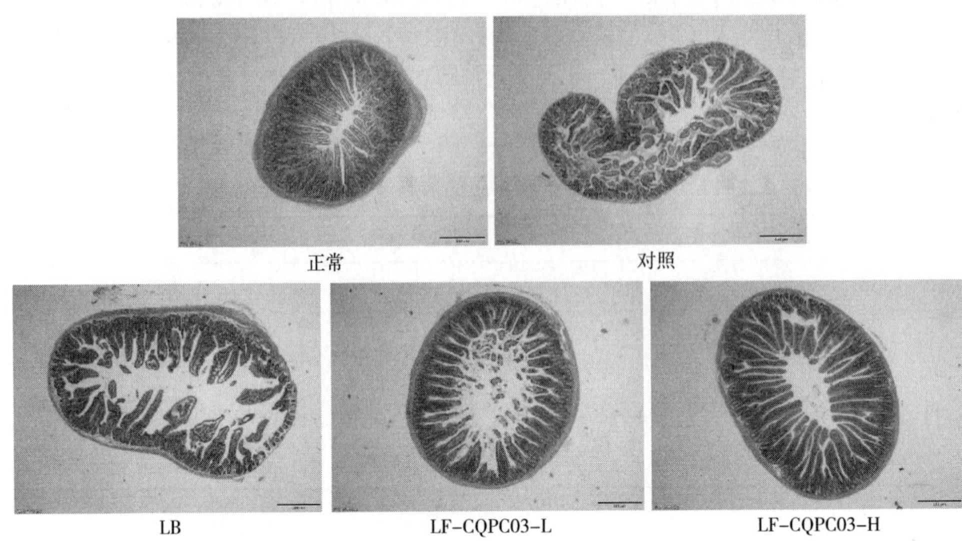

图 1-10　活性炭致便秘小鼠小肠组织病理学观察

小肠中的 c-Kit mRNA 表达

如图 1-11 所示，对照组小肠中的 c-Kit mRNA 表达最弱，而正常对照组小肠中 c-Kit 表达相对最高，是对照组的 6.42 倍。LB 和 LF-CQPC03 治疗可上调便秘小鼠小肠中的 c-Kit 表达。LB、LF-CQPC03-L 和 LF-CQPC03-H 小鼠小肠中的 c-Kit 表达水平分别是对照组小鼠的 4.75、3.92、5.04 倍。

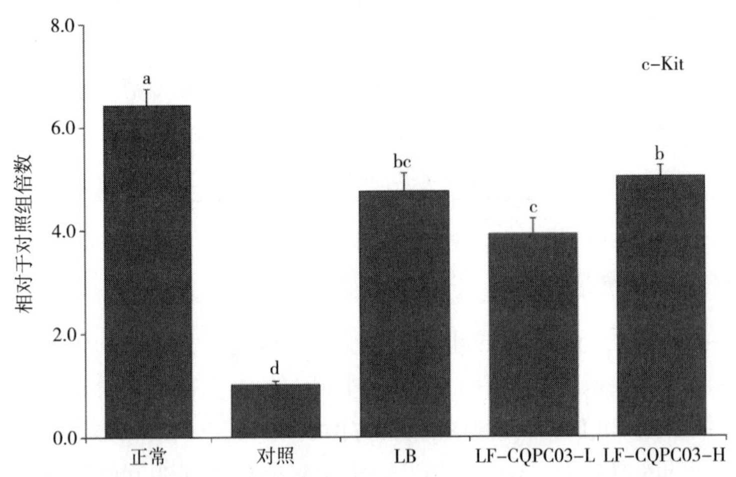

图 1-11　小鼠小肠组织 c-Kit mRNA 表达水平

小肠中的 SCF mRNA 表达

如图 1-12 所示，对照组小肠中的干细胞因子（SCF）表达最弱；正常对照组、LB 治疗组、LF-CQPC03-L 治疗组和 LF-CQPC03-H 治疗组小肠中的 SCF 表达水平分别是对照组的 4. 72、2. 47、2. 01、2. 88 倍。LF-CQPC03-H 治疗组小肠中的 SCF 表达显著高于 LB 治疗组和 LF-CQPC03-L 治疗组。

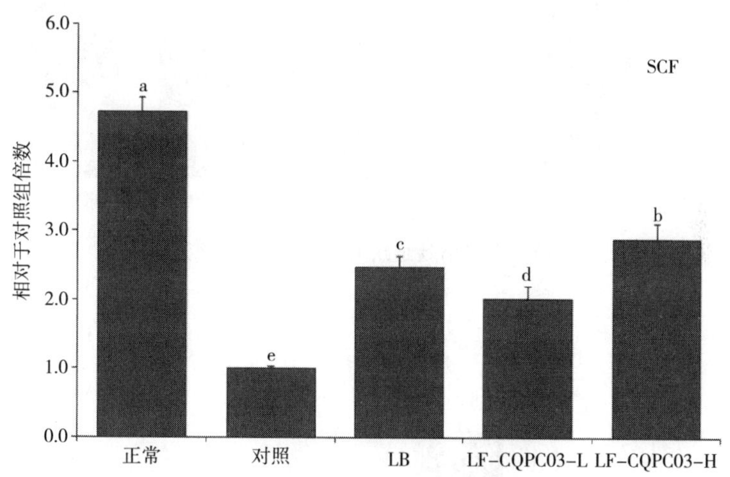

图 1-12 小鼠小肠组织 SCF mRNA 表达水平

小肠中的 GDNF mRNA 表达

各组小肠中的胶质细胞源性神经营养因子（GDNF）mRNA 表达水平如图 1-13 所示。正常对照组小肠中的 GDNF 表达最强［是对照组小鼠的（39. 73±3. 87）倍］；便秘诱导后，对照组小肠中的 GDNF 表达降低；LB、LF-CQPC03-L 和 LF-CQPC03-L 均可上调便秘小鼠小肠中的 GDNF 表达，LF-CQPC03-H［是对照组小鼠的（27. 69±2. 61）倍］对 GDNF 的上调作用强于 LB［是对照组小鼠的（22. 43±2. 66）倍］和 LF-CQPC03-L［是对照组小鼠的（17. 61±2. 52）倍］。

小肠中的 TRPV1 mRNA 表达

如图 1-14 所示，各组小鼠的瞬时受体电位阳离子通道亚家族 V 成员 1（TRPV1）表达水平显著高于正常对照组［是对照组小鼠的（0. 08±0. 02）倍］。LF-CQPC03-H 治疗组小鼠小肠中的 TRPV1 表达［是对照组小鼠的（0. 37±0. 02）倍］最接近于正常对照组，这显著低于 LB 治疗组小鼠［是对照组的（0. 42±0. 05）倍］和 LF-CQPC03-L 治疗组小鼠［是对照组小鼠的（0. 53±0. 03）倍］。

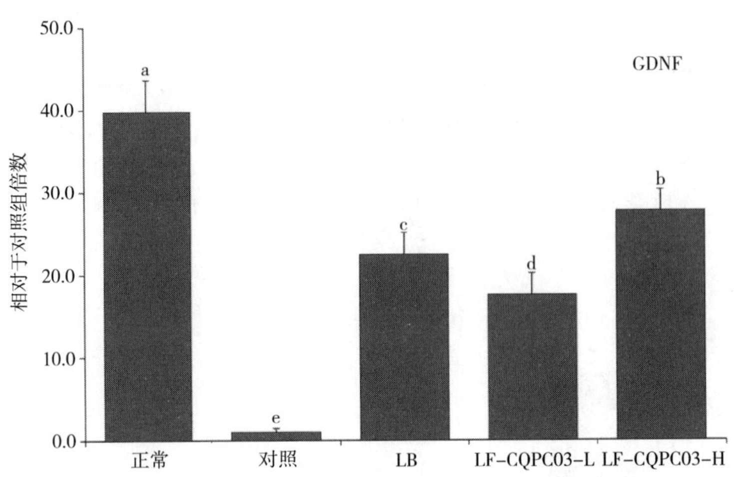

图 1-13　小鼠小肠组织 GDNF mRNA 表达水平

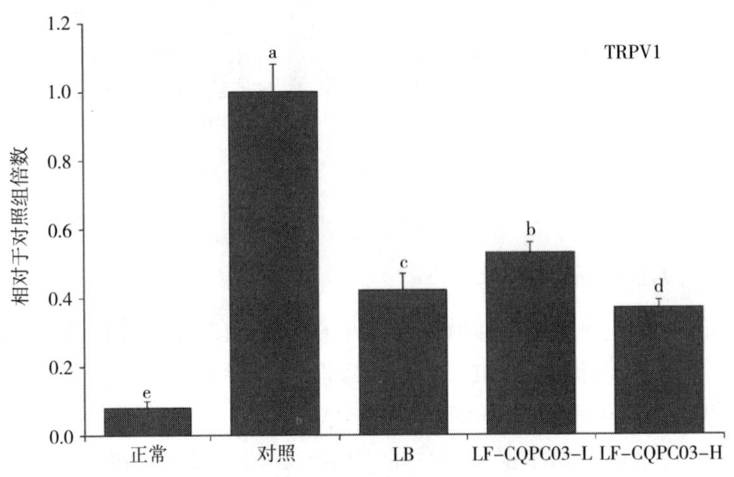

图 1-14　小鼠小肠组织 TRPV1 mRNA 表达水平

小肠中的 iNOS mRNA 表达

如图 1-15 所示，正常对照组小肠中的诱导型一氧化氮合酶（iNOS）表达最低［是对照组的（0.04±0.01）倍］，而对照组中 iNOS 表达最高。LF-CQPC03-H 治疗组便秘小鼠的 iNOS 表达最接近正常对照组［是对照组的（0.32±0.02）倍］，并且显著低于 LB 治疗组［是对照组小鼠的（0.41±0.06）倍］以及 LF-CQPC03-L 治疗组［是对照组小鼠的（0.57±0.04）倍］。

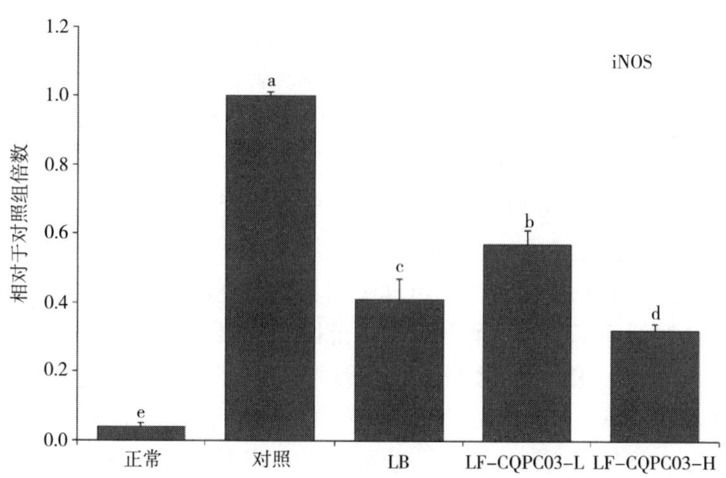

图 1-15 小鼠小肠组织 iNOS mRNA 表达水平

讨论

便秘会导致生活质量下降，长期便秘不仅影响正常生活，还会导致其他肠道疾病甚至恶性疾病。便秘还会引起腹胀、食欲不振等症状，从而导致体质下降和体重下降。动物研究还表明，便秘会导致小鼠体重下降、排便减少和粪便干燥，这与本研究中小鼠在诱导便秘后体重下降、排便减少和粪便干燥的现象一致。LF-CQPC03 能够抑制体重下降、排便减少和粪便干燥，缓解便秘。便秘会导致肠道内有害微生物数量增加，从而破坏小肠组织，并对肠壁和肠绒毛造成损害，进而影响肠蠕动功能，最终导致或加重便秘。因此，评估小肠组织的完整性，包括观察肠壁绒毛的完整性，也是检测便秘的一种手段。本研究还观察了便秘引起的小肠组织病理变化，LF-CQPC03 可以有效保护小肠组织的完整性，并将便秘引起的肠壁和绒毛损伤降至最低。此外，便秘最明显的症状是排便困难，因此，在本研究中，动物在接受活性炭后第一次黑便排出的时间也是评估便秘的重要指标。因为便秘会减缓肠蠕动，并导致活性炭滞留在肠道内，从而延迟黑便排出时间。在本研究中，便秘小鼠黑便排出的时间比正常小鼠长，而使用 LF-CQPC03 治疗后，排出时间显著缩短，表明 LF-CQPC03 可以缓解便秘。

内皮素（ET）在心血管和肠功能中发挥重要作用，它可以舒张血管，从而维持肠道内正常的血管和神经功能。同时，ET 和 NO 之间的平衡对于避免血管内皮损伤和血流动力学紊乱以及维持正常肠活动非常重要。生长抑素（SST）也可以直接导致便秘，SST 水平的大幅度升高会导致胃肠激素释放减少，胃排空率显著下降，平滑肌收缩减慢，肠道活动紊乱，从而导致便秘。乙酰胆碱酯酶

(AChE) 是一种在肠动力中起重要作用的神经递质，AChE 与其受体结合可增强肠动力并增加肠蠕动，因此 AChE 水平升高可以显著降低便秘对身体的影响。胃泌激素（GAS）也是一种重要的胃肠激素，在缓解便秘和改善肠道活力方面发挥重要作用，包括促进胃液分泌、增加肠蠕动、加速胃排空和促进幽门括约肌松弛，这与本文报道的动物研究结果一致。便秘导致小鼠的 ET、AChE 和 GAS 水平降低，SS 水平升高，而 LF-CQPC03 可以显著抑制这些变化，使诱导便秘小鼠的上述指标恢复到接近正常小鼠的水平，且效果优于常见的商用菌株 LB。

Cajal 细胞（ICC）是一种与肠道健康相关的间充质细胞。肠道内 ICC 含量和结构的异常会减缓肠蠕动，从而导致肠功能障碍和便秘。ICC 的一些特异性标志物是已知的，其中 c-Kit 是最重要的，并且可以显著影响 ICC 的作用。大量 ICC 紊乱会导致肠道疾病，而 SCF 是 c-Kit 受体的配体，因此提高 SCF 水平也可以促进肠道的恢复。临床研究已经证实，便秘患者小肠中的 ICC 密度降低，主要是因为肠道中 c-Kit 基因表达降低。本研究还表明，LF-CQPC03 可以有效缓解便秘对小鼠小肠中 c-Kit 和 SCF 表达的影响，并保持接近正常水平的 c-Kit 和 SCF 表达。

TRPV1 可以促进神经递质的释放，引起肠道运动障碍和排便困难。临床研究发现肠损伤的便秘患者 TRPV1 表达增加。GDNF 也是与便秘相关的重要因素，可以发挥其神经调节作用，修复受损肠道，增加肠蠕动，缓解便秘。在本研究中，LF-CQPC03 还可以通过调节 TRPV1 和 GDNF 表达水平来抑制便秘。肠道中 NO 含量的异常增加也可能会导致肠道运动障碍。iNOS 是调节体内 NO 的重要因子，iNOS 含量增加会导致 NO 含量增加，从而导致便秘。本研究还发现，LF-CQPC03 可以通过下调 iNOS 表达来缓解便秘。

结论

本研究探讨了从泡菜中新分离的乳酸菌对便秘的抑制作用。LF-CQPC03 可以改善便秘小鼠血清和小肠组织中的相关指标，并显著减轻便秘对身体的影响。病理学观察和分子生物学实验进一步证实了 LF-CQPC03 对肠道的保护作用，其效果明显优于相同剂量的常用商用菌株 LB。LF-CQPC03 的效果也与剂量呈正相关。实验结果表明，LF-CQPC03 具有良好的预防便秘效果，并显示出益生菌潜力，因此 LF-CQPC03 是一种优质微生物资源，有望应用于医疗和食品行业。

第三节　乳酸乳球菌乳酸亚种对便秘的作用

引言

中国青藏高原的牧民长期饮用发酵牦牛酸奶。牦牛酸奶是一种通过微生物发酵将乳糖转化为乳酸、有机酸和乙醇的自然绿色食品。由于青藏高原的特殊气候条件和藏族牧民的特殊生活方式，酸奶发酵过程中的微生物组成独特，其中含有大量乳酸菌。这类牦牛酸奶含有的乳酸菌，与市售乳酸菌不同，研究证实，这类酸奶还具有不同的生物活性作用，如抑制便秘的作用。一些研究还发现，乳酸菌可以减轻肠损伤，增加肠道活动，抑制便秘。但仍需要进行更广泛的分离和鉴定工作，以积累更多的菌株资源，并开发出丰富的可用于保健食品和药物的益生菌。

除了益生菌，有害细菌也存在于肠道中，在正常情况下，两者处于平衡状态。肠道益生菌也参与消化，所以在没有益生菌的情况下会导致消化不良和胃肠功能障碍。通过代谢乳酸，乳酸菌可以维持胃肠道生态平衡和正常功能，有效抑制胃肠道内有害细菌的生长繁殖。此外，慢性腹泻、便秘、腹胀、消化不良等症状也与肠道乳酸菌失衡有关。乳酸菌不仅能激活巨噬细胞的吞噬功能，而且在肠道定殖中发挥积极作用。乳酸菌可以刺激腹腔巨噬细胞，诱导产生干扰素，促进细胞分裂，产生抗体，促进细胞免疫，增强非特异性和特异性免疫应答，提高抗病能力。乳酸菌还能以多种方式促进蠕动和排便。

便秘表现为排便困难，大便干燥。便秘会减缓肠蠕动，增加肠道中的有害细菌，并可能导致其他肠道疾病。食管炎患者结肠组织中的血管活性肠肽（VIP）表达降低，导致肠动力障碍。VIP 可通过影响肠上皮细胞中的水通道蛋白 3（AQP3）表达来调节肠水代谢。环磷酸腺苷蛋白激酶 A（cAMP PKA）通路在 VIP 的生物学效应中起重要作用，而且 AQP3 表达也受 cAMP PKA 通路的调控。VIP-cAMP-PKA-AQP3 信号通路与肠动力调节有关，可以改善肠水代谢，从而显著改善便秘症状，因此，便秘期间的水分代谢紊乱与 VIP-cAMP-PKA-AQP3 信号通路有关。乳酸乳球菌乳酸亚种 HFY14 是研究团队从自然发酵的牦牛酸奶中分离鉴定的一种乳酸菌。研究团队初步筛选了这种乳酸菌在体外胃酸和胆盐下的生长速度，发现这种乳酸菌的体外耐受性比普通的市售乳酸菌要好，并具有开发成益生菌的潜力。在本研究中，研究团队首先研究了乳酸乳球菌乳酸亚种 HFY14（LLSL-HFY14）对便秘期间结肠组织 VIP-CAMP-PKA-AQP3 信号通路的影响，并探讨了其改善肠水代谢的机制。

结果

小鼠体重

如图 1-16 所示，在前 4 周，便秘诱导组的体重增加慢于正常对照组。从第 5 周开始，与其他组相比，对照组小鼠体重增加最慢，LLSL-HFY14-H 和乳果糖组小鼠体重增加速度有所恢复，并最接近正常对照组。

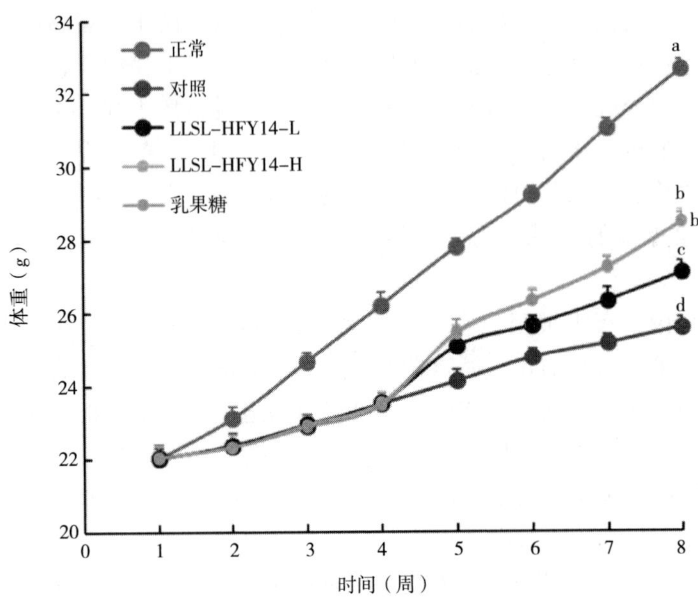

图 1-16　便秘小鼠的体重

注：不同英文字母表示相应组的平均值有显著差异（$P<0.05$）。

粪便状态

如表 1-14 所示，与正常对照组相比，在前 4 周，各组的粪便颗粒数、重量和含水量开始减少。与模型组相比，从第 5 周开始，各组小鼠的粪便颗粒数、重量和含水量均有所改善，LLSL-HFY14-H 和乳果糖组小鼠的改善最大，最接近正常对照组。

表 1-14　便秘小鼠粪便的数量、重量和含水量

粪便状态		正常	模型	LLSL-HFY14-L	LLSL-HFY14-H	乳果糖
1~4 周	颗粒数	$38±3^{a}$	$13±4^{b}$	$14±4^{b}$	$14±3^{b}$	$13±3^{b}$
	重量	$0.92±0.13^{a}$	$0.21±0.07^{b}$	$0.22±0.06^{b}$	$0.21±0.06^{b}$	$0.21±0.08^{b}$
	含水量	$48.6±3.1^{a}$	$14.1±2.8^{b}$	$14.4±3.3^{b}$	$13.8±3.5^{b}$	$13.9±3.0^{b}$
5~8 周	颗粒数	$40±4^{a}$	$14±3^{d}$	$21±4^{c}$	$33±4^{b}$	$35±4^{ab}$
	重量	$1.12±0.19^{a}$	$0.27±0.09^{d}$	$0.64±0.10^{c}$	$0.87±0.11^{b}$	$0.90±0.09^{ab}$
	含水量	$48.8±2.7^{a}$	$14.4±2.8^{d}$	$27.6±3.0^{c}$	$38.7±2.6^{b}$	$39.1±3.1^{b}$

第一次黑便排出时间

如图 1-17 所示，第 8 周结束时，正常对照组第一次黑便排出时间最短，其他组明显长于正常对照组。模型组第一次黑便排出时间最长，而 LLSL-HFY14-H 和乳果糖组明显短于 LLSL-HFY14-L 组，且最接近正常对照组。

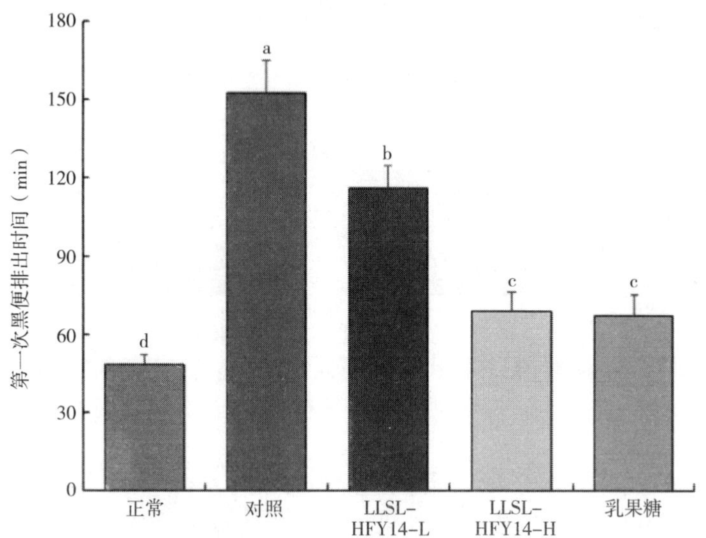

图 1-17 第 8 周末便秘小鼠第一次黑便排出时间

结肠组织的组织病理学分析

如图 1-18 所示，结肠黏膜上皮细胞完整，炎症细胞正常，无明显浸润，杯状细胞排列有序，正常对照组无充血或水肿。模型组结肠上皮细胞明显受损，肠壁增厚，并观察到水肿、炎症细胞浸润，杯状细胞体积缩小。与模型组相比，LLSL-HFY14 治疗组或乳果糖治疗组的充血、水肿和细胞浸润减少。LLSL-HFY14-H 和乳果糖对结肠组织具有明显的改善作用，表明 LLSL-HFY14 可以减轻结肠中的便秘损伤，而且效果随着浓度的增加而增强，高浓度治疗组的效果最接近乳果糖。

MTL、GAS、ET、SST、AChE、SP 和 VIP 血清水平

正常对照组的 MTL、GAS、ET、AChE 和 VIP 水平最高，而 SST 水平最低（表 1-15）。模型组的 MTL、GAS、ET、SP、AChE、VIP 血清水平最低，而 SST 水平最高。与模型组相比，LLSL-HFY14 治疗组和乳果糖治疗组的 MTL、GAS、

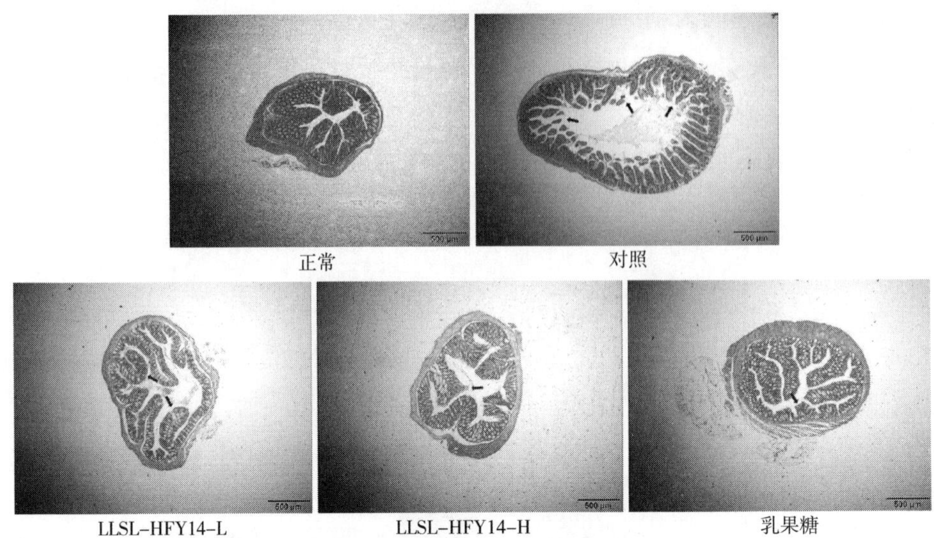

图 1-18 便秘小鼠结肠组织苏木素和伊红（H&E）病理染色情况

注：黑色箭头表示受损组织。

ET、SP、AChE 和 VIP 水平显著升高（$P<0.05$），而 SST 水平显著降低（$P<0.05$）。LLSL-HFY14-H 治疗组和乳果糖治疗组的血清水平最接近正常对照组，两组之间的差异无统计学意义（$P>0.05$）。

表 1-15 便秘小鼠血清胃动素（MTL）、胃泌素（GAS）、内皮素（ET）、生长抑素（SST）、乙酰胆碱酯酶（AChE）、P 物质（SP）和血管活性肠肽（VIP）水平

水平（pg/mL）	正常	模型	LLSL-HFY14-L	LLSL-HFY14-H	乳果糖
MTL	225.16±20.33[a]	74.63±5.32[d]	127.66±14.31[c]	175.30±14.47[b]	178.62±15.87[b]
GAS	123.02±14.17[a]	30.85±4.34[d]	66.03±7.12[c]	94.63±6.32[b]	96.34±7.11[b]
ET	30.05±3.17[a]	4.23±0.63[d]	14.21±0.78[c]	24.15±1.61[b]	25.03±1.77[b]
SS	24.15±3.49[d]	89.60±5.36[a]	61.03±4.02[b]	40.15±3.96[c]	39.12±3.89[c]
AChE	40.65±2.79[a]	8.30±0.79[d]	21.03±2.30[c]	33.17±2.03[b]	34.19±3.13[b]
SP	86.23±5.11[a]	24.16±1.96[d]	44.16±4.82[c]	67.98±5.10[b]	69.11±5.56[b]
VIP	87.26±4.20[a]	20.17±3.08[d]	45.15±4.37[c]	68.39±5.97[b]	70.35±4.83[b]

结肠组织中的 VIP、cAMP、PKA 和 AQP3 mRNA 表达

正常对照组中的 VIP、cAMP、PKA（蛋白激酶 A）和 AQP3 表达水平最高，而模型组中的 VIP 和 cAMP 表达水平最低（图 1-19）。LLSL-HFY14 和乳果糖显著上调便秘小鼠（模型组）中的 VIP、cAMP、PKA 和 AQP3 表达水平，乳果糖和 LLSL-HFY14-H 的效果最好，且两者之间差异无统计学意义（$P>0.05$）。

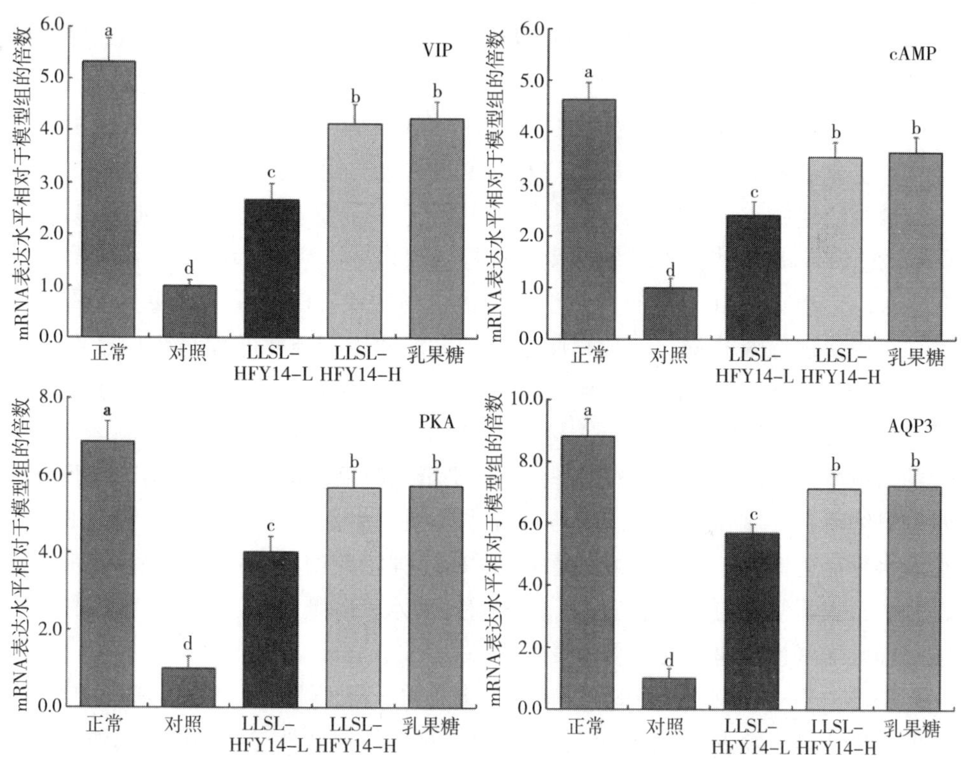

图 1-19　便秘小鼠结肠组织中血管活性肠肽（VIP）、cAMP、蛋白激酶 A（PKA）和水通道蛋白 3（AQP3）mRNA 的表达

讨论

便秘主要是由不良的生活和饮食习惯引起的，严重时甚至会导致其他胃肠道疾病。适当的体育锻炼、良好的排便习惯和合理的饮食可以缓解轻微症状的便秘。当症状严重时，使用药物是有效的，但容易产生药物依赖性，并且有些药物（如大黄、决明子等）会出现一些肠道副作用。便秘的临床特征是排便次数减少、排便困难和大便干燥，因此粪便颗粒数、重量和含水量是实验室条件下评估

便秘的最直观指标。此外，便秘还会导致肠动力和含水量下降，从而减缓肠蠕动，使肠道内容物难以排出。因此，墨汁灌胃后第一次黑便排出的时间是评估便秘程度的指标。本研究中，便秘诱导4周后，小鼠体重增加速度减慢，粪便颗粒数、重量和含水量显著下降，第一次黑便排出的时间延长。LLSL-HFY14可以有效缓解这些症状，其效果与乳果糖相似。

临床病理检查是一种重要的诊断方法，可以为临床治疗提供依据。在实验室条件下对动物组织进行病理检查是判断实验动物疾病的重要技术手段。本研究采用H&E染色进行病理检查，从H&E染色切片可以看出LLSL-HFY14减轻了长期便秘引起的结肠组织损伤。

便秘患者的神经递质（如MTL、GAS、ET、SST、AChE、SP和VIP）水平会发生变化。MTL、GAS、AChE、SP和VIP是兴奋性神经递质，而ET和SST是抑制性神经递质，兴奋性神经递质可以增强肠动力，而抑制性神经递质可以降低肠动力。MTL是评估胃肠蠕动的重要指标，大多数作者认为，MTL促进胃肠道各部分的运动，而MTL释放的减少会减缓胃肠蠕动。GAS是一种重要的胃肠激素，可以促进胃液分泌，增加胃肠道蠕动，加速胃排空，并促进幽门括约肌松弛。乙酰胆碱（ACh）是两种神经递质之一，通过与受体结合在肠动力中发挥重要作用，乙酰胆碱酯酶（AChE）水平与ACh水平呈正相关。SP是胃肠运动神经元的兴奋性神经递质，它强烈促进消化道平滑肌收缩，刺激小肠和结肠黏膜分泌水和电解质，并增强胃肠动力。本研究中模型组小鼠的MTL、GAS、AChE、SP血清水平显著低于正常对照组，而LLSL-HFY14治疗组中的这些神经递质水平显著升高，表明便秘与MTL、GAS、AChE和SP水平降低有关，并且LLSL-HFY14能够提升这些神经递质的水平并缓解便秘。

ET是一种具有心血管和肠功能的多功能肽。SST可以抑制胃肠激素的释放，降低胃排空率，减少平滑肌收缩，所有这些都可能导致便秘。VIP是一种由运动神经元和分泌神经元分泌的抑制性神经递质，主要抑制胃肠肌张力，从而降低胃肠动力。本研究结果显示，模型组SST水平最高，ET和VIP水平最低，与模型组相比，LLSL-HFY14治疗组的SST水平显著降低，而ET和VIP水平增加。各组的ET和VIP水平均显著升高，表明LLSL-HFY14对便秘具有干预作用。

VIP及其特异性受体可以激活cAMP/PKA信号通路，导致胃肠平滑肌细胞超极化和松弛。VIP受体主要分布在肠上皮细胞的基底膜上。VIP通过cAMP依赖性蛋白激酶信号通路激活细胞膜上的鸟苷酸结合蛋白。激活的鸟苷酸结合蛋白可以激活细胞膜上的腺苷酸环化酶，并催化ATP去除焦磷酸盐以产生cAMP。cAMP作为激活cAMP蛋白激酶（PKA）的第二信使，磷酸化靶蛋白并调节细胞反应。同时，水分子的快速跨膜转运是通过细胞膜上的水通道蛋白（AQP）实现的。AQP 主要参与水分的分泌和吸收，并调节细胞内外水分的平衡。AQP3 在消化道上皮细胞中高表达，主要参与消化道液体和电解质的转运和代谢。VIP 在 cAMP/PKA 通路的生物学效应中起重要作用，而 AQP3 的表达受 cAMP-PKA 通路的调控。AQP3 的磷酸化具有 cAMP 依赖性。腺苷酸环化酶的激活增加了细胞内的 cAMP 水平，从而激活 PKA 并增加膜对水的渗透性。AQP3 的异常表达导致细胞内的肠水过多或肠黏液分泌，从而导致便秘。VIP 调节肠动力和肠水代谢，与便秘密切相关。VIP 通过影响肠上皮细胞中的 AQP3 表达来调节肠水代谢，cAMP-PKA 是 VIP-AQP3 的中间环节。作为上游神经递质，VIP 通过 cAMP/PKA 信号通路调节 AQP3 蛋白的表达。本研究还证实，LLSL-HFY14 可以通过调节 VIP-cAMP-PKA-AQP3 通路的 mRNA 表达来抑制便秘。

便秘会影响肠道健康，因为大量有害细菌积聚在肠道中，产生的有毒物质被人体吸收，从而影响健康。一些乳酸菌可以用作益生菌，以改善肠道健康，抑制有害细菌的数量，并去除肠道中的有毒物质。此外，乳酸菌在代谢过程中会产生酸性物质，如乳酸和乙酸，这些酸刺激肠道分泌大量肠液，以软化粪便。益生菌产生的酸性肠内环境增加了蠕动，这也有利于排便。本研究中的 LLSL-HFY14 可能具有类似的功效。在进一步的研究中，研究将对相关机制进行深入研究。

先前的研究表明，便秘与 VIP-cAMP-PKA-AQP3 信号通路有关。通过活性物质调节 VIP-cAMP-PKA-AQP3 信号通路可以抑制便秘。此外，研究还证实，乳酸菌属于益生菌，可用于调节肠功能，改善肠内环境，调节肠道微生态平衡，增加肠蠕动，缓解便秘。然而，这些研究尚未将益生菌和其对肠水代谢的影响联系起来。本研究从水代谢通路角度提出了乳酸菌（LLSL-HFY14）作为益生菌抑制便秘的新作用点，并初步阐明了部分机制。同时，营养素缺乏也可能是便秘的原因，乳酸菌既可以作为益生菌，又可以作为改善肠道健康的营养素，起到保护肠道、改善便秘的作用。本研究已证明，LLSL-HFY14 能够干扰 VIP-cAMP-PKA-AQP3 信号通路，并在抑制便秘中发挥作用，此外还有充当益生菌的功能。

结论

LLSL-HFY14 是一种从青藏高原地区自然发酵酸奶中分离得到的乳酸菌。动物实验表明，LLSL-HFY14 对苯乙哌啶诱导的小鼠便秘具有剂量依赖性抑制作用，其与乳果糖的作用相似。LLSL-HFY14 可以通过 VIP-cAMP-PKA-AQP3 信号通路抑制便秘。综上所述，LLSL-HFY14 具有开发成为一种抑制便秘的生物制剂的潜力，是一种潜在的益生菌。

第四节　戊糖乳杆菌对便秘的作用

引言

功能性便秘是长期生活不规律和不良生活习惯引起的慢性胃肠道疾病之一。其发生与日常生活中的饮食量和饮食结构有一定关系，因此饮食习惯是导致便秘的重要因素。一些研究假设了高脂饮食（HFD）与便秘之间存在关系。长期食用大量高脂肪食物会导致高血脂和肥胖。此外，长期食用脂肪等不易消化的食物可能会导致大便干燥甚至习惯性便秘，使大便滞留在肠道内，而肠道长期受到粪便中有害物质的刺激，导致肠息肉。在一项针对儿童的研究中，肥胖儿童便秘患病率更高。报告显示，摄入膳食纤维和适量的水可以改善便秘症状。Rieko Mukai 等的一项研究表明高脂肪摄入会通过影响结肠黏液含量而导致便秘。一项针对人类的研究报告了老年人高膳食饱和脂肪摄入量、糖尿病和便秘之间的强烈相关性。

盐酸洛哌丁胺（Lop）是临床实践中常用的止泻药，它可以增加大便的稠度和硬度，可用于控制急慢性腹泻症状。因此它被用作建立便秘动物模型的诱导剂，而且该模型的成功率较高。

近年来，关于肠道菌群对健康影响的研究数量有所增加，越来越多的证据表明，肠道菌群的改变可能导致便秘和便秘相关症状。慢性便秘患者肠道菌群的改变通常表现为有益细菌的相对减少和有害细菌的潜在增加。这些变化可能通过改变肠道和肠道代谢环境中可用的生理活性物质的量而影响肠道动力和肠道分泌功能。Juqing Huang 等的研究结果表明，戊糖片球菌 B49 可以有效缓解洛哌丁胺诱导的小鼠便秘。Yi Gan 等通过添加植物乳杆菌 KSFY06 验证了通过摄入益生菌可以促进京尼平苷在预防昆明蒙脱石诱导小鼠便秘中的作用。

芥菜是一种中国特产。微生物发酵在芥菜腌制过程中起着重要作用。乳酸菌是芥菜自然发酵过程中的主要优势菌群，在芥菜发酵及其品质特性变化中发挥重要作用。戊糖乳杆菌是一种食品用乳酸菌，具有很强的亚硝酸盐降解能力。本研究旨在探讨戊糖乳杆菌 CQZC02 在 HFD 诱导的小鼠模型中对盐酸洛哌丁胺诱导的便秘的调节作用，并阐明其潜在机制，特别注意氧化应激水平和肠神经递质含量的变化。这项研究在研究从芥菜中分离的戊糖乳杆菌与便秘小鼠模型之间的关系方面是一项新研究。

结果

戊糖乳杆菌 CQZC02 加速结肠转运时间

实验后，与对照组相比，H-Lop 组小鼠的体重显著增加［图 1-20（A）］。此外，H-Lop 组小鼠的粪便数量和含水量均低于对照组（表 1-16）。而且在 H-Lop 组中，通过活性炭-水法测量的粪便的总肠道推进率随时间显著增加［图 1-20（B）］。然而，在 H-Lop + ZC02 组中发现了相反的结果，尤其是 H-Lop + ZC02H 组，效果更显著。结果表明，戊糖乳杆菌 CQZC02 可显著缓解 HFD 下药物诱导的小鼠便秘。

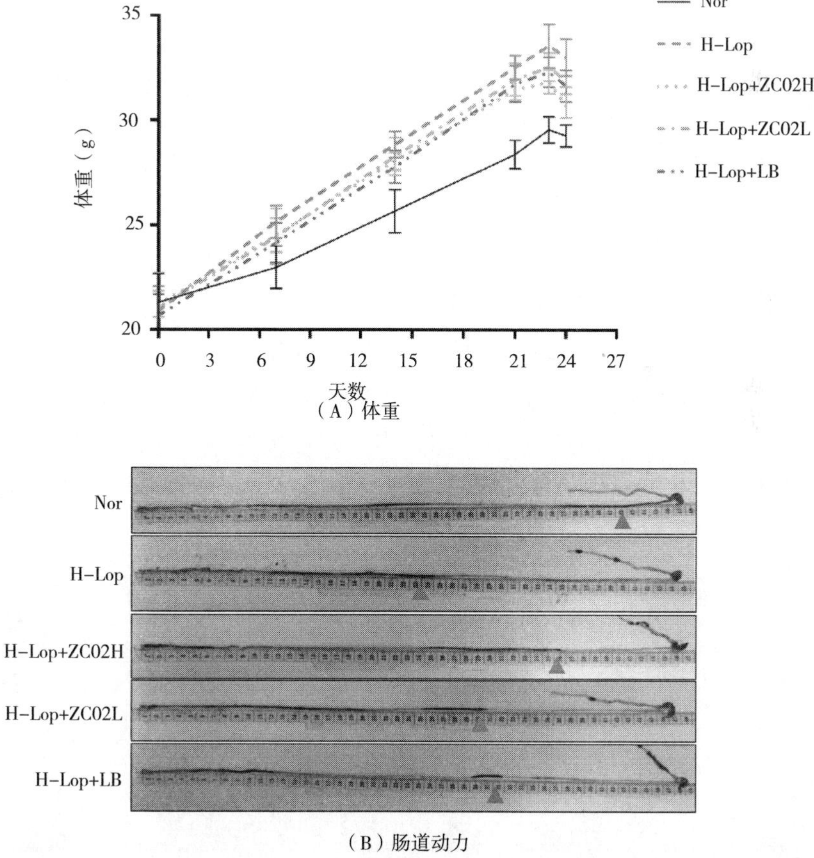

（A）体重

（B）肠道动力

图 1-20　小鼠便秘指标

注：箭头所指的是粪便推进的位置。Nor：对照组；H-Lop：模型组；H-Lop + ZC02L：戊糖乳杆菌 CQZC02 低剂量组；H-Lop + ZC02H：戊糖乳杆菌 CQZC02 高剂量组；H-Lop + LB：保加利亚乳杆菌组，下同。

表 1-16　小鼠粪便数量和含水量

天数	对照		模型		H-Lop+ZC02H		H-Lop+ZC02L		H-Lop+LB	
	F. N.	R	F. N.	R	F. N.	R	F. N.	R	F. N.	R
1	35	0.02	31	0.085	33	0.049	32	0.057	36	0.064
3	32	0.051	35	0.07	32	0.088	32	0.042	31	0.064
5	36	0.078	36	0.025	31	0.053	38	0.075	34	0.075
7	35	0.085	32	0.042	32	0.04	35	0.07	29	0.175
9	41	0.096	27	0.065	29	0.063	30	0.03	24	0.104
11	38	0.116	18	0.03	28	0.078	25	0.045	22	0.04
13	26	0.078	22	0.042	26	0.061	24	-0.012	21	0.086
15	30	0.053	28	0.025	27	0.129	19	0.04	23	0.008
17	35	0.063	33	0.061	31	0.077	22	0.059	28	0.028
19	46	0.108	35	0.053	35	0.127	26	0.106	32	0.061
21	49	0.111	33	0.03	37	0.087	32	0.05	35	0.081
23	45	0.049	30	0.053	34	0.043	36	0.097	35	0.081
mean	37.333	0.076	30	0.048	31.25	0.075	29.25	0.055	29.167	0.072
SD	6.827	0.029	5.477	0.019	3.306	0.030	5.972	0.031	5.508	0.042

注：F.N.：粪便颗粒数；R：粪便含水量。

戊糖乳杆菌 CQZC02 增强胃动力

通过测定胃中的剩余内容物来评估小鼠的胃动力，胃组织的全剖面图片清楚地显示了胃的消化能力。H-Lop 组小鼠胃组织明显肿胀。在胃组织解剖学中，H-Lop 组的小鼠胃中残留的活性炭水明显多于对照组的小鼠（图 1-21）。相反，干预后 H-Lop + ZC02H 组小鼠的胃排空程度更为显著。结果表明，戊糖乳杆菌 CQZC02 可有效维持 HFD 下药物诱导小鼠的胃动力。

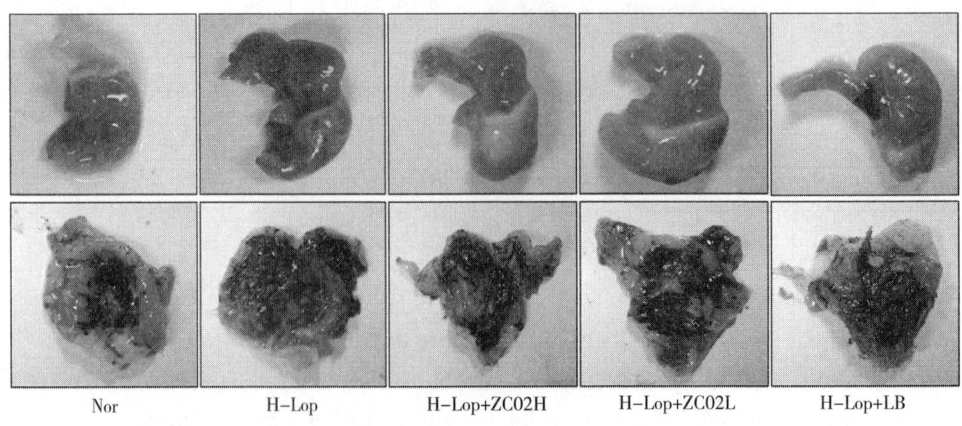

图 1-21　胃组织形态观察

戊糖乳杆菌 CQZC02 减少肠损伤

在小肠和结肠的 H&E 染色切片中观察到小鼠的肠损伤，并采用双盲评分法对损伤程度进行了评分。在本研究中，与对照组相比，H-Lop 组小肠和结肠组织中的炎症细胞浸润面积显著增加，肠黏膜损伤明显［图 1-22（A）（C）］，同样，H-Lop 组小肠和结肠组织的炎症水平也明显更高［图 1-22（B）（D）］。但在益生菌干预后，H-Lop + ZC02 和 H-Lop + LB 组的肠道炎症浸润面积减少，并且肠黏膜组织完整。双盲评分结果也与切片观察结果一致，其中，H-Lop+ZC02H 组效果更显著。结果表明，戊糖乳杆菌 CQZC02 减少了 HFD 下药物诱导的小鼠肠道炎症。

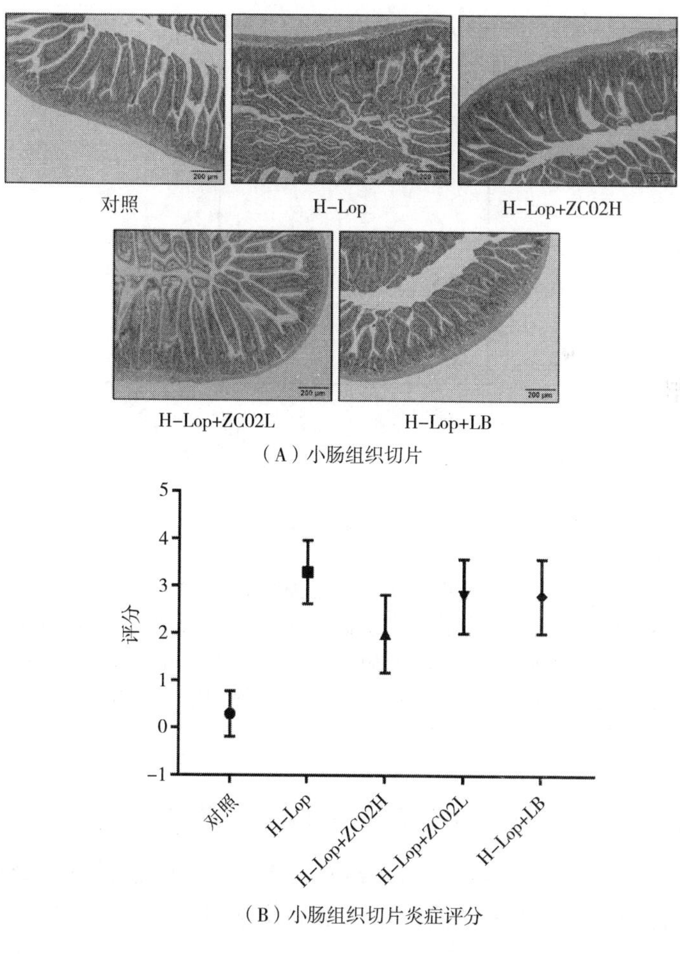

（A）小肠组织切片

（B）小肠组织切片炎症评分

图 1-22

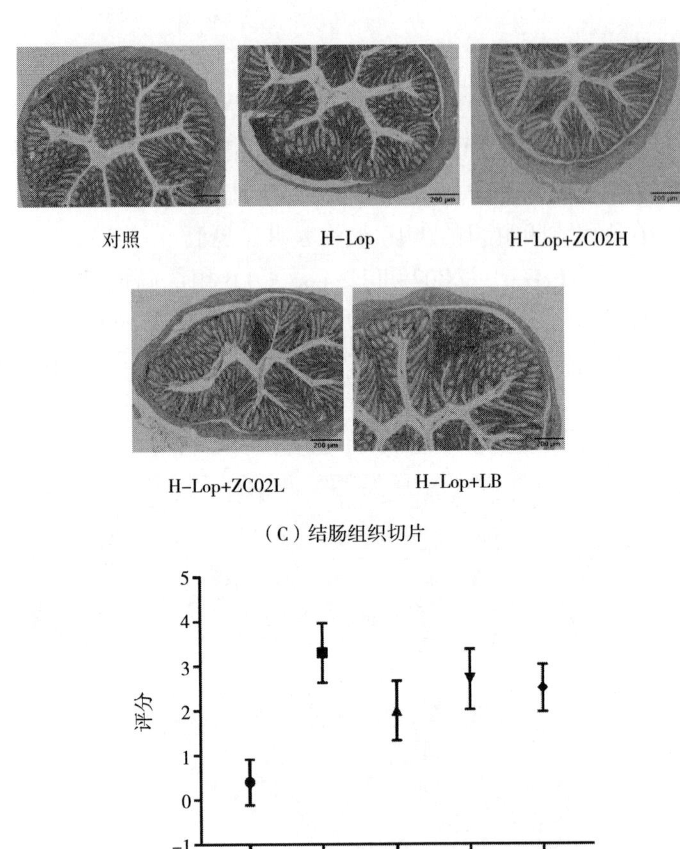

（C）结肠组织切片

（D）结肠组织切片炎症评分

图 1-22　肠道损伤情况

注：炎症评分标准：0 分：绒毛和上皮完好；1 分：黏膜下或固有层轻微肿胀分离；2 分：黏膜下层或固有层中度肿胀分离及浆细胞浸润；3 分：黏膜下或固有层严重肿胀，浆细胞浸润，局部绒毛萎缩脱落；4 分：肠绒毛消失，肠壁坏死。病理评分≥2 分，视为肠道损伤。

戊糖乳杆菌 CQZC02 调节血清氧化应激标志物水平

H-Lop 组的 SOD（超氧化物歧化酶）、CAT（过氧化氢酶）、GSH-Px（谷胱甘肽过氧化物酶）血清水平降低，MDA 含量增加（表 1-17）。H-Lop + ZC02 和 H-Lop + LB 组的 SOD、CAT 和 GSH-Px 水平升高，而 MDA 水平降低。结果表明，戊糖乳杆菌 CQZC02 干预降低了体内的氧化水平。

表 1-17　血清氧化应激标志物水平

组别	SOD (U)	CAT (U)	GSH-Px (mmol/L)	MDA (nmol/mL)
正常	802. 097±24. 50	56. 430±10. 81	1. 452±0. 54	3. 088±0. 69
模型	666. 507±66. 45	26. 022±3. 91	0. 566±0. 29	16. 771±2. 08
H-Lop+ZC02H	794. 487±29. 87	28. 422±10. 22	1. 129±0. 58	5. 326±0. 59
H-Lop+ZC02L	754. 904±22. 21	32. 158±9. 89	0. 748±0. 178	8. 895±1. 18
H-Lop+LB	737. 905±50. 38	33. 690±8. 61	0. 752±0. 19	8. 810±1. 64

戊糖乳杆菌 CQZC02 调节血清神经递质水平

结果如表 1-18 所示。H-Lop 组的 GAS、MTL、SP 血清水平均显著低于对照组（$P<0.05$），ET-1、SS 和 VIP 水平升高。与 H-Lop 组相比，H-Lop + ZC02 组和 H-Lop + LB 组小鼠的 GAS、MTL、SP 血清水平均显著升高（$P<0.05$）。随着乳杆菌浓度的增加，MTL、GAS 和 SP 的水平增加更明显，而 ET-1、SS 和 VIP 水平降低，这也表明随着戊糖乳杆菌 CQZC02 胃内浓度的增加，这些神经递质的降低效果更为明显。结果表明，戊糖乳杆菌 CQZC02 可以调节 HFD 下药物诱导便秘小鼠血清中肠神经递质的水平。

表 1-18　血清神经递质水平

组别	GAS (Pg/mL)	MTL (Pg/mL)	SP (Pg/mL)	ET-1 (Pg/mL)	SS (Pg/mL)	VIP (Pg/mL)
对照	11. 973±0. 84	66. 944±1. 78	60. 326±2. 54	20. 724±0. 84	25. 279±0. 41	32. 535±1. 32
H-Lop	8. 2560±0. 48	53. 219±1. 69	46. 780±2. 20	26. 572±1. 13	31. 150±1. 17	40. 442±1. 45
H-Lop+ZC02H	10. 872±0. 63	62. 325±1. 11	51. 097±1. 61	21. 834±1. 08	26. 914±0. 62	33. 914±1. 68
H-Lop+ZC02L	9. 821±0. 56	58. 463±2. 02	53. 731±1. 08	23. 132±1. 28	27. 134±0. 93	34. 039±1. 18
H-Lop+LB	10. 432±0. 75	57. 940±1. 67	56. 056±1. 78	22. 933±1. 39	30. 663±1. 01	34. 675±2. 19

戊糖乳杆菌 CQZC02 调节小肠组织中的 mRNA 水平

使用 RT-qPCR 测定小肠组织中 iNOS、eNOS、nNOS、NF-κB 和 COX-2 的 mRNA 表达。结果显示，与对照组相比，H-Lop 组小肠组织中的 nNOS、iNOS、

NF-κB 和 COX-2 表达上调，eNOS 表达下调（图 1-23）。与 H-Lop 组相比，戊糖乳杆菌 CQZC02 治疗组小肠组织中的 nNOS、iNOS、NF-κB 和 COX-2 表达下调，eNOS 表达上调。RT-qPCR 表达结果表明，戊糖乳杆菌 CQZC02 可以有效干扰 HFD 下药物诱导便秘小鼠小肠中的基因表达。

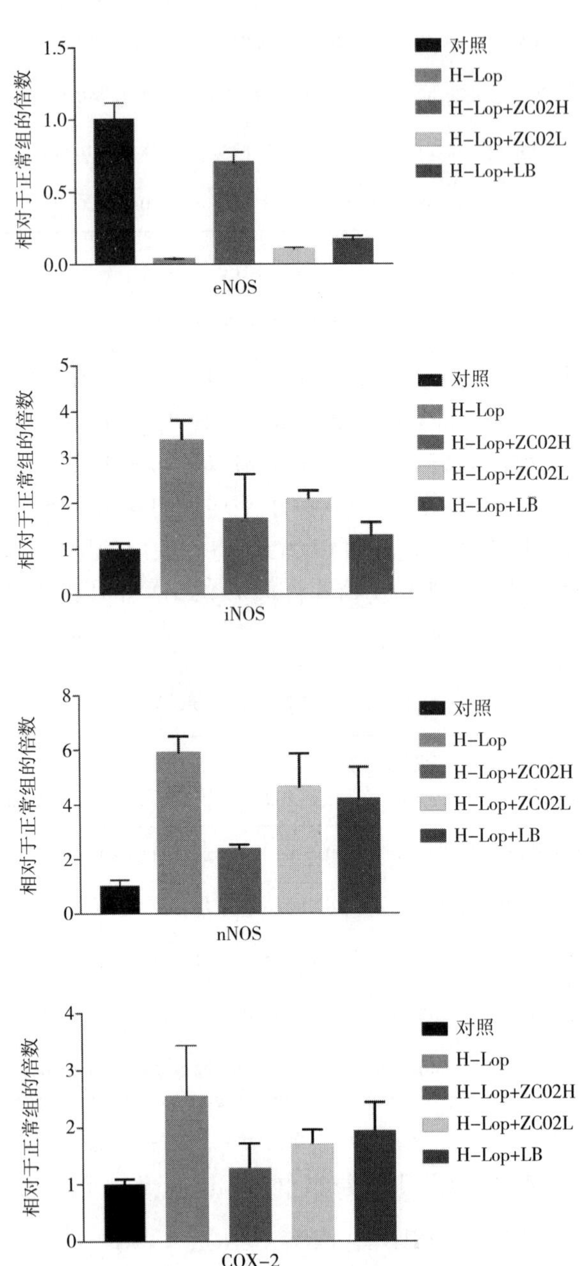

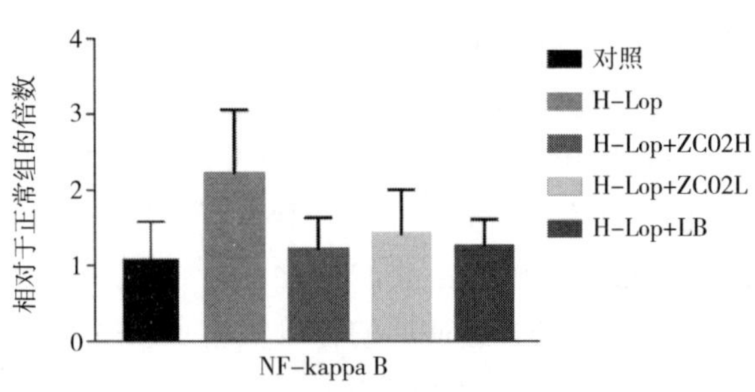

图 1-23 小肠组织炎症基因表达

讨论

本研究在探讨从芥菜中分离的乳酸菌对 HFD 下药物诱导的便秘小鼠模型的影响方面是一项新研究。研究发现，Lop 会增加 HFD 下小鼠的体重、减少肠蠕动、增加结肠转运时间并降低胃动力。戊糖乳杆菌 CQZC02 可以通过调节氧化应激水平和肠神经递质的释放来缓解小鼠便秘症状。与便秘小鼠的症状相比，通过戊糖乳杆菌 CQZC02 干预的 HFD 背景下的小鼠体重下降，肠动力增强，结肠转运时间减少，胃动力改善。

在临床环境中，测量胃动力和粪便通过时间有助于评估胃肠动力障碍、区分便秘类型以及规划治疗。然而，大多数先前关于便秘小鼠模型的研究仅评估了小肠中粪便的推进率，而很少关注胃动力。本研究不仅检查了小鼠的肠道推进能力，还重点研究了胃动力的变化。研究发现 H-Lop 增加了肠道转运时间，降低了胃动力，而这两项指标在食用戊糖乳杆菌 CQZC02 后发生了改变。

为了阐明戊糖乳杆菌调节便秘的机制，实验研究了小鼠体内的氧化应激水平和肠神经递质的释放。据统计，肥胖人群存在消化障碍症状，这使便秘症状在这一人群中更为突出。本研究通过喂食 HFD 诱导小鼠肥胖，为更有效地诱导便秘创造了条件。多项研究报告了肥胖患者的自由基代谢失衡和氧化水平升高。也有研究表明，便秘与抗氧化活性之间存在显著的负相关，这意味着便秘程度越高，身体的抗氧化活性越低，因此可以通过测量一些氧化剂和抗氧化剂的水平来评估小鼠的氧化状态。SOD、CAT 和 GSH-Px 是存在于体内的一类酶抗氧化系统。SOD 催化反应产生的过氧化氢可被 CAT 和 GSH-Px 分解，从而减少自由基的产生，使细胞膜的结构和功能免受过氧化物的干扰和破坏。MDA 是体内氧自由基的重要代谢物，能较好地反映组织过氧化程度。在本研究中，与对照组相比，HFD 显著增加了小鼠的氧化应激水平，SOD、CAT、GSH-Px 血清水平降低，MDA 水平升高。这表明便秘小鼠体内的抗氧化能力降低，氧化水平升高。在 H-

Lop + ZC02 组中，血清内 SOD、CAT 和 GSH-Px 水平升高，而 MDA 水平降低，其中 H-Lop + ZC02H 效果更加明显。研究结果清楚地表明，乳杆菌干预提高了便秘小鼠的抗氧化能力，从而达到了通便作用。

排便行为由肠神经系统和肌肉收缩控制。如果粪便在大肠内停留时间过长，大量水分会被吸收，使粪便干燥，容易引起便秘。肠神经系统异常会导致肠神经递质释放异常，这也可能是便秘的主要原因之一。Dong-Sung Lee 等发现，在 Lop 诱导的便秘小鼠模型中，肠神经递质的释放发生了改变。MTL 是肠道中的一种兴奋性神经递质，可促进胃收缩和小肠蠕动，加快肠道转运时间，并通过水和电解质的运输增强结肠动力。GAS 是结肠动力的生理调节剂，促进胃肠平滑肌收缩和幽门括约肌松弛，调节胃肠收缩、肠蠕动和胃酸分泌。SP 是调节肠道、刺激肠动力、增加结肠收缩和蠕动的最有效的神经递质。因此，MTL、GAS 和 SP 血清水平的升高增强了肠动力并促进了内容物的运输。ET 是血管收缩所必需的多肽物质，大量 ET 释放会损害神经系统的稳定性和血管张力，影响神经内分泌和胃肠功能。SS 可以抑制胃肠激素（如 MTL、GAS）的释放和胃酸分泌。VIP 是一种抑制性神经递质，可以放松胃肠道，松弛胃肠括约肌。Qian Tan 等认为，VIP 的释放是导致下行抑制的重要因素，进而导致肠道转运缓慢和便秘。本研究结果与已知报告一致，即 H-Lop-ZC02H 可以提高因 HFD 和 Lop 诱导而降低的 MTL、GAS 和 SP 水平，降低 ET-1、SS 和 VIP 水平。结果表明，戊糖乳杆菌 CQZC02 干预可以通过调节便秘小鼠的肠神经递质和肠动力来达到通便作用。

多项研究发现，大便因便秘而滞留在肠道内，因此，在便秘患者的小肠中发现了有害物质的积累和炎症水平的增加。Wenhui Liu 发现，与对照组相比，诱导便秘小鼠体内相关炎症基因的表达水平发生了显著变化。一氧化氮（NO）是炎症的生物标志物，NO 水平的增加意味着炎症细胞数量的增加。来自内皮型一氧化氮合酶的 NO 具有神经保护作用。Wanying Tan 在其关于组织中 eNOS 对炎症刺激反应的性别相关差异和机制的研究中证明，增加 eNOS 基因和蛋白表达可以改善大鼠肠系膜血管功能。来自神经元型一氧化氮合酶和诱导型一氧化氮合酶的 NO 具有神经毒性作用。在一项关于 HFD 对胃肠动力变化影响的研究中，对于 HFD 诱导轻度全身炎症的个体，nNOS 表现为免疫反应性增加。在 Kumar 关于抑制身体炎症的研究中，炎症蛋白 NF-κB、COX-2 和 iNOS 的产生受到抑制。NF-κB 是调节细胞反应的重要标志性炎症蛋白，其表达与炎症水平呈正相关。便秘和腹痛常见于阿片类药物引起的肠功能障碍中。Lin 等的研究发现，抑制 COX-2 可以改善平滑肌功能和增加粪便排出量。在对严重肠损伤的检测中也发现了类似的结果，nNOS、iNOS、NF-κB 和 COX-2 表达上调，eNOS 表达下调。在小肠和结肠组织的观察结果中，H&E 染色显示，H-Lop 组的肠细胞病理切片中累积了大量炎性细胞因子，此外，还观察到肠黏膜损伤和组织液浸润，表明便秘小鼠的肠组织发生炎症，而 H-Lop-ZC02H 组的炎症损伤则有所减轻。mRNA 检测结果与病理切片表现和文献描述一致。结果表明，戊糖乳杆菌 CQZC02 干预降低了便秘小鼠的肠道炎症水平，同时缓解了小鼠的便秘症状。

结论

Lop 和 HFD 诱导的便秘小鼠模型显示出氧化应激、胃肠动力低下和肠神经递质紊乱的症状。在本研究中，HFD 和 Lop 联合作用下的小鼠出现便秘，体重、排便量下降，胃肠动力和肠道炎症受损。戊糖乳杆菌 CQZC02 可减轻小鼠便秘症状，提高胃肠动力，降低肠道炎症水平。因此戊糖乳杆菌 CQZC02 可用作改善便秘的潜在益生菌。

参考文献

[1] Yu Qian, Jia-Le Song, Ruokun Yi, Guijie Li, Peng Sun, Xin Zhao, Guicheng Huo. Preventive effects of *Lactobacillus plantarum* YS4 on constipation induced by activated carbon in mice [J]. Applied Sciences, 2018, 8 (3): 363.

[2] Jing Zhang, Benshou Chen, Baosi Liu, Xianrong Zhou, Jianfei Mu, Qiang Wang, Xin Zhao, Zhennai Yang. Preventive effect of *Lactobacillus fermentum* CQPC03 on activated carbon-induced constipation in ICR mice [J]. Medicina, 2018, 54 (5): 89.

[3] Qian Tan, Jing Hu, Yujing Zhou, Yunxiao Wan, Chuanlan Zhang, Xin Liu, Xingyao Long, Fang Tan, Xin Zhao. Inhibitory effect of *Lactococcus lactis* subsp. lactis HFY14 on diphenoxylate-induced constipation in mice by regulating the VIP-cAMP-PKA-AQP3 signaling pathway [J]. Drug Design, Development and Therapy, 2021, 15: 1971-1980.

第二章 益生菌对结肠炎的功效

第一节 嗜酸乳杆菌对溃疡性结肠炎的预防作用

引言

炎症性肠病（IBD）是一种慢性、复发性、长期炎症性疾病，最终导致结肠和直肠溃疡，包括克罗恩病（CD）和溃疡性结肠炎（UC）。目前，尚无针对 UC 的具体治疗方法，消炎药和免疫抑制剂主要用于缓解症状，仅在疾病早期有效，但也有一定的副作用。因此，需要探索更安全的防治 UC 的方法。

UC 的发病机制复杂，并且与遗传和环境因素有关。无论诱导和维持肠炎的确切机制是什么，充分的证据表明，这涉及强烈的局部免疫反应。免疫细胞接收信号并被募集和激活，它们释放可溶性细胞因子和炎症介质，引起更严重的炎症和组织损伤，导致局部免疫反应的放大和增强。炎症介质，尤其是细胞因子，介导免疫细胞的增殖和分化，调节炎症细胞，平衡肠黏膜屏障的功能，从而在免疫应答中发挥作用。结肠炎患者体内 TNF-α、IL-1β、IFN-γ、IL-12、IL-6 EIK-1、COX-2、大肠杆菌、LPS、p100 基因的相对表达水平升高，而 ZO-1、NF-κB、p53 和 IKB-α 基因的相对表达水平降低，其中一些因子的含量在 DSS 诱导后的第一天发生了变化。结肠黏膜炎症细胞因子水平的变化是导致肠黏膜炎症损伤和溃疡的主要原因。

许多研究表明，肠道菌群在肠道疾病和炎症的黏膜免疫应答中发挥重要作用，故可以通过调节肠道菌群和增加益生菌的数量来治疗 UC。因此，益生菌在控制和调节 IBD 中的潜在和有益作用越来越受到关注。荟萃分析和系统综述报告表明，益生菌有利于治疗 IBD 和 UC，尤其是和其他治疗手段联合使用。全球有数百万人食用益生菌，预计到 2023 年，益生菌的市场规模将达到近 700 亿美元。其中，乳酸菌作为重要的市售益生菌，在世界范围内都被广泛添加到功能性食品中。

嗜酸乳杆菌是一种同型发酵菌种，目前是最典型的乳酸菌之一，可以对人体健康产生各种有益影响。嗜酸乳杆菌不仅可以降低血液中的胆固醇、乳糖含量，以及便秘和腹泻的风险，还可以降低突变和癌症的风险。嗜酸乳杆菌被公认为是一种具有抗癌和降胆固醇特性的益生菌菌株，以及一种对肠道和食源性病原体的拮抗剂。它可以在恶劣的环境和复杂的胃肠生态系统中生存。与不能在肠道内定殖的微生物相比，嗜酸乳杆菌的有益作用持续时间更长，是一种潜在益生菌。抗癌和降胆固醇的特性，以及对肠道和食源性病原体的拮抗作用，通常是通过影响肠道菌群的稳态来实现的，其机制正在研究中。肠道菌群和益生菌对 UC 的发生、发展和治疗至关重要。益生菌可以通过刺激细胞产生细胞因子来调节炎症反应，例如，一些乳酸菌和双歧杆菌可以激活宿主的巨噬细胞、自然杀伤（NK）细胞和 T 淋巴细胞来调节免疫系统。然而，益生菌对这些疾病的临床效果的证据还不够充分，这可能是因为个体差异和益生菌对健康的效应是菌株特异性的，不同乳酸菌菌株之间存在巨大的基因组多样性。许多益生菌的体外测定和动物模型数据表明，不同的潜在益生菌菌株的功效不同。由于菌株和疾病的特异性，不同的益生菌对不同的疾病有不同的效果。因此，寻找和验证具有良好功效的菌株是非常有意义的。

目前，迫切需要开发一种有效的益生菌来防治 UC。本研究通过对小鼠结肠、血液和组织相关炎症因子、氧化应激因子的检测，验证了嗜酸乳杆菌 XY27（LA-XY27）对 DSS 诱导的 UC 的防治作用。本研究旨在获得具有改善结肠炎潜力的乳酸菌菌株。

结果

小鼠体重变化和疾病活动指数（DAI）评分

各组小鼠在 DSS 诱导结束前后的体重变化和 DAI 评分如表 2-1 和图 2-1 所示。DSS 诱导从第 2 周第一天开始持续 7 天。除 C-G 组外，其他四组小鼠的体重在第 3 天和第 4 天开始下降。DSS-G 组、LA-G 组和 BB-G 组的体重下降最为明显，SSZ-G 组次之。从第 11 天开始，即 DSS 诱导结束后 3 天，干预组小鼠的体重开始增加。截至第 14 天，SSZ-G 组小鼠体重最接近 C-G 组，LA-G 组次之，然后是 DSS-G 组和 BB-G 组。

表 2-1　小鼠第 2 周和第 3 周末的 DAI 评分

组别	第二周	第三周
C-G	0. 000±0. 000	0. 000±0. 000
DSS-G	5. 375±0. 696**	4. 750±0. 968**
LA-G	4. 375±1. 111**	2. 625±0. 992**##
SSZ-G	4. 375±0. 696**	1. 875±0. 781**##

续表

组别	第二周	第三周
BB-G	4.500±0.866**	2.625±0.857**##

注：正常组（N-G）、模型组（DSS-G）、LA-XY27 组（LA-G）、柳氮磺胺吡啶组（SSZ-G）和保加利亚乳杆菌组（BB-G）。＊＊与 C-G 相比，$P<0.01$，##与 DSS-G 相比，$P<0.01$，下同。

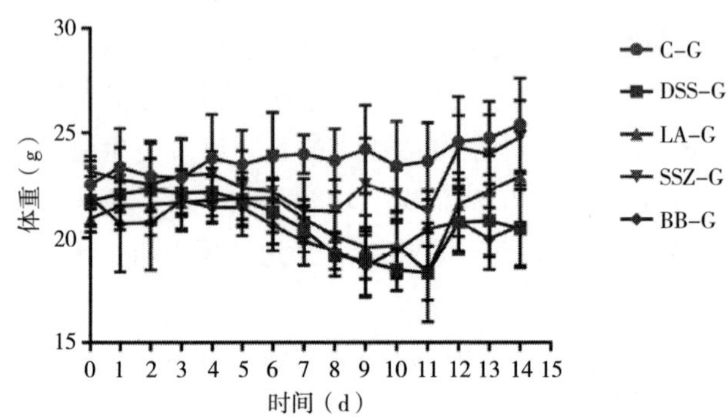

（A）每组小鼠的体重变化，DSS诱导从第1天开始，到第7天结束

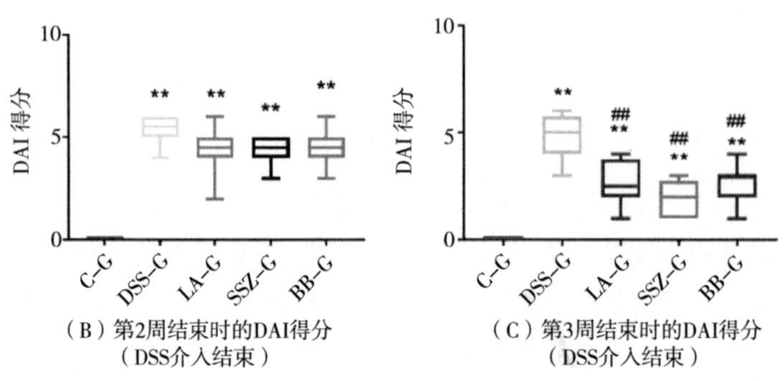

（B）第2周结束时的DAI得分（DSS介入结束）

（C）第3周结束时的DAI得分（DSS介入结束）

图 2-1　小鼠体重变化曲线和 DAI 评分

在 DSS 诱导的最后一天，与 C-G（0.000±0）组相比，其他四组的 DAI 评分显著增加（$P<0.01$），DSS-G 组最高，随后是其他三个干预组，但四组之间无统计学差异［图 2-1（B）］。经过一周的恢复和干预，与 DSS-G 组相比，LA-G 组、SSZ-G 组和 BB-G 组的 DAI 评分显著下降［$P<0.01$，图 2-1（C）］，SZZ-G 组下降最多，其次是 LA-G 组。

结肠的宏观观察

如图 2-2 和表 2-2 所示，DSS-G 组的结肠长度（6.17±0.87）cm 明显短于

C-G 组（7.11±0.35）cm（$P<0.05$）。虽然没有统计学差异，但从结果可以看出，SSZ-G 组的结肠长度（6.27±0.79）cm 和 BB-G 组（6.20±0.90）cm 的结肠长度比 DSS-G 组（6.17±0.87）cm 长，但比 C-G 组（7.11±0.35）cm 和 LA-G 组（7.11±0.62）cm 短。LA-XY27 治疗组小鼠的结肠长度比 DSS-G 治疗组、BB-G 治疗组和 SSZ-G 治疗组小鼠的长，表明 LA-XY27 可以防止结肠缩短。与对照组小鼠（0.03±0.01）相比，DSS 治疗组小鼠的结肠重量与结肠长度的比值（0.05±0.01）显著增加（$P<0.01$）。LA-XY27 治疗组（0.04±0.01）与 DSS 治疗组（0.05±0.01）之间的差异有统计学意义（$P<0.01$），但与其他两个治疗组相比差异无统计学意义。

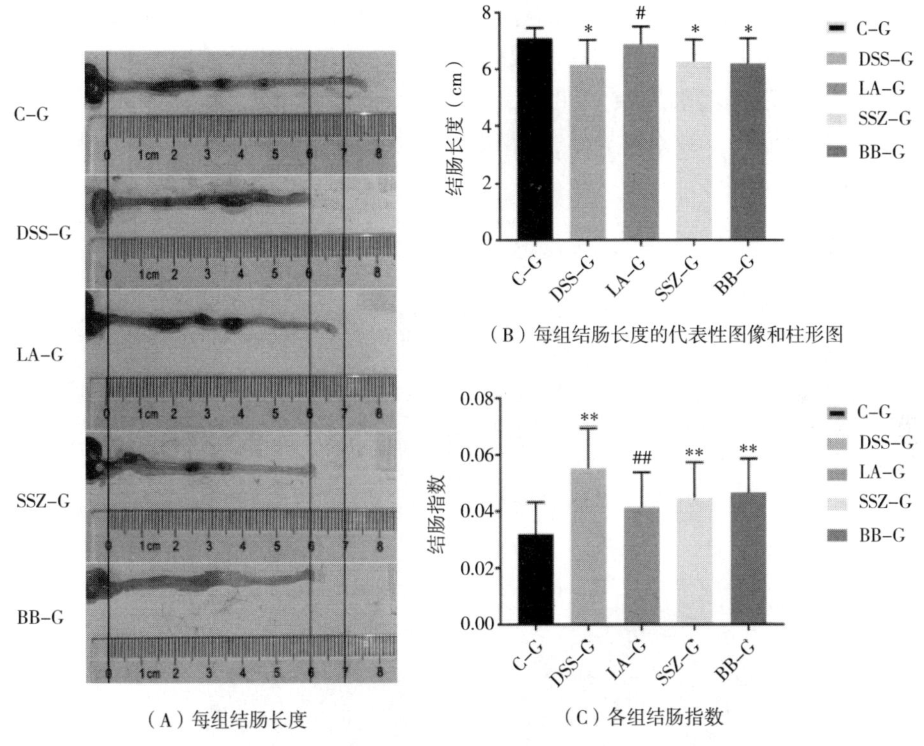

（A）每组结肠长度

（B）每组结肠长度的代表性图像和柱形图

（C）各组结肠指数

图 2-2　各组结肠长度和结肠指数

表 2-2　结肠长度和结肠重量与结肠长度的比值

组别	结肠长度（cm）	结肠重量/结肠长度（g/cm）
C-G	7.11 ± 0.35	0.03 ± 0.01
DSS-G	6.17 ± 0.87	0.05 ± 0.01
LA-G	6.89 ± 0.62	0.04 ± 0.01

续表

组别	结肠长度（cm）	结肠重量/结肠长度（g/cm）
SSZ-G	6.27 ± 0.79	0.04 ± 0.01
BB-G	6.20 ± 0.90	0.04 ± 0.01

结肠组织形态学观察

如图 2-3 所示，C-G 组小鼠结肠上皮完整，黏膜表面未见溃疡或增生，隐窝结构规则清晰，无明显炎性浸润；DSS-G 组中，基底层和黏膜肌之间有明显炎症，大量间质淋巴细胞浸润聚集（星号），导致基底层增厚和绒毛缺损（黑色箭头），隐窝显示出缩短、分支和卷曲等结构变化（黄色箭头）。与 DSS-G 组相比，三个干预组的炎症反应均有所减轻，但 LA-G 组的效果最好，与 C-G 组最接近。LA-G 组的隐窝结构趋于正常，基底层仅有少量淋巴浸润，SSZ-G 组有少量淋巴细胞浸润和少数隐窝异常，而 BB-G 组的效果不是很好，有多处淋巴浸润和绒毛缺损。

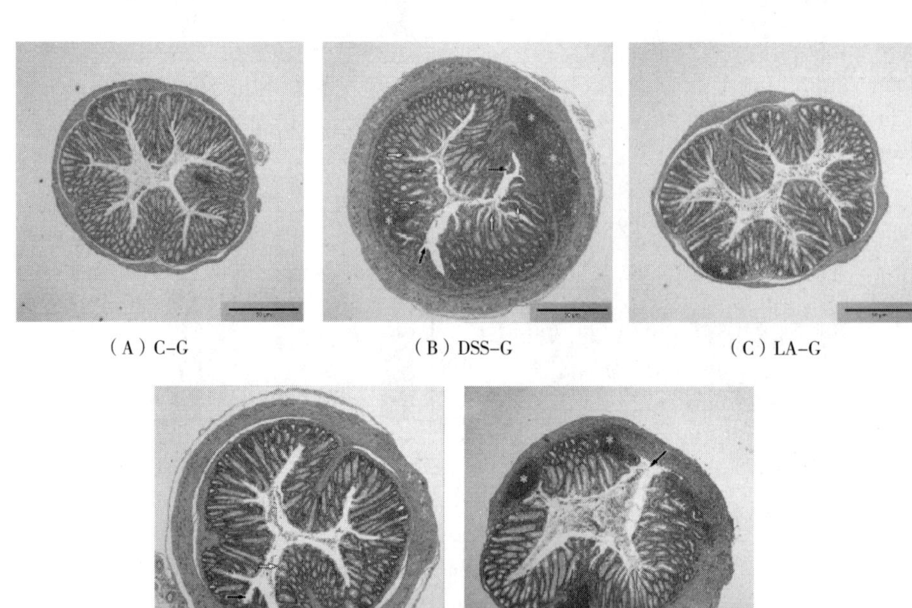

（A）C-G　（B）DSS-G　（C）LA-G

（D）SSZ-G　（E）BB-G

图 2-3　结肠组织的病理学观察

注：图中星号、黑色箭头和黄色箭头分别表示间质淋巴细胞浸润、绒毛缺损和隐窝结构改变。标尺：50 μm。

血清中氧化应激因子的水平

图 2-4 显示，DSS-G 组中的 CAT 和 T-SOD 水平（152.96±53.9 和 64.79±8.51）显著低于 C-G 组（589.33±61.9 和 91.88±5.12）（$P<0.01$），而 DSS-G 组的 MDA 和 MPO 水平（10.58±2.95 和 830.04±71.1）高于 C-G 组（5.50±2.69 和 786.62±60.5）。与 DSS-G 组相比，LA-G 组（536.58±68.1 和 89.86±2.15）和 SSZ-G 组（477.68±103.1 和 89.96±6.52）的 CAT 和 T-SOD 水平均增加（$P<0.05$）。LA-G 组（5.59±2.59 和 794.64±51.9）、SSZ-G 组（6.59±3.69 和 795.22±55.5）和 BB-G 组（6.81±2.67 和 797.34±49.0）的 MDA 和 MPO 含量显著降低（$P<0.01$），但 BB-G 组中的 CAT 没有显著变化。综上所述，LA-G 组的数据更接近 C-G，这证实了 LA-XY27 的效果更好。

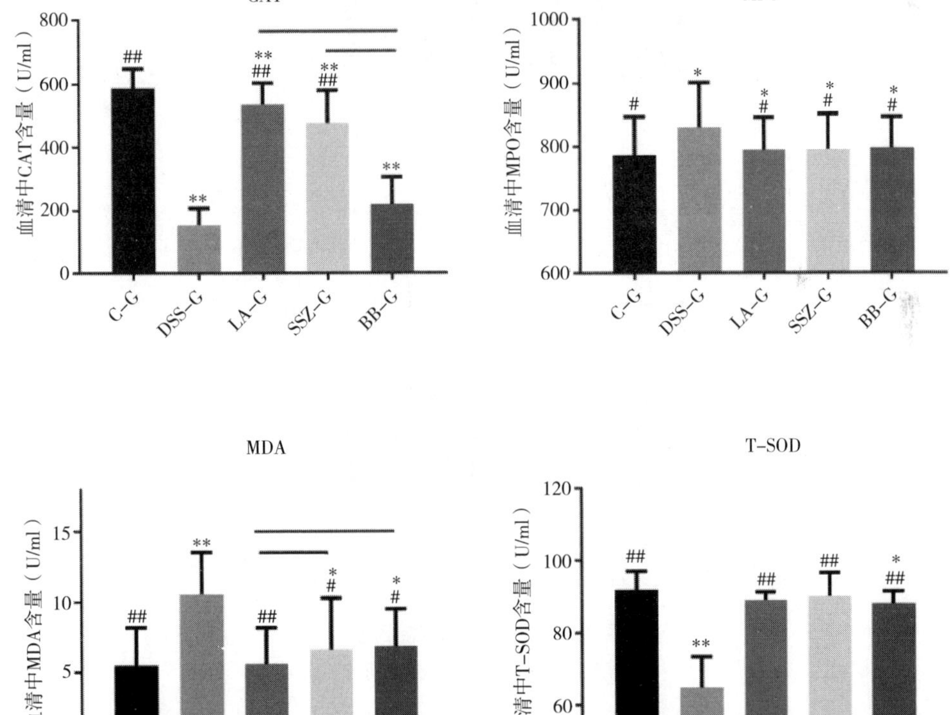

图 2-4　血清中的氧化应激因子

注：* 或#表示 $P<0.05$，** 或##表示 $P<0.01$。

血清中炎症细胞因子的水平

图 2-5 显示，在所有组中，C-G 组血清中 IFN-γ、IL-1β、IL-6、IL-12 和 TNF-α 的水平最低，而 IL-10 的水平最高，而上述指标在 DSS-G 组中呈相反趋势，两组之间有明显差异（$P<0.01$）。三个干预组的 IFN-γ、IL-10、IL-12、IL-6 和 TNF-α 浓度均显著改善（$P<0.05$），尤其是 LA-G 组，它和 C-G 组之间的 IFN、TNF 和 IL-12 浓度差异无统计学意义。

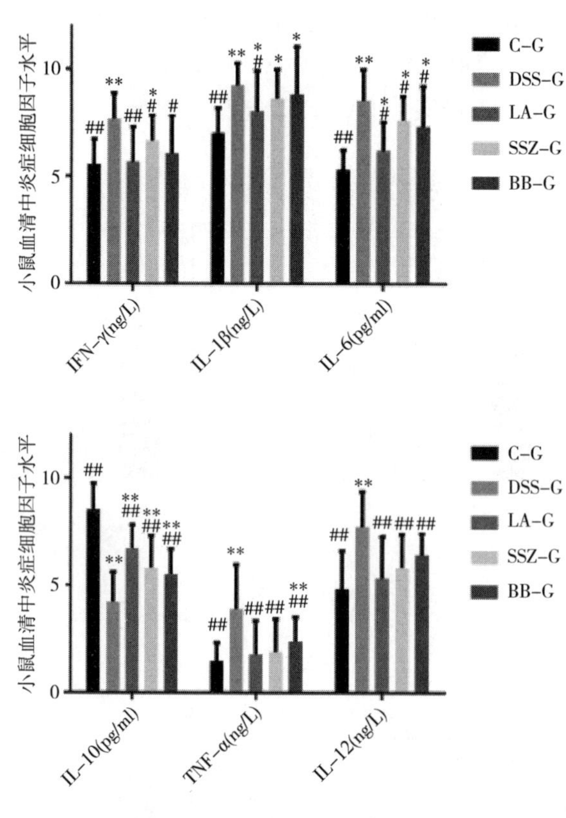

图 2-5　血清中的炎症因子

注：* 或#表示 $P<0.05$，** 或##表示 $P<0.01$。

结肠组织的基因表达

如图 2-6 所示，与 C-G 组相比，DSS-G 组 EIK-1、IL-12、IL-1β、COX-2、TNF-α、大肠杆菌、LPS 和 p100 基因的相对表达水平较高，而 ZO-1、NF-κB、p53 和 IκB-α 基因的相对表达水平较低（$P<0.01$），这与先前报道的血清水

平一致。虽然各组间 LPS、EIK-1、p100、TNF-α 水平存在差异，但大肠杆菌、IL-12、NF-κB、ZO-1 和 IL-1β 的变化更为明显。一般而言，与其他两个治疗组（SZZ-G 和 BB-G）相比，LA-G 组 EIK-1、IL-12、IL-1β、TNF-α、大肠杆菌、LPS、p100 和 COX-2 基因的相对表达水平显著低于 DSS-G 组，而 ZO-1、NF-κB、p53 和 IKB-α 基因的相对表达水平显著增加并且更接近 C-G 组，表明 LA-XY27 能更有效地调节炎症因子水平。

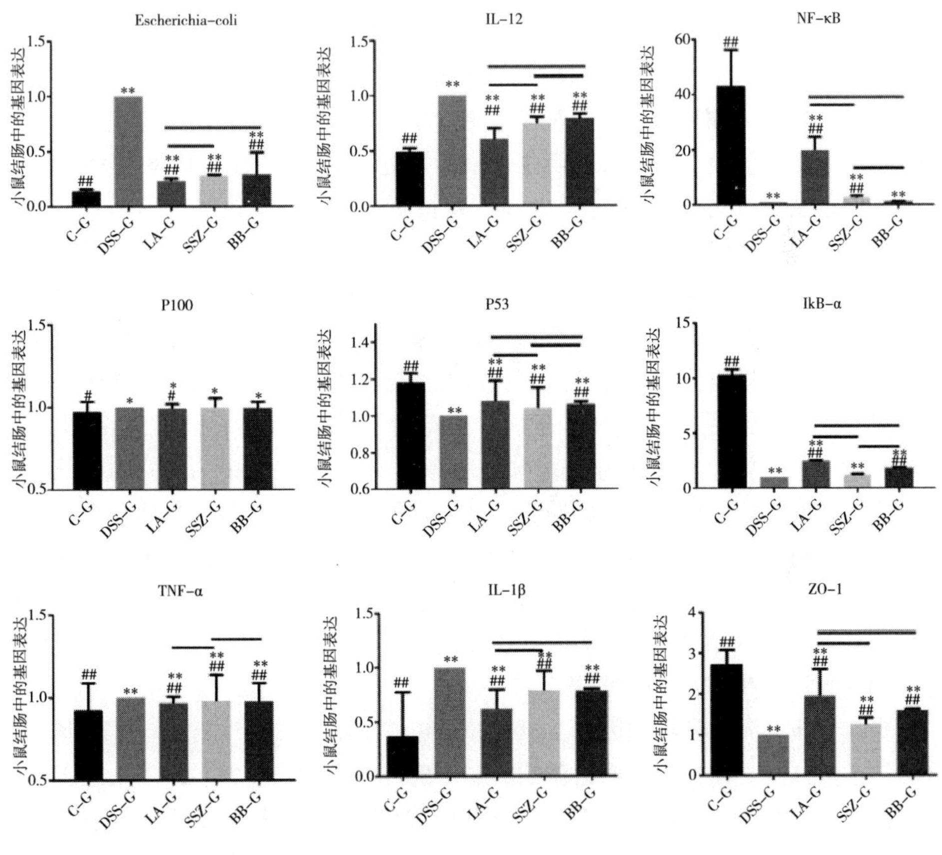

图 2-6 结肠中的基因表达

注：＊表示与 C-G 相比存在显著差异，#表示与 DSS-G 相比存在明显差异，使用水平线表示三个干预组之间是否存在统计差异；＊或#表示 $P<0.05$，＊＊或#表示 $P<0.01$。

讨论

本研究采用 DSS 诱导模型验证了 LA-XY27 对结肠炎的预防和调节作用。DSS 可诱发浅表溃疡、黏膜损伤、腹泻、直肠出血和体重下降，该模型是基本模型且可重复，其临床症状类似于溃疡性结肠炎。

DAI 疾病评分结果显示，LA-XY27 对便血有良好的缓解作用，并可缓解 3% DSS 喂养引起的体重下降。由于结肠水肿，DSS 模型小鼠体重增加，结肠长度缩短，结肠重量与结肠长度之比高于正常小鼠。LA-G 组结肠长度明显比 DSS-G 组长，并且结肠重量/长度比小于 DSS-G 组。结肠组织病理切片进一步显示，LA-XY27 治疗显著减少了炎症引起的淋巴细胞浸润和增殖，初步证明了 LA-XY27 对 DSS 诱导的结肠炎的抗炎作用。本研究观察到 LA-XY27 治疗不仅可以缓解结肠缩短和结肠重量/长度比降低，还可以防止黏膜损伤，缓解炎症细胞浸润。因此，推测 LA-XY27 可能对肠黏膜有良好的保护作用。

结肠炎导致活性氧（ROS）和活性氮（RNS）等自由基含量迅速增加，进一步加重结肠组织的损伤和毒性，随之而来的是过氧化产物 MDA 和 MPO 的含量显著增加，以及抗氧化剂 SOD 和 CAT 的含量降低。因此，通过检测血清和结肠组织中的相关氧化指数和炎症因子，验证了 LA-XY27 的抗氧化和抗炎作用。CAT 是过氧化物酶体的标记酶，存在于所有已知动物的各种组织中的细胞过氧化物中。CAT 是生物防御系统中具有强抗氧化功能的关键酶之一，它可以将过氧化氢分解成水和氧气排出体外，降低过氧化氢的浓度和毒性，保护细胞和组织免受氧化应激影响。MPO 是一种血红素蛋白，由炎症刺激引起的中性粒细胞聚集和分散而释放出来。MPO 水平的显著增加表明存在炎症反应，MPO 活性的降低表示炎症组织中的中性粒细胞聚集的减少。在正常细胞中，SOD 保护身体免受自由基造成的组织损伤，因此抑制体内 SOD 水平的降低可以有效减轻身体的损伤。上述指标是氧化应激的生物标志物。本研究中，所有治疗组血清中 CAT 和 T-SOD 水平均升高，MDA 和 MPO 水平均有效降低，而且嗜酸乳杆菌 XY27 的效果优于保加利亚乳杆菌和柳氮磺胺吡啶。

炎症介质，尤其是细胞因子，可以介导免疫细胞调节炎症反应，平衡肠黏膜屏障功能。许多文献报道，肠道菌群的益生菌可以通过调节炎症因子来改善肠屏障功能。在本研究中，LA-XY27 治疗可以有效降低血清中许多促炎症细胞因子的水平，包括 IFN-γ、IL-1β、IL-6、TNF-α 和 IL-12，并增加抗炎症细胞因子 IL-10 的水平。结肠炎小鼠结肠中的基因表达进一步证实了这一结果，LA-XY27 治疗组中结肠炎小鼠的 COX-2、EIK-1、大肠杆菌、LPS 和 p100 基因的相对表达水平显著低于模型组，而保护因子 ZO-1、NF-κB、p53 和 IKB-α 的相对表达水平显著升高。COX-2 基因表达的降低还下调了促炎症因子的表达，抑制了炎症反应，减少了肠道炎症反应和免疫应答，阻断了炎症因子，激活了 NF-κB 通路，这在抑制局部炎症反应和治疗 UC 中非常重要。LPS 是内毒素拮抗剂的潜在候选物。最近的研究表明，来自某种细菌的 LPS 不仅是促炎症细胞因子（如

TNF-α）的诱导剂，而且是具有普遍作用类型的竞争性内毒素拮抗剂。

在本实验中，LA-XY27 的效果优于保加利亚乳杆菌，这可能是由于物种特异性。一些作者通过分析 27 项实验，对不同类型益生菌对 UC 的影响进行了荟萃分析，证明益生菌在治疗 CD 和 UC 方面普遍有效，乳酸益生菌对 UC 更有效。尽管本实验结果呈阳性，但有效菌株仍然非常有限，临床疗效和证据还不够充分。本实验中的菌株是由新疆维吾尔自治区西北部新源县牧民分离提纯的，该地区气候和地理条件得天独厚，长期以来，牧民生产的传统酸奶具有良好的保健作用。初步实验还证明，从红原草原（中国四川阿坝州阿坝藏族羌族自治州）的牦牛酸奶中分离出的发酵乳杆菌可以通过其抗氧化作用减轻 HCl/乙醇性小鼠胃损伤。另一种从红原传统发酵牦牛酸奶中分离出的发酵乳杆菌 HY01（LF-HY01）已被证明对右旋糖酐硫酸酯钠诱导的小鼠结肠炎具有预防作用。

结果表明，LA-XY27 主要通过降低促炎症因子水平、增强抗炎症因子和抗氧化能力以及恢复肠屏障功能来预防和缓解结肠炎症状。LA-XY27 的作用机制值得进一步研究，然而，荟萃分析为使用嗜酸乳杆菌治疗儿童急性胃肠炎提供了有限的证据。因此，应开展更多大规模、高质量的临床试验，以验证菌株的临床应用可行性，而该体外研究结果可为今后的临床研究提供依据和参考。

结论

在本研究中，相较于保加利亚乳杆菌和柳氮磺胺吡啶，嗜酸乳杆菌 XY27 在预防 DSS 诱导的结肠炎和缓解小鼠结肠炎症状方面具有更好的效果。嗜酸乳杆菌 XY27 主要通过增强抗氧化能力、修复肠屏障、调节炎症相关基因的表达和炎症因子的分泌来发挥作用。

第二节　发酵乳杆菌改善溃疡性结肠炎小鼠的炎症反应的效果

引言

溃疡性结肠炎（UC）是一种慢性非特异性炎症性肠病，主要症状包括腹痛、腹泻、便血、体重下降等。该病有不同的严重程度，极易复发，严重影响患者的生活质量，并可进一步发展为结肠癌。它发生在世界各地，但发病率因种族、地区、年龄和性别而异。其发病机制可能与多种因素、多环节的综合作用有关，包括免疫紊乱、肠道菌群失调、免疫应答失衡等。流行病学数据显示，溃疡性结肠炎的发病率和患病率呈上升趋势，这可能与患者生活方式、饮食习惯和生活习惯的改变有关。治疗结肠炎的常用药物包括柳氮磺吡啶、氨基水杨酸和糖皮质激素，然而，持续使用药物会对人体产生一定的副作用。因此，针对溃疡性结肠炎的安全性高且副作用少的治疗方法近年来引起了科学界的关注。

新疆是中国西北少数民族聚居地之一。乳制品是传统饮食文化的一部分，不可或缺。与现代技术相比，传统的乳制品生产方式更加生态自然，生产的益生菌种类更加丰富。乳制品提供了丰富的乳酸菌，从传统乳制品中筛选乳酸菌不仅丰富了乳酸菌菌株库，而且为工业生产中的有益菌株提供了来源。

益生菌是存在于人体胃肠道中的活性微生物，对人体健康有益。它们可以在人体内发挥各种生理和生化功能，包括维持肠道菌群平衡，改善肠黏膜功能，抑制肠道病原菌生长，预防胃肠道感染和炎症性肠病等。乳酸菌被认为是最安全的益生菌，许多研究已经检验了乳酸菌的功效。Woo 等评估了植物型戊糖乳杆菌 C29 对 d-半乳糖诱导的衰老小鼠记忆损伤的作用。结果表明，植物型戊糖乳杆菌 C29 治疗可以延缓 d-半乳糖诱导的记忆衰退。Long 等评估了植物乳杆菌 KFY04 在肥胖小鼠的过氧化物酶体增殖物激活受体（PPAR）通路中的作用。结果表明，植物乳杆菌 KFY04 可以抑制小鼠肥胖，并减少氧化损伤和炎症。Hu 等研究了植物乳杆菌 LP33 对铅中毒大鼠肝损伤的作用。结果表明，植物乳杆菌 LP33 可以减轻铅中毒大鼠肝脏中铅诱导的氧化应激和炎症，并增加铅的排泄。因此，筛选具有特殊效果的乳酸菌并将其应用于生产具有重要意义。

本研究从中国新疆昭苏县巴勒克苏-凯斯克草原的传统发酵牦牛酸奶中分离并纯化了 ZS40，并使用 3%的 DSS 诱导小鼠建立溃疡性结肠炎模型。然后，通过测量结肠组织的长度和重量，观察病理变化，测定血清中相关炎症因子的水平，检测结肠组织中相关 mRNA 和蛋白的相对表达水平，对作用机制进行了初步分析。本研究结果为进一步研究乳酸菌治疗溃疡性结肠炎和开发新型乳酸菌制剂提供了理论依据。

结果

实验菌株

如图 2-7 所示，平板上的实验菌株菌落呈圆形，饱满，边缘整齐，表面湿润光滑。革兰氏染色结果为蓝紫色，表明实验菌株 ZS40 为革兰氏阳性。未观察到芽增殖，表明 ZS40 是乳酸菌。

发酵乳杆菌 ZS40 的体外耐药性试验

ZS40 在 pH 3.0 的人工胃液下的存活率为 79.32%，使用 0.3%胆盐时的生长效率为 15.31%。结果表明，ZS40 在体外表现出足够的抗性，可用于后续的动物实验。

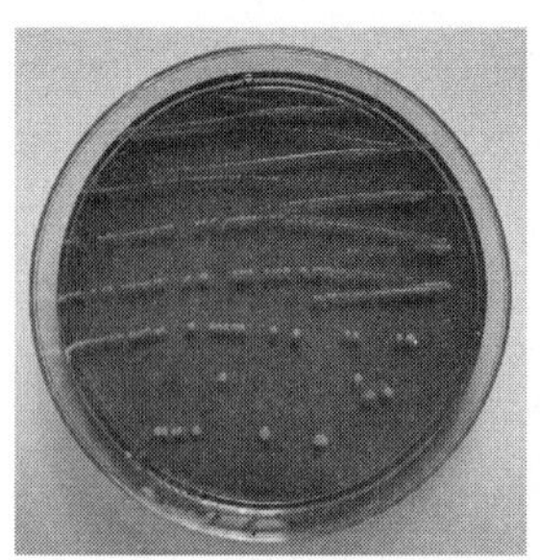

（A）实验菌株的菌落

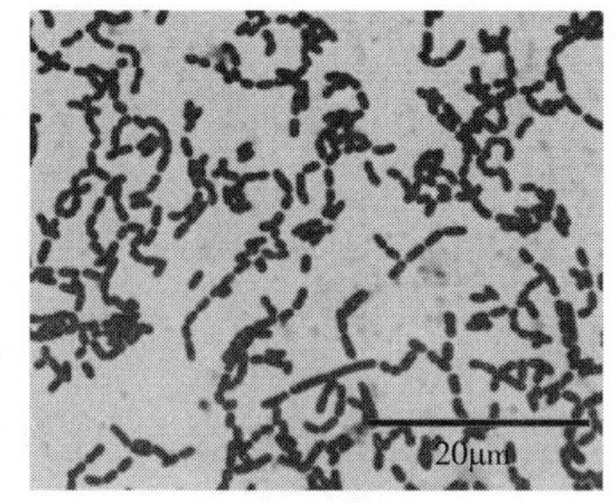

（B）革兰氏染色

图 2-7　实验乳酸菌 ZS40 的形态特征

结肠长度

小鼠结肠炎模型的成功构建主要表现为结肠缩短、肠黏膜水肿和可见溃疡形成。如图 2-8 所示，测量了结肠长度，以评估结肠炎对结肠长度的影响。各组小鼠的结肠长度如下：对照组为（7.43±0.11）cm，DSS 组为（4.83±0.38）cm，SSZ 组为（7.15±0.08）cm，ZS40 组为（6.90±0.22）cm，LB 组为（5.55±0.07）cm。这些治疗组的测量结果明显比 DSS 组长，对照组的结肠长度差异有统计学意义（$P<0.0001$）。此外，DSS 组还观察到肠黏膜充血和水肿。结果表明，SSZ、ZS40 和 LB 可用于治疗小鼠结肠缩短，并能够显著减轻充血、水肿和溃疡。

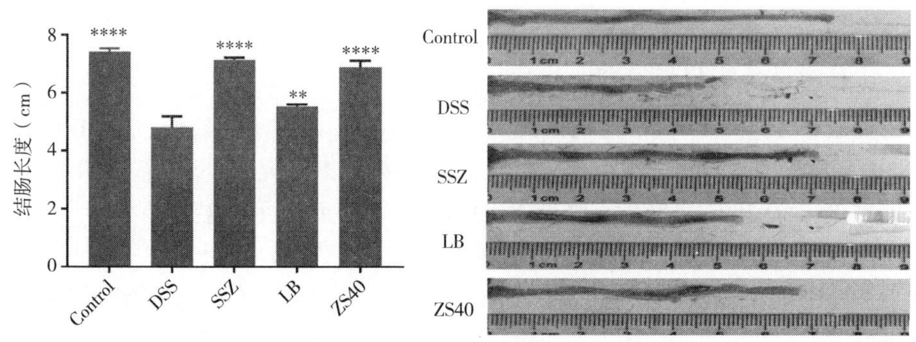

图 2-8　实验小鼠的结肠长度（cm）

注：Control：对照组，盐水灌胃；DSS 组：3%右旋糖酐硫酸钠；SSZ 组：灌胃 500 mg/kg 剂量水杨酸偶氮磺胺吡啶；LB 组，灌胃 1.0×10^9 CFU/kg 剂量保加利亚乳杆菌；ZS40 组：灌胃 1.0×10^9 CFU/kg 剂量发酵乳杆菌 ZS40；与 DSS 组相比，＊＊表示 $P<0.01$，＊＊＊＊表示 $P<0.0001$，下同。

组织学分析

苏木精-伊红染色后观察病理组织（图 2-9）。对照组结肠黏膜上皮细胞完整，炎症细胞正常，无浸润，杯状细胞排列整齐，未见充血、水肿。DSS 组上皮细胞明显受损，肠壁增厚，并观察到水肿，炎症细胞浸润，杯状细胞体积缩小。SSZ、ZS40 和 LB 治疗后，充血、水肿、细胞浸润和糜烂症状得到缓解。ZS40 对结肠组织的改善作用最大，还改善了 DSS 诱导的结肠损伤并预防了结肠炎。

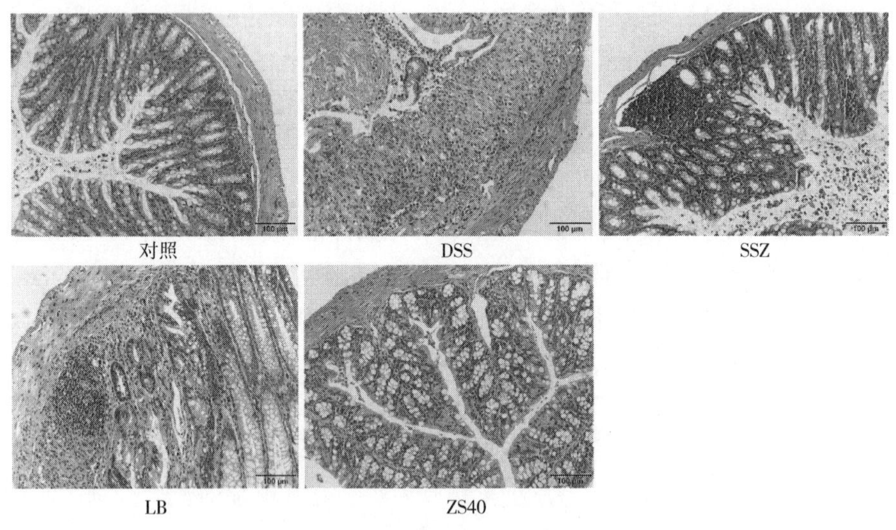

图 2-9　结肠组织病理学观察，200×

小鼠血清生化指标分析

如图 2-10 所示，DSS 组的血清 T-SOD 和 CAT 活性水平最低，但 MPO 活性和 MDA 含量最高，而对照组则呈现相反的趋势。本研究中，SSZ、ZS40、LB 可以提高 T-SOD 和 CAT 活性，降低 MPO 活性和 MDA 含量。这些结果表明，它们可以清除羟基自由基，从而缓解小鼠结肠炎症状。ZS40 组的 T-SOD、CAT、MPO 和 MDA 活性水平与最接近正常对照组，表明 ZS40 对小鼠结肠炎的治疗作用最好。

血清内 IL-1β、IL-6、IL-10 和 TNF-α 水平的测定

DSS 组中促炎症细胞因子 IL-1β、IL-6 和 TNF-α 的水平显著升高，而在对照组中观察到相反的趋势（图 2-11）。ZS40 治疗可抑制 IL-1β、IL-6、IL-12 和 TNF-α 的水平，并提高 IL-10 的水平，且小鼠血清细胞因子水平接近正常对照

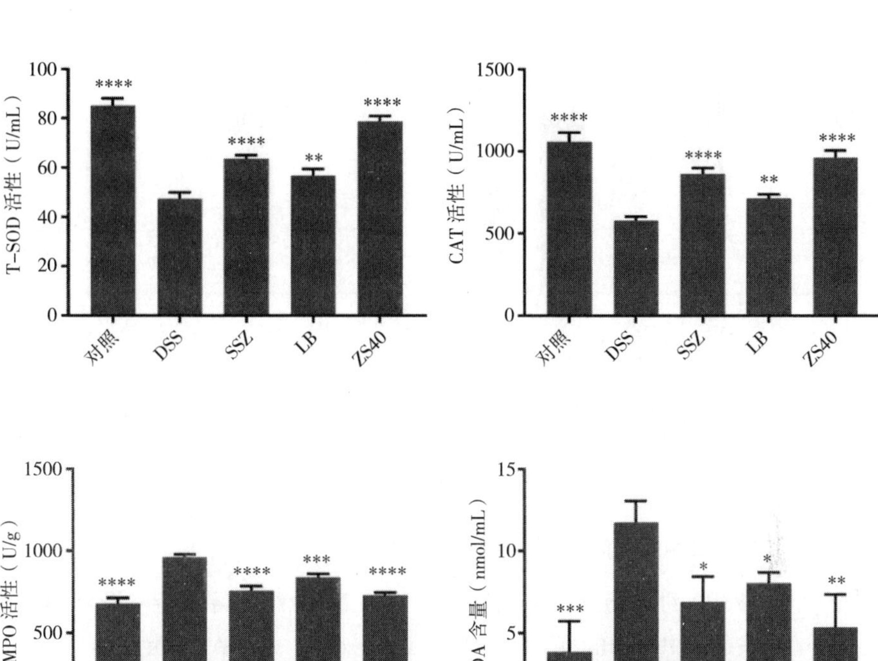

图 2-10　小鼠血清中超氧化物歧化酶（T-SOD）、髓过氧化物酶（MPO）、过氧化氢酶（CAT）和丙二醛（MDA）的水平

组。结果表明，ZS40 可以抑制促炎症因子，促进抗炎症细胞因子，从而减轻炎症。

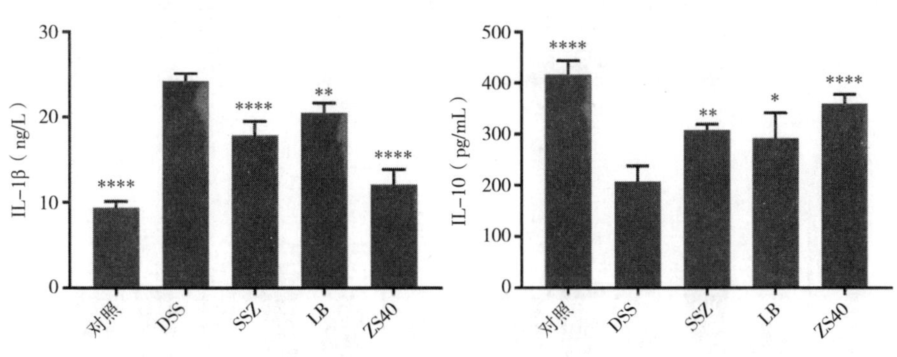

图 2-11

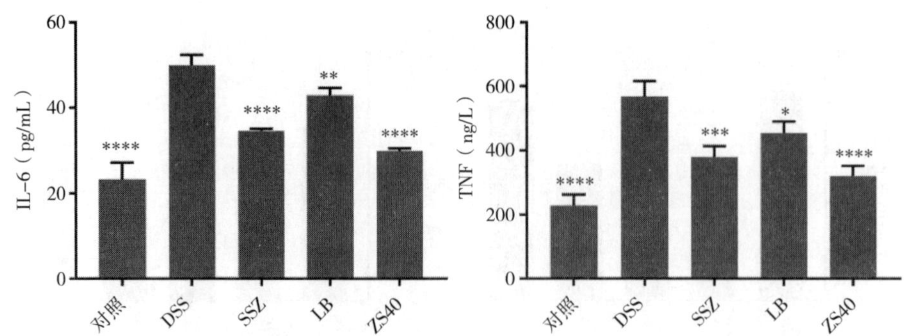

图 2-11　小鼠血清中的细胞因子水平（IL-1β、IL-6、IL-10 和 TNF-α）

注：与 DSS 组相比，* 表示 $P<0.05$，** 表示 $P<0.01$，*** 表示 $P<0.001$，**** 表示 $P<0.0001$，下同。

发酵乳杆菌 ZS40 对 NF-κB 通路的影响

为了评估 ZS40 对结肠炎的抑制作用是否由 NF-κB 通路介导，研究测量了结肠组织中 IκB-α、NF-κBp65、IL-6 和 TNF-α 的 mRNA 和蛋白表达相对量（图 2-12）。与对照组相比，DSS 组结肠组织中 NF-κBp65、IL-6、TNF-α 的 mRNA 和蛋白表达相对量增加，而 IκB-α 的 mRNA 和蛋白表达相对量降低。ZS40 组则相反，更接近对照组。

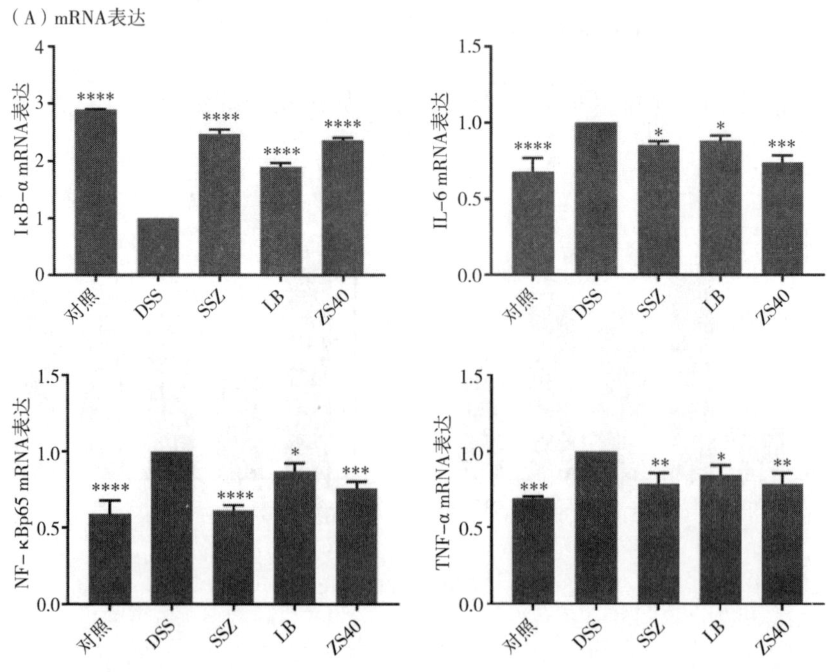

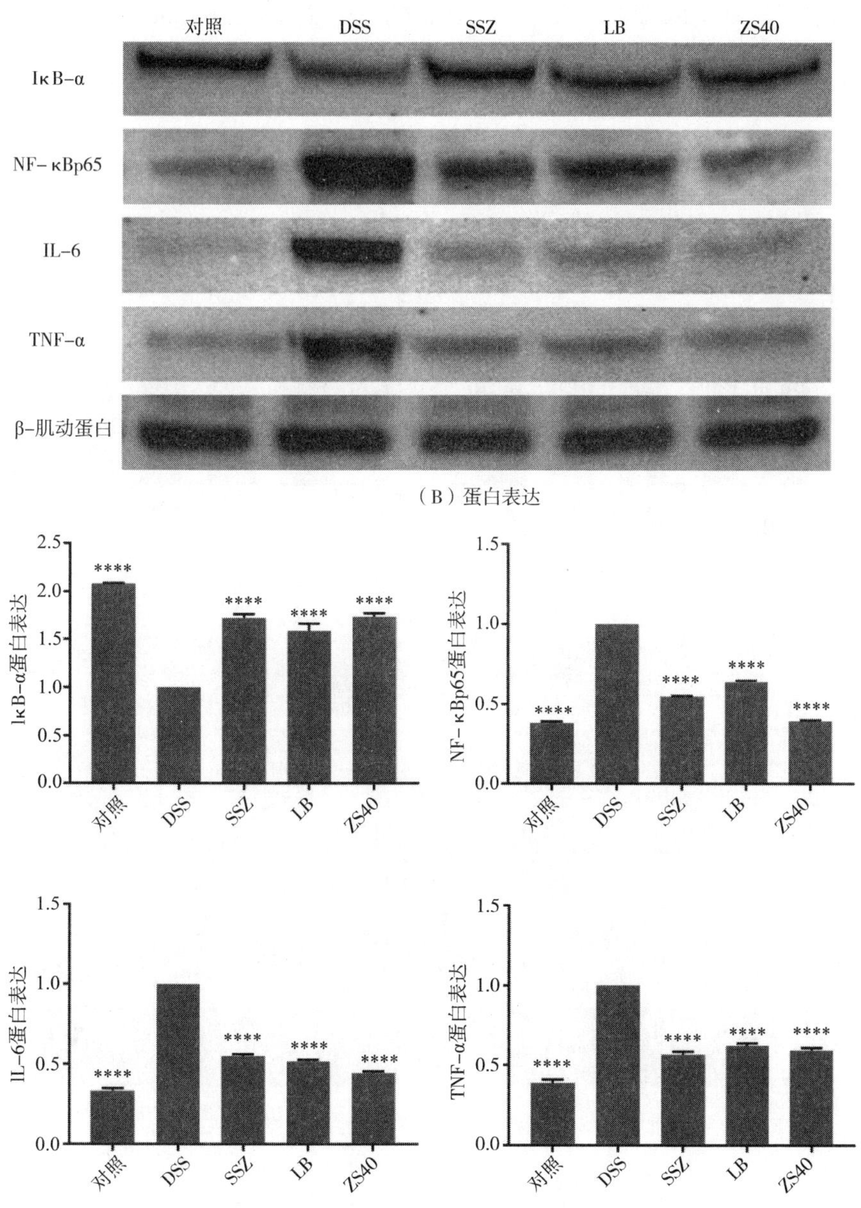

（B）蛋白表达

图 2-12　小鼠结肠组织中 IκB-α、NF-κB、IL-6 和 NF-κB 抑制剂-α（IκB-α）的 mRNA 和蛋白表达水平

发酵乳杆菌 ZS40 对 MAPK 通路的影响

为了评估 ZS40 对结肠炎的抑制作用是否由 MAPK 通路介导，研究测定了结肠组织中 p38 和 JNK1/2 的 mRNA 表达相对量，以及 p38、p-p38、JNK1/2 和 p-JNK1/2 的蛋白表达相对量（图 2-13）。与对照组相比，DSS 组结肠组织中 p38 和 JNK1/2 的 mRNA 表达相对量以及 p38、p-p38、JNK1/2 和 p-JNK1/2 的蛋白表达相对量增加。ZS40 组与对照组更相似。

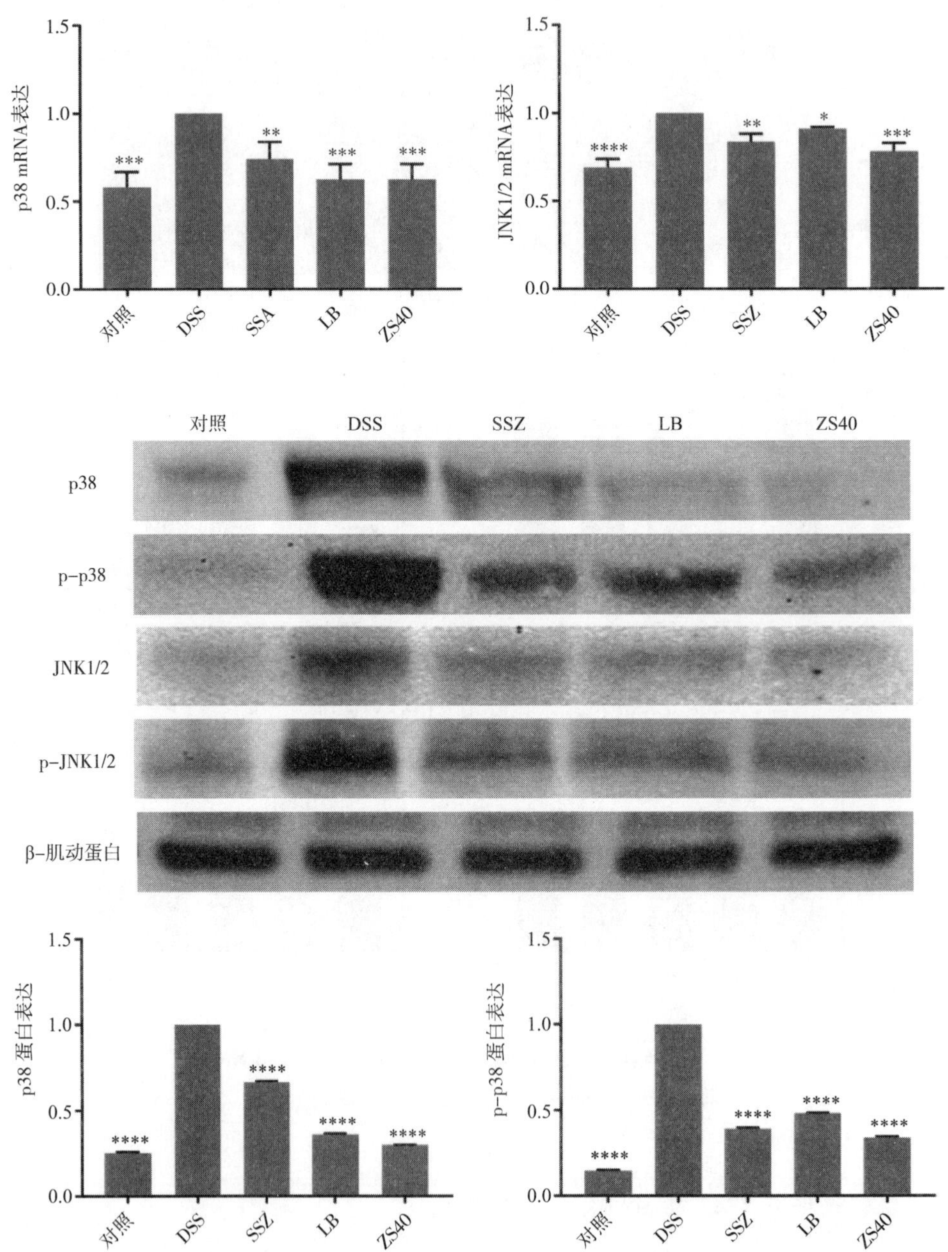

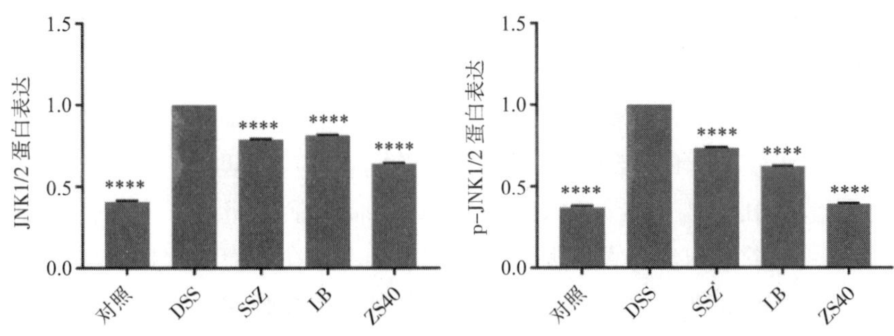

图 2-13　小鼠结肠 p38 和 JNK1/2 mRNA 和蛋白表达

讨论

溃疡性结肠炎是一种病因和发病机制复杂的慢性非特异性炎症。大量数据表明，益生菌对结肠炎具有不同程度的治疗缓解作用。Zhou 等证明了发酵乳杆菌 CQPC04 对 DSS 诱导的小鼠结肠炎具有一定的治疗作用，并认为其与核因子-κB 信号通路有关。Michael 等证明了植物乳杆菌 299V 可用于防治 IL-10 缺乏小鼠的自发性结肠炎。此外，益生菌是人体内的正常细菌，具有高安全性和低毒性，且无副作用。在未来，益生菌可能会被用于治疗结肠炎。

本研究采用 3%的 DSS 构建小鼠结肠炎模型，建模原理是破坏肠黏膜，改变肠黏膜的通透性，并允许大分子进入肠黏膜，从而造成组织损伤，此外，该建模方法简便易行，显示出良好的再现性，且与人类结肠炎的患病率高度相似。在建模过程中，结肠炎模型小鼠的体重呈下降趋势，解剖后发现结肠明显缩短，出现水肿、出血，且有小溃疡形成。HE 染色显示受损结肠组织形态不规则变化、炎症细胞浸润、杯状细胞减少，表明所建立的小鼠结肠炎模型是成功的。本研究结果显示，ZS40 可以减轻结肠缩短和结肠组织的炎症损伤，其效果类似于常用于治疗结肠炎的柳氮磺吡啶。

通过监测抗氧化指标和脂质过氧化生物标志物，如 T-SOD、CAT、MPO 和 MDA，评估了 ZS40 对结肠炎血清中氧化应激的影响。T-SOD 存在于抗氧化酶系统中，通过清除自由基和抑制过氧化来保护细胞膜，其活性是机体抗炎反应的重要指标。CAT 是一种氧活性物质清除剂，其活性清楚地反映了机体清除羟基自由基的能力。MPO 是中性粒细胞中的一种酶，其活性表明中性粒细胞浸润和结肠炎的严重程度。MDA 是一种脂质过氧化物，在自由基攻击生物膜时形成，它可以反映脂质过氧化程度。本研究中 DSS 组血清 T-SOD 和 CAT 活性降低，MDA 含量和 MPO 活性升高。SSZ 组、ZS40 组和 LB 组血清 T-SOD 和 CAT 活性水平升高，而 MPO 活性和 MDA 含量降低，而且 ZS40 组的增强效果更好。结果表明，ZS40 可以增强抗氧化酶活性，提高机体清除氢氧自由基的能力，最终减轻对小鼠结肠的氧化损伤。

细胞因子是一类传递信号的小分子蛋白质。它们主要调节免疫应答、介导炎症，并参与组织修复。两种细胞因子均参与炎症应答：包括 IL-10 在内的抗炎症细胞因子和包括 IL-1β、IL-6 和 TNF-α 在内的促炎症细胞因子。中性粒细胞浸润结肠黏膜和巨噬细胞分泌大量促炎症细胞因子，并在炎症期间抑制抗炎症细胞因子的分泌，从而加剧炎症状态。IL-1β 通常由单核细胞和巨噬细胞产生，但也可由中性粒细胞、浆细胞和其他有核细胞在受到外界抗原刺激后合成和分泌。IL-1β 促进炎症细胞的活化和聚集，增加上皮和内皮细胞的通透性，加剧肠黏膜炎症，并介导炎症中的痛觉过敏。IL-6 是一种由活化的 T 细胞和成纤维细胞产生的促炎症因子，可激活 NF-κB 信号通路并促进细胞间黏附分子的表达。IL-6 过表达可影响肠上皮细胞，改变其通透性，浸润黏膜上的中性粒细胞，并诱导或加重肠道炎症。炎症期间，最早出现的是由单核细胞和巨噬细胞产生的 TNF-α，就结肠炎而言，它可以增加血管内皮细胞的通透性，并在炎症部位积聚炎症细胞，导致炎症细胞浸润和组织水肿。TNF-α 联合促炎症细胞因子 IFN-γ 可改变肠上皮细胞的结构。IL-10 由巨噬细胞、树突状细胞和 T 细胞分泌，在维持肠道环境稳定方面发挥重要作用。IL-10 的主要生理功能是抑制中性粒细胞，降低促炎症因子的表达，保护组织器官免受损伤。本研究中，ZS40 可显著抑制 IL-1β、IL-6、TNF-α 等促炎症细胞因子的产生，并促进抗炎症细胞因子 IL-10 的产生。

NF-κB 和 MAPK 是参与炎症调节的两条重要通路。NF-κB 在许多免疫应答和炎症反应的调节中起重要作用，它通常与其抑制蛋白 IκB 结合并在细胞质中以无活性二聚体的形式存在。然而，激活 NFκB 可以通过诱导抑制性蛋白激酶和 IκB 因炎症刺激而去磷酸化来实现。分离 NF-κB 和 IκB 后，NF-κB 被激活并转移到细胞核，以促进多种促炎症细胞因子（如 TNF-α 和 IL-6）的诱导和分泌，其中 TNF-α 和 IL-6 的转录已被证明受 NF-κB 通路的影响。此外，TNF-α 过表达可激活 NF-κB 并加剧炎症过程。MAPK 是一类细胞内丝氨酸/苏氨酸蛋白激酶，包括三个亚型：ERK、p38 和 JNK。p38 介导炎症、细胞凋亡等，激活后，p38 可以将信号从细胞质传递到细胞核，促进细胞代谢和细胞存活。JNK 是一种有丝分裂原，也称为应激激活蛋白激酶或 c-Jun 氨基端激酶，它在细胞凋亡中起重要作用，可被各种刺激激活。此外，JNK1/2 是 MAPK 的重要成员。JNK1/2 和 p-p38 是调节炎性细胞因子表达的主要因子。MAPK 信号通路可由生长因子、细胞因子、炎症和应激激活，随后参与细胞增殖、分化、转移、凋亡、细胞周期和炎症的调节。研究表明，NF-κB 是 MAPK 信号转导通路的下游组分之一。因此，

MAPK 信号通路的激活也可以间接激活 NF-κB 信号通路并诱导炎症因子的产生。综上所述，阻断 NF-κB 和 MAPK 信号通路的激活来下调炎症相关基因和蛋白的表达是治疗结肠炎的理想方法。研究评估了 ZS40 对 NF-κB 和 MAPK 激活的影响。ZS40 可以下调 NF-κBp65、IL-6 和 TNF-α 的 mRNA 和蛋白表达相对量，上调 IκB-α 的 mRNA 和蛋白表达相对量。它还可以下调 p38 和 JNK1/2 的 mRNA 表达，以及 p38、p-p38、JNK1/2 和 p-JNK1/2 的蛋白表达，通过抑制 NF-κB 和 MAPK 通路的激活来减轻炎症。

结论

ZS40 是从中国新疆昭苏县巴勒克苏-凯斯克草原的传统发酵牦牛酸奶中分离出的一种新型乳酸菌。体外耐药性试验表明，ZS40 具有良好的体外耐药性。ZS40 可以抑制 3%的 DSS 诱导的小鼠结肠缩短、结肠损伤和肠壁增厚。它还可以提高 T-SOD 和 CAT 活性，降低 MPO 和 MDA 含量，调节促炎症细胞因子和抗炎症细胞因子的平衡，抑制 NF-κB 和 MAPK 信号通路的激活，最终减轻炎症。综上所述，该菌株可有效缓解小鼠结肠炎症状，因此可用于预防结肠炎。

第三节　植物乳杆菌调节氧化应激和免疫反应预防结肠炎

引言

乳酸菌被广泛认为是一种益生菌，是一类革兰氏阳性菌，可以发酵碳水化合物产生乳酸。植物乳杆菌属于乳酸菌属，是乳酸菌的最大属。许多体外和体内研究表明，植物乳杆菌具有抗癌、抗肿瘤、抗动脉粥样硬化等多种生理功能，在人体内能发挥抗氧化和免疫调节作用，有益于人体健康。研究表明，口服植物乳杆菌 299v 补充剂可改善冠状动脉疾病患者的血管内皮功能并减少全身炎症，因为它可以循环利用肠道衍生代谢物。从韩国泡菜中提取的益生菌植物乳杆菌 KU15149 具有抗氧化和抗炎作用。由于植物乳杆菌对人体具有许多有益的生理作用，因此植物乳杆菌的功能性已成为近年来食品和医药领域的研究热点。因此，为了进一步探索植物乳杆菌的作用，本研究使用了植物乳杆菌 ZS62 菌株，该菌株是从中国新疆维吾尔自治区伊犁哈萨克自治州昭苏县巴勒克苏-凯斯克草原牧民家中传统发酵的牦牛酸奶中分离纯化的。有研究报告表明，植物乳杆菌 ZS62 对胃有保护作用，胃和肠通常被认为是两个不可分割的器官，因此，可以推测，植物乳杆菌 ZS62 可能具有保护肠道的作用。因此，本研究对植物乳杆菌 ZS62 对炎症性肠病的预防作用进行了相关实验。

炎症性肠病（IBD）是肠道中的一组慢性和复发性炎症，溃疡性结肠炎（UC）和克罗恩病（CD）是两种主要的表型。目前，IBD 已被发现是一种全球性疾病，因此降低患病率和发病率对于减轻 IBD 的全球负担至关重要。大量研究指出，3%~5%右旋糖酐硫酸酯钠（DSS）诱导的结肠炎模型表现出与人类 IBD 相似的临床症状，并具有良好的再现性。DSS 诱导 IBD 的可能机制是破坏肠黏膜屏障，抑制肠上皮细胞增殖，并导致肠道菌群失调，从而产生免疫应答。IBD 的现有治疗方法包括药物和手术，其中，美沙拉秦（5-氨基水杨酸）和柳氮磺吡啶（SSZ）是治疗轻中度 IBD 的常用药物，但药物通常具有副作用。近年来，益生菌制剂常被用于治疗胃肠道疾病，可有效缓解胃肠道疾病症状。报告显示，保加利亚乳杆菌具有抗氧化、免疫调节等作用，可预防或减轻结肠炎症。因此，为了减轻 IBD 的全球负担，本研究选择 5%的 DSS 诱导 IBD，并将 SSZ 用作药物阳性对照，保加利亚乳杆菌用作乳酸菌阳性对照，旨在使用植物乳杆菌 ZS62 开发益生菌制剂以缓解 IBD 症状。

氧化应激和免疫应答在 IBD 的病理发展中起重要作用。临床上用于治疗 IBD 的一些药物的作用机制与体内过量自由基的清除有关，这反过来又证明了过量氧化自由基与 IBD 的发生有关。机体的抗氧化系统主要起到清除活性氧（ROS）的作用，包括酶系统和非酶系统，其中，酶系统主要指超氧化物歧化酶（SOD）和过氧化氢酶（CAT）等抗氧化酶。此外，IBD 是一种自身免疫缺陷性疾病，并且患者容易出现免疫功能障碍。黏膜免疫在先天免疫中起重要作用，包括上皮屏障和黏膜免疫细胞。黏膜固有层中的炎症效应 T 细胞（Th1 细胞）和抗炎调节 T 细胞（Treg 细胞）在适应性免疫中起重要作用。一旦这两种细胞类型的调节失衡，炎症性 T 细胞数量就会增加，黏膜屏障受损，肠道炎症就会发生。炎症的发生伴随着 TNF-α、IL-6、IL-10 等细胞因子的释放。因此，本研究旨在简单阐明植物乳杆菌 ZS62 通过氧化应激和免疫应答机制对 IBD 的预防作用。

在本研究中，通过 DSS 建立了小鼠 IBD 模型，以研究植物乳杆菌 ZS62 在氧化应激和免疫应答环境下对 IBD 的预防作用。通过测定血清抗氧化指数和炎症细胞因子水平，检查结肠长度和组织病理学变化，以及相关基因的 mRNA 和蛋白表达水平，评估了该菌株对 IBD 小鼠的治疗作用，以阐明植物乳杆菌 ZS62 预防 IBD 的作用机制。本研究结果为深入研究乳酸菌作为 IBD 治疗剂和开发新型乳酸菌制剂提供了理论依据和证据。

结果

菌株的形态特征

如图 2-14（A）所示，在 MRS 琼脂培养基中，实验菌株为不透明的白色圆形菌落，表面潮湿光滑。图 2-14（B）显示实验菌株为革兰氏阳性，没有芽孢形成，细菌呈短杆状。此外，实验还测定了 16S rRNA 基因序列，并与 Genebank 数据库中已知的标准菌株植物乳杆菌菌株（登录号：KM350169.1/KJ026622.1）的基因组进行比较，相似度为 99.80%。这些结果表明该菌株是植物乳杆菌。

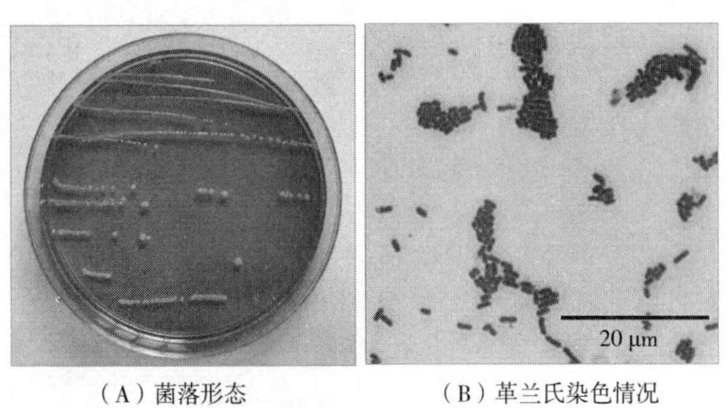

（A）菌落形态　　（B）革兰氏染色情况

图 2-14　实验菌株植物乳杆菌 ZS62 的形态特征

实验菌株的体外耐药性试验

为了确定实验菌株是否能够存活并在胃肠道内定殖，使用人工胃液和 0.3%的胆盐试验对菌株进行筛选，以确保益生菌能够在人体中发挥其益生菌功能。人体胃液的 pH 值通常维持在 3.0 左右，胆盐浓度通常在 0.03%~0.3%之间。食物在这种环境中的停留时间相对较短，通常为 1~3 h。为了评估植物乳杆菌 ZS62 的体外益生菌特性，实验测量了其在 pH 3.0 下的存活率和在 0.3%的胆盐中的生长效率。结果表明，植物乳杆菌 ZS62 在 pH 3.0 下的人工胃液中的存活率为 89.48%，在 0.3%的胆盐中的生长效率为 11.2%，表面疏水性为 10.92%。基于植物乳杆菌 ZS62 的阳性体外抗性和表面疏水性，可以初步认为该菌株具有在胃肠道中存活的潜力，并通过动物实验进一步评估了其功能特性。

实验小鼠的结肠长度

为了评估 DSS 诱导的 IBD 对小鼠结肠长度的影响，实验测量了所有小鼠的结肠长度（图 2-15）。正常对照组结肠长度为（7.75±0.16）cm，DSS 组结肠长度为（5.68±0.17）cm，有明显差异（$P<0.05$）。此外，SSZ 组、ZS62 组和 LB 组的结肠长度分别为（6.18±0.34）cm、（6.23±0.50）cm 和（6.26±0.31）cm，结肠明显长于 DSS 组（$P<0.05$）。此外，ZS62 组的平均结肠长度比 SSZ 组长。这些结果表明，植物乳杆菌 ZS62 可有效抑制小鼠结肠萎缩，在一定程度上表明植物乳杆菌 ZS62 可以预防 DSS 诱导的 IBD。

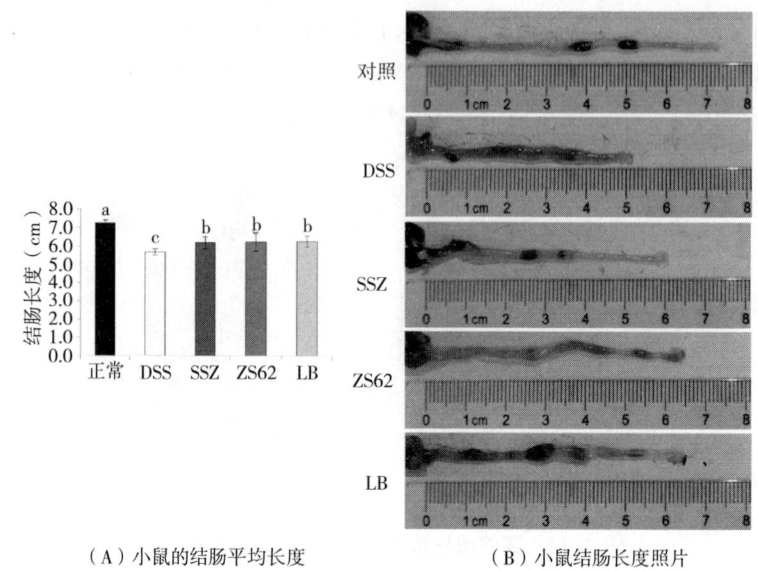

（A）小鼠的结肠平均长度　　（B）小鼠结肠长度照片

图 2-15　实验小鼠的结肠长度

注：DSS 组：5%DSS 诱导结肠炎的小鼠；SSZ 组：灌胃 500 mg/kg 剂量柳氮磺胺吡啶的 5%DSS 诱导结肠炎的小鼠；ZS62 组：灌胃 500 1.0×10^{9} CFU/mL 剂量 *Lactobacillus plantarum* ZS62 的 5%DSS 诱导结肠炎的小鼠。不同英文小写字母表示相应两组在 $P<0.05$ 水平上均有显著差异，下同。

小鼠结肠的病理组织学检查

图2-16 为苏木精-伊红染色后小鼠结肠组织的组织学形态。正常情况下，黏膜上皮细胞完整，隐窝正常，腺体排列整齐，无溃疡。然而，DSS 诱导后，观察到结肠黏膜糜烂严重，几乎所有隐窝都被破坏，杯状细胞急剧减少，固有层出现炎症细胞浸润，腺体紊乱，以及严重溃疡。在 SSZ 组、ZS62 组和 LB 组小鼠结肠组织的形态学分析中，实验发现，尽管结肠黏膜有糜烂，杯状细胞数量减少，并观察到少量溃疡，但损伤程度明显低于 DSS 组（$P<0.05$）。此外，ZS62 组结肠黏膜未见明显糜烂，隐窝相对完整，腺体排列整齐，杯状细胞完整，结肠组织形态与正常对照组相似。组织学结果表明，植物乳杆菌 ZS62 有效降低了 DSS 诱导小鼠结肠的组织病理学损伤。

小鼠血清中氧化指标 T-SOD、CAT、MDA 和 MPO 的水平

表 2-3 显示了小鼠血清中氧化指标 T-SOD、CAT、MDA 和 MPO 的水平。在小鼠血清中，正常对照组的 T-SOD 和 CAT 水平最高，而 MDA 和 MPO 水平最

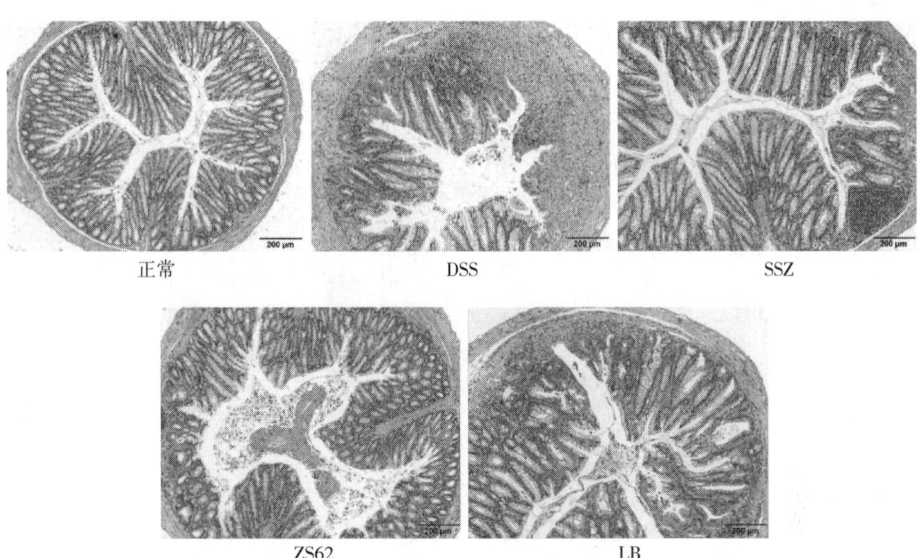

图 2-16　结肠组织病理学观察，100×

低，而 DSS 组则显示出相反的趋势。SSZ 组、ZS62 组和 LB 组小鼠血清中的 T-SOD 和 CAT 水平显著高于 SSD 组（$P<0.05$），而 MDA 和 MPO 水平显著低于 DSS 组（$P<0.05$）。其中，ZS62 组小鼠血清中氧化指标 T-SOD、MDA 和 MPO 水平最接近正常对照组。基于这些结果，可以得出结论，植物乳杆菌 ZS62 增强了小鼠的抗氧化能力，从而提高了对 DSS 诱导的 IBD 的预防效果。

表 2-3　小鼠血清中 T-SOD、CAT、MDA 和 MPO 水平

组别	T-SOD	CAT	MDA	MPO
正常	96.77±1.97[a]	543.20±29.55[a]	3.26±0.05[d]	680.12±27.78[d]
DSS	61.86±4.14[d]	166.82±7.57[d]	12.09±1.55[a]	949.14±3.39[a]
SSZ	87.13±0.55[bc]	276.42±37.64[b]	6.46±0.19[bc]	732.98±25.67[c]
ZS62	91.83±0.75[b]	225.27±5.19[bc]	4.73±0.62[cd]	693.10±27.09[cd]
LB	85.81±0.75[c]	177.89±25.04[cd]	8.06±0.52[b]	825.96±6.77[b]

小鼠血清中炎症细胞因子的水平

小鼠血清中炎症细胞因子的水平如图 2-17 所示。数据显示，DSS 组小鼠血清中促炎症细胞因子 TNF-α、IFN-γ、IL-1β、IL-12 和 IL-6 的水平最高，而抗炎症细胞因子 IL-10 的水平最低。在给予 SSZ、ZS62 和 LB 的小鼠血清中，TNF-α、IFN-γ、IL-1β、IL-12 和 IL-6 水平降低，而 IL-10 水平升高。此外，ZS62 组小鼠血清中促炎症细胞因子水平的表达更接近正常对照组。结果表明，植物乳杆菌 ZS62 可以显著降低 DSS 诱导的小鼠血清中促炎症细胞因子的分泌（$P<0.05$），并增加抗炎症细胞因子的分泌。

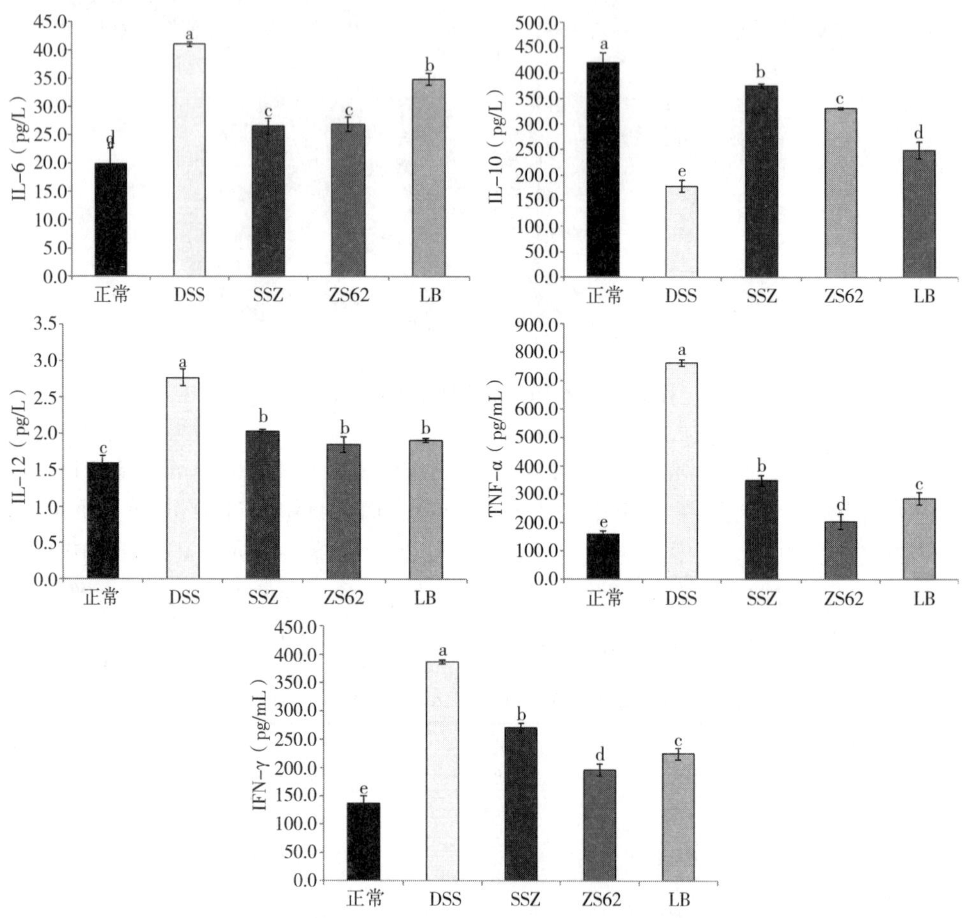

图 2-17　细胞因子 IL-6、IL-10、IL-12、TNF-α 和 IFN-γ 的浓度

小鼠结肠组织中 Cu/Zn SOD、Mn SOD、GSH-Px 和 CAT 的 mRNA 和蛋白表达水平

如图 2-18 所示，DSS 组小鼠结肠组织中 Cu/Zn SOD、Mn SOD、GSH-Px 和 CAT 的相对 mRNA 和蛋白表达水平最低，相反，正常对照组的相对表达水平最高。此外，与 DSS 组相比，SSZ 组、ZS62 组和 LB 组小鼠结肠组织中 Cu/Zn

SOD、Mn SOD、GSH-Px 和 CAT 的 mRNA 和蛋白表达水平均较高。而且 ZS62 组和 SSZ 组的表达水平较 LB 组更接近正常对照组，差异有统计学意义。这些数据表明，植物乳杆菌 ZS62 可以增强小鼠的抗氧化能力，减少 DSS 引起的自由基损伤，并保护体内的抗氧化平衡。

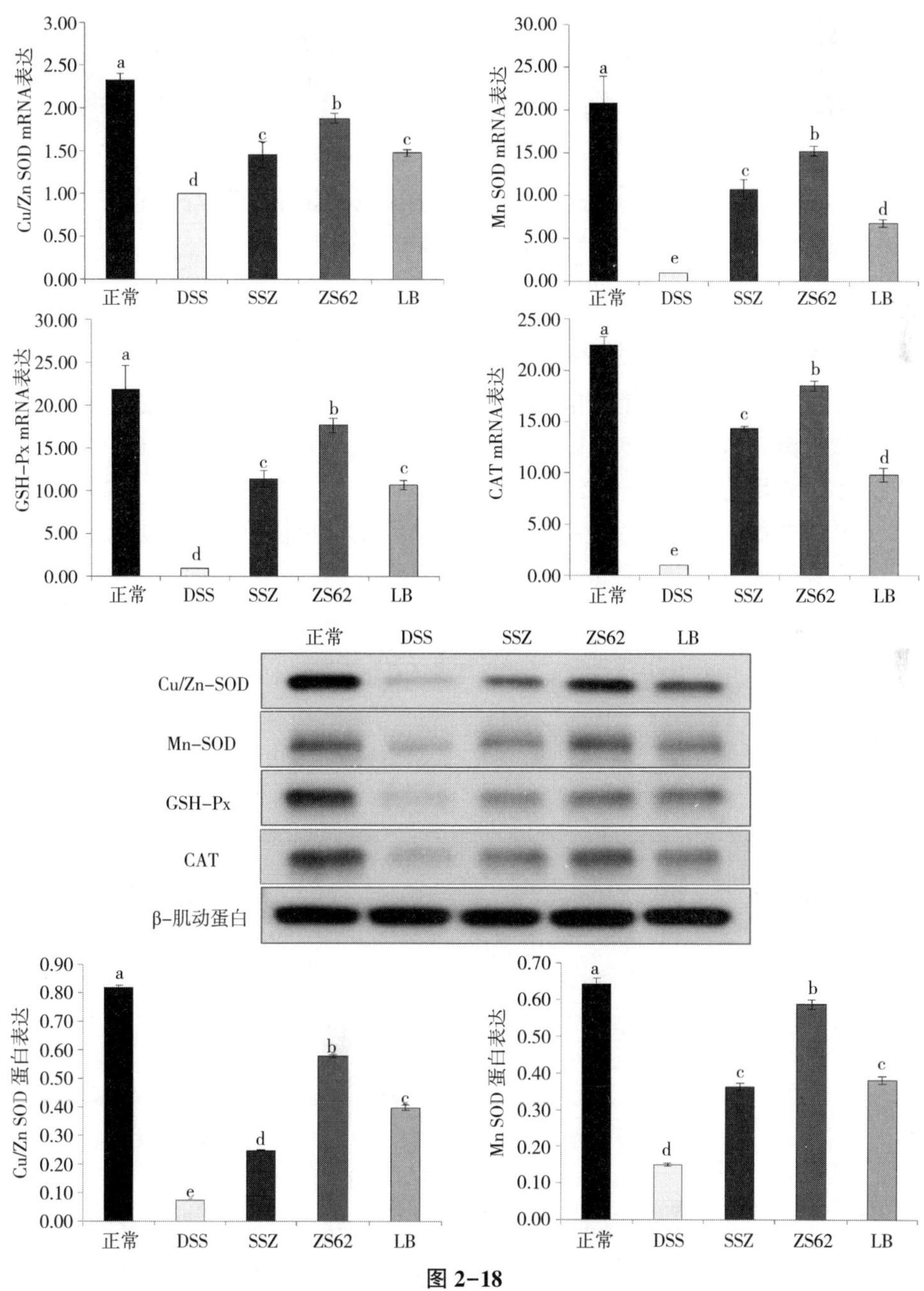

图 2-18

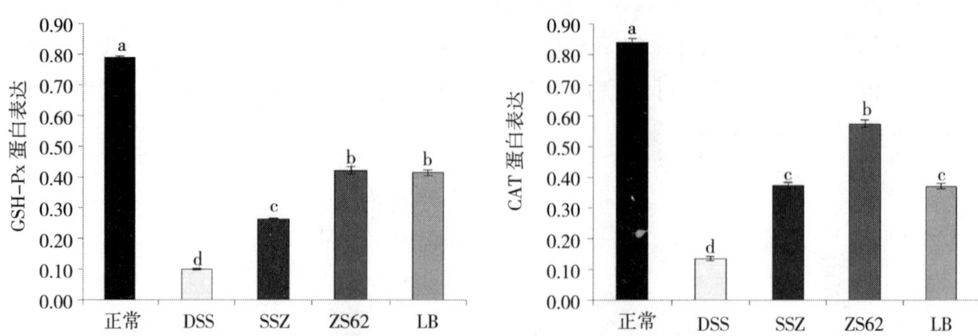

图 2-18 小鼠结肠组织中 Cu/Zn SOD、Mn SOD、GSH-Px 和 CAT 的 mRNA 和蛋白表达水平

小鼠结肠组织中 IL-1β、IL-12、TNF-α 和 IL-10 的 mRNA 和蛋白表达水平

图 2-19 显示了正常对照组小鼠结肠组织中 IL-1β、IL-12 和 TNF-α 的相对 mRNA 和蛋白表达水平最低，IL-10 的相对 mRNA 及蛋白表达水平最高，而 DSS 组则显示出相反的趋势。ZS62 组的表达水平显著低于 DSS 组（$P<0.05$），但略高于正常对照组。这些结果表明，植物乳杆菌 ZS62 可以有效平衡促炎和抗炎反应，并在免疫调节中发挥有益作用。

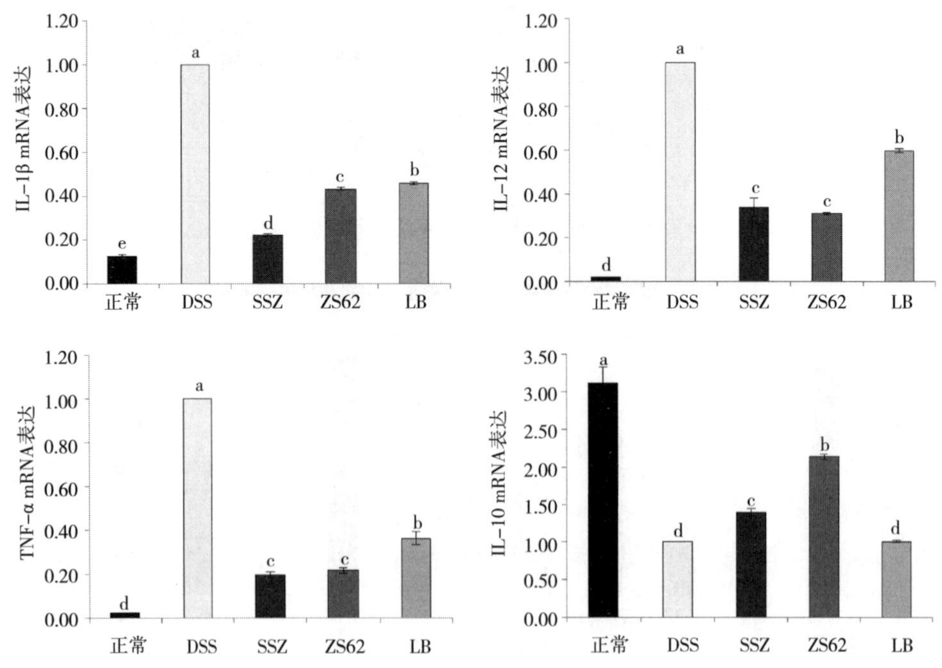

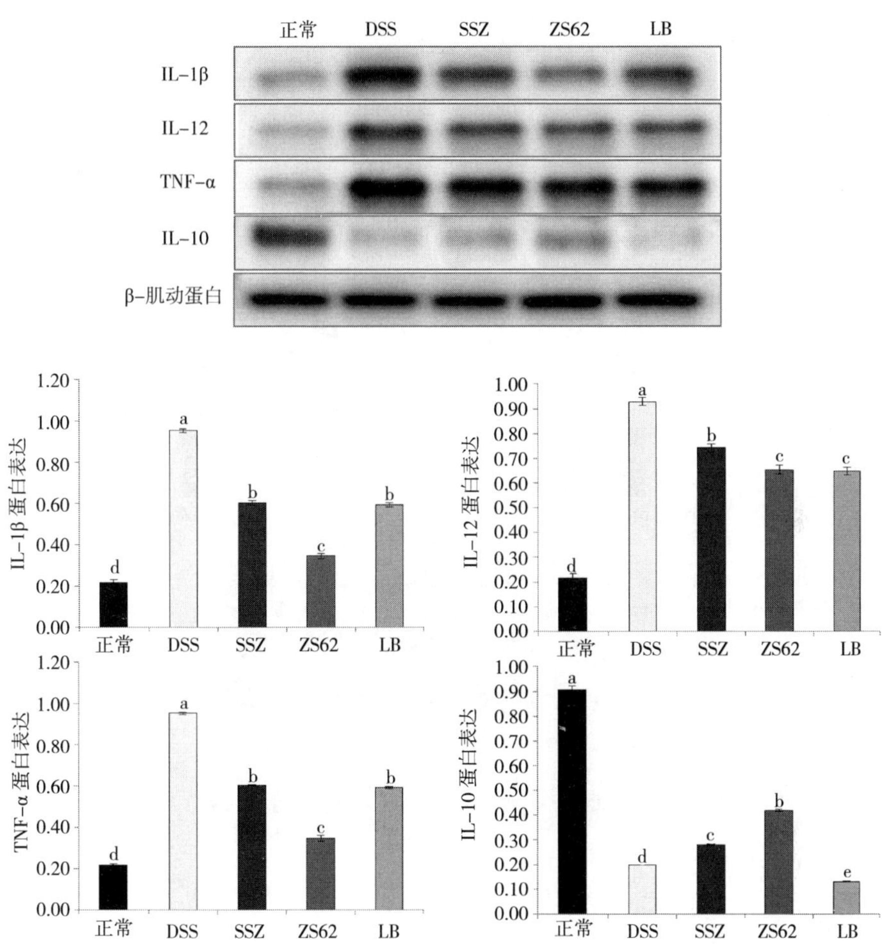

图 2-19　小鼠结肠组织中 IL-1β、IL-12、TNF-α 和 IL-10 的 mRNA 和蛋白表达水平

小鼠结肠组织中 COX-2、iNOS、NF-κB p65 和 IκB-α 的 mRNA 和蛋白表达水平

与 DSS 组相比，正常对照组、SSZ 组、ZS62 组和 LB 组中 COX-2、iNOS 和 NF-κB p65 的 mRNA 和蛋白表达水平均较高，而 IκB-α 的 mRNA 和蛋白表达水平均较低（图 2-20）。其中，正常对照组 iNOS 和 NF-κB p65 的相对 mRNA 和蛋白表达水平最低，其次是 ZS62 组，然后是 SSZ 组和 LB 组。正常对照组中 IκB-α 的相对 mRNA 和蛋白表达水平最高，并且 ZS62 组最接近正常对照组。这些结果表明，植物乳杆菌 ZS62 可以通过调节免疫反应来减轻由 DSS 引起的炎症反应。

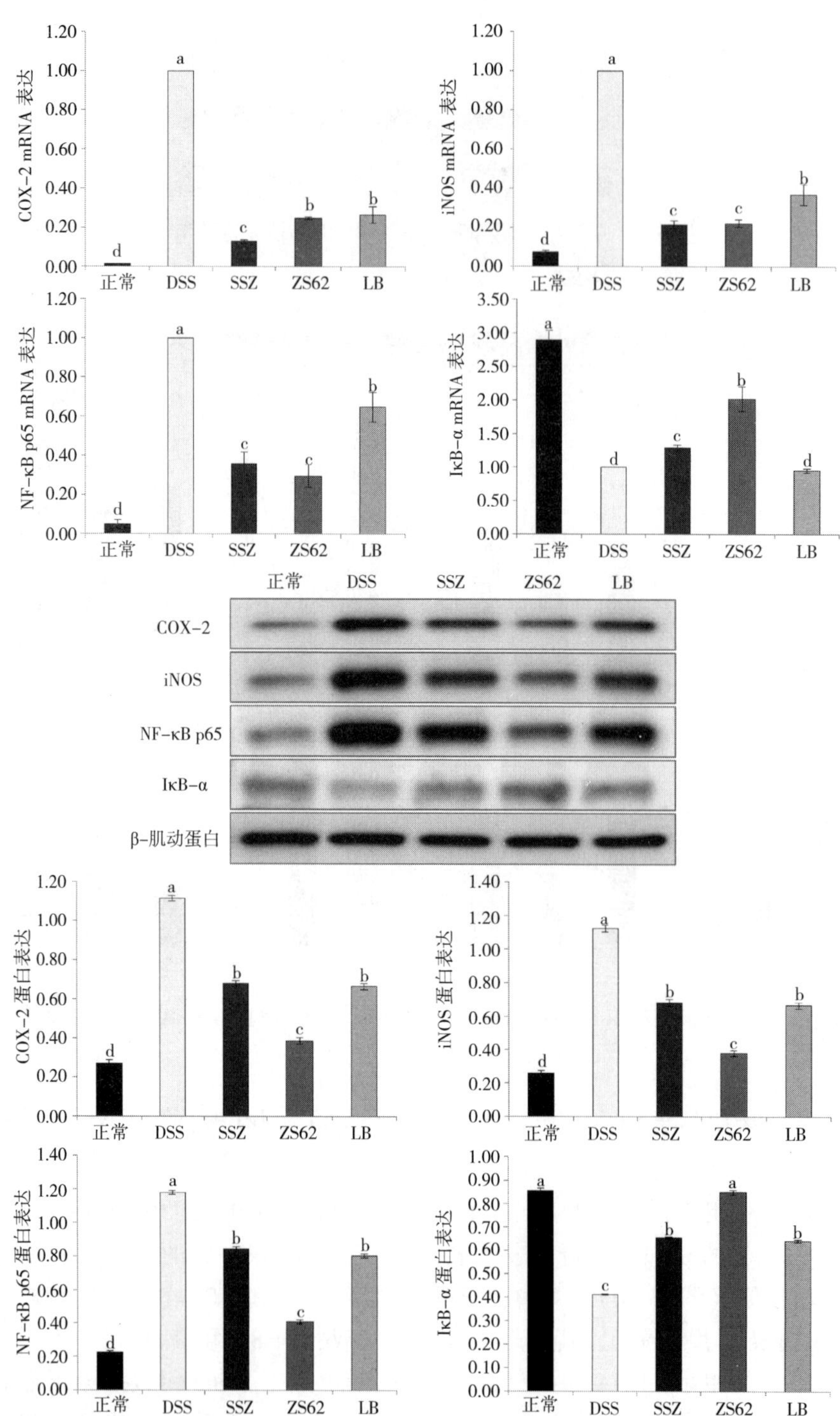

图 2-20　小鼠结肠组织中 COX-2、iNOS、NF-κB p65 和 IκB-α 的 mRNA 和蛋白表达水平

讨论

作为一种重要的益生菌，乳酸菌可以增强人体的免疫力，预防一些胃肠道疾病的发生。大多数研究表明，肠细胞氧化损伤会导致黏膜损伤，并且与 IBD 的发生密切相关。此外，肠上皮细胞的感染以及有害物质的释放可以增加肠上皮的通透性，而病原菌可穿透受损的黏膜屏障，引发一系列免疫应答，导致巨噬细胞等细胞产生大量促炎症细胞因子，从而引起炎症。植物乳杆菌 ZS62 可以增强黏膜屏障，抑制氧化损伤和炎症信号的产生，刺激免疫系统调节不平衡的免疫应答，并抑制宿主黏膜损伤，从而减轻 DSS 诱导的氧化损伤和炎症反应。

DSS 诱导的 IBD 会缩短小鼠结肠，因此结肠长度是用于表征 DSS 诱导的结肠炎中炎症程度的指标之一。此外，通过组织病理学观察结肠组织损伤也是一种有效手段。本研究证实了，DSS 诱导可导致小鼠结肠长度的缩短和病理形态的严重变化，包括炎症细胞浸润、肠细胞损伤和杯状细胞减少，而植物乳杆菌 ZS62 可以有效降低结肠缩短程度和结肠炎性病变程度。

氧化应激在 IBD 相关组织损伤中起重要作用。益生菌可以调节氧化应激，刺激 CAT、SOD、GSH-Px 等基因的表达。当机体处于氧化应激状态时，如果自由基的产生超过了机体清除自由基的能力，就会导致组织结构破坏和细胞凋亡。植物乳杆菌 ZS62 可以利用体内分解 H_2O_2 的抗氧化酶 CAT，同时促进 GSH-Px 的产生，催化 H_2O_2 的分解，从而消除过氧化应激产物，防止 ROS 介导的细胞损伤并抑制氧化应激。SOD 在体内氧化平衡中起着至关重要的作用，不仅是抗氧化能力的重要指标，也是细胞内抗脂质过氧化过程中酶保护系统的重要组成部分。植物乳杆菌 ZS62 可以通过提高体内 T-SOD、Cu/Zn SOD 和 Mn SOD 的水平来清除自由基。作为脂质过氧化反应的最终代谢物，MDA 受到植物乳杆菌 ZS62 的抑制，这反映了植物乳杆菌 ZS62 可以在体内维持低水平的氧自由基、减少脂质氧化和细胞损伤。此外，MPO 是一种存在于中性粒细胞中的血红素过氧化物酶，是氧化应激的标志之一。使用 DSS 刺激小鼠后，MPO 被释放到细胞外，而植物乳杆菌 ZS62 减轻了由 MPO 催化的次氯酸和酪氨酸自由基对细胞、蛋白质、DNA 和脂肪造成的损伤。总体而言，在 DSS 的作用下，小鼠血清中 CAT 和 T-SOD 水平降低，MDA 和 MPO 水平升高，小鼠结肠组织中 Cu/Zn SOD、Mn SOD、GSH-Px 和 CAT 的 mRNA 和蛋白表达水平降低，表明存在氧化应激。而给予植物乳杆菌 ZS62 的小鼠则出现相反的趋势，表明植物乳杆菌 ZS62 可以通过调节氧化应激来预防 DSS 诱导的 IBD。

益生菌还可以通过免疫调节，改善肠屏障，调节炎症过程，促进免疫应答，维持肠道健康。炎症过程必须伴随多种细胞因子的释放。IL-1β 是一种促炎症因子，通过自分泌和旁分泌机制刺激炎症细胞进入肠道，损伤肠组织并引起炎症。DSS 导致小鼠 IL-1β 水平升高，并且 IL-6 的表达受到 IL-1β 的正向调节。同时，先天免疫细胞释放炎症因子 IL-10 和 IL-12，以影响适应性免疫系统。其中，IL-10 作为一种有效的抗炎症细胞因子，在维持肠道内稳态方面发挥重要作用，研究报告表明，它对肠上皮细胞具有一定的保护作用。而 IL-6 和 IL-12 在免疫调节中起促炎作用，并且 IL-12 可以通过诱导 IFN-γ 来增强免疫介导的细胞损伤。

IFN-γ 是 Th1 细胞分泌的促炎症因子，它不仅可以增加内皮细胞对 TNF-α 的敏感性，还可以刺激 NF-κB 在细胞核内的积累，促进细胞损伤。TNF-α 是一种主要的炎症因子，在调节 NF-κB 的激活中起正反馈作用。TNF-α 不仅是 NF-κB 的激活剂，也是其激活的产物。植物乳杆菌 ZS62 可以抑制体内 IL-12 的水平，从而减轻 IFN-γ 通过 TNF-α 和 NF-κB 对机体造成的负刺激。NF-κB 是体内重要的转录激活因子，可与靶蛋白结合，干扰基因表达，从而影响细胞生长、分化、炎症和免疫应答。当 NF-κB 与 NF-κB 抑制蛋白 IκB 结合时，细胞处于静息状态；当细胞受到刺激时，如接受 TNF-α 的激活，IκB（包括 IκB-α、IκB-β 和 IκB-γ）将被磷酸化或泛素化，然后 IκB 被激酶 IKK 降解。NF-κB 的核定位序列被暴露，蛋白质易位进入细胞核，与靶基因上游调控序列结合，并启动炎症因子（包括 iNOS、IL-6、TNF-α、COX-2 等）的转录和表达。其中，COX-2 和 iNOS 在正常组织中几乎不表达，当 DSS 引起体内炎症时，大量 COX-2 和 NO 会表达和合成从而加剧炎症。NO 是一种高活性氧化剂，会促进 iNOS 的高表达，同时 NO 也是 COX2 的激活剂。本研究表明，植物乳杆菌 ZS62 可以调节肠炎小鼠结肠组织中 IL-1β、IL-12、TNF-α、IL-10、COX-2、iNOS、NF-κB p65 和 IκB-α 的表达，从而抑制结肠炎。这表明植物乳杆菌 ZS62 通过免疫应答的方式改善小鼠肠屏障，调节炎症反应，从而对 DSS 诱导的 IBD 发挥治疗作用。

结论

在本研究在初步证实植物乳杆菌 ZS62 具有较强的体外耐药性的基础上，通过体内动物实验进一步证实植物乳杆菌 ZS62 可以通过调节氧化应激和免疫应答来预防 DSS 诱导的小鼠 IBD。此外，本研究为未来 IBD 相关研究和预防，以及益生菌制剂的开发提供了依据。总体而言，植物乳杆菌 ZS62 是一种优质益生菌，可以用于功能食品和益生菌制剂的制作，但还需要进一步的临床数据来支持。

第四节　发酵乳杆菌和阿拉伯木聚糖混合物改善溃疡性结肠炎

引言

结肠炎是一种特发性慢性炎症性疾病。该疾病通常会影响直肠，但也可能会累及结肠的任何部分，慢性腹痛和出血是最典型的临床症状。近 20 年来该病发病率呈上升趋势，但其发病机制尚不清楚，遗传因素、环境因素、微生物因素和其他因素均可导致疾病的形成和发展。

肠道微生态系统是人体最大的系统。正常情况下，肠道内分布有大量细菌，这些菌群构成微生物屏障，可以提供能量和营养，保护肠道结构的完整性，并维持肠道免疫系统的稳定性。越来越多的证据表明，肠道菌群直接影响结肠炎的发生和发展。对于结肠炎患者，补充益生菌有利于肠道菌群的恢复和重建，这反过来又有利于疾病的缓解。可以使用三种主要方法来补充益生菌：①直接食用益生菌补充剂；②食用益生菌以间接促进自身有益菌群的增殖；③食用合生素补充剂，即益生菌和益生元的组合。

益生菌是一种活性微生物，可以通过口服摄入，然后在肠道中生长，以调节肠道菌群的数量和种类，从而进一步恢复肠道微生物之间的生态平衡。益生菌来源于食物，对人体无致病性，并且对胃酸和胆汁具有高耐受性。它们还可以黏附于人体肠黏膜上并调节胃肠道菌群，从而增强肠道和系统免疫力，进而缓解溃疡性结肠炎的症状。目前研究的益生菌主要是双歧杆菌、乳酸菌和酵母菌。益生菌有时会受到菌群定殖能力和活菌存活率的影响。益生元不被宿主消化吸收，但可以选择性地促进体内一种或多种有益细菌的代谢和增殖，还可以增强肠道和机体免疫细胞（巨噬细胞、树突状细胞、T 细胞、B 细胞和自然杀伤细胞）的功能活性，调节免疫细胞分泌细胞因子和抗体以发挥直接免疫调节作用。Kangliang Shen 等的研究发现，由婴儿双歧杆菌和益生元低聚木糖组成的合生素可以降低结肠炎小鼠的炎症水平，下调促炎症细胞因子 TNF-α 和 IL-1β，上调抗炎症细胞因子 IL-10，提高肠内紧密连接蛋白 ZO-1、occludin 和 claudin-1 的水平，从而增强结肠上皮屏障的完整性，表明合生素是一种很有前景的膳食补充剂或功能性食品。阿拉伯糖基木聚糖（AX）是一种新型益生元，可以促进益生菌的增殖。发酵乳杆菌 HFY06 是一种从牦牛酸奶中分离出来的益生菌。然而，由 HFY06 和 AX 组成的合生素对小鼠急性溃疡性结肠炎的作用尚不清楚。

因此，本研究假设由 HFY06 和 AX 组成的合生素可以有效缓解小鼠急性溃疡性结肠炎，通过体重分析、血清炎症因子水平、机体氧化应激水平、结肠组织切片和结肠组织 NF-κB 信号通路相关基因表达，研究建立了右旋糖酐硫酸酯钠（DSS）诱导的小鼠急性结肠炎模型，以确定其在结肠炎中的可能预防机制。这是第一项关于由 HFY06 和 AX 组成的合生素及其在结肠炎中的作用和潜在机制的研究。

结果

对照菌株和发酵乳杆菌 HFY06 的抗炎水平

表 2-4 显示了对照菌株（德氏乳杆菌保加利亚亚种）和发酵乳杆菌 HFY06 对高脂饮食小鼠的抗炎水平。发酵乳杆菌 HFY06 小鼠血清中促炎症因子 IL-6、TNF-α、IFN-γ 水平低于对照菌株组小鼠，而抗炎症因子 IL-10 水平高于对照菌株组。这表明发酵乳杆菌 HFY06 具有比德氏乳杆菌保加利亚亚种更强的抗炎水平。因此，本研究选择发酵乳杆菌 HFY06 作为研究菌株，研究发酵乳杆菌 HFY06 与阿拉伯糖基木聚糖的联合对高脂饮食小鼠的降脂作用。

表 2-4　对照菌株与发酵乳杆菌 HFY06 菌株抗炎作用的比较

组别	IL-6（ng/L）	IL-10（ng/L）	TNF-α（ng/L）	IFN-γ（ng/L）
LB	54. 20±3. 17	230. 16±9. 36	424. 71±12. 82	90. 42±6. 99
HFY06	50. 91±2. 36	253. 41±8. 79***	334. 21±55. 45**	73. 58±8. 13*

注：LB：2. 5%DSS 诱导结肠炎小鼠灌胃 1.0×10^{10} CFU 剂量的保加利亚乳杆菌；HFY06：2. 5%DSS 诱导结肠炎小鼠灌胃 1.0×10^{10} CFU 剂量的发酵乳杆菌 HFY06；相比 LB 组，* 表示 $P< 0.05$，** 表示 $P< 0.01$，*** 表示 $P< 0.001$，下同。

小鼠体重和 DAI

小鼠的体重变化是结肠炎严重程度的指标。如图 2-21（A）所示，正常对照组小鼠的体重稳步增加，而对照组小鼠饮用2. 5%的 DSS 后，随着时间的增加，体重显著下降。第 3 天开始，一些小鼠体重下降出现粪便潜血。第 7 天，体重下降至原始体重的 81. 56%。使用 AX 或发酵乳杆菌 HFY06 以及 AX 和 HFY06 协同干预后，体重下降趋势得到缓解，而且与单独使用 AX 或 HFY06 相比，AX 和 HFY06 联合治疗对 DSS 诱导的小鼠体重起到了更大的缓解作用。

如图 2-21（B）所示，对照组小鼠的 DAI 值在第 7 天达到 3. 44。与对照组相比，使用 AX、HFY06 以及 AX 和 HFY06 联合干预后，DAI 评分分别为 3、2. 89 和 2. 33，分别比模型组低 12. 79%、15. 99%和 32. 27%。这表明，治疗后小鼠结肠炎症状有所减轻，并且在使用 HFY06 和 AX 联合治疗后观察到更强的效果。

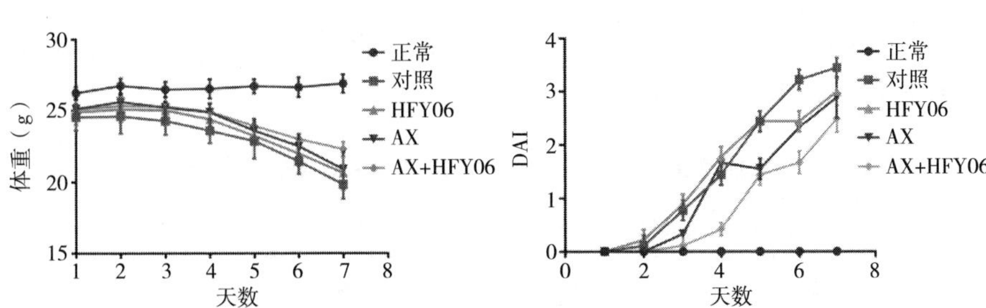

（A）AX联合发酵乳杆菌HFY06对小鼠体重的影响　（B）AX联合发酵乳杆菌HFY06对小鼠体重DAI的影响

图 2-21　AX 联合发酵乳杆菌 HFY06 对小鼠体重和 DAI 的影响

注：LB：2.5%DSS 诱导结肠炎小鼠灌胃 1.0×10^{10} CFU 剂量的保加利亚乳杆菌；HFY06：2.5%DSS 诱导结肠炎小鼠灌胃 1.0×10^{10} CFU 剂量的发酵乳杆菌 HFY06；AX+HFY06：2.5%DSS 诱导结肠炎小鼠灌胃 200 mg/kg 剂量的 AX 和 1.0×10^{10} CFU 剂量的发酵乳杆菌 HFY06。下同。

小鼠的 SOD、NO 和 MDA 血清水平

与健康小鼠相比，对照组小鼠血清中 SOD 酶活性显著降低，NO、MDA 水平显著升高（$P<0.05$）（表 2-5）。AX 和 HFY06 协同干预组中 SOD 酶活性显著增加，而 NO 和 MDA 降低，并且与单独使用 AX 和 HFY106 相比，联合使用 AX 和 HFY06 具有更强的效果。

表 2-5　小鼠血清 SOD、NO 和 MDA 水平

组别	SOD（U/mL）	NO（μmol/L）	MDA（nmol/mL）
正常	55.69 ± 2.66^{c}	6.18 ± 0.62^{a}	1.51 ± 0.17^{a}
对照	34.72 ± 2.60^{a}	10.5 ± 0.32^{d}	5.65 ± 0.48^{d}
HFY06	36.61 ± 4.75^{a}	8.08 ± 0.41^{c}	2.57 ± 0.25^{b}
AX	39.24 ± 4.41^{ab}	8.45 ± 0.77^{c}	3.30 ± 0.24^{c}
AX+HFY06	44.52 ± 6.46^{b}	7.19 ± 0.18^{b}	1.47 ± 0.11^{a}

注：不同英文小写字母表示相应两组在 $P<0.05$ 水平上均有显著差异，下同。

小鼠的 IL-1β、IL-6、IL-12、IFN-γ、TNF-α 和 IL-10 血清水平

如表 2-6 所示，正常对照组中促炎症因子 IL-1β、IL-6、IL-12、TNF-α 和 IFN-γ 的水平最低，抗炎症因子 IL-10 的水平最高。而 DSS 诱导的对照组则表现出相反的趋势。AX 组、HFY06 组以及 AX 和 HFY06 联合治疗组的促炎症细胞因

子 IL-1β、IL-6、IL-12、TNF-α 和 IFN-γ 水平降低，抗炎症细胞因子 IL-10 水平升高。对于促炎症因子 IL-6 和抗炎症因子 IL-10 而言，AX 和 HFY06 的联合作用强于单独使用 AX 和 HFY06。

表 2-6　小鼠血清 IL-1β、IL-6、IL-12、TNF-α、IFN-γ 和 IL-10 水平

组别	IL-1β（ng/L）	IL-6（ng/L）	IL-12（ng/L）	TNF-α（ng/L）	IFN-γ（ng/L）	IL-10（ng/L）
正常	43.92±3.84[a]	43.68±6.82[a]	60.57±6.18[a]	237.57±34.37[a]	56.45±14.52[a]	374.07±40.38[c]
对照	66.98±8.30[c]	64.10±5.96[c]	72.32±5.06[b]	536.47±34.92[c]	91.92±6.62[c]	294.78±24.36[a]
HFY06	51.49±7.61[ab]	50.91±2.36[ab]	58.20±3.56[a]	334.21±55.45[b]	73.58±8.13[b]	253.41±8.79[b]
AX	55.27±5.81[b]	55.11±9.00[b]	58.01±8.67[a]	541.09±16.26[c]	69.72±14.18[ab]	297.08±34.41[b]
AX+HFY06	48.64±5.67[ab]	45.39±5.57[a]	55.58±4.05[a]	307.22±29.85[b]	63.51±7.19[ab]	264.41±18.43[ab]

小鼠的结肠 MPO 活性

图 2-22 显示，与正常对照组相比，对照组经 DSS 诱导后，小鼠结肠组织 MPO 酶活性显著升高（$P<0.05$），而 AX 组、HFY06 组以及 AX 和 HFY06 联合治疗组中 DSS 诱导的 MPO 增加的程度均有所下降（$P<0.05$），尤其是 AX 和 HFY06 联合治疗组。

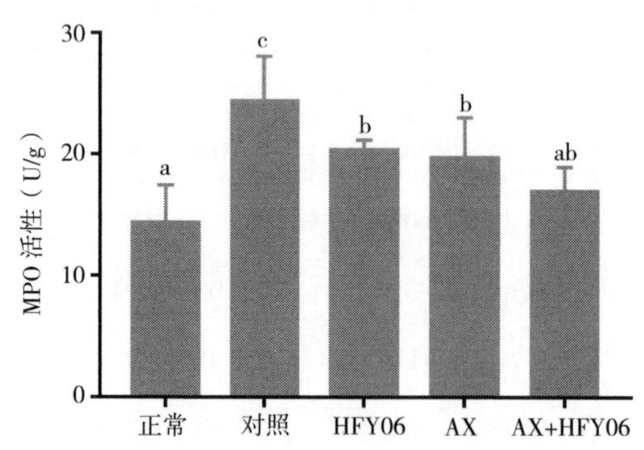

图 2-22　AX 联合发酵乳杆菌 HFY06 对结肠组织髓过氧化物酶（MPO）活性的影响

肝脏病理学观察

小鼠结肠组织病理学分析结果（图 2-23）显示，正常对照组小鼠结肠上皮细胞完整，杯状细胞排列整齐。DSS 破坏了结肠黏膜组织的完整性，使隐窝结构和杯状细胞减少，并且结肠内出现严重溃疡和炎症细胞浸润。AX 和 HFY06 灌胃后，结肠上皮细胞结构仍被破坏，杯状细胞减少，但炎症程度低于DSS组小鼠。但是，AX和HFY06的联合作用表明，小鼠结肠黏膜没有明显损伤，杯状细胞增多，隐窝完整，黏膜结构的完整性得到有效维护。

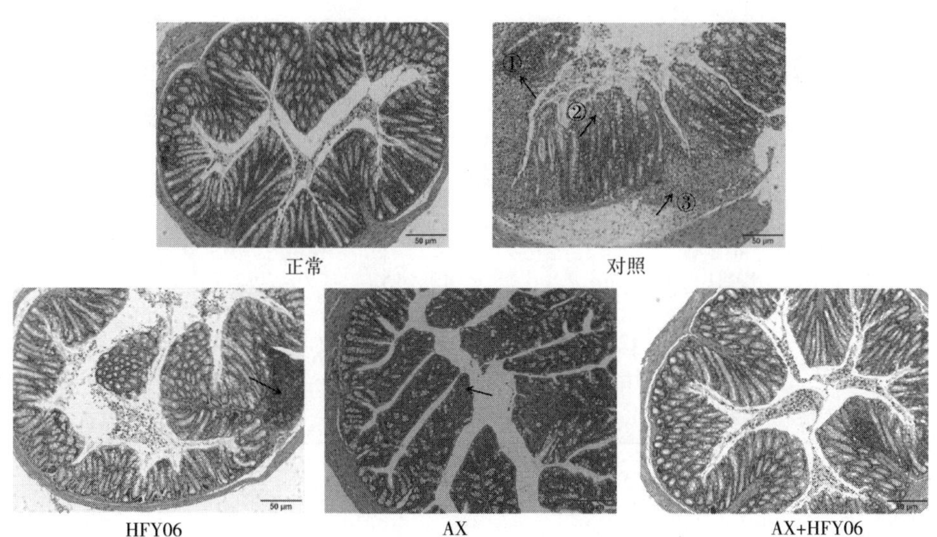

图 2-23　AX 联合发酵乳杆菌 HFY06 对小鼠结肠组织 H&E 病理学的影响

注：箭头①表示炎症细胞浸润，箭头②表示杯状细胞减少，箭头③表示结肠黏膜糜烂。

小鼠的肝脏 mRNA 表达

NF-κB信号通路通过调节炎症因子和抗炎症因子来控制炎症。如图2-24所示，正常对照组NF-κBp65、iNOS、COX-2和TNF-α的表达水平最低，而IκB-α的表达水平最高。DSS诱导后，对照组NF-κBp65、iNOS、COX-2和TNF-α的表达明显上调，而IκB-α的表达下调（$P<0.05$）。单独使用AX和HFY06以及联合使用AX和HFY06治疗后，NF-κBp65、iNOS、COX-2和TNF-α的表达受到抑制，而IκB-α的表达增强。此外，与单个药剂的效果相比，AX和HFY06的联合效果更强。上述结果表明，AX与HFY06的协同效应可调节抑制炎症反应中重要转录因子的表达，从而减轻结肠组织的局部炎症。

讨论

结肠炎是一种不明原因的直肠和结肠炎症性疾病。它是一种罕见炎症，病程长，容易复发，在许多国家都经常发生。一般药物很难治愈，虽然许多药物已用于临床治疗结肠炎，但仍会产生副作用，并且患者在停止用药后往往会复发。因

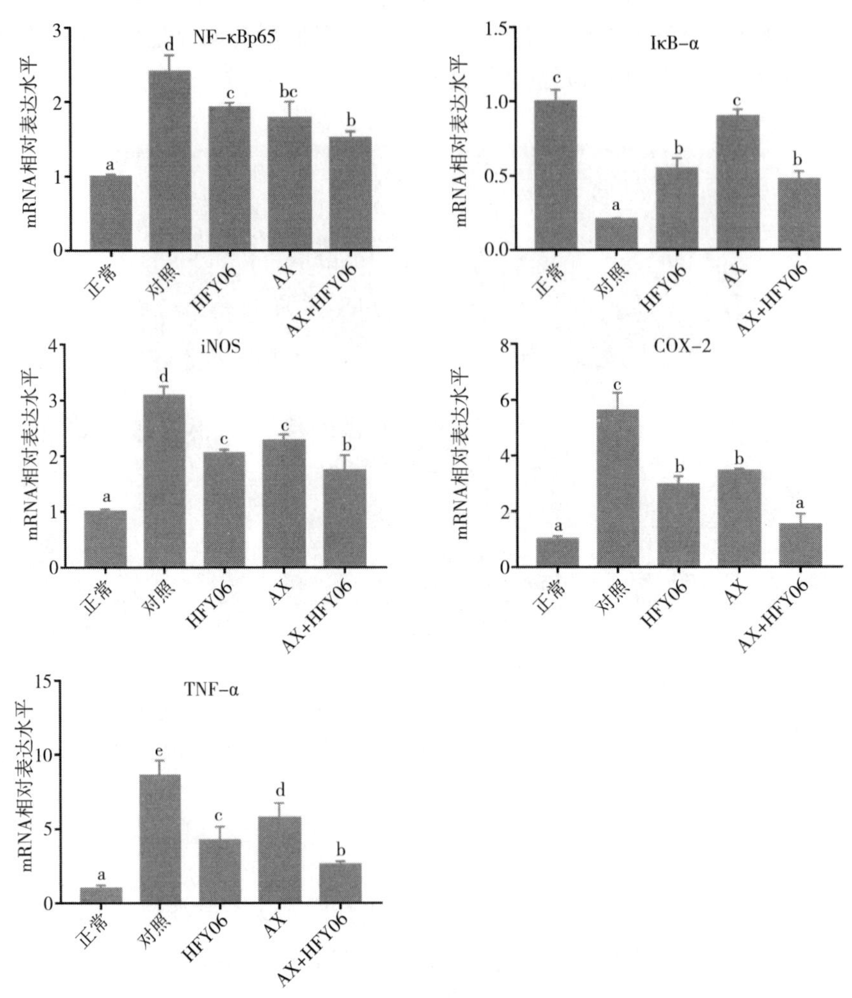

图 2-24　AX 联合发酵乳杆菌 HFY06 对结肠组织中 NF-κBp65、IκB-α、COX-2、iNOS 和 TNF-α mRNA 表达水平的影响

此，人们开始特别关注无副作用的安全微生物制剂。益生菌可以调节肠道菌群，而益生元为益生菌提供营养基质。研究表明，益生菌与益生元结合形成的合生素（如由嗜酸乳杆菌、鼠李糖乳杆菌和菊粉组成的合生素）可以维持肠道微生态平衡，对肠道疾病具有一定的治疗作用。同时，它还可以有效缓解小鼠结肠炎症，增加肠道中有益细菌的比例，但不同益生菌治疗结肠炎的效果差异很大。Liu 等发现，鼠李糖乳杆菌联合菊粉可以减轻 DSS 诱导的结肠炎，减少结肠组织的病理损伤，降低 DAI 评分，调节炎症细胞因子的表达，并对肠炎小鼠具有抗炎作用。因此，本研究建立了结肠炎动物试验模型，以初步探讨由发酵乳杆菌 HFY06 和阿拉伯糖基木聚糖组成的合生素缓解结肠炎的能力。

本研究结果表明，AX 和发酵乳杆菌 HFY06 在调节小鼠腹泻、粪便潜血和体重下降等方面具有显著作用。小鼠体重变化和 DAI 评分是评估结肠炎严重程度的两个重要指标。实验结果表明，AX 和发酵乳杆菌 HFY06 可以显著降低 DSS 介导的小鼠体重下降百分比和增加 DAI 评分。此外，AX 和 HFY06 的协同效应大于其单独使用的作用。组织病理学观察结果显示，DSS 可以典型地破坏黏膜下层和隐窝，并使炎症细胞浸润程度增加。然而，使用 AX 和 HFY06 协同干预后，这些病理变化有所减少。这些结果表明，由 AX 和 HFY06 组成的合生素对 DSS 介导的结肠炎模型小鼠具有保护作用。本研究首次表明，由 AX 和 HFY06 组成的合生素对结肠炎具有强大的保护作用。

炎症反应和氧化应激被认为是诱导结肠炎的重要病理机制，两者相互调节、互补。氧化应激在结肠炎的发病机制中起着至关重要的作用，因为在疾病过程中，人体自身组织可能会受到攻击。它还可以通过脂质过氧化作用产生炎症物质来激活炎症反应，导致 IL-6、IL-1β 和 TNF-α 等炎症因子急剧增加，IL-10 水平下降。MDA 的多少可以反映组织过氧化损伤的程度，而 SOD 酶活性水平可以反映机体清除氧自由基的能力。MPO 是中性粒细胞受到刺激时释放的糖蛋白。中性粒细胞被激活后，释放 MPO 到细胞外或吞噬体内，以促进一系列过氧化应激反应，并加速局部肠道炎症。本研究结果表明，DSS 介导的结肠炎小鼠血清 SOD 酶活性降低，NO 和 MDA 水平升高，并且结肠组织 MPO 酶活性升高，表明 DSS 干预导致体内氧化应激的发生。同时，实验还观察到 DSS 诱导的结肠炎小鼠血清中产生大量促炎症因子（IL-6、IL-12、IL-1β、TNF-α 和 IFN-γ），而抗炎症因子 IL-10 水平降低。AX 和发酵乳杆菌 HFY06 灌胃后，炎症和氧化应激得到缓解，SOD 酶活性显著升高（$P<0.05$），NO 和 MDA 显著降低（$P<0.05$），MPO 酶活性显著降低（$P<0.05$），促炎症因子 IL-6、IL-1β、TNF-α 受到抑制，并且抗炎症因子 IL-10 水平升高。类似的研究还发现，由鼠李糖乳杆菌菌株 GG 和塔格糖组成的合生素可以抑制促炎症细胞因子的调节，阻止炎症反应的启动，降低 IL-6 和 TNF-α 的含量。这些研究结果表明，由 AX 和 HFY06 组成的合生素可以增加抗氧化酶的活性，减少脂质过氧化和自由基的产生，从而减轻体内的炎症反应。

NF-κB 信号通路是一种与体内炎症密切相关的信号转导通路。它对多种炎症因子（如 TNF-α、IL-6、IL-12）以及体内某些可引起结肠炎的趋化因子和诱导酶的表达具有调节作用。正常情况下，细胞不受刺激，NF-κB 与其抑制蛋白 IκB 结合，并处于未激活状态。当细胞受到外部刺激（如 DSS）时，NF-κB 信号通路被激活，IκB 快速磷酸化释放结合的 NF-κBp65 蛋白。NF-κBp65 被磷酸化并转移到细胞核中，以调节细胞核内基因的转录，包括 IL-1β、IL-6、COX-2、 iNOS 和生长因子。许多研究表明，NF-κB 信号通路在影响免疫和炎症因子方面发挥重要作用。因此，有必要进一步探讨 NF-κB 在结肠炎中的发病机制。

本研究 PCR 结果显示，在 DSS 介导的结肠炎小鼠中，NF-κBp65 的 mRNA 表达增加，而 IκB-α 的 mRNA 表达减少，并且 NF-κB 信号通路被激活。由 AX 和 HFY06 组成的合生素可以抑制 NF-κBp65 的 mRNA 表达，增加 IκB-α 的 mRNA 表达，从而抑制 NF-κB 信号通路的激活。此外，由于 NF-κB 通路受到抑制，结肠组织中炎症基因的转录会受到影响，并且 TNF-α、iNOS 和 COX-2 的 mRNA 表达随之受到抑制。这表明由 AX 和 HFY06 组成的合生素可能通过抵制 NF-κB 信号通路的激活减轻结肠炎症状。

结论

本研究首次证明，由 AX 和发酵乳杆菌 HFY06 组成的合生素可以改善 DSS 诱导的结肠炎症状。AX 和发酵乳杆菌 HFY06 的协同效应可以抑制 NF-κB 信号通路的激活，降低机体的炎症反应，并提高抗氧化能力。本研究为合生素治疗结肠炎的研究提供了实验依据，因此有必要对其作用机制进行深入研究。

第五节　植物乳杆菌调节趋化因子受体预防结肠炎

引言

溃疡性结肠炎（UC）是一种炎症性肠病（IBD）。UC 患者的临床表现包括持续或反复发作的腹泻、脓性便、腹痛、里急后重及不同程度的全身症状。病理转变为弥漫性组织反应，包括溃疡、隐窝脓肿、小血管炎症、杯状细胞减少、各种炎症细胞浸润和其他非特异性表现。由于 UC 病变范围广、反复发作、治疗效果差、病情进展复杂、癌变可能性大等特点，世界卫生组织（WHO）已将其确定为一种现代难治性疾病。UC 的治疗包括药物治疗、营养治疗、心理治疗和手术治疗，其中，药物治疗是治疗溃疡性结肠炎的主要方法，然而，药物治疗会产生一些副作用，对患者有一定影响。

研究指出，肠道菌群失调是 UC 的重要原因之一，而在活动性炎症性肠病中，益生菌可在一定程度上缓解结肠炎。诱导缓解、预防复发和并发症是治疗炎症性肠病的目的，肠道菌群可以贯穿这一级联过程。许多患者在炎症性肠病反复发作后接受手术治疗，但缓解时间都非常短。溃疡性结肠炎手术后引起的结肠袋炎通常是由于结肠袋周围正常菌群（如乳酸菌和双歧杆菌）数量减少所致。

作为一种半抗原，磺胺甲恶唑可以在小鼠的不同部位诱导接触性过敏反应。

溃疡性结肠炎是由 Th2 细胞介导的炎症性肠病，而磺胺甲恶唑诱导的小鼠结肠炎模型是由 IL-4 结肠炎介导的 Th2 结肠炎。酮可以对结肠产生一系列影响，模拟 NK-T（自然杀伤-T）细胞抵抗-CD3/和-CD28secretsa 分泌大量 Th2 细胞因子，导致溃疡性结肠炎。UC 模型的发病机制与人类结肠炎类似，因此，它通常用于检测功能性食品的生理活性。

由于独特的地理环境、发酵容器、发酵微生物和发酵技术，中国青藏高原产出一种特殊的自然发酵食品——牦牛酸奶。研究表明，牦牛酸奶具有抗氧化作用，能够降低胆固醇，提高免疫力。从牦牛酸奶中分离出的乳酸菌也具有一定的抗氧化作用和肠道生物活性。本研究从青海玉树藏族自治州玉树牦牛乳中鉴定、分离纯化得到植物乳杆菌，并将其命名为植物乳杆菌 YS-2（LP-YS2），其体外抗胃酸和抗胆盐作用优于保加利亚乳杆菌。本研究以 LP-YS2 为研究对象，首次观察了 LP-YS2 对噁唑酮诱导结肠炎的预防作用。研究结果将为 LP-YS2 的进一步开发积累一定的理论基础，有利于 LP-YS2 的开发和利用。

结果

小鼠的 DAI 评分、结肠长度和体重

如表 2-7 所示，在第 20 天、第 22 天和第 25 天，对照组小鼠的 DAI 评分最高，LP-YS2-H 治疗组小鼠的评分低于 LB 治疗组和 LP-YS1 治疗组。正常对照组、对照组、LB 治疗组、LP-YS2-L 治疗组和 LP-YS2-H 治疗组小鼠的结肠长度分别为（9.4±0.2）cm、（4.4±0.5）cm、（5.8±0.5）cm、（5.9±0.5）cm 和（8.0±0.6）cm（图 2-25）。正常对照组小鼠的结肠重量/结肠长度比值最高，为 41.1±1.2，而对照组小鼠的比值最低，为 14.6±0.5。LP-YS2-H 治疗组小鼠（34.5±1.9）显示出比 LB 治疗组小鼠（27.4±1.4）和 LP-YS-L 治疗组小鼠（27.7±1.8）更高的比值。

表 2-7　不同组小鼠的 DAI 评分

组别	第 20 天	第 22 天	第 25 天
正常	$0.00±0.00^{d}$	$0.00±0.00^{d}$	$0.00±0.00^{d}$
对照	$2.03±0.31^{a}$	$2.52±0.18^{a}$	$2.69±0.23^{a}$
LB	$1.76±0.21^{b}$	$1.85±0.23^{b}$	$1.94±0.19^{b}$
LP-YS2-L	$1.67±0.24^{b}$	$1.83±0.22^{b}$	$1.91±0.20^{b}$
LP-YS2-H	$1.31±0.20^{c}$	$1.42±0.14^{c}$	$1.59±0.17^{c}$

注：不同英文小写字母表示相应两组在 $P<0.05$ 水平上均有显著差异，下同。LB：保加利亚乳杆菌［$1.0×10^{9}$ 菌落形成单位（CFU）/kg 体重灌胃］；LF-YS2-L：植物乳杆菌 YS2 低剂量（$1.0×10^{8}$ CFU/kg bw 灌胃）；LF-YS2-H：植物乳杆菌 YS2 高剂量（$1.0×10^{9}$ CFU/kg bw 灌胃）。

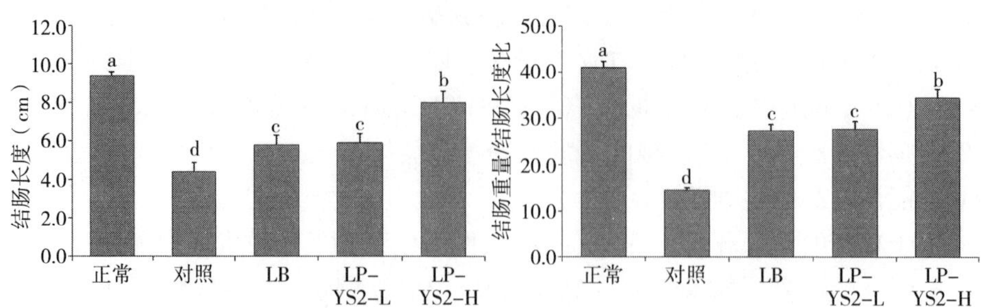

图 2-25　不同组小鼠的结肠长度和结肠重量/结肠长度比

小鼠的结肠组织水平

如图 2-26 所示，对照组小鼠 MPO［(31.25±2.33) mU/mg］、MDA［(1.61±0.25) nmol/mg］活性和 NO［(3.29±0.39) μmol/gprot］水平最高，而 GSH［(3.23±0.41) μmol/mg］活性最低。LB 治疗组、LP-YS2-L 治疗组和 LP-YS2-H 治疗组小鼠的 MPO、MDA 活性和 NO 水平低于对照组小鼠，但 GSH 活性高于对照组小鼠。此外，LP-YS2-H 治疗组的 MPO［(9.82±0.52) mU/mg］、MDA［(0.63±0.14) nmol/mg］活性和 NO［(1.19±0.36) μmol/gprot］水平仅高于正常对照组小鼠［(6.20±0.15) mU/mg、(0.35±0.05) μmol/gprot、(0.41±0.05) nmol/mg］，但 GSH［(6.18±0.32) μmol/mg］活性仅低于正常对照组小鼠［(8.02±0.47) μmol/mg］。

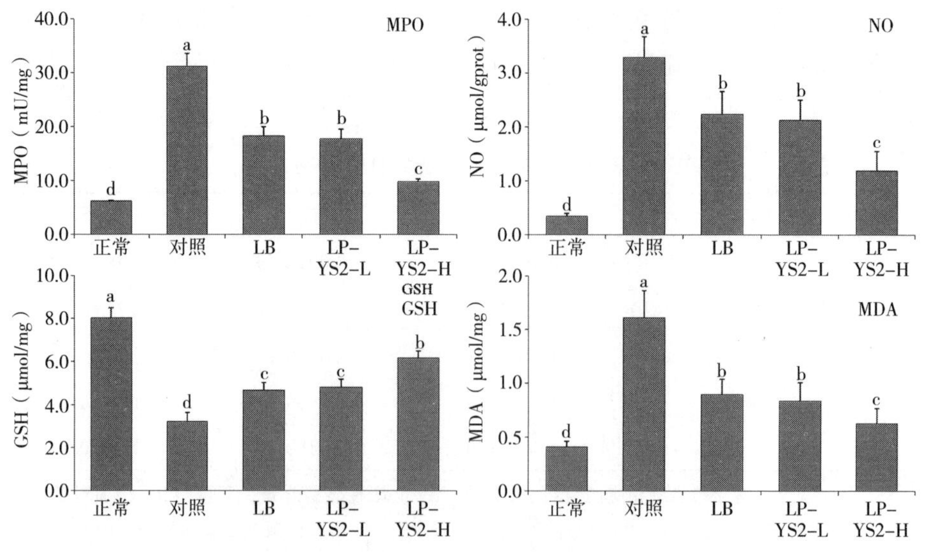

图 2-26　各组小鼠结肠组织中 MPO、NO、GSH 和 MDA 水平

小鼠血清细胞因子水平

如图 2-27 所示，正常对照组小鼠 IL-2 细胞因子水平［(228.37±38.46) pg/mL］最高，而 IL-10 水平最低［(118.78±14.62) pg/mL］。与 LB 治疗组［(123.45±18.71) pg/mL 和 (611.68±22.03) pg/mL］、LP-YS2-L 治疗组［(126.78±19.36) pg/mL 和 (597.87±29.63) pg/mL］和对照组［(79.63±11.85) pg/mL 和 (917.68±25.67) pg/mL］相比，LP-YS-H 治疗组小鼠具有较高的 IL-2 水平［(174.36±21.33) pg/mL］和较低的 IL-10 水平［(325.39±27.66) pg/mL］。

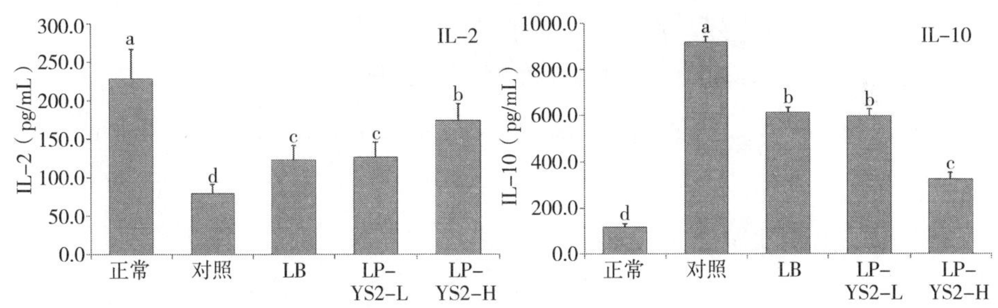

图 2-27　不同组小鼠血清中细胞因子 IL-2 和 IL-10 的水平

小鼠结肠组织表达

如图 2-28 所示，正常对照组小鼠结肠组织中 nNOS 和 eNOS 表达最强，iNOS 表达最弱。LP-YS2-H 治疗组小鼠的 nNOS 和 eNOS 表达仅弱于正常对照组小鼠，但强于 LB 治疗组和 LP-YS2-L 治疗组小鼠，同时，iNOS 表达强于正常对照组小鼠，但弱于 LB 治疗组和 LP-YS2-L 治疗组小鼠。

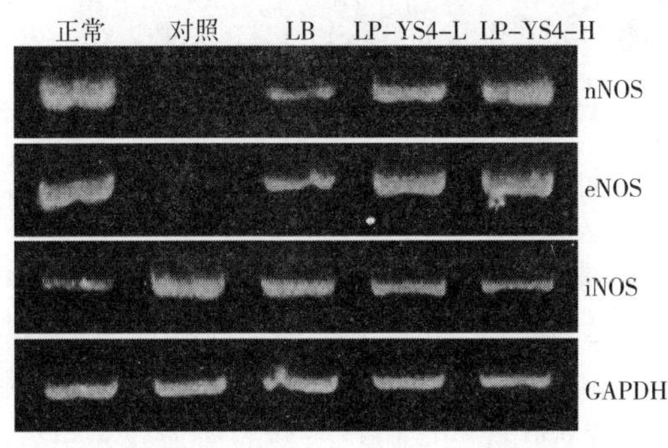

图 2-28　LB 和 LP-YS2 处理小鼠结肠组织中 nNOS、eNOS 和 iNOS mRNA 表达水平

小鼠结肠组织中的 c-Kit 和 SCF 表达

如图 2-29 所示，对照组小鼠结肠组织中的 c-Kit 和 SCF 表达最弱，而 LP-YS2-H 治疗组小鼠的 c-Kit 和 SCF 表达高于 LB 治疗组、LP-YS-L 治疗组和对照组小鼠。

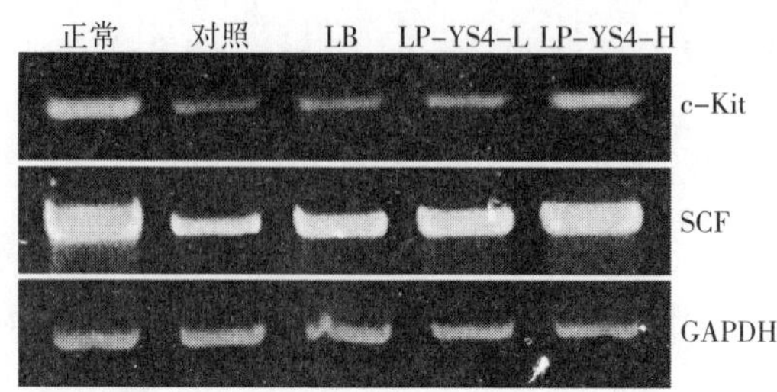

图 2-29　LB 和 LP-YS2 处理小鼠结肠组织中 c-Kit 和 SCF mRNA 表达水平

小鼠结肠组织中的 IL-8 和 CXCR2 表达

如图 2-30 所示，正常对照组小鼠结肠组织中的 IL-8 和 CXCR2 表达最弱，而 LP-YS2-H 治疗组小鼠的这些表达强于正常对照组小鼠，但弱于 LB 治疗组和 LP-YS2-L 治疗组和对照组小鼠。

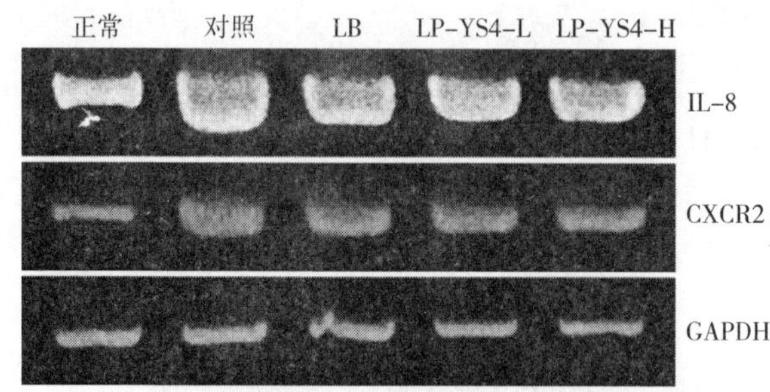

图 2-30　LB 和 LP-YS2 处理小鼠的结肠组织 IL-8 和 CXCR2 mRNA 表达水平

讨论

UC 会导致体重下降、腹泻、出血等症状，因此体重、粪便性状和便血可作为 DAI 评分指标的标准，用于衡量结肠炎的严重程度。DAI 指数显示，LP-YS2 可减轻噁唑酮诱导的结肠炎症状，且随着浓度的增加效果更好。结肠长度以及结肠重量/结肠长度的比值也是结肠炎程度的标准之一，结肠炎小鼠的结肠长度比正常小鼠短，而且结肠重量/结肠长度的比值较低。

溃疡性结肠炎的病理机制尚不清楚，大部分研究认为许多生化介质（包括细胞因子、生长因子、NO 和黏附分子等）在介导异常免疫应答中起重要作用。生理剂量的 NO 在消化系统中起着重要的保护作用，但过量 NO 或胃肠平滑肌敏感性的提高可导致溃疡性结肠炎。MPO 是中性粒细胞中的一种酶，通过测定 MPO 活性可以确定中性粒细胞浸润的程度，并且 MPO 还是组织中的中性粒细胞浸润的可靠指标。研究表明，结肠炎小鼠的 MPO 活性明显高于正常对照组小鼠。同时，实验性结肠炎研究显示，结肠炎模型小鼠的脂质过氧化增加，自由基清除能力下降，GSH 活性降低，脂质过氧化终产物 MDA 增加。

肠黏膜局部免疫耐受性被破坏，并且肠腔内的细菌抗原导致免疫应答紊乱，从而导致免疫效应 T 细胞失调，这也是 UC 的重要发病机制之一。免疫效应 T 细胞主要是 CD^{4+}Th 细胞，激活后，它们可以分化为不同的亚群，包括 Th1、Th2、Th17 和 Treg。这 4 组细胞通过分泌一系列细胞因子（如 IL-2、IL-4、IL-17 和 IL-10）在 UC 的发生、持续和缓解中发挥不同的作用。在 UC 患者体内，IL-2 水平降低，IL-10 水平显著升高。

体内有两种主要类型的 NOS，即 cNOS（包括 nNOS 和 eNOS）和诱导型 NOS（iNOS）。UC 的主要黏膜层是 iNOS。cNOS 是机体部分神经元中钙离子和钙调蛋白的依赖酶。血管内皮细胞活性稳定，持续释放少量 NO 作为神经递质，这可以在局部血流调节中发挥作用，并对肠黏膜有保护作用。iNOS 是一种诱导酶，在静息状态下不表达，但在细胞受到炎症刺激时表达增强。同时，UC 患者体内 nNOS 和 eNOS 的表达水平升高。

ICC 结肠炎表现为过度自噬，进而导致程序性死亡因子的出现，病理微观结构中出现细胞器表达减少。在自噬减少或不存在的情况下，分子生物学中出现 c-Kit 表达的减少。SCF 是一种多功能生长因子，与 c-Kit 结合可以激活酪氨酸激酶，从而导致一系列磷酸化过程，并在多种 Kit 阳性细胞（包括 ICC）的增殖、分化和迁移过程中发挥重要作用。当编码 SCF 的基因座突变并且 SCF/Kit 信号通路受损时，ICC 的增殖和分化就会受到影响。

IL-8 是具有炎症活性和趋化性的 CXC 亚家族成员，并且多种炎症细胞和上皮细胞能分泌 IL-8。CXCR1 和 CXCR2 都是 IL-8 受体，并且 IL-8 和 CXCR2 可以通过相互作用参与炎症性肠病的发展。对于 UC 患者，血清中 IL-8 显著升高，再加上肠组织中 CXCR2 的高表达，促进 IL-8 和 CXCR2 联合，使肠组织中的 CXCR2 表达上调。IBD 患者肠组织中 CXCR2 的表达显著上调，并且 CXCR 表达的上调可能与 UC 的发病机制有关，而 CXCR 表达的下调可能为治疗 UC 提供新靶点。

结论

在本研究中，在用噁唑酮诱导结肠炎后，实验使用 BALB/c 小鼠评估了植物乳杆菌 YS2 的抗结肠炎作用。LP-YS2 可以降低 DAI 评分，也可以增加小鼠结肠炎后的结肠长度，同时，LP-YS2 可以提高结肠炎诱导小鼠的结肠重量/结肠长度的比值。LP-YS2 治疗组结肠炎小鼠结肠组织中的 MPO、NO 和 MDA 水平低于未治疗的结肠炎小鼠（对照组），但 GSH 水平高于未治疗的结肠炎小鼠。结肠炎小鼠的 IL-2 细胞因子血清水平低于 LP-YS2 治疗组结肠炎小鼠，而 IL-2 水平高于 LP-YS2 治疗组结肠炎小鼠。通过 RT-PCR 检测，与对照组相比，LP-YS2 可以提高 nNOS、eNOS、c-Kit、SCF 的 mRNA 表达，降低 iNOS、IL-8、CXCR2 的 mRNA 表达。这些结果表明，LP-YS2 具有良好的抗结肠炎作用，可作为保护结肠健康的益生菌。

参考文献

[1] Tiantian Hu, Hongxia Wang, Chengzheng Xiang, Jianfei Mu, Xin Zhao. Preventive effect of *Lactobacillus acidophilus* XY27 on DSS-induced ulcerative colitis in mice [J]. Drug Design, Development and Therapy, 2020, 14: 5645 - 5657.

[2] Zixia Chen, Long Yi, Yanni Pan, Xingyao Long, Jianfei Mu, Ruokun Yi, Xin Zhao. *Lactobacillus fermentum* ZS40 ameliorates inflammation in mice with ulcerative colitis induced by dextran sulfate sodium [J]. Frontiers in Pharmacology, 2021, 12: 700217.

[3] Pan Yanni, Ning Yujing, Hu Jing, Wang Zhiying, Chen Xiufeng, Xin Zhao. The preventive effect of *Lactobacillus plantarum* ZS62 on DSS-induced IBD by regulating oxidative stress and the immune response [J]. Oxidative Medicine and Cellular Longevity, 2021, 2021: 9416794.

[4] Li Fang, Huang Hui, Zhu Fulejia, Zhou Xianrong, Yang Zhennai, Zhao Xin. A mixture of *Lactobacillus fermentum* HFY06 and arabinoxylan ameliorates dextran sulfate sodium-induced acute ulcerative colitis in mice [J]. Journal of Inflammation Research, 2021, 14: 6575-6585.

[5] Yu Qian, Ruokun Yi, Peng Sun, Guijie Li, Xin Zhao. Lactobacillus plantarum YS2 reduces oxazolone-induced colitis in BALB/c mice [J]. Biomedical Research, 2017, 28 (21): 9242-9247.

第三章　益生菌对胃损伤的功效

第一节　发酵乳杆菌对酒精胃损伤的作用

引言

根据世界卫生组织（WHO）《2014 年全球饮酒与健康状况报告》，全球 5.1% 的疾病负担可归因于饮酒。近年来，由酒精引起的疾病越来越多，其中酒精性胃黏膜损伤尤为突出，黏膜损伤、慢性胃炎和胃溃疡是胃黏膜损伤的重要表现。当酒精、酸性物质、刺激性物质和一些药物达到一定浓度或剂量时，它们可以破坏胃环境稳态和胃黏膜本身的屏障功能，并诱导胃黏膜损伤。胃损伤可导致明显的胃肠道异常，临床表现为腹痛、食欲不振、恶心呕吐、腹胀和打嗝、胃内出血，以及呕血。此外，长期和经常饮用酒精饮料被认为是导致各种癌症的危险因素，尤其会增加胃癌风险。

抑制胃酸分泌和保护胃黏膜是防治酒精性胃黏膜损伤的主要方法，治疗手段包括阻断炎症因子的表达、降低炎症反应，以及阻止胃黏膜损伤的信号转导。目前，治疗胃溃疡的市售药物包括雷尼替丁和奥美拉唑，大多具有明显疗效，然而，长期服用此类药物可能会引起副作用和不良反应。因此，有必要研发更有效、更安全的抗溃疡功能性药物食品。

益生菌是一种活性微生物，可以通过影响消化道菌群来调节多种生理功能。服用足够量的益生菌有益于宿主的健康。益生菌的有益作用在胃肠道疾病的研究中得到了广泛的探索。益生菌已被证明对各种原因引起的肠道炎症和黏膜损伤具有预防和保护作用。目前，关于益生菌对胃黏膜损伤的预防和保护作用的研究较多，包括益生菌在防治幽门螺杆菌相关性胃病方面的良好效果，以及对阿司匹林、乙酸和乙醇等非甾体类抗炎药（NSAID）引起的胃黏膜损伤的防治作用。而益生菌对酒精性胃黏膜损伤的作用具有潜在的研究价值。

由于不同菌株益生菌的保健功能差异很大，各国传统发酵食品中发现的菌株各有优势，因此被认为具有良好的研究前景。新疆地处中国西南部，自古气候宜人，乳制品丰富，经过长期的挑选和传承，自然发酵酸奶具有极高的营养价值和独特的风味，成为当地居民喜爱的食品之一。它是由乳酸菌（LAB）自然发酵而成，其产量远远超过鲜乳。

从新疆伊犁州的酸奶中分离出了一株新的发酵乳杆菌，命名为发酵乳杆菌TKSN2（LF-N2）。本研究通过乙醇和盐酸（HCl）的相互作用建立了小鼠胃黏膜损伤模型。以新疆自然发酵酸奶中分离的乳酸菌为研究对象，雷尼替丁为阳性药物对照，保加利亚乳杆菌（LB）为对照菌株，研究了LF-N2在HCl/乙醇溶液诱导的小鼠胃黏膜损伤模型中的胃保护潜力。与LB相比，该乳酸菌菌株具有很大的潜力。

结果

LF-N2活性的体外筛选

体外实验表明，LF-N2在pH 3.0的人工胃液和0.3%的胆盐中的存活率分别为（91.24±2.11）%和（11.62±1.35）%，疏水性为（14.05±1.22）%，表明该菌株对人工胃液具有高度抗性。LF-N2完整细胞和非细胞提取物的DPPH自由基清除率分别为（58.2±8.3）%和（94.79±18.4）%，显示出较强的体外抗氧化性能。

胃的宏观观察

HCl/乙醇灌胃干预后，通过胃照片观察到小鼠胃部的损伤（图3-1）。正常对照组小鼠胃黏膜未见损伤，胃黏膜表面干净光滑，颜色鲜艳。但对照组小鼠胃内有多处明显的出血点和小面积损伤。与对照组相比，LF-N2治疗组和LB治疗组小鼠胃组织未见明显损伤，颜色趋于正常，仅有少量出血点。雷尼替丁治疗组与正常对照组无差异。计算表明，LF-N2对胃黏膜损伤的抑制效果非常好，与雷尼替丁和LB相近。

胃组织的病理学观察

实验还在光学显微镜下观察了胃组织的病理变化。如图3-2所示，正常小鼠胃黏膜结构完整，几乎没有破裂或损伤，腺体排列有序，表面上皮完整，固有层和黏液层中没有炎症细胞浸润，表明向胃内注射生理盐水不会损伤胃黏膜。与正常对照组相比，对照组胃黏膜上表皮严重破裂并出现脱落，并且胃黏膜厚度变薄（黄色箭头标记），黏膜下层疏松结缔组织变宽，可能有水肿，此外，可见炎症细胞浸润，表明成功建立了胃黏膜损伤模型。三个治疗组胃黏膜均出现不同程度的病理损伤，但均优于对照组，疗效与雷尼替丁类似，对胃黏膜损伤有良好的抑制作用，胃黏膜上皮细胞几乎完整，腺体排列有序，炎症细胞分泌减少。上述组织学分析结果表明，使用LF-N2治疗可以减轻（HCl）/乙醇性胃黏膜表面组织学损伤，保护胃组织。

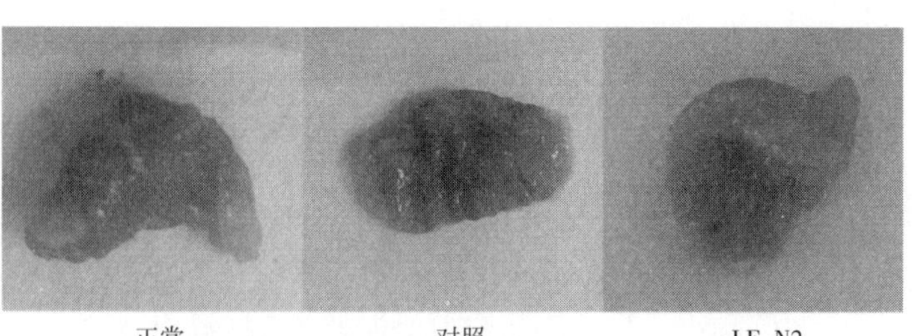

正常　　对照　　LF-N2

LB　　Ranitidine

图 3-1　小鼠胃黏膜的观察

注：LF-N2：*Lactobacillus fermentum* TKSN02（1×10^9 CFU/kg）；LB：*Lactobacillus bulgaricus*（1×10^9 CFU/kg）；Ranitidine：雷尼替丁（200 μg/g）。

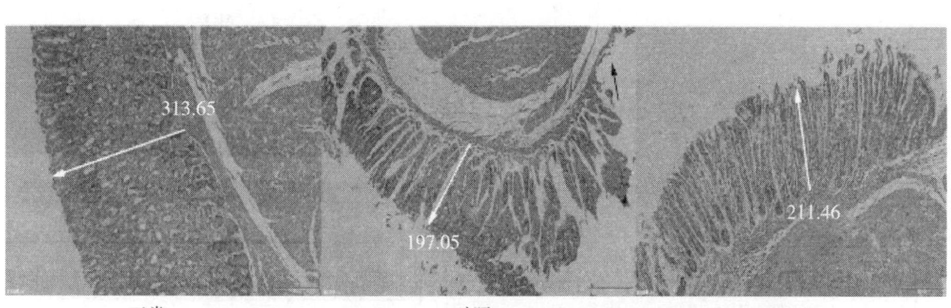

正常　　对照　　LF-N2

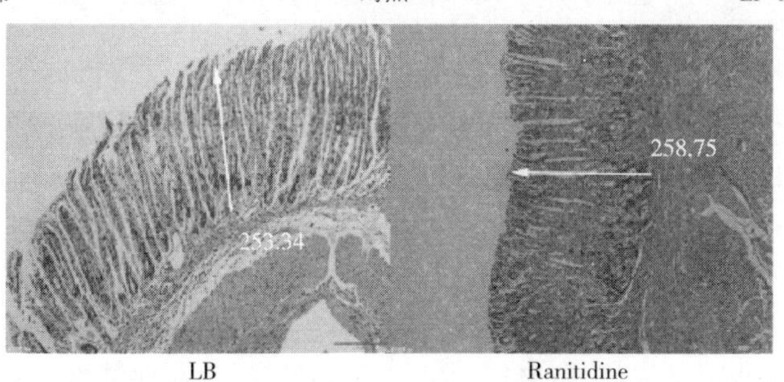

LB　　Ranitidine

图 3-2　血清和胃组织中抗氧化因子的水平

注：箭头显示相对长度。

血清和胃组织中的抗氧化因子水平

如图 3-3 所示，与正常对照组相比，对照组血清 GSH 含量和胃 T-SOD 活性显著降低，而 MDA 含量显著增加。而与对照组相比，三个治疗组的 T-SOD 和 GSH 水平均显著升高（P<0.05），MDA 含量显著降低（P<0.05）。总体而言，雷尼替丁组的效果似乎最好，血清和胃组织指标明显优于对照组、LB 组和 LF-N2 组，并且与对照组相当，但三个治疗组之间的差异无统计学意义。

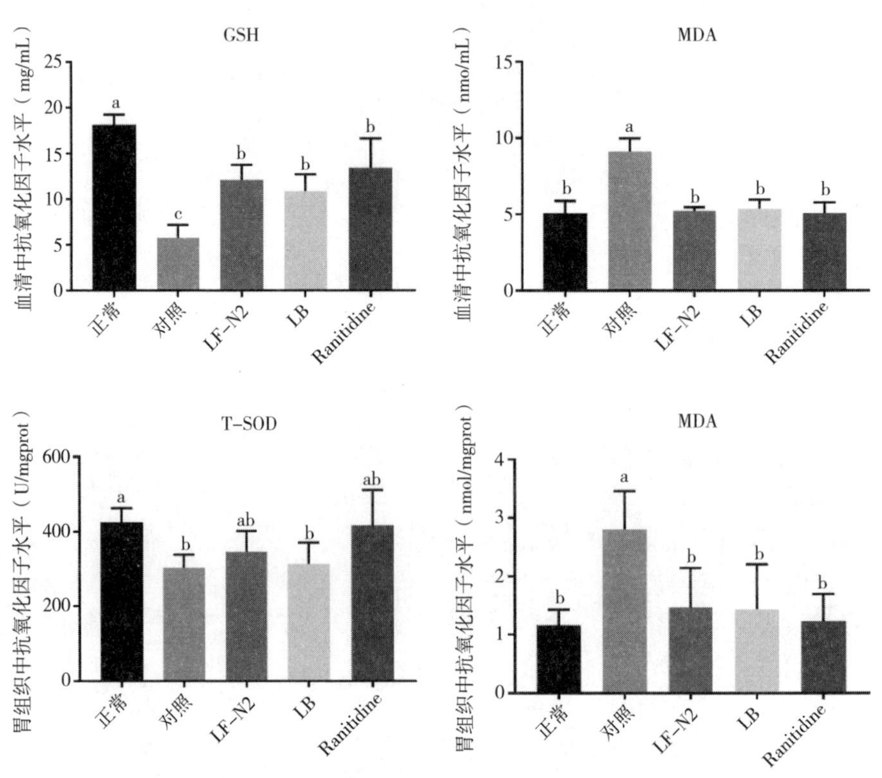

图 3-3　血清和胃组织中抗氧化因子的水平

注：不同小写字母表示在 P<0.05 水平上相应两组有显著差异，下同。

血清和胃组织中的 GAS、SS 和 MTL 水平

正常对照组小鼠的 GAS 和 MTL 血清水平最低，但 SS 血清水平最高（图 3-4）。与对照组小鼠相比，LF-N2 治疗组、LB 治疗组和雷尼替丁治疗组的 GAS 和 MTL 血清水平显著降低，而 SS 血清水平升高（P<0.05）。此外，所有治疗组之间的差异无统计学意义。

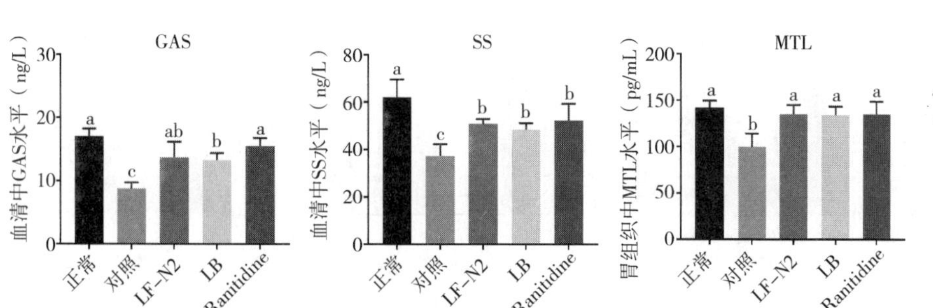

图 3-4　血清和胃组织中的 GAS、SS 和 MTL 水平

血清中炎症细胞因子 IL-4、IL-6 和 IL-10 的水平

从图 3-5 的结果可以看出，与正常对照组相比，对照组 IL-4 和 IL-10 水平显著降低，而 IL-6 水平升高。三个治疗组与对照组相比 IL-6 表达有效降低，IL-4 和 IL-10 表达升高。尽管三种治疗方法均能逆转对照组炎症因子的表达，但各组间的差异无统计学意义。

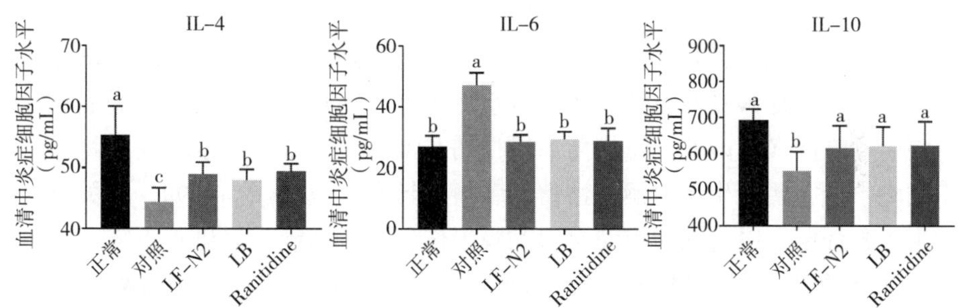

图 3-5　血清中 IL-4、IL-6 和 IL-10 的炎症细胞因子水平

小鼠胃体相关基因的表达水平

实验分析了小鼠胃体中几种基因的表达（图 3-6），以了解活发酵乳杆菌 TKSN02 的效果。分析结果显示，与正常对照组相比，对照组 CAT、Mn-SOD、Cu/Zn-SOD 和 eNOS、nNOS 的 mRNA 表达显著降低（$P<0.05$），而 caspase-3 的 mRNA 表达升高（$P<0.05$）。但与对照组相比，LF-N2 治疗可显著逆转上述基因的表达趋势，从而提高 CAT、Mn-SOD、Cu/Zn-SOD 和 eNOS、nNOS 基因的表达，并降低 caspase-3 的表达（$P<0.05$）。三个治疗组之间的差异无统计学意义（$P>0.05$）。

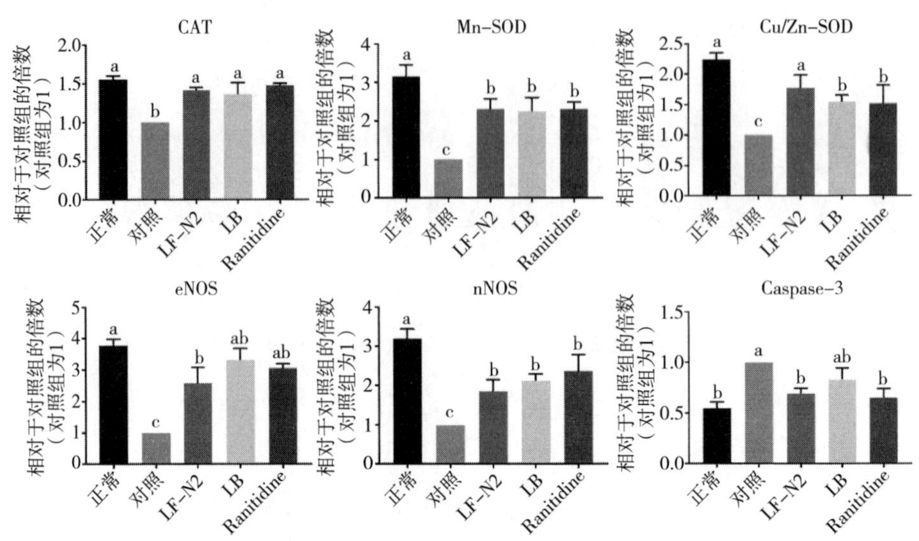

图 3-6　HCl/乙醇胃损伤小鼠胃组织中 mRNA 的表达

讨论

酒精和 HCl 联合使用可加重胃黏膜损伤，胃损伤可导致其他组织和系统（血液系统、消化系统和神经系统）不同程度的损伤。长期胃组织损伤和炎症也是导致胃癌的危险因素，因此，早期防治胃损伤非常重要。报告显示，在动物模型和临床试验中，一些益生菌对酒精性胃黏膜损伤具有有益作用。例如，相关研究表明，嗜酸乳杆菌可以有效缓解小鼠胃黏膜损伤症状，抑制小鼠体重下降。本研究采用 HCl/乙醇性胃黏膜损伤模型，验证了从新疆自然发酵酸奶中分离鉴定的新型发酵乳杆菌 TKSN02（LF-N2）在预防和保护 HCl/乙醇性小鼠胃黏膜损伤方面的潜力，并对其潜在作用机制进行了初步研究。

首先，通过测量耐酸性、耐胆盐性和疏水性评估了 LF-N2 的潜在益生菌功能。LF-N2 在上述体外活性方面表现出较高的品质，甚至比 LB 具有更好的耐酸性，因此，具有能将其用于动物或人类的功能效应的潜力。同时，LF-N2 良好的体外抗氧化作用表明，该菌株可能具有很高的体内使用潜力。在动物实验中，酒精和 HCl 灌胃后，实验观察到大面积出血点和胃组织的可见损伤，与对照组相比，LF-N2、LB、雷尼替丁干预组的胃黏膜损伤明显减轻。此外，病理切片证实，LF-N2 可以抑制 HCl/乙醇性小鼠胃组织损伤，并有效减少 HCl/乙醇诱发的胃黏膜损伤面积。

HCl/乙醇诱导的胃黏膜损伤机制可能与胃酸分泌过多有关，而小鼠胃液 pH

值降低会加重胃黏膜损伤（Laine 等，2008）。当乙醇性胃黏膜损伤导致出血时，流向胃黏膜的血流量减少，Na^+被泵出，K^+被泵入，导致胃酸分泌显著增加，因此，减少胃酸分泌是 HCl/乙醇性胃黏膜损伤的主要防治措施。此外，胃黏膜损伤机制还包括胃黏膜微生物的紊乱、氧自由基产生过多引起的氧化损伤以及一氧化氮（NO）产生过多引起的炎症反应。

首先，实验检测了几种与胃酸分泌有关的 GAS。GAS 和 MTL 同属于 GAS 家族，可以协调食管和胃括约肌的收缩，促进胃酸和胰液的分泌，调节胃肠蠕动。GAS 是一种典型的消化激素和生长因子，主要由胃黏膜 G 细胞分泌，其功能是调节胃酸分泌，控制胃黏膜细胞的生长。大量研究表明，GAS 肽及其受体与癌症的发生有关。SS 是消化液的另一重要组分，可抑制 GAS 释放和胃酸分泌。

胃黏膜损伤后，GAS 和 MTL 的分泌增加，进而导致胃酸分泌增加，从而降低 pH 值，加重急性胃黏膜损伤的程度。研究报告显示，酒精引起的急性胃黏膜损伤可能会降低体内 SS 水平。本研究中的生化结果显示，LF-N2 组血清 GAS 和胃 MTL 水平显著低于对照组，血清 SS 水平高于对照组的相应水平，所有治疗组之间的差异无统计学意义。GAS 由营养物质和 GAS 释放肽诱导，相反，SS 抑制高浓度 H^+下的 GAS 释放。这表明 LF-N2 治疗可能会降低 GAS 含量，并最终通过促进 SS 分泌调节胃酸分泌。

胃黏膜损伤的一个重要诱因是外界刺激引起的过量氧自由基引起的氧化损伤。乙醇在胃内乙醇脱氢酶的催化下形成乙醛，进一步被黄嘌呤氧化酶催化生成自由基，导致氧化损伤。MDA 是一种脂质过氧化物，可以反映生物体内氧自由基的水平。在好氧生物中，T-SOD 是活性氧的主要清除剂，可以清除超氧阴离子自由基，保护细胞免受损伤，并在氧化和抗氧化的平衡中起着至关重要的作用。GSH 是一种非蛋白质化合物和含硫醇化合物。作为体内重要的抗氧化剂和自由基清除剂，GSH 能够清除自由基，并具有强大的抗氧化作用。因此可以通过检测抗氧化酶的活性来判断药物或益生菌清除氧自由基的能力，并检测脂质过氧化产物 MDA 的水平来判断受自由基攻击的组织和细胞氧化损伤的严重程度。本研究结果表明，LF-N2 提高了小鼠体内 T-SOD 和 GSH 活性，降低了 MDA 含量，表明其具有良好的抗氧化作用。此外，研究还进一步检测了抗氧化酶基因（如 CAT 和 SOD）的表达。SOD 是 SOD 家族的总称，在脊椎动物中，SOD 主要表达为 Cu/Zn-SOD 和 Mn-SOD。与 SOD 类似，CAT 是一种重要的抗氧化酶。自由基可以通过 SOD 转化为毒性较小的 H_2O_2，然后通过 CAT 转化为 H_2O，从而清除自由基。在本研究中，三个干预组中 Cu/Zn-SOD、Mn-SOD 和 CAT 的 mRNA 表达均显著高于对照组。迄今为止，已被证明具有抗氧化能力的菌株包括：嗜酸乳杆菌、清酒乳杆菌、长双歧杆菌、发酵乳杆菌等。

无节制的饮酒和胃黏膜损伤将激活免疫系统，导致炎症和炎症因子水平发生变化。IL-6是一种促炎症因子，广泛参与炎症反应，可诱导中性粒细胞聚集，使中性粒细胞呼吸爆发，形成活性氧，并导致组织炎症。然而，已经证明IL-4和IL-10属于抗炎症细胞因子家族，可以下调LPS激活的人多形核细胞（PMN）产生的IL-8，其中IL-10被认为是最活跃的抗炎症细胞因子。IL-10具有强大的广谱抗炎活性，这已在各种感染、炎症和癌症模型中得到明确证实。一氧化氮（NO）是细胞内重要的信号分子，对胃黏膜具有保护作用，可以增强胃黏膜功能。cNOS（eNOS和nNOS）是NO生物合成的关键酶。一项研究表明，胃黏膜损伤后cNOS活性显著降低，而增加eNOS和nNOS含量可有效预防和减轻胃溃疡症状。在本研究中，LF-N2显著抑制了IL-6水平，提高了血清中IL-4和IL-10的水平，并上调了胃组织中NOS的基因表达，从而抑制胃炎症和胃黏膜损伤。

本研究结果表明，LF-N2可以通过调节抗氧化标志物、促炎症细胞因子和抗炎症细胞因子的表达来预防急性胃黏膜损伤，并可用于研发功能性食品。目前LF-N2的作用机制尚不清楚，可能与Nrf2-ARE信号通路有关。Nrf2-ARE系统被认为是一种多器官保护系统，其中转录因子Nrf2在内源性抗氧化酶的诱导中起着不可或缺的作用。在氧化应激或损伤条件下，Nrf2从keap1-Nrf2复合体中释放出来并转运到细胞核中，在那里形成Nrf2/Maf复合体并激活Nrf2 ARE通路。Nrf2/Maf复合体不仅可以激活一系列抗氧化和细胞保护蛋白的基因表达，还通过其抗炎、抗氧化、解毒、自噬和蛋白酶体效应发挥生理作用。SOD1是Nrf2的下游分子，Nrf2的核积累可以增加SOD1的表达，而Keap1/Nrf2/ARE可以通过上调GSH合成酶和再生酶来调节谷胱甘肽（GSH）水平。此外，Nrf2可以逆转调节NF-κB驱动的炎症反应，脑损伤模型结果显示，Nrf2-KO小鼠比野生型小鼠产生更高水平的IL-6。除上述方面外，LF-N2的胃保护作用机制可能与细菌产物和免疫系统之间的相互作用有关。LAB及其组分可以激活巨噬细胞、NK细胞和B淋巴细胞等免疫细胞，其中巨噬细胞可以内化和分泌TNF-α、NO、IFN-γ、IL-2、IL-6、IL-8、IL-12和IL-18，从而起到抗炎甚至抗肿瘤作用。LAB肽聚糖和脂磷壁酸是NOS的诱导剂，而且各种LAB的细胞壁可以刺激小鼠巨噬细胞和其他免疫细胞产生NO，并与氧结合形成羟基自由基和NO_2，从而发挥抗炎作用。然而，LF-N2的作用机制研究仍处于探索的早期阶段，未来可以从Nrf2/ARE信号通路方面入手开展深入研究。

结论

从新疆传统自然发酵酸奶中分离出了一株新型乳酸菌，命名为发酵乳杆菌TKSN02（LF-N2）。研究LF-N2在HCl/乙醇性胃黏膜损伤小鼠模型中的作用后，研究发现，它不仅可以改善 HCl/乙醇性胃组织损伤（如胃黏膜表面的组织学损伤和胃出血），还可以通过调节抗氧化标志物、促炎症细胞因子和抗炎症细胞因子的表达，在血清和 mRNA 水平上发挥作用。可以认为 LF-N2 是一种有用的益生菌菌株，具有保护胃黏膜和减轻急性胃黏膜损伤的潜力。其他潜在的益生菌作用以及 LF-N2 治疗的深入临床试验对于确定此类治疗是否有益于胃病患者是必要的。

第二节　乳酸菌与京尼平苷联合作用抑制酒精胃损伤

引言

栀子是茜草科的一种植物。其果实被用于中药或功能性食品，具有保肝、利胆、缓解、止血、消肿等功效。栀子常用于治疗黄疸型肝炎、扭伤和挫伤、高血压和糖尿病等。京尼平苷是一种环烯醚萜苷，易溶于水，是栀子的主要药用成分，其含量为 3%~8%，取决于原料来源。β-葡萄糖苷酶可以破坏京尼平苷的糖苷键，可将京尼平苷水解成京尼平。研究表明，京尼平苷对消化系统、心血管系统和中枢神经系统疾病具有显著疗效。此外，京尼平苷还具有一定的抗炎作用，也可用于治疗软组织损伤。干酪乳杆菌能产生大量 β-糖苷酶，有助于将京尼平苷水解成京尼平。研究小组从牦牛酸奶中分离出的干酪乳杆菌 Qian（LC-Qian）是一种具有显著生理活性的干酪乳杆菌，具有多种功能作用。京尼平苷和 LC-Qian 的联合疗效比京尼平苷的单独疗效还要好。

发生炎症性疾病时，诱导型一氧化氮合酶（iNOS）会增加 NO 的合成，最终导致细胞损伤。研究结果发现，京尼平对肝组织炎症具有明显的抑制作用，且呈浓度依赖性。京尼平可通过抑制 iNOS 来抑制脂多糖的合成和干扰素-γ（INF-γ）引起的 NO 合成。此外，在耳肿胀、足肿胀和类风湿性关节炎的小鼠中也观察到京尼平的显著抗炎作用。这些作用与京尼平抑制炎症受累区域炎症细胞因子的活性和减少炎症介质的含量有关。具体而言，控制体内 NO 含量是京尼平抑制炎症的重要作用机制。

乙醇是一种无色的液态有机溶剂，具有特殊气味，是葡萄酒和酒精饮料的主要成分。高浓度乙醇可直接腐蚀胃黏膜组织，引起胃黏膜急性炎症，表现为充血，随后出现水肿、出血、糜烂和溃疡。乙醇可以破坏胃黏膜组织表面的黏液层和黏液颈细胞以及胃黏膜正常代谢所需的生理环境。乙醇代谢后，在胃黏膜中分解为乙醛，然后与胃黏膜蛋白结合，参与损伤胃黏膜。高浓度乙醇具有很强的脱水作用，可凝结组织蛋白。除上述直接损伤作用外，乙醇还可以通过增强胃黏膜损伤因子而导致胃黏膜损伤，或者，削弱胃黏膜保护因子，使细胞内钙超载。

本研究旨在探讨京尼平苷及其与 LC-Qian 联合应用对小鼠酒精性胃黏膜损伤的抑制作用，并了解 LC-Qian 加强京尼平苷预防酒精性胃黏膜损伤的机制。本研究结果将为进一步把栀子开发为一种药食同源资源奠定理论基础。

结果

乳酸菌的生物屏障抗性和疏水性

LC-Qian 表现出良好的生物屏障抗性和疏水性，在 pH 3.0 的人工胃液中存活率为 72.33%，疏水性为 59.78%，在 0.3%的胆盐中的生长率为 22.38%（在 0.5%的胆盐中的生长率为 18.72%，在 1.0%胆盐的生长率为 13.10%）。它是一种乳酸菌，具有较好的生物屏障抗性和疏水性，该乳酸菌在小鼠体内能达到 0.5×10^9 CFU/kg 的浓度。研究表明，京尼平苷在 50 mg/kg 浓度下对小鼠具有一定的生物活性，另一项研究也表明，京尼平在 50 mg/kg 浓度下对小鼠具有较强的生物活性，基于这些结果，本研究选用了 0.5×10^8 CFU/kg 的 LC-Qian 和 50 mg/kg 的京尼平苷。

小鼠胃外观

HCl/乙醇溶液诱导胃损伤后，胃黏膜组织受损，对照组小鼠胃损伤面积最大［(0.98±0.11) cm^2］［图 3-7 和图 3-8（A）］。LC-Qian［(0.42±0.06) cm^2，(57.1±5.8)%抑制率］和京尼平苷［(0.27±0.05) cm^2，7 (2.4±5.2)%抑制

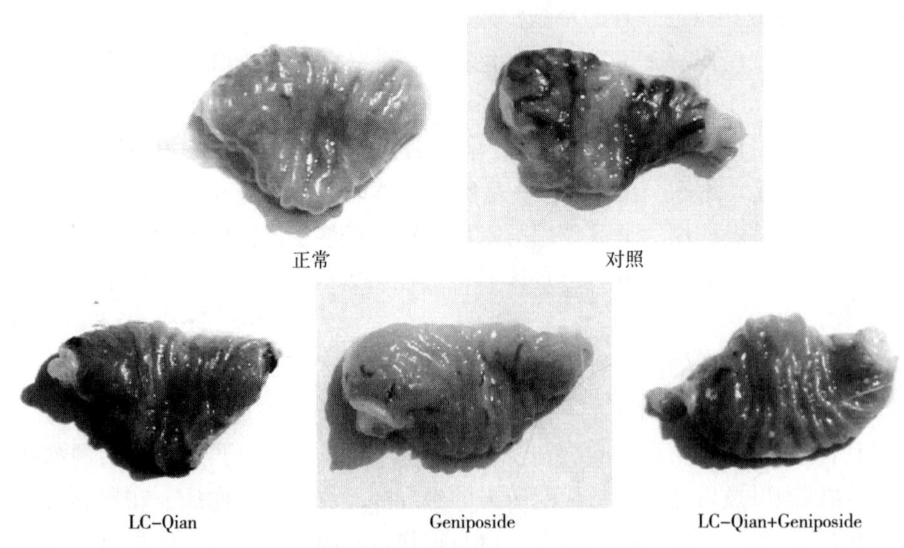

图 3-7　盐酸/乙醇致小鼠胃损伤观察

注：LC-Qian（LC-Qian）；Geniposide（京尼平苷）；LC-Qian + Geniposide（LC Qian+京尼平苷）。

率］可以显著减少损伤面积，而 LC-Qian 和京尼平苷合剂增强了对损伤的抑制作用［(0.14±0.02) cm^2，(85.7±1.4)%抑制率］，并且使用该合剂治疗的小鼠显示出非常小的损伤面积［图 3-8 (B)］。

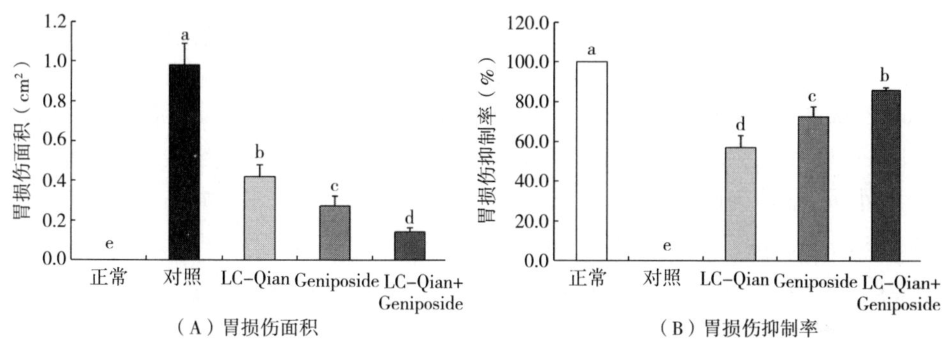

图 3-8 HCl/乙醇诱导小鼠胃损伤面积和胃损伤抑制率

注：不同字母表示在 $P<0.05$ 水平上相应两组之间具有显著差异。

小鼠的胃液分泌量和 pH 值

对照组小鼠胃液分泌量最高，为 (1.70±0.18) mL，胃液 pH 值最低，为 1.2±0.2。而正常对照组小鼠［胃液分泌量 (0.31±0.02) mL，pH 值 (3.3±0.1)］则表现出相反的情况（图 3-9）。LC-Qian 治疗组［胃液分泌量 (1.39±0.15) mL，pH 值 (1.7±0.2)］和京尼平苷治疗组［胃液分泌量 (0.87±0.11) mL，pH 值 (2.3±0.2)］小鼠的胃液分泌量和 pH 值与正常对照组小鼠几乎相同，但略有差异，而 LC-Qian 和京尼平苷的合剂显著增强了这些变化（$P<0.05$），使胃液分泌量和 pH 值［胃液分泌量 (0.59±0.10) mL，pH 值 (2.8±0.1)］最接近正常小鼠。

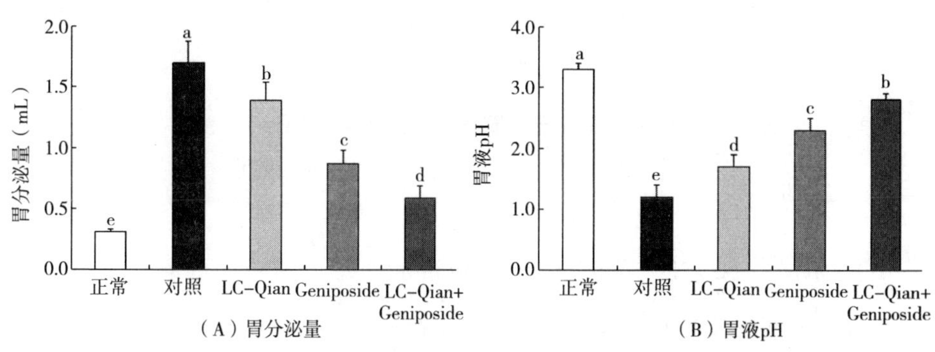

图 3-9 HCl/乙醇诱导小鼠胃损伤的胃分泌量和胃液 pH

小鼠的细胞因子 IL-6、IL-12、TNF-α 和 IFN-γ 水平

与所有其他组小鼠相比，正常对照组小鼠的 IL-6、IL-12、TNF-α 和 IFN-γ 细胞因子的血清水平［(47.3±3.2) pg/mL、(266.1±25.8) pg/mL、(41.1±1.8) pg/mL 和 (46.3±2.5) pg/mL］最低，对照组小鼠的这些水平［(109.6±6.6) pg/mL、(898.2±50.1) pg/mL、(125.1±11.6) pg/mL 和 (90.8±4.6) pg/mL］最高（图 3-10）。与 LC-Qian 治疗组小鼠［(84.2±4.4) pg/mL、(651.0±42.0) pg/mL、(98.1±6.2) pg/mL 和 (77.1±3.2) pg/mL］或京尼平苷治疗组小鼠［(70.5±3.1) pg/mL、(531.2±28.1) pg/mL、(78.6±5.5) pg/mL 和 (62.3±3.5) pg/mL］相比，LC-Qian 和京尼平苷合剂治疗组［(59.2±2.2) pg/mL、(442.6±31.1) pg/mL、(56.9±3.0) pg/mL 和 (53.2±3.3) pg/mL］的 IL-6、IL-12、TNF-α 和 IFN-γ 水平较低，且仅略高于正常小鼠。

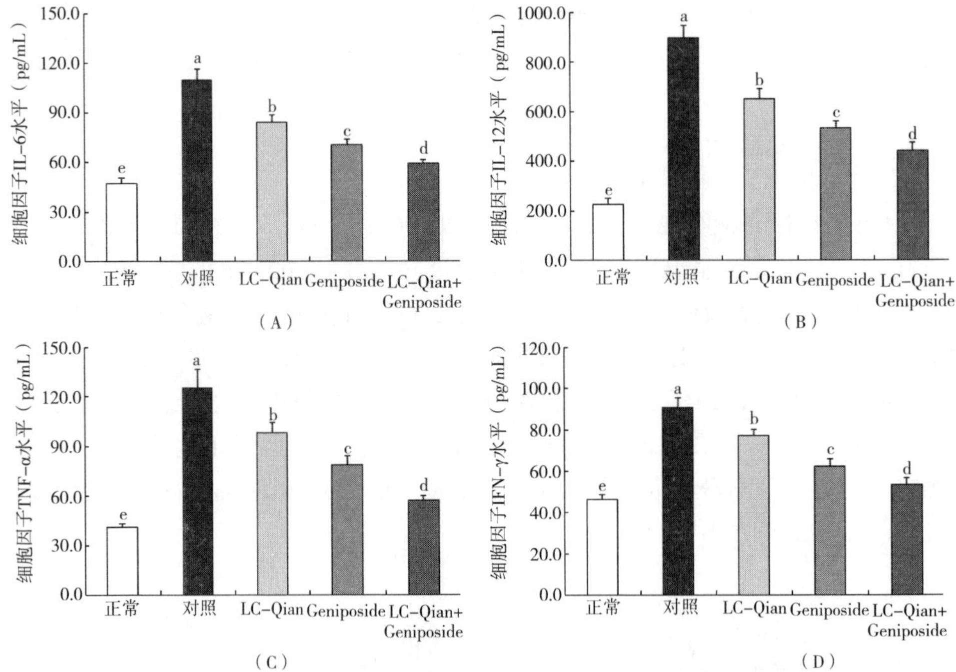

图 3-10 HCl/乙醇诱导胃损伤小鼠的细胞因子 IL-6（A）、IL-12（B）、TNF-α（C）和 IFN-γ（D）水平

小鼠 MOT、SS、SP、VIP 和 ET-1 血清水平

正常对照组小鼠 MOT、SP、ET-1［(44.5±1.9) μg/L、(60.6±4.1) μg/L 和 (68.7±2.5) pg/mL］血清水平最低，而 SS［(142.1±17.2) μg/L］和 VIP

[(95.8±4.7) μg/L] 水平最高（图 3-11）。HCl/乙醇溶液（对照组）可以显著改变（$P<0.05$）这些水平 [(122.0±11.2) μg/L、(55.9±4.8) μg/L、(118.9±7.8) μg/L、(52.9±2.6) μg/L 和 (99.1±5.3) pg/mL]。相反，LC-Qian 和京尼平苷可以抑制这些变化，并且京尼平苷 [(72.6±4.8) μg/L、(92.1±6.3) μg/L、(81.3±5.6) μg/L、(72.9±4.3) μg/L 和 (82.6±2.2) pg/mL] 的抑制作用强于 LC-Qian [(95.2±6.2) μg/L、(71.6±5.1) μg/L、(97.6±5.2) μg/L、(63.6±3.2) μg/L 和 (88.1±2.1) pg/mL]。将 LC-Qian 和京尼平苷混合后，新合剂可以使小鼠的 MOT、SS、SP、VIP 和 ET-1 水平 [(57.1±2.2) μg/L、(118.6±4.5) μg/L、(71.3±3.5) μg/L、(82.6±2.9) μg/L 和 (75.1±1.6) pg/mL] 最接近正常水平。

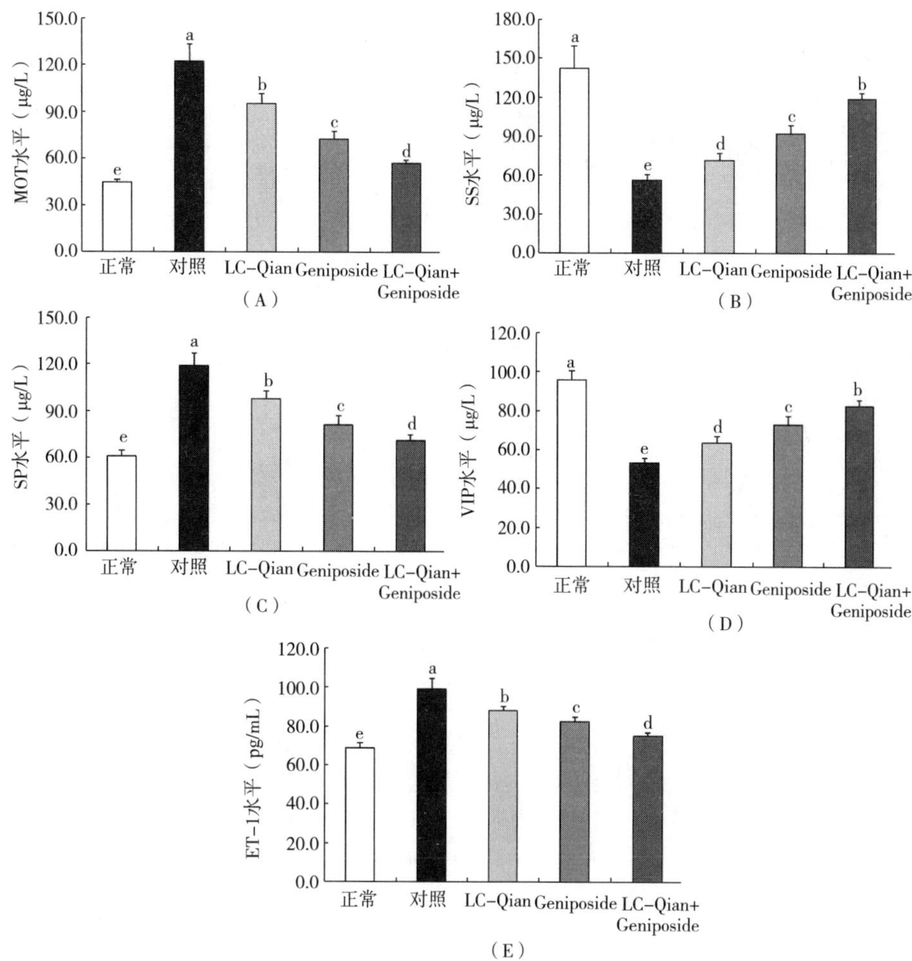

图 3-11　HCl/乙醇诱导胃黏膜损伤小鼠血清 MOT（A）、SS（B）、SP（C）、VIP（D）和 ET-1（E）水平

小鼠的 NO 水平

与所有组小鼠相比，正常小鼠的血清、心脏、肝脏、肾脏和胃中的 NO 含量［(74.9±5.1) μmol/g pro、(9.2±0.5) μmol/g pro、(3.2±0.3) μmol/g pro、(9.0±0.4) μmol/g pro 和 (10.7±0.6) μmol/g pro］最高（图 3-12）。LC-Qian 和京尼平苷合剂治疗组小鼠［(64.1±2.8) μmol/g pro、(6.6±0.3) μmol/g pro、(2.5±0.2) μmol/g pro、(7.4±0.4) μmol/g pro 和 (8.1±0.4) μmol/g pro］的 NO 水平较高，仅略低于正常小鼠。与对照组小鼠［(25.7±3.4) μmol/g pro、

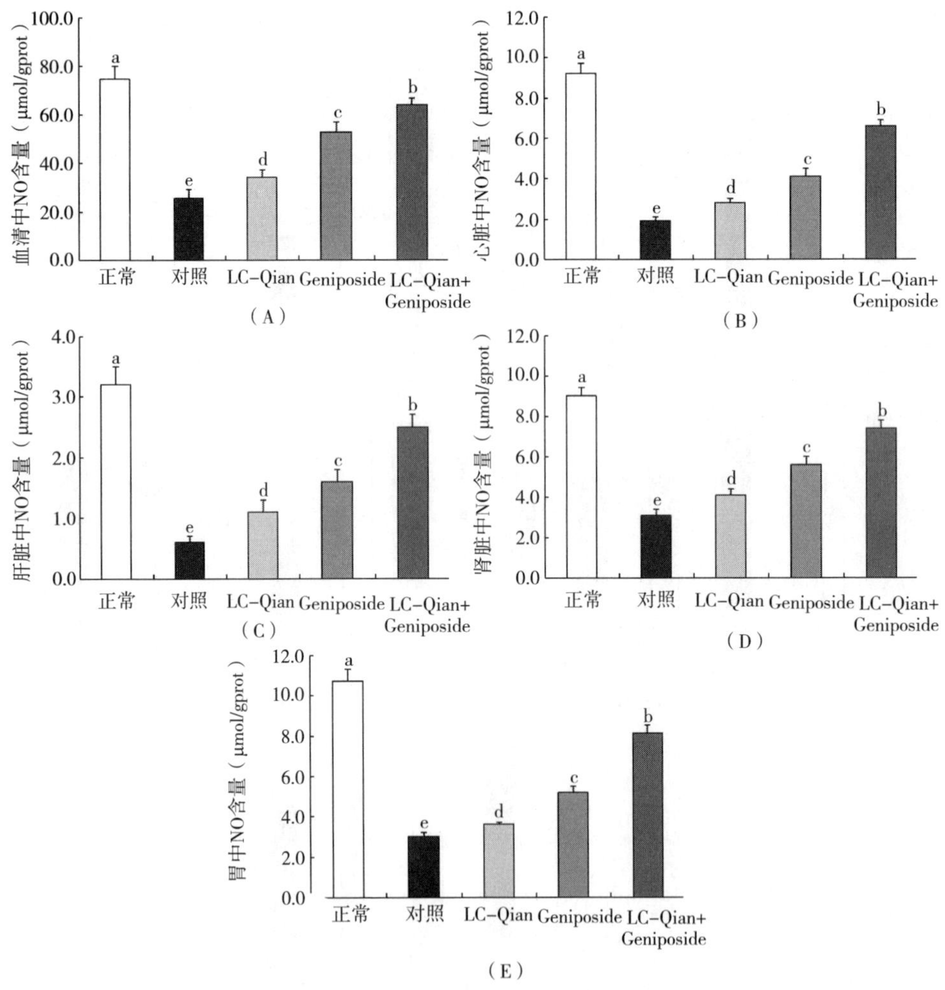

图 3-12　HCl/乙醇胃损伤小鼠血清（A）、心脏（B）、肝脏（C）、肾脏（D）和胃（E）中 NO 含量

(1.9±0.2) μmol/g pro、(0.6±0.1) μmol/g pro、(3.1±0.3) μmol/g pro 和 (3.0±0.2) μmol/g pro] 相比，LC-Qian 治疗组小鼠 [(34.1±3.1) μmol/g pro、(2.8±0.2) μmol/g pro、(1.1±0.2) μmol/g pro、(4.1±0.3) μmol/g pro 和 (3.6±0.1) μmol/g pro] 和京尼平苷治疗组小鼠 [(52.7±4.2) μmol/g pro、(4.1±0.4) μmol/g pro、(1.6±0.2) μmol/g pro、(5.6±0.4) μmol/g pro 和 (5.2±0.3) μmol/g pro] 的血清、心脏、肝脏、肾脏和胃中 NO 含量均较高，并且京尼平苷治疗效果比 LC-Qian 治疗效果要好。

小鼠胃组织中 nNOS、eNOS 和 iNOS 的 mRNA 表达水平

实验使用 RT-PCR 测定了 nNOS、eNOS 和 iNOS 的 mRNA 表达（图 3-13），结果显示，正常小鼠 nNOS（对照组的 3.06 倍）和 eNOS（对照组的 3.73 倍）的 mRNA 表达最强，iNOS（对照组的 0.17 倍）的 mRNA 表达最弱。与对照组相比，LC-Qian 和京尼平苷治疗可增加 nNOS 和 eNOS 表达，降低 iNOS 表达。LC-Qian 和京尼平苷合剂与 LC-Qian 或京尼平甙单独治疗相比效果更好，并且与所有其他组相比，该合剂的 nNOS（对照组的 2.76 倍）、eNOS（对照组的 3.35 倍）和 iNOS（对照组的 0.30 倍）表达最接近正常小鼠。

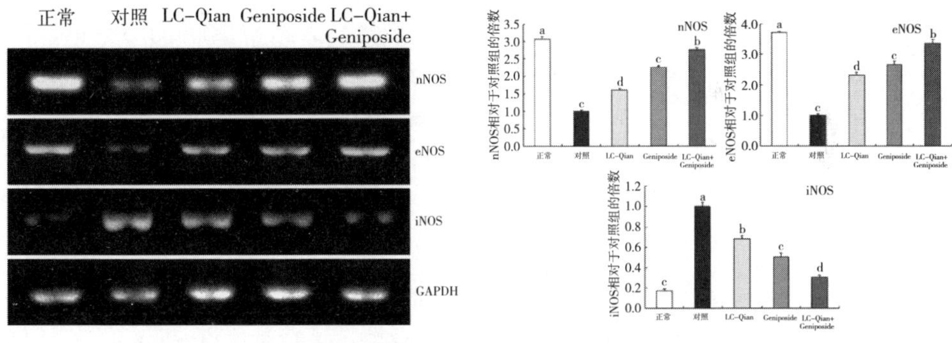

图 3-13　HCl/乙醇胃损伤小鼠 nNOS、eNOS 和 iNOS mRNA 表达水平

小鼠胃组织中 NF-κB 和 IκB-α 的 mRNA 表达

对照组 NF-κB 的 mRNA 表达最高，IκB-α 的 mRNA 表达最低（图 3-14）。LC-Qian 和京尼平苷联合治疗组（对照组的 0.56 倍）NF-κB 的 mRNA 表达低于 LC-Qian 治疗组（对照组的 0.83 倍）或京尼平苷治疗组（对照组的 0.81 倍）。各组小鼠的 IκB-α 表达水平呈相反趋势，LC-Qian 和京尼平苷联合治疗组（对照组的 5.36 倍）的 NF-κB 和 IκB-α 水平仅低于正常对照组（对照组的 13.85 倍）。

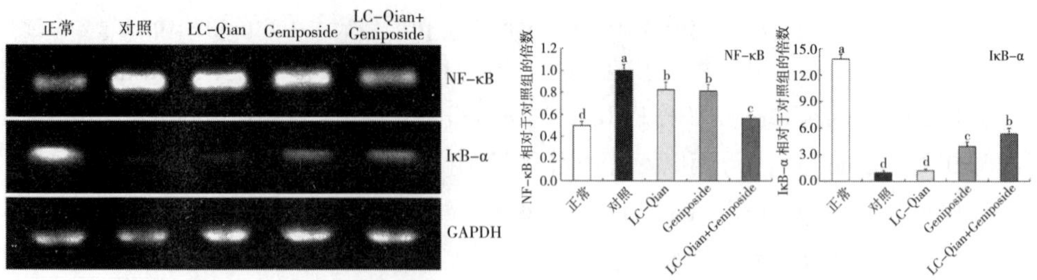

图 3-14　HCl/乙醇胃损伤小鼠 NF-κB 和 IκB-α mRNA 表达水平

体外β-糖苷酶的活性

测定 p-NP 溶液后，计算 p-NP 标准曲线，标准曲线为 $y = 19.571x + 0.0010$（$R^2 = 0.9999$）。对照标准曲线，LC-Qian 的β-糖苷酶活性为 10.21 U/mL。

LC-Qian 将京尼平苷转化为京尼平

京尼平苷可通过 LC-Qian 的β-糖苷酶转化为京尼平（图 3-15），使用 LC-Qian 治疗 24 h 后，大部分京尼平苷［2mg/mL，图 3-15（B）］被转化为京尼平［图 3-15（C）］。

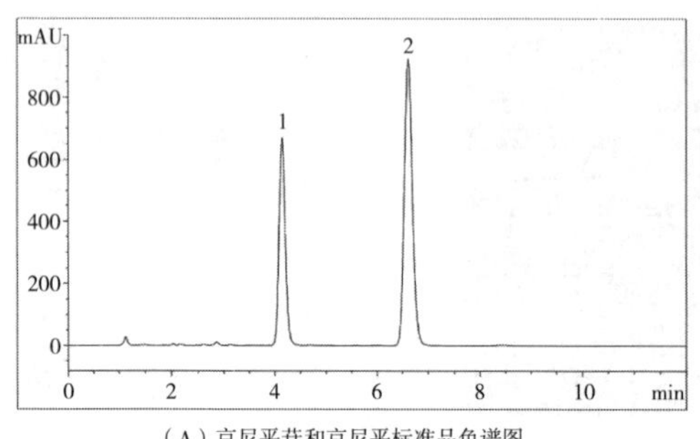

（A）京尼平苷和京尼平标准品色谱图

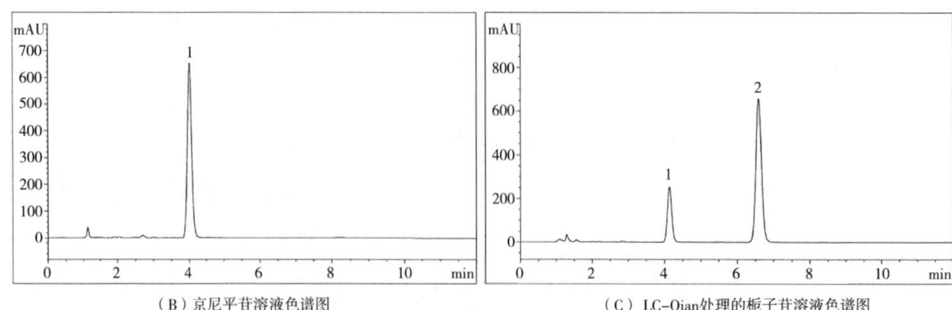

（B）京尼平苷溶液色谱图

（C）LC-Qian处理的栀子苷溶液色谱图

图 3-15　京尼平苷和京尼平的色谱图

注：1. 京尼平苷；2. 京尼平。

讨论

乙醇会对胃组织造成严重损害。受损胃黏膜不同于正常胃黏膜，可直观观察到受损部位。乙醇引起胃黏膜损伤后，胃液分泌量增加，胃液 pH 值降低。本研究中的胃黏膜损伤小鼠显示出较大的损伤面积，胃液分泌量最大，胃液 pH 值最低。LC-Qian 和京尼平苷可以减少这些症状的出现，而且 LC-Qian 和京尼平苷合剂对乙醇引起的损伤表现出显著的协同抑制作用。

LC-Qian 是从中国红原县牦牛酸奶中分离出的一种乳酸菌，其在 pH 3.0 人工胃液中的存活率和疏水性，以及在胆盐中的生长率均高于普通乳酸菌（保加利亚乳杆菌），因此 LC-Qian 的体外性能优于普通乳酸菌。LC-Qian 的体内抗便秘效果也优于保加利亚乳杆菌，综合体外和体内结果，LC-Qian 可能是一种优质益生菌。

IL-6、IL-12、TNF-α 和 IFN-γ 都是与炎症相关的细胞因子。乙醇引起的胃黏膜损伤可引发炎症反应，且随着损伤的增加，炎症也变得更严重。组织受损后，内皮细胞会分泌大量的 IL-6、IL-12 等因子，这些因子可以通过刺激其他炎症介质的释放，直接引发炎症反应并加剧炎症程度，然后释放更多的 IL-6 和 IL-12。TNF-α 是一种具有多种生物活性的细胞因子。如果大量 TNF-α 在体内产生和释放，会破坏机体的免疫平衡，导致胃黏膜损伤，并且还会与其他炎症因子结合造成更严重的损伤。细胞因子 IFN-γ 在保护消化性溃疡和改变黏膜损伤方面起着非常重要的作用。大量 IFN-γ 可加重胃溃疡，降低机体对胃黏膜的保护作用。相关研究表明，乙醇性胃黏膜损伤也会导致 IL-6、IL-12、TNF-α 和 IFN-γ 水平升高。LC-Qian 或京尼平苷可降低胃损伤小鼠的 IL-6、IL-12、TNF-α 和 IFN-γ 水平，但两者混合后，其效果可能会更强。

MOT 和 SP 是兴奋性胃肠激素，受到刺激时，它们的含量会变高。乙醇刺激后，MOT 和 SP 可引起大量胃酸分泌，从而增加胃内酸度，加剧胃黏膜损伤程度。SS 和 VIP 是抑制性胃肠激素，可以抑制胃酸分泌。组织损伤后，SS 和 VIP 含量降低，从而导致对胃酸的抑制作用下降。乙醇引起的胃黏膜损伤可导致胃黏膜大量组织受损，胃液量增加，pH 值降低，因此这些标志性指标可作为评估胃黏膜损伤的关键指标。LC-Qian 和京尼平苷合剂治疗组小鼠的 MOT、SP、SS 和 VIP 水平与正常小鼠最接近。

ET 是调节心血管功能的重要因素，它在维持基本血管张力和心血管系统稳定状态中起着至关重要的作用。具体而言，ET-1 主要在内皮细胞中表达。ET-1 和 NO 都是由血管内皮细胞产生的最重要的血管活性介质，它们相互作用并调节胃黏膜的血流，且 NO 可抑制过量 ET-1 的合成。ET-1 是一种能引起血管强力收缩的活性成分。已有研究证明 ET-1 参与了胃黏膜损伤的生理病理机制，由于其强大的血管收缩作用，胃黏膜的供血量急剧下降，机体保护作用减弱。LC-Qian 和京尼平苷合剂可以缓解胃损伤小鼠 ET-1 水平的升高。

NO 是一种由胃肠道非肾上腺素能非胆碱能神经释放的神经递质和信使分子，并由 NOS 催化剂产生。正常分泌的 NO 可能通过增加胃黏膜的血流量、维持胃黏膜上皮的完整性、参与黏膜损伤后的保护和修复以及抑制炎症细胞的趋化和黏附来发挥其保护胃黏膜的作用。生物体内 NO 含量主要由 NOS 调节和控制。胃黏膜中的 NOS 主要分为两大类，一类是依赖 Ca^{2+} 的固有 NOS（cNOS，包括 nNOS 和 eNOS），另一类是不依赖 Ca^{2+} 的诱导型 NOS（iNOS）。cNOS 主要分布在神经细胞和内皮细胞中，活性稳定，它通过持续释放少量的 NO 来保护胃黏膜。iNOS 仅在受到某些细胞因子（如 IL-1、IFN-γ 和 TNF-α）和内毒素刺激时才具有活性，它可以导致 NO 长期释放，加重炎症，并导致胃黏膜进一步受损。LC-Qian 和京尼平苷合剂可有效提高胃组织中 cNOS（nNOS 和 eNOS）的表达水平，并降低 iNOS 的表达水平，这表明其具有保护胃黏膜的作用。

胃黏膜损伤后，NF-κB 可能会被激活，这证实了 NF-κB 的信号转导通路参与了胃黏膜损伤。NF-κB 是介导氧化应激反应的重要转录因子，它的激活可以诱导各种促炎症细胞因子和炎症介质的表达水平，这些细胞因子和炎症介质均参与炎症反应。胃黏膜损伤后常出现明显的炎症反应，TNF-α、COX-2 和 iNOS 的表达水平也明显升高。然而，它们的基因转录均受 NF-κB 的调控，这进一步支持了 NF-κB 信号转导通路在胃黏膜损伤时的作用。胃黏膜细胞受到外源性刺激时，多聚体上的 IκB 磷酸化发生降解。NF-κB 被激活，并进入细胞核，在那里与特定基因启动因子的区域位点结合，并启动细胞因子、炎症因子和黏附分子等靶基因的转录，产生大量炎症细胞因子，加剧胃黏膜损伤。在本研究中，通过抑制 IκB 降解，能够控制炎症基因 NF-κB 的激活，并且其抑制胃黏膜损伤的效果可以通过抑制炎症细胞因子来实现。这也是 LC-Qian 和京尼平苷合剂产生抑制作用的可能机制。

干酪乳杆菌 Qian（LC-Qian）是研究小组分离鉴定的一种新型乳杆菌。LC-Qian 可产生 β-糖苷酶，该 β-糖苷酶可将京尼平苷转化为京尼平，该结果与 Wang Yonghong 等报道的结果相似。本研究采用京尼平苷和 LC-Qian 合剂对胃黏膜损伤小鼠进行灌胃，并检测小鼠胃组织损伤面积。观察结果显示，京尼平苷和 LC-Qian 合剂能够显著抑制胃黏膜损伤。此外，研究还采用分子生物学方法对小鼠血清进行了检测，证明了京尼平苷和 LC-Qian 合剂对胃黏膜损伤的抑制作用。本研究还发现，LC-Qian 对 HCl/乙醇引起的胃黏膜损伤有很大的抑制作用。LC-Qian 可以将京尼平苷转化为京尼平，以得到大量的京尼平，从而发挥更强的作用。因此，与单独使用京尼平苷相比，LC-Qian 和低浓度的京尼平苷合剂可以产生更多的京尼平，故而证明，乳酸菌制剂和中药合剂可以增强其原有生理作用。本研究为进一步开发利用栀子提供了新思路。

参考文献

[1] Tiantian Hu, Liang Zhou, Xiaoli Wang, Xianrong Zhou, Ruokun Yi, Xingyao Long, Zhao Xin. Prophylactic effect of *Lactobacillus fermentum*TKSN02 on gastric injury induced by hydrochloric acid/ethanol in mice through its antioxidant capacity [J]. Frontiers in Nutrition, 2022, 9: 840566.

[2] 骞宇，索化夷，易若琨，等．干酪乳杆菌 Qian 增强京尼平苷对盐酸/乙醇诱导小鼠胃损伤的预防效果［J］．食品科学，2017，38（21）：230-240.

第四章　益生菌对肝损伤的功效

第一节　植物乳杆菌对酒精肝损伤的作用

引言

数千年来，人们都在饮酒（包括蒸馏酒、发酵酒和混合酒）。然而，酒中的乙醇（EtOH）可以被乙醇脱氢酶（ADH）氧化成乙醛，而乙醛是糖酵解的主要中间毒性产物。饮酒还可以通过凋亡和坏死性凋亡通路导致肝损伤和肝细胞死亡。酒精饮料可能对整体健康产生影响，全球 3.6%的癌症病例和 20%的酒精性肝病（ALD）病例与饮酒有关。ALD 是一种肝损伤形式，包括脂肪性肝炎、肝硬化、进行性纤维化和肝细胞癌等多种表型，主要由过量饮酒引起。氧化应激和炎症环境在该疾病的发病机制中起重要作用。

摄入乙醇后，由于活性氧（ROS）损伤的肝细胞、肠道内毒素激活的枯氏细胞和浸润的白细胞，肝脏内会发生氧化应激。乙醇还通过诱导电子传递链蛋白的功能障碍增加线粒体 ROS，从而导致线粒体功能障碍进一步加重。乙醇性氧化应激还可以通过抑制还原型谷胱甘肽（GSH）在线粒体膜上的转运来降低肝脏线粒体中 GSH 的水平。此外，TNF-α 是酒精性肝损伤的一个重要病因。

乳酸菌（LAB）是一类重要的革兰氏阳性微生物，具有良好的耐酸能力，已应用于食品工业。一些种类的 LAB 已被证实对各种疾病具有健康保护作用。研究还表明，口服 LAB 可以通过其多靶点作用治疗酒精性肝损伤，且无副作用，这些益生菌主要能提高乙醇性肝损伤大鼠的抗氧化和抗炎能力。此外，乳酸菌菌株可以预防肝脂肪变性和慢性酒精暴露造成的肝损伤。

本研究评估了植物乳杆菌 HFY09（LP-HFY09）的肝脏保护能力和抗氧化调节作用。实验测量了乙醇喂养小鼠的抗氧化特性、炎症水平和抗氧化相关基因的 mRNA 表达，旨在为新分离出的益生菌的开发提供数据。

结果

体重变化

实验开始时，EtOH 喂养组小鼠的体重从（32.99±1.41）g 持续下降至

(23.34±1.39) g ($P<0.05$)，而正常对照组小鼠的体重保持轻微增加（$P>0.05$，图 4-1）。同时，LP-HFY09 的干预抑制了乙醇诱导小鼠的体重下降，而 LDSB 也减缓了体重下降。在研究结束时，EtOH 喂养+LP-HFY09 组小鼠的体重增加情况显著大于 EtOH 喂养组和 EtOH 喂养+LDSB 治疗组（$P<0.05$）。

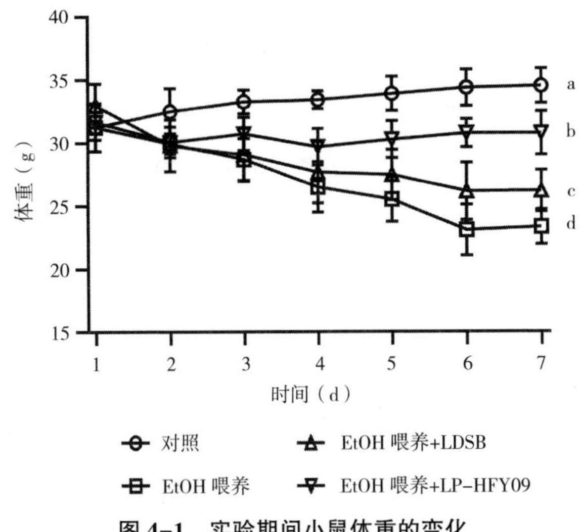

图 4-1　实验期间小鼠体重的变化

注：小写英文字母表示在 $P<0.05$ 水平上相应两组之间具有显著差异，下同。
对照：正常状态小鼠；EtOH 喂养：按 0.13 mL/10 g bw 剂量灌胃 56°白酒；EtOH 喂养 + LDSB：按 0.13 mL/10 g bw 剂量灌胃 56°白酒和按 1.0×10^9 CFU/kg 剂量灌胃保加利亚乳杆菌；EtOH 喂养 + LP-HFY09：按 0.13 mL/10 g bw 剂量灌胃 56°白酒和按 1.0×10^9 CFU/kg 剂量灌胃植物乳杆菌 HFY09。

小鼠脏器指数

在 EtOH 喂养组中，乙醇导致肝脏指数显著增加（$P<0.05$），但肾脏或心脏指数无显著变化（$P>0.05$，图 4-2）。然而，LP-HFY09 和 LDSB 的干预并未减轻乙醇对肝脏的不良反应（$P>0.05$）。

肝脏病理学观察

如图 4-3 所示，正常对照组小鼠的肝切片显示出组织良好的结构，细胞大小均匀，小叶结构正常，核居中。细胞边界清晰的细胞比例为 91.21%（图 4-3）。而 EtOH 喂养组小鼠则显示出结构紊乱，细胞边界不明确（100%），且缺乏规则的中央静脉形状。EtOH 喂养组还显示出炎症浸润迹象，炎症细胞面积比例为 14.55%。同时，LP-HFY09 的干预缓解了上述不良变化，肝组织表现出与正常对照组相似的形态特征，形态正常的肝细胞增加至 47.15%。与 EtOH 喂养组相

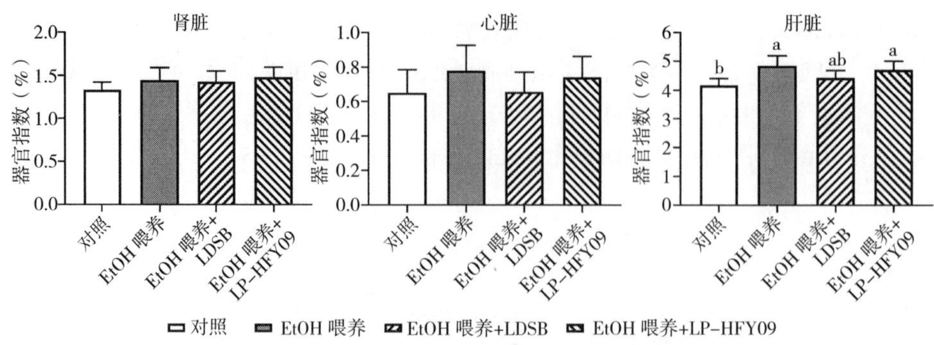

图 4-2　各组小鼠器官指数

比，EtOH 喂养+LDSB 治疗组的肝组织中的一些形态学方面的病理特征较少，但细胞边界清晰的细胞比例仅为 3.95%。因此，LP-HFY09 可能具有预防乙醇性肝组织病理学损伤的作用。

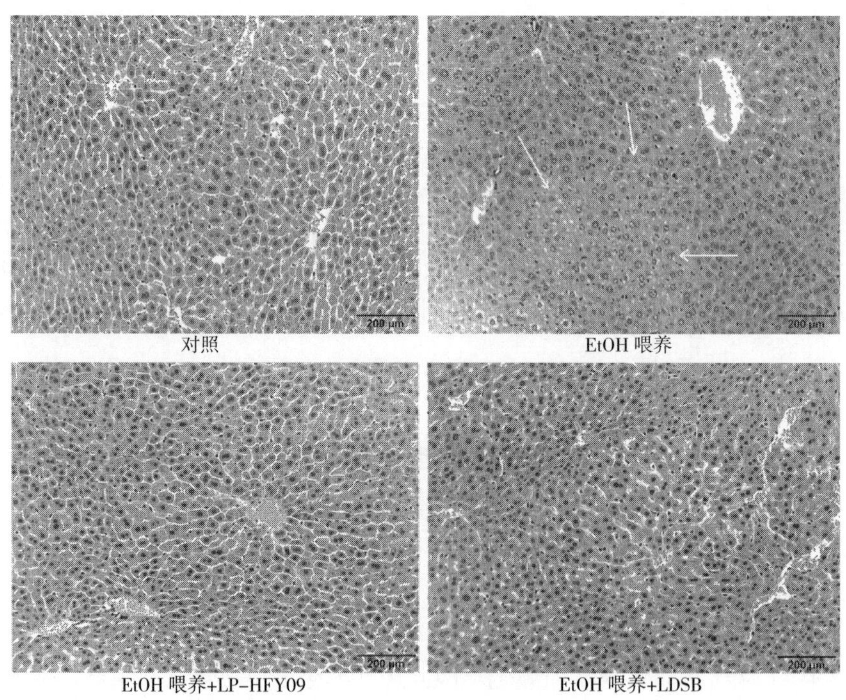

图 4-3　小鼠肝脏的 H&E 染色病理学观察，100×

ALT、AST、HAase、PC Ⅲ和细胞因子指标的血清水平

与正常对照组相比，EtOH 组 ALT、AST、HAase、PC Ⅲ、TNF-α、IL-1β 和

IL-6 血清水平显著升高，IL10 水平显著降低（$P<0.05$，表 4-1）。与 EtOH 喂养组相比，LDSB 和 LP-HFY09 治疗组显著降低了 ALT、AST、HAase、PC Ⅲ和细胞因子指标（TNF-α、IL-1β 和 IL-6）的水平，并显著增加了 IL-10 的水平（$P<0.05$）。在 LP-HFY09 治疗组小鼠中，观察到这些不利变化的总体良好逆转，但是 EtOH 喂养+LDSB 治疗组的 IL-10 水平显著高于 EtOH 喂养+LP-HFY09 治疗组。

表 4-1 小鼠血清丙氨酸氨基转移酶（ALT）、天冬氨酸氨基转移酶、透明质酸酶（HAase）、前胶原Ⅲ（PC Ⅲ）、白细胞介素（IL）-1β、IL-6、IL-10 和肿瘤坏死因子-α（TNF-α）水平

组别	ALT (U/L)	AST (U/L)	HAase (U/L)	PC Ⅲ (U/L)	IL-1β (pg/mL)	IL-6 (pg/mL)	IL-10 (pg/mL)	TNF-α (pg/mL)
对照	7.87 ± 1.76[c]	13.27 ± 1.18[c]	137 ± 5[d]	4.24 ± 0.31[c]	30.40 ± 1.79[d]	58 ± 4[c]	1175 ± 28[a]	527 ± 21[d]
EtOH 喂养	21.61 ± 3.61[a]	24.98 ± 3.48[a]	201 ± 14[a]	8.36 ± 0.34[a]	63.84 ± 2.80[a]	119 ± 7[a]	570± 40[d]	739± 35[a]
EtOH 喂养+LDSB	13.72± 1.20[b]	16.71 ± 0.44[b]	174 ± 7[c]	5.33 ± 0.20[b]	43.59 ± 5.44[b]	106 ± 9[b]	826 ± 30[b]	652 ± 35[b]
EtOH 喂养+LP-HFY09	13.91 ± 1.87[b]	16.97 ± 1.35[b]	155 ± 18[b]	4.56 ± 0.25[c]	36.49 ± 4.90[c]	100 ± 10[b]	720 ± 55[c]	603 ± 33[c]

肝脏 TG、TC、ADH、ALDH、MDA、SOD 和 GSH 水平

如表 4-2 所示，乙醇诱导 7 天后，肝脏中 TC 和 TG 的堆积分别显著增加了 1.94 倍和 0.53 倍（$P<0.05$），ADH 和 ALDH 的酶活性也显著升高（$P<0.05$）。同时，肝脏 SOD 和 GSH 急剧下降，而 MDA 显著升高（$P<0.05$）。肝脏中相关指标显示，两株 LAB 菌株均明显减轻了脂质和氧化产物的堆积（$P<0.05$），并进一步增强了 ADH 和 ALDH 的活性（$P<0.05$）。

表 4-2 小鼠肝脏组织中甘油三酯（TG）、总胆固醇（TC）、乙醇脱氢酶（ADH）、乙醛脱氢酶（ALDH）、超氧化物歧化酶（SOD）和谷胱甘肽（GSH）的水平

组别	TG (mmol/gprot)	TC (mmol/gprot)	ADH (U/mgprot)	ALDH (U/mgprot)	MDA (nmol/mgprot)	SOD (U/mgprot)	GSH (μmol/gprot)
对照	0.66 ± 0.08[c]	3.62 ± 0.10[c]	21.39 ± 2.59[d]	11.24 ± 0.89[d]	0.97± 0.19[d]	729 ± 37[a]	25.86 ± 4.26[a]
EtOH 喂养	1.94 ± 0.30[a]	5.54 ± 0.42[a]	40.08 ± 3.34[c]	13.91 ± 1.19[c]	3.45± 0.26[a]	493 ± 26[d]	10.76 ± 1.27[c]
EtOH 喂养+LDSB	1.28 ± 0.23[b]	4.62 ± 0.24[b]	54.58 ± 3.42[b]	17.65± 0.84[b]	2.42 ± 0.24[b]	580 ± 39[c]	16.02 ± 0.53[b]
EtOH 喂养+LP-HFY09	1.03 ± 0.27[b]	3.69± 0.52[c]	65.56 ± 4.55[a]	21.01 ± 0.80[a]	1.64 ± 0.32[c]	668 ± 28[b]	18.66 ± 4.89[b]

小鼠肝脏中的 mRNA 表达

图 4-4 显示，乙醇可以显著降低 EtOH 喂养组的 PPAR-α、SOD1、SOD2、GSH-PX、CAT 和 NADPH 的 mRNA 表达，并增加 JNK、ERK 和 COX1 的 mRNA 表达（P<0.05）。经 LP-HFY09 初步治疗后，所有这些基因均得到显著调节（P<0.05），与正常对照组相比部分恢复。其中，EtOH 喂养+LP-HFY09 治疗组的 NADPH 的 mRNA 表达恢复，并显著高于 EtOH 喂养组（P<0.05）。在 EtOH 喂养+LDSB 治疗组中，乙醇引起的变化也在一定程度上减弱（P<0.05）。比较 LAB 干预结果时，观察到 SOD1 或 CAT 的 mRNA 表达差异没有统计学意义（P>0.05）。所以 LP-HFY09 部分改善了乙醇性肝损伤对一些抗氧化酶和氧化代谢相关基因 mRNA 表达的影响。

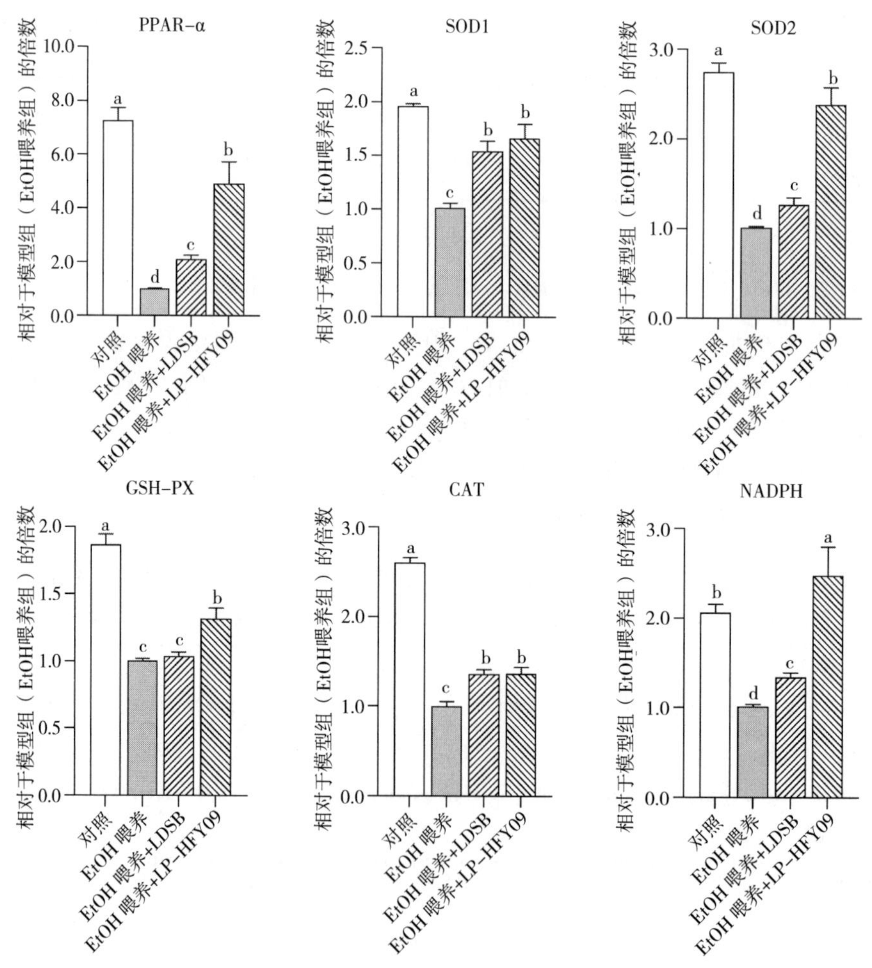

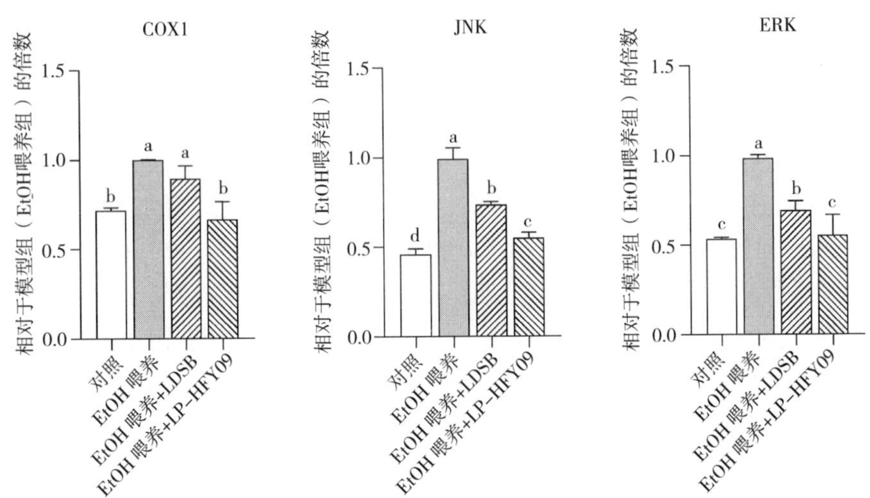

图 4-4 小鼠肝组织 mRNA 表达；过氧化物酶体增殖物激活受体 α（PPAR-α）、超氧化物歧化酶 1（SOD1）、超氧化歧化酶 2（SOD2）和谷胱甘肽过氧化物酶（GSH-PX）、过氧化氢酶（CAT）、烟酰胺腺嘌呤二核苷酸磷酸（NADPH）、环氧化酶-1（COX1）、c-Jun N 末端激酶（JNK）和细胞外调节蛋白激酶（ERK）

讨论

由于益生菌可以改善健康状况，因此全世界益生菌的消费量正在不断增加。联合国粮食及农业组织和世界卫生组织（FAO/WHO）（2006）将益生菌定义为一组只要摄入足够，就能对健康产生有益影响的活性微生物。益生菌以普通食品、冻干化合物和药丸的形式广泛存在于日常生活中，并构成了一个价值数十亿美元市场的产业。一些研究指出，LAB（如植物乳杆菌 C88、嗜热链球菌 GRX02、戊糖片球菌 LI05、鼠李糖乳杆菌 GG 和鼠李糖乳杆菌 CCFM1107）可以预防急性或慢性酒精性肝损伤。研究表明，益生菌的肝脏保护作用机制主要包括修复肠黏膜、降低 TNF-α 水平和增强抗氧化能力。初步实验表明，新分离的 LP-HFY09 在体外具有抗氧化作用，表明该菌株可以缓解酒精性损伤。

肝脏是一个重要器官，具有许多功能，包括脂质代谢和免疫。酒精会引起氧化应激和炎症，从而降低肝细胞功能，增加脂肪堆积，而过量饮酒会导致肝纤维化。此外，饮酒也会降低食欲，正如在本研究中观察到的那样，与正常对照组小鼠相比，EtOH 喂养组小鼠的每日饲料摄入量减少了 2~3 g。因此，EtOH 喂养组小鼠的体重显著下降。

使用普通益生菌 LDSB 与 LP-HFY09 进行比较，观察到 LP-HFY09 治疗组或

LDSB 治疗组小鼠都没有出现体重减轻的情况。ALT 和 AST 是反映肝功能的重要酶，在肝细胞损伤时释放到体内循环的血液中。HAase 和 PC Ⅲ是肝纤维化的敏感指标，也可以准确反映肝细胞的损伤程度。EtOH 喂养组小鼠的 ALT、AST、HAase 和 PC Ⅲ血清水平升高，证明酒精会损害肝脏并降低其功能，而在 EtOH 喂养+LAB 治疗组小鼠中，由于这些干预措施，不良反应显著减少（表 4-1）。EtOH 喂养组小鼠的 TC 和 TG 水平升高也表明，其脂质代谢功能受损，从而导致脂质堆积，而使用 LAB 治疗后，其水平降低（表 4-2）。

炎症发生时，最初产生 IL-6，且升高程度与严重程度有关。TNF-α 可以通过诱导细胞因子产生来调节免疫应答，而 IL-1β 可以增加细胞因子的黏附能力，IL-10 则可以调节免疫应答并抑制炎症以保护器官和组织。在本研究中，LP-HFY09 治疗通过显著降低血清 IL-6 和 TNF-α 水平，并增加 IL-1β 和 IL-10 水平来预防肝损伤和炎症（表 4-1），从而减轻肝组织的组织病理学变化（图 4-3）。

乙醇脱氢酶（ADH）是乙醇代谢的关键酶，主要在肝脏中产生，可将乙醇转化为乙醛。醛脱氢酶（ALDH）在将内源性和外源性醛代谢为羧酸方面也发挥着重要作用。ADH 和 ALDH 都会都会影响酒精中毒，在 EtOH 喂养组中观察到这两种酶的活性增加，表明它们的活性是由乙醇诱导的。与 EtOH 喂养组相比，EtOH 喂养+LAB 治疗组的酶活性进一步增加（表 4-2）。一些解酒药通过增加 ADH 和 ALDH 的活性发挥作用，而 LP-HFY09 和 LDSB 也表现出快速消解酒精的能力。

氧化应激是由 ROS 产生和降解之间的不平衡造成的。酒精代谢的全过程中都会产生 ROS，进入体内血液循环的过量乙醛也会被过黄嘌呤氧化酶转化为超氧化物。MDA 是自由基介导的脂质过氧化的最终产物，常被用作氧化应激的标志物。SOD 是主要的 ROS 清除剂，在好氧生物中将超氧化物转化为氧和过氧化氢，而 GSH 也是重要的抗氧化成分。酒精饮料中的乙醇被胃肠道吸收，其中 90%在肝细胞内氧化代谢，产生大量自由基。在 EtOH 喂养组中，SOD 和 GSH 水平的降低以及 MDA 水平的升高均表明乙醇诱导产生了氧化应激（图 4-3）。灌胃乙醇之前，使用 LP-HFY09 或 LDSB 治疗可以通过增加 SOD 活性和 GSH 含量显著缓解氧化应激，从而显著降低肝组织中的 MDA 水平。而且，LP-HFY09 在缓解抗氧化应激反应方面比 LDSB 更有效（$P<0.05$）。

具有三种亚型的 PPAR 被广泛认为是一类由配体调节的核受体，产生各种生物效应。在这些亚型中，PPAR-α 在肝组织中具有高表达，并与脂质代谢（脂肪酸 β 氧化）密切相关，参与氧化呼吸链。PPAR-α 表达的变化幅度与肝脏受损程度有关。如图 4-3 和表 4-1 所示，EtOH 喂养组小鼠的肝脏形态和功能受到酒精的损害最大，因此降低了 PPAR-α 的水平，从而影响了脂质代谢并导致脂质堆积增加。

众所周知，酒精可引起氧化应激并产生 ROS。线粒体呼吸链是乙醇摄入后 ROS 水平升高的另一个来源。实验观察到乙醇可以下调抗氧化酶（SOD1、SOD2、CAT 和 GSH-PX）和辅酶（NADPH）的表达。这种下调会降低抗氧化酶活性中和 ROS 的能力，从而导致氧化应激。SOD，包括 SOD1 和 SOD2，是一种中和超氧自由基的解毒酶。SOD2 位于线粒体基质中，通过催化超氧化物的歧化作用中和超氧自由基，产生 H_2O_2，然后有害的 H_2O_2 可以通过 SOD1 转化为 O_2 和 H_2。本研究使用潜在益生菌干预后，SOD 的 mRNA 表达和肝脏 SOD 浓度均有所增加。

此外，有害的 H_2O_2 也可以通过 CAT 和 GSH-Px 降解为 O_2 和 H_2O。CAT 存在于细胞质中，可减少脂肪堆积而不造成氧化损伤，并控制肝内降解脂肪酸的酶，从而维持最佳代谢平衡。NADPH 在许多化学反应（例如电子传递链）中充当氢传递体，并且是 GSH 还原为其还原形式的重要辅助因子。还原 GSH 水平随 NADPH 含量波动，NADPH 降低会导致 ROS 增加，并导致组织氧化损伤。SOD1、SOD2、GSH-Px、CAT 和 NADPH 水平的降低表明酒精喂养组小鼠的抗氧化水平较低，并解释了 EtOH 喂养组小鼠肝脏中 MDA 水平较高的原因。还观察到 LP-HFY09 和 LDSB 的干预增加了上述所有酶和辅酶。此外，与 LDSB 治疗组相比，LP-HFY09 治疗组的改善更大，NADPH 水平显著高于 EtOH 喂养组（$P<0.05$）。

环氧酶（COX），包括两种同工酶（COX1 和 COX2），可由许多刺激物诱导，如促炎刺激物和内毒素。COX1 与炎症相关，并且比 COX2 更敏感，因此，COX1 现在被认为是炎症治疗的靶点。在本研究中，EtOH 喂养组小鼠表现出最高的 COX1 水平，但通过 LP-HFY09 的干预，该水平有所降低；炎症因子表现出相同的趋势（表 4-1）。这些结果表明，LP-HFY09 减少了刺激物的产生，从而减轻了肝脏的炎症状态。

c-Jun 氨基端激酶（JNK），也称为应激激活蛋白激酶（SAPK），和细胞外调节蛋白激酶（ERK），是丝裂原活化蛋白激酶（MAPK）家族的重要成员，在从细胞外到细胞核的信息传递中发挥重要作用。JNK 和 ERK 很容易被 TNF、IL 和 ROS 以及代谢综合征激活，并且在各种生理和病理过程中都发挥重要作用。先前的研究表明，尽管 JNK 基因敲除小鼠的肝损伤减少，但酒精摄入会导致促炎症因子的释放、JNK 的进一步激活和 ALD 的加速发生。酒精可诱导肝纤维化，导致细胞外基质（ECM）特别是胶原蛋白过度沉积，并与 ECM 产生和 ERK 的表达密切相关。EtOH 喂养组的 JNK 和 ERK 表达显著上调（图 4-4），TNF-α、IL-1β 和 IL-6 水平升高，SOD 和 GSH 水平降低（表 4-1、表 4-2），但 LP-HFY09 可以显著调节这些表达。

本研究结果显示，LP-HFY09 可以显著上调 PPAR-α、SOD1、SOD2、GSH-PX、CAT 和 NADPH 的 mRNA 表达，并下调 COX1、JNK 和 ERK 的表达。LP-HFY09 治疗可保持体重，减少肝损伤，增加肝功能，减少炎症和脂质堆积。此外，LP-HFY09 还可以显著提高抗氧化能力，它通过调节抗氧化酶的表达来发挥所有这些作用。

结论

本研究表明，LP-HFY09 治疗（1.0×10^9 CFU/kg 体重）可抑制乙醇诱导的体重减轻，并缓解炎症反应。LP-HFY09 还增强了抗氧化作用，提高了防止乙醇性损伤的能力。此外，LP-HFY09 的干预效果明显强于市售的保加利亚乳杆菌。本研究表明，植物乳杆菌 HFY09 作为一种益生菌具有很大的潜力，可以维持肝细胞形态，减轻乙醇对肝脏的负面影响。研究将进行进一步的机制研究，以确定植物乳杆菌 HFY09 的作用原理。

第二节　戊糖乳杆菌对酒精肝损伤的作用

引言

酒精饮料是指酒精含量为 0.5%或更高的饮料，包括发酵酒、蒸馏酒、混合酒和预混合酒。数千年来，酒作为许多文化、宗教和社会习俗的一部分，在全世界都有受众。酒精饮料也为许多人带来了休闲的感觉。然而，最近的一份报告（《2018 年全球饮酒与健康状况报告》）指出，超过 200 种健康问题与有害酒精食用有关，这超过了许多其他风险因素，并且酒精导致的全球健康负担是巨大的。酒精导致了全球 4%的新癌症病例，而且与心血管疾病相关，并可导致 ALD。尽管 ALD 的发病机制尚不完全清楚，但研究表明酒精具有直接的细胞毒性作用，可激活氧化应激介导的肝细胞凋亡和坏死性凋亡通路，并刺激炎症。ALD 包括一系列肝损伤表型，从脂肪性肝炎、肝硬化到进行性纤维化，以及潜在的肝细胞癌前兆。

酒精在肝脏中进行氧化代谢，这一过程主要由 ADH 和 ALDH 催化。酒精首先脱氢生成乙醛，然后再脱氢，彻底氧化成水合二氧化碳，最后从体内排出。在此过程中，产生 ROS 并导致氧化应激相关的肝细胞损伤。酒精还会诱导呼吸链蛋白功能障碍，从而增加线粒体活性氧含量并导致线粒体功能障碍进一步加重。酒精氧化应激还会阻止还原 GSH 在线粒体膜上的转运。肝脏中的先天性和适应性免疫反应也会被酒精激活，这可能导致肝脏损伤，酒精还会显著增加细胞因子浓度（如 IL-1β、IL-6、TNF-α）。因此，抑制炎症正成为 ALD 早期治疗的一个重要靶点。

益生菌被定义为一组可以在摄入后为宿主提供健康益处的微生物。FAO/WHO 指出，益生菌的有益健康特性只有在摄入足够量时才能发挥作用。LAB 是一组革兰氏阳性微生物，可以从各种食品中分离出来并被用于各种食品中，因为具有促进健康特性的 LAB 是益生菌的主要类别之一。如今，越来越多的益生菌菌株被用于普通食品、冻干粉和保健食品中。益生菌的个人摄入量正在逐年增加，预计到 2026 年，其市场价值将增长到 780 亿美元。

大量研究表明，LAB（如鼠李糖乳杆菌 GG、鼠李糖乳杆菌 CCFM1107、嗜热链球菌 GRX02 和戊糖片球菌 LI05）可以通过多种通路预防急性或慢性酒精性肝损伤，而不会产生副作用。发酵乳杆菌 LA12 在炎症相关疾病中发挥作用，并能够改善酒精性脂肪性肝炎大鼠的肝功能和肝脂肪变性。植物乳杆菌菌体悬浮液和菌体破碎液均能显著提高酒精引起的肝炎斑马鱼幼鱼的抗氧化水平。罗伊氏乳杆菌逆转了酒精引起的炎症和代谢紊乱的表型。热灭活的约氏乳杆菌和唾液乳杆菌抑制了乙醇喂养大鼠的血清 TG 和 MDA 水平。最后，干酪乳杆菌还可以改善酒精性肝损伤患者的脂质代谢。

本研究探讨了戊糖乳杆菌 CQZC01 对酒精喂养小鼠的肝脏保护功能、抗炎和抗氧化作用。研究测量了肝功能指标、炎症水平、抗氧化特性和抗氧化相关基因的 mRNA 表达，以确定戊糖乳杆菌 CQZC01 是否具有成为新的市售益生菌的潜力。

结果

体重变化和脏器指数

实验期间，空白对照组小鼠的体重［图 4-5（A）］从（31.14±1.34）g 略微上升（$P>0.05$）至（35.29±1.63）g，而对照组小鼠的体重从（32.89±1.76）g 持续下降至（23.00±0.79）g（$P<0.05$）。LDSB 治疗组小鼠表现出与对照组相同的趋势。然而，在研究结束时，CQZC01 治疗组小鼠的体重［（30.54±1.15）g］减轻比对照组少，且比对照组和 LDSB 治疗组重（$P<0.05$），并有统计学意义。

如图 4-5（B）所示，对照组小鼠的肝脏重量与体重之比（4.98%±0.23%）显著高于空白对照组（4.08%±0.14%）（$P<0.05$），且 LDSB 治疗组（4.54%±0.41%）和 CQZC01 治疗组（4.33%±0.22%）的肝脏重量与体重之比显著下降（$P<0.05$）。LDSB 治疗组和 CQZC01 治疗组之间的差异无统计学意义（$P>0.05$），而且肾脏和心脏指数差异也无统计学意义（$P>0.05$）。

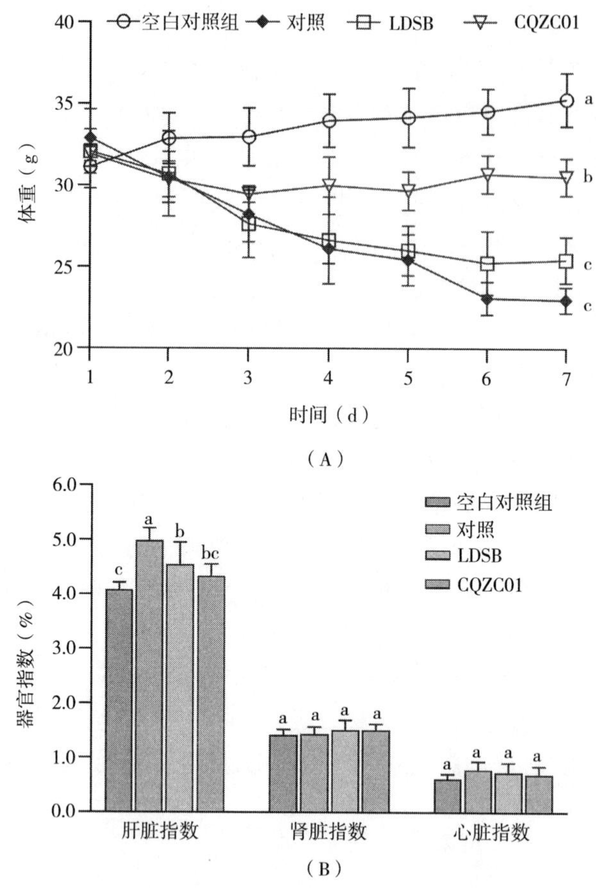

图 4-5　各组小鼠体重变化（A）和器官指数（B）

注：小写英文字母表示在 $P<0.05$ 水平上相应两组之间具有显著差异，下同。

Blank：空白，每天只给小鼠灌胃两次生理盐水（0.85%）；对照：乙醇灌胃疗小鼠（5.82 $g_{ethanol}$/kg bw）；

LDSB：乙醇灌胃小鼠后保加利亚乳杆菌（1.0×10^9 CFU/kg bw）再灌胃小鼠；

CQZC01：醇灌胃小鼠后戊糖乳杆菌 CQZC01（1.0×10^9 CFU/kg bw）再灌胃小鼠。

肝组织 H&E 染色结果

空白对照组切片显示出组织良好的肝脏结构和均匀的细胞大小，具有正常的小叶结构和中央核（图 4-6）。然而，在对照组和 LDSB 治疗组的样本中，肝组织显示出结构紊乱，所有细胞边界都不明确，中央静脉形状也不规则。同时，CQZC01 治疗组的肝脏形态与空白对照组相似，边界清晰。对照组显示存在大量炎症细胞（图 4-6）。

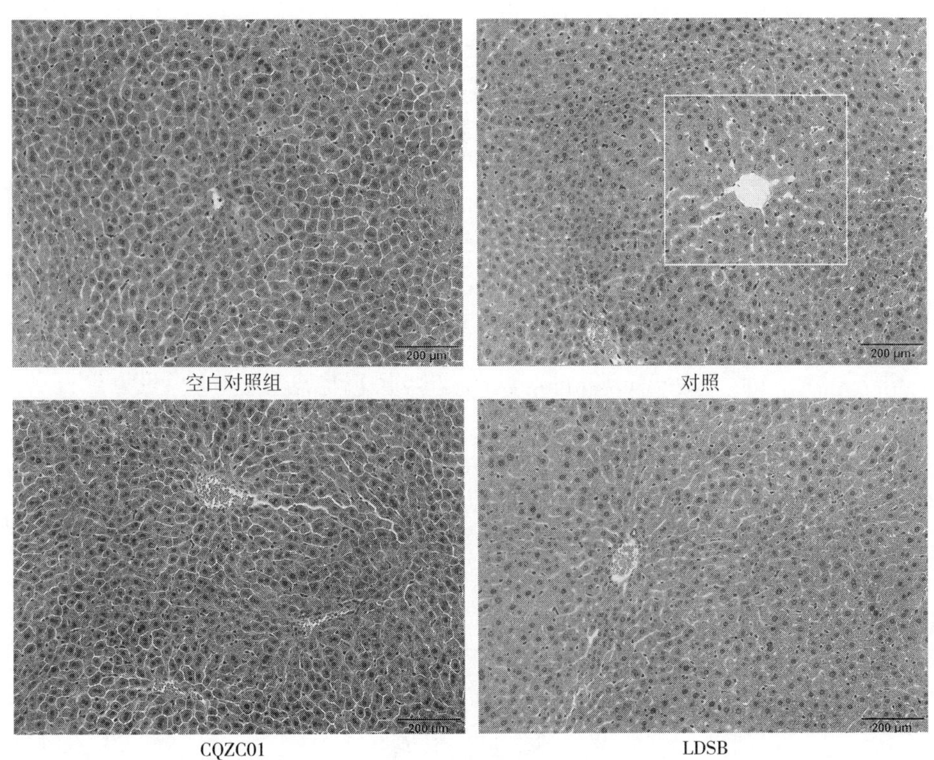

空白对照组　对照　CQZC01　LDSB

图 4-6　肝组织、H&E 染色结果，100×

HAase、PC Ⅲ、ALT、AST 的血清活性以及抗炎和促炎症因子的浓度

如图 4-7（A）所示，对照组 HAase、PC Ⅲ、ALT、AST 和促炎症因子（IL-6、IL-1β、TNF-α）的血清活性显著升高，并且抗炎症细胞因子（IL-10）显著低于空白对照组（$P<0.05$）。LDSB 和 CQZC01 灌胃后，HAase、PC Ⅲ、ALT、AST 和促炎症因子的水平均显著降低（$P<0.05$），并且抗炎症细胞因子的血清浓度显著增加（$P<0.05$）。此外，干预 7 天后，CQZC01 治疗组的 HAase、AST、ALT 活性以及 IL-1β 和 IL-6 浓度恢复到与空白对照组相同的水平（$P>0.05$）。

肝脏 TC、TG、ADH、ALDH、MDA、SOD 和 GSH 浓度

如图 4-7（B）所示，乙醇灌胃 7 天后，肝组织中 ADH 和 ALDH 的活性显著升高（$P<0.05$），TC 和 TG 的堆积增加（$P<0.05$）。对照组 GSH 含量和 SOD 活性急剧下降，而肝脏 MDA 含量显著升高（$P<0.05$）。与对照组相比，LDSB 增强了 ADH（1.26 倍）和 ALDH（1.33 倍）的活性（$P<0.05$），而 CQZC01 使它们

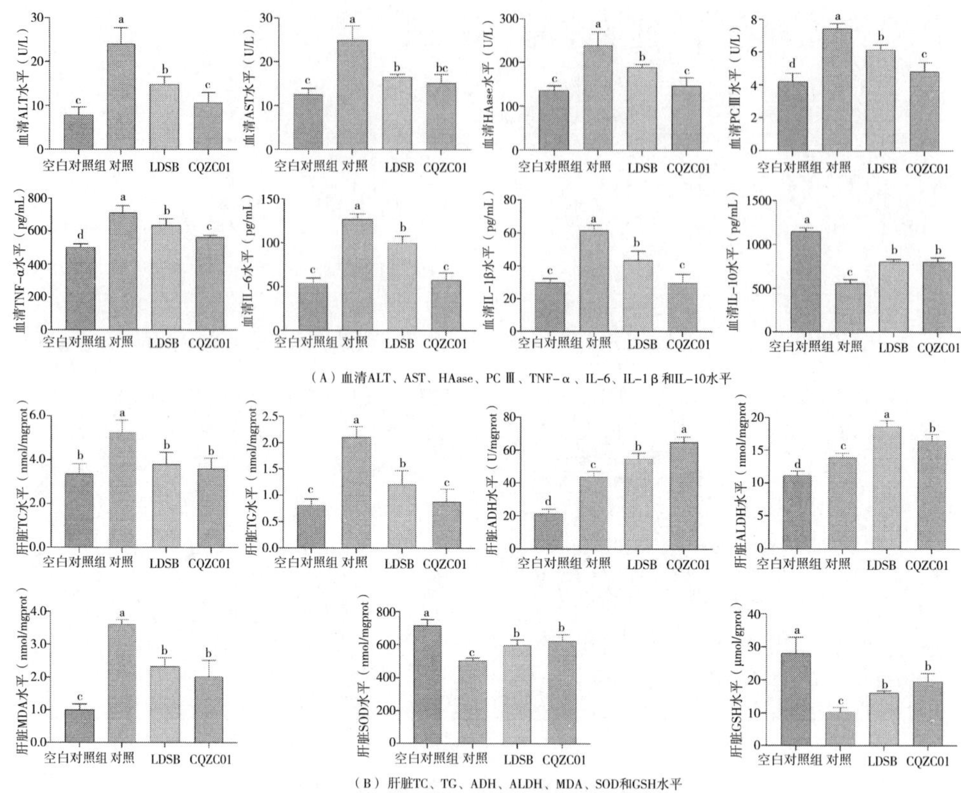

图 4-7　各组小鼠血清和肝脏指标

的活性分别增加了 1.49 倍和 1.18 倍（$P<0.05$）。同时，LDSB 治疗组和 CQZC01 治疗组的 TC 和 TG 堆积均显著改善（$P<0.05$），并且 CQZG01 治疗组的 TG 水平接近空白对照组（$P>0.05$）。此外，经过治疗后，肝脏 SOD 和 GSH 水平升高，MDA 水平降低（$P<0.05$）。

相对 mRNA 表达

乙醇诱导对照组中 HO-1、PPAR-α、SOD1、SOD2、Nrf2、GSH-Px、CAT 和 NADPH 表达显著下调，而 COX1、JNK 和 ERK 表达上调（$P<0.05$，图 4-8）。同时，戊糖乳杆菌 CQZC01 的预防性灌胃显著阻断了上述所有基因的这些变化（$P<0.05$）；LDSB 预先治疗结果也是如此，但 GSH-Px 除外。CQZC01 治疗组中 JNK、ERK、COX1 和 NADPH 的表达恢复到与空白对照组相同的水平（$P>0.05$）。mRNA 表达的不同表明戊糖乳杆菌 CQZC01 的调节作用强于 LDSB（$P<0.05$），但在调节 ERK 和 CAT 方面的差异无统计学意义（$P>0.05$）。

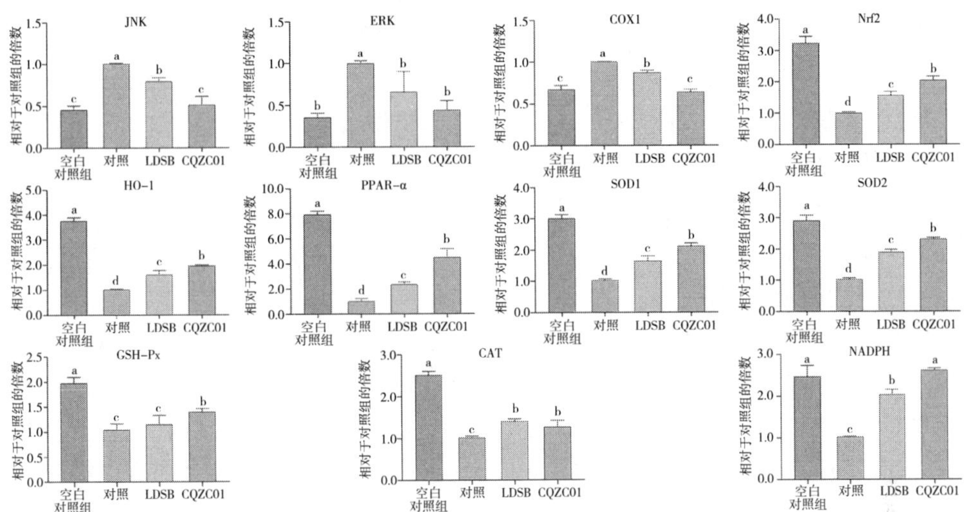

图 4-8 小鼠肝脏 JNK、ERK、COX1、PPAR-α、Nrf2、HO-1、SOD1、SOD2、GSH-Px、CAT 和 NADPH 的 mRNA 表达

讨论

正如我们所知，酒精中毒会导致头脑混乱和肢体不协调，当翻正反射消失时，小鼠身上也出现了这种现象。酒精虽然提供热量（36.61 kJ/g），但也会引起对照组小鼠厌食，12 h 内不愿意进食，导致实验期间体重下降。与对照组和 LDSB 治疗组（8.5~9 h）相比，CQZC01 治疗组小鼠的醉酒时间缩短（3~5 h），因此 CQZG01 治疗组小鼠在研究期间进食更多，并且体重没有明显下降（图 4-5A）。

肝脏是解毒、脂质代谢和酒精代谢的主要器官。在酒精脱氢过程中，产生的 ROS 引起氧化应激和炎症反应，从而改变细胞形态，降低肝脏代谢功能，最终可能导致肝纤维化。PC Ⅲ和 HAase 是肝纤维化的敏感指标，可准确反映肝细胞损伤程度。血清 AST 和 ALT 水平是医学上常用的肝损伤指标。HAase、PC Ⅲ、ALT 和 AST 水平的升高表明（图 4-7A）酒精会损伤肝细胞并显著影响肝功能，而戊糖乳杆菌 CQZC01 和 LDSB 治疗可有效减轻酒精产生的不良反应。对照组中肝脏 TC 和 TG 浓度的升高也表明酒精会损害脂质代谢，并且两种 LAB 菌株都可以减少肝脏中的脂质堆积。

炎症发生时，炎症细胞因子水平将升高，并与炎症严重程度密切相关。IL-6 是一种重要的多功能细胞因子，可调节急性期反应和炎症，在炎症发生初期产生。血清 IL-6 水平因酒精摄入而升高，并与嗜酒相关，在戒酒期间其水平显著下降。TNF-α 是一种与饮酒呈正相关的神经生物学标志物，参与饮酒调节。促炎症细胞因子 IL-1β 水平的升高也可介导酒精性炎症。另一方面，抗炎症细胞因子（如 IL-10），可以调节免疫应答并抑制炎症。图 4-7 中的结果表明，上述促炎症细胞因子（IL-6、IL-1β、TNF-α）在酒精作用下显著升高，在两种乳酸菌菌株预先治疗后有效降低。实际上，CQZC01 治疗组的 IL-6 和 IL-1β 与空白对照组相似。与空白对照组相比，对照组中的血清 IL-10 减少了一半，但 LDSB 治疗组和 CQZC01 治疗组中的水平显著回升。LAB 治疗组的促炎和抗炎症细胞因子水平均得到改善，表明预先治疗可以缓解炎症反应状态（图 4-7A）。

肝脏中产生的 ADH 是乙醇代谢过程中的关键酶，可将乙醇转化为乙醛。ALDH 将内源性和外源性醛类代谢为羧酸。两个 LAB 治疗组中 ADH 和 ALDH 的活性均高于对照组（图 4-7B）。因此，CQZC01 治疗组中最高的 ADH 活性是其醉酒时间最短的原因，即翻正反射丧失期最短，但是在实验组中，LDSB 治疗组中肝脏 ALDH 活性高于 CQZG01 治疗组。

酒精代谢的全过程中都会产生 ROS，由于产生和降解量的不平衡，会引起氧化应激，再加上过量的中间产物（乙醛）转化为超氧化物，会加剧氧化应激。SOD 是 ROS 的主要清除剂之一，而 GSH 是另一种主要抗氧化成分，两者都能有效降低氧化应激。MDA 是自由基介导的脂质过氧化的最终产物，常被用作氧化应激的标志物。在肝细胞内，酒精的氧化和代谢、自由基生成的增加、SOD 活性抑制和 GSH 浓度降低都会导致 MDA 水平升高和肝脏炎症（图 4-7B）。使用戊糖乳杆菌 CQZC01 或 LDSB 预先治疗均显著提高了 SOD 活性和 GSH 水平，从而降低了酒精引起的氧化应激。MDA 浓度的急剧下降也反映了 CQZC01 治疗组和 LDSB 治疗组的肝脏 TC 和 TG 浓度较低（图 4-7B）。

JNK 是哺乳动物细胞中 MAPK 信号通路的一个亚类。JNK 又称应激激活蛋白激酶，易被 ROS、IL 和 TNF 激活，从而加速炎症的发生和发展以及肝纤维化的进展。ERK 是 MAPK 家族的另一个重要成员，可以传递信息到细胞核。ERK 极大地影响生理和病理过程，并且能够被代谢综合征激活。JNK 和 ERK 均可上调 IL-6 水平，并参与胶原蛋白的产生和降解。COX 可由促炎刺激物诱导。COX1 是一种同工酶，对炎症反应非常敏感，现在被认为是炎症的治疗靶点。在对照组中，酒精显著上调了 JNK、ERK 和 COX1 的 mRNA 表达（图 4-8），并且戊糖乳杆菌 CQZC01 的预先治疗有效将这些表达下调至正常水平（空白对照组）。同时，IL-1β、IL-6 和 TNF-α 的血清水平（图 4-7A）与这些促炎症因子的 mRNA 表达呈相同趋势，表明戊糖乳杆菌 CQZC01 可以减少炎症细胞因子的产生。

PPAR（PPAR-α、PPAR-β 和 PPAR-γ）属于受配体调节的核受体，是对一系列生物效应的反应，其中 PPAR-α 与肝脏中高表达的酶和脂肪酸 β 氧化密切相关。PPAR-α 表达下降程度与肝损伤程度有关。图 4-6 和图 4-7 中的结果表明，对照组中的细胞形态和肝功能受损。同时，图 4-8 显示，PPAR-α 的表达显著降低，从而增加了脂质堆积，如图 4-7B 所示。LAB 预先治疗组中 PPAR-α 表达的增加表明，两种菌株都在一定程度上恢复了脂质代谢（图 4-8）。

使用 LAB 预先治疗后，PPAR-α 相关表达增加，表明脂质代谢在一定程度上有所恢复，这符合观察到的 TG 和 TC 水平下降现象。

众所周知，氧化应激可由乙醇引起，并且其直接产生的 ROS 也可以在酒精诱导后通过线粒体呼吸链增加。Nrf2 是一种细胞质蛋白，可以通过提高抗氧化基因的表达来防止氧化损伤，并且 Nrf2 基因敲除会导致酒精应激相关肝细胞坏死性凋亡。Nrf2 是一种关键的转录因子，可调节 HO-1 的表达，并且在氧化应激和细胞损伤后可上调 HO-2 的表达。因此，Nrf2 的激活是一种防止酒精损伤的反应。SOD，包括 SOD1 和 SOD2，是一种中和超氧自由基的解毒酶。SOD2 催化超氧化物歧化为有害的 H_2O_2 并转化为 O_2 和 H_2，以中和线粒体基质中的超氧自由基。

除了 SOD 的转化，CAT 和 GSH-Px 也可将 H_2O_2 降解为 O_2 和 H_2O。细胞质 CAT 通过抑制过量的 H_2O_2 和降解肝脂肪酸来维持最佳代谢平衡，从而减少脂肪堆积而避免氧化损伤。NADPH 是生物合成中的还原剂，作为氢传递体，是 GSH 还原酶的辅酶，可维持细胞中还原 GSH 的含量。NADPH 含量与还原 GSH 含量波动呈正相关，NADPH 水平的下降导致 ROS 水平的升高，进而导致组织氧化损伤。

Nrf2、HO-1、GSH-Px、SOD1、SOD2 和 CAT 的表达水平降低削弱了肝脏的抗氧化能力，降低了 NADPH 的表达水平（图 4-8），降低了 GSH 含量（图 4-7），从而增加了 ROS 产生酒精性氧化应激的能力。同时，除了 LDSB 治疗组的 GSH-Px 外，两种 LAD 菌株均显著调节了上述 mRNA 的表达，这表明两种菌株都提高了肝脏的抗氧化能力。此外，与 LDSB 相比，戊糖乳杆菌 CQZC01 具有更强的调节作用（$P<0.05$）。

结论

本研究发现，1.0×10^9 CFU/kg 的戊糖乳杆菌 CQZC01 灌胃剂量可有效限制酒精引起的体重减轻，抑制炎症反应，并下调促炎基因。戊糖 CQZC01 还改善了肝脏的抗氧化状态，显著上调了抗氧化相关基因，从而增强了肝脏对酒精损伤的抵抗力。与市售菌株相比，戊糖乳杆菌 CQZC01 的保护作用更强。本研究结果表明，戊糖乳杆菌 CQZC01 是一种潜在的益生菌，可保护肝细胞免受形态和功能性酒精肝损伤，抑制脂质堆积，并增强抗氧化能力。因此，值得进一步研究戊糖乳杆菌 CQZC01 的作用机制以促进其在对应领域的应用。

第三节　发酵乳杆菌对酒精肝损伤的作用

引言

肝脏是人体最大的消化器官，参与代谢和生物合成等复杂而重要的生理和化学反应。同时，它还能减弱由化合物、酒精和自身代谢引起的氧化应激。然而，肝脏容易受到内外因素的影响，导致急性和慢性肝损伤，进而诱发肝炎、肝硬化，甚至肝癌。据统计，全球约有 1/10 的人口患有肝损伤，其中，死亡率约为 20%~40%的急性肝损伤（ALI）正以逐年增加的趋势威胁着人类健康。此外，化学品和药物引起的 ALI 是人类亟待解决的临床问题。目前，ALI 的主要治疗方案是药物控制，但该方案的缺点是疗效有限，长期服药会对人体造成严重的副作用。因此，寻找安全有效的方法防治 ALI 已成为当前重要的研究课题。

目前，人类健康发展的研究领域侧重于发现安全有效的保肝益生菌和天然生物活性物质，以及进一步探索防治化学性肝损伤的作用机制。四氯化碳（CCl_4）引起的化学性肝损伤是一种典型的动物模型，该模型操作方法简单，重现性好，并且其病理现象与人类急性和慢性肝损伤症状相似。三氯甲基自由基（$CCl_3\cdot$）是 CCl_4 在体内被代谢的产物，当它继续发生氧化反应时，会在体内实现脂质过氧化，导致急性和慢性肝损伤，甚至肝功能衰竭，从而影响机体的正常生理功能。然后，多个细胞内和细胞间信号通路在体内被激活和调节，以减轻这些肝毒性损伤。例如，NF-E2 相关因子 2（Nrf2）信号通路可有效抑制体内氧化应激和炎症反应，在防治急性和慢性肝损伤中发挥重要作用。

Nrf2 是碱性区的亮氨酸拉链转录因子，首先容易被外部或自身代谢刺激激活，然后与细胞核中的抗氧化反应元件（ARE）结合，以增加下游抗氧化基因的表达水平，如血红素加氧酶 1（HO-1）、谷氨酸-半胱氨酸连接酶催化亚基（GCLC）和醌氧化还原酶（NQO1），从而抑制氧化应激并减少肝毒性损伤。此外，抗氧化酶，如超氧化物歧化酶（SOD）和谷胱甘肽过氧化物酶（GSH-Px），可以在体内将活性氧（ROS）转化为无毒化合物。当暴露于 CCl_4 或氧化应激等因素时，核转录因子（NF-κB）会导致机体释放大量促炎症细胞因子，同时下调 GSH-Px、锰超氧化物歧化酶（Mn-SOD）和铜锌超氧化物歧化酶（Cu/Zn-SOD）的 mRNA 和蛋白表达水平，会诱发 ALI 并加重肝组织炎症的程度。相关研究表明，Nrf2 信号通路激活后，小鼠体内肝脏氧化损伤和炎症症状减轻，从而有效防治 CCl_4 引起的 ALI。因此，本研究旨在寻找能够激活 Nrf2 信号通路的益生菌或天然生物活性物质。

新源县位于中国西北部新疆伊犁地区，气候温暖，畜牧业相对发达。当地传统的发酵酸奶已成为一大亮点，其营养价值和益生菌功能远远超过了使用商用菌株发酵的那些产品。它富含人体必需的营养素，如必需氨基酸、乳糖和脂肪。研究小组从当地酸奶中分离出了一种新型益生菌菌株，并将其命名为发酵乳杆菌 XY18（LF-XY18）。研究表明，ALI 的发病机制主要表现在两个方面：氧化应激和炎症。研究人员已逐渐证实，益生菌或天然生物活性物质具有一定的抗氧化和抗炎活性，并且对肝炎、肝硬化和肝癌具有一定的预防作用。例如，发酵乳杆菌 HFY06 可以通过其自身的抗氧化活性预防 CCl_4 引起的昆明小鼠 ALI。此外，植物乳杆菌 C88 对酒精引起的慢性肝损伤具有极好的保护作用，即当体内益生菌数量增加时，它可以有效抑制有害细菌的生长，发挥抗氧化和抗炎作用，增强免疫力，恢复正常代谢。

研究已经报告了 LF-XY18 具有抗氧化和抗炎活性，并可预防 HCl/乙醇引起的小鼠急性胃黏膜损伤。然而，LF-XY18 对 ALI 的预防作用及其相关机制仍有待探讨。因此，本研究使用 CCl_4 诱导的经典 ALI 小鼠模型来监测由此产生的病理变化、氧化应激和炎症的标志物，以评估 LF-XY18 对 ALI 小鼠的保护作用，并确定 LF-XY18 的保护作用是否会通过 Nrf2/ARE 信号调节氧化应激和炎症反应来达成。本研究采用了 CCl_4 诱导的小鼠 ALI 模型，并使用水飞蓟素作为阳性对照。然后，检测各组小鼠的病理变化、氧化应激和炎症标志物，以探讨 LF-XY18 是否通过 Nrf2/ARE 信号通路调节氧化应激和炎症反应，从而起到预防小鼠 ALI 的作用。本研究结果将有助于益生菌在功能性食品开发领域的应用，对预防人类 ALI 起到指导作用。

结果

小鼠每日饮食量和饮水量变化

图 4-9 显示，在预防性治疗期间，各组小鼠的每日饮食量和饮水量均处于正常状态，之间的差异无统计学意义。第 14 天，使用 CCl_4 诱导 ALI 后，其他组小鼠的每日饮水量变化低于正常对照组。重要的是，各组小鼠的每日饮水量差异有统计学意义（$P<0.05$）。其中，对照组每日饮水量最少，LF-XY18 治疗组每日饮水量与水飞蓟素治疗组接近。综上所述，LF-XY18 对小鼠的每日饮食量和饮水量变化没有影响，亦未发现对小鼠产生副作用。与 LF-XY18-L 相比，LF-XY18-H 能够更有效地维持肝损伤小鼠的身体机能平衡，并抑制了每日饮水量的减少。

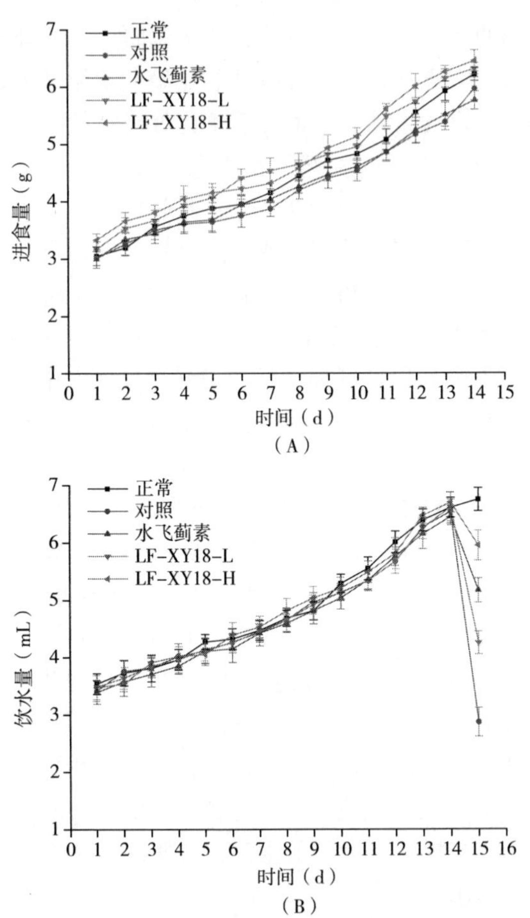

图 4-9　小鼠每日食量（A）和饮水量（B）的变化

注：水飞蓟素：小鼠灌胃水飞蓟素（100 mg kg^{-1} bw）；
LF-XY18-L：小鼠灌胃植物乳杆菌 XY18（1.0×10^8 CFU kg^{-1}）；
LF-XY18-H：小鼠灌胃植物乳杆菌 XY18（1.0×10^9 CFU kg^{-1}）。

小鼠体重、肝脏重量和肝脏指数

在 14 天的预防性治疗周期内，各组小鼠体重正常增加，但由于个体差异，在一些组之间小鼠体重的差异有统计学意义（P<0.05）（表 4-3）。第 7 天，水飞蓟素治疗组小鼠体重低于正常对照组（P<0.05）。第 14 天，正常对照组小鼠体重最高（P<0.05），然而 LF-XY18 治疗组小鼠的体重增加略低于其他组，可能是因为 LF-XY18 具有一定的降脂作用。使用 CCl_4 诱导 ALI 后，由于禁食和

CCl_4 的损伤作用，各组小鼠的体重均有所下降。此外，正常对照组小鼠的肝脏重量和指数最低，而对照组则相反（$P<0.05$）。对照组小鼠的肝脏重量和指数分别是正常对照组的 1.52 倍和 1.59 倍（$P<0.05$）。水飞蓟素治疗组小鼠的肝脏重量和指数最接近正常对照组，其次为 LF-XY18-H 治疗组，而 LF-XY18-L 治疗组的结果最接近对照组（$P<0.05$）。

表 4-3　实验小鼠的体重、肝脏重量和肝脏指数

组别	第 1 天体重（g）	第 7 天体重（g）	第 14 天体重（g）	第 15 天体重（g）	肝重（g）	肝指数（%）
正常	24.65 ± 0.68^{ab}	32.67 ± 1.24^{a}	41.25 ± 1.61^{a}	40.05 ± 1.97^{a}	1.47 ± 0.09^{d}	3.68 ± 0.29^{d}
对照	23.37 ± 0.97^{c}	31.98 ± 0.94^{ab}	40.53 ± 2.06^{a}	38.18 ± 1.37^{b}	2.23 ± 0.18^{a}	5.85 ± 0.56^{a}
水飞蓟素	25.06 ± 0.77^{a}	32.54 ± 1.68^{a}	40.85 ± 2.31^{a}	39.71 ± 1.92^{a}	1.57 ± 0.12^{d}	3.95 ± 0.30^{d}
LF-XY18-L	23.95 ± 0.27^{bc}	30.96 ± 1.46^{b}	38.42 ± 1.42^{b}	37.54 ± 1.32^{b}	1.95 ± 0.16^{b}	5.21 ± 0.52^{b}
LF-XY18-H	24.16 ± 0.94^{bc}	31.14 ± 0.89^{b}	38.61 ± 1.66^{b}	37.83 ± 1.27^{b}	1.74 ± 0.12^{c}	4.60 ± 0.34^{c}

注：不同英文字母表示相应两组在 $P<0.05$ 水平上有显著差异，下同。

小鼠肝组织病理学观察

各治疗组小鼠肝组织的病理学观察结果如图 4-10 所示。正常对照组小鼠的肝组织结构完整，肝细胞呈放射状分布，紧密排列在中央静脉周围。然而，对照组小鼠的肝组织结构异常，中央静脉不规则且模糊，肝细胞排列不均匀，大量细胞肿胀坏死，炎症细胞浸润严重。LF-XY18 和水飞蓟素均能够有效预防 CCl_4 引起的肝组织病理损伤。重要的是，与 LF-XY18-L 相比，LF-XY18-H 的预防效果更明显，接近水飞蓟素。

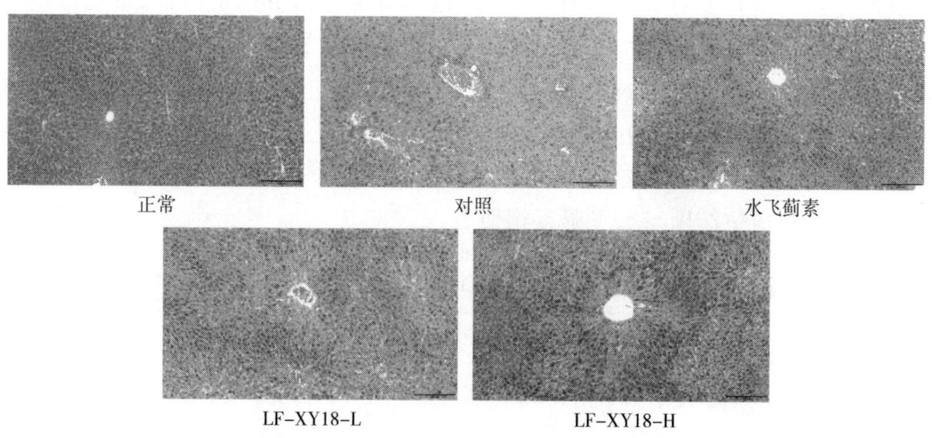

图 4-10　CCl_4 致小鼠肝损伤的 H&E 病理学观察，放大 100 倍

肝功能相关血清 ALT、AST、TG 和 TC 水平

各组小鼠的肝功能相关血清 ALT、AST、TG 和 TC 水平如表 4-4 所示。正常对照组 ALT、AST、TG 和 TC 血清水平最低。由于 CCl_4 诱导的肝损伤，对照组小鼠的肝功能相关血清指标最高。此外，LF-XY18 和水飞蓟素显著抑制了 CCl_4 诱导的肝损伤引起的 ALT、AST、TG 和 TC 血清水平的升高。关键是，与 LF-XY18-L 治疗组相比，LF-XY18-H 治疗组小鼠血清 ALT、AST、TG 和 TC 水平与水飞蓟素治疗组更相似。

表 4-4 小鼠肝功能相关血清 ALT、AST、TG 和 TC 水平

组别	ALT（U/L）	AST（U/L）	TG（mmol/L）	TC（mmol/L）
正常	28.56 ± 2.07[e]	35.12 ± 2.94[e]	0.49 ± 0.09[e]	1.57 ± 0.15[e]
对照	115.45 ± 11.16[a]	135.90 ± 14.51[a]	2.45 ± 0.27[a]	6.78 ± 0.41[a]
水飞蓟素	46.56 ± 3.43[d]	58.23 ± 5.93[d]	0.85 ± 0.08[d]	2.35 ± 0.25[d]
LF-XY18-L	84.44 ± 6.85[b]	104.23 ± 8.92[b]	2.05 ± 0.21[b]	5.01 ± 0.28[b]
LF-XY18-H	60.93 ± 7.87[c]	71.92 ± 5.12[c]	1.35 ± 0.16[c]	3.28 ± 0.21[c]

氧化相关血清和肝组织 SOD、MPO、MDA 和 GSH 水平

氧化应激相关指标反映了体内肝脏损伤程度，氧化应激的主要常见标志物包括 SOD、MPO、MDA 和 GSH。因此，本研究分析了小鼠血清和肝组织中的上述四个主要标志物（表 4-5）。无 CCl_4 肝损伤的健康小鼠血清和肝组织中 SOD 和 GSH 水平最高（$P<0.05$），而 MPO 和 MDA 水平最低（$P<0.05$）。此外，对照组小鼠血清和肝组织中的这些氧化相关指标与正常对照组呈相反趋势，进一步表明未经预防性治疗的小鼠体内存在更严重的氧化应激。LF-XY18 预先治疗可以有效抑制小鼠血清和肝组织中 SOD 和 GSH 水平的降低，以及 MPO 和 MDA 水平的升高，同时，随着浓度的增加，LF-XY18 效果增强。更重要的是，LF-XY18-H 对小鼠 ALI 的预防作用与水飞蓟素相似。

表 4-5 小鼠血清和肝组织 SOD、MPO、MDA 和 GSH 水平

血清水平	SOD（U/mL）	MPO（U/L）	MDA（nmol/mL）	GSH（mg/L）
正常	125.37 ± 9.13[a]	215.24 ± 15.60[e]	2.39 ± 0.28[e]	49.59 ± 3.78[a]
对照	57.72 ± 2.87[e]	577.80 ± 44.08[a]	6.57 ± 0.46[a]	16.84 ± 1.40[e]

续表

血清水平	SOD（U/mL）	MPO（U/L）	MDA（nmol/mL）	GSH（mg/L）
水飞蓟素	106.84 ± 7.84[b]	288.52 ± 24.08[d]	2.98 ± 0.20[d]	38.49 ± 3.33[b]
LF-XY18-L	74.19 ± 4.31[d]	459.49 ± 30.06[b]	5.15 ± 0.53[b]	22.53 ± 2.67[d]
LF-XY18-H	97.27 ± 5.54[c]	362.56 ± 35.66[c]	3.81 ± 0.18[c]	30.78 ± 3.10[c]
肝组织水平	SOD（U/mgprot）	MPO（U/g）	MDA（nmol/mgprot）	GSH（nmol/mgprot）
正常	118.82 ± 9.54[a]	0.69 ± 0.10[e]	2.86 ± 0.18[e]	52.58 ± 3.69[a]
对照	36.41 ± 2.86[e]	3.24 ± 0.27[a]	11.25 ± 0.79[a]	31.19 ± 1.28[d]
水飞蓟素	89.25 ± 3.65[b]	1.17 ± 0.15[d]	4.79 ± 0.36[d]	50.53 ± 3.21[a]
LF-XY18-L	56.71 ± 6.19[d]	2.81 ± 0.24[b]	9.94 ± 0.68[b]	35.07 ± 2.59[c]
LF-XY18-H	71.47 ± 5.26[c]	1.97 ± 0.19[c]	7.03 ± 0.51[c]	42.81 ± 1.82[b]

肝组织 Nrf2 和 HO-1 的 mRNA 和蛋白表达

正常对照组肝组织 Nrf2 和 HO-1 的 mRNA（分别是对照组的 2.94 倍和 3.32 倍）和蛋白表达水平最强，而对照组这些基因和蛋白的表达水平最弱（图 4-11A）（$P<0.05$）。水飞蓟素治疗组小鼠 Nrf2 和 HO-1 的 mRNA（分别是对照组的 2.62 倍和 3.02 倍）和蛋白表达水平最接近正常对照组（$P<0.05$）。水飞蓟素和 LF-XY18-H 的预防性治疗显著上调了小鼠肝组织中这些基因和蛋白的表达水平，同时，这两种预防性治疗对它们的上调程度比较相似。此外，LF-XY18-H（mRNA 表达是对照组的 2.46 倍和 2.74 倍）对这些基因和蛋白表达水平的积极影响优于 LF-XY18-L（mRNA 表达是对照组的 1.78 倍和 1.98 倍）（$P<0.05$）。

肝组织 Cu/Zn-SOD 和 Mn-SOD 的 mRNA 和蛋白表达，以及 GSH-Px 的 mRNA 表达

正常对照组中 Cu/Zn-SOD、Mn-SOD 和 GSH-Px 的 mRNA 表达水平最高（分别是对照组的 5.12 倍、7.65 倍和 3.72 倍）；同时，Cu/Zn-SOD 和 Mn-SOD 的蛋白表达水平也最高［图 4-11（B）］（$P<0.05$）。此外，在诱导肝损伤的情况下，治疗组中这些基因和蛋白的表达水平显著高于对照组（$P<0.05$）。同时，水飞蓟素治疗组（mRNA 表达是对照组的 4.28 倍、6.07 倍和 3.16 倍）、LF-XY18-H 治疗组（mRNA 表达是对照组的 3.76 倍、4.93 倍和 2.59 倍）和 LF-XY18-L 治疗组（mRNA 表达是对照组的 2.32 倍、3.26 倍和 1.65 倍）肝组织中这些基因和蛋白的表达水平均下调。

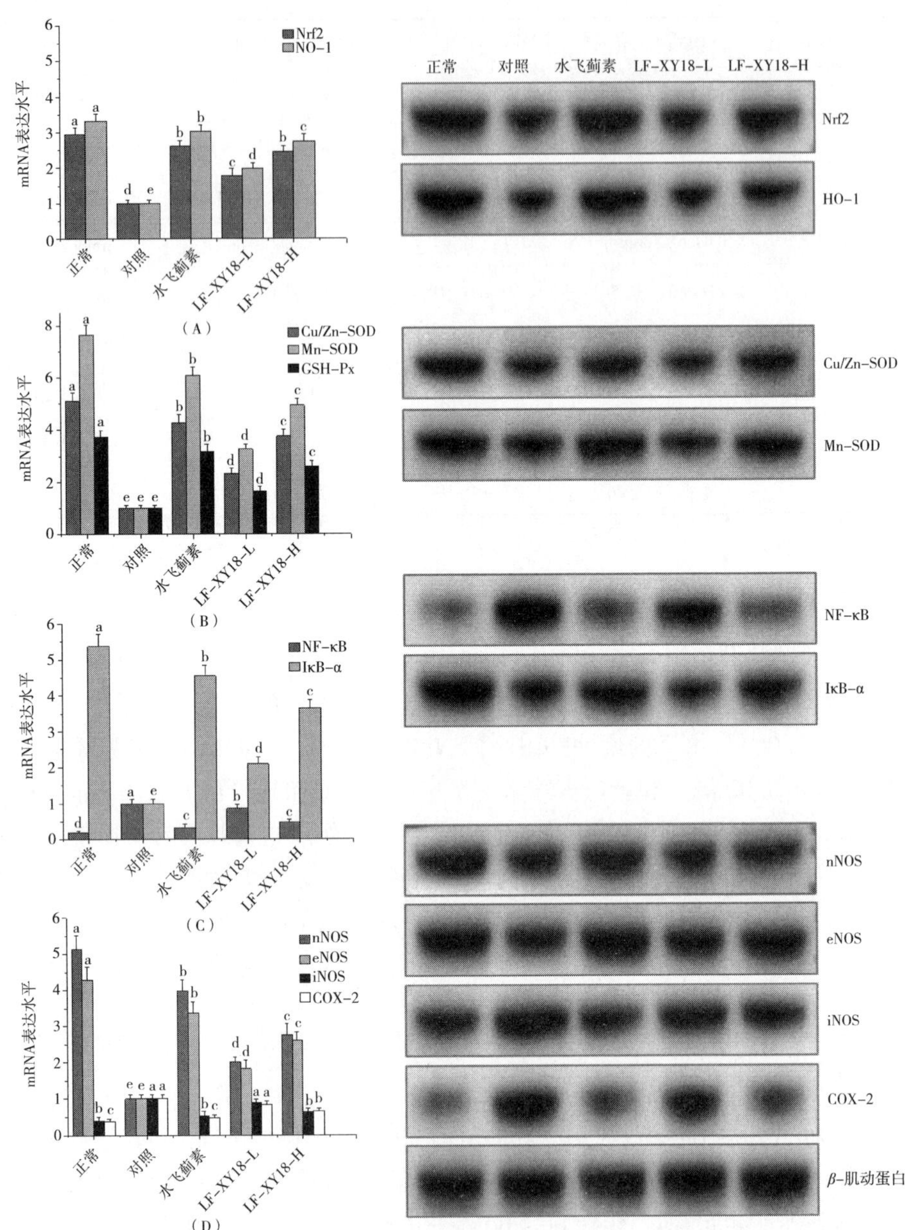

图 4-11　CCl_4 诱导肝损伤小鼠肝组织中 mRNA 和蛋白的表达

肝组织 NF-κB 和 IκBα 的 mRNA 和蛋白表达

图 4-11（C）显示，正常对照组 NF-κB 的 mRNA（是对照组的 0.18 倍）和

蛋白表达水平最低，而IκB-α的mRNA（是对照组的5.37倍）和蛋白表达水平最高（$P<0.05$）。对照组NF-κB和IκB-α的表达水平与正常对照组相反（$P<0.05$）。水飞蓟素治疗组的这些基因和蛋白表达水平（mRNA表达是对照组的0.33倍和4.54倍）与正常对照组最相似（$P<0.05$）。与对照组相比，水飞蓟素治疗组和LF-XY18治疗组肝组织中NF-κB的mRNA和蛋白表达水平下调，而IκB-α的mRNA和蛋白表达水平上调。特别是，与LF-XY18-L（mRNA表达是对照组的0.85倍和2.09倍）相比，LF-XY18-H（mRNA表达是对照组的0.46倍和3.65倍）的效果更接近水飞蓟素治疗组的效果。

肝组织nNOS、eNOS、iNOS和COX-2的mRNA和蛋白表达

正常对照组肝组织的nNOS和eNOS的mRNA表达水平（分别是对照组的5.14倍和4.29倍）和蛋白表达水平最高，而iNOS和COX-2的mRNA（分别是对照组的0.41倍和0.38倍）和蛋白表达水平最低（图4-11D）。CCl_4的诱导下调了nNOS和eNOS的表达水平，并上调了iNOS和COX-2的表达水平。与对照组相比，水飞蓟素和LF-XY18上调了nNOS和eNOS的mRNA和蛋白表达水平，下调了iNOS和COX-2的表达水平（$P<0.05$）。LF-XY18对这些基因表达的影响随浓度而变化：LF-XY18-H（mRNA表达是对照组的2.76倍、2.59倍、0.62倍和0.65倍）比LF-XY18-L（mRNA表达是对照组的2.01倍、1.83倍、0.89倍和0.84倍）具有更强的效果。

讨论

本研究建立了CCl_4诱导的小鼠肝损伤模型，进而探索了LF-XY18通过Nrf2/ARE信号通路调节小鼠的氧化应激和炎症反应，从而起到预防ALI的作用。由于CCl_4诱导的肝脏病理损伤与人类肝病的症状相似，因此经常使用CCl_4诱导的小鼠ALI、肝炎和肝硬化模型来评估益生菌、天然生物活性成分和药物对肝脏的防治作用。水飞蓟素是治疗肝损伤的常用药物，具有抗氧化活性、抗炎活性、免疫调节活性和肝细胞再生活性。因此，本研究选择水飞蓟素作为阳性对照药物。国际标准要求乳酸菌饮料中乳酸浓度的上限为10^7CFU/kg，小鼠动物实验模型通常选择10^9 CFU/mL作为高浓度乳酸菌的浓度。此外，研究证实，与低浓度的植物乳杆菌HFY05（1.0×10^8 CFU/kg bw）相比，高浓度的植物乳杆菌HFY05（1.0×10^9 CFU/kg bw）在预防小鼠酒精性肝损伤方面具有更好的效果。因此，本研究选择1.0×10^8 CFU/kg bw和1.0×10^9 CFU/kg bw作为LF-XY18的梯度研究浓度。小鼠受到外部刺激时，富硒长双歧杆菌DD98平衡了小鼠的生理功能，缓解了功能异常对日常饮食量和饮水量的影响，有效抑制了异常体重增加，并减少了

肥胖小鼠肝脏和腹部脂肪的堆积。在 CCl_4 诱导的小鼠肝损伤模型中，小鼠表现出较高的肝脏重量和肝脏指数，因此肝脏重量和肝脏指数可以在一定程度上评估肝组织损伤的程度。在本实验中，LF-XY18 降低了肝损伤小鼠的肝脏重量和肝脏指数，而且 LF-XY18-H 对肝损伤的预防作用接近水飞蓟素。此外，肝损伤常伴有肝组织不可逆的病理变化，因此病理观察也是确定肝损伤程度的重要临床依据。本研究中 H&E 染色切片显示，LF-XY18 有效抑制了 CCl_4 引起的肝细胞肿胀、坏死、炎症细胞浸润等病理损伤。

血清 ALT、AST、TG 和 TC 水平与 ALI 程度呈正相关，因此上述肝功能指标可作为衡量 ALI 严重程度的关键指标。其中，ALT 和 AST 主要分布在肝细胞的细胞质中，此外，AST 也分布在线粒体中。发生肝损伤时，肝细胞膜的结构和功能就会出现异常，同时，肝细胞质中的 ALT 和 AST 将被转移，从而提高血清 ALT 和 AST 水平。此外，肝损伤还会增加肝脏中的脂肪酸含量，进而提高肝脏和血清中的 TG 水平，引起肝脏脂质过氧化，并进一步导致肝脏和血清的 TC 水平升高。同时，CCl_4 在体内代谢后产生脂质过氧化物，可刺激枯氏细胞释放大量促炎症细胞因子和 ROS，进而加重肝损伤。该研究表明，LF-XY18 可以使上述血液指数恢复到接近正常值，达到了与水飞蓟素相似的效果，并有效降低了体内氧化应激的损伤。

动物组织中持续的氧化损伤会导致氧化应激反应。CCl_4 在肝脏代谢过程中会产生 $CCl_3\cdot$，它会使肝细胞膜在脂质过氧化过程中受到不可逆的损伤，从而破坏其功能。因此，抑制肝组织损伤的关键靶点是抑制肝组织中的氧化应激反应，如调节血清或肝组织中 SOD、CAT 和 GSH 的水平，加速肝组织中自由基的代谢。其中，SOD 是抑制机体氧化应激反应的第一道防线，可有效消除超氧自由基和 H_2O_2，减少 ROS 的释放。此外，MPO 缺乏的中性粒细胞可以引发氧化反应，释放大量的超氧化物和氧化物，导致体内炎症并加重肝细胞损伤。使用 CCl_4 诱导 ALI 后，机体会释放大量的肝毒性标记酶，如 MDA，这是脂质过氧化的关键标志物，也是脂质过氧化反应的最终产物。作为一种主要的非酶清除剂，GSH 可有效缓解 CCl_4 诱导的肝损伤引起的体内氧化还原反应紊乱，而 GSH 偶联可有效发挥清除肝毒性物质的作用。因此，LF-XY18 可以有效抑制体内氧化应激的影响，这与小鼠血清和肝组织中 SOD 和 GSH 水平的升高以及 MPO 和 MDA 水平的抑制有关。

目前，Nrf2/ARE 信号通路的激活是防治各种肝损伤疾病的关键靶点，因为该通路在机体受到刺激时可以调节各种抗氧化应激相关基因的表达。使用 CCl_4 诱导肝损伤时，细胞质中的 Nrf2 易位至细胞核并与 ARE 结合，从而诱导下游抗氧化基因（HO-1、GCLC 和 NQO1）和其他抗氧化基因（如 SOD 和 GSH）的表达，并激活体内的抗氧化反应。最近的研究表明，CCl_4、呋喃和溴苯等肝毒素可降低肝损伤中 Nrf2 和 HO-1 的 mRNA 和蛋白表达。然而，也有不一致的研究结果表明，使用 CCl_4 诱导 ALI 后，小鼠肝组织中 Nrf2 和 HO-1 的 mRNA 和蛋白的表达显著升高。这种结果的差异可归因于微生物菌株、肝损伤诱导时间和剂量的差异。HO-1 是一种Ⅱ期细胞保护酶，Ⅱ期细胞保护酶是一种普遍存在的氧化还原敏感诱导应激蛋白，受多种信号通路的转录调控。CCl_4 诱导的肝损伤实验已经证实，机体经常表现出抗氧化防御能力，并且 Nrf2 和 HO-1 基因和蛋白的表达下降。这些基因和蛋白的表达可以保护肝组织免受 ROS 和某些有毒物质（如 CCl_4）造成的损伤，减少氧化应激损伤，并维持细胞内稳态。总之，LF-XY18 可以激活 Nrf2 及其下游基因 HO-1，上调 Nrf2 和 HO-1 的 mRNA 和蛋白表达水平，提供充分的抗氧化作用，并有效防止 CCl_4 诱导的氧化应激。

在肝脏代谢时，CCl_4 会产生大量的 CCl_3・自由基，进而在小鼠肝组织中诱导氧化应激，最终导致不可逆的 ALI。因此，SOD、CAT、GSH-Px 等抗氧化相关基因可作为衡量氧化应激损伤程度的基因指标。Cu/Zn-SOD 和 Mn-SOD 是 SOD 的异构体。前者以 Cu^{2+} 和 Zn^{2+} 为活性中心，存在于肝细胞的细胞质中，后者以 Mn^{4+} 为活性核心，存在于线粒体中。二者均能消除 O_2^-・和 CCl_3・等自由基引起的肝损伤，对肝组织起保护作用。另一种天然抗氧化酶 GSH-Px 也能反映体内自由基含量。研究表明，SOD 和 GSH-Px 可以有效降低肝脏氧化应激过程中产生的 O_2^-・含量，有效抑制氧化应激对肝脏结构和功能的损伤。肝脏和心脏富含线粒体。研究证实，CCl_4 引起的肝损伤可显著抑制 Cu/Zn-SOD、Mn-SOD 和 GSH-Px 的 mRNA 和蛋白表达水平，在本研究中获得了相同的结果。LF-XY18 可以增强 Cu/Zn-SOD、Mn-SOD 和 GSH-Px 的表达，抑制 CCl_4 引起的氧化应激，进一步修复受损肝组织。

转录因子 NF-κB 广泛存在于多种细胞中，可以调节炎症反应和抗凋亡相关基因的表达。通常情况下，NF-κB 和 IκB（包括 IκB-α、IκB-β 和 IκB-γ 三种形式）在未激活状态下结合成三聚物。在体内受到内外部刺激时，会引起 IκB-α 的磷酸化和泛素化。然后，NF-κB 处于激活状态，进入细胞核，介导相应炎症基因和蛋白的转录和表达，进而加重肝损伤。因此，抑制 IκB-α 的磷酸化可以抑制 NF-κB 的促炎作用，减轻肝组织损伤。此外，研究表明，植物乳杆菌 HFY05 可以抑制肝组织中 NF-κB 的 mRNA 和蛋白表达水平，但提高 IκB-α 的 mRNA 和蛋白表达水平，从而有效预防和减轻肝损伤。本研究未发现异常结果，即 LF-XY18 可以下调 NF-κB 的 mRNA 和蛋白表达，上调 IκB-α 的 mRNA 和蛋白表达，从而有效抑制氧化应激和炎症反应，预防肝损伤。

作为一种高活性氧化剂，在机体受到刺激时，NO 可在体内堆积，进而诱发内皮功能障碍。因此，抑制内皮功能障碍可以进一步防治肝损伤。NOS 是肝细胞中 NO 合成的限制酶，广泛分布于正常组织中。NOS 有三种亚型：nNOS、eNOS 和 iNOS。nNOS 对神经细胞和组织具有保护作用，此外，它对受损肝组织也有修复作用。正常情况下，肝组织中的 eNOS 表达相对稳定，并且 eNOS 产生的 NO 对受损肝组织也有一定的修复作用。而 eNOS 不仅能增强机体修复受损肝组织的能力，还能促进血管再生。使用 CCl_4 诱导肝损伤后，肝组织细胞中会出现氧化应激，并释放出大量的炎症因子，如 iNOS，iNOS 产生的 NO 可进一步加重肝损伤。此外，作为一种诱导酶，COX-2 在正常情况下表达较弱。肝损伤可激活枯氏细胞，然后在体内大量表达合成 COX-2，从而加重肝脏炎症损伤。本研究结果表明，LF-XY18 可以增强 nNOS 和 eNOS 的表达，减弱 iNOS 和 COX-2 的表达，进一步减轻氧化应激引起的肝脏炎症损伤，从而有效保护肝脏。

结论

综上所述，本研究测定了小鼠血清和肝组织中的相关指标，首次发现 LF-XY18 可以有效预防 CCl_4 引起的 ALI。其预防机制与 Nrf2/ARE 信号通路的激活以及体内氧化应激和炎症反应的抑制密切相关。LF-XY18 可以有效维持肝损伤小鼠的身体机能平衡，降低肝脏重量和肝脏指数，改善肝组织病理。此外，LF-XY18 可以恢复小鼠血清和组织中的血清肝功能指标和抗氧化指标，并有效抑制血清和肝组织中的氧化应激反应。qPCR 和蛋白质印迹分析表明，LF-XY18 可以通过介导 Nrf2/ARE 信号通路抑制氧化应激和炎症相关基因和蛋白的表达，从而实现对 CCl_4 引起的肝损伤的全面预防。重要的是，LF-XY18 在高剂量（1.0×10^9 CFU/kg）下表现出更好的预防肝损伤的效果，接近水飞蓟素。然而，LF-XY18 预防 CCl_4 引起的小鼠肝损伤的机制仍有待更详细地探索。LF-XY18 可应用于功能性食品的研发，从安全无副作用的角度更好地防治化学物质引起的肝损伤。

参考文献

[1] Gan Yi, Tong Jin, Zhou Xianrong, Long Xingyao, Pan Yanni, Liu Weiwei, Zhao Xin, Hepatoprotective effect of *Lactobacillus plantarum* HFY09 on ethanol-induced liver injury in mice [J]. Frontiers in Nutrition, 2021, 8: 684588.

[2] Wang Ranran, Zhou Kexiang, Xiong Rongrong, Yang Yi, Yi Ruokun, Hu Jing, Liao Wei, Zhao Xin, Pretreatment with *Lactobacillus fermentum* XY18 relieves gastric injury induced by HCl/ethanol in mice via antioxidant and anti-inflammatory mechanisms [J]. Drug Design, Development and Therapy, 2020, 14: 5721-5734.

第五章　益生菌对减肥的功效

第一节　发酵乳杆菌对减脂的功效

引言

肥胖是体脂肪，尤其是甘油三酯（三酰甘油）在体内过度堆积的状态。肥胖的常见原因是长期摄入过多的能量，超过了身体的能量消耗，体内多余的能量转化为脂肪，过多的脂肪堆积导致营养代谢紊乱。20 世纪 90 年代，世界卫生组织宣布肥胖是一种由多种因素引起的慢性代谢疾病。然而，直到最近几年，人们才逐渐意识到这是一个严重的社会健康问题。据国际糖尿病联合会预测，到2035 年，全球糖尿病患者人数将增至 5.9 亿。肥胖与高血压、冠心病、中风、高脂血症、睡眠呼吸暂停综合征、2 型糖尿病、痛风、骨关节疾病、生殖功能下降和某些癌症有关。调查发现，近年来肥胖和超重人群的患病率迅速上升。因此，提高对肥胖的认识并鼓励减肥是非常重要的。许多肥胖患者通过节食或服药减肥，而有些人可能通过药物达到显著的减肥效果，但这可能导致他们的免疫力急剧下降。当然，也有许多人采用不科学的减肥方法，这种不科学的方法可能会减少肌肉而不是脂肪，这也是很多轻率的公众常见的减肥方法。此外，药物治疗、手术治疗和生活方式干预是治疗肥胖的常用方法，其中药物治疗是最简单和最安全的方法。然而，由于药物起效需要时间，并且需要患者持续服用，因此使用这种方法成功减肥的案例很少。市面上几乎所有的减肥药都有一定的副作用，而且肥胖患者在停药后可能会出现反弹现象。由于安全等因素，药物的应用受到限制。

益生菌是一种具有明显生物活性的微生物，对人体有益。摄入后，益生菌会通过调节宿主黏膜的免疫功能以及平衡肠道菌群来促进营养素的吸收并维持肠道健康。一些乳酸菌具有和益生菌一样的特殊生理功能。它们可以促进生长，调节胃肠道中的正常菌群，并维持微生态平衡，从而改善胃肠功能，提升食物消化率、生物效力和机体免疫力。具有益生菌功能的乳酸菌还可以降低血清胆固醇，控制内毒素，并抑制肠道内腐败菌的生长。研究人员在健康人的肠道中发现了数百种微生物，这些微生物参与消化和能量产生。人体的能量摄入可能会受到肠道内微生物的影响。一些肠道微生物能够比其他微生物更有效地提供能量，使有些人能够比其他人更有效地吸收营养，从而导致体重增加。一些植入肠道内的活乳酸菌会繁殖以维持一定的体积，它们可以长期参与糖脂代谢和胆固醇脂代谢，阻止脂肪形成，加速体内积聚脂肪的氧化分解，产生长期减肥效果而不会产生任何副作用。

最近的一项研究表明，肠道微生物与肥胖密切相关，它们在人体新陈代谢中也发挥着重要作用，与人体能量代谢和平衡密切相关。高脂饮食引起的氧化应激可能导致肠道微生物失衡，进而导致肠道微生物组成发生变化。肠道菌群可以通过饮食和能量储存影响宿主的能量摄入。肠道菌群的代谢物（如短链脂肪酸和脂多糖）通过影响脂质代谢、能量代谢、炎症和食欲，在脂肪堆积过程中也发挥着非常重要的作用。因此，肠道菌群的变化可以作为预防体重增加的方法，以及减少脂肪量的干预方法。

在中国，四川泡菜是一种传统的发酵蔬菜。乳酸菌是泡菜中所含的最重要的发酵微生物。从四川泡菜中分离得到的乳酸菌被证明具有肠道保护作用，并且对便秘和结肠炎具有良好的预防和干预作用。本研究选用了从四川泡菜中分离鉴定的一株发酵乳杆菌 CQPC04（LF-CQPC04），以进行动物降脂能力实验。此外，研究还使用分子生物学技术分析了其作用机制。

结果

LF-CQPC04 显微镜检查

LF-CQPC04 革兰氏染色后，在油镜下观察乳酸菌细胞形态。如图 5-1 所示，LF-CQPC04 细胞呈紫色，革兰氏阳性，细胞呈杆状，形态正常，与对照菌株德氏乳杆菌保加利亚亚种表现出相似的形态。由于没有发现其他细菌，因此它们被认为可用于进一步的动物实验。

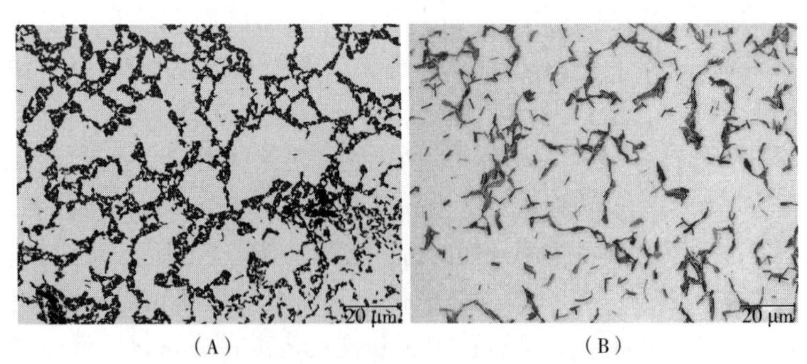

图 5-1 发酵乳杆菌 CQPC04（A）和德氏乳杆菌保加利亚亚种（B）的革兰氏染色观察

乳杆菌的体外耐药性结果

研究小组从中国四川和重庆地区的自然发酵泡菜中采样，11 株乳酸菌在体外表现出良好的耐药性（表 5-1）。并在 pH 3.0 下分离出 7 株乳杆菌，其在人工胃液中的存活率超过 90%。剩余菌株中两株存活率在 80%以上，两株存活率在 60%以上。11 株乳杆菌在 0.3%的胆盐中的存活率均在 10%以上，其中 LF-CQPC04 的存活率最高，达到 66.38%，这表明乳杆菌具有很强的耐胆盐能力。其余 10 株乳酸杆菌在 0.3%的胆盐中生长良好。因此，本研究选择 LF-CQPC04 进行动物实验进一步研究。

表 5-1 乳酸菌对人工胃液和胆汁盐的耐药性

菌种	pH 3.0 人工胃液中的存活率（%）	0.3%胆盐中的存活率（%）
植物乳杆菌 CQPC01	90.43± 8.26	16.49±0.39
植物乳杆菌 CQPC02	92.06 ± 6.91	17.3±0.19
发酵乳杆菌 CQPC03	104.12± 3.49	19.15±5.05
发酵乳杆菌 CQPC04	84.14 ± 6.06	66.38±0.55
发酵乳杆菌 CQPC05	84.19 ± 7.39	13.0± 0.58
发酵乳杆菌 CQPC06	68.61± 2.20	23.49±2.43
发酵乳杆菌 CQPC07	91.76± 7.92	11.91±0.20
发酵乳杆菌 CQPC08	110.02 ± 3.53	12.39±0.62
植物乳杆菌 CQPC09	68.49± 11.02	11.90±2.37
植物乳杆菌 CQPC10	96.77 ± 2.83	11.23±1.10
植物乳杆菌 CQPC11	107.69 ± 8.75	10.01±2.17

小鼠的状态和体重

灌胃给予 LF-CQPC04 和 LB 样本后，小鼠的日常状况良好，它们反应迅速，毛发光洁，精神状态良好。各组体重变化如图 5-2 所示。8 周后，对照组的体重最高，而正常对照组的体重最低。左旋肉碱、LF-CQPC04-L、LF-CQPC04-H 和 LB 均在一定程度上抑制了小鼠的体重增加。LF-CQPC04-H 治疗组体重最接近正常对照组。

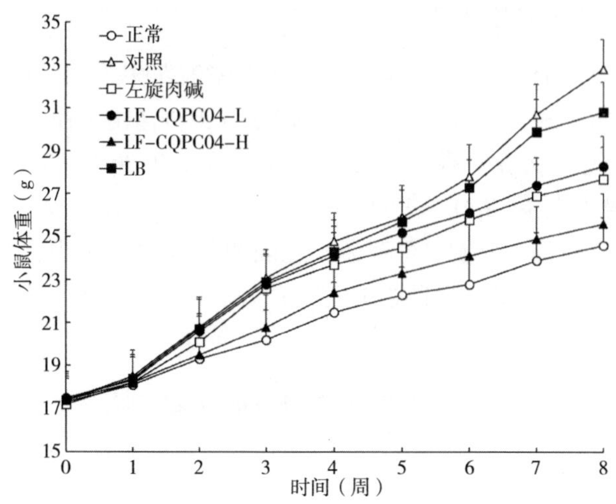

图 5-2　实验小鼠的体重变化

注：左旋肉碱：左旋肉碱灌胃小鼠；LF-CQPC04-L：小鼠灌胃低浓度的发酵乳杆菌 CQPC04（1.0×10^8 CFU/kg）；LF-CQPC04-H：小鼠灌胃高浓度的发酵乳杆菌（1.0×10^9 CFU/kg）；LB：小鼠灌胃德氏乳杆菌保加利亚亚种（1.0×10^9 CFU/kg）。

小鼠脏器指数

实验结果（表 5-2）显示，与正常对照组相比，对照组的肝脏指数和附睾指数显著增加。与对照组相比，左旋肉碱治疗组、LF-CQPC04-H 治疗组、LF-2CQPC04-L 治疗组、LB 治疗组的肝脏指数和附睾指数均显著下降，且 LF-CQPC04-H 治疗组表现出最强的下降趋势。

表 5-2　各组小鼠的器官指数

组别	肝指数	附睾脂肪指数
正常	2.12 ± 0.05[f]	1.20 ± 0.04[f]
对照	4.97 ± 0.15[a]	3.09 ± 0.11[a]
左旋肉碱	3.51 ± 0.06[d]	2.02 ± 0.04[d]
LF-CQPC04-L	3.89 ± 0.06[c]	2.39 ± 0.06[c]
LF-CQPC04-H	2.89 ± 0.06[e]	1.69 ± 0.05[e]
LB	4.13 ± 0.08[b]	2.81 ± 0.06[b]

注：不同英文小写字母表示相应两组在 $P<0.05$ 水平上具有显著差异，下同。

小鼠血清和肝组织中的 TG、TC、HDL-C 和 LDL-C 水平

从表 5-3 中可以看出，对照组的 TG、TC 和 LDL-C 水平显著高于正常对照组（$P<0.05$），HDL-C 水平显著低于正常对照组（$P<0.05$）。左旋肉碱治疗组、LF-CQPC04-L 治疗组、LF-CQPC04-H 治疗组和 LB 治疗组的 TG、TC、LDL-C 水平均低于对照组，而 HDL-C 水平则高于对照组。其中，LF-CQPC04-H 治疗组的 TG、TC、LDL-C 水平仅高于正常对照组，并且其 HDL-C 水平仅低于正常对照组。

表 5-3 小鼠血清和肝组织 TC、TG、HDL-C 和 LDL-C 水平

组别（血清）	TC（mmol/L）	TG（mmol/L）	HDL-C（mmol/L）	LDL-C（mmol/L）
正常	1.82±0.03[f]	0.11±0.02[e]	1.55±0.11[a]	0.31±0.06[f]
对照	5.49±0.11[a]	1.08±0.12[a]	0.26±0.05[e]	1.48±0.14[a]
左旋肉碱	2.66±0.09[d]	0.48±0.06[c]	0.92±0.05[c]	0.51±0.04[d]
LF-CQPC04-L	3.63±0.10[c]	0.74±0.05[b]	0.56±0.04[d]	0.70±0.05[c]
LF-CQPC04-H	2.25±0.12[e]	0.32±0.03[d]	1.18±0.07[b]	0.40±0.03[e]
LB	4.02±0.08[b]	0.77±0.04[b]	0.51±0.07[d]	0.93±0.08[b]
组别（肝组织）	TG（mmol/gprot）	TC（mmol/gprot）	HDL-C（mmol/gprot）	LDL-C（mmol/gprot）
正常	4.41±2.20[f]	72.83±5.41[f]	65.21±3.36[a]	0.42±0.04[f]
对照	126.52±8.71[a]	292.33±16.12[a]	7.21±1.08[f]	2.67±0.21[a]
左旋肉碱	33.25±4.82[d]	162.34±16.03[d]	36.25±3.69[c]	0.92±0.11[d]
LF-CQPC04-L	45.89±6.33[c]	206.36±19.32[c]	25.16±4.08[d]	1.30±0.12[c]
LF-CQPC04-H	19.78±3.31[e]	126.71±15.20[e]	48.32±4.42[b]	0.68±0.06[e]
LB	68.21±7.82[b]	241.08±21.35[b]	15.52±2.81[e]	1.72±0.09[b]

小鼠血清和肝组织中的 AST、ALT 和 AKP 水平

从表 5-4 中可以看出，与正常对照组相比，对照组中的 ALT、AST 和 AKP 含量在喂食高脂饮食后显著增加（$P<0.05$）。与对照组相比，左旋肉碱治疗组、LF-CQPC04-L 治疗组、LF-CQPC04-H 治疗组和 LB 治疗组的 ALT、AST、AKP

含量显著降低，其中 LF-CQPC04-H 治疗组下降幅度最大。

表 5-4 小鼠血清和肝组织 AST、ALT 和 AKP 水平

组别（血清）	AST（U/L）	ALT（U/L）	AKP（U/L）
正常	8. 30±0. 62[f]	5. 03±0. 41[f]	112. 51±8. 56[e]
对照	53. 39±2. 12[a]	15. 28±0. 43[a]	518. 53±23. 65[a]
左旋肉碱	20. 68±0. 82[d]	8. 39±0. 23[d]	356. 20±19. 21[c]
LF-CQPC04-L	34. 86±1. 04[c]	10. 55±0. 63[c]	435. 92±27. 98[b]
LF-CQPC04-H	14. 28±0. 71[e]	7. 62±0. 35[e]	229. 61±12. 39[d]
LB	38. 26±1. 14[b]	12. 03±0. 52[b]	460. 81±33. 02[b]
组别（肝组织）	AST（U/gprot）	ALT（U/gprot）	AKP（U/gprot）
正常	165. 20±12. 41[f]	638. 26±20. 36[f]	90. 12±5. 69[f]
对照	2788. 63 ±121. 05[a]	1271. 86±136. 29[a]	282. 09±11. 63[a]
左旋肉碱	412. 59±28. 05[d]	804. 36±18. 16[d]	168. 91±13. 68[d]
LF-CQPC04-L	791. 29±52. 03[c]	870. 22±17. 67[c]	191. 22±11. 53[c]
LF-CQPC04-H	309. 36±23. 56[e]	772. 03±20. 37[e]	122. 84±16. 70[e]
LB	1312. 58±119. 23[b]	918. 33±16. 08[b]	218. 30±14. 58[b]

小鼠血清中的 IL-6、IL-1β、TNF-α、IFN-γ、IL-4 和 IL-10 细胞因子水平

从表 5-5 中可以看出，对照组小鼠血清中四种促炎症因子 IL-6、IL-1β、TNF-α 和 IFN-γ 的含量显著高于正常对照组（$P<0.05$）。而左旋肉碱治疗组、LF-CQPC04-L 治疗组、LF-CQPC04-H 治疗组和 LB 治疗组的含量均显著低于对照组（$P<0.05$）。此外，与正常对照组相比，对照组 IL-4 和 IL-10 水平显著降低，而左旋肉碱治疗组、LF-CQPC04-L 治疗组、LF-CQPC04-H 治疗组和 LB 治疗组的水平均高于对照组。此外，LF-CQPC04-H 治疗组小鼠血清中的 IL-6、IL-1β、TNF-α 和 IFN-γ 细胞因子水平均高于正常对照组，但低于其他组。相反，它的 IL-4 和 IL-10 水平仅低于正常对照组，但高于其他组。

表 5-5　小鼠血清 IL-6、IL-1β、TNF-α、IFN-γ、IL-4 和 IL-10 的细胞因子水平

组别	IL-6 (pg/mL)	IL-1β (pg/mL)	TNF-α (pg/mL)	IFN-γ (pg/mL)	IL-4 (pg/mL)	IL-10 (pg/mL)
正常	45. 39±5. 11[f]	14. 32±0. 39[f]	17. 08±1. 02[f]	5. 60±0. 22[f]	70. 26±3. 24[a]	135. 62±16. 58[a]
对照	328. 73±19. 54[a]	44. 14±0. 67[a]	50. 18±2. 62[a]	27. 48±0. 67[a]	26. 33±2. 64[f]	47. 22±3. 15[f]
左旋肉碱	118. 36±9. 03[d]	26. 01±0. 63[d]	34. 19±1. 55[d]	11. 28±0. 62[d]	55. 17±1. 83[c]	84. 53±6. 12[c]
LF-CQPC04-L	165. 26±12. 17[c]	31. 15±0. 48[c]	41. 56±1. 71[c]	18. 36±0. 72[c]	43. 29±1. 56[d]	68. 52±5. 22[d]
LF-CQPC04-H	98. 36±6. 20[e]	19. 30±0. 55[e]	25. 18±1. 85[e]	8. 19±0. 44[e]	63. 12±2. 53[b]	108. 92±7. 11[b]
LB	204. 36±15. 23[b]	38. 75±0. 48[b]	45. 44±1. 28[b]	22. 07±0. 60[b]	38. 77±2. 03[e]	56. 27±3. 66[e]

小鼠肝脏及附睾脂肪的病理学观察

从切片中可以看出［图 5-3（A）］，对照组小鼠的肝细胞是最肥大的。它们分布稀疏，排列不规则，并存在炎症细胞浸润。相反，正常对照组小鼠的肝细胞排列最为紧密、均匀。在 LF-CQPC04-H 组治疗中，部分肝细胞肥大，部分肝细胞分布稀疏，细胞形态接近正常对照组。与左旋肉碱治疗组相比，LF-CQPC04-L 治疗组肝细胞分布稀疏，肝细胞较肥大，排列较不规则。相反，LB 治疗组肝细胞比 LF-CQPC04-L 治疗组还要大，分布更稀疏，并且排列非常规则，此外，部分细胞表现出炎症浸润。

切片观察［图 5-3（B）］显示，在高脂饮食组中，LF-CQPC04-H 治疗组的附睾脂肪细胞最小、最密集且分布最规则。对照组附睾脂肪细胞最肥大且分布稀疏。与 LF-CQPC04-H 治疗组相比，左旋肉碱治疗组附睾脂肪细胞更肥大，排

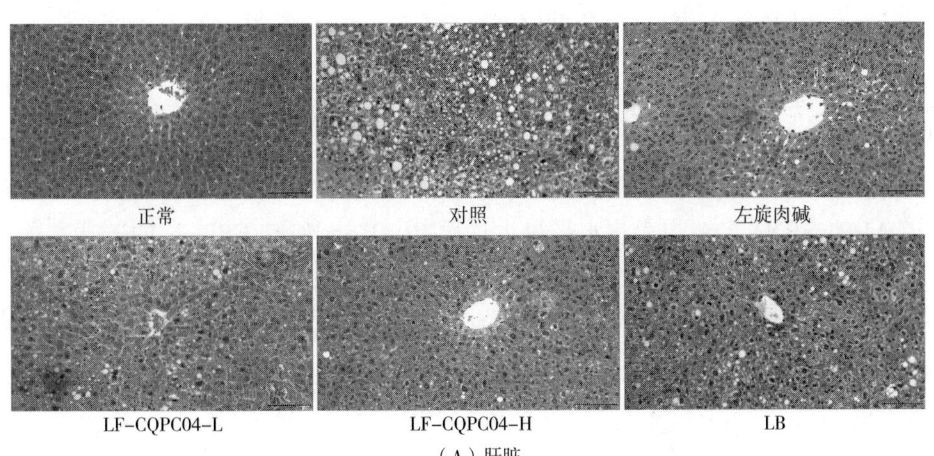

（A）肝脏

图 5-3

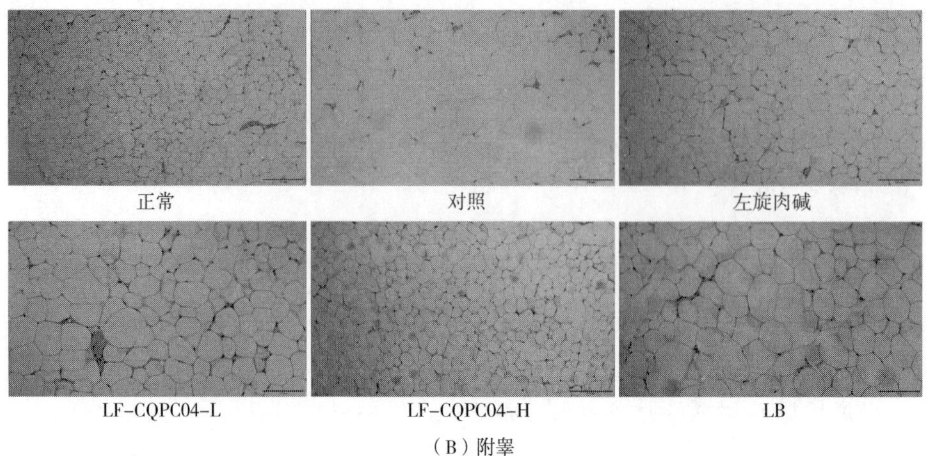

（B）附睾

图 5-3 小鼠肝脏（A）和附睾（B）组织 H&E 染色的病理学观察

列更紧密，分布更均匀。与左旋肉碱治疗组相比，LF-CQPC04-L 治疗组附睾脂肪细胞更肥大且分布更稀疏。与 LF-CQPC04-L 治疗组相比，LB 治疗组附睾脂肪细胞更肥大且分布更稀疏。

小鼠肝组织中 Cu/Zn-SOD、Mn-SOD 和 CAT 的 mRNA 和蛋白表达

图 5-4 显示，对照组小鼠肝组织中 Cu/Zn-SOD、Mn-SOD 和 CAT 的 mRNA 和蛋白表达显著低于其他组（$P<0.05$）。LF-CQPC04-H 治疗组小鼠肝组织中 Cu/Zn-SOD、Mn-SOD、CAT 的表达仅低于正常对照组，且显著高于左旋肉碱治疗组、LF-CQPC04-L 治疗组和 LB 治疗组。

小鼠肝组织中 CYP7A1、PPAR-α、PPAR-γ、CPT1、LPL、C/EBP-α 和 ABCA1 的 mRNA 和蛋白表达

图 5-5 显示，正常对照组小鼠肝组织中 CYP7A1、PPAR-α、CPT1、LPL 和 ABCA1 的 mRNA 和蛋白表达水平最大，而 PPAR-γ 和 C/EBP-α 的表达水平最低。而对照组小鼠则呈现相反的趋势。LF-CQPC04、LB 和左旋肉碱可以显著上调肥胖小鼠（高脂饮食小鼠）肝组织中 CYP7A1、PPAR-α、CPT1、LPL 和 ABCA1 的表达（$P<0.05$），并下调 PPAR-γ 和 C/EBP-α 的表达，其中高浓度的 LF-CQPC04（LF-CQPC04-H）显示出最大的表达调节能力。

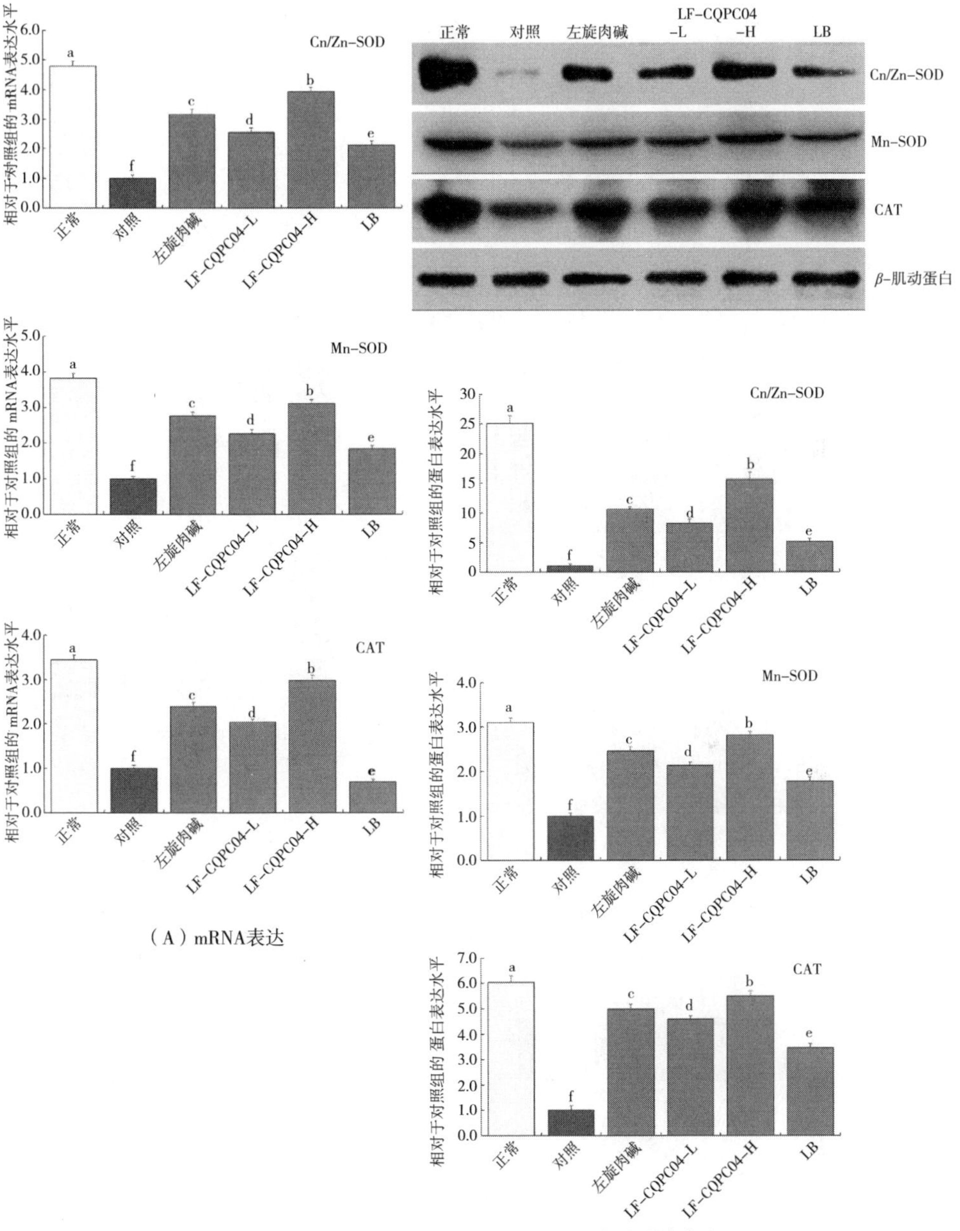

(A) mRNA表达

(B) 蛋白表达

图 5-4 小鼠肝组织中 Cu/Zn-SOD、Mn-SOD 和 CAT 的 mRNA（A）和蛋白（B）表达

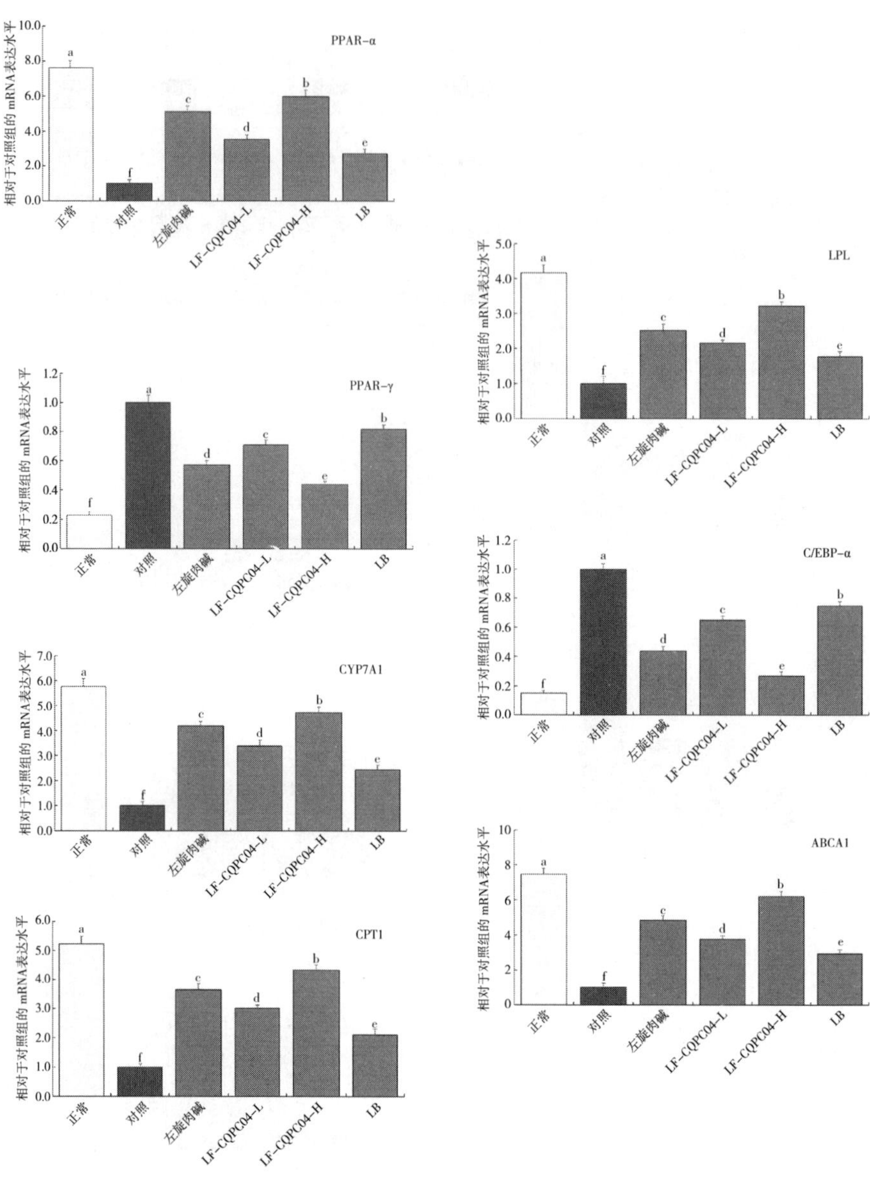
PPAR-α
PPAR-γ
CYP7A1
CPT1
LPL
C/EBP-α
ABCA1
相对于对照组的mRNA表达水平
正常
对照
左旋肉碱
LF-CQPC04-L
LF-CQPC04-H
LB

（A）mRNA表达

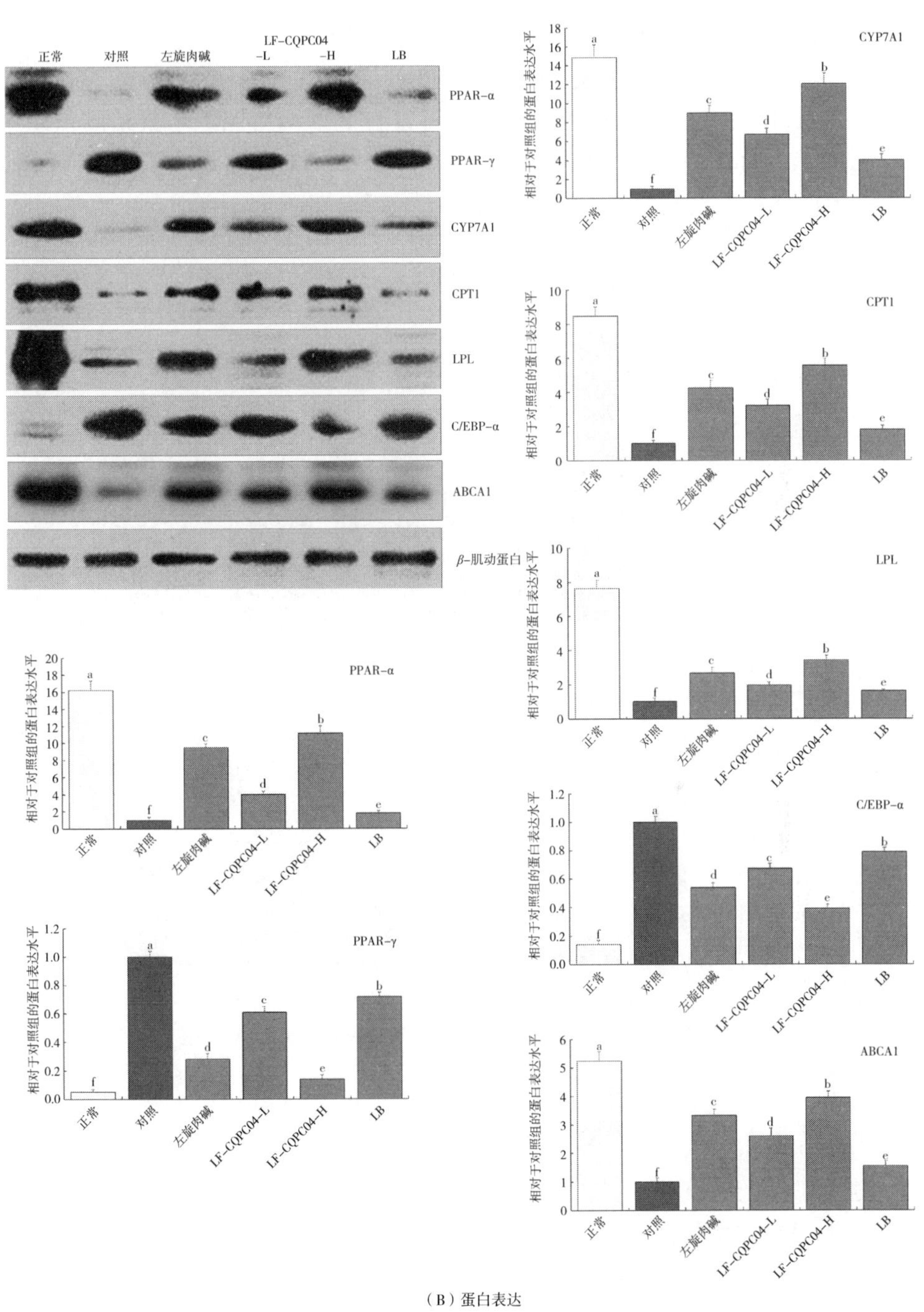

（B）蛋白表达

图 5-5 小鼠肝组织中 PPAR-α、PPAR-γ、CYP7A1、CPT1、LPL、C/EBP-α 和 ABCA1 的 mRNA（A）和蛋白（B）表达

小鼠结肠组织中 TNF-α 和 ZO-1 的 mRNA 表达

图 5-6 显示，对照组小鼠结肠组织中 TNF-α 的 mRNA 表达最强，而 ZO-1 表达最弱。LF-CQPC04、LB 和左旋肉碱可以显著下调对照组小鼠结肠组织中 TNF-α 的表达（$P<0.05$），上调 ZO-1 表达。此外，LF-CQPC04-H 治疗组结肠 TNF-α 和 ZO-1 表达最接近正常对照组。

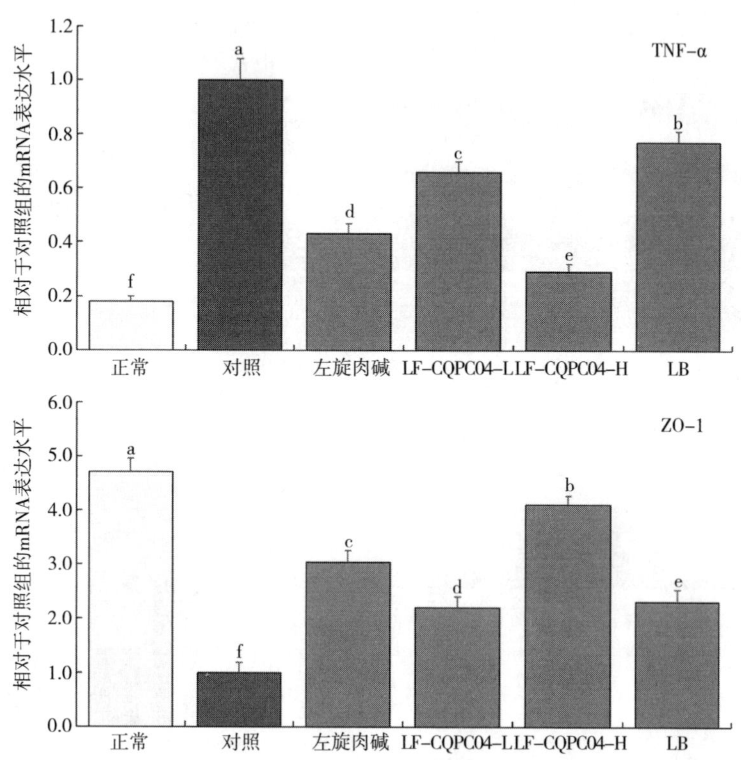

图 5-6　小鼠结肠组织中 TNF-α 和 ZO-1 的 mRNA 表达

小鼠粪便中的微生物 RNA 表达

对照组小鼠粪便中厚壁菌门表达最强，拟杆菌和阿克曼菌属表达最弱，厚壁菌门/拟杆菌的比例最高（$P<0.05$）。与对照组小鼠相比，LF-CQPC04 治疗组、LB 治疗组和左旋肉碱治疗组小鼠显示出较低的厚壁菌门水平和厚壁菌门/拟杆菌比例，但较高的拟杆菌和阿克曼菌属水平（图 5-7）。有趣的是，LF-CQPC04-H 治疗组小鼠粪便中的微生物群落与健康小鼠相似。

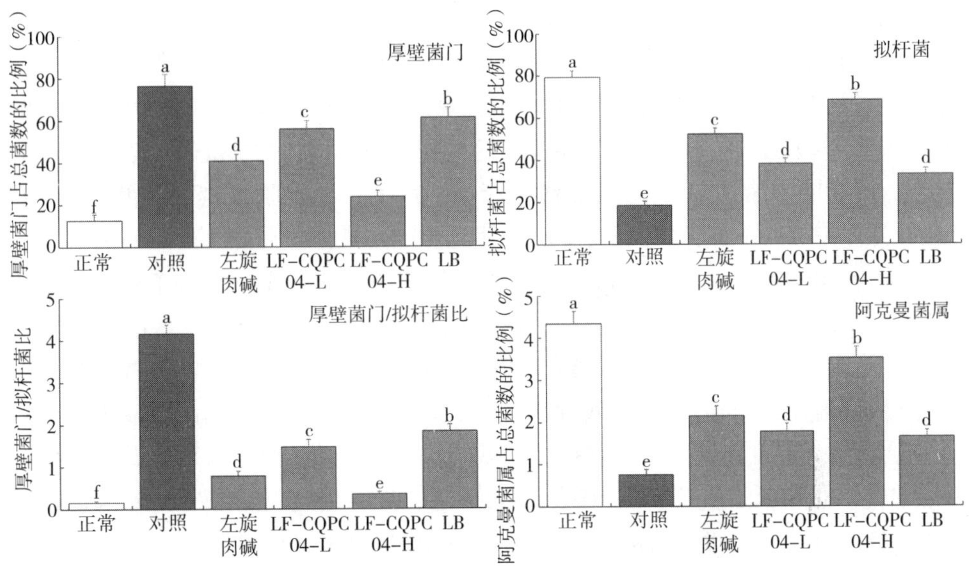

图 5-7　小鼠粪便中微生物的 mRNA 表达

讨论

肥胖是一种常见病，它是体内脂肪过多的一种表现，与脂代谢紊乱密切相关。脂代谢紊乱可表现如下：过量摄入油脂和高能量饮食会增加脂肪合成；棕色脂肪含量的减少导致能源消耗的减少；降脂激素的异常调节导致脂肪合成增加，脂肪降解减少。肥胖主要表现为体脂肪含量过多、脂肪细胞体积增加、体脂分布紊乱，以及局部脂肪沉积。此外，大多数肥胖患者存在严重的脂代谢紊乱，通常与糖尿病、冠心病、高血压并存，它们被称为“代谢综合征”，现已成为一个重要的致病原因。肥胖以多种方式影响脂质代谢，食物结构、食物摄入量和生活方式都是影响脂质代谢的因素。此外，影响脂质代谢的遗传因素包括某些激素、细胞因子和酶。

脂代谢紊乱导致的肥胖的直接表现是体重异常。动物实验显示内脏块异常，导致脏器指数异常变化。此外，可以通过病理学观察直观地判断脂含量异常增加引起的内脏组织损伤。本研究观察到，高脂饮食导致小鼠体重异常增加。它们的脏器指数也与正常状态有显著差异。此外，病理学观察结果还显示肝细胞损伤。LF-CQPC04 比 LB 更能有效地维持体重和脏器指数，减少高脂饮食引起的异常。而且它可以保护肝细胞，防止因脂含量增加而引起的肝组织损伤。

在由血脂水平升高引起的肥胖中，脂肪动员增加会增加血液中的游离脂肪酸、TC 和 TG。它还将 VLDL 和 LDL-C 清除率以及 HDL-C 降低到低于正常值的水平。肝脏在脂质消化、吸收、分解、合成和运输中发挥重要作用。肝脏可以分泌胆汁，胆汁酸是胆固醇在肝脏中的转化产物，它可以乳化脂质，促进脂质的消化吸收。丙氨酸氨基转移酶（ALT）、天冬氨酸氨基转移酶（AST）和碱性磷酸酶（AKP）是诊断肝功能的重要指标，这些指标在肝损伤的情况下会表现出明显异常。肝功能异常患者不能正常代谢脂肪，从而导致肥胖。本研究再次证明，LF-CQPC04 可以调节脂质代谢，缓解因脂质异常引起的肝功能障碍。

IL-6 和 TNF-α 可以通过影响 3-羟基-3-甲基戊二酰辅酶 A 还原酶（HMGR）的表达来调节肝细胞载脂蛋白的合成和分泌。此外，这些细胞因子可以诱导脂质过氧化和细胞脂质结构和功能的改变。IL-1β 可以影响体外培养的肝细胞中对氧磷酶 1 的活性，降低对氧磷酶 1 的表达。急性反应期间对氧磷酶 1 的变化会导致高密度脂蛋白失去其抗炎功效。IL-10 可以在遗传水平上调节血脂水平。IL-10 蛋白分子直接影响 HDL-C 的分泌。不同蛋白表达水平的基因可以通过控制 IL-10 水平来影响 HDL-C 水平。IL-10 基因多态性可以通过不同的蛋白表达水平来影响炎症反应过程和其他炎症因子的分泌，从而间接影响 HDL-C 水平。过量摄入饱和脂肪酸是导致血胆固醇、三酰甘油和低密度脂蛋白胆固醇升高的主要原因。它也是动脉管腔狭窄的次要原因，可导致动脉粥样硬化的形成，增加冠心病的风险。棕榈酸是一种典型的饱和脂肪酸。IFN-γ 激活的单核细胞中脂肪酸含量显著增加，尤其是棕榈酸，这会导致脂质代谢障碍，对人体有害。脂肪组织中存在一种独特的 1 型脂肪敏感型自然杀伤细胞（NKT），其浓度随肥胖程度增加而降低。脂肪组织中的 NKT 细胞在调节脂肪组织的 TH1/TH2 反应、巨噬细胞极化和葡萄糖稳态方面起着关键作用。IL-4 介导的 TH2 免疫应答参与 NKT 细胞对脂肪的调节，从而促进脂肪组织生长，影响脂质代谢。本研究结果显示，LF-CQPC04 对这些细胞因子有显著影响，可以调节脂质代谢并促进小鼠恢复到正常体重。

高能量饮食不仅会导致大量脂肪堆积、脂质代谢失衡，还会影响身体的氧化还原平衡。高能量饮食通过脂质代谢和糖代谢导致高血糖，随后释放大量自由基，引发氧化应激。高能量饮食导致的脂质代谢异常会改变内源性激素的正常分泌，阻碍体内快速有效地消除产生的自由基，并加剧氧化应激反应。通过提高肝脏中 SOD 酶的活性，可以减少肝脏中的脂质过氧化物，从而减少体内多余的能量，避免脂肪堆积，促进正常的脂质代谢和糖代谢。同时，通过控制体内自由基平衡并维持氧化还原平衡可以避免细胞损伤和炎症细胞因子（如 IL-6、IL-1β、TNF-α、IFN-γ、IL-4 和 IL-10）的形成，这些细胞因子可以调节脂质代谢。根据金属酶活动基，SOD 可分为三类，即 Cu/Zn-SOD、Mn-SOD 和 Fe-SOD。脊椎动物体内有 Cu/Zn-SOD 和 Mn-SOD，但没有 Fe-SOD。SOD（Cu/Zn-SOD 和 Mn-SOD）和 CAT 都是体内重要的抗氧化酶，可以清除自由基。本研究结果显示，LF-CQPC04 还可以调节 Cu/Zn-SOD、Mn-SOD 和 CAT。因此，它可能会通过调节氧化应激来维持正常的血脂水平。

CYP7A1 是一种限速酶，可在肝脏中催化胆固醇分解为胆汁酸，它受多种因素调节，以维持胆固醇代谢的平衡。调节 CYP7A1 的表达可以显著影响脂质代谢过程。PPAR-α 属于过氧化物酶体增殖物激活受体家族，它广泛表达于各种器官和组织中，主要控制脂肪组织和肌肉中的脂肪酸氧化和能量解耦。它可以抑制巨噬细胞引起的炎症并参与脂肪酸的分解。此外，它还可以促进正常血脂水平的恢复。肥胖患者的一些体液因素（如 PPAR-γ）可导致脂肪细胞分化、增殖和代谢的异常调节。PPAR-γ 是一种核受体蛋白，通过刺激前脂肪细胞增殖相关基因的表达，诱导脂肪细胞分化。激活的 PPAR-γ 可以终止细胞分化周期，并刺激脂肪细胞特异基因的表达，从而导致细胞能量吸收增加。CPT1 是脂肪酸 β 氧化过程中的限速酶，位于线粒体外膜中。它催化长链脂肪酸从酰基辅酶 A 转移到肉碱上，然后肉碱从细胞质进入线粒体。肉碱参与位于线粒体内膜上的 CPT2 催化的 β 氧化。

此外，CPT1 可以监测细胞质中酰基辅酶 A 的含量，从而调节血脂水平。当肥大细胞上的胰岛素受体对胰岛素不敏感或受体数量减少时，胰岛素依赖性脂蛋白脂肪酶（LPL）的活性会降低，从而减少脂类分解，这也是肥胖患者脂质代谢紊乱的根本原因。LPL 是一种 TG 水解酶，在富含 TG 的 VLDL 和乳糜微粒的分解代谢中起关键作用。LPL 活性降低会减少 VLDL 的分解，从而难以消除多余的脂质。肥胖患者的低密度脂蛋白很容易形成细小致密的颗粒，而且会很快被氧化，不利于清除。此外，LPL 还可以降低胆固醇含量。C/EBP-α 是一种调节脂肪细胞分化的转录因子。它可以与 PPAR-γ 相互作用，并且其表达与 PPAR-γ 的表达呈正相关。ABCA1 表达中存在一条 PPARγ-LXRα-ABCA1 通路。PPAR-γ 可以激活 LXRα 表达，然后作用于靶基因以增加 ABCA1 表达，从而介导细胞内胆固醇的逆向转运，并减少体内的脂质堆积。实验结果表明，LF-CQPC04 可以有效调节 CYP7A1、PPAR-α、PPAR-γ、CPT1、LPL、C/EBP-α 和 ABCA1 的表达，从而调节脂质代谢，缓解高脂饮食引起的小鼠血脂水平异常。

高脂饮食引起的肥胖会导致肠屏障损伤、通透性增加和炎症增加，尤其是对结肠而言。TNF-α 是体内重要的调节因子，可以促进炎症反应和免疫调节。它可以通过刺激单核细胞和巨噬细胞中 IL-1 和 IL-8 的合成和释放，进一步加重结肠炎症。ZO-1 是紧密连接蛋白的重要组成部分之一。许多跨膜蛋白和细胞质需要通过紧密连接蛋白连接，以调节细胞通透性。缺氧和炎症损伤可能导致 ZO-1

蛋白分布异常、表达降低，甚至溶解，进而导致细胞间隙变宽，紧密连接结构受损，内皮层通透性增加，最终导致结肠炎症加重。本研究结果显示，LF-CQPC04可以将结肠组织中的 TNF-α 和 ZO-1 表达调节到正常状态，这表明 LF-CQPC04可以通过降低血脂水平来恢复正常肠道功能。

研究表明，高脂肪会导致肠道菌群失调，而肠道内有益细菌的减少会进一步引发脂质代谢紊乱，加剧体内脂质堆积，并引发炎症。结果表明，LF-CQPC04减少了有害细菌（如厚壁菌门）的数量，增加了有益细菌（如拟杆菌和阿克曼菌属）的数量。这表明 LF-CQPC04 不仅可以调节益生菌的生长，抑制有害细菌的生长，还可以调节厚壁菌门/拟杆菌的比例，增加肠道菌群的多样性，恢复肠道菌群健康。因此，LF-CQPC04 可以抑制体内脂质的增加，促进肠道菌群平衡。

结论

在本研究中，研究通过建立小鼠脂质异常水平控制来观察一种新发现的 LF-CQPC04 菌株对脂质的调节作用。结果表明，LF-CQPC04 可以有效缓解高脂饮食引起的小鼠高脂血症，抑制肝损伤等疾病。其效果优于常用于减肥和调节血脂的左旋肉碱。此外，LF-CQPC04 的效果还优于常用的商业菌株 LB。进一步的研究还表明，LF-CQPC04 可以通过恢复肝功能来调节血脂水平并保护身体健康。LF-CQPC04 还可以减轻炎症和氧化应激反应，并调节 PPAR-α 信号通路。LF-CQPC04 还可以减少高脂饮食引起的结肠炎，调节肠道菌群。作为一种具有显著益生菌价值的优质微生物资源，LF-CQPC04 已显示出作为益生菌或食品进一步应用的潜力。然而，本研究只进行了动物体内研究，而且缺乏相应的细胞实验来验证分子机制，也缺乏人体实验来验证效果。因此，在未来的研究中，将进行这些实验，以更好地证明 LF-CQPC04 的效果。

第二节　植物乳杆菌的减肥效果

引言

肥胖已成为全球性健康问题之一，也是影响全世界人民健康和生活条件的重要因素。肥胖的发生可能与遗传、内分泌紊乱、代谢异常和营养失衡有关。过量摄入高糖和高脂食物会导致营养过剩，增加肥胖的严重程度。同时，肥胖常伴有多种代谢综合征，包括 2 型糖尿病以及心脑血管疾病。因此，防治肥胖尤为重要。肥胖是一种由多种原因引起的慢性代谢性疾病，其根本原因在于能量摄入和消耗的不平衡。C57BL/6J 小鼠的高脂饮食诱导是构建的经典肥胖模型，主要通过摄入更多高脂肪、高热量食物并进行较少运动来模拟人类的不健康饮食习惯，这将导致体脂肪堆积、血清 TC 和 TG 升高、糖脂和蛋白质代谢紊乱，从而使机体产生胰岛素耐受性。同时，炎症细胞因子肿瘤坏死因子（TNF-α）、IFN-γ 等的水平升高，再加上脂肪细胞因子、免疫应答、内质网应激、自噬和内毒素的作用会导致慢性炎症。研究表明，开菲尔乳杆菌 DH5 可以显著调节附睾脂肪组织中过氧化物酶体增殖物激活受体 α（PPAR-α）的表达，并通过 PPAR 信号通路刺激脂肪细胞分化和脂肪酸氧化（FAO），这些过程会导致体重减轻，脂肪组织和脂肪细胞体积减小。此外，报告显示，活性物质可以通过 PPAR-α 信号通路抑制小鼠肝脏中的脂质堆积，并减少游离脂肪酸（FFA）诱导的肝细胞中的脂质堆积。它们与脂质代谢相关基因的调节、PPAR-α、肉碱棕榈酰转移酶 1（CPT1）和酰基辅酶 A 氧化酶的表达上调以及甾醇调节元件结合蛋白表达-1（SREBP-1）、脂肪酸合酶（FAS）和乙酰辅酶 A 羧化酶（ACC）的下调有关。此外，摄入益生菌菌株或发酵乳制品表现出良好的降脂效果，可以改变肠道菌群组成、肠道炎症和通透性，从而影响器官功能，降低血清胆固醇、内脏脂肪和甘油三酯含量。

新疆是多民族（维吾尔族、哈萨克族、吉尔吉斯族、满族等）重要的畜牧业基地，地理位置独特，气候差异大。数千年来，少数民族一直在食用传统方法制成的发酵乳制品。新疆传统发酵酸奶自古以来就是新疆典型的传统发酵饮食之一。酸奶富含芳香物质、胞外多糖、各类乳酸、氨基酸、矿物质、维生素、酶等营养素，其营养价值超过纯牛奶。传统的农家酸奶以鲜乳为原料，采用传统工艺自然发酵而成。它是Ⅳ型发酵乳，主要使用乳酸菌和酵母等微生物生产，使用这些特殊乳酸菌和酵母菌发酵的牛奶中的营养成分发生了显著变化。乳酸、琥珀酸、不饱和脂肪酸和低分子量脂肪酸等小分子物质增多，这种增加改善了其营养和健康功能。中国新疆乳酸菌资源库因其独特的地理环境和气候条件（雨水少、干燥、日照多）有利于发酵功效强的乳酸菌的出现。

乳酸菌是发酵乳制品等传统发酵食品的主要发酵微生物。乳酸菌产生的风味成分主要是醛、酸、酯等小分子，通过发酵碳水化合物促进传统发酵食品风味的形成，在发酵食品中占有重要地位。乳酸菌在自然界广泛分布。大量研究表明，乳酸菌可以有效治疗肠道疾病。乳酸菌也可以提高食物的消化率和利用率，降低血清胆固醇，控制体内毒素，抑制肠道内腐败菌的生长繁殖和腐败产物的产生。乳酸菌还可以促进人体的许多重要生理功能，并具有维持人体微生态平衡、制造营养素和刺激组织发育等功能。体内益生菌减少且有害细菌增加时，身体会产生免疫抑制因子、炎症细胞等反应，从而导致代谢紊乱。由于其特殊的生理活性，乳酸菌已广泛应用于食品、医药等行业。目前，有关新疆传统发酵酸奶中的微生物多样性、分离纯化、部分特性和代谢物的研究较多，但有关分离菌株益生菌特性的鉴定和开发研究较少。一些学者研究了新疆自然发酵酸奶分离物植物乳杆菌KSFY02对D-半乳糖诱导的小鼠氧化衰老的预防作用。一些学者研究了乳酸菌MB2-1胞外多糖的结构和抗氧化活性，但没有学者研究从新疆自然发酵酸奶中分离鉴定的乳酸菌的减肥效果。

本研究从中国新疆库尔勒的传统发酵乳中分离出一株乳酸菌，称为植物乳杆菌KFY02（LP-KFY02）。研究使用LP-KFY02对高脂饮食诱导的肥胖小鼠模型进行干预，实验检测了小鼠器官和血清中的各种指标，以评估LP-KFY02是否可以通过调节肝组织和附睾脂肪组织中PPAR-α/γ及其靶基因的表达和抗炎作用来调节肝脏的脂质代谢，这决定了LP-KFY02对高脂饮食诱导的肥胖小鼠的降脂作用及其可能机制，并阐明了LP-KFY02的减肥作用。研究结果有望为深入开展人文学科研究和产业化提供理论依据。为避免化学减肥药物的副作用，开发自然有效的降脂物质是一种新的研究方向，为未来人类研究奠定基础。

结果

KFY02的分离和鉴定

本实验中使用的菌株在实验室进行筛选，并在MRS固体培养基板上进行定量培养。试验结果表明，分离得到的乳酸菌在MRS培养基上呈乳白色、圆形、边缘整齐、凸起少、表面光滑。革兰氏染色显示该菌株染色呈阳性，在显微镜下呈杆状（图5-8）。将16S rDNA扩增产物测序结果与GenBank（http：//www. ncbi. nlm. nih. gov/blast）中的标准序列进行比较，确定菌株为植物乳杆菌。

小鼠体重变化

如图5-9所示，低脂饮食喂养的正常对照组小鼠的体重较为适中，而高脂饮食喂养对照组小鼠的体重变化比正常对照组显著。同样喂食高脂饮食的左旋肉碱治疗组、LKFY02治疗组、HKFY02治疗组、LDSB治疗组小鼠的体重显著低于对照组。HKFY02治疗组和LDSB治疗组小鼠的体重显著低于对照组，并且HKFY02组的整体增长趋势低于左旋肉碱治疗组和LDSB治疗组。这一发现表明，高浓度的植物乳杆菌KFY02可以减轻喂食高脂饮食的小鼠体重的增加，并对肥胖有一定的预防作用。

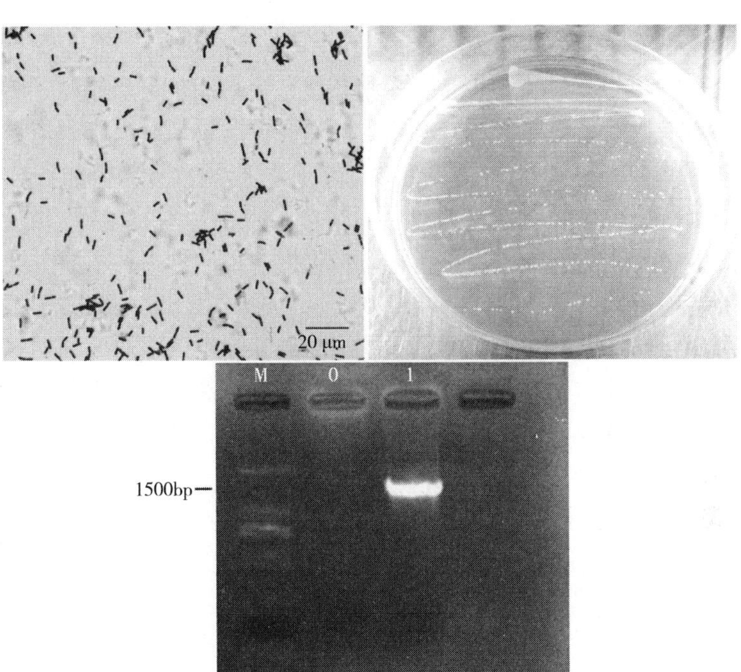

图 5-8　LP-KFY02 的形态特征；LP-KFY02 PCR 扩增产物的 16S rDNA 琼脂糖凝胶电泳

注：M：2000 bp DNA 梯形图；0：阴性对照组；1：LP-KFY02。

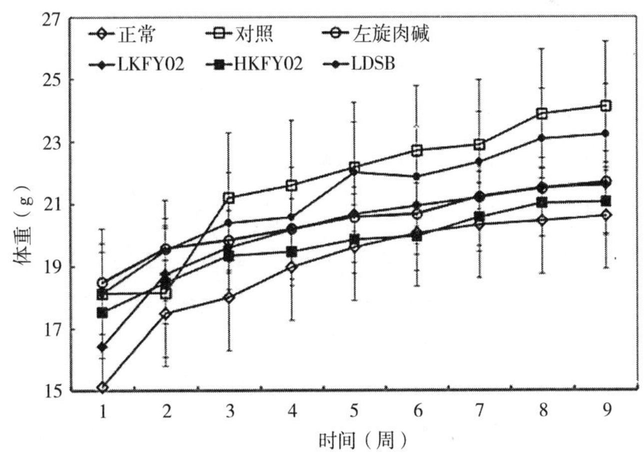

图 5-9　KFY02 对小鼠体重增加的影响

注：LDSB：德氏保加利亚乳杆菌灌胃小鼠（1.0×10^{10} CFU/kg）；LKFY02：低浓度植物乳杆菌 KFY02 灌胃小鼠（1.0×10^{9} CFU/kg）；HKFY02：高浓度植物乳杆菌 KFY02 灌胃小鼠（1.0×10^{10} CFU/kg）；左旋肉碱：左旋肉碱灌胃小鼠（200 mg/kg）。

小鼠脏器指数

从表 5-6 中可以看出，与正常对照组相比，对照组的肝脏指数、附睾脂肪指数和肾周脂肪指数显著增加（$P<0.05$），附睾脂肪指数和肾周脂肪指数分别比正常对照组高约 2.7 倍和 10 倍。这一发现表明，高脂饮食导致肝组织、附睾脂肪组织和肾周脂肪组织增大。与对照组、KFY02 治疗组、左旋肉碱治疗组和 LDSB 治疗组的肝脏指数、附睾脂肪指数和肾周脂肪指数相比，两种不同浓度的 KFY02 治疗组中的这些指数均显著降低（$P<0.05$）。结果表明，其他四组小鼠的肥胖水平均低于对照组，且 HKFY02 治疗组和左旋肉碱治疗组的降脂效果明显，并且小鼠体重变化趋势一致。说明 LP-KFY02 可以有效抑制高脂饮食引起的脏器指数升高，缓解因组织脂肪含量过高引起的身体脂肪增多。

表 5-6 每组小鼠的器官指数

组别	肝指数	附睾脂肪指数	肾脂肪指数
正常	37.97 ± 0.60^{d}	10.76 ± 2.49^{e}	1.78 ± 0.24^{d}
对照	45.05 ± 1.41^{a}	27.78 ± 3.47^{a}	11.41 ± 1.60^{a}
左旋肉碱	38.49 ± 1.59^{cd}	16.60 ± 3.64^{cd}	5.08 ± 0.63^{c}
LKFY02	40.37 ± 1.21^{bc}	21.59 ± 4.06^{bc}	7.53 ± 0.64^{b}
HKFY02	38.69 ± 0.63^{cd}	14.60 ± 3.50^{de}	5.67 ± 0.28^{c}
LDSB	40.13 ± 1.11^{b}	22.97 ± 3.79^{ab}	7.66 ± 0.59^{b}

注：不同英文小写字母表示相应两组之间具有显著差异（$P<0.05$），下同。

血清和肝组织中的 ALT、AST、AKP、TC、TG、HDL-C 和 LDL-C 水平

从表 5-7 和表 5-8 中可以看出，对照组血清和肝脏中的 ALT、AST、AKP、TC、TG 和 LDL-C 水平最高，而 HDL-C 水平最低。使用 LDSB、KFY02 和左旋肉碱治疗肥胖小鼠后，ALT、AST、AKP、TC、TG 和 LDL-C 水平降低，而 HDL-C 水平升高。HKFY02 治疗组和左旋肉碱治疗组的 ALT、AST、AKP、TC、TG、HDL-C、LDL-C 水平接近正常对照组。结果表明，高浓度 KFY02 对高脂饮食诱导的肥胖的抑制作用与左旋肉碱相似，且优于 LDSB 和低浓度 KFY02。

表 5-7 小鼠血清中 ALT、AST、AKP、TC、TG、HDL-C 和 LDL-C 的水平

组别	AKP (U/L)	ALT (U/L)	AST (U/gprot)	HDL-C (mmol/L)	LDL-C (mmol/L)	TC (mmol/L)	TG (mmol/L)
正常	23.88 ± 2.32^{c}	18.67 ± 1.69^{d}	99.50 ± 3.53^{d}	3.40 ± 0.13^{a}	1.04 ± 0.08^{d}	4.50 ± 0.03^{d}	1.65 ± 0.10^{d}

续表

组别	AKP (U/L)	ALT (U/L)	AST (U/gprot)	HDL-C (mmol/L)	LDL-C (mmol/L)	TC (mmol/L)	TG (mmol/L)
对照	61.57±1.27[a]	47.16±7.42[a]	303.60±32.10[a]	2.46±0.16[d]	1.44±0.03[a]	6.33±0.12[a]	3.06±0.60[a]
左旋肉碱	25.45±3.72[c]	27.18±5.26[bc]	115.87±6.07[d]	3.02±0.12[bc]	1.28±0.02[bc]	4.71±0.07[c]	1.76±0.28[bc]
LKFY02	37.46±2.10[b]	30.21±1.28[b]	250.04±24.02[b]	2.77±0.22[cd]	1.37±0.02[ab]	5.71±0.41[b]	2.27±0.85[ab]
HKFY02	27.69±6.01[c]	21.77±0.46[cd]	199.84±29.10[c]	3.32±0.23[ab]	1.24±0.07[c]	4.72±0.26[c]	1.76±0.03[cd]
LDSB	38.36±3.46[b]	32.98±3.82[b]	286.91±48.3[ab]	3.12±0.29[abc]	1.31±0.05[bc]	5.30±0.20[b]	2.72±0.11[ab]

表 5-8　小鼠肝脏中 ALT、AST、AKP、TC、TG、HDL-C 和 LDL-C 的水平

组别	AKP (king unit/gprot)	ALT (U/gprot)	AST (U/gprot)	LDL-C (mmol/gprot)	TC (mmol/gprot)	TG (mmol/gprot)
正常	23.88±2.32[c]	0.62±0.11[c]	0.41±0.01[c]	0.031±0.0083[d]	0.067±0.012[e]	0.11±0.017[c]
对照	61.57±1.27[a]	1.36±0.04[a]	0.88±0.07[a]	0.104±0.10[a]	0.22±0.035[a]	0.22±0.031[a]
左旋肉碱	25.45±3.72[c]	0.79±0.11[b]	0.47±0.02[bc]	0.068±0.085[c]	0.10±0.014[d]	0.13±0.024[bc]
LKFY02	37.46±2.10[b]	0.86±0.06[b]	0.75±0.08[b]	0.065±0.0073[c]	0.12±0.0032[c]	0.16±0.010[b]
HKFY02	27.69±6.01[c]	0.76±0.06[bc]	0.54±0.06[c]	0.036±0.0094[d]	0.078±0.015[de]	0.15±0.027[bc]
LDSB	38.36±3.46[b]	0.87±0.04[b]	0.70±0.07[b]	0.084±0.0064[b]	0.16±0.010[b]	0.16±0.018[b]

小鼠肝脏及附睾脂肪组织样本病理变化的观察

在正常肝组织中，肝细胞脂质的合成和排泄保持动态平衡。通常，既不会形成脂质堆积，也不会形成脂滴。然而，当细胞质中存在脂质时，会形成大小不一的脂滴，进一步破坏肝细胞的正常结构，影响肝功能。H&E 染色显示，正常对照组肝细胞无脂肪变性等异常变化，肝组织结构清晰完整，肝小叶结构正常，细胞边界清晰，细胞核位于中心（图 5-10）。对照组表现为肝组织水泡性脂肪变性，脂肪含量增加，血管周围有大量脂泡，细胞肿胀，细胞膜完整性受损。经乳酸菌治疗后，肝脂肪变性明显少于对照组，肝细胞脂泡变小，形态与正常对照组相似，尤其是 HKFY02 治疗组和左旋肉碱治疗组。

附睾脂肪组织染色结果见图 5-11。正常对照组小鼠的脂肪细胞较小，排列更紧密；对照组小鼠的脂肪细胞较大，细胞膜较薄，两个细胞倾向于融合为一个细胞。HKFY02 治疗组和左旋肉碱治疗组小鼠的脂肪组织样本比对照组小鼠的组织样本更致密，而 LKFY02 治疗组和 LDSB 治疗组的脂肪细胞明显少于正常对照组。高浓度 KFY02 和左旋肉碱的效果优于低浓度 KFY02 和 LDBS，可以显著减少高脂饮食引起的脂肪细胞肥大，并且高浓度 KFY02 和左旋肉碱的效果相似。

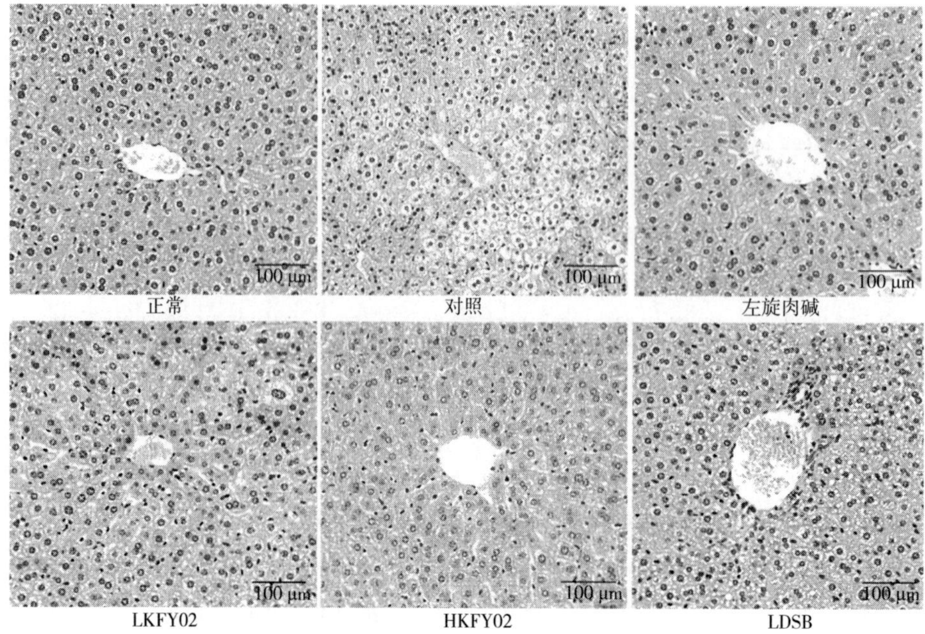

图 5-10 染色法观察小鼠肝脏的病理变化，200×

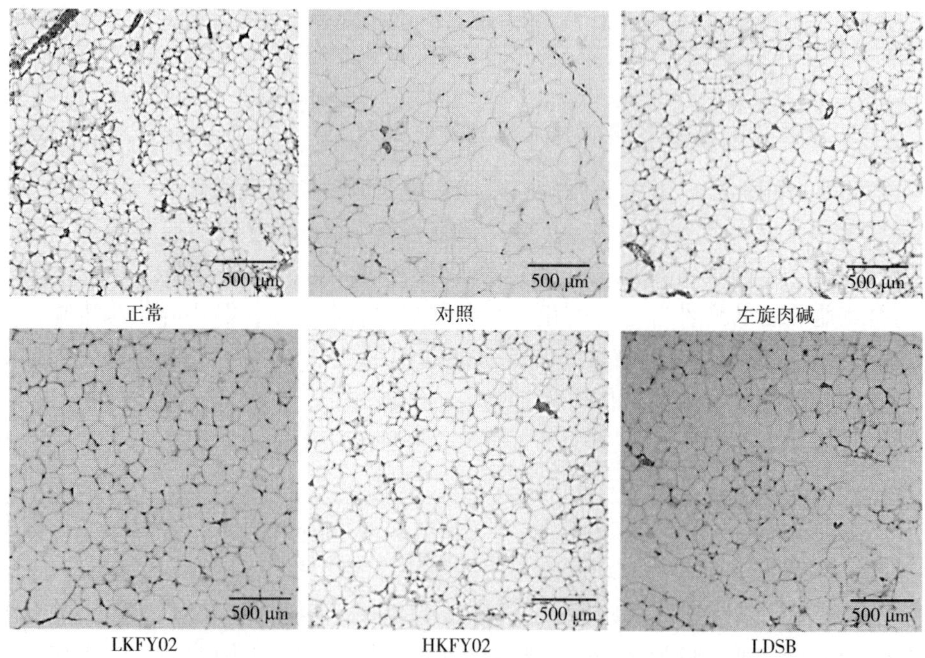

图 5-11 染色法观察小鼠附睾脂肪的病理变化，40×

小鼠血清中的炎症因子和瘦素含量

高脂饮食对照组血清中促炎症细胞因子 IL-6、TNF-α、干扰素（IFN）-γ、IL-1β 的表达水平显著高于正常对照组，而抗炎症因子 IL-4 和 IL-10 的表达水平显著降低（图 5-12）。这一发现表明小鼠处于炎症状态。胃中高浓度 KFY02 的存在抑制了高脂饮食引起的炎症，其特征在于促炎症因子 IL-6、TNF-α、IFN-γ、IL-1β 的表达下调和抗炎症细胞因子 IL-4 和 IL-10 的表达上调，并有恢复至正常对照组状态的趋势。小鼠血清中的脂肪因子水平也发生了变化。瘦素是动物饲料和能量平衡的主要调节剂，它的合成和释放能调节脂肪组织中的能量储存。图 5-11 显示，对照组的血清瘦素水平高于正常对照组，而 LDSB 治疗组、HKFY02 治疗组、LKFY02 治疗组和左旋肉碱治疗组的瘦素水平显著低于对照组（$P<0.05$），且 HKFY02 治疗组和左旋肉碱治疗组的效果优于其他组。这表明高浓度 KFY02 可以调节脂肪因子的产生。

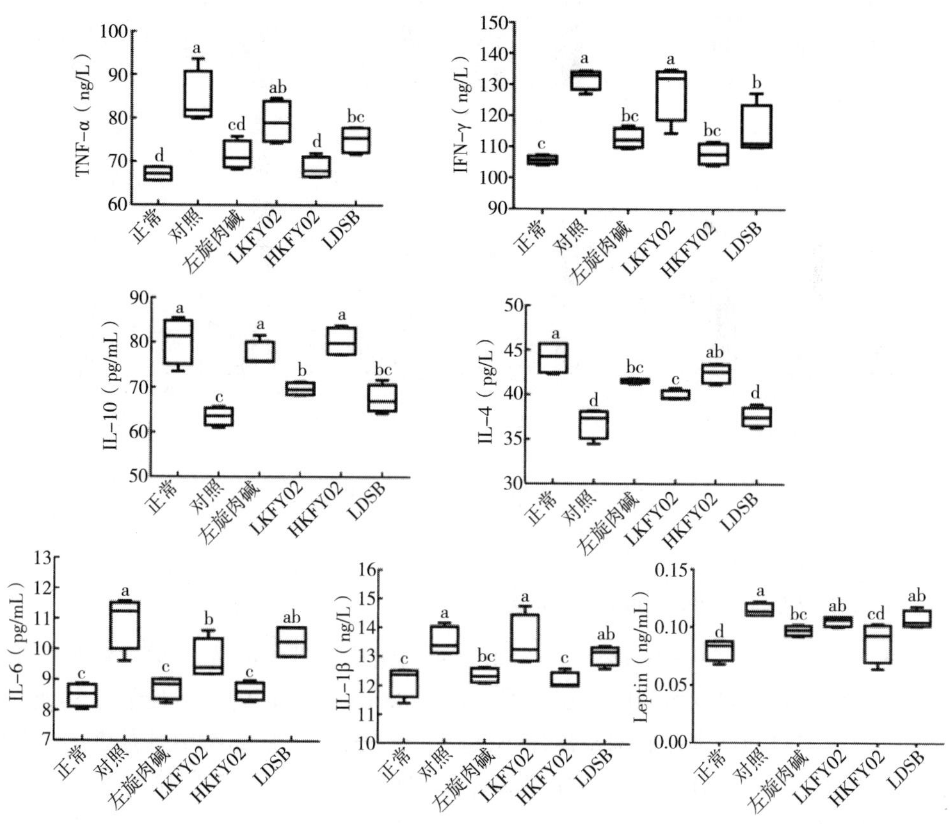

图 5-12 小鼠血清中细胞因子水平

小鼠肝组织相关 mRNA 表达

图 5-13 显示，正常对照组肝组织中 LPL、PPAR-α、CYP7A1 和 CPT1 的 mRNA 表达最高，而 PPAR-γ 和 C/EBP-α 的表达最低。高脂饮食诱导的肥胖小鼠的 LPL、PPAR-α、CYP7A1 和 CPT1 表达显著降低（$P<0.05$），而 PPAR-γ 和 C/EBP-α 表达显著升高（$P<0.05$）。LDSB、HKFY02、LKFY02 和左旋肉碱显著抑制了小鼠肝脏中 LPL、PPAR-α、CYP7A1 和 CPT1 表达的下降，以及 PPAR-α 和 C/EBP-α 表达的升高。在各组中，HKFY02 和左旋肉碱的效果最强且相当，可以抑制高脂饮食诱导的肥胖对正常对照组小鼠肝组织样本中 mRNA 表达的影响。

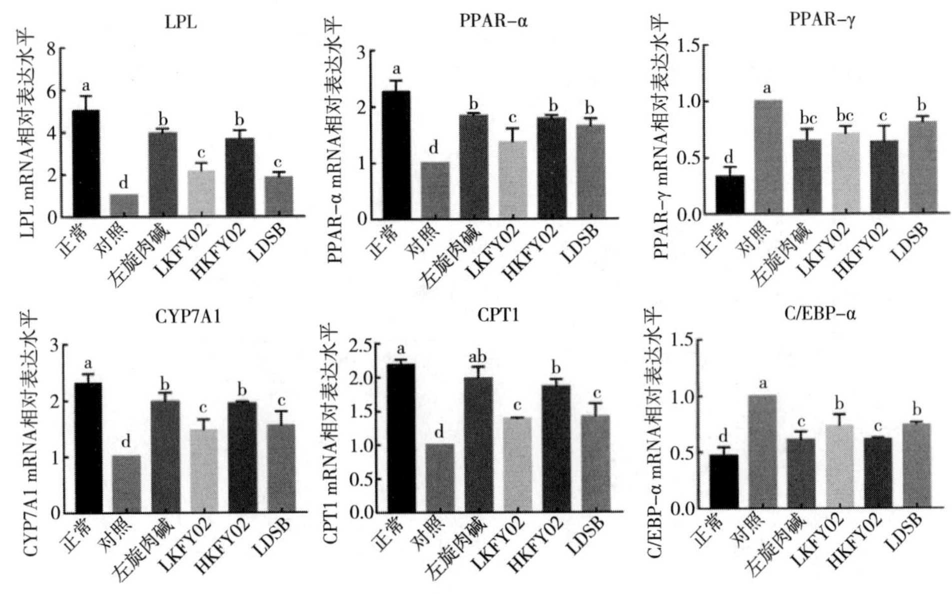

图 5-13　小鼠肝脏 mRNA 的表达

小鼠附睾脂肪组织中的 mRNA 表达

从图 5-14 中可以看出，各组小鼠附睾脂肪组织中的 mRNA 表达趋势与肝组织中的相似。对照组附睾脂肪组织中 PPAR-γ 和 C/EBP-α 的表达最强，其他组较弱。使用 HKFY02 和左旋肉碱治疗小鼠后，小鼠附睾脂肪组织中各基因的表达最接近正常对照组。HKFY02 治疗组和左旋肉碱治疗组小鼠附睾脂肪组织中的 LPL、PPAR-α、CYP7A1 和 CPT1 的表达强于 LDSB 治疗和 LKFY02 治疗组，但 PPAR-γ 和 C/EBP-α 的表达弱于 LDSB 治疗组和 LKFY02 治疗组。HKFY02 显著

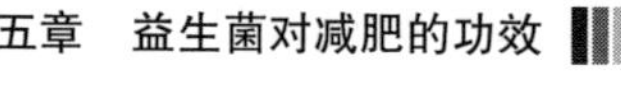

抑制了（$P<0.05$）高脂饮食对小鼠附睾脂肪组织相关基因表达的影响。

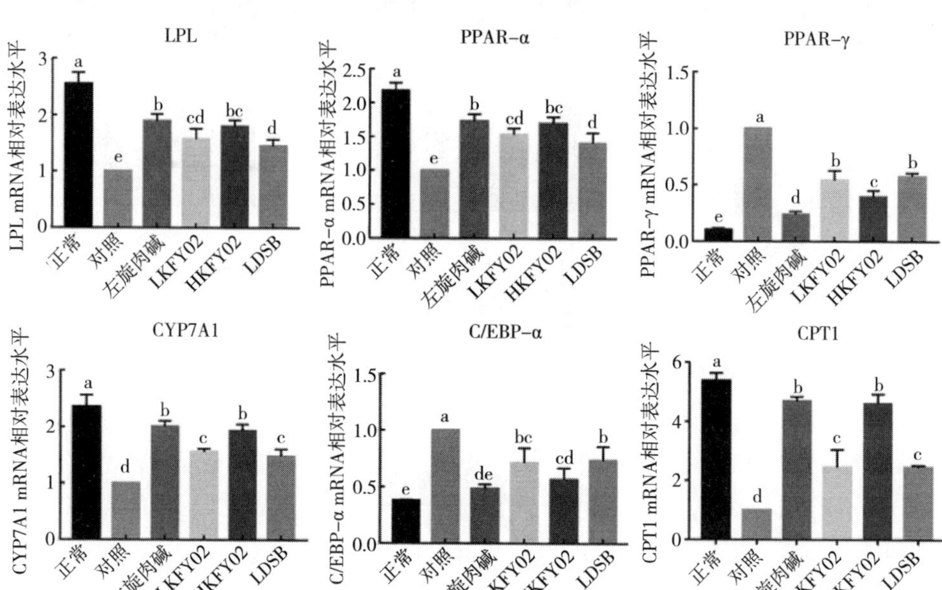

图 5-14　小鼠附睾脂肪组织中 mRNA 的表达

小鼠肝脏蛋白水平分析

对照组肝组织中的 LPL、PPAR-α、CYP7A1 和 CPT1A 蛋白表达水平最低，而 FAS、PPAR-γ 和 C/EBP-α 表达水平最高（图 5-15）。同时，正常对照组肝组织中的 LPL、PPAR-α、CYP7A1 和 CPT1A 表达水平最高，而 FAS、PPAR-γ 和 C/EBP-α 表达水平最低。HKFY02 治疗组和左旋肉碱治疗组小鼠肝组织样本中的上述表达水平与正常对照组相似，且对表达水平的调节效果高于 LDSB 治疗和 LKFY02 治疗组。

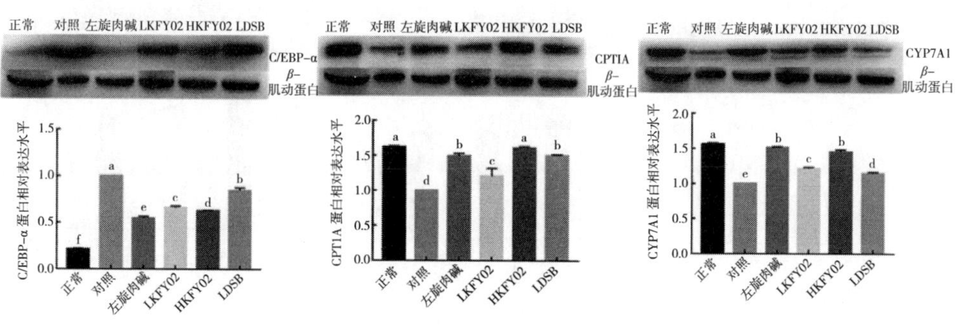

图 5-15

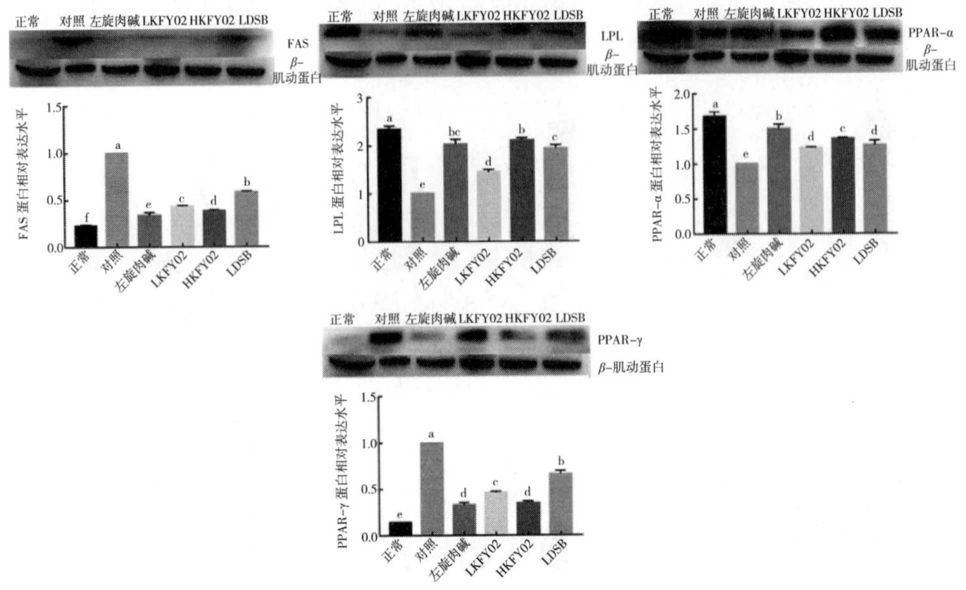

图 5-15 小鼠肝脏中的蛋白质表达

小鼠附睾脂肪组织蛋白水平分析

正常对照组附睾脂肪组织中 LPL、PPAR-α、CYP7A1 和 CPT1A 的表达水平显著高于其他组（图 5-16）。LP-KFY02 可以上调高脂饮食引起的小鼠附睾脂肪组织中 LPL、PPAR-α、CYP7A1 和 CPT1A 表达水平的下降。结果表明，HK-FY02 治疗组和左旋肉碱治疗组小鼠附睾脂肪组织中 LPL、PPAR-α、CYP7A1 和 CPT1A 的表达水平高于 LDSB 治疗组和 LKFY02 治疗组，而 FAS、PPAR-γ 和 C/EBP-α 的表达水平则低于 LDSB 治疗组和 LKFY02 治疗组。

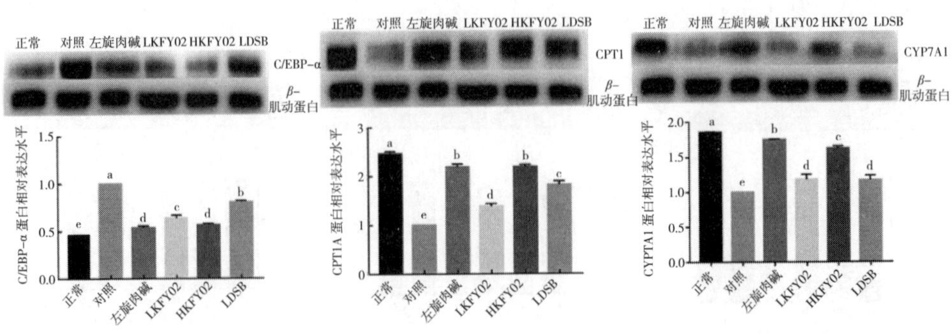

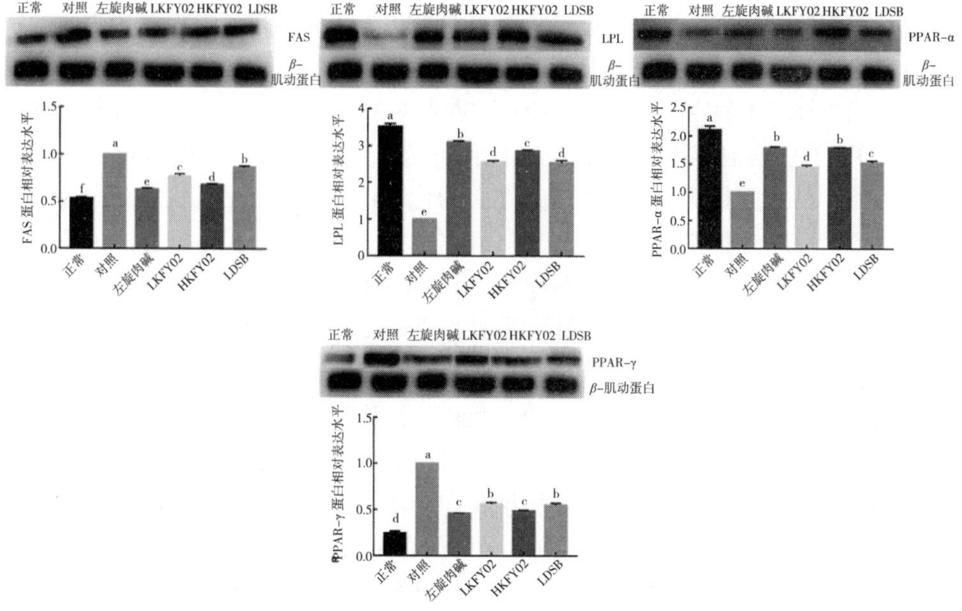

图 5-16 小鼠附睾脂肪中的蛋白质表达水平

讨论

体重是评估小鼠肥胖的最直观的指标之一。脏器指数是生物医学研究中使用的基本指标之一，为研究提供了重要依据。观察组织细胞形态的变化可以直接反映肥胖对细胞造成的影响。小鼠肥胖常伴有白色脂肪的增加，表现为白色脂肪组织重量的增加，附睾脂肪组织是典型的白色脂肪组织。将白色脂肪组织称重，并将其与体重进行比较，得到脂质体比率，该比率可用于指示小鼠的肥胖程度。长期摄入高脂饮食会导致身体压力增加，并且肝脏中的脂质堆积会导致肝肿大和肝功能受损。在正常肝组织中，肝细胞脂质的合成和排泄保持动态平衡。通常，既不会形成脂质堆积，也不会形成脂滴。然而，当细胞质中存在脂质时，会形成大小不一的脂滴，进一步破坏肝细胞的正常结构，影响肝功能。因此，小鼠的脏器指数可以直接反映器官的结构变化和功能，为评估肥胖小鼠模型的构建成功与否提供参考依据。本研究结果表明，高脂饮食显著提高了小鼠的脏器指数。HKFY02 和左旋肉碱可以有效缓解高脂状态下小鼠脏器指数的升高，延缓小鼠体重增加，使肥胖小鼠的脏器指数接近正常小鼠。

肝脏是人体最大的解毒器官和脂质代谢中心，因此，确定肝脏是否正常对人体至关重要。血清丙氨酸氨基转移酶（ALT）、天冬氨酸氨基转移酶（AST）和碱性磷酸酶（AKP）是肝功能的重要指标，可以反映肝损伤的程度。ALT 和 AST 主要分布在肝细胞中。当肝细胞坏死时，ALT 和 AST 被释放到血液循环中，导致血清酶含量升高，升高程度与肝细胞损伤程度相关。因此，这些酶是目前最常见的肝功能指标。世界卫生组织（WHO）建议将 ALT 作为肝功能损伤的最敏感指标。当 1%的肝细胞坏死时，血清 ALT 水平就会升高。WHO 将血脂异常（包括甘油三酯、高密度和低密度脂蛋白）定义为代谢综合征的常见症状之一，并且血脂水平可以反映全身脂质代谢的水平。因此，本研究还测量了小鼠血清中的血脂水平，包括甘油三酯（TG）、总胆固醇（TC），以及高密度和低密度脂蛋白胆固醇（HDL-C、LDL-C）。肥胖是非酒精性脂肪肝的主要原因，30%～50%的肥胖者患有脂肪肝，如果早期诊断和治疗，脂肪肝是可以治愈的。为了探讨植物乳杆菌 KFY02 对肝肿大的调节作用，实验使用肝脏指数以及 TG、TC、HDL-C、LDL-C 的含量确定了肝肿大程度。将小鼠肝组织均质后，使用离心吸收试剂盒进行比色分析，以确定小鼠肝脏脂肪堆积和肝功能损伤的程度。本研究测定了上述肝脏和血清指标。正如预期的那样，喂食高脂肪、高热量饮食的实验小鼠的 ALT、AST、ALP、TG、TC 和 LDL-C 水平显著升高，导致肝脏出现严重的空泡和脂质沉积。然而，经 LP-KFY02 和药物治疗后，高脂饮食小鼠肝脏中的 ALT、AST、ALP、TG、TC 和 LDL-C 浓度显著降低（$P<0.05$），而脂质沉积增加了 HDL-C 含量。

近年来，越来越多的研究数据表明，PPAR 在非酒精性脂肪肝，尤其是脂肪性肝炎的发生和发展过程中发挥重要作用，因此可能成为药物治疗的潜在靶点。PPAR 包括 α、β、γ 亚型，是一种配体激活的核转录因子。激活后，它与靶基因启动子区反应元件的特定核苷酸序列结合，调节靶基因的转录，并在调节糖脂代谢和炎症方面发挥重要作用。PPAR-α 在肝脏高表达，参与调节产脂基因的表达，包括甾醇调节元件结合蛋白-1（SREBP-1c）、脂肪酸合酶（FAS）、二酰基甘油酰基转移酶（DGAT）、脂蛋白脂肪酶（LPL）、肉碱棕榈酰基转移酶-1A（CPT1A）等。SREBP-1c 在肝脏中表达，它通过调节脂质代谢相关酶的基因表达来调节体内脂肪的合成，可以选择性地激活脂肪酸合酶（FAS），FAS 是脂肪酸生物合成的关键酶，也是生物体再生脂肪酸能力的主要限速酶，其数量和活性在脂肪沉积中起重要作用。脂肪酸合酶（FAS）和脂肪细胞-脂肪酸结合蛋白（A-FABP）与脂肪酸合成有关，并且在肥胖生物体脂肪组织中的表达水平升高。不同的饮食对 FAS 的表达有不同的影响，高脂饮食可以升高小鼠脂肪组织中 FAS 的表达。Hui-Young Lee 等指出，高脂饮食小鼠的白色脂肪组织中 FAS 的表达显著升高；同时，鼠李糖乳杆菌 PL60 显著降低了 FAS 的表达水平，控制了小鼠的体重。在本研究中，高脂饮食诱导的肥胖对照组小鼠肝脏和附睾脂肪组织样本中

FAS 的 mRNA 和蛋白相对表达水平显著升高。植物乳杆菌 KFY02 灌胃 8 周后，高脂饮食肥胖小鼠 FAS 的 mRNA 和蛋白表达水平显著降低（$P<0.05$）；高浓度植物乳杆菌 KFY02 使 FAS 的相对表达降至正常水平；与肥胖对照组相比，德氏乳杆菌保加利亚亚种（LDSB）和低浓度植物乳杆菌 KFY02 也降低了 FAS 的表达；但它们之间的差异无统计学意义。

CPT1A 广泛表达于人体各种组织中，主要位于线粒体外膜。它是肝组织细胞中长链脂肪酸β氧化的限速酶和主要调节酶。PPAR-α 是脂肪酸氧化的上游转录因子，而 CPT-1 是其下游靶基因的关键。上游因子 PPAR-α 可以调节肝脏中的 CPT-1 表达。肝脏脂质代谢通路（PPAR-α/CPT-1 通路）在脂质代谢中起到重要作用。通过诱导肌肉和肝脏中特定 CPT1 的表达，PPAR-α 可以加速脂肪酸向线粒体的转运，促进脂肪酸的β氧化。PPAR-α 还可以通过调节乙酰辅酶 A 氧化酶和细胞色素 P450 的表达来调节线粒体的β氧化和ω氧化，从而调节线粒体中的脂质代谢。本研究结果表明，经植物乳杆菌 KFY02 治疗后，肝脏和脂肪正常对照组 PPAR-α 和 CPT1A 的表达水平显著高于高脂饮食对照组（$P<0.05$）。高脂饮食小鼠中 PPAR-α 和 CPT1A 的表达水平显著升高至与正常对照组类似的水平。该结果与之前的研究结果一致，证实了 PPAR-α 和 CPT1A 对 mRNA 和蛋白表达具有相互促进作用。LPL 是一种蛋白水解酶，是脂质代谢通路中的关键酶，其主要功能是催化乳糜微粒（CM）中的甘油和血浆中的极低密度脂蛋白（VLDL）以及甘油三酯（TG）分解成游离脂肪酸并促进蛋白质、磷脂和载脂蛋白的转运，从而提高 HDL 水平。因此，它也被称为 TG 水解酶。报告表明，如果这种酶的活性降低，那么 TG、VLDL 和 CM 分解将减少，清除将会延迟，血浆 TG 将会升高，并且 HDL-C 形成将会减少。这些过程导致血清中高 TG 水平和低 HDL-C 水平，进而导致血脂水平升高并诱发肥胖，这与本研究的结果一致。蛋白质印迹和 qPCR 实验表明，正常对照组和 HKFY02 治疗组小鼠肝脏和附睾脂肪的 LPL 显著升高，而肥胖对照组的 LPL 水平显著下降。正常对照组和 HKFY02 治疗组 TG、TC、LDL-C 血清水平也显著降低，HDL-C 含量增加，表明高浓度 KFY02 具有显著的降脂作用。

PPAR-γ 在脂肪和肝脏等组织中高表达。它可以激活葡萄糖和脂质代谢、脂肪细胞分化、细胞的胰岛素耐受性和炎症反应。脂肪细胞增殖和分化的分子机制尚未完全阐明，但已确定两种主要的转录因子，即 PPAR-γ 和 C/EBP 家族，同时还确定其在前脂肪细胞的增殖和分化中具有直接作用。PPAR-γ 是核受体超家族成员，主要在脂肪组织中表达，是诱导脂肪细胞特异性基因表达和调节脂肪细胞分化的重要因子。C/EBP-α 是第一个直接调节脂肪细胞分化的转录因子。此外，C/EBP-α 和 PPAR-γ 之间存在协同效应。PPAR-γ 的激活可触发 C/EBP-α

的基因表达，这又对 PPAR-γ 产生正反馈效应，这两个基因都参与了相关基因表达的激活和脂肪细胞的分化。PPAR-γ 和 C/EBP-α 的 mRNA 表达可以直接反映骨髓间充质干细胞的成脂分化状态，是更具特异性的标志物。在脂肪细胞分化、脂肪形成过程中，转录因子 PPAR-γ 和 C/EBP-α 的表达水平升高。Qiao Yi 等评估了罗伊氏乳杆菌 L3 对饮食诱导肥胖小鼠脂肪储存的影响，发现高脂饮食使小鼠脂肪组织中 PPAR-γ 的表达升高了 4.1 倍，而罗伊氏乳杆菌 L3 显著降低了其表达。这一发现表明，在小鼠中使用乳酸菌进行干预可以调节 PPAR-γ 的表达。本研究使用 qPCR 和蛋白质印迹分析检测了脂肪因子在肝脏和脂肪组织中的表达。高脂饮食显著升高了 PPAR-γ 和 C/EBP-α 的表达（$P<0.05$），并且通过植物乳杆菌 KFY02 干预了喂食高脂饮食的小鼠，可以使 PPAR-γ 和 C/EBP-α 的表达水平显著降低（$P<0.05$）。因此，植物乳杆菌 KFY02 通过抑制转录因子 PPAR-γ 和 C/EBP-α 的表达来抑制脂肪的形成，从而控制肥胖。此外，越来越多的研究表明，PPAR-α 可以通过直接调节 NF-κB 及其下游炎症因子的转录发挥抗炎作用，而 PPAR-α 激活可抑制单核细胞的激活和炎症因子的释放。研究表明，PPAR-α 激活可以通过抑制 NF-κB 的表达来缓解炎症反应，从而减少 TNF-α 和 IL-6 的生成。TNF-α 可以调节脂肪肝的发生和发展，它可以通过多种通路参与脂肪肝的病理变化，如诱导 IR，其中增加游离脂肪酸水平是最常见的通路。越来越多的研究表明，TNF-α 等炎症细胞因子（IFN-γ、IL-6、IL-1β）在脂肪肝的进展中起关键作用，其水平与脂肪变性、炎症、坏死和纤维化程度密切相关。本研究结果表明，高脂饮食对照组小鼠的非酒精性脂肪肝是由于体内细胞因子的失调引起的，其 TNF-α、IFN-γ、IL-6、IL-1β 均显著高于正常对照组、左旋肉碱治疗组和 KFY02 治疗组，且 HKFY02 治疗组小鼠的炎症细胞因子水平显著降低。上述结果表明，LP-KFY02 具有激活 PPAR-α 的作用，对 C57BL/6J 小鼠高脂饮食诱导的肥胖模型具有明显的抗炎作用。高浓度 KFY02 可以调节糖脂代谢，改善高脂饮食引起的肝脏炎症和脂肪堆积。

胆固醇 7-α 羟化酶（CYP7A1）是胆汁酸合成经典通路中的限速酶，可以在肝脏中催化胆固醇分解为胆汁酸。CYP7A1 是一种肝特异性微粒体细胞色素 P450 酶系统。人体内近 50%的胆固醇通过 CYP7A1 催化排入胆汁中。CYP7A1 基因调控是胆固醇合成通路中最重要的过程，在维持胆固醇和胆汁酸合成稳态中起着重要作用，其表达水平受遗传多态性、胆汁酸水平、饮食、昼夜节律、激素、细胞因子、药物等因素影响。在本研究中，对照组肝脏脂肪堆积和附睾超重均显著高于正常对照组和样本治疗组（$P<0.05$）。对照组肝脏和脂肪以及 CYP7A1 的 mRNA 和蛋白表达水平均低于正常对照组。结果显示，胆固醇和脂肪酸可以诱导 CYP7A1 表达，但有一个有效范围。在此范围内，膳食胆固醇和脂肪酸诱导

CYP7A1 表达，将胆固醇转化为胆汁酸，而胆汁酸对 CYP7A1 产生负反馈效应。总体而言，CYP7A1 的 mRNA 和蛋白表达随着膳食胆固醇和脂肪酸的增加而升高。当胆汁酸继续增加超出此范围，CYP7A1 表达会发生变化，高脂对照组 CYP7A1 的 mRNA 和蛋白表达下降，可能机制是高脂饮食诱发的高脂血症远超过肝脏的承载能力。一方面，CYP7A1 因过表达而导致代偿失调；另一方面，胆汁酸对 CYP7A1 的负反馈作用超过了胆固醇和脂肪酸对 CYP7A1 的诱导作用。此外，由于 CYP7A1 的 mRNA 和蛋白表达降低，导致胆固醇代谢紊乱，进而导致肝脏脂肪堆积和肥胖。

结论

总之，从传统发酵酸奶中分离出的植物乳杆菌 KFY02 具有潜在的益生菌特性。使用植物乳杆菌 KFY02 干预高脂饮食小鼠不仅可以有效降低体重、血清胆固醇、LDL-C 和 TG 水平，还可以改善肠道菌群。使用 PPAR-α/γ 通路测定小鼠肝脏和附睾脂肪中的生脂基因和降脂蛋白，结果表明，肥胖对照组的肥胖相关基因 LPL、PPAR-α、CYP7A1 和 CPT1A 的 mRNA 和蛋白表达水平最低，而小鼠肝脏和附睾脂肪组织中 FAS、PPAR-γ 和 C/EBP-α 的表达水平最高。高浓度植物乳杆菌 KFY02 治疗组小鼠的相关基因表达升高，最终表达水平接近正常对照组小鼠。这些结果表明，植物乳杆菌 KFY02 菌株对肠道菌群具有良好的调节潜力，有助于减少高脂血症和防止体重过度增加。同时，实验测定了 NF-κB 炎症通路中的相关炎症细胞因子 TNF-α、IL-6、IL-10、IL-1β，并评价了 LP-KFY02 从肝脂肪变性到脂肪性肝炎、肝纤维化和肝硬化对细胞因子的调节。这两个方面的研究结果显示，该调控与 PPAR-α/γ 通路相关，表明了植物乳杆菌 KFY02 对肥胖小鼠 PPAR-α/γ 通路的作用机制，并阐明了植物乳杆菌 KFY02 对减肥的作用。植物乳杆菌 KFY02 是一种具有减肥和降脂功能的健康有益菌株，本研究为进一步开发提供了理论依据。然而，仍然需要进行更多的临床研究以证实其在减轻人体体重和降低血清胆固醇方面的潜在用途。

第三节　植物乳杆菌调节脂代谢的作用

高脂饮食（HFD）是导致肥胖的主要危险因素，并可进一步导致血脂异常。HFD 可以提高丙二醛水平，抑制超氧化物歧化酶（SOD）和谷胱甘肽过氧化物酶的活性，并诱导强烈的氧化应激反应，从而加剧脂肪堆积，削弱脂质代谢能力。血脂异常的特征是血清总胆固醇（TC）、甘油三酯（TG）和低密度脂蛋白胆固醇（LDL-C）浓度升高，和/或高密度脂蛋白胆固醇（HDL-C）浓度降低。

严重情况下，血脂异常会增加心血管疾病（CVD）的风险。CVD 是全球致残和死亡的主要原因（WHO，2015）。世界卫生组织预测，到 2030 年，每年约有 2360 万人死于 CVD。迄今为止，药物治疗是降低肝脏和血脂水平最有效的方法，然而，其中一些药物价格昂贵，而且大多数都有副作用。因此，必须开发功能性食品来治疗血脂异常。

几十年来，食品工业对促进消费者健康的天然元素和物质的需求一直在增长。乳酸菌（LAB）是食品工业中一类重要的微生物。对健康有益的 LAB，如乳杆菌，被认为是益生菌。报告显示，益生菌有助于治疗结肠炎、心脏代谢紊乱、胰岛素耐受性、交感神经亢进和癌症。常见的体外机制包括：将胆固醇同化到细胞膜中、共沉淀游离胆汁酸和胆固醇、将胆固醇转化为粪甾醇、加速胆固醇利用、干扰胆固醇胶束的稳定性，以及通过产生胆盐水解酶抑制外源性胆固醇的吸收和促进胆盐的解偶联。相比之下，有关体内降脂机制的数据有限。报告显示，LAB 通过调节胆固醇转运蛋白、受体和酶（主要包括胆固醇 7α-胆固醇 7α-羟化酶（CYP7A1）、ATP 结合盒亚家族 A 成员 1、3-羟基-3-甲基戊二酰辅酶 A 还原酶、肝 X 受体 α、尼曼-匹克 C1 型类似蛋白 1、甾醇调节元件结合蛋白 2 和低密度脂蛋白受体）的基因表达来影响胆固醇吸收和代谢过程。越来越多的证据表明，益生菌干预可能是改善高脂血症的一种安全治疗策略，尽管其确切机制因菌株而异，结果仍不确定且存在争议。

本研究评估了植物乳杆菌 CQPC01（LP-CQPC01）改善血脂异常的潜力。实验测定了 HFD 诱导小鼠的降脂能力、保肝能力和脂质代谢相关基因的表达，为进一步深入研究和工业发展提供了理论依据。

结果

植物乳杆菌 CQPC01 对人工胃液和胆盐的耐药性

LP-CQPC01 在 pH 3.0 的人工胃液中的存活率为（79.68±2.35）%（表 5-9）。LP-CQPC01 在 0.3%的胆盐中的存活率为 42.35%，在 1%的胆盐中，存活率超过 20%。因此，该菌株对人工胃液和胆盐具有高度抗性。

表 5-9　植物乳杆菌 CQPC01 对人工胃液和胆盐的抗性

菌株	人工胃液耐受性（%）	抗胆盐性（%）		
		0.3 %	0.5 %	1.0%
LP-CQPC01	79.68±2.35	42.35±1.52	26.89±3.12	20.53±2.68

小鼠体重

正常对照组体重略有增加，对照组体重增加较多（图 5-17）。CQPC01-L 治疗组、CQPC02-H 治疗组、左旋肉碱治疗组和 LDSB 治疗组小鼠的体重增长慢于对照组。CQPC02-H、左旋肉碱和 LDSB 对体重的治疗效果与 CQPC01-L 相同或更好。CQPC02-H 治疗改善了 HFD 引起的体重增加，表明它可能具有抗肥胖特性。

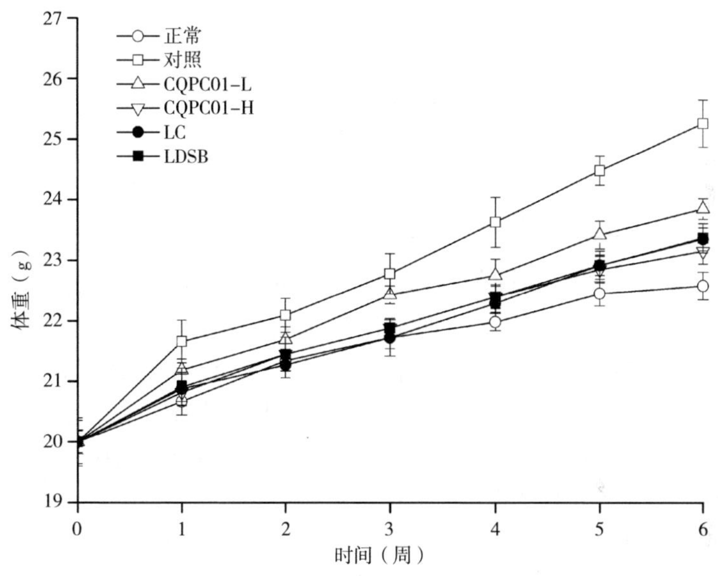

图 5-17　实验期间小鼠的体重

注：CQPC01-L：小鼠灌胃 1.0 × 10^8 CFU/kg 剂量植物乳杆菌 CQPC01；CQPC01-H：小鼠灌胃 1.0 × 10^9 CFU/kg 剂量植物乳杆菌 CQPC01；LC：小鼠灌胃 200 mg/kg 剂量左旋肉碱；LDSB：小鼠灌胃 1.0 × 10^9 CFU/kg 剂量保加利亚乳杆菌。

小鼠脏器指数

在对照组中，HFD 导致肝肿大，附睾脂肪体积显著增加（$P<0.05$，表 5-10）。与对照组相比，CQPC01-L 治疗组、CQPC01-H 治疗组、左旋肉碱治疗组和 LDSB 治疗组对脏器指数的影响明显较小（$P<0.05$）。与正常对照组和其他实验组相比，CQPC01-H 治疗显著降低了附睾脂肪的脏器指数（$P<0.05$），表明 LP-CQPC01 可以抑制 HFD 引起的脏器指数升高和脂肪堆积。

表 5-10 每组小鼠的器官指数

组别	肝脏指数	附睾脂肪指数
正常	3.88 ± 0.55[d]	1.26 ± 0.44[b]
对照	4.84 ± 0.30[a]	1.38 ± 0.22[a]
CQPC01-L	4.72 ± 0.40[a]	1.31 ± 0.59[b]
CQPC01-H	4.26 ± 0.11[c]	1.01 ± 0.36[d]
LC	3.91 ± 0.11[d]	1.14 ± 0.45[c]
LDSB	4.50 ± 0.36[b]	1.11 ± 0.27[c]

注：不同英文小写字母表示相应两组之间具有显著差异（$P< 0.05$），下同。

ALT、AST、AKP、TC、TG、LDL-C 和 HDL-C 水平

对照组的 ALT、AST、AKP、TC、TG 和 LDL-C 水平最高，正常对照组最低，而 HDL-C 在正常对照组最高，对照组最低（表 5-11 和表 5-12）。与对照组相比，LP-CQPC01 治疗组、左旋肉碱治疗组、LDSB 治疗组血清和肝脏中 ALT、AST、AKP、TC、TG 和 LDL-C 的水平显著降低，而 HDL-C 的水平显著升高（$P<0.05$）。与左旋肉碱和 LDSB 相比，LP-CQPC01 表现出更强的调节作用。此外，CQPC01-H 治疗组测得的参数与正常对照组相似，表明 LP-CQPC01 有效预防了 HFD 诱导的小鼠肥胖。

表 5-11 小鼠（$n=10$）血清中丙氨酸氨基转移酶（ALT）、天冬氨酸转氨酶（AST）、碱性磷酸酶（AKP）、甘油三酯（TG）、总胆固醇（TC）、低密度脂蛋白胆固醇（LDL-C）和高密度脂蛋白胆甾醇（HDL-C）的水平

组别	ALT (U/L)	AST (U/L)	AKP (King Unit/100mL)	TG (mmol/L)	TC (mmol/L)	LDL-C (mmol/L)	HDL-C (mmol/L)
正常	0.33 ± 0.04[d]	0.63 ± 0.09[d]	0.72 ± 0.13[d]	0.43 ± 0.09[c]	1.85 ± 0.09[c]	0.43 ± 0.10[e]	1.35 ± 0.09[a]
对照	0.90 ± 0.18[a]	1.65 ± 0.09[a]	2.25 ± 0.29[a]	1.03 ± 0.15[a]	2.77 ± 0.17[a]	1.46 ± 0.09[a]	0.54 ± 0.10[c]
CQPC01-L	0.57 ± 0.09[bcd]	0.99 ± 0.10[c]	1.68 ± 0.17[b]	0.76± 0.11[ab]	2.12 ± 0.17[bc]	1.08 ± 0.10[bc]	0.79 ± 0.10[b]
CQPC01-H	0.47 ± 0.09[cd]	0.86 ± 0.05[c]	1.15 ± 0.05[c]	0.64 ± 0.11[bc]	1.97 ± 0.11[bc]	0.81 ± 0.11[d]	0.99 ± 0.10[b]
LC	0.76 ± 0.16[ab]	1.28 ±0.07[b]	1.50 ± 0.18[bc]	0.82 ± 0.12[ab]	2.26 ± 0.09[b]	1.22 ± 0.11[b]	0.76 ± 0.12[bc]
LDSB	0.63 ± 0.07[bc]	1.22 ± 0.09[b]	1.39 ± 0.13[bc]	0.79 ± 0.09[ab]	2.15 ± 0.15[bc]	0.93 ± 0.09[cd]	0.81 ± 0.12[b]

表 5-12　小鼠肝组织中 ALT、AST、AKP、TG、TC、LDL-C 和 HDL-C 的水平（$n=10$）

组别	ALT (U/gprot)	AST (U/gprot)	AKP (King Unit/gprot)	TG (mmol/gprot)	TC (mmol/gprot)	LDL-C (mmol/gprot)	HDL-C (mmol/gprot)
正常	9.05 ± 0.65^{d}	31.78 ± 0.63^{d}	6.82 ± 0.75^{c}	1.34 ± 0.09^{d}	1.74 ± 0.19^{f}	0.51 ± 0.07^{e}	1.45 ± 0.08^{a}
对照	18.48 ± 0.46^{a}	44.38 ± 1.32^{a}	13.56 ± 1.21^{a}	8.63 ± 0.23^{a}	8.33 ± 0.30^{a}	2.19 ± 0.11^{a}	0.65 ± 0.05^{d}
CQPC01-L	15.17 ± 1.22^{b}	37.17 ± 1.31^{bc}	9.28 ± 0.41^{b}	7.60 ± 0.20^{c}	6.18 ± 0.22^{b}	1.80 ± 0.07^{cd}	0.87 ± 0.05^{bc}
CQPC01-H	12.71 ± 0.80^{c}	35.35 ± 1.14^{c}	8.53 ± 0.52^{b}	6.82 ± 0.33^{b}	4.53 ± 0.29^{d}	1.62 ± 0.17^{d}	0.94 ± 0.06^{b}
LC	13.52 ± 0.60^{bc}	38.00 ± 1.35^{b}	8.92 ± 0.75^{b}	7.43 ± 0.11^{b}	5.45 ± 0.45^{c}	2.06 ± 0.06^{ab}	0.77 ± 0.05^{cd}
LDSB	14.38 ± 0.95^{bc}	38.18 ± 1.01^{b}	9.52 ± 0.27^{b}	7.82 ± 0.25^{b}	6.45 ± 0.27^{b}	1.89 ± 0.05^{bc}	0.84 ± 0.07^{bc}

血清 IL-6、IL-1β、IL-4、IL-10、TNF-α 和 IFN-γ 细胞因子水平

如表 5-13 所示，对照组血清细胞因子指标 IL-6、IL-1β、TNF-α 和 IFN-γ 显著高于其他各组，而 IL-4 和 IL-10 显著低于其他各组（$P<0.05$）。LP-CQPC01、左旋肉碱和 LDSB 减少了 HFD 引起的变化，其中 LP-CQPC01 效果最佳。

表 5-13　小鼠肝脏中白介素 6（IL-6）、白介素 1β（IL-1β）、白介素 4（IL-4）、白细胞介素 10（IL-10）、肿瘤坏死因子 α（TNF-α）和干扰素 γ（IFN-γ）的细胞因子水平

组别	IL-6 (pg/mL)	IL-1β (pg/mL)	IL-4 (pg/mL)	IL-10 (pg/mL)	TNF-α (pg/mL)	IFN-γ (pg/mL)
正常	37.28 ± 0.38^{e}	34.33 ± 0.50^{f}	67.38 ± 0.99^{a}	153.17 ± 2.57^{a}	245.76 ± 7.24^{d}	127.94 ± 18.75^{d}
对照	63.43 ± 0.51^{a}	74.73 ± 0.88^{a}	25.92 ± 0.82^{f}	93.80 ± 3.71^{e}	428.78 ± 8.11^{a}	465.44 ± 40.81^{a}
CQPC01-L	52.26 ± 1.15^{bc}	61.56 ± 1.13^{c}	36.38 ± 0.45^{d}	116.35 ± 2.00^{d}	339.52 ± 12.62^{b}	226.10 ± 15.44^{c}
CQPC01-H	46.80 ± 1.13^{d}	46.37 ± 0.52^{e}	51.22 ± 0.68^{b}	134.90 ± 2.18^{b}	294.44 ± 3.61^{c}	200.74 ± 9.92^{c}
LC	50.99 ± 0.51^{c}	56.41 ± 0.25^{d}	46.35 ± 0.77^{c}	123.21 ± 4.28^{c}	307.97 ± 8.13^{c}	315.42 ± 10.03^{b}
LDSB	53.91 ± 0.76^{b}	65.57 ± 0.91^{b}	29.41 ± 0.62^{e}	118.34 ± 2.07^{cd}	306.17 ± 3.58^{c}	279.04 ± 7.62^{b}

肝脏及附睾脂肪组织的病理学观察

H&E 染色结果显示，正常对照组小鼠肝细胞结构整齐，小叶结构正常，细胞大小均匀（图 5-18），肝细胞边界清晰，细胞核居中。相反，对照组小鼠肝细胞结构紊乱，细胞边界缺失，中央静脉形态不规则，肿胀，血管周围有大量脂泡，并有广泛的炎症浸润迹象。LP-CQPC01、左旋肉碱和 LDSB 干预减弱了这些病理变化，使其与正常对照组相似。

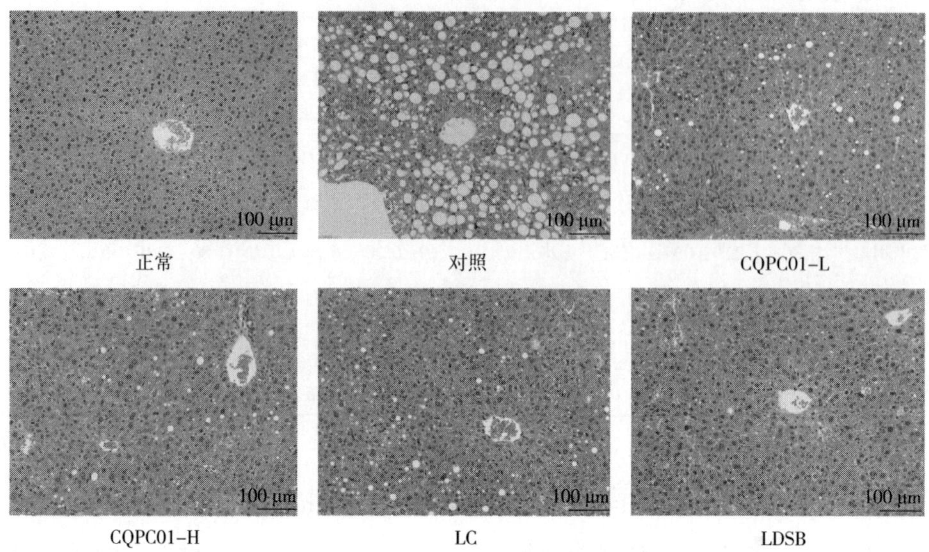

图 5-18 H&E 对小鼠肝脏的病理学观察

附睾脂肪组织的组织切片（图 5-19）显示，正常对照组脂肪细胞较小且排列整齐，而对照组脂肪细胞较大且紧密排列。LP-CQPC01 治疗将脂肪组织体积降低至与正常对照组相似的水平，并与其浓度相关。因此，LP-CQPC01 有助于防止 HFD 诱导的脂肪细胞肥大和积聚。

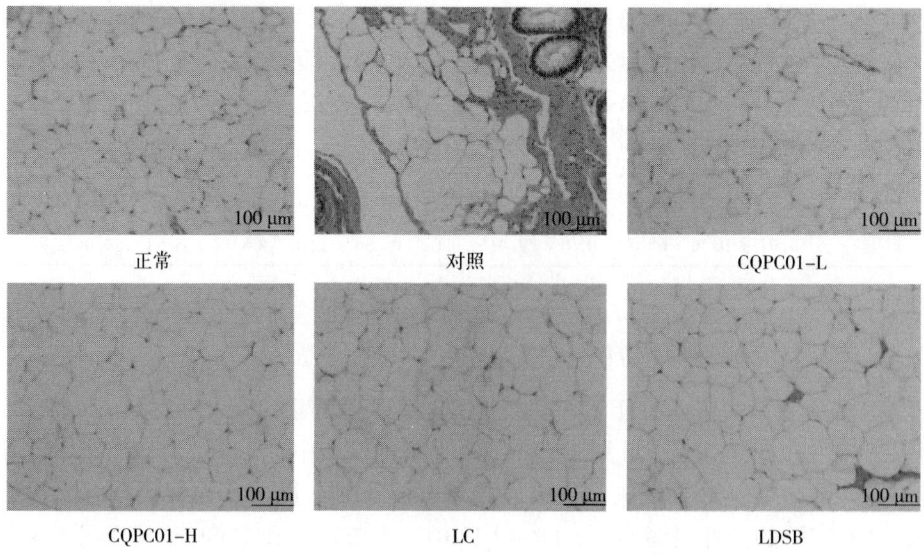

图 5-19 小鼠附睾脂肪的 H&E 病理学观察

小鼠肝脏中的 mRNA 表达

与正常对照组相比，对照组 C/EBP-α 和 PPAR-γ 的 mRNA 表达上调，而 CYP7A1、CPT1、LPL、CAT、SOD1 和 SOD2 的 mRNA 表达下调（图 5-20）。干预 6 周后，所有实验组中 HFD 引起的变化均显著减少（均 $P<0.05$）。LP-CQPC01 和左旋肉碱的疗效优于 LDSB。LP-CQPC01 改善了 HFD 引起的肥胖对部分标志物分子 mRNA 表达的不良影响，且疗效与浓度呈正相关。

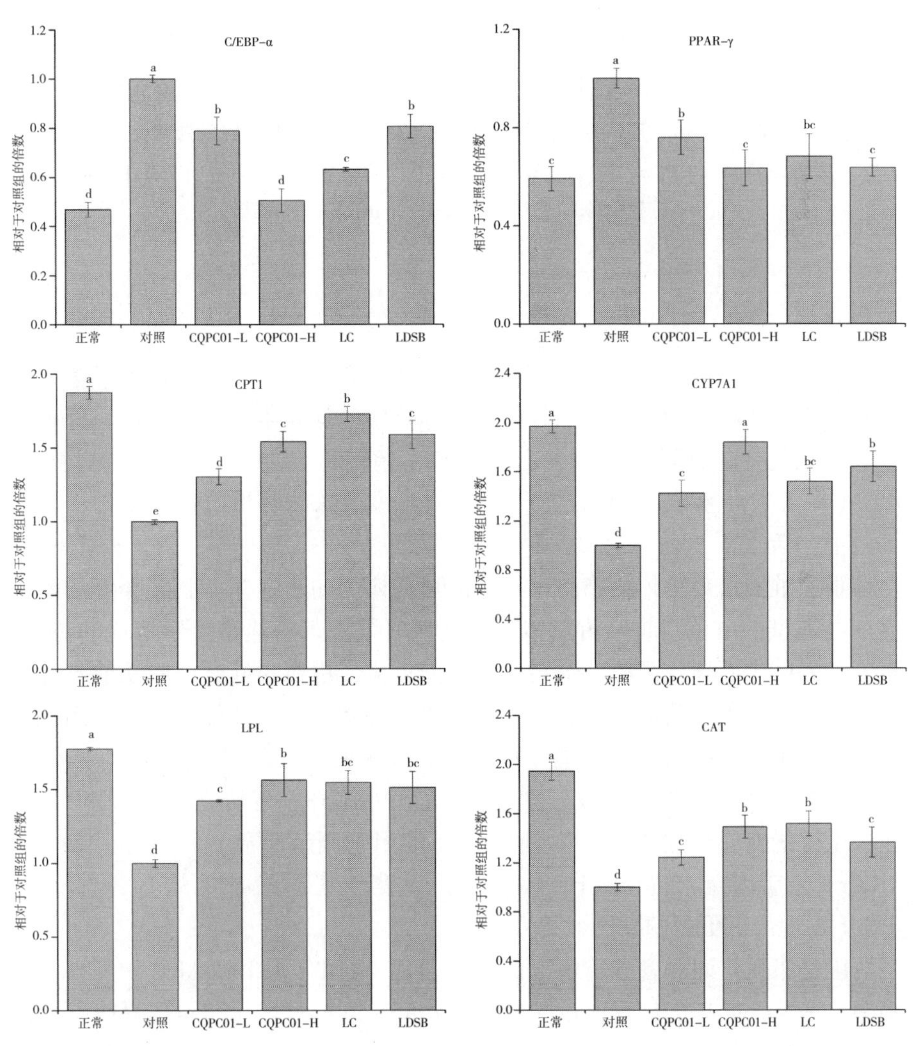

图 5-20

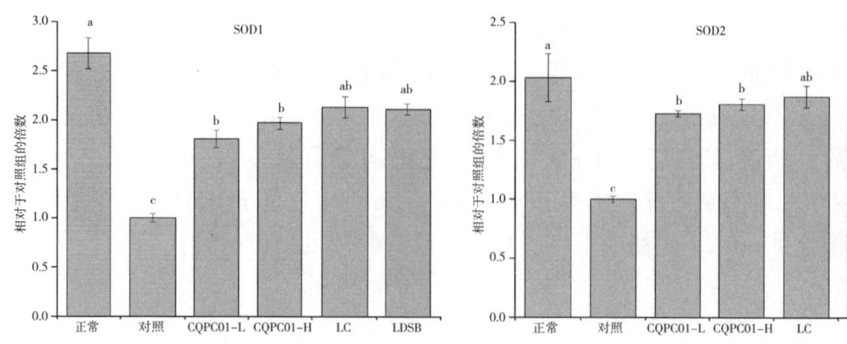

图 5-20 小鼠肝组织中 CCAAT 增强子结合蛋白 α（C/EBP-α）、过氧化物酶体增殖物激活受体 γ（PPAR-γ）、胆固醇 7α-羟化酶（CYP7A1）、肉碱棕榈酰转移酶 1（CPT1）、脂蛋白脂酶（LPL）、过氧化氢酶（CAT）、超氧化物歧化酶 1（SOD1）和超氧化物歧化酶 2（SOD2）mRNA 的表达

讨论

益生菌因其促进健康的特性而被广泛应用于食品工业，并已发展成为日常生活中相对不可或缺的功能性食品。体外和体内实验均表明，益生菌可以降低血脂水平。因此，应全面研究新分离出来的益生菌菌株以促进其被开发利用。LP-CQPC01 在人工胃液和胆盐中的存活率表明，该菌株能够抵抗这些条件，在小鼠的肠道中存活。

体重和脏器指数是评估脂肪堆积和脂质代谢的初步指标。肥胖会增加附睾脂肪（一种典型的白色脂肪）占总体重的比例。当摄入的热量多于消耗的热量时，能量就会失衡进而导致肥胖，这会导致应激反应，进而降低肝细胞功能，并加剧肝脏中的脂质堆积，从而形成脂滴、增大脂肪细胞，并破坏细胞结构。因此，脏器指数反映了器官的结构和功能，可用于评估减肥治疗效果。本研究结果表明，HFD 显著升高了小鼠脏器指数。除了 LP-CQPC01 外，本研究还对 LDSB（一种用作益生菌的普通乳酸菌）和左旋肉碱（常用于调节脂质）进行了比较。LP-CQPC01、左旋肉碱和 LDSB 干预抑制了体重和脏器指数的增加，并且 LP-CQPC01 表现出了更好的减肥效果。

肝脏是脂质代谢和各种酶解毒的重要器官。ALT、AST 和 AKP 主要存在于肝细胞中，是反映肝功能的重要诊断酶。这些酶在肝细胞坏死期间被释放到血液循环中。酶含量的增加与细胞损伤程度呈正相关，因此常被用作肝功能的指标。结果表明，摄入过多的能量会损害肝功能，而 LP-CQPC01 能有效地保护肝脏。通常，通过 TG、TC、LDL-C 和 HDL-C 水平诊断血脂异常。一些研究报告显示，肥胖患者的 LDL-C 水平正常，而这些患者的其他血脂异常。本研究中，摄入过多的能量会显著升高血清和肝脏中的 TG、TC 和 LDL-C 血脂水平，并降低 HDL-C 水平，肝脏中伴有严重的脂质沉积和空泡形成。使用 LP-CQPC01 部分消除了这些不良反应，干预效果与细菌浓度密切相关。

血脂异常或代谢综合征的表型成分与器官损伤和内脏脂肪增加相结合，导致 IL-1β、IL-6、TNF-α 和 IFN-γ 的产生，从而导致炎症前状态和组织损伤。IL-6 与 HDL-C 呈负相关，可抑制脂蛋白脂肪酶（LPL）活性。IL-1β 可以促进黏附分子的作用，而 TNF-α 可以诱导细胞因子的产生并利用这些细胞因子调节免疫应答。抗炎症因子 IL-4 和 IL-10 通过调节免疫应答和抑制炎症来保护器官和组织。本研究表明，LP-CQPC01 干预可抑制摄入过多能量的小鼠的组织损伤和肥胖引起的炎症。

C/EBP-α 是一种主要转录因子，在脂肪生成和脂质代谢过程中在脂肪和肝组织中高度表达。C/EBP-α 与代谢参数相关，影响血清中 TC 水平，可由膳食脂肪酸调节，并由热量限制下调。PPAR 是脂肪细胞分化的核转录因子。PPAR 可以由配体激活，包括多不饱和脂肪酸、某些饱和脂肪酸和必需脂肪酸通过脂氧合酶或环氧合酶的转化产物。PPAR 对脂质氧化过程和脂质合成代谢过程中的多种酶有不同的调节作用。所有三种 PPAR 亚型（即 PPAR-γ、PPAR-α 和 PPAR-β）均在与能量稳态相关的组织中高度表达，并可以感知和处理源自膳食脂质的脂肪酸信号。肥胖会导致脂肪肝组织具有更高表达水平的 PPAR-γ，而 PPAR-γ 会选择性地上调对脂质堆积和脂肪细胞成熟很重要的生脂基因表达。PPAR-γ 和 C/EBP-α 相互正向调节表达，PPAR-γ 是脂肪生成的近端效应器。CYP7A1 是一种 P450 肝脏特异性微粒体细胞色素 P450 酶，是催化胆固醇分解为胆汁酸的关键代谢酶，也是胆汁酸肝脏生物合成的限速酶。CYP7A1 可以调节血清中 TC 和 LDL-C 水平，并可被膳食脂类激活。CPT1 表达于线粒体外膜，是一种通过甲状腺激素受体进行脂肪酸氧化的限速酶，也是参与 TG 分解代谢的关键酶。CPT1 通过将酰基辅酶 A 转化为酰基肉碱来调节脂肪酸合成速率。PPAR-α 是脂肪酸氧化的上游因子，可调节 CPT1 的表达。PPAR-α/CPT1 通路与肥胖密切相关，可在 β 氧化后促进脂肪酸向线粒体的转运。

LPL 是参与 TG 代谢的关键调节蛋白。LPL 排列在毛细血管内皮上，并将富含 TG 的脂蛋白分解代谢为游离脂肪酸和残余脂蛋白。大多数从血液中进入脂肪组织的 TC 是 LPL 依赖性的。LPL 活性对 TG 的利用很重要，并且可以有效对抗富含 TG 的脂蛋白生成和高脂肪摄入的波动。LPL 活性或表达降低与高甘油三酯血症有关，LPL 的功能性基因突变导致血浆 TG 水平失调。HFD 会破坏肝脏和血清中活性氧和抗氧化酶活性的平衡，并降低抗氧化能力。氧化应激通过增加脂滴的堆积来干扰脂噬。CAT 是一种重要的同源四聚体酶，在每个亚基的活性位点都有一个血红素部分。血红素中的铁在催化反应中被两个 H_2O_2 分子氧化。CAT 通过控制过氧化物酶体来减少脂肪堆积而不造成氧化损伤，并降解肝脏中的脂肪酸，从而保持最佳代谢平衡。SOD 是一种解毒酶，主要以细胞溶质 SOD1 的形式存在于血液中，而 SOD2 则分布于线粒体基质中，可消除超氧自由基，帮助保护细胞免受有氧代谢的有毒副产物的影响。SOD 可防止线粒体超氧化物的产生，而 SOD2 可通过超氧化物的歧化产生 H_2O_2 和 O_2。然后，CAT 中和由 SOD2 作用产生的 H_2O_2。SOD1 还能有效地将 H_2O_2 转化为 O_2 和 H_2。本研究结果显示，LP-CQPC01 下调了肝脏中 C/EBP-α 和 PPAR-γ 的 mRNA 表达，并上调了 CYP7A1、CPT1、LPL、CAT、SOD1 和 SOD2 的 mRNA 表达，这些反应抑制了能量过剩引起的肥胖。许多研究报告显示，益生菌可以通过调节脂质代谢相关基因表达和抑制肝脏中的脂肪堆积来降低肥胖风险。LP-CQPC01 可以调节小鼠的脂质代谢基因和减肥能力。

结论

本研究结果表明，LP-CQPC01 可以抑制 HFD 引起的肥胖，并可以改善肝脏和血清中的异常脂质代谢。使用 LP-CQPC01 还可以减轻肥胖引起的肝组织损伤。此外，植物乳杆菌 CQPC01 可能是一种有效的益生菌候选菌株，可以减轻多余脂质和肥胖对肝脏的不利影响并预防血脂异常。因此，需要进行更深入的研究和临床试验，以验证该菌株对人类的有效性。

第四节　发酵乳杆菌联合阿拉伯木聚糖的降血脂效果

引言

脂肪代谢或功能异常会导致一种或多种血脂水平升高，这种情况称为高脂血症，表现为高胆固醇血症、高甘油三酯血症或两者兼有。这些代谢反应可以加速脂质堆积。此外，血脂异常也是导致脂肪肝、心脑血管相关疾病、高血糖和高血压的重要原因。因此，研究人员主要侧重于寻找降低高脂血症、降低游离脂肪酸水平、抑制肝脏脂质合成和脂肪堆积的饮食方法。

膳食纤维是谷物中最重要的一类化合物，它对人体有积极作用，如改善血脂水平、预防肥胖、预防心血管疾病、预防结肠癌和直肠癌、促进钙吸收，以及改善糖尿病等症状。AX 对人体健康有积极作用，尤其是其降脂、降糖、抗氧化等生理作用，因此将成为高脂血症治疗的靶点。Chen 等发现，高脂肪会导致脂肪酸合酶和乙酰辅酶 A 羧化酶活性增加，从而增加小鼠 TG 水平；在高脂饮食中补充 AX 后，FAS 和 ACC 水平下降，肝脏 TG 分解增加，脂肪酸氧化增加，最终 TG 水平恢复正常。

人体内的肠道菌群是一个复杂的微生态系统，其中有 300~1000 种细菌，总数接近 10^{13}~10^{14} 个，主要包括细菌、古细菌、原生动物、真菌和病毒，它们与人体共同进化。肠道菌群失调时，大量革兰氏阴性菌会增殖并产生内毒素，从而导致代谢紊乱、肥胖、糖尿病等疾病。研究证实，向肥胖动物模型中添加植物乳杆菌 LP104 可以激活 AMPK/Nrf2/CYP2E1 相关通路并调节相关蛋白的表达，从而有效改善高脂饮食喂养小鼠的高脂血症、肝脏代谢紊乱和肝脏氧化应激反应。也有研究发现，副干酪乳杆菌 FZU103 对高脂饮食喂养小鼠的干预可以减少有害细菌的丰度，增加有益细菌的丰度，从而改变肠道菌群的组成，以治疗高脂血症。

益生菌和 AX 均可以改善代谢性疾病，如肥胖、胰岛素耐受性和高脂血症。然而，益生菌联合 AX 是否能提高其对高脂血症的防治效果尚不清楚。研究发现，联合使用益生菌和益生元可以为肥胖及其相关并发症的治疗提供饮食干预。联合使用双歧杆菌和副干酪乳杆菌与燕麦 β-葡聚糖可通过调节肠道短链脂肪酸和改善高脂饮食喂养小鼠的肠道菌群来减少体重增加和代谢并发症。Tang 等发现，植物乳杆菌 S58 和大麦 β-葡聚糖可以协同激活 AMPK 信号通路，调节脂质代谢相关基因的表达，改善肠道菌群结构，促进脂肪代谢。在本研究中，AX 是一种从小麦中提取的非淀粉多糖膳食纤维。发酵乳杆菌 HFY06 是从传统发酵酸奶中分离得到的。综上所述，研究假设联合使用发酵乳杆菌 HFY06 和 AX 可以通过激活 AMPK 信号通路调节脂肪代谢，减少脂肪堆积；另外，它可以调节小鼠肠黏膜屏障功能，改善肠道菌群，减少内毒素的产生和氧化应激反应。为了验证上述假设，本研究观察了联合使用发酵乳杆菌 HFY06 和 AX 对高脂血症小鼠的预防作用，并分析了脂质代谢、AMPK 通路、肠屏障、肠道微生物组成和氧化应激反应，旨在为高脂血症的治疗提供新思路。

结果

联合使用 AX 和发酵乳杆菌 HFY06 对体重和附睾脂肪指数的影响

在灌胃期间，每周记录小鼠的体重变化，结果如图 5-21（A-B）所示。实验前小鼠体重没有明显变化。实验 12 周后，高脂对照组小鼠体重与正常对照组小鼠体重之间的差异有统计学意义（$P<0.05$），对照组小鼠的体重比正常对照组小鼠高 28%。与对照组小鼠相比，AX 治疗组、HFY06 治疗组和 AX+HFY06 治疗组小鼠体重分别下降 12.59%、14.31%和 14.34%。此外，解剖小鼠后，研究还

分析了附睾脂肪重量和附睾脂肪指数，结果如图 5-21（C-D）所示。对照组附睾脂肪重量最高，达到 1.15 g，而正常对照组附睾脂肪平均重量为 0.37 g。经 AX 或发酵乳杆菌 HFY06 以及 AX 和 HFY06 干预后，小鼠附睾脂肪重量降低，但三个治疗组之间的体重差异无统计学意义（$P<0.05$）。这表明 AX 和 HFY06 干预可以抑制小鼠体重增加和脂肪堆积。

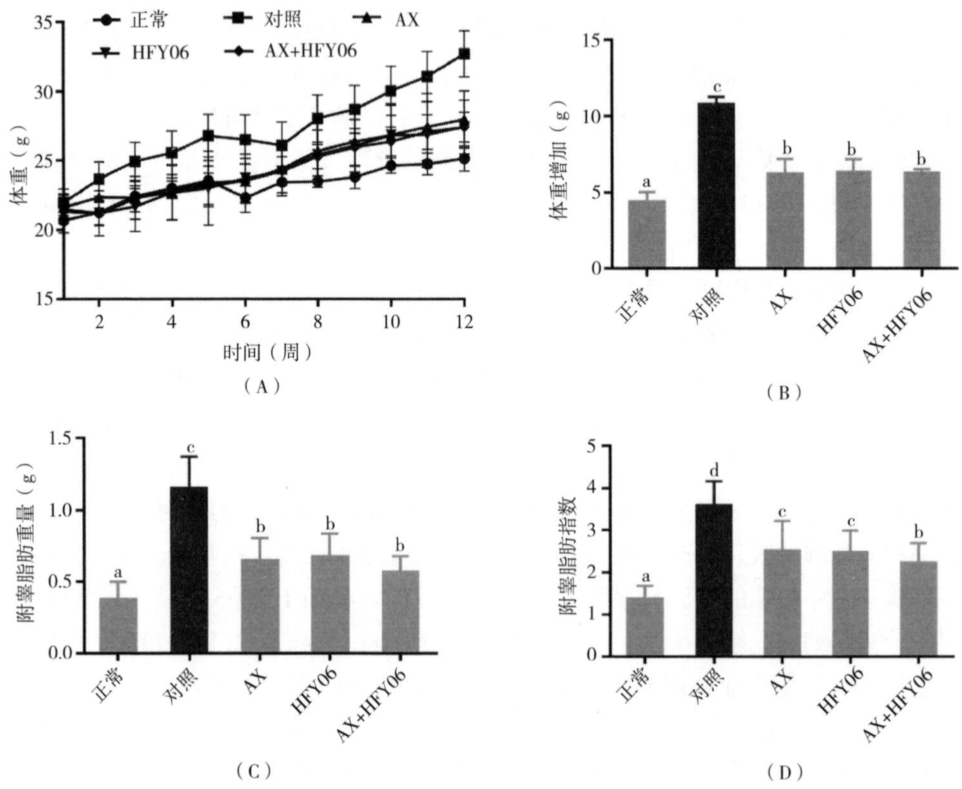

图 5-21　AX 联合发酵乳杆菌 HFY06 对（A）体重曲线；（B）体重增加；（C）附睾脂肪重量；（D）附睾脂肪指数的影响。

注：AX：高脂饲料 + AX（200 mg/kg），HFY06：高脂饲料 + 发酵乳杆菌 HFY06（1.0×10^{10} CFU/kg），AX+HFY06：高脂饲料 + AX（200 mg/kg）+ 发酵乳杆菌 HFY06（1.0×10^{10} CFU/kg）。不同英文小写字母表示相应两组间有显著差异（$P<0.05$），下同。

联合使用 AX 和发酵乳杆菌 HFY06 对小鼠血脂参数的影响

连续干预 12 周后，测定 TG、TC、LDL-C 和 HDL-C 血清水平。结果如表 5-14 所示。与正常对照组相比，对照组 TG、TC 和 LDL-C 含量分别显著升高

84.61%、64.62%和 145.16%（$P<0.05$），HDL-C 含量显著降低 30.30%（$P<0.05$），这表明高脂饮食成功诱导了小鼠血脂异常。AX 和发酵乳杆菌 HFY06 干预后，血脂异常均有不同程度的改善。与对照组相比，AX 可显著降低血清 TG 和 TC 含量，但对 LDL-C 水平无明显影响。发酵乳杆菌 HFY06 显著降低血清中 TG、TC、LDL-C 的含量，升高 HDL-C 的含量。然而，发酵乳杆菌 HFY06 治疗组和 AX+HFY06 协同治疗组的血脂水平改善效果差异无统计学意义。

表 5-14　小鼠血清 TG、TC、LDL-C 和 HDL-C 水平

组别	正常	对照	AX	HFY06	AX+HFY06
TG（mmol/L）	0.52 ± 0.06^{a}	0.96 ± 0.06^{b}	0.57 ± 0.08^{a}	0.56 ± 0.15^{a}	0.54 ± 0.07^{a}
TC（mmol/L）	2.29 ± 0.31^{a}	3.77 ± 0.34^{c}	2.74 ± 0.39^{a}	2.83 ± 0.41^{a}	2.95 ± 0.05^{a}
LDL-C（mmol/L）	0.31 ± 0.10^{a}	0.76 ± 0.10^{c}	0.67 ± 0.10^{c}	0.47 ± 0.11^{b}	0.45 ± 0.10^{b}
HDL-C（mmol/L）	0.33 ± 0.04^{b}	0.23 ± 0.04^{a}	0.29 ± 0.07^{ab}	0.26 ± 0.03^{a}	0.30 ± 0.04^{ab}

联合使用 AX 和发酵乳杆菌 HFY06 对小鼠血清 AST 和 ALT 活性的影响

ALT 和 AST 是人体内重要的氨基酸转氨酶，也是反映肝细胞损伤的标志物。建模及灌胃 12 周后，各实验组小鼠血清中 AST、ALT 活性均有不同程度变化（图 5-22）。与正常对照组小鼠相比，对照组小鼠血清中 ALT、AST 水平显著升高（$P<0.05$），表明高脂饮食对小鼠肝脏造成了一定程度的损伤。AX 和 HFY06 可以有效抑制高脂饮食引起的 ALT 和 AST 升高，减轻肝脏损伤。然而，AX 和 HFY06 的联合作用并不优于单独使用。

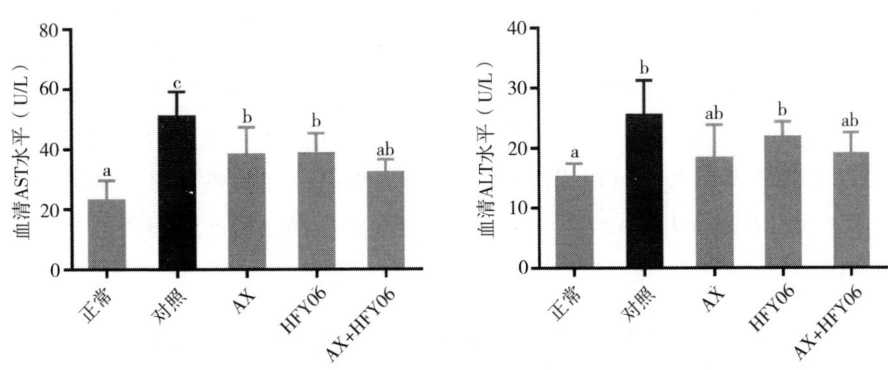

图 5-22　联合发酵乳杆菌 HFY06 对高脂饮食小鼠血清 ALT 和 AST 水平的影响

联合使用 AX 和发酵乳杆菌 HFY06 对小鼠抗氧化参数的影响

连续干预 12 周后，测定各实验组小鼠 CAT、SOD、NO 和 MDA 血清水平，具体见表 5-15。高脂饮食导致小鼠血清中 CAT 和 SOD 酶活性降低，NO 和 MDA 水平升高。这表明高脂饮食对小鼠造成了一定程度的氧化应激损伤。AX、发酵乳杆菌 HFY06 和 AX+HFY06 干预后，血清中抗氧化酶 CAT 和 SOD 活性升高，但三种干预方法均无明显效果。另一方面，AX+HFY06 可以显著抑制高脂饮食引起的 NO 和 MDA 含量的增加，且 AX 和 HFY06 的协同效优于单独使用 AX 和发酵乳杆菌 HFY06。

表 5-15　小鼠血清 CAT、SOD、NO 和 MDA 水平

组别	正常	对照	AX	HFY06	AX+HFY06
CAT（U/mL）	80. 92±3. 04[a]	51. 82±3. 77[b]	53. 91±1. 97a	53. 96±5. 95[a]	54. 61±3. 50[a]
SOD（U/mL）	45. 20±2. 58[a]	44. 58±2. 47[a]	45. 86±4. 15[a]	45. 73±5. 88[a]	47. 90±2. 02[a]
NO（μmol/L）	7. 32±2. 56[a]	14. 43±1. 85[b]	14. 01±1. 35[b]	9. 80±2. 11[a]	8. 64±3. 56[a]
MDA（nmol/mL）	1. 10±0. 25[a]	3. 22±0. 52[d]	2. 17±0. 97[c]	1. 99±0. 55[bc]	1. 21±0. 16[ab]

联合使用 AX 和发酵乳杆菌 HFY06 对小鼠血清细胞因子水平的影响

连续干预 12 周后，测定各实验组小鼠血清细胞因子水平，具体见表 5-16。对照组血清促炎症因子 IL-6、IFN-γ、TNF-α 和 IL-1β 的水平最高，而抗炎症因子 IL-10 的水平最低。AX 或发酵乳杆菌 HFY06 或 AX+HFY06 协同干预后，IL-1β、TNF-α、IFN-γ、IL-6 水平显著降低，且 IFN-γ 含量甚至低于正常对照组。此外，AX+HFY06 协同组的 TNF-α 含量降低，并且 AX 和 HFY06 联合效果显著大于单独使用 AX 或发酵乳杆菌 HFY06 的效果（$P<0.05$）。AX 和 HFY06 协同组的抗炎症因子 IL-10 水平也显著升高，且效果优于单独使用 AX 组。这表明 AX 和发酵乳杆菌 HFY06 可以提高血清中抗炎症因子 IL-10 的水平，降低促炎症因子 TNF-α、IFN-γ 和 IL-6 的水平，从而对高脂血症小鼠的血脂水平具有一定的调节作用。

表 5-16　小鼠血清中 INF-γ、IL-1β、IL-6、TFN-α 和 IL-10 的水平

组别	正常	对照	AX	HFY06	AX+HFY06
IFN-γ（pg/mL）	840. 44±28. 38[b]	904. 98±31. 08[c]	791. 53±34. 08[a]	788. 75±42. 85[a]	795. 03±25. 95[a]

续表

组别	正常	对照	AX	HFY06	AX+HFY06
IL-1β（pg/mL）	29.21±1.03[ab]	32.02±1.06[c]	28.24±1.28[a]	30.51±1.53[bc]	30.58±1.15[bc]
IL-6（pg/mL）	38.02±1.19[a]	42.16±2.37[b]	38.62±1.16[a]	38.81±2.77[a]	38.93±2.02[a]
TNF-α（pg/mL）	661.26±64.40[a]	767.20±31.21[c]	707.30±18.60[b]	683.91±44.83[ab]	649.75±35.38[a]
IL-10（pg/mL）	503.23±8.86[b]	463.87±19.90[a]	467.13±28.70[a]	485.86±8.01[ab]	485.30±9.07[ab]

联合使用 AX 和发酵乳杆菌 HFY06 对小鼠组织病理学的影响

如图 5-23 所示，正常对照组小鼠肝组织未见脂肪变性或脂肪浸润，肝细胞胞浆丰富，排列整齐，位于中心的细胞核大而正常，组织结构清晰。高脂饮食诱导的对照组小鼠肝细胞肿胀，且出现明显的脂肪变性，大多数肝细胞含有脂滴，部分脂滴较大，呈规则圆形。AX、发酵乳杆菌 HFY06 或 AX+HFY06 协同干预后，肝细胞内脂滴发生改变。AX 组细胞质中仍可见一些较大的脂滴，但数量明显减少。发酵乳杆菌 HFY06 治疗组中的脂滴数量较少，且 AX+HFY06 治疗组中的脂滴数量和密度均较少，肝脏脂肪变性明显改善。这表明 AX 和 HFY06 可以协同改善肝脏脂质堆积并阻止体内脂肪的吸收。

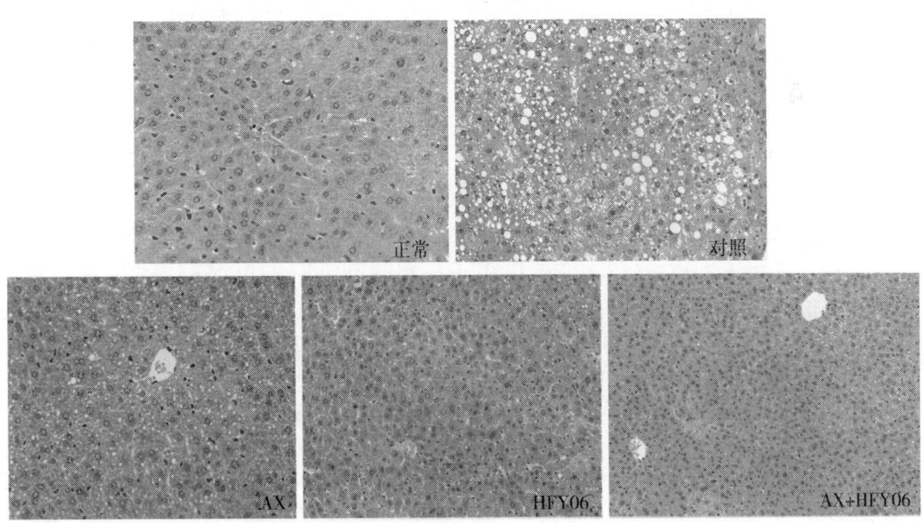

图 5-23　小鼠肝组织 H&E 病理学观察，20×

如图 5-24 所示，正常对照组小鼠脂肪细胞均匀、排列整齐、致密。对照组小鼠脂肪细胞肥大，排列疏松。一些脂肪细胞甚至比正常对照组小鼠的脂肪细胞大三到四倍。药物干预12周后，脂肪细胞排列更加紧密，细胞体积变小。特别是，AX和HFY06的协同效应显著降低了脂肪细胞肥大。

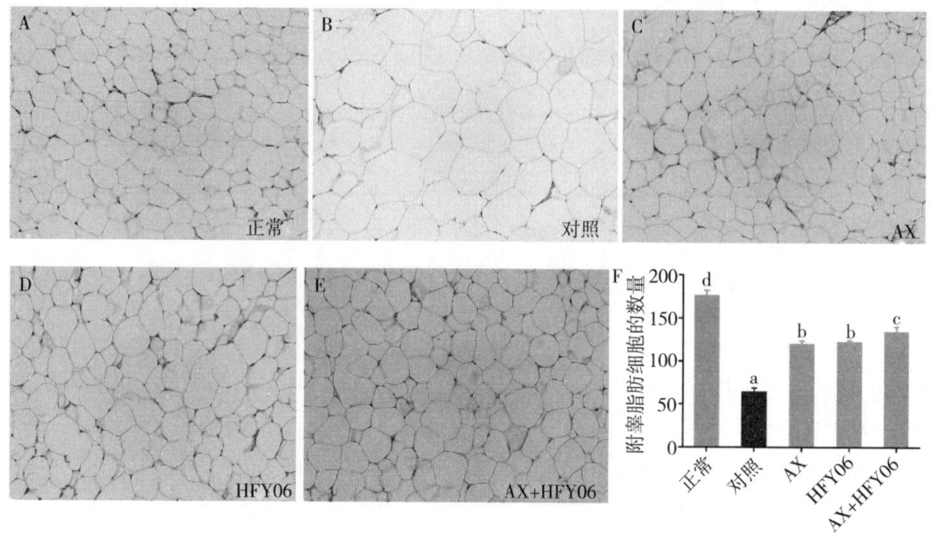

图5-24　小鼠附睾脂肪的H&E病理学观察，20×

联合使用AX和发酵乳杆菌HFY06对小鼠附睾脂肪组织中相关脂质代谢mRNA表达的影响

采用qPCR方法测定附睾脂肪组织中AMPK、ACC、CPT-1、C/EBP-α、LPL、PPAR-α和HSL基因的相对表达，结果如图5-25所示。与正常对照组相比，对照组AMPK、CPT-1、PPAR-α和HSL水平显著降低（$P<0.05$），而ACC、C/EBP-α和LPL水平均升高。使用AX、发酵乳杆菌HFY06或AX+HFY06协同干预后，脂质合成、转运和分解得到改善，显著逆转了对照组小鼠的基因表达趋势。AX或发酵乳杆菌HFY06显著抑制了AMPK、CPT-1、HSL和PPAR-α表达的下调，以及ACC、C/EBP-α和LPL表达的上调，并且AX+HFY06的协同调节作用优于单独使用AX或单独使用发酵乳杆菌HFY06（$P<0.05$）。

联合使用AX和发酵乳杆菌HFY06对小鼠肝组织中相关脂质代谢mRNA表达的影响

本研究测定了肝组织中AMPK-ACC信号通路中脂肪合成、脂肪酸β氧化、TG分解和胆固醇代谢相关基因的mRNA表达（图5-26）。与正常对照组相比，对照组小鼠肝组织中AMPK基因的相对表达显著降低（$P<0.05$）。使用AX、发

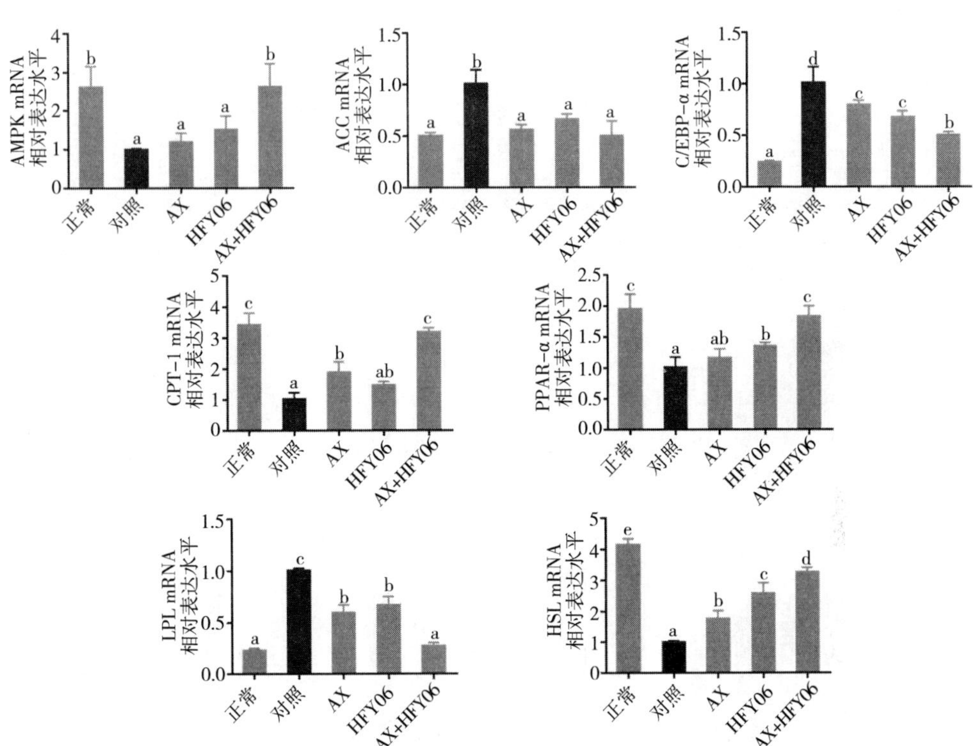

图 5-25 小鼠附睾脂肪组织脂质代谢 mRNA 的表达

酵乳杆菌 HFY06 或 AX+HFY06 协同干预后，AMPK 的表达增加，尤其是 AX+HFY06 的协同效应优于单独使用发酵乳杆菌 HFY06。此外，高脂饮食增加了小鼠脂肪酸合成相关基因（ACC、C/EBP-α 和 PPAR-γ）的表达。AX 和 HFY06 协同干预后，ACC 和 C/EBP-α 的表达显著下调，下调效果优于单独使用 AX 和发酵乳杆菌 HFY06，但这三种干预方法对 PPAR-γ 基因的相对表达无明显调节作用。同时，高脂饮食导致脂肪酸 β 氧化相关基因（PPAR-α 和 CPT-1）的下调。AX+HFY06 联合干预 12 周后，PPAR-α 和 CPT-1 的表达显著上调，且效果优于单独使用 AX 或发酵乳杆菌 HFY06。高脂饮食降低了小鼠胆汁酸合成基因 CYP7A1 的表达，补充 AX+HFY06 后 CYP7A1 的表达有所回升，并促进了胆固醇向胆汁酸的转化。此外，AX+HFY06 的协同效应升高了 HSL 的 mRNA 表达，降低了 LPL 的 mRNA 表达，并促进了 TG 水解成脂肪酸。

联合使用 AX 和发酵乳杆菌 HFY06 对小鼠小肠紧密连接蛋白 mRNA 表达的影响

高脂饮食对肠黏膜有负向调节作用，可增加肠道菌群中破坏屏障的细菌，从

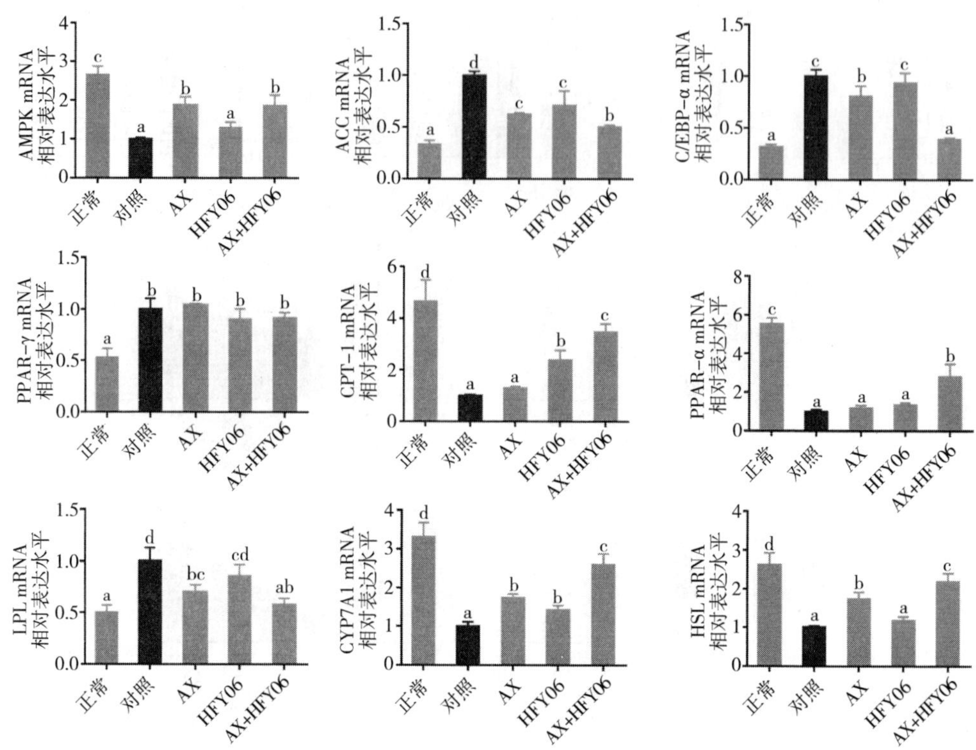

图 5-26　小鼠肝组织脂质代谢 mRNA 的表达

而破坏屏障的完整性。从图 5-27 中可以看出，高脂饮食降低了小肠中紧密连接蛋白 occludin、claudin-1 和 ZO-1 的表达，表明高脂饮食对肠黏膜屏障有破坏作用。联合使用 AX 和 HFY06 可以显著升高 ZO-1 的表达，且 AX+HFY06 的协同效应优于单独使用 AX 或 HFY06。AX 和 AX+HFY06 对 occludin 和 claudin-1 的 mRNA 表达具有相同的上调作用，且上调幅度高于单独使用发酵乳杆菌 HFY06。

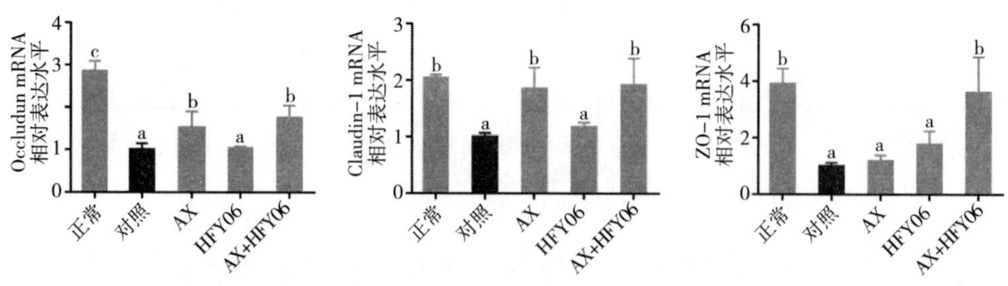

图 5-27　小鼠小肠组织中 Claudin-1、Occludin 和 ZO-1 的表达

联合使用 AX 和发酵乳杆菌 HFY06 对小鼠盲肠内容物中肠道细菌的相对丰度的影响

以细菌总数为内参，各组小鼠粪便中厚壁菌门、拟杆菌、乳酸菌和双歧杆菌的相对表达结果见图 5-28。高脂饮食改变了肠道细菌的组成，增加了厚壁菌门的丰度，降低了拟杆菌、乳酸菌、双歧杆菌的丰度。与正常对照组相比，高脂饮食组厚壁菌门、拟杆菌、乳酸菌和双歧杆菌属的含量分别是正常饮食组的 5. 94 倍、0. 44 倍、0. 01 倍和 0. 16 倍。然而，使用 AX、发酵乳杆菌 HFY06 或 AX+HFY06 协同干预后，肠道菌群结构发生了改变。发酵乳杆菌 HFY06 治疗组和 AX+HFY06 治疗组的厚壁菌门丰度显著降低，且这一效果明显优于单独使用 AX。与高脂饮食组相比，尤其是 AX+HFY06 协同组，拟杆菌、乳酸菌和双歧杆菌的丰度增加。拟杆菌、乳酸菌和双歧杆菌的表达水平分别是对照组的 3. 29 倍、32. 22 倍和 4. 61 倍。

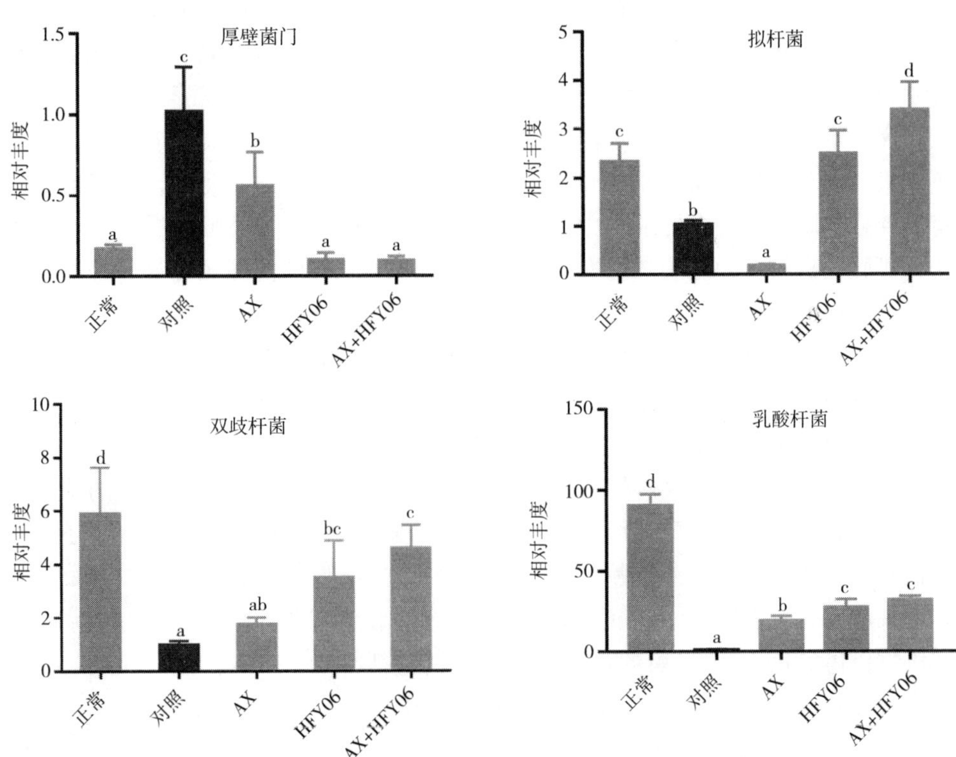

图 5-28　AX 联合发酵乳杆菌 HFY06 补充物对厚壁菌、拟杆菌、双歧杆菌、乳酸杆菌丰度的影响

讨论

高脂血症是一种全球性流行病，可导致心血管疾病的高发。高脂血症也是一种代谢综合征，具有多种脂质特征，如高胆固醇血症、高甘油三酯血症和复合脂蛋白型高脂血症，可能对健康产生很大的不利影响。针对目前高脂血症治疗的热点，研究人员倾向于寻找合适的天然产物或益生菌来预防或减轻高脂血症带来的危害。本研究通过连续 12 周高脂饮食诱导建立高脂血症动物模型，并协同使用 AX 和 HFY06 干预高脂血症小鼠。研究还对小鼠进行了抗氧化、抗炎和脂质代谢 mRNA 分析。

高脂饮食不仅会导致体重增加、内脏肥胖等症状，还会导致血脂代谢异常，严重情况下，可能会导致高脂血症。LDL-C、HDL-C、TC 和 TG 血脂水平以及 ALT 和 AST 酶活性通常被用作诊断高脂血症的临床标准。高脂饮食显著增加了小鼠体重，高脂饮食组小鼠的体重比正常对照组小鼠高 28%。高脂饮食组小鼠血清 TC、TG 和 LDL-C 水平显著高于正常饮食组，而血清 HDL-C 水平则显著低于正常饮食组。本实验结果与相关研究报告的高脂血症症状一致：高胆固醇血症、高甘油三酯血症、低 HDL-C 水平和高 LDL-C 水平。使用 AX 和发酵乳杆菌 HFY06 进行灌胃干预后，小鼠体重减轻，附睾脂肪组织重量减轻，脂肪细胞变小，排列更规则。同时，血清 TG 和 TC 含量降低，HDL-C 含量升高。此外，高脂血症伴有肥胖症，脂质往往在肝细胞中堆积。从肝脏 H&E 染色结果可以看出，对照组小鼠肝脏内有较多的脂滴和脂泡。然而，AX 和 HFY06 的协同效应显著降低了肝组织中脂滴的数量和密度，并有效抑制了高脂饮食引起的 ALT 和 AST 水平升高，减轻了肝损伤。对于 TG 和 TC，实验结果表明，AX 和 HFY06 的联合效果并不比 AX 或 HFY06 单独效果好，这可能是由于实验周期短，联合组对血液中 TG 和 TC 没有产生更显著的效果。

血脂异常是心血管疾病的主要危险因素。在过去几年中，越来越多的证据表明，血脂异常与氧化应激密切相关。体内发生血脂异常时，体内的氧化/还原平衡被打乱，产生大量的活性氧（ROS）。ROS 可与细胞膜磷脂、蛋白质、核酸等多种细胞成分发生反应，导致细胞结构损伤。正常生理条件下，体内有一系列能够维持机体氧化/还原平衡的抗氧化剂，主要包括 SOD、GSH、CAT 等。SOD 是一种重要的抗氧化金属酶，可以催化超氧阴离子（O_2^-）快速转化为过氧化氢（H_2O_2），然后 CAT 将 H_2O_2 转化为 H_2O 和 O_2，从而清除氧自由基。MDA 是磷脂中自由基和多价不饱和脂肪酸之间脂质过氧化反应的产物。膜脂受到氧化应激时，MDA 的产生增加。因此，MDA 含量和 SOD 活性可以反映机体的氧化应激损伤水平和抵御自由基损伤的能力。本研究中，使用 AX、发酵乳杆菌 HFY06、

AX+HFY06 干预后，血清中抗氧化酶 CAT 和 SOD 的活性升高。另外，AX+HFY06 可以显著降低高脂饮食喂养小鼠血清中 NO 和 MDA 的含量，且效果优于单独使用 AX 和发酵乳杆菌 HFY06。

炎症是机体对来自内外环境的有害刺激所产生的一系列复杂的生理病理反应。它是一种保护性防御反应，是人体许多疾病的起因，包括氧化应激、脂肪肝、血管疾病、糖尿病和肥胖。Tahara 等发现，糖尿病和肥胖患者伴有低水平的炎症和胰岛素耐受性。一项研究还发现，在以血脂水平升高为特征的单纯性高脂血症患者中，血清炎症因子水平也升高，表明单纯性高脂血症患者已经处于炎症状态。在本研究中，使用 AX、发酵乳杆菌 HFY06、AX+HFY06 协同干预后，高脂饮食喂养小鼠的血清中促炎症因子 IL-1β、TNF-α、IFN-γ 和 IL-6 的水平显著降低，而抗炎症因子 IL-10 的水平升高。此外，AX 和 HFY06 协同降低了 TNF-α 的含量，其效果显著高于单独使用 AX 和发酵乳杆菌 HFY06（$P<0.05$）。TNF-α 可以干扰并阻碍 TG 和胆固醇的代谢，进而影响机体的脂质代谢，最终在一定程度上达到调节血脂的作用。综合实验结果表明，AX 和发酵乳杆菌 HFY06 可以调节机体炎症状态，加速 TG 和胆固醇的代谢，减少脂质沉积，从而对高脂血症小鼠的高脂血症和肥胖有一定的治疗作用。

虽然实验结果表明 AX 和发酵乳杆菌 HFY06 可以缓解高脂饮食引起的血脂升高，并改善体内炎症和氧化应激水平，但对于大多数测定的炎症和抗氧化水平，AX 和 HFY06 的联合作用并不优于单一作用的效果。这可能是干预时间不足以控制疾病参数，也可能是 AX 与 HFY06 联合使用的剂量不合适，并且干预浓度过高也可能增加小鼠的代谢负担。因此，需要进一步的研究来探讨不同剂量的 AX 和 HFY06 对改善高脂饮食小鼠脂肪堆积的联合作用。

肝脏是人体能量代谢的重要场所。当脂肪酸和甘油三酯在肝脏中的合成、运输和分解受阻时，脂质可能沉积在肝脏中，并逐渐形成脂肪肝。本研究探讨了小鼠肝脏中脂质合成和分解通路的变化。实验表明，AX 和 HFY06 可以改善小鼠的脂质代谢紊乱，这可能通过以下方式实现：①AX 与阿拉伯糖基木聚糖联合使用可抑制脂肪合成：ACC 是 AMPK 的下游靶分子，AMPK 的激活可导致其磷酸化和失活，从而抑制 ACC 的表达，减少脂肪酸和胆固醇的合成。Yuan 等发现，陈年乌龙茶通过调节 AMPK/ACC 信号通路减少高脂饮食引起的脂肪堆积和血脂异常。②C/EBP-α 介导的脂质合成：PPAR-γ 和 C/EBP-α 是调节脂肪细胞分化产生 TG 脂滴的转录因子，随着脂肪细胞的分化，脂肪组织积累，PPAR-γ 和 C/EBP-α 的含量增加。③PPAR-α 介导的脂肪酸氧化代谢上调：PPAR-α 在脂质的氧化代谢中起重要作用，它可以激活脂质氧化基因 CPT-1，促进脂质分解，减少脂质在体内的堆积。LPL 与脂肪酸摄入有关，并受 PPAR-γ 调节，LPL 表达低，合成脂肪少。AMPK 还可以提高 HSL 的磷酸化水平，激活 HSL，刺激脂肪酸的氧化，并加速脂肪组织中的脂类分解。本研究中，高脂饮食喂养的小鼠通过上调 C/EBP-α 和 PPAR-γ 的 mRNA 表达、降低 PPAR-α 和 CPT-1 的 mRNA 表达、抑制脂肪的 β 氧化、降低 HSL 的相对表达、抑制 TG 的代谢来合成脂肪，从而导致小鼠体重增加、脂肪堆积和血脂异常。而 AX+HFY06 的补充显著逆转了这一现象，下调了 C/EBP-α 和 LPL 的相对 mRNA 表达，抑制了脂肪合成，上调了 CPT-1 和 PPAR-α 的相对 mRNA 表达，促进了脂肪 β 氧化。AX 和 HFY06 的协同效应大于单独使用 AX 和发酵乳杆菌 HFY06。CYP7A1 是一种限速酶，可在肝脏中将胆固醇转化为胆汁酸。高脂饮食组小鼠 CYP7A1 的 mRNA 表达受到抑制，但补充 AX+HFY06 后 CYP7A1 表达上调，这加速了胆固醇向胆汁酸的转化和排泄过程。

肠屏障功能障碍与代谢性疾病有关，包括肠道菌群失衡、肠黏膜完整性破坏、肠黏膜通透性增加、小肠细菌过度增殖和肠紧密连接蛋白减少等。对高脂血症 Sprague Dawley（SD）大鼠的研究也证实，肠道中 ZO-1 和 occludin 的 mRNA 表达降低，肠黏膜的通透性增强。Jiang 等还发现，肠紧密连接蛋白 ZO-1、claudin-1、occludin 等的表达降低，且肠黏膜通透性增加，这导致了大量肠 LPS 通过肠道进入身体循环，而身体循环内 LPS 的增加会导致体内氧化应激反应，这与本研究的结果一致。高脂饮食喂养小鼠的 SOD 和 CAT 活性降低。同时，对照组小鼠小肠中 ZO-1、occludin 和 claudin-1 的 mRNA 表达显著降低，导致肠通透性增加。此外，在高脂饮食喂养小鼠的肠道微生物中，厚壁菌门较多，拟杆菌、乳酸菌和双歧杆菌较少。使用 AX 和 HFY06 联合干预后，ZO-1、occludin 和 claudin-1 的 mRNA 表达升高，高脂饮食引起的肠黏膜屏障损伤得到改善，乳酸菌、双歧杆菌和拟杆菌的丰度增加，厚壁菌门的丰度减少，且肠道菌群组成得到了有效优化。联合使用 AX 和发酵乳杆菌 HFY06 可以调节肠黏膜屏障功能，改善肠道微生物组成，从而调节肝脏脂肪酸代谢相关基因，包括降低脂肪合成基因 C/EBP-α 和 LPL 的表达，增加脂解基因 CPT-1、PPAR-α 和 HSL 的表达，调节 CYP7A1 的表达，促进胆固醇的吸收和排泄，从而减少体内炎症，抑制脂肪堆积。联合使用 AX 和发酵乳杆菌 HFY06 可以改善小鼠的高脂血症，这可能与这些靶点直接或间接相关，但体内脂质代谢是一个多因素、多环节、多靶点的复杂过程。因此，仍需进一步研究联合使用 AX 和发酵乳杆菌 HFY06 改善高脂血症的具体机制。

结论

这项研究首次证明了包含 AX 和发酵乳杆菌 HFY06 的合生素可以抑制高脂饮食喂养小鼠的脂质堆积。AX 和 HFY06 主要通过以下方式协同抑制脂肪堆积：

①增加丰富的肠道菌群，同时促进有益肠道菌群的生长和改善肠道屏障作用。②下调 ACC、C/EBP-α 和 LPL 的表达，减少脂肪合成；上调 PPAR-α 和 CPT-1 基因的表达，并增加脂质氧化分解；升高 CYP7A1 的表达，加速胆固醇向胆汁酸的转化和排泄。作为功能性食品的组成成分，发酵乳杆菌 HFY06 和 AX 在调节脂质代谢和预防肥胖方面具有非常好的应用前景。然而，本研究仅使用动物模型进行了试验，并且脂质合成和代谢机制复杂，因此，还需要进行深入的临床研究。

参考文献

[1] Ruokun Yi, Fang Tan, Xianrong Zhou, Jianfei Mu, Lin Li, Xiping Du, Zhennai Yang, Xin Zhao, Effects of *Lactobacillus fermentum* CQPC04 on lipid reduction in C57BL/6J mice [J]. Frontiers in Microbiology, 2020, 11: 573586.

[2] Mu Jianfei, Zhang Jing, Zhou Xianrong, Zalan Zsolt, Hegyi Ferenc, Takács Krisztina, Ibrahim Amel, Awad Sameh, Wu Yun, Zhao Xin, Du Muying, Effect of *Lactobacillus plantarum* KFY02 isolated from naturally fermented yogurt on the weight loss in mice with high-fat diet-induced obesity via PPAR-α/γ signaling pathway [J]. Journal of Functional Foods, 2020, 75: 104264.

[3] Gan Yi, Tang Ming-Wei, Tan Fang, Zhou Xian-Rong, Fan Ling, Xie Yu-Xin, Zhao Xin, Anti-obesity effect of *Lactobacillus plantarum* CQPC01 by modulating lipid metabolism in high-fat diet-induced C57BL/6 mice [J]. Journal of Food Biochemistry, 2020, 44 (12): e13491.

[4] Fang Li, Hui Huang, Yu Zhang, Hongjiang Chen, Xianrong Zhou, Yongpeng He, Xiao Meng, Zhao Xin. Effect of *Lactobacillus fermentum* HFY06 combined with arabinoxylan on reducing lipid accumulation in mice fed with high-fat diet [J]. Oxidative Medicine and Cellular Longevity, 2022, 2022: 1068845.

第六章　益生菌对恶性肿瘤的功效

第一节　发酵乳杆菌调节 NF-κB 信号通路对结肠癌的作用

引言

结肠癌（CRC）是一种严重威胁人类健康和生命的恶性疾病，其发病率和死亡率都很高。结肠癌在全球男性和女性癌症发病率中均排名第三。在中国，每年新发结肠癌病例高达 40 万例，全球每年新发病例约 1000 万例。在早期，结肠癌可能没有任何症状；但在中晚期，该疾病可能表现为腹胀和消化不良，继而出现排便习惯改变、腹痛或便血。结肠癌的早期检查方法尚不精确，因为其早期症状不明显，难以被发现。目前，一些结肠癌患者可以通过手术治疗，但手术风险较高，且术后不良反应也相当大。

炎症是机体对损伤的防御反应，但不受控制的炎症往往与癌症的发生和转移密切相关。临床研究表明，许多肿瘤患者都有慢性炎症病史。大量研究证实，炎症也可能破坏肠道菌群的平衡，诱发肠道疾病。在慢性炎症中，炎症细胞产生的细胞因子和趋化因子可以通过 NF-κB 信号通路将局灶性炎症反应扩散至周围组织，这个过程也提高了癌前细胞的免疫逃逸能力。因此，慢性炎症是肿瘤发生的始动因素，并且 NF-κB 在炎症性肿瘤的发生发展中起着重要作用。

结肠是一个重要的代谢器官，具有复杂的肠道菌群结构。每克肠道内容物中的活菌细胞数量远大于 10^{11} 个，甚至可以达到 10^{14} 个。通常，肠道菌群可以保护结肠，但当菌群数量减少 50%以上时，就失去了保护结肠免受致癌物侵害的能力。20 世纪初进行的研究发现，保加利亚人的长寿与其长期食用发酵乳制品有关。此后，大量研究数据表明，食用发酵乳制品有益于人体健康。

发酵乳杆菌 ZS40（中国普通微生物菌种保藏管理中心，CGMCC 编号：18226）是重庆市功能性食品协同创新中心从新疆昭苏县传统发酵酸奶中分离得到的一株活性菌株。初步活性试验结果表明，发酵乳杆菌 ZS40 对人工胃液的耐受能力达到 79.3%。本研究采用偶氮甲烷-葡聚糖硫酸钠（AOM-DSS）诱导小鼠结肠癌模型，探讨 NF-κB 信号通路对结肠癌发生发展的影响以及发酵乳杆菌 ZS40 对其的改善作用。

结果

益生菌样本对 CRC 小鼠体重的影响

在实验期间，记录实验小鼠的体重变化。如图 6-1 所示，从注射 AOM 后的第 2 个实验周开始，与正常对照组相比，CRC 组小鼠的体重显著下降。在实验后期，CRC 组小鼠在 DSS 作用下体重持续下降。虽然发酵乳杆菌 ZS40-H 治疗组小鼠的体重受到 AOM-DSS 的影响，但体重却有所增加，与 CRC 小鼠有所不同。ZS40-L 治疗组、BLA 治疗组和 SD 治疗组也显示出了相同的结果。这些治疗组的小鼠体重均出现一定程度的增加。

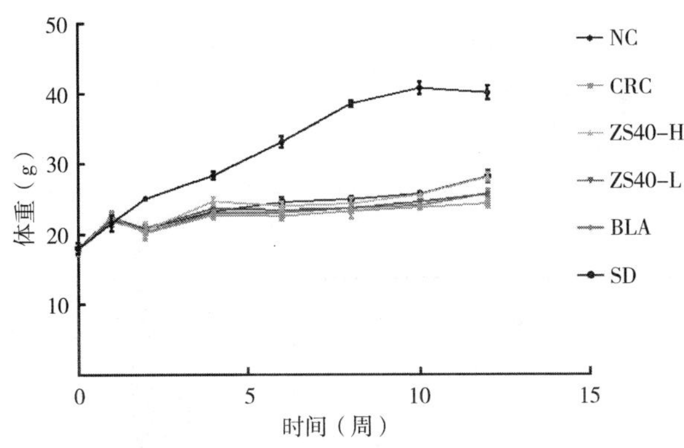

图 6-1　实验期间小鼠体重变化

注：NC：正常状态小鼠；CRC：诱导结肠癌小鼠 AOM-DSS；ZS40-H：高剂量发酵乳杆菌 ZS40（10^{11} CFU）灌胃小鼠；ZS40-L：高剂量发酵乳杆菌 ZS40（10^{9} CFU）灌胃小鼠；BLA：保加利亚乳杆菌（10^{11} CFU）灌胃小鼠；SD：柳氮磺胺吡啶（25%）灌胃小鼠。

益生菌样本对 CRC 小鼠结肠形态的影响

如图 6-2（A）所示，实验结束时解剖后比较小鼠结肠的长度和形态，并记录结肠重量，如图 6-2（B）所示。从解剖图像中可以看到，与 NC 相比，由于在诱发结肠癌的过程中产生了大量的炎症，CRC 小鼠的结肠长度显著缩短，肠内充满了脓样物质，并且在多个位置（箭头所指位置）发现了结肠肿块。相反，在 ZS40-H 治疗组和 SD 治疗组小鼠中，结肠缩短、脓样物质和结肠肿块均较少，且肿块体积也较小，一些组织中甚至没有发现肿块。ZS40-L 治疗组和 BLA 治疗组也发现了类似情况，但改善效果并没有 ZS40-H 治疗组和 SD 治疗组小鼠明显。这表明经益生菌和药物干预后，小鼠结肠炎症得到缓解，并且大剂量 ZS40 和药物的作用最为显著。

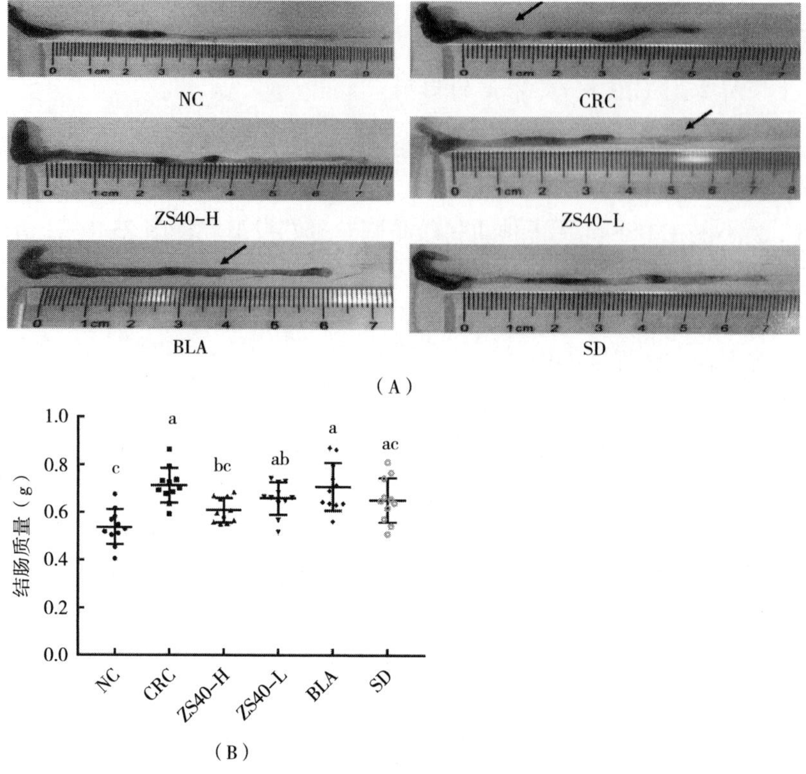

图 6-2　小鼠结肠解剖（A）结肠长度；（B）结肠质量

注：不同英文小写字母表示在 $P<0.05$ 水平上相应两组具有显著差异，下同。

益生菌样本对 CRC 小鼠血清指数的影响

如表 6-1 所示，与 NC 小鼠相比，CRC 小鼠 IL-1β、IL-8、TNF-α、MIP-1β 和 VCAM-1 血清水平显著升高。与 CRC 相比，ZS40-H 治疗降低了 CRC 小鼠的 IL-1β、IL-8、TNF-α、MIP-1β 和 VCAM-1 血清水平。此外，与 CRC 组相比，ZS40-L 治疗组和 BLA 治疗组以及 SD 对照组小鼠的 IL-1β、IL-8、TNF-α、MIP-1β 和 VCAM-1 水平均显著下降，而 SD 在降低炎症因子水平方面表现出更好的效果（$P<0.05$）。这表明发酵乳杆菌 ZS40 可以降低 AOM-DSS 诱导的 CRC 小鼠血清中炎症因子和血管细胞黏附因子的水平。

表 6-1　小鼠血清样本中炎症指数的水平

组别	IL-1β (pg/mL)	IL-8 (pg/mL)	TNF-α (pg/mL)	MIP-1 (pg/mL)	VCAM-1 (pg/mL)
NC	22.757 ± 1.60^{bc}	24.335 ± 1.62^{c}	164.185 ± 17.66^{c}	5.205 ± 0.44^{c}	92.108 ± 8.07^{c}

续表

组别	IL-1β (pg/mL)	IL-8 (pg/mL)	TNF-α (pg/mL)	MIP-1 (pg/mL)	VCAM-1 (pg/mL)
CRC	31.094±3.35[a]	34.474±3.27[a]	253.042±20.90[a]	8.113±0.60[a]	145.085±18.09[a]
ZS40-H	24.595±1.26[c]	25.296±1.44[c]	203.701±19.04[b]	5.611±0.82[bc]	94.128±8.63[c]
ZS40-L	26.134±1.29[b]	26.541±2.08[bc]	210.729±15.60[b]	7.682±0.45[a]	130.413±18.01[b]
BLA	26.657±1.69[b]	27.917±1.55[b]	210.084±20.49[b]	7.538±0.71[a]	120.032±14.10[b]
SD	23.354±2.19[b]	24.770±1.65[c]	192.585±26.55[b]	5.984±0.46[b]	101.006±7.59[c]

益生菌样本对 CRC 小鼠结肠组织的影响

通过分析结肠组织的 H&E 染色切片（图 6-3）和小鼠结肠严重程度的病理评分（图 6-4），实验观察了结肠组织的形态。CRC 组结肠组织上皮细胞脱落，固有层淋巴细胞和浆细胞浸润。实验观察到 ZS40-H 干预可以减少 CRC 小鼠结肠组织中炎症因子的积累。此外，与 CRC 组相比，ZS40-L 治疗组和 BLA 治疗组以及 SD 对照组均显著减少了小鼠结肠组织的炎症浸润。

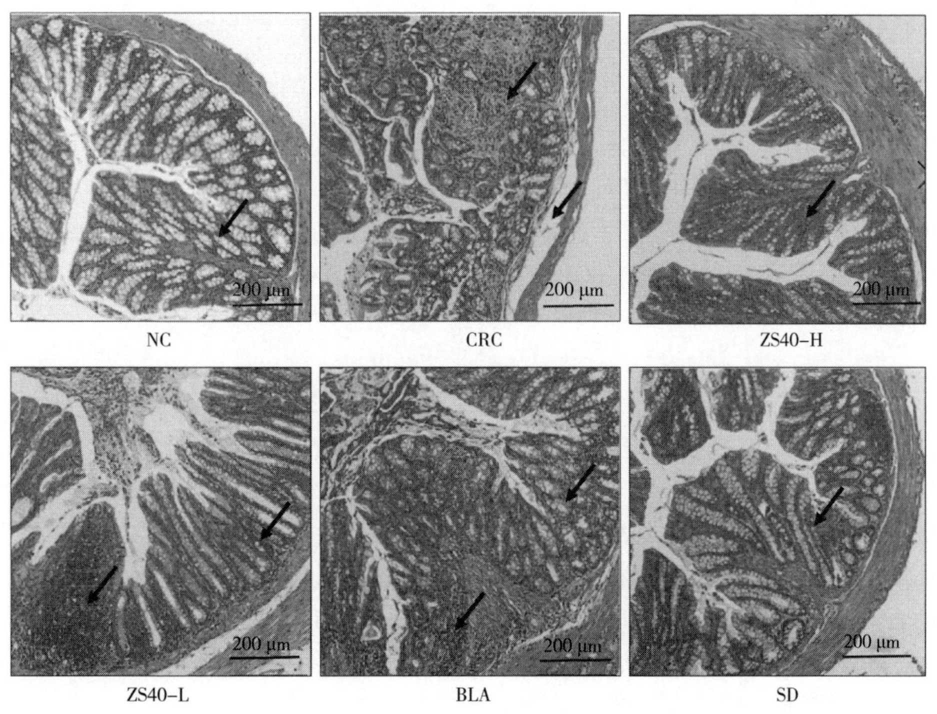

图 6-3　小鼠结肠 H&E 病理切片，10×，箭头指向结肠黏膜和杯状细胞结构

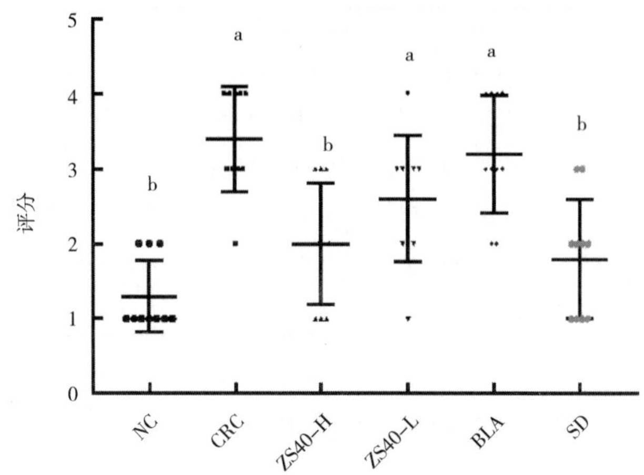

图 6-4　结肠严重程度病理评分

注：0 分：绒毛和上皮完整；1 分：黏膜下或固有层轻度肿胀和分离；2 分：黏膜下层或固有层中度肿胀、分离和浆细胞浸润；3 分：黏膜下或固有层严重肿胀，浆细胞浸润，局部绒毛萎缩脱落；4 分：肠绒毛消失。肠壁坏死病理评分≥ 2，视为肠损伤。

益生菌样本对小鼠结肠肿瘤标志物表达的影响

实验使用免疫组织化学观察了结肠组织中 CD34 和 CD117 表达的染色强度。如图 6-5 所示，与 NC 组相比，CRC 组结肠组织样本中 CD34 和 CD117 的表达强度更高。在结肠病变中，靶细胞（CD34 和 CD117）表达水平升高，靶蛋白表达聚集区清晰可见，阳性结果表达率较高。与 CRC 组相比，经 ZS40-H、ZS40-L、BLA 和 SD 干预后，阳性表达率降低，其中，ZS40-H 治疗组和 SD 治疗组最显著。

益生菌样本对 CRC 小鼠结肠组织中 mRNA 表达的影响

RT-qPCR 分析证实，炎症的积累导致 CRC 小鼠结肠组织中 IL-1β、TNF-α、IKKβ、TRAF-6 和 Cox-2 的表达水平升高。同时，TRAF-1/2、IκBα、IKKα、Bcl-2 和 Bcl-xL 的 mRNA 表达降低（图 6-6）。益生菌发酵乳杆菌 ZS40 和抗炎药干预可降低 CRC 小鼠结肠组织中 IL-1β、TNF-α、IKKβ、TRAF-6 和 Cox-2 的表达水平，并增加 TRAF-1/2、IκBα、IKKα 和 Bcl-2 的表达水平。而对于 Bcl-xL 的 mRNA 表达水平，SD 具有较好的干预效果，并且大剂量发酵乳杆菌 ZS40 也具有较好的抗炎效果。

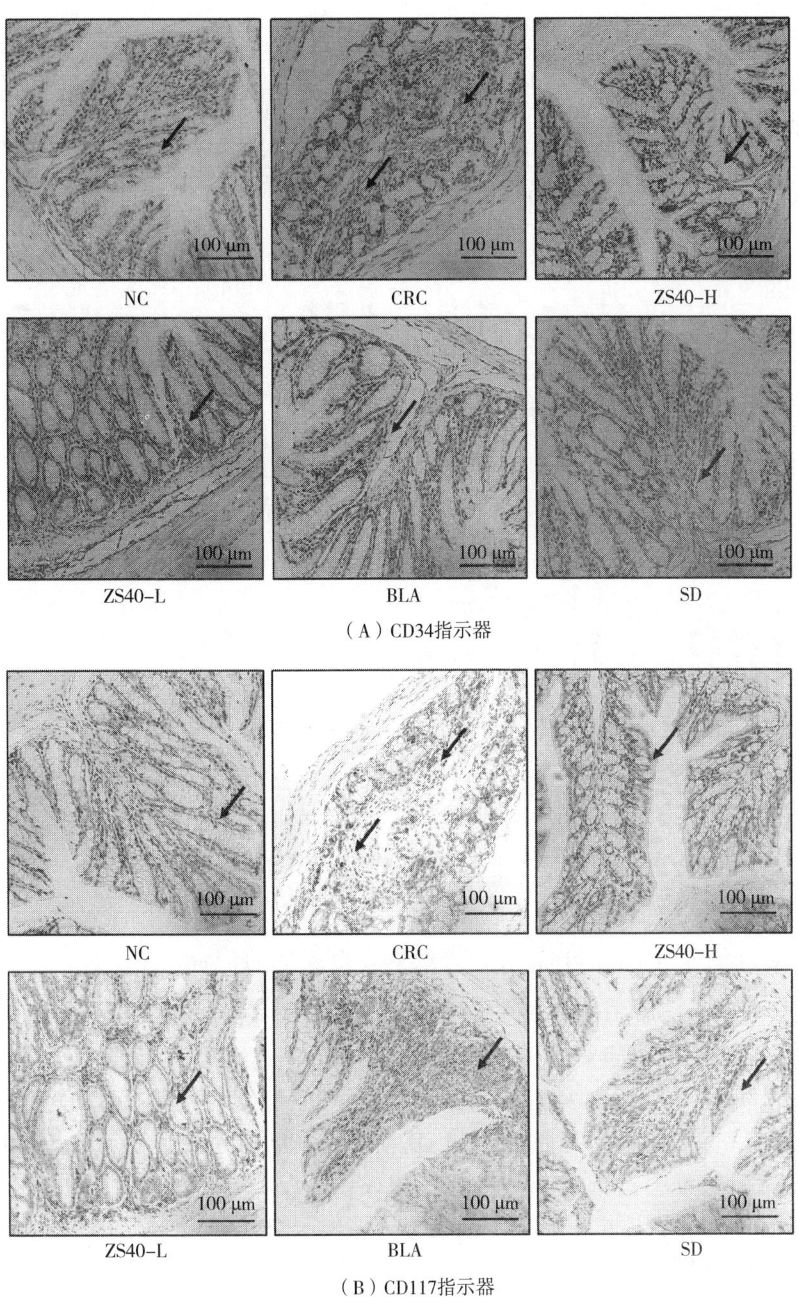

图 6-5　小鼠结肠病理切片（免疫组织化学染色），放大 20×

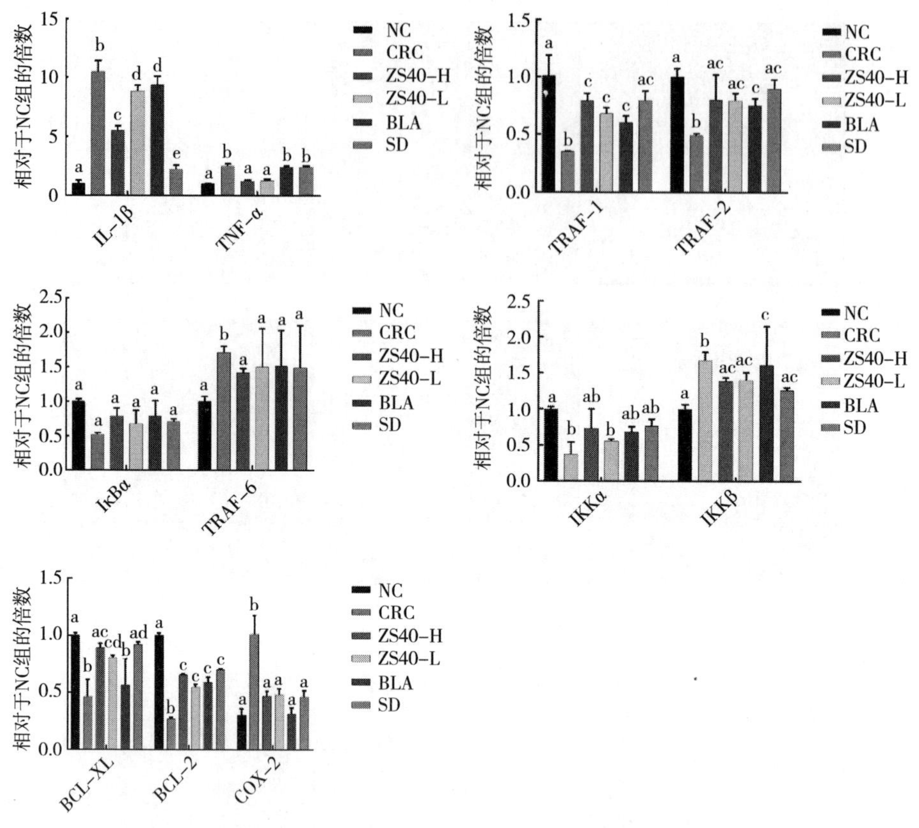

图 6-6　结肠组织炎症因子 mRNA 表达水平

益生菌样本对 CRC 小鼠结肠组织中蛋白表达的影响

实验使用蛋白质印迹分析了小鼠结肠组织中的蛋白表达（图 6-7）。与 NC 组相比，CRC 组结肠组织中 IL-1β 和 TNF-α 的表达水平升高。与 CRC 组相比，ZS40-H 治疗组、ZS40-L 治疗组、BLA 治疗组和 SD 治疗组结肠组织中炎症因子的表达降低，其中 ZS40-H 治疗组和 SD 治疗组降低效果最为显著。与 CRC 组相比，ZS40-H 治疗组、ZS40-L 治疗组、BLA 治疗组和 SD 治疗组结肠组织中 p65、IκBα 和 Cox-2 的表达水平也呈下降趋势。然而，ZS40-H 治疗组和 SD 治疗组之间的差异并不明显。

讨论

流行病学研究已经证实，许多肿瘤是由炎症的反复刺激引起的。临床研究发现，溃疡性结肠炎和结肠癌之间可能存在相关性，并且肿瘤活检样本中存在炎症

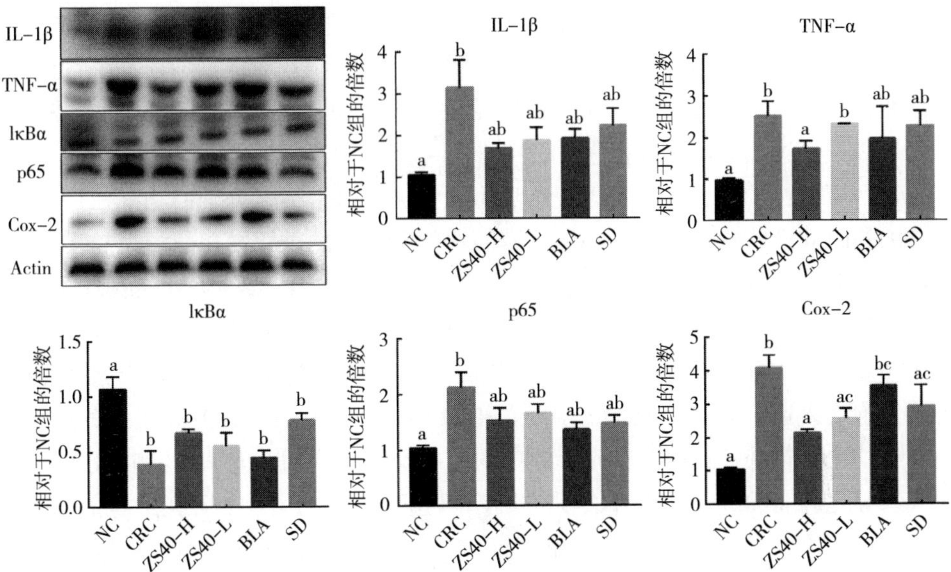

图 6-7　结肠组织 NFκB 信号通路中关键蛋白的表达

细胞。许多先前的研究表明，长期食用 DSS 溶液可引起结肠炎，而食用乳酸菌对 DSS 引起的结肠癌有干预作用。AOM 和 DSS 联合刺激可能诱发结肠癌。利用乳酸菌诱导结肠癌细胞凋亡的研究是一个热门的研究课题。本研究结果表明，AOM 和 DSS 联合刺激可以诱发小鼠结肠癌，而长期食用乳酸菌可以缓解结肠癌。

内毒素激活的巨噬细胞和淋巴细胞可以分泌活性细胞因子 TNF-α。报告显示，TNF-α 在体内的主要作用不是杀死肿瘤，而是作为一种炎症因子促进肿瘤的发展。此外，TNF-α 与结肠直肠癌高度相关。TNF-α 可以通过激活炎症相关信号通路和促进肿瘤血管生成和肿瘤扩散来诱导肿瘤免疫抑制微环境的形成。白细胞介素可以传递信息，激活并调节免疫细胞，介导 T 细胞和 B 细胞的激活、增殖和分化，并在炎症中发挥重要作用。其中，IL-1β 是一种炎症细胞因子，广泛参与人体组织破坏和水肿形成等多种病理损伤过程。IL-8 是一种重要的炎症细胞因子，当身体受到感染和某些自身免疫性疾病的影响时，IL-8 会显著增加局部炎症，其血清水平也会升高。在细胞因子水平检测中，小鼠 TNF-α、IL-1β 和 IL-8 血清水平均符合预期，这些因子水平的升高是促进炎症发生的基本条件。

由于各种促炎症因子的作用，机体会引发一系列急性反应和发热反应，还可以激活内皮细胞，增加血管通透性。MIP 属于一类趋化因子。MIP 可以激活粒细胞，调节 CD8+T 细胞和血管内皮细胞的黏附，参与造血调节，并诱导自然杀伤细胞增殖和活化。作为介导白细胞与血管内皮细胞黏附的重要因素，血管细胞黏附分子在血管损伤中发挥着重要作用。研究表明，MIP 表达的增加在血管相关疾病的发生中具有重要作用。炎症早期释放的 MIP-2 通过趋化性激活中性粒细胞使其到达炎症部位，然后释放大量蛋白水解酶引起炎症。本研究结果与上述研究结果相似。CRC 组 MIP-1β 和 VCAM-1 的表达水平升高，但在发酵乳杆菌 ZS40 干预后降低。这可能与炎症因子 TNF-α、IL-1β 和 IL-8 的减少有关。

蛋白质指标的表达水平可以表达身体的状况。由于黏附分子的相互作用，白细胞的黏附和血管内皮细胞向炎症区域的移位是炎症的重要过程。越来越多的研究结果表明，CD34 分子在介导细胞黏附中起着重要作用。在这个过程中，CD34 可以介导白细胞的聚集，引发炎症反应，同时与趋化因子协同增强炎症反应。CD117 蛋白是一种Ⅲ型酪氨酸激酶生长因子，可在胃肠道炎症细胞中产生强烈的膜和细胞质表达。目前，CD117 主要与 CD34 联合应用于胃肠道间质瘤的研究。免疫组织化学在肿瘤诊断和鉴别诊断中的实用价值已得到普遍认可，并且在低分化或未分化肿瘤的鉴别诊断中，其准确率可达 50%~75%。本研究进行的 CD34 和 CD117 的免疫组织化学染色结果也证实，在益生菌干预下，小鼠肠道中这些指标的表达水平降低。

NF-κB 信号通路可以调节各种癌症发生发展的关键过程。由于靶基因和组织的广泛参与，NF-κB 可能是最常见的癌症调节因子之一。已在溃疡性结肠炎患者的上皮细胞和巨噬细胞中检测到 NF-κB 蛋白，这为 NF-κB 活化提供了证据。在促炎症细胞因子 TNF-α、白细胞介素 IL-8 等细胞外因子的刺激下，TAK1 蛋白磷酸化后 IKKβ 被激活，导致 IκB 蛋白降解和 NF-κB 的释放。促炎症细胞因子还可以诱导 p65 并激活 NF-κB 通路。在 CRC 组中，NF-κB 经典信号通路的激活最终导致 NF-κB 靶基因（如 IL-8、Bcl-2 和 Cox-2）的表达增加。促炎症因子的高表达反过来会进一步刺激 NF-κB 经典信号通路，从而影响细胞增殖或更新。因此，NF-κB 可能通过维持肠黏膜的持续炎症过程而导致结肠炎相关结肠癌的发生。这种转录因子复合体对肿瘤发生发展的直接和间接影响已在肝细胞癌、胃癌、肺癌等多种动物模型中得到验证。在本研究中，发酵乳杆菌 ZS40 治疗组中 IκB 激酶蛋白表达的降低阻断了 NF-κB 经典信号通路的重要部分。靶蛋白 IL-8、Bcl-2 和 Cox-2 水平的降低也证实了这一结果。

结论

本研究结果表明，食用发酵乳杆菌 ZS40 可以通过抑制 NF-κB 经典信号通路来减少由 AOM 和 DSS 诱导的结肠癌的发生。本研究结果证实，高剂量和低剂量发酵乳杆菌 ZS40 均能有效抑制 NF-κB 信号通路。其中，高剂量发酵乳杆菌 ZS40 在抑制促炎症因子和调节信号通路中的关键蛋白方面效果更显著。这些结果可能与摄入发酵乳杆菌 ZS40 后体内肠道菌群的改善有关。本研究结果对后续相关方面的研究具有重要价值，并激发了作者对研究发酵乳杆菌 ZS40 在肠道内的机制的兴趣。

第二节　发酵乳杆菌调节 Wnt/β-连环蛋白信号通路对结肠癌的作用

引言

由于人们饮食习惯的改变，结肠直肠癌的发病率正在增加。结肠直肠癌具有高度转移性和侵袭性，是最致命的癌症之一。临床研究表明，胃肠道疾病患者往往会出现肠道菌群失调。肠道菌群以及宿主与微生物之间的相互作用可能是影响结肠癌的重要机制。目前，结肠癌的主要治疗方案是手术辅以化疗。然而，由于药物的作用，接受化疗的患者会出现一系列并发症，如肠道菌群失调以及呕吐和腹泻。上述所有结果表明，肠道菌群对肠道疾病有重要影响。

益生菌是对肠道有益的微生物。益生菌可改善肠道微生态平衡和患者的健康状况。此外，益生菌在调节肠道菌群失调方面也有很好的效果。乳酸菌是人体肠道中常见的益生菌。大量研究结果证实，乳酸菌及其制品具有促进结肠癌细胞凋亡和治疗动物肠道疾病的潜力。A. Adnan 通过 3D 细胞技术验证了乳酸菌对宫颈癌细胞转移和增殖的影响。J. Escamilla 等指出，来自益生菌干酪乳杆菌和鼠李糖乳杆菌 GG 的无细胞上清液可减少体外结肠癌细胞的侵袭。因此发酵乳杆菌抑制结肠癌转移的潜力值得进一步研究。

研究发现，上皮间充质转化（EMT）与肿瘤细胞的侵袭和转移密切相关。EMT 在结肠癌转移进展的初始阶段起着关键作用。目前对 EMT 的研究表明，EMT 的发生是由作用于细胞受体的微环境因素引起的，这些微环境因素可以诱导细胞通路发生变化，最终导致基因表达发生变化。在 EMT 过程中，癌细胞失去了上皮特性，获得了间充质表型，从而增强了转移能力，提高了癌细胞的迁移和侵袭能力。Wnt/β-连环蛋白信号通路与 EMT 和肿瘤进展密切相关。Wnt/β-连环蛋白信号通路诱导 β-连环蛋白易位至细胞核，从而调节许多 EMT 相关基因和蛋白的表达，并影响维持正常上皮细胞极性和完整性的过程。因此，研究发酵乳杆菌对 Wnt/β-连环蛋白信号通路和 EMT 通路的影响，对指导发酵乳杆菌在结肠癌治疗中的应用具有重要价值。

本文研究了发酵乳杆菌 ZS09 调控结肠癌转移的基本机制。发酵乳杆菌 ZS09 是重庆市功能性食品协同创新中心从新疆昭苏县巴勒克苏-凯斯克草原传统发酵酸奶中分离得到的一株活性菌株。发酵乳杆菌 ZS09 现保藏于中国普通微生物菌种保藏管理中心，CGMCC 编号为 18225。在之前对其活性的研究中，发酵乳杆菌 ZS09 对 TH-29 结肠癌细胞表现出良好的黏附性，其在人工胃液和 0.3%的胆盐中的存活率分别达到 79%和 15%。通过每天灌胃摄入一定剂量的发酵乳杆菌来治疗药物诱发的小鼠结肠癌。实验结果表明，发酵乳杆菌 ZS09 可以通过调节 Wnt/β-连环蛋白信号通路来影响 EMT 通路，从而抑制结肠癌的发生和转移。该结果也为研究发酵乳杆菌 ZS09 作为功能性菌株干预和治疗肠道疾病提供了新的研究材料。

结果

革兰氏染色显微镜检查

实验还使用革兰氏染色鉴定发酵乳杆菌 ZS09 和保加利亚乳杆菌培养物的纯度。如图 6-8 所示，发酵乳杆菌 ZS09 和保加利亚乳杆菌均为革兰氏阴性菌，呈杆状。视图背景干净，菌种类型单一，符合实验菌的纯度标准。

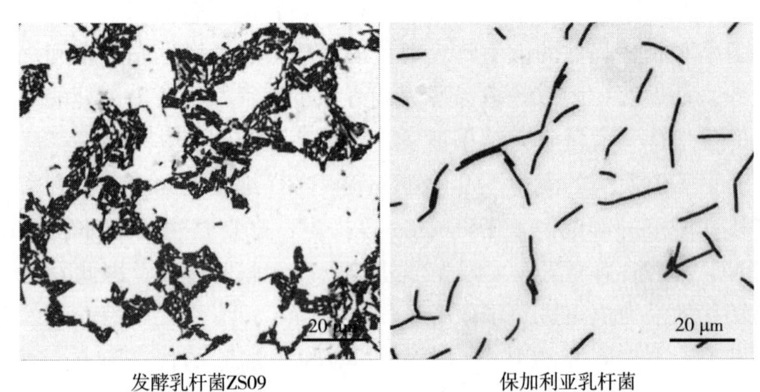

图 6-8　革兰氏染色显微镜检查

结肠组织形态观察

在实验期间，记录小鼠死亡的数量。使用 AOM/DSS 诱导后，CRC 组有 3 只小鼠在实验期间死亡，而 ZS09-L 治疗组、ZS09-H 治疗组、BLA 治疗组和 SD 治疗组分别有 1 只、1 只、1 只和 0 只小鼠死亡。实验结束后，对小鼠进行解剖，取出结肠，在小鼠的结肠中观察到不同大小的肿瘤（图 6-9）。CRC 组的结肠肿瘤数量和体积最大。经 ZS09-H 干预后，小鼠结肠肿瘤数量减少，肿瘤体积明显缩小。此外，与 NC 组相比，CRC 组小鼠结肠水肿充血，结肠长度明显缩短，结肠组织增厚，脆性增加，缺乏弹性，并且在经 ZS09、BLA 或 SD 干预后结肠长度增加。结果表明，AOM/DSS 方法在小鼠结肠癌模型中导致较高的发病率，且致病作用明显。经 ZS09 干预后，ZS09 治疗组结肠癌发病率低于 CRC 组，且 ZS09-H 的治疗效果更为显著。

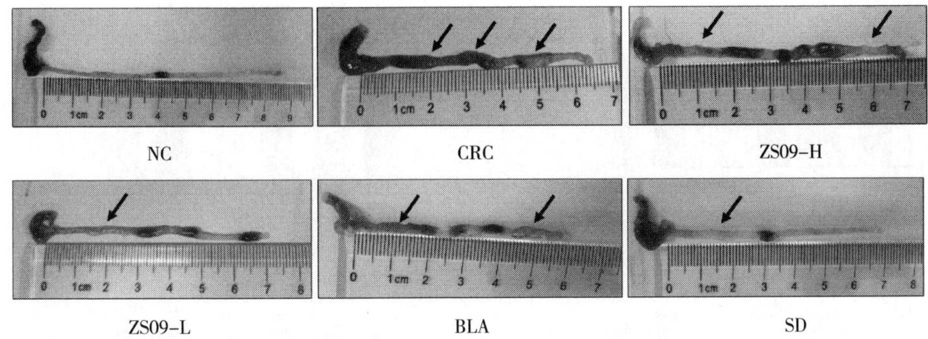

图 6-9　结肠组织形态学观察

注：NC：正常状态小鼠；CRC：AOM-DSS 诱导结肠癌小鼠；ZS09-L：低剂量发酵乳杆菌 ZS09（10^9 CFU）灌胃小鼠；ZS40-H：高剂量发酵乳杆菌 ZS09（10^{11} CFU）灌胃小鼠；BLA：保加利亚乳杆菌（10^{11} CFU）灌胃小鼠；SD：柳氮磺胺吡啶（2.5%）灌胃小鼠。

血清指标

如图 6-10 所示，与 NC 组相比，CRC 组血清中 MMP-9、TNF-α、IL-6R、Ang-2、VEGFR-2 水平显著升高，而 DKK1 水平降低。与 CRC 相比，ZS09-H 治疗降低了血清中 MMP-9、TNF-α、IL-6R、Ang-2、VEGFR-2 水平，并提高了 DKK1 的表达水平（$P<0.05$）。此外，与 CRC 组相比，ZS09-L 治疗组、BLA 治疗组和 SD 对照组血清中 MMP-9、TNF-α、IL-6R、Ang-2、VEGFR-2 水平降低，而 DKK1 水平升高。结果表明，发酵乳杆菌 ZS09 可以调节 AOM-DSS 诱导的 C57BL/6 小鼠血清中肿瘤标志物和血管细胞因子的水平。

H&E 染色观察

结肠由黏膜层、黏膜下层、肌层和浆膜层组成。黏膜层伸入腔内形成皱褶，皱褶表面覆盖单层柱状上皮，其间有大量杯状细胞，固有层致密。实验还通过分析结肠组织的 H&E 染色切片观察了结肠组织形态（图 6-11）。病理学观察显示，NC 组结肠未见明显病理变化。CRC 组黏膜上皮层局部缺损、炎症细胞浸润明显、黏膜下结构疏松、水肿、肌纤维排列紊乱，以及肌纤维坏死。ZS09-H 治疗减少了 CRC 组小鼠结肠组织的结构损伤和炎症因子积聚。此外，与 CRC 组相比，ZS09-L 治疗组、LBA 治疗组和 BS 对照组的结肠组织炎症浸润显著减少。

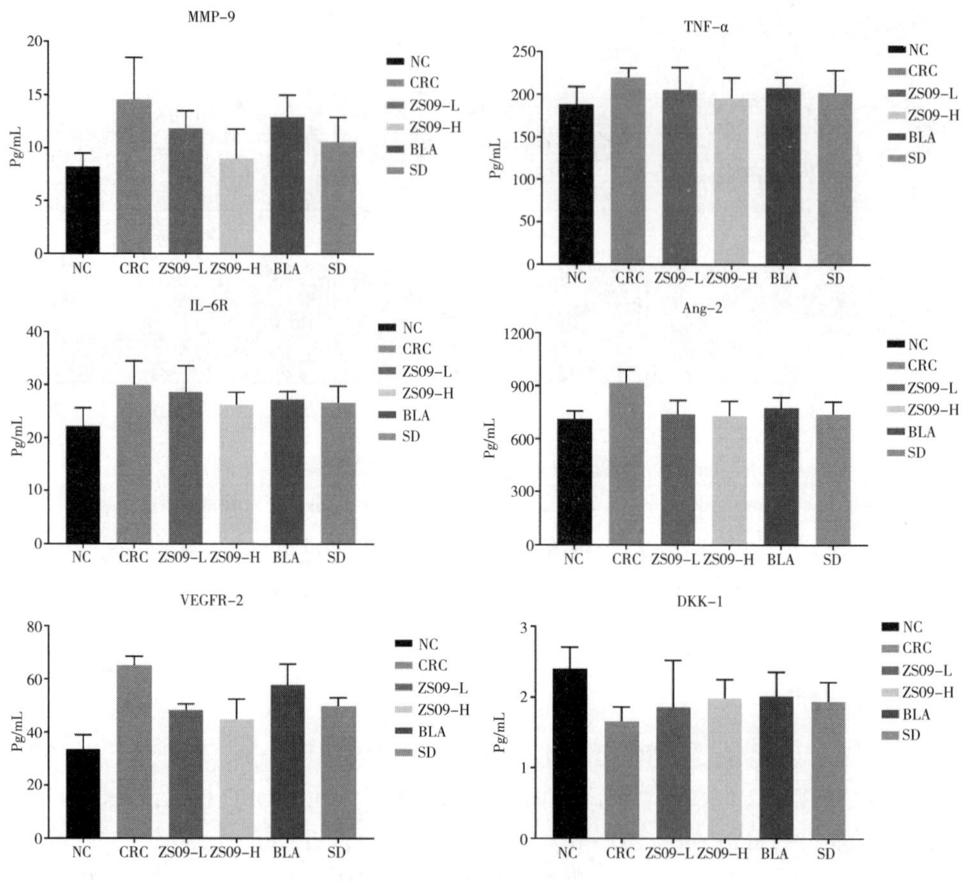

图 6-10　小鼠血清指标

结肠黏膜炎症评分

与 NC 组结肠黏膜和黏膜下层相比，CRC 组结肠黏膜和黏膜下层有大量炎症细胞浸润，浸润程度最严重，并且似乎出现肌层受累。ZS09-H 和 SD 干预后，结肠组织中炎症细胞浸润程度明显降低，且双盲评分与正常对照组无显著差异（图 6-12）。评分标准：0 分：绒毛和上皮完整；1 分：黏膜下层或固有层轻度肿胀和分离；2 分：中度黏膜下层或固有层肿胀、分离，以及浆细胞浸润；3 分：黏膜下层或固有层严重肿胀、浆细胞浸润，以及局部绒毛萎缩和脱落；4 分：肠绒毛消失，肠壁坏死。病理学评分≥2 分，视为肠损伤。

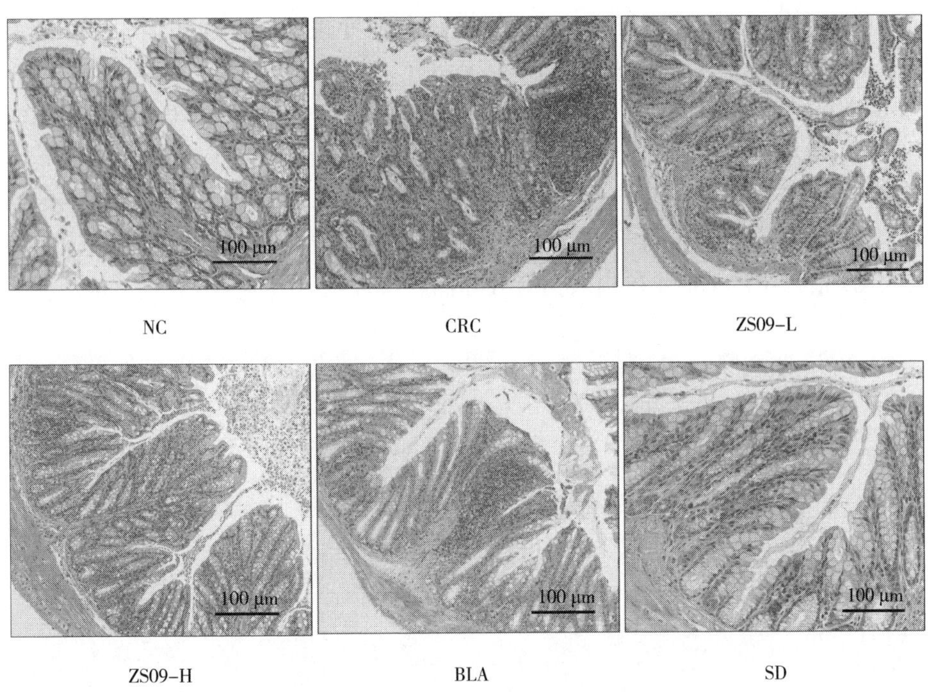

图 6-11　小鼠结肠病理切片（H&E）

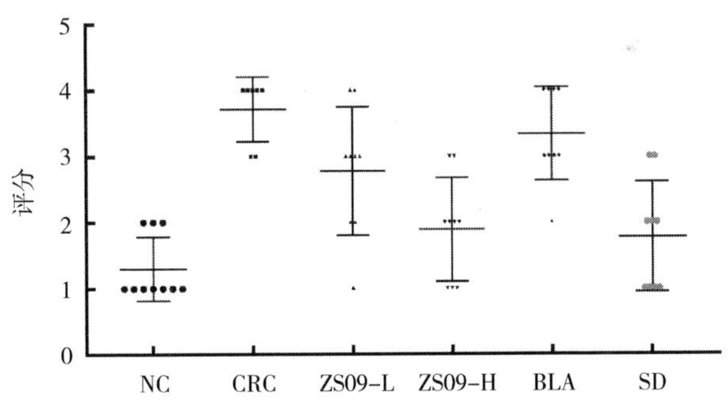

图 6-12　结肠严重程度病理评分

注：0 分：绒毛和上皮完整；1 分：黏膜下或固有层轻度肿胀和分离；2 分：黏膜下层或固有层中度肿胀、分离和浆细胞浸润；3 分：黏膜下或固有层严重肿胀，浆细胞浸润，局部绒毛萎缩脱落；4 分：肠绒毛消失，肠壁坏死。病理学评分≥ 2，视为肠损伤。

免疫组织化学

实验使用免疫组织化学观察了结肠组织中 CD34 蛋白（图 6-13A）的染色强度。如图所示，CRC 组结肠组织样本中 CD34 的染色强度较高，ZS09-H 治疗组、

ZS09-L 治疗组、BLA 治疗组和 SD 治疗组染色强度较低；在这些组中，ZS09-H 治疗组和 SD 治疗组的染色强度下降更为显著。

免疫组织化学图片的定量分析结果（图 6-13B）显示，与 NC 组相比，AOD（NC）= 0.325±0.004，CRC 组的平均光密度显著增加，AOD（CRC）= 0.444±0.042。ZS09 治疗组和 SD 治疗组的平均光密度分别降低至 0.356±0.010（ZS09-H）和 0.333±0.010（SD）。这些结果表明，CD34 蛋白在小鼠结肠癌中呈阳性表达。ZS09 治疗组的 CD34 蛋白表达有效降低。

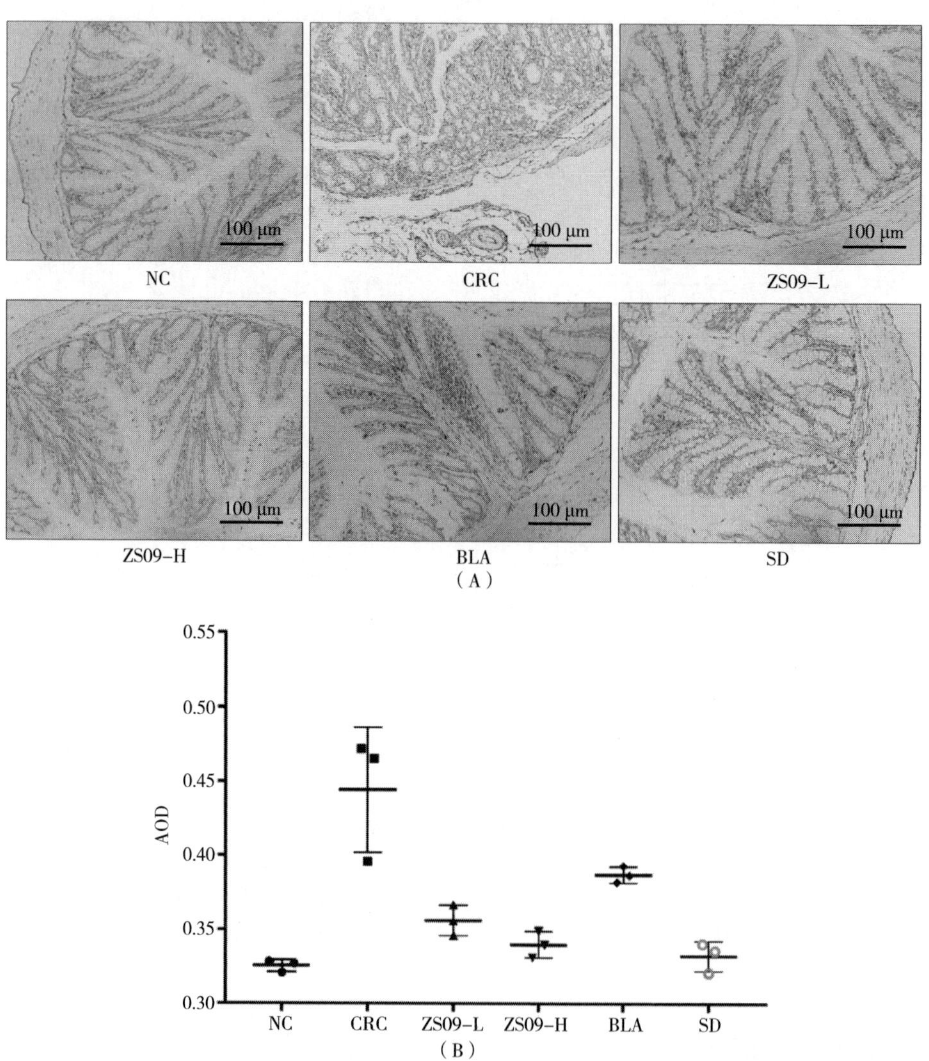

图 6-13　小鼠结肠病理切片（CD34 免疫组织化学染色），20×定量免疫组织化学密度。AOD（平均光密度）= IOD/面积

结肠组织中的 mRNA 表达

实验使用 RT-qPCR 分析了 Wnt/β-连环蛋白信号通路中 Dvl、GSK-3β、β-连环蛋白、c-myc、cyclinD1、Vim、MMP-9、APC、CDH1 和 Axin 的 mRNA 表达。结果如图 6-14 所示。CRC 组的 Dvl、GSK-3β、β-连环蛋白、c-myc、cyclinD1、Vim 和 MMP-9 基因高表达，而发酵乳杆菌 ZS09 治疗降低了这些基因的表达。APC、CDH1 和 Axin 基因在 CRC 组中表达较低，ZS09-H 使这些基因表达上调，其中 ZS09-H 和 SD 对这些基因的表达影响最大。

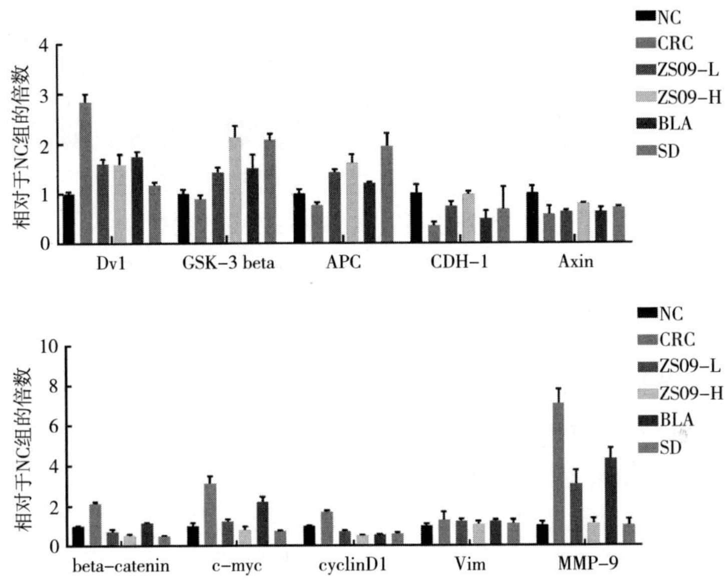

图 6-14　结肠组织炎症因子 mRNA 表达水平

注：不同英文小写字母表示在 $P<0.05$ 水平上相应两组具有显著差异，下同。

小鼠结肠组织蛋白表达

实验使用蛋白免疫印迹分析了 Wnt/β-连环蛋白信号通路和 EMT 通路成分在小鼠结肠组织中的蛋白表达（图 6-15）。与 NC 组结肠组织相比，CRC 组结肠组织中β-连环蛋白、VEGF 和 N-钙黏着蛋白的蛋白表达水平显著升高，而 P-β-连环蛋白和 E-钙黏着蛋白的表达水平显著下降。此外，ZS09-H、ZS09-L、BLA 和 SD 可以调节这些蛋白在组织中的表达，其中 ZS09-H 和 SD 治疗效果最为显著。

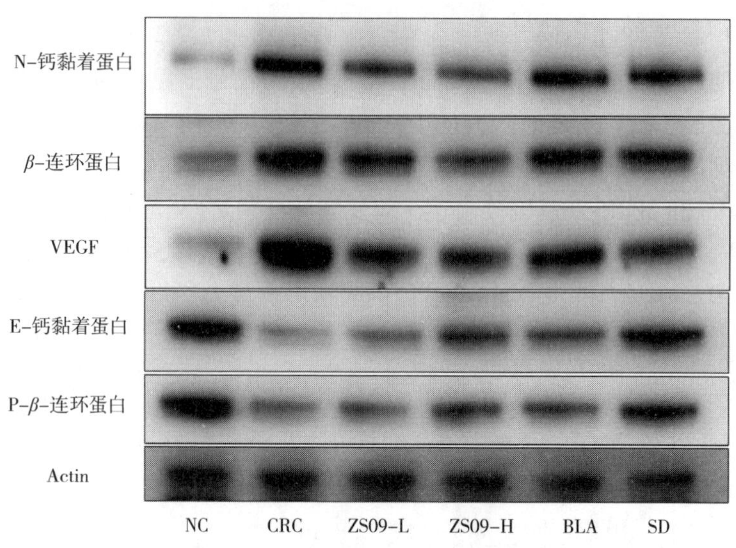

图 6-15　结肠组织信号通路中关键蛋白的表达

讨论

结肠癌是晚期癌症的一种常见形式，患者的主要症状是腹痛、腹泻和便血。结肠癌因其高度转移性和侵袭性而难以彻底治愈。目前，通过饮食防治疾病是新时代食品卫生领域的一项重要研究课题。研究表明，每天摄入一定剂量的活性乳酸菌对预防疾病具有重要作用。乳酸菌生长代谢过程中产生的脂多糖和磷壁酸已被证明具有抑制肿瘤活性和调节肠黏液屏障的能力。本研究假设乳酸菌可以抑制结肠癌转移。因此，有必要通过建立类似于人类结肠癌的慢性动物模型来研究乳酸菌在预防结肠癌发病和抑制其转移方面的作用。AOM/DSS 诱导的结肠癌动物模型的建立非常简单、经济，且成功率高。该模型能够准确地复制人类结肠癌疾病的特征，但需要 13 周才能建立结肠癌小鼠模型。在实验期间，建模过程中使用发酵乳杆菌 ZS09 对小鼠进行治疗。实验结束后，处死实验小鼠，观察 AOM/DSS 诱导的小鼠结肠癌模型中的病理变化以及发酵乳杆菌 ZS09 的治疗效果。实验表明，使用 AOM/DSS 诱导结肠癌的小鼠出现便血、体重减轻等症状。结肠病理切片显示，肠黏膜和黏膜下层有大量炎症细胞浸润，肌组织有浆细胞和淋巴细胞浸润，表明产生了大量肠道促炎症细胞因子，肠黏膜炎症评分达到最高级别。在发酵乳杆菌 ZS09 治疗组，显微镜下观察到肌层存在肌纤维增生，结构正常，结肠水肿充血减轻，治疗效果显著。

在整个实验周期内对实验小鼠的存活率进行计数。AOM-DSS 联合诱导的结肠癌的发病机制主要是在长期肠道炎症的诱导下，通过药物刺激形成炎症性结肠癌模型。柳氮磺胺吡啶是一种抗菌药物，在许多结肠炎研究中已被用作阳性对照药物。它主要用于治疗炎症性肠病、溃疡性结肠炎和非特异性慢性结肠炎。添加食用发酵乳杆菌 ZS09 可以丰富肠道菌群结构，增强肠道的消化和蠕动能力，激发机体免疫力，从而达到干预癌症发生发展的目的。CRC 组小鼠瘦弱无力，最终死亡 3 只；而 ZS09 治疗组中仅发现 1 只小鼠死亡。小鼠死亡率降低，表明益生菌 ZS09 对结肠直肠癌具有干预和调节作用。

此外，本研究表明，与 CRC 组小鼠相比，发酵乳杆菌 ZS09 治疗组小鼠血清中 VEGFR-2 和 Ang-2 的水平显著降低。研究表明，VEGFR-2 主要调节内皮细胞的分化、存活、增殖和迁移。此外，VEGFR-2 的表达也被证明与血管形成有关。Ang-2 可以通过破坏原发性肿瘤中内皮细胞-周细胞的相互作用和增强血管通透性来促进血管生成。肿瘤血管生成是指从现有血管形成新血管的过程。肿瘤生长和转移的先决条件是新血管的形成。因此，在一定程度上抑制肿瘤血管生成是限制肿瘤进一步发展的一种非常有前景的策略。基质金属蛋白酶（MMP）可促进细胞外基质（ECM）的降解，并导致肿瘤失去其上皮极性特征；尤其是基质金属蛋白酶 9（MMP-9），作为主要的基质金属蛋白酶之一，它对这些现象的发展至关重要，并参与促进肿瘤转移。本实验结果显示，CRC 组小鼠血清中 MMP-9 的含量较高，而经发酵乳杆菌 ZS09 治疗干预的小鼠血清指数降低。这一结果也证实了发酵乳杆菌 ZS09 对结肠癌转移的抑制作用。

EMT 通路是上皮细胞和间充质细胞之间表型转化的复杂过程。EMT 广泛参与肿瘤细胞的侵袭和迁移，并与肿瘤细胞的远处转移等恶性生物学表现密切相关。EMT 发生时，会导致 EMT 标志物（E-钙黏着蛋白和 N-钙黏着蛋白）的表达发生变化，并且上皮癌细胞开始表达间充质表型标志物（N-钙黏着蛋白）来诱导转移。然后，这种转移能力增强，β-连环蛋白在细胞核中过度表达，而上皮细胞黏附标志物（如 E-钙黏着蛋白）的表达下调。E-钙黏着蛋白在多种人类恶性肿瘤细胞中表达下调，其表达水平与肿瘤细胞侵袭、转移和预后密切相关，并且受 Wnt 信号通路的调控。EMT 的另一个重要标志物 N-钙黏着蛋白主要参与调节细胞间的黏附，减弱上皮细胞的黏附，降低细胞极性，从而增强细胞聚集和迁移，增强肿瘤细胞的远距离迁移和侵袭能力，因此，N-钙黏着蛋白与肿瘤细胞的恶性程度密切相关。作为 Wnt 信号通路正调控的重要效应器，E-钙黏着蛋白参与信号转导。E-钙黏着蛋白蛋白表达下调和 N-钙黏着蛋白表达上调是 EMT 的显著特征，这些变化可以使肿瘤细胞获得迁移和侵袭能力。因此，本研究探讨了发酵乳杆菌 ZS09 通过阻断 EMT 通路抑制结肠癌细胞迁移的潜在机制。结果表明，发酵乳杆菌 ZS09 可以有效下调间充质标志物（N-钙黏着蛋白）的蛋白表达水平，上调上皮标志物（E-钙黏着蛋白）的表达水平，从而显著减少结肠癌细胞的迁移和侵袭。此外，研究还发现，与低浓度发酵乳杆菌相比，高浓度发酵乳杆菌治疗可以显著阻断 EMT 并抑制结肠癌的转移，这一结果进一步表明发酵乳杆菌 ZS09 可以抑制结肠癌转移，所有这些结果都与研究的预期一致。

越来越多的研究证明 Wnt/β-连环蛋白信号通路与肿瘤细胞的迁移密切相关。在这个复杂的调控过程中，Wnt 信号通路中的一个关键分子（即 β-连环蛋白）将信号从细胞膜传递到细胞核，在正常生理条件下，E-钙黏着蛋白-β-连环蛋白复合体与细胞骨架肌动蛋白相互作用以维持上皮细胞之间的黏附。Wnt 经典信号通路被激活时，细胞质中的 β-连环蛋白复合体被蛋白酶体磷酸化和降解，β-连环蛋白进入细胞核从而促进下游靶基因的转录。cyclinD1、c-myc、VEGF 和 Cox-2 等的转录和表达降低了 E-钙黏着蛋白-β-连环蛋白复合体的稳定性以及 E-钙黏着蛋白介导的黏附能力，从而削弱了肿瘤细胞之间的联系，介导了 EMT 通路，并调节了肿瘤转移和其他细胞过程。本研究结果表明，发酵乳杆菌 ZS09 的干预可以促进 β-连环蛋白的磷酸化和降解，调节下游靶基因和蛋白的转录和表达，并抑制 Wnt/β-连环蛋白 g 信号通路，从而阻断 EMT 通路。最后，发酵乳杆菌 ZS09 的干预有效地抑制了结肠癌的转移。

综上所述，本实验证明发酵乳杆菌 ZS09 可以通过阻断 Wnt/β-连环蛋白经典信号通路的激活来介导 EMT 通路，从而抑制结肠癌细胞的迁移和侵袭，最终预防结肠癌。而且发酵乳杆菌 ZS09 也可以控制肿瘤血管生成并进一步抑制肿瘤迁移。因此，发酵乳杆菌有望成为治疗转移性结肠癌的潜在抗癌药物，但其作用机制有待进一步研究。

结论

调节 Wnt/β-连环蛋白信号通路可以抑制上皮间充质转化（EMT）通路，从而抑制结肠癌的转移和扩张。本研究表明，食用发酵乳杆菌 ZS09 可以通过调节 Wnt/β-连环蛋白信号通路抑制 EMT 通路，从而减少 AOM 和 DSS 诱导的结肠癌的发生。实验结果还表明，每天摄入 10^{11} CFU 发酵乳杆菌 ZS09 的小鼠可以通过调节 Wnt/β-连环蛋白信号通路有效抑制 EMT 通路。病理组织切片、血清指数、基因表达和蛋白表达等实验数据均证实了该作用。本研究结果对相关实验的后续研究具有重要价值，激发了作者对研究发酵乳杆菌 ZS09 在肠道内作用机制的兴趣。

第三节　短乳杆菌发酵葡萄皮代谢物诱导肝癌细胞凋亡的效果

引言

氧化应激会导致组织和细胞损伤，如缺血和炎症。细胞受到氧化损伤时，中性粒细胞炎症浸润和蛋白酶分泌增加，并产生大量氧化中间产物。此外，大量研究表明，炎症在肿瘤的发生、发展和转移中起着重要作用。肿瘤初期，炎症诱导各种细胞因子和化学因子的释放，更容易发生细胞的恶性转化。炎症等多种因素在分子水平上参与细胞的恶性转化。NF-κB 活性的激活会增加促炎症因子的水平，这对于正常细胞向癌细胞的转化至关重要。p53 基因突变是肿瘤恶性转化的关键事件，并可通过环氧合酶（COX-2）介导产生炎症信号。

超过 50%的恶性肿瘤会发生 p53 抑癌基因突变。如果 p53 接收到有关细胞代谢紊乱或遗传物质损伤的信息，它将阻止细胞生长和分裂周期，同时促进细胞损伤修复。患者体内的大多数细胞受凋亡程序控制，这些程序可能被 p53 激活。p53 功能的丧失常见于癌症和癌症相关疾病中。通过突变 p53 基因或改变 p53 调控的网络结构，可以影响基因组稳定性、肿瘤生长、抗癌治疗和血管生成。通过响应细胞应激程序并激活 p53 表达通路，可以激活参与细胞周期阻滞、凋亡、衰老和抗血管生成的靶基因的表达水平，从而抑制恶性肿瘤的转化。如果代谢紊乱或基因组损伤严重到无法修复，p53 就会发出激活细胞凋亡的信号，这是细胞潜在的自杀程序。

肝癌是世界上最常见的癌症之一，在全球男性癌症发病率中排名第五，在女性癌症发病率中排名第七，每年至少有 600000 人死于肝癌。除了少数人可以通过手术切除或肝移植治愈外，目前常使用常规的细胞毒药物来治疗肝癌。由于这些药物的治疗效果有限，并且会极大地损害健康，因此迫切需要了解这种致命疾病的发病机制，并根据已知的细胞信号转导通路开发新的治疗药物。报告显示，p53 是癌症发展和进展的最有效抑制剂之一。p53 信号通路已被证明是治疗结肠直肠癌的靶点。因此，有可能将 p53 信号通路用作肝癌的治疗靶点。

水果和蔬菜含有大量的生物活性物质，可以降低各种慢性疾病的风险，包括癌症。葡萄含有钙、钾、磷、铁和多种维生素，有多种生理功能，如葡萄中的果酸有助于消化，可以健脾胃。随着农业农药残留物等化学物质的出现，许多人开始警惕水果的安全性，吃葡萄时，通常不会吃葡萄皮。虽然这看起来更安全，但从营养的角度来看，葡萄皮中的有益物质，如白藜芦醇、单宁、花青素和类黄酮，也被浪费掉了。葡萄皮中的白藜芦醇可以帮助人体降低血脂，增强免疫力。

单宁酸有助于抵抗过敏、延缓衰老，还具有增强免疫力和预防心脑血管疾病的作用。花青素具有很强的抗氧化特性，可以防止突变和心血管疾病。研究发现，葡萄对血栓形成的预防作用比阿司匹林更好，能降低人体血清胆固醇水平，还能预防心脑血管疾病。新鲜葡萄中的类黄酮可以净化血液，防止胆固醇斑块的形成。

本研究采用由重庆市功能性食品协同创新中心从重庆自然发酵泡菜中分离得到的短乳杆菌 CQPC12（中国普通微生物菌种保藏管理中心，CGMCC 编号：19339）发酵葡萄皮，以探讨发酵液的抗氧化作用及对肝癌细胞凋亡的刺激作用。从实验结果来看，研究确定了使用短乳杆菌 CQPC12 发酵葡萄皮获得的发酵产物具有较强的抗氧化能力，并能激活 p53-p21 通路。

结果

体外抗氧化活性

CFS（CQPC12 发酵液）组葡萄发酵液的抗氧化活性具有显著的时间依赖性。BFS（保加利亚乳杆菌发酵液）组和 WS（水提取液）组也获得了相同的结果，但 CFS 组表现出更强的抗氧化能力（图 6-16）。96 h 后，CFS 组达到最大抗 DPPH 和 ABTS 效果，分别为 94%和 82%，且高于 BFS 组和 WS 组。这表明，CQPC12 葡萄皮发酵液具有较高的抗氧化能力。

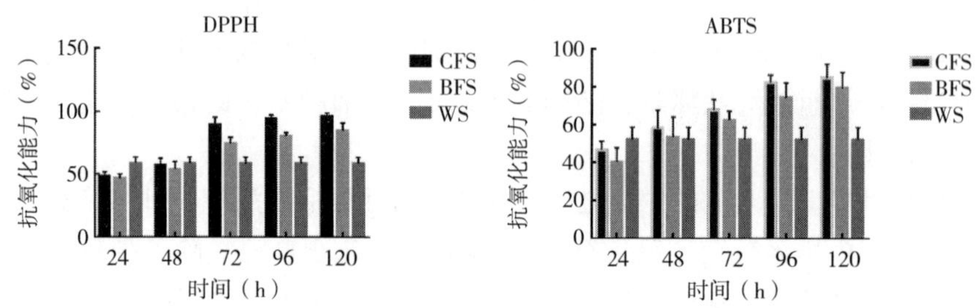

图 6-16　发酵液抗氧化能力

注：CFS：CQPC12 发酵的发酵液；BFS：保加利亚乳杆菌发酵液；WS：超纯水提取的溶液。

HepG2 细胞毒性评估

使用葡萄皮发酵液干预细胞 24 h 后，HepG2 细胞增殖的抑制率与葡萄皮发酵液浓度呈显著正相关。CFS 组在大于 100 μmol·L^{-1} 浓度时抑制作用明显，而在小于 100 μmol·L^{-1} 浓度的葡萄发酵液中，HepG2 细胞没有明显死亡（200 μmol·L^{-1} 时达到 IC50）。BFS 组和 WS 组也获得了相同的结果，但 CFS 组表现出更强的抑制能力（图 6-17）。

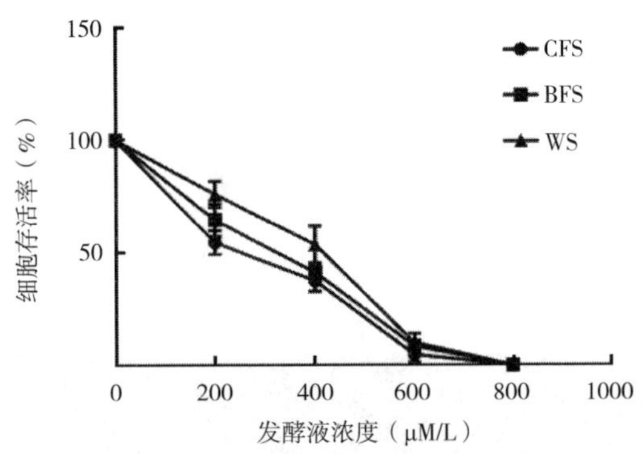

图 6-17　发酵液对 HepG2 细胞的影响

葡萄皮发酵液对 HepG2 细胞凋亡的影响

使用葡萄皮发酵液干预 HepG2 细胞 24 h 后，通过流式细胞仪定量分析凋亡细胞百分比，以评估发酵液对 HepG2 细胞凋亡的影响（图 6-18A）。使用 200 $\mu mol \cdot L^{-1}$ 的 CFS 干预后，细胞凋亡率达到 45.2%，与正常情况相比，细胞凋亡明显减少，两组间差异有统计学意义（$P<0.05$）。经 BFS 和 WS 干预后 HepG2 细胞诱导细胞凋亡率分别为 36.8%和 35.0%。与 BFS 和 WS 相比，HepG2 细胞对 CFS 更为敏感，从而导致 HepG2 细胞显著凋亡。

在倒置显微镜（Olympus，日本东京）下观察细胞的存活率。活细胞用绿色荧光标记，死细胞用红色荧光标记。使用葡萄皮发酵液干预 24 h 后，HepG2 细胞出现细胞收缩、凋亡、碎片增加，细胞死亡率增加。在相同剂量下，与 BFS 组和 WS 组相比，CFS 组观察到的效果明显更强（图 6-18B）。

葡萄皮发酵液对 HepG2 细胞周期的影响

细胞分裂间期主要分为 G1 期、S 期和 G2 期，细胞增殖的抑制往往与细胞周期的变化密切相关。图 6-19 显示了发酵液干预后 HepG2 细胞周期的变化。根据细胞增殖规律，更多的正常细胞处于准备阶段和预分裂阶段。观察到正常组 G1（M1）期细胞比例达到 42.4%，S-G2（M2）期转化正常（27.5%），G1/S-G2 率为 1.5，细胞增殖正常。使用 CFS 干预 HepG2 细胞 24 h 后，细胞产生显著的 S-G2（M2）期阻滞现象。大多数细胞在 G1 期受阻，不能转化为 G2 期（12.5%），G1/S-G2 率为 2.7。WS 和 BFS 的结果相同，表明发酵液可以明显导致 HepG2 细胞周期阻滞。

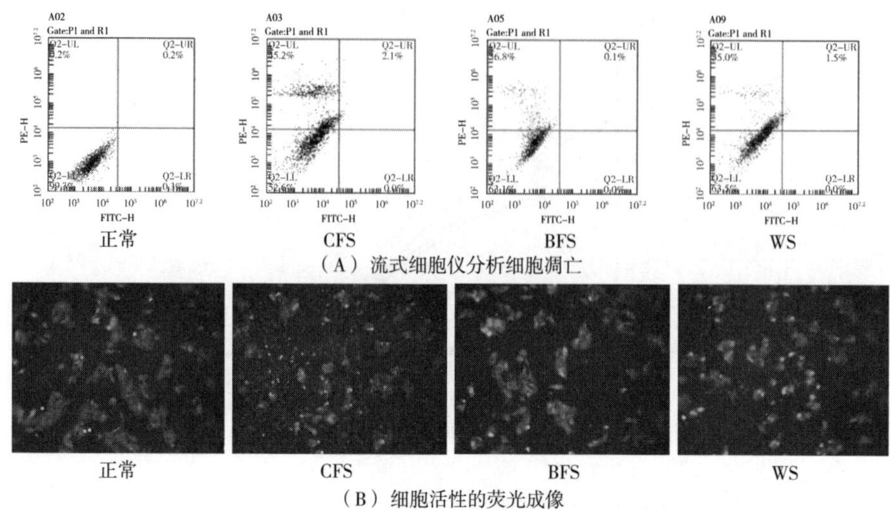

图 6-18　发酵葡萄皮液诱导 HepG2 细胞凋亡

注：Normal：未处理细胞。

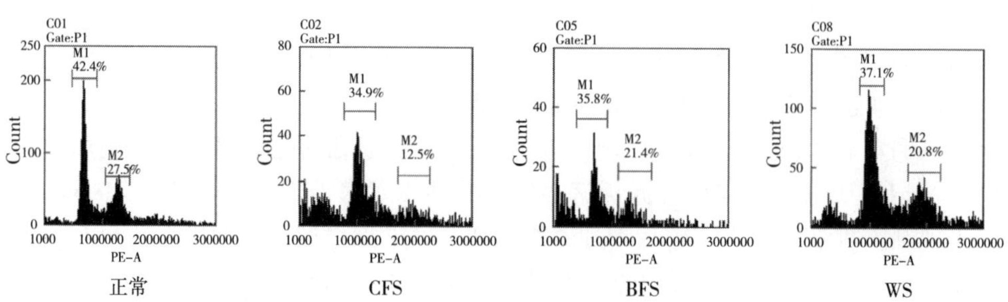

图 6-19　发酵葡萄皮液导致循环停滞

葡萄皮发酵液对 HepG2 细胞凋亡相关基因表达的影响

使用葡萄皮发酵液干预细胞 24 h 后，从基因水平研究发酵液对肝癌细胞的影响，并定量分析细胞的 mRNA 水平（图 6-20）。经葡萄皮发酵液诱导后，凋亡相关基因 caspase-3/7/8/9、COX-2、p53、c-myc、TGF-β1 和 p21 的表达水平上调，Bcl-2、PCNA、CD1、CDK4、NF-κB 和 pRb1 的表达水平下调。与 BFS 和 WS 相比，CFS 的调节效果更为明显，细胞凋亡现象也更为显著。

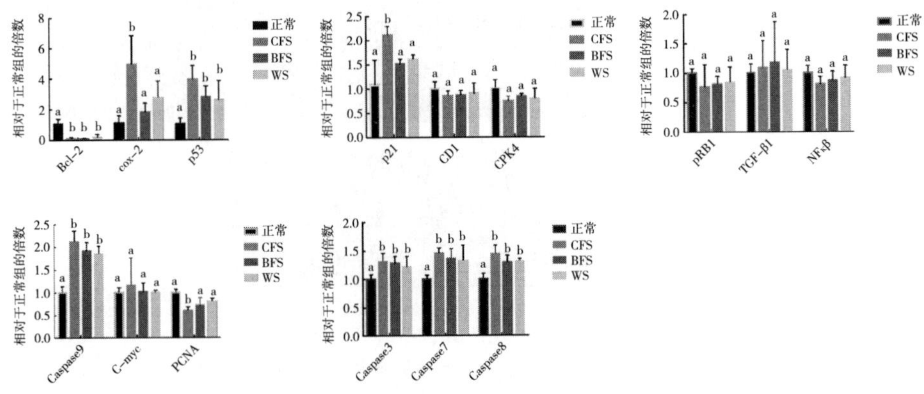

图 6-20　发酵葡萄皮液诱导 HepG2 细胞凋亡相关基因表达

葡萄皮发酵液对 HepG2 细胞凋亡相关蛋白表达的影响

与正常组、WS 组和 BFS 组相比，CFS 组的 HepG2 细胞中 p53、p65 和 Bax 蛋白水平升高（$P<0.05$），磷酸化 p65（p-p65）蛋白水平降低（$P<0.05$），如图 6-21 所示。

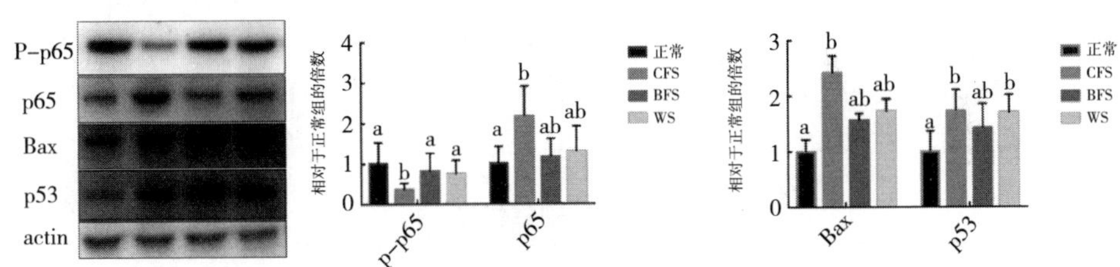

图 6-21　发酵葡萄皮液诱导 HepG2 细胞凋亡相关蛋白表达

葡萄皮发酵液对 293T 细胞中 H_2O_2 引起的氧化损伤的作用

H_2O_2 对 293T 细胞的损伤与浓度和作用时间呈正相关。如图 6-22A 所示，使用 100 μmol · L^{-1} 的 H_2O_2 干预 293T 细胞 2 h 后，CCK-8 检测结果显示细胞活性明显下降，达到 IC50，致死率达到（49.85±10.2)%。

在倒置荧光显微镜下观察氧化应激对 293T 细胞凋亡的影响。如图 6-22B 所示，与正常对照组相比，经 H_2O_2 干预的细胞比例显著增加。在 CFS 组中，CFS 增强了细胞对氧化损伤引起的细胞死亡的保护，并降低了细胞死亡率。BFS 和 WS 也可以保护细胞免受氧化损伤，但效果不如 CFS。

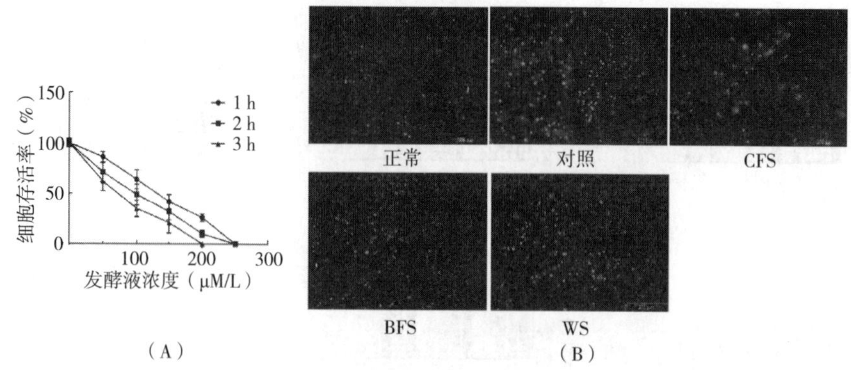

图 6-22 发酵葡萄皮液可防止过氧化氢引起的氧化损伤

（A）过氧化氢引起的损伤（N=3/组）；

（B）细胞活性的荧光成像，mRNA 和蛋白质表达水平量化和统计数据。

H_2O_2 对 293T 细胞氧化损伤指数的影响

监测发酵液对 H_2O_2 干预细胞氧化还原状态各项相关指标的影响，结果如表 6-2 所示。在氧化损伤标志物中，H_2O_2 致损伤对照组 MDA、LDH 和 NO 的表达水平高于正常对照组。相反，CAT、SOD、GSH-PX 和 T-AOC 水平低于正常对照组。与对照组相比，CFS 组细胞中 MDA、LDH 和 NO 水平降低，而 CAT、SOD、GSH-Px 和 T-AOC 水平升高。与正常对照组相比，H_2O_2 对照组降低了谷胱甘肽/氧化谷胱甘肽（GSH/GSSH）比率。而在 CFS 治疗组中，该比率回升。

表 6-2 293T 细胞氧化损伤指数

组别	LDH（$U/10^4$）	GSH-Px（U/mgprot）	CAT（$U/10^4$）	MDA（$nmol/10^4$）	SOD（$U/10^4$）	T-AOC（$U/10^4$）	NO（$\mu mol/10^4$）	GSH/GSSG
正常	5.22±0.08[a]	2.65±0.42[d]	3.08±0.19[b]	1.39±0.28[a]	20.32±2.88[c]	18.54±0.62[c]	4.88±0.46[a]	6.38±0.72[b]
对照	8.54±0.19[c]	0.91±0.11[a]	1.54±0.25[a]	2.85±0.34[c]	11.55±1.62[a]	12.35±0.33[a]	8.54±0.39[b]	5.03±1.47[a]
CFS	5.88±0.45[a]	1.82±0.37[c]	2.33±0.72[b]	1.48±0.19[b]	18.29±0.47[b]	16.26±1.28[b]	5.32±0.64[a]	6.42±0.17[a]
BFS	7.36±0.63[b]	1.53±0.14[b]	2.28±0.53[b]	1.82±0.13[b]	17.33±1.37[b]	15.42±1.04[b]	4.42±0.43[a]	6.03±0.47[a]
WS	7.28±1.05[b]	1.68±0.22[b]	2.35±0.42[b]	1.79±0.22[b]	16.83±0.34[b]	13.40±0.31[b]	5.63±0.68[a]	6.29±0.58[a]

葡萄发酵液对抗氧化损伤基因和蛋白表达的调节作用

SOD、CAT、GSH 和 GSH-Px 可以消除生物体在代谢过程中产生的有害物质，是一类具有抗氧化特性的活性物质。H_2O_2 可以诱导氧化损伤，从而导致 SOD、CAT、GSH 和 GSH-Px 的 mRNA 表达降低。葡萄皮发酵液有效降低了氧化损伤的影响，与 BFS 和 WS 组相比，CFS 组的抑制作用更为显著（图 6-23A）。在蛋白水平上也显示出相同的效果，葡萄皮发酵液上调了因 H_2O_2 而降低的 SOD、CAT、GSH 和 GPX1 表达水平（图 6-23B）。

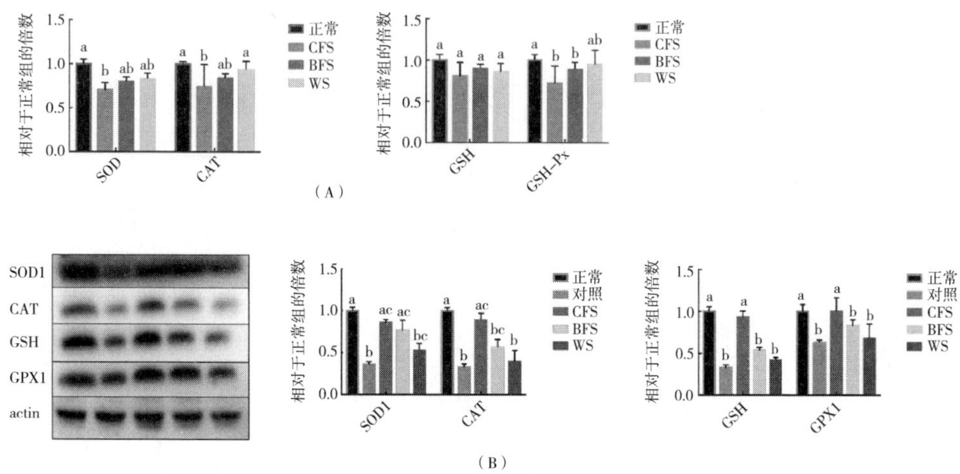

图 6-23　发酵葡萄液调节抗氧化损伤基因和蛋白质的表达

（A）293T 的 mRNA 表达；（B）293T 中的蛋白表达。

HPLC 分析

为了研究葡萄皮发酵液中的活性物质，对发酵液中各组分进行了分离和比较。图 6-24 显示了使用外部标记的 HPLC 技术对葡萄皮发酵液中多酚成分的定性分析。通过标准参考比较，发酵液包括 ECG、新绿原酸、芦丁和白藜芦醇（图 6-24A）。如图 6-24B 所示，CFS 中表儿茶素没食子酸酯（ECG）、芦丁和白藜芦醇的含量最高，峰面积分别达到了 24.62 mAU · min、15.15 mAU · min 和 18.14 mAU · min，CFS、BFS 和 WS 中的总物质含量分别为 224.08 mg · 100 g^{-1}、203.18 mg · 100 g^{-1} 和 159.56 mg · 100 g^{-1}。

讨论

在过去的几十年里，由于植物衍生物在癌症治疗和疾病预防中的有益作用，人们对其进行了大量研究。许多研究证明，植物、植物衍生物和植物衍生产品对炎症性疾病和肿瘤具有抑制作用。

益生菌是具有生理活性的活菌，食用益生菌有利于改善人体肠道微生态平衡。

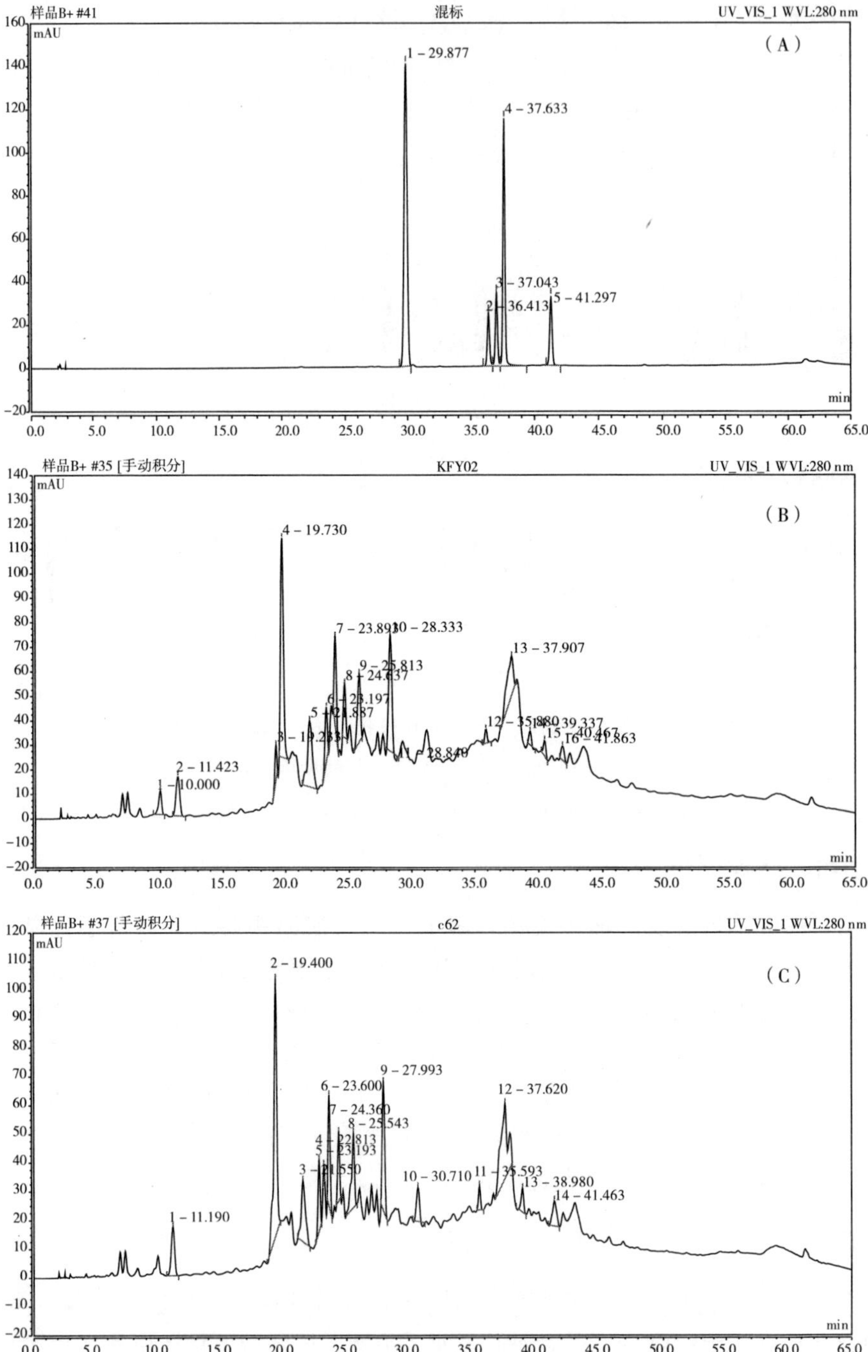

样品B+ #41
混标
UV_VIS_1 WVL:280 nm
mAU
(A)
1 – 29.877
4 – 37.633
3 – 37.043
2 – 36.413
5 – 41.297
min
样品B+ #35 [手动积分]
KFY02
UV_VIS_1 WVL:280 nm
(B)
4 – 19.730
7 – 23.893
10 – 28.333
13 – 37.907
2 – 11.423
1 – 10.000
样品B+ #37 [手动积分]
c62
UV_VIS_1 WVL:280 nm
(C)
2 – 19.400
9 – 27.993
6 – 23.600
12 – 37.620
7 – 24.360
8 – 25.543
10 – 30.710
11 – 35.593
13 – 38.980
14 – 41.463
1 – 11.190

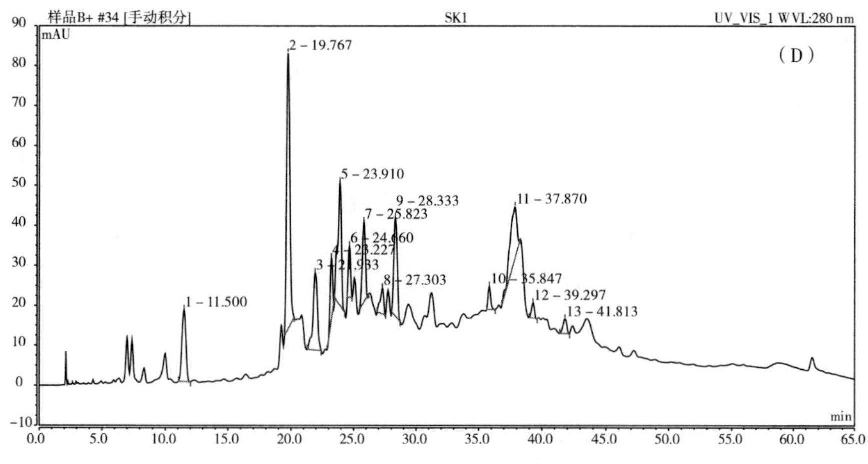

图 6-24　葡萄皮发酵液的多酚成分

(A) 标准色谱图；1：没食子酸表儿茶素（ECG）；2：新型绿原酸；3：芦丁；4：白藜芦醇；
(B) CQPC12 发酵液的色谱图；(C) 保加利亚乳杆菌发酵的发酵液的色谱图；
(D) 用超纯水提取的溶液的色谱图。

近年来，随着生物技术和益生菌发酵工业的发展，微生物学、免疫学和营养学的研究人员对益生菌进行了大量研究。多项研究结果证实，直接口服益生菌或益生菌发酵产物对某些疾病的防治具有一定的价值。本研究使用了益生菌短乳杆菌 CQPC12 发酵葡萄皮，并检测了发酵液的生理活性。

炎症是机体对刺激、损伤或感染的复杂生物反应。大量研究表明，炎症促进了肿瘤的发生和发展。虽然急性炎症对机体可能起到一定的修复治疗作用，但长期慢性炎症可促进肿瘤的发生。正常情况下，存在炎症时，癌症患者的抵抗力很差。肿瘤坏死因子（TNF）不仅是肿瘤相关炎症的重要介质，也是激活阻止癌细胞凋亡的 NF-κB 信号通路的最重要分子之一。本研究发现，葡萄皮发酵液降低了 HepG2 细胞的炎症水平，抑制了 NF-κB 通路的发生。此外，在 Bcl-2 家族蛋白中，炎症生物标志物分子 COX-2 主要受炎症转录因子调控，与癌细胞增殖密切相关，并在炎症期间高度表达。经葡萄皮发酵液治疗后，Bcl-2 和 COX-2 的表达均有不同程度的降低。

细胞凋亡是指受基因控制的细胞自主有序死亡，以维持内部环境的稳定。它涉及一系列参与清除受损细胞或癌细胞过程的基因的激活、表达和调控。细胞凋亡是一个对多个基因进行严格控制的过程。这些基因在物种间非常保守，如 Bcl-2 基因家族、caspase 基因家族、癌基因 C-myc，以及抑癌基因 p53。大多数抗癌药物通过激活相应的凋亡通路诱导细胞凋亡，如 Bcl-2 家族蛋白的凋亡通路，其在细胞凋亡中起关键作用，表现为 Bax/Bcl-2 比率的增加。这也与本研究结果一致。

p53 基因与人类肿瘤高度相关，可以调节细胞周期，防止细胞癌变。观察结果显示，50%以上的癌症患者发生 p53 基因突变和失活。细胞受损且无法修复时，p53 蛋白会导致细胞凋亡。细胞周期是在细胞周期蛋白/细胞周期蛋白依赖性激酶（CDK）复合体的调节下进行的。在细胞周期的 G1-S 期，DNA 受损且无法在细胞中修饰后，p53 蛋白出现高表达导致大量 p21 表达，从而阻碍了细胞周期的进行。在本研究中，葡萄发酵液激活了 p53 通路，导致 p21 基因表达失调，并诱导肝癌细胞中的 G1/S 细胞周期停滞。

结论

许多研究已经证实，白藜芦醇和芦丁等多酚可以诱导癌细胞凋亡。p53 抑癌基因是恶性肿瘤中最常见的突变点之一，故而使其成为抑癌药物的作用靶点，相关药物研究结果表明该基因可以被有效调控。实验证实，葡萄皮发酵液对调节 HepG2 细胞中的 p53 信号通路有积极作用。葡萄皮发酵液经 HPLC 分离后，鉴定出芦丁、白藜芦醇、绿原酸等多种酚类物质，这些酚类物质都是有效的肿瘤细胞抑制剂。葡萄皮经益生菌发酵后，发酵液成分对诱导 HepG2 细胞系凋亡具有积极作用。因此，可以收集葡萄皮，并将其作为有益的防癌物质。

第四节　发酵杆菌发酵葡萄皮诱导肝癌细胞凋亡的效果

引言

许多自由基是通过呼吸和新陈代谢产生的。正常生理条件下，体内自由基生成与抗氧化系统处于动态平衡状态。当自由基的聚集超过抗氧化系统的清除能力时，平衡就会被打破，表现为氧化应激。研究表明，氧化应激会破坏细胞中的各种大分子（如多糖、蛋白质、脂质和 DNA）。氧化应激还可以刺激参与细胞凋亡、炎症反应、细胞功能变化的信号通路，并最终导致帕金森症、阿尔茨海默症和癌症等疾病的病理变化。因此，提高抗氧化能力和适当摄入抗氧化食物对健康至关重要。研究表明，南瓜多糖可减轻肝细胞的氧化损伤；黄酮类化合物可抑制 H_2O_2 氧化损伤引起的溶血，减少过氧化物的产生，并提高过氧化物酶的活性；此外，多酚可以改善帕金森病大鼠的氧化应激反应。

肝脏是人体主要的代谢器官。90%以上的原发性肝癌是肝细胞癌（HCC），是最常见的恶性肿瘤之一。乙型肝炎、丙型肝炎病毒感染、饮用污染水、寄生虫病和化学物质等因素都与 HCC 发病密切相关。由于肝癌的发生具有隐匿性，大多数患者在确诊时已处于中晚期。由于肝脏血液供应充足，癌细胞很容易在器官内外转移，致使肝癌难以治愈。

癌细胞和组织的生长和转移需要大量的能量供应。癌细胞中 ATP 的生成依赖于发达的线粒体和糖酵解系统，使它可以在任何环境中保持高能量生成状态。大多数抗癌药物通过作用于线粒体引起功能损伤而发挥抗癌作用。相关研究表明，沉默相关癌基因或蛋白表达可以干扰线粒体活性并激活死亡受体活性，从而促进细胞凋亡或自噬性细胞凋亡。多酚可以抑制肠癌细胞、肝癌细胞和乳腺癌细胞的生长。例如，多酚可以抑制裸鼠体内移植性肝癌细胞瘤（SMMC-7721）的生长。

葡萄皮中含有多种活性成分，包括多酚、纤维素和蛋白质（如白藜芦醇、单宁酸、儿茶素、槲皮素、花青素等），具有强大的抗氧化、抗突变、抗菌、抗炎、心血管保护等作用。随着葡萄产量的增加和葡萄产业的快速发展，我国葡萄渣的年产量也在快速增长，但其中只有 25%的葡萄渣可以回收利用，大多数用作饲料或肥料，或者被丢弃。最近的深入研究已从葡萄皮中鉴定出 10 多种单体酚，包括儿茶素、槲皮素、没食子酸和绿原酸等。

发酵乳杆菌 CQPC04（LF-CQPC04）是一种发酵乳杆菌。重庆市功能性食品协同创新中心从中国四川的传统泡菜中将其分离出来。该菌株保藏于中国普通微生物菌种保藏管理中心（CGMCC 编号：14493）。之前对 LF-CQPC04 活性的评估表明，该菌株在 pH 3.0 的人工胃酸中的存活率为 84.14%，在 0.3%的胆盐中的生长率为 66.38%。到达肠道时，这种菌株仍可以保持良好的活性。此外，研究还建立了动物肥胖模型，发现该菌株经口灌胃后具有良好的降脂效果。本研究探讨了菌株 LF-CQPC04 的功能效应，并找到一种葡萄皮的再利用方式。

结果

抗氧化活性

葡萄皮发酵液比乙醇提取物具有更高的抗氧化能力和更好的时间依赖性（图 6-25）。为了测定发酵液的抗氧化能力，实验测定了发酵液的 DPPH 和 ABTS 自由基清除活性。LP-CQPC04 发酵液（CF）在 72 h、96 h 和 120 h 的 DPPH 自由基清除活性分别为 97.54%、92.86%和 92.69%。发酵液在 72 h、96 h 和 120 h 的 ABTS 自由基清除活性分别为 81.00%、93.60%和 92.43%。德氏乳杆菌保加利亚亚种保加利亚发酵液（BF）对 DPPH 和 ABTS 的自由基清除活性在 120 h 最高，分别为 86.68%和 68.54%。乙醇提取物（WE）对 DPPH 和 ABTS 的自由基清除活性分别为 54.53%和 57.98%。

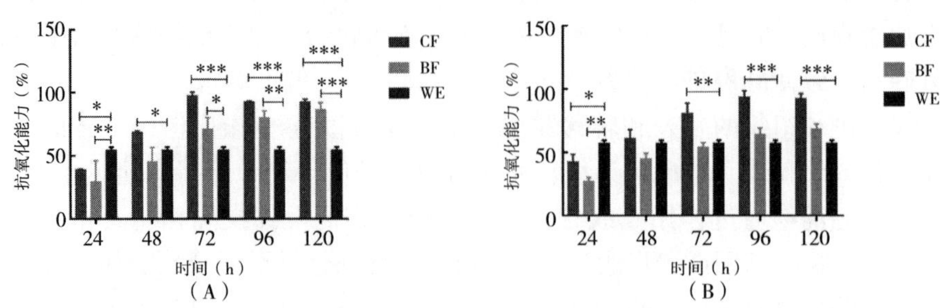

图 6-25　各实验组的体外抗氧化能力

（A）各实验组在不同时间间隔（24、48、72、96、120 h）对 DPPH 的耐受性。
（B）各实验组在不同时间间隔（24、48、72、96、120 h）对 ABTS 的耐药性。
CF：发酵乳杆菌 CQPC04 发酵的发酵液；BF：保加利亚乳杆菌发酵的发酵液；
WE：乙醇提取的溶液（*表示 $P< 0.05$，**表示 $0.05 < P<0.01$，
****表示 $0.01 < P<0.001$，****表示 $0.001 < P<0.0001$）。

H_2O_2 诱导的人胚肾（293T）细胞氧化损伤模型

不同浓度的 H_2O_2 对 293T 细胞生长有不同的抑制作用，并且细胞存活率随着浓度的增加而降低（图 6-26）。与对照组相比，H_2O_2 干预显著抑制 293T 细胞的存活，且抑制作用随时间、浓度、作用时间的增加而增强。使用 100 μmol/L 的 H_2O_2 干预 2 h 后，细胞存活率显著下降，为 54.67%±3.16%，与对照组（95.70%±5.32%）相比有显著差异。如果浓度太低，细胞损伤太小；如果浓度太高，细胞会过度死亡。因此，氧化损伤模型中使用的 H_2O_2 浓度为 100 μmol/L，作用时间为 2 h。

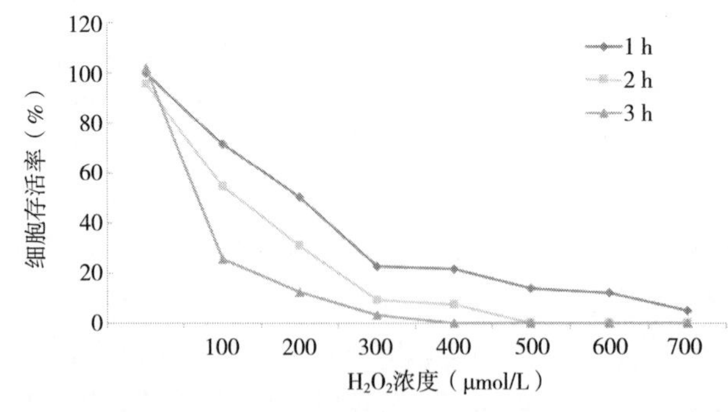

图 6-26　细胞存活率随时间和浓度的变化趋势

葡萄皮发酵液对人胚肾（293T）细胞和人肝癌（HepG2）细胞生长的影响

与空白对照组相比，将发酵液应用于293T细胞48 h可促进细胞增殖［图6-27（A）］。CF治疗组浓度超过400 μmol/L时，随着浓度的增加，细胞增殖受到显著抑制，而BF组和WE组细胞增殖不显著。因此，300 μmol/L浓度的CF被用作后续氧化损伤实验中的推荐剂量。48 h后，将葡萄皮发酵液应用于人肝癌HepG2细胞中［图6-27（B）］，并与空白对照组进行比较。随着时间的推移，两个时期的细胞生长均受到显著抑制，生长时间延长且与时间相关。CF浓度为150 μmol/L时，作用时间为48 h，细胞存活率为55.42%±1.2%。BF浓度为200 μmol/L时，作用时间为48 h，细胞存活率为53.20%±2.6%。WE浓度为300 μmol/L时，作用时间为48 h，细胞存活率为44.48%±1.5%。

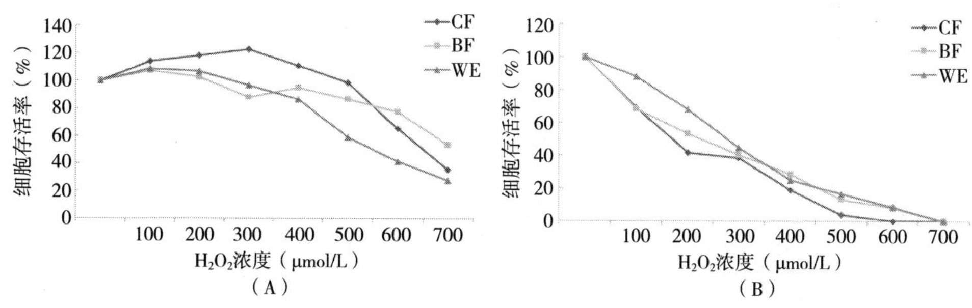

图6-27　葡萄皮发酵液对细胞生长的影响

（A）葡萄皮发酵液处理48 h对293T细胞生长和活力的影响。

（B）葡萄皮发酵液处理48 h对HepG2细胞生长和活力的影响。

葡萄皮发酵液对细胞形态的影响

在倒置显微镜（Olympus，日本东京）下观察细胞形态。正常的293T细胞数量众多、饱满、多角形，细胞质丰富，周围交错排列着假性足（图6-28）。H_2O_2诱导对照组细胞严重萎缩，数量减少，且损伤严重。CF治疗组细胞数量增多，状态良好。H_2O_2诱导氧化后，CF似乎能更好地防止细胞收缩，增加细胞数量，降低损伤程度。BF和WE也可以保护细胞免受氧化损伤，但效果不如CF。对照组HepG2细胞呈不规则多边形或长梭形，细胞质饱满且聚集（图6-29）。CF治疗后，细胞体积缩小，核染色质分裂成大小不一的片段，线粒体和核糖体等一些细胞器聚集在一起，在细胞质中呈微粒状，折射增强，细胞凋亡程度增加。BF治疗组和WE治疗组的细胞凋亡程度低于CF治疗组。

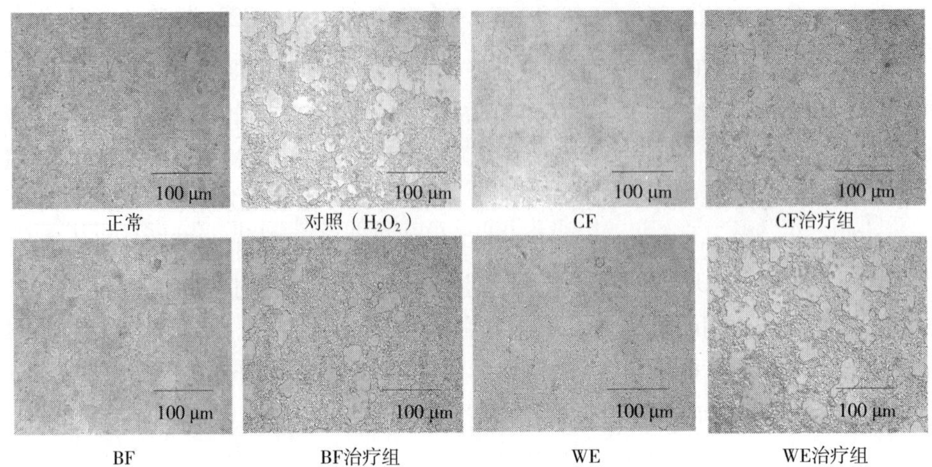

图 6-28 葡萄皮发酵液处理 48 h 对细胞形态的影响，200×

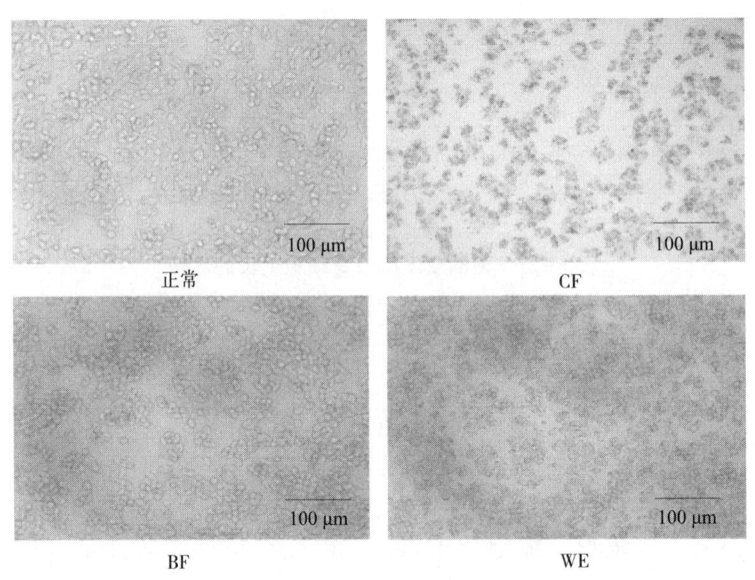

图 6-29 葡萄皮发酵液处理 48 h 对 HepG2 细胞形态的影响，200×

人胚肾（293T）细胞中的 LDH、GSH、GSH-Px、CAT、MDA、SOD、T-AOC 和 NO 含量

正常细胞组中的 GSH、GSH-Px、CAT、SOD 和 T-AOC 含量最高，并且 CF 治疗组的 GSH、GSH-Px 和 CAT 含量显著高于 WE 治疗组（表 6-3）（$P<0.05$）。

但正常细胞组的 LDH、MDA 和 NO 含量最低，并且 CF 治疗组 NO 含量显著低于对照组和 WE 治疗组（$P<0.05$），LDH 含量也显著低于 BF 治疗组和 WE 治疗组，与正常对照组相似。CF 治疗组、BF 治疗组和 WE 治疗组的 MDA 含量差异无统计学意义，但 MDA 含量均显著低于对照组（$P<0.05$）。

表 6-3　细胞中 LDH、GSH、GSH-Px、CAT、MDA、SOD、T-AOC 和 NO 的含量

组别	LDH ($U/10^4$)	GSH ($\mu g/10^4$)	GSH-Px (U/mgprot)	CAT ($U/10^4$)	MDA ($nmol/10^4$)	SOD ($U/10^4$)	T-AOC ($U/10^4$)	NO ($\mu mol/10^4$)
正常	$5.44±0.16^a$	$3.13±0.14^c$	$2.50±0.20^d$	$2.77±0.21^b$	$1.42±0.04^a$	$18.12±0.61^c$	$18.32±0.79^c$	$4.20±0.39^a$
对照	$8.90±0.33^c$	$1.89±0.07^a$	$0.91±0.11^a$	$1.43±0.10^a$	$2.72±0.17^c$	$10.46±0.57^a$	$11.42±0.16^a$	$8.43±0.49^b$
CF	$6.06±0.28^a$	$2.86±0.12^{bc}$	$1.98±0.06^c$	$2.48±0.22^c$	$1.65±0.07^b$	$16.61±0.68^b$	$14.94±0.97^b$	$4.92±0.41^a$
BF	$7.40±0.45^b$	$2.76±0.27^{bc}$	$1.62±0.08^b$	$1.95±0.11^b$	$1.75±0.09^b$	$16.63±0.32^b$	$14.62±1.22^b$	$4.38±0.66^a$
WE	$7.41±0.40^b$	$2.67±0.24^b$	$1.72±0.03^b$	$1.88±0.05^b$	$1.79±0.08^b$	$15.73±0.47^b$	$13.40±0.31^b$	$5.29±0.25^a$

人胚肾（293T）细胞中 SOD、GSH、CAT 和 GSH-Px 的 mRNA 和蛋白表达

SOD、GSH、CAT 和 GSH-Px 的 mRNA 表达在正常对照组最高，在对照组最低（表 6-4）。然而，经 CF 和 WE 抗氧化保护后，mRNA 表达水平显著高于对照组。CF 治疗组 SOD、GSH、CAT 和 GSH-Px 的 mRNA 表达高于 WE 治疗组和 BF 治疗组。图 6-30 显示了通过蛋白质印迹分析测定的 SOD、CAT、GSH 和 GSH-Px 蛋白水平。与正常对照组相比，对照组的 SOD、CAT、GSH 和 GSH-Px 蛋白水平显著降低。但与对照组相比，经 LF-CQPC04 葡萄皮发酵液治疗后，SOD、CAT、GSH 和 GSH-Px 的蛋白水平显著升高。BF 和 WE 也显著提高了 SOD、CAT、GSH 和 GSH-Px 蛋白水平。

表 6-4　293T 细胞中 SOD、GSH、CAT 和 GSH-Px mRNA 的表达

组别	CAT	SOD	GSH	GSH-Px
正常	$1.01±1.88^c$	$1.00±0.94^d$	$1.00±0.93^c$	$1.01±0.18^c$
对照	$0.39±0.08^a$	$0.12±0.13^a$	$0.32±0.29^a$	$0.35±0.14^a$
CF	$0.72±0.14^b$	$0.51±0.14^c$	$0.97±0.8^c$	$0.96±0.22^c$
BF	$0.66±0.53^b$	$0.30±0.29^b$	$1.4±0.27^d$	$0.72±0.14^{bc}$
WE	$0.66±0.02^b$	$0.28±0.08^b$	$0.73±0.89^b$	$0.54±0.56^{ab}$

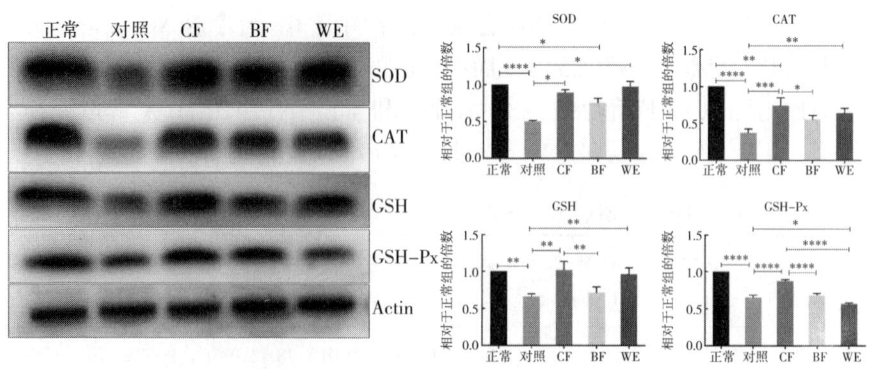

图 6-30 293T 细胞中 SOD、GSH、CAT 和 GSH-Px 蛋白的表达

葡萄皮发酵液对人肝癌（HepG2）细胞周期及凋亡的影响

如图 6-31 所示，正常 HepG2 细胞处于 G0/G1 期，可转化为 G2 期，并且细胞增殖正常。使用 CF 干预 HepG2 细胞 48 h 后，G1/S 期延长，大多数细胞仍处于 S 期，不能转化为 G2 期，在 WE 组和 BF 组中显示了相同的结果。细胞凋亡结果表明，经过发酵液治疗后细胞凋亡和细胞碎片数量增加。与正常对照组相比，CF 治疗组、BF 治疗组和 WE 治疗组的细胞存活率分别为 23.3%、21.5%和 37.8%。CF 治疗后细胞晚期凋亡率为 59.4%，BF 组和 WE 组分别为 39.2%和 17.0%。

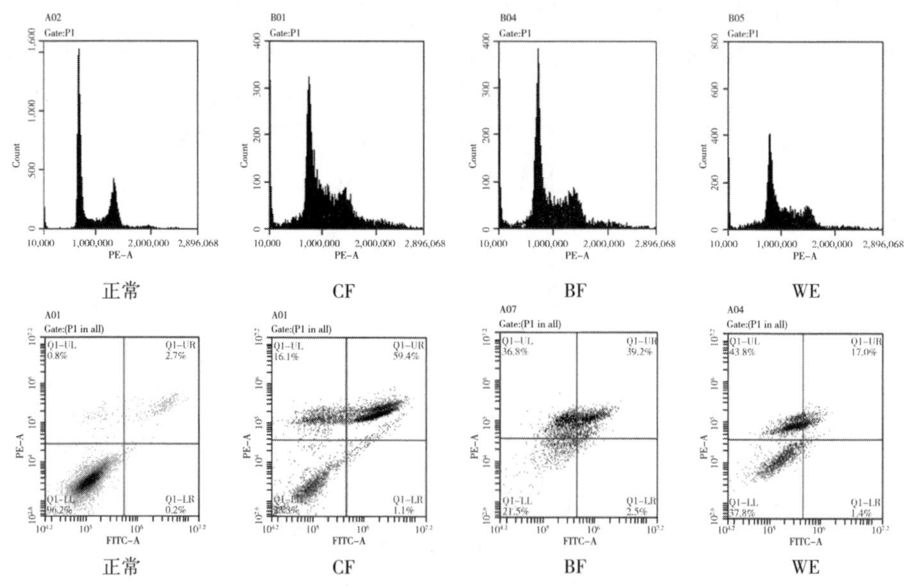

图 6-31 葡萄皮发酵液对 HepG2 细胞周期、凋亡的影响

人肝癌（HepG2）细胞相关 mRNA 和蛋白表达

结果如表 6-5~表 6-7 所示。与对照组 HepG2 细胞相比，CF 治疗组 Bcl-2、cox-2、PCNA、CD1、C-meyc、CDK4、NF-κB 和 qRb1 的 mRNA 表达水平显著降低（$P<0.05$），Caspase-3、Caspase-7、Caspase-8、Caspase-9、p53、TGF-β 和 p21 的表达水平升高。与对照组相比，WE 治疗组和 BF 治疗组的 Bcl-2、cox-2、PCNA、CD1、C-meyc、CDK4、NF-κB 和 qRb1 的 mRNA 表达水平下调，而 Caspase-3、Caspase-7、Caspase-8、Caspase-9、p53、TGF-β 和 p21 的 mRNA 表达水平上调。图 6-32 显示了通过蛋白质印迹分析测定的 Bax、Caspase-8 和 NF-κB 蛋白的水平。与对照组相比，CF 治疗组的 Bax 和 Caspase-8 蛋白水平显著升高，而 NF-κB 蛋白水平降低。BF 治疗组和 WE 治疗组产生了相同的结果，Bax 和 Caspase-8 的蛋白水平显著升高，炎症因子 NF-κB 的蛋白表达水平降低。

表 6-5 HepG2 中 Bcl-2、cox-2、Caspases-3、Caspase-7 和 Caspases-8 mRNA 的表达

组别	Bcl-2	Cox-2	Caspase-3	Caspase-7	Caspase-8
正常	1.01 ± 0.16^{c}	1.01 ± 0.13^{c}	1.01 ± 0.13^{a}	1.00 ± 0.05^{a}	1.13 ± 0.60^{a}
CF	0.62 ± 0.45^{a}	0.47 ± 0.04^{a}	3.03 ± 0.35^{c}	1.99 ± 0.48^{b}	1.89 ± 1.45^{a}
BF	$0.91\pm0.10b^{c}$	0.75 ± 0.03^{b}	1.90 ± 0.37^{b}	1.14 ± 0.18^{a}	2.57 ± 1.87^{a}
WE	0.81 ± 0.67^{b}	0.76 ± 0.04^{b}	1.93 ± 0.78^{b}	2.57 ± 0.88^{b}	1.43 ± 1.28^{a}

表 6-6 HepG2 细胞中 TGF-β、Caspase-9、C-myc、cyclinD1 和 CDK4 mRNA 的表达

组别	TGF-β	Caspase-9	C-myc	CyclinD1	CDK4
正常	1.14 ± 0.24^{a}	1.00 ± 0.10^{a}	1.00 ± 0.10^{a}	1.00 ± 0.11^{c}	1.00 ± 0.10^{d}
CF	8.05 ± 1.87^{c}	3.46 ± 0.70^{c}	1.65 ± 0.13^{b}	0.29 ± 0.05^{b}	0.34 ± 0.07^{a}
BF	5.41 ± 0.87^{b}	1.39 ± 0.18^{a}	1.11 ± 0.24^{a}	0.36 ± 0.03^{b}	0.60 ± 0.06^{c}
WE	5.10 ± 0.42^{b}	1.92 ± 0.18^{b}	1.17 ± 0.07^{a}	0.19 ± 0.02^{a}	0.49 ± 0.04^{b}

表 6-7 HepG2 细胞中 NF-κB、p21、p53、PCNA 和 qRb1 mRNA 的表达

组别	NF-κB	p21	p53	PCNA	qRb1
正常	0.94 ± 0.24^{c}	0.90 ± 0.26^{a}	1.00 ± 0.15^{a}	1.00 ± 0.06^{c}	1.00 ± 0.05^{c}
CF	0.24 ± 0.03^{a}	3.37 ± 0.32^{c}	4.67 ± 0.94^{c}	0.15 ± 0.02^{a}	0.32 ± 0.08^{b}
BF	0.63 ± 0.09^{b}	1.06 ± 0.12^{a}	1.18 ± 0.30^{a}	0.19 ± 0.01^{ab}	0.13 ± 0.02^{a}
WE	0.57 ± 0.11^{b}	2.66 ± 0.06^{b}	1.97 ± 0.18^{b}	0.21 ± 0.01^{b}	0.26 ± 0.05^{b}

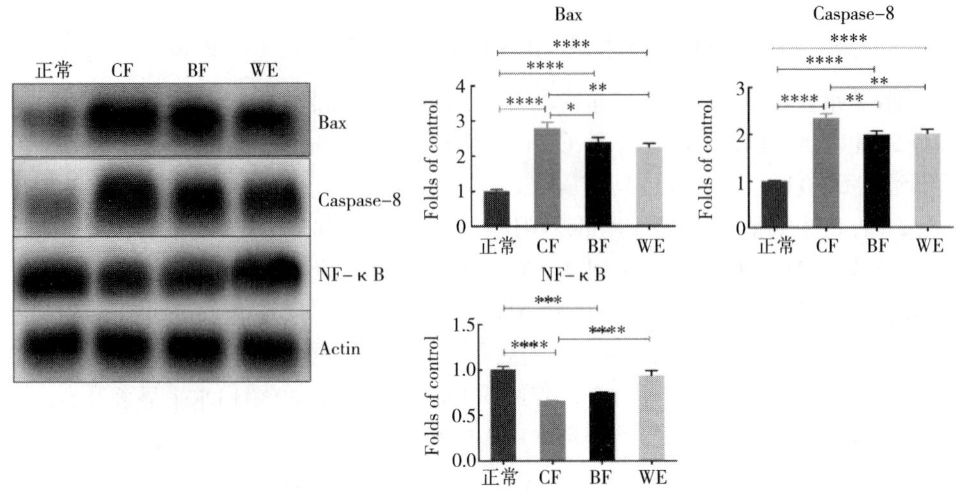

图 6-32 Bax、Caspase-8 和 NF-κB 蛋白在 HepG2 细胞中的表达

HPLC 分析

图 6-33 显示了葡萄发酵液中通过 HPLC 分离的多酚成分。如图 6-33（B）所示，CF 中表儿茶素没食子酸酯、白藜芦醇和绿原酸的含量最高，峰面积分别达到 24.62 mAU · min、15.15 mAU · min、18.14 mAU · min，芦丁是从乙醇中提取的。芦丁的最高峰面积为 37.73 mAU · min［图 6-33（D）］。从分离结果来看，LF-CQPC04 发酵液的总峰面积低于乙醇提取的葡萄皮提取物的总峰面积，CF 发酵液有 74 个有效峰，乙醇提取物有 83 个有效峰。CF 发酵液活性成分少于乙醇提取物，BF 发酵液中仅有 59 个有效峰［图 6-32（C）］。通过标准参考比较，发酵液中活性物质包括 ECG、香豆素、新绿原酸、芦丁、白藜芦醇、绿原酸和迷迭香酸［图 6-33（A）］。

讨论

多酚是植物中复杂的酚类次生代谢物，是天然抗氧化剂，可预防慢性炎症、心血管疾病、癌症和糖尿病。葡萄中多酚含量较高，酚类物质主要来源于葡萄茎、果皮和果实颗粒。大多数酚类物质以束缚态和聚合态存在，且含量不同。发酵乳杆菌是一种产乳酸的细菌。先前的研究表明，产乳酸菌可以通过其免疫调节作用发挥抗肿瘤活性，如减少肠道腐败菌形成致癌物，并竞争 DNA 损伤剂受体以减少细胞畸变。CQPC04 是一种从泡菜（中国四川）中分离出来的发酵乳杆菌菌株。先前的研究已经证实，该菌株在 pH 3.0 的人工胃液中的存活率为 84.14%，在 0.3%胆盐中的生长率为 66.38%，证明实验菌株到达肠道后仍保持

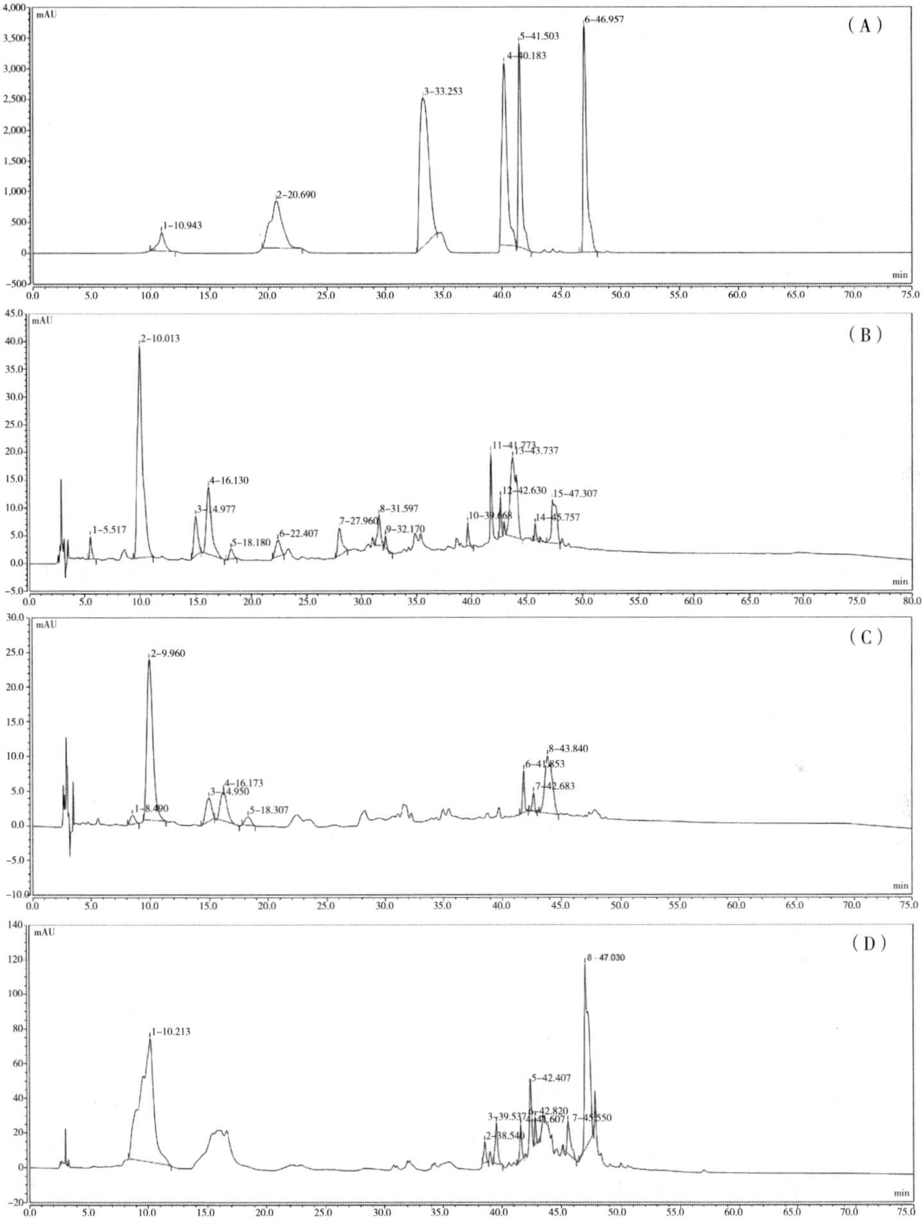

图 6-33　葡萄皮发酵液的多酚成分

（A）标准色谱图；1：没食子酸表儿茶素（ECG）；2：香豆素；3：新型绿原酸；4：芦丁；5：白藜芦醇；6：绿原酸；（B）CF 色谱图；（C）BF 色谱图；（D）WE 色谱图。

活性。因此，使用乳酸菌 CQPC04 发酵葡萄皮，并通过 HPLC 分离发酵液成分，结果表明，发酵过程中多酚的结构和含量发生了很大变化，体外抗氧化活性也发生了变化。

氧化应激是许多疾病的根源。它可以破坏细胞内的各种大分子（如糖、蛋白质、脂质和 DNA），参与细胞凋亡和炎症，并刺激一系列信号通路，从而改变细胞功能，引起各种疾病的病理变化。人肾上皮 293T 细胞生长快，蛋白表达水平高。实验使用 293T 细胞来研究葡萄皮发酵液的抗氧化保护作用。实验使用 H_2O_2 作为氧化剂来诱导 293T 细胞的氧化损伤，这是诱导细胞氧化损伤最常用的模型。实验结果发现，H_2O_2 诱导的氧化损伤程度随着浓度的增加而增加，氧化损伤的细胞缩小，细胞增殖率显著降低。但在一定浓度范围内（100～400 μmol/L）经 CF、BF 或 WE 干预后，细胞形态正常，低浓度 CF 提取物可以促进细胞生长。

此外，诱导氧化损伤后，细胞内 GSH、GSH-Px、CAT、SOD 和 T-AOC 水平显著降低，而 MDA、LDH 和 NO 水平显著升高。细胞内过氧化物活性的变化可以改变细胞功能和基因表达，甚至可以导致细胞凋亡和坏死。GSH、GSH-Px、CAT、SOD 和 T-AOC 被氧化。GSH 是一种强还原剂，可还原部分过氧化物，从而防止过氧化物对含硫基蛋白质和酶的损害。超氧阴离子 O_2^- 在 SOD 的作用下与 H^+ 反应形成 H_2O_2，H_2O_2 在 CAT 和 GSH-Px 的作用下又与 H^+ 反应，最终形成 H_2O 和 O_2 等无害物质。LDH 是一种广泛分布于肝脏和肾脏的糖酵解酶，LDH 含量增加表明具有炎症。MDA 是膜脂过氧化的终产物之一，可作为细胞研究中氧化应激程度的指标。NO 可直接氧化内源性抗氧化剂，破坏非酶抗氧化防御系统，并抑制抗氧化酶（如 CAT 和 GSH-Px）的活性，从而导致细胞内过氧化物含量增加，对细胞造成氧化损伤。实验结果发现，与 H_2O_2 氧化损伤对照组相比，经 CF、BF 或 WE 治疗后，GSH、GSH-Px、CAT、SOD 和 T-AOC 水平显著升高，而 MDA、LDH 和 NO 水平降低，CF 治疗组比 BF 治疗组或 WE 治疗组效果更佳。因此，使用乳酸菌 CQPC04 对葡萄皮进行发酵，其发酵液对细胞具有一定的抗氧化保护作用。

除细胞生化水平外，氧化对照组 SOD、CAT、GSH 和 GSH-Px 的 mRNA 水平在基因和蛋白水平均降低，而 CF、BF 和 WE 可提高这些基因水平。与 WE 治疗组和 BF 治疗组相比，CF 诱导的基因表达上调水平更显著。与 WE 和 BF 治疗组相比，对照组的蛋白表达水平最低，但经 CF 治疗后上调，与正常对照组的结果相似。这表明 CF 治疗可以保护细胞免受氧化损伤。

细胞周期状态可以决定一个细胞的命运，不同细胞周期状态的细胞具有不同的分子特性和功能。恶性肿瘤，又称细胞周期疾病，特征是肿瘤在细胞周期异常生长和转移。细胞周期蛋白依赖性激酶在调节细胞周期中起着至关重要的作用。

p53 基因与肿瘤的发生、发展及临床治疗密切相关。p53 参与细胞周期调控、DNA 修复、细胞分化、凋亡等抗癌生物学功能，并可上调 p21 等基因的表达。p21 基因表达在 DNA 损伤引起的 G1/S 期阻滞中发挥着重要作用。p21 基因的表达产物是具有最广泛激酶抑制活性的细胞周期抑制蛋白。p21 可以抑制细胞周期蛋白 D1-CDK4 的活性，致使 qRb1 蛋白不能被磷酸化，使细胞周期停滞在 G1 期，DNA 复制因此受到抑制，而 p21 也可以降低 PCNA 表达并将细胞阻滞在 S 期。CDK4 是激酶家族的成员，也是细胞从 G1 期向 S 期转化的关键调节因子，其含量和活性水平与细胞周期 G1/S 期转化率密切相关。CDK4 表达升高可促进细胞周期进展，增强细胞增殖，从而导致肿瘤发生。使用 CF 治疗 HepG2 细胞 48 h 后，通过流式细胞仪检测细胞凋亡和周期性变化。与正常 HepG2 细胞相比，CF 治疗组细胞凋亡增加，晚期凋亡细胞数量显著增加。CF 治疗组的效果显著高于 BF 治疗组和 WE 治疗组。周期变化结果还表明，CF 治疗组的大多数细胞被阻滞在 S 期，不能转化为 G2 期，而 BF 治疗组和 WE 治疗组也被阻滞在 S 期。因此，葡萄皮发酵液显著影响细胞周期，对细胞 DNA 造成不可修复的损伤，使细胞无法在 S 期继续分裂，从而促进细胞凋亡。

TGF-β 可以调节细胞增殖和分化，参与调节胚胎发育，促进细胞外基质形成，并抑制免疫。通过维持微环境中激活剂和抑制剂之间的平衡，TGF-β 在细胞的正常自我更新中发挥重要的调节作用，并阻止细胞进入 G1 期或延长 G1 期。Smad7 基因是抑制 TGF-β 信号通路的抑制因子，该通路中任何成分的失活都会诱发细胞癌变。NF-κB 是一种广泛存在的核转录因子，可调节细胞功能，控制细胞凋亡、细胞周期、细胞分化和细胞转移，从而调节肿瘤的发生和发展。c-myc 是一种具有恶性转化的癌基因。c-myc 基因在细胞受到外界刺激后才能表达，其过表达可诱导细胞凋亡。qRb1 是一种肿瘤抑制基因，可调节细胞周期、程序性细胞死亡和自噬。TNF-β/Smad7 信号通路与肿瘤的发生发展密切相关。正常情况下，TGF-β 可以控制 c-myc 基因表达和 RB 磷酸化，诱导细胞凋亡。如果上调抑制 TGF-β 的 Smad7 表达，就会激活抗凋亡因子 NF-κB 信号通路成分。这种变化使 TGF-β 对 c-myc 和 RB 的控制作用变弱，从而无限增加细胞，导致肿瘤发生。本研究中，与对照组相比，CF 治疗组 TNF-β 的 mRNA 表达升高，而 c-myc、NF-κB 和 qRb1 的 mRNA 表达降低，并且与 WE 组的 mRNA 表达水平存在差异。CF 可以通过抑制 TNF-β/Smads 通路和影响细胞周期来促进细胞凋亡。

Bax 是人体内促凋亡效果最强的蛋白之一，属于 bcl-2 家族。Bax 可诱导 Cyt-c 的释放，激活 caspase 的表达，并导致气泡形成、核碎裂和细胞凋亡。Caspase-8 和 Caspase-9 参与细胞凋亡的初始阶段，而 Caspase-3 和 Caspase-7 参与细胞凋亡，从而抑制 DNA 修复和降解。细胞受到外部迫害时，会造成不可逆的 DNA 损伤。通过刺激死亡受体通路，死亡受体与相应配体结合而被激活。在下游一系列信号级联后，逐步激活初始的 Caspase-8，从而激活死亡蛋白 Bax 的表达，它会作用于 IκB、解离 NFκB，并抑制 DNA 的正常转录。蛋白质研究还表明，与肝癌对照组相比，CF 治疗组和 WE 治疗组的 Caspase-8 和 Bax 蛋白表达升高，而 NF-κB 的表达降低。

研究表明，益生菌及其多酚化合物代谢物具有抗氧化作用。发酵乳杆菌 CQPC04 可发酵葡萄皮提取物，而超声破碎葡萄皮提取物对人肾上皮 293T 细胞具有抗氧化作用，并对 HepG2 细胞具有促凋亡作用。本研究结果还表明，CF 治疗组的抗氧化保护作用和促凋亡作用优于 BF 治疗组，尤其是在阻滞细胞周期方面。相同的两种发酵液具有不同的化学成分，可能是内部细胞器之间差异的影响，将在未来对此进行进一步的研究。

结论

本研究使用发酵乳杆菌 CQPC04 发酵葡萄皮，并分析了这些发酵液中潜在的生物活性物质。结果表明，发酵乳杆菌 CQPC04 发酵液通过刺激细胞内 SOD、T-AOC、CAT、GSH 和 GSH-Px 的表达，抑制 LDH、MAD 和 NO 的表达，减轻了 H_2O_2 诱导的氧化损伤。mRNA 和蛋白水平也显示出 SOD、CAT、GSH 和 GSH-Px 表达水平上调。发酵液还降低了肝癌细胞中 Bcl-2、cox-2、PCNA、CD1、C-myc、CDK4、NF-κB 和 qRb1 的 mRNA 表达水平，并上调了 Caspase-3、Caspase-7、Caspase-8、Caspase-9、p53、TNF-α 和 p21 的表达水平。Bax 和 Caspase-8 蛋白表达升高，而 NF-κB 蛋白表达降低，从而促进了肝癌细胞凋亡。本研究结果表明，葡萄皮发酵液在体外具有生物活性，并可以防止氧化和癌细胞增殖。

参考文献

[1] Liu Jia, Chen Xiufeng, Zhou Xianrong, Yi Ruokun, Yang Zhennai, Zhao Xin, *Lactobacillus fermentum* ZS09 mediates epithelial-mesenchymal transition (EMT) by regulating the transcriptional activity of the Wnt/β-连环蛋白 signalling pathway to inhibit colon cancer activity [J]. Journal of Inflammation Research, 2021, 14: 7281-7293.

[2] Jia Liu, Fang Tan, Xinhong Liu, Ruokun Yi, Xin Zhao, Grape skin fermentation by *Lactobacillus fermentum* CQPC04 has anti-oxidative effects on human embryonic kidney cells and apoptosis-promoting effects on human hepatoma cells [J]. RSC Advances, 2020, 10 (8): 4607-4620.

第七章　益生菌对血栓的功效

第一节　德氏乳杆菌保加利亚亚种对血栓的作用

引言

血栓形成是一种对人体危害极大的疾病，可影响血液循环和心血管功能。慢性血栓形成还可导致脑组织缺血、缺氧、脑血栓软化和坏死。大多数心脑血管疾病在发病前并无明显症状，若不及时治疗，极有可能发生死亡，因此脑血管疾病死亡率极高。血栓形成对人类健康的巨大威胁引起了越来越多的关注。然而，许多治疗血栓形成的药物都有明显的副作用。因此，无副作用的生物治疗手段对血栓形成的预防和干预作用已成为研究热点。腹腔内注射 κ-角叉菜聚糖已被证明会导致实验动物的氧化应激和炎症，大量炎症因子和自由基释放到血液中会损伤血管内皮细胞并导致血栓形成。此外，由于小鼠尾部的血液是由单个股动脉流入的，因此该动脉中的栓塞通常不会导致渐进缺血，并且在侧支循环开始后，小鼠尾部组织会发生坏死。本研究使用 κ-角叉菜聚糖建立了动物血栓形成模型，以刺激氧化应激炎症，从而诱发小鼠尾静脉血栓形成。

炎症诱发血栓形成，而血栓形成又会进一步加重炎症发展，从而形成一种称为“血栓性炎症反应”的恶性循环。血栓和炎症的发生和发展都伴随着活性氧（ROS）的产生和氧化应激损伤，从而导致“氧化应激-炎症-血栓形成”的恶性相互作用网络。血栓性炎症可扩展至全身并损害心、肺和脑等远端器官，从而导致多器官功能障碍和死亡。炎症因子释放后，血液变为高凝状态，从而诱发血栓形成。炎症与氧化应激密切相关。ROS 是炎症反应的重要介质，可促进自由基产生并引起氧化应激，其中超氧阴离子自由基、羟基自由基和过氧化氢自由基起关键作用。ROS 诱导的氧化应激损伤血管内皮是诱发和加重血栓形成的重要因素。受到刺激时，血管内皮细胞会产生大量的 ROS，高水平的 ROS 会损伤血管，增加黏附分子，刺激并加重炎症，从而导致血栓形成。氧化应激诱发血栓形成，而血栓形成又会进一步加剧氧化应激。

新疆维吾尔自治区地处中国西南边疆地区，地势辽阔，畜牧业是当地的支柱产业。新疆少数民族众多，主要饮用乳制品。自制发酵酸奶是最常见的乳制品之一，是少数民族日常生活中不可缺少的食品。与商业化生产的酸奶相比，新疆发酵酸奶生产过程与其发达的畜牧业和多年的自然发酵方式相联系，使其发酵酸奶更加生态和自然，益生菌种类更加丰富，营养价值和保健功能更加突出。经过数千年的自然驯化，这些发酵乳制品中的微生物已经适应了新疆的生存环境，具有不同的发酵特性和益生菌功能。从新疆传统发酵酸奶中分离出的乳酸菌具有良好的生物活性和抗氧化作用，还可以预防高脂饮食引起的肥胖，以及结肠炎和结肠癌。因此，乳酸菌可用于制作益生菌制剂。本研究对从新疆自然发酵酸奶中分离得到的乳酸菌（LDSB-KSFY07）进行了研究，该乳酸菌是一种安全无毒的微生物。通过小鼠尾部血栓形成模型，可以观察到乳酸菌通过调节氧化应激和炎症水平干预血栓形成，因此，需进一步探讨利用益生菌以预防血栓形成、辅助消除血栓形成以及降低血栓形成引起的各种疾病风险的新策略。

结果

小鼠黑尾水平

腹腔内注射 κ-角叉菜聚糖后，小鼠黑尾尖出现血栓（图 7-1）。解剖小鼠尾部，从靠近身体的位置逐渐切开，直到观察到一个凝血点，并确定黑尾位置。对照组小鼠黑尾最长［(8.78±0.44) cm］，显著高于其余各组（$P<0.05$）。LDSB-KSFY07-H 组小鼠的黑尾较短［(3.12±0.35) cm］，与肝素组相似［(2.97±0.32) cm］，且显著短于 LDSB-KSFY07-L 组［(3.12±0.35) cm，$P<0.05$］。

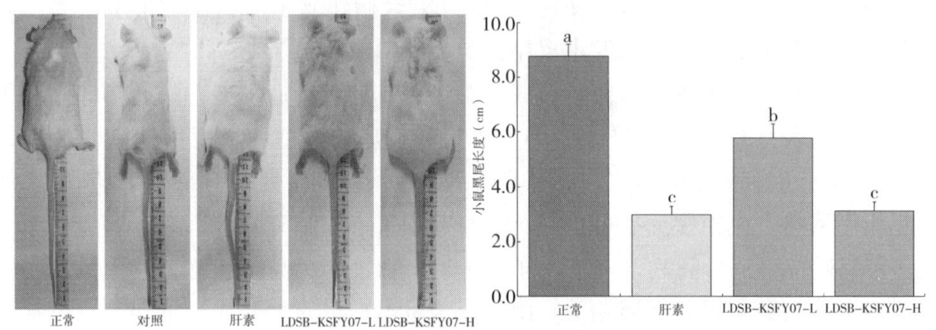

图 7-1　各组小鼠尾部血栓情况

注：不同英文小写字母表示在 $P<0.05$ 水平上相应两组间具有显著差异，下同。

小鼠的血凝参数

正常对照组小鼠的 APTT 显著高于其他组，但 TT、FIB 和 PT 显著低于其他组（$P<0.05$，表 7-1）。对照组则呈现相反的情况，APTT 显著低于其他组，而

TT、FIB 和 PT 显著高于其他组（$P<0.05$）。LDSB-KSFY07-H 组的 APTT 显著高于 LDSB-KSFY07-L 组，而 TT、FIB 和 PT 则显著低于 LDSB-KSFY07-L 组（$P<0.05$）。LDSB-KSFY07-H 组的 APTT、TT、FIB 和 PT 水平与肝素组接近，差异无统计学意义（$P>0.05$）。

表 7-1 卡拉胶诱导血栓形成小鼠的活化部分凝血活酶时间（APTT）、凝血酶时间（TT），纤维蛋白原（FIB）和凝血酶原时间（PT）

组别	APTT（s）	TT（s）	FIB（g/L）	PT（s）
正常	152.75±10.86[a]	35.63±4.21[d]	62.38±3.25[d]	5.38±1.51[d]
对照	75.38±6.65[d]	82.00±5.53[a]	107.25±8.21[a]	21.75±1.28[a]
肝素	126.63±8.88[b]	51.25±3.54[b]	72.00±4.66[b]	11.25±1.04[c]
LDSB-KSFY07-L	93.63±6.99[c]	64.63±3.96[c]	90.25±6.41[c]	16.25±0.71[b]
LDSB-KSFY07-H	119.75±7.78[b]	55.25±3.85[b]	76.25±5.92[b]	12.75±0.89[c]

小鼠的氧化指数

血清和肝组织分析显示，对照组小鼠的 SOD、CAT 和 GSH-Px 水平最高，MDA 水平最低（表 7-2）。肝素组和 LDSB-KSFY07-H 组的 SOD、CAT 和 GSH-Px 酶活性略低于正常对照组，但高于 LDSB-KSFY07-L 组，而对照组的 SOD、CAT 和 GSH-Px 酶活性最低（$P<0.05$）。对照组的 MDA 水平最高，而 LDSB-KSFY07-L 组水平次之，并且肝素组和 LDSB-KSFY07-H 组水平显著降低（$P<0.05$）。

表 7-2 卡拉胶致血栓小鼠血清 SOD、CAT、GSH-Px 酶活性和 MDA 水平

组别	T-SOD（U/mL）	CAT（U/mL）	MDA（mmol/mL）	GSH-Px（U/mL）
正常	420.47±21.36[a]	90.39±6.33[a]	16.85±4.12[d]	1302.58±52.35[a]
对照	132.69±18.32[d]	25.95±4.96[d]	88.23±6.32[a]	308.63±20.16[d]
肝素	333.64±31.26[b]	71.35±6.69[b]	39.78±5.31[c]	922.36±42.37[b]
LDSB-KSFY07-L	207.37±25.60[c]	40.10±5.87[d]	66.99±5.12[b]	239.86±32.06[c]
LDSB-KSFY07-H	297.89±27.82[b]	68.26±6.22[b]	42.99±4.77[c]	897.89±44.38[b]

小鼠肝脏、尾静脉和心脏组织的病理学观察

正常对照组小鼠肝脏中的肝细胞完整，结构清晰，分布均匀［图 7-2（A）］。对照组切片显示严重的肝细胞坏死和炎症细胞浸润，中央静脉周围肝细胞排列不规则。其余各组小鼠接受肝素和 LDSB-KSFY07 治疗后，肝组织损伤减轻，肝素组和 LDSB-KSFY07-H 组表现出更好的效果，并具有接近正常状态的肝组织形态。

正常对照组尾静脉的血管形态呈圆形，血管壁光滑［图 7-2（B）］。对照组小鼠尾静脉血管壁可见白细胞浸润和炎性渗出，血管内可见出血灶、血小板聚集和血栓形成。LDSB-KSFY07 和肝素都可以减轻小鼠尾静脉血管的损伤，且 LDSB-KSFY07-H 和肝素的效果相似，并优于 LDSB-KSFY07-L。

正常对照组心脏组织内肌细胞横纹清晰，细胞核位于中间，细胞核周围散布有放射状肌原纤维或排列整齐的心肌纤维，未见心肌水肿、瘀血、变性、炎症细胞、中性粒细胞等浸润［图 7-2（C）］。对照组心肌细胞边界不清晰、体积增大、心肌纤维化、部分钙化、炎症及中央粒细胞浸润。LDSB-KSFY07 和肝素可以改善血栓形成引起的心脏病。LDSB-KSFY07-H 组、LDSB-KSFY07-L 组和肝素组的大部分心肌纤维完整，大多数心肌细胞边界清晰，无炎症细胞浸润。然而，LDSB-KSFY07-L 组仍有部分心肌细胞钙化。

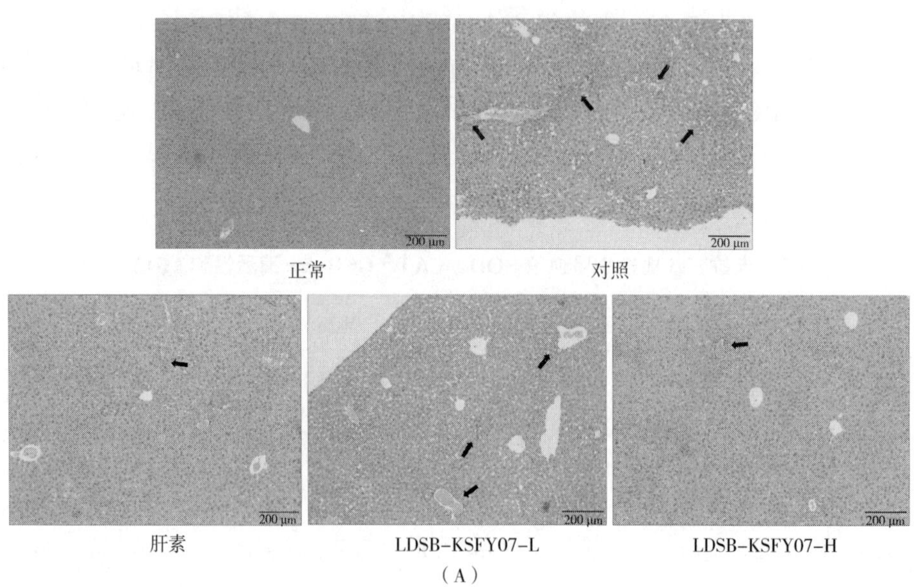

（A）

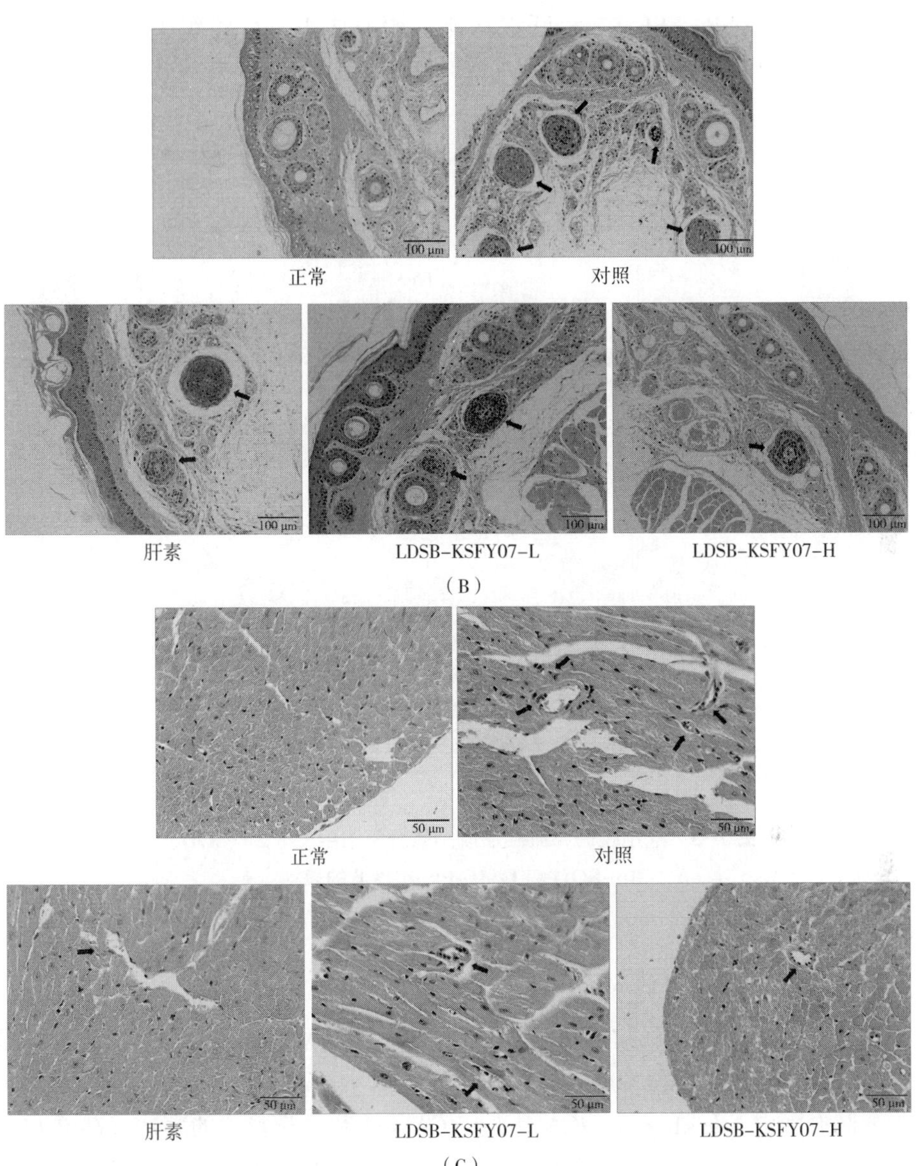

图 7-2　卡拉胶诱导血栓形成小鼠肝脏（A）、尾部（B）和心脏（C）组织的病理学观察，箭头表示组织损伤的部位

小鼠肝组织中的 mRNA 表达

正常对照组肝组织中 Cu/Zn-SOD、Mn-SOD 和 GSH-Px 的 mRNA 表达显著高于其他组（图 7-3，$P<0.05$）。对照组小鼠的 Cu/Zn-SOD、Mn-SOD 和 GSH-

Px 表达最弱。LDSB-KSFY07 和肝素均能上调血栓小鼠肝组织中 Cu/Zn-SOD、Mn-SOD 和 GSH-Px 的表达。此外，LDSB-KSFY07-H 和肝素的效果相似，均显著优于 LDSB-KSFY07-L（$P<0.05$）。

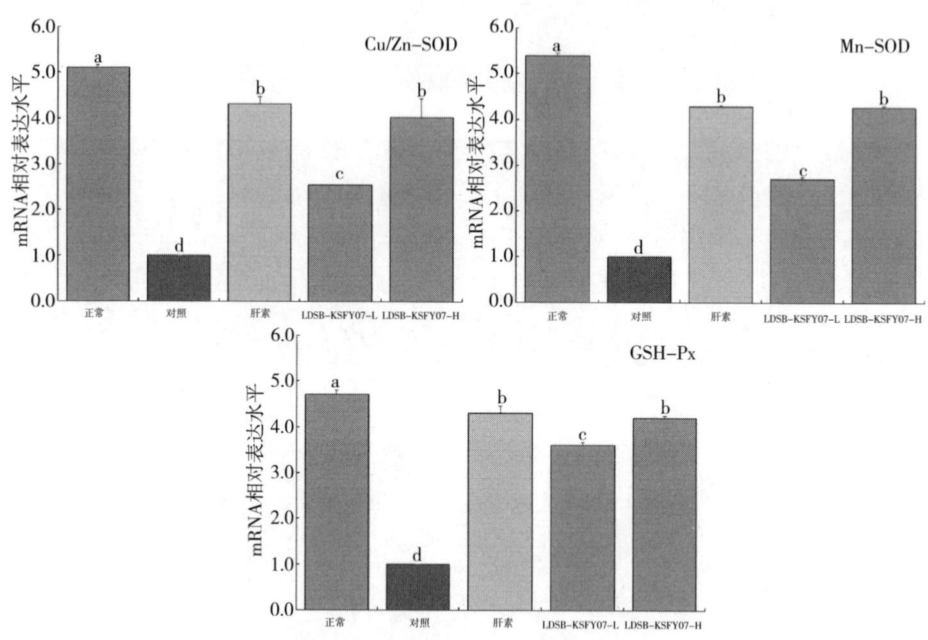

图 7-3　卡拉胶诱导血栓形成小鼠肝组织中 Cu/Zn-SOD、Mn-SOD 和 GSH-Px mRNA 的表达

小鼠尾静脉组织中的 mRNA 表达

对照组尾静脉血管中 NF-κB p65、ICAM-1、VCAM-1 和 E 选择素的表达最强（图 7-4）。LDSB-KSFY07-L、LDSB-KSFY07-H 和肝素能够显著下调血栓小鼠尾静脉血管中 NF-κB p65、ICAM-1、VCAM-1 和 E 选择素的表达（$P<0.05$），其表达结果接近正常对照组。此外，LDSB-KSFY07-H 组和肝素组的表达差异无统计学意义，但两组的表达略高于正常对照组。

小鼠心脏和尾静脉组织中凝血 mRNA 表达

血栓诱导后（对照组），小鼠心脏和尾静脉组织中 PAI-1 的 mRNA 表达降低（图 7-5），而 t-PA 的表达升高。与对照组小鼠相比，LDSB-KSFY07-L 组、LDSB-KSFY07-H 组和肝素组的 PAI-1 表达升高，而 t-PA 表达下降。LDSB-KSFY07-H 和肝素可使 PAI-1 和 t-PA 表达接近正常对照组。

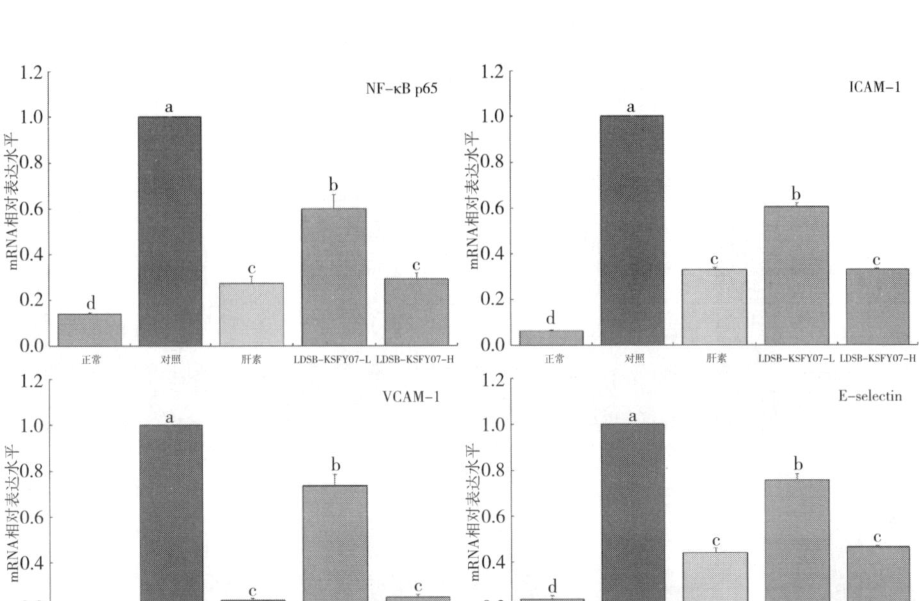

图 7-4　卡拉胶诱导血栓形成小鼠尾静脉组织中 NF-κB p65、ICAM-1、VCAM-1 和 E-选择素 mRNA 的表达

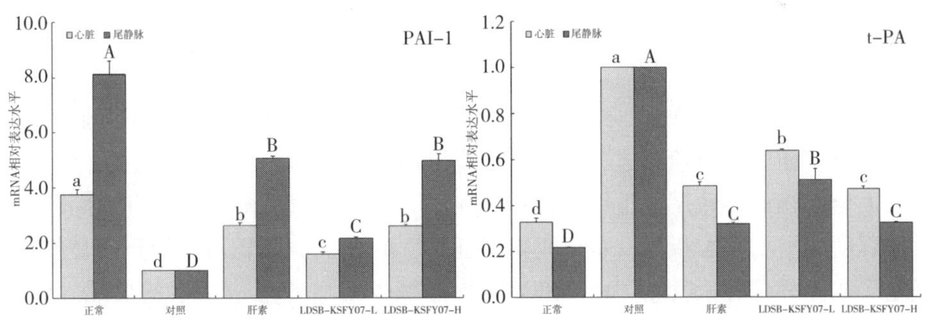

图 7-5　卡拉胶诱导血栓形成小鼠心脏和尾静脉组织中 PAI-1 和 t-PA mRNA 的表达

小鼠粪便中的微生物 mRNA 表达

正常小鼠粪便中厚壁菌门微生物的 mRNA 表达显著低于其他组，而拟杆菌和双歧杆菌则显著高于其他组（图 7-6，$P<0.05$）。诱导血栓形成后，对照组厚壁菌门的 mRNA 表达最高，但拟杆菌、乳杆菌和双歧杆菌的 mRNA 表达最低。LDSB-KSFY07 和肝素能够降低血栓小鼠粪便中厚壁菌门的表达，并增强拟杆菌

和双歧杆菌的表达。此外，正常对照组和LDSB-KSFY07组之间乳酸菌表达的差异无统计学意义，但这两个组的表达显著高于其他组（$P<0.05$）。

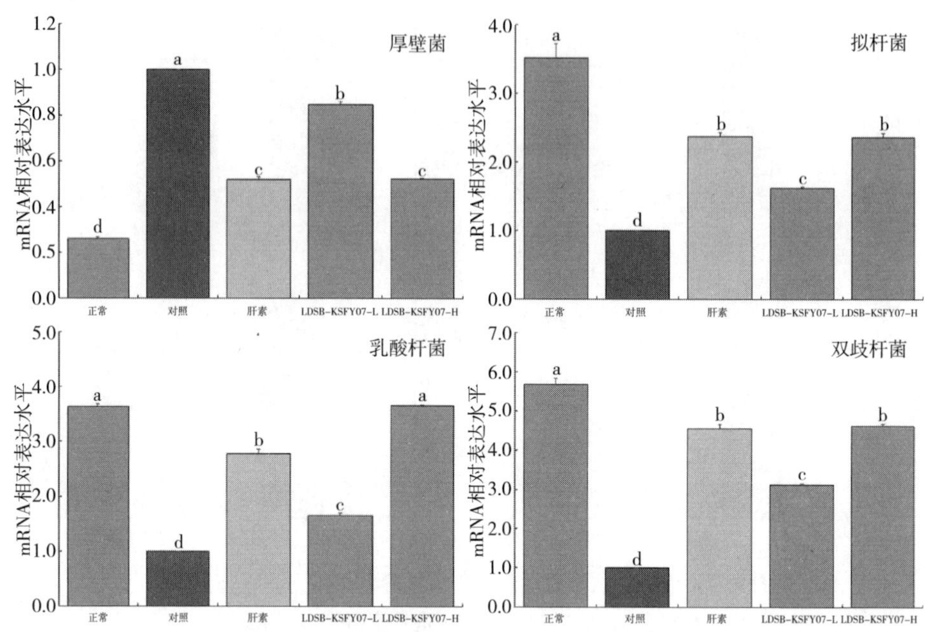

图 7-6 卡拉胶诱导血栓形成小鼠粪便中厚壁菌、拟杆菌、乳酸杆菌和双歧杆菌的 mRNA 表达

讨论

对小鼠黑尾的直观观察结果显示，κ-角叉菜聚糖可导致与小鼠尾部血管内氧化应激损伤相关的血栓形成，从而导致小鼠尾部小静脉、小动脉和毛细血管充盈混合血栓，继而导致尾部组织缺血和坏死。因此，小鼠黑尾长度是直观判断血栓形成程度的重要实验指标。本研究再次证明，κ-角叉菜聚糖可以导致明显的小鼠黑尾形成，并且肝素和LDSB-KSFY07均能减少因血栓形成引起的黑尾。此外，高浓度LDSB-KSFY07具有更好的反应，效果接近于常见的抗血栓药物肝素。

PT、APTT、TT和FIB指数测试对是诊断凝血系统异常的血液病的临床指标。血栓形成期间大量凝血因子的消耗导致PT延长，而凝血因子的丢失导致APTT缩短。在凝血酶的作用下，FIB不断转化为纤维蛋白，纤维蛋白是血栓形成的主要成分，能使血液保持高凝状态。在血栓存在的情况下，尤其是血栓影响肝功能时，FIB会异常升高，它也是观察血栓影响的重要因素。当血纤维蛋白含量过高时，机体会促进纤维蛋白溶解，从而增加纤维蛋白降解产物，导致TT延长。APTT延长反映了与内源性凝血通路相关的凝血因子的缺乏，而PT延长则反映了与外源性凝血通路相关的凝血因子的缺乏。在没有凝血因子的情况下，TT也会延长，而当ATPP和PT发生显著变化时，TT也会发生变化。在外部治疗药物的干预下，TT会立即缩短，效果显著，这些变化是血栓和凝血状态监测的重要临床指标。本研究的实验结果与目前临床试验的结果相似，肝素和LDSB-KSFY07能够控制四项凝血指标，表明肝素和LDSB-KSFY07可以干预血栓形成，此外，LDSB-KSFY07的效果随着其浓度的增加而增强。

自由基的聚集是诱发和加重血栓形成的重要因素。ROS不仅可以直接激活血小板，还可以显著提高对血小板聚集体的敏感性，如凝血酶、胶原蛋白和花生四烯酸。此外，白细胞释放的ROS有助于诱导血小板和白细胞聚集，促使血栓形成。ROS还可激活NF-κB信号通路来介导内皮细胞凋亡，促进血栓分子分泌，从而导致静脉血栓形成。研究表明，自由基清除剂可以完全预防铁离子诱发的血栓形成，充分体现了氧化应激在血栓形成中的重要作用。SOD可以催化超氧阴离子自由基歧化来生成氧气和过氧化氢，并在体内氧化和抗氧化的平衡中起着至关重要的作用，其中Cu/Zn-SOD和Mn-SOD是哺乳动物中存在的两个重要类别。CAT是一种酶清除剂，可将H_2O_2分解为分子氧和水，其酶活性为机体提供抗氧化防御能力。SOD和CAT都是抗氧化酶，可以防止ROS对机体造成损伤，同时它们也是有效的活性物质，可以减少导致血栓形成的氧化应激。GSH-Px是一种重要的过氧化氢酶，可以保护细胞膜的结构和功能，避免过氧化物对血管的干扰和损伤。在生物体内，自由基作用于脂质过氧化。MDA的氧化终产物会引起蛋白质和核酸等重要大分子的交联聚合，这一过程具有细胞毒性。因此，MDA的含量可以反映体内脂质过氧化的程度，间接反映细胞损伤的程度，并且其水平也可以作为血栓形成的重要指标。本研究中诱导小鼠血栓形成导致体内氧化应激水平升高，SOD、CAT和GSH-Px抗氧化酶水平和mRNA表达降低，MDA水平升高，表明血栓形成与氧化应激密切相关，这些实验结果与上述其他研究结果相似。高浓度LDSB-KSFY07可以改变这些氧化相关指标，使其接近正常小鼠的水平，并且其效果也与抗血栓药物的效果相似。

NF-κB是深静脉血栓形成中炎症机制的关键，并通过介导血小板与炎症反应之间的相互作用破坏内皮细胞的平衡和炎症反应。ICAM-1主要介导细胞对细胞和细胞对基质的黏附反应，在炎症的发生和发展中起重要作用。VCAM-1可以负调节血小板黏附聚集，并在血栓部位诱导炎症反应。E选择素可以在血流状态下介导白细胞与血管内皮细胞的局部黏附，诱导炎症性内皮细胞损伤，增加内皮细胞通透性，并加速白细胞浸润。NF-κB信号通路是多种炎症反应的中心环节，在激活状态下可以上调炎症因子的表达。在这种状态下，NF-κB通路可以激活内皮细胞，从而导致黏附分子和细胞因子（如ICAM-1、VCAM-1和E选择素）

的表达增强，从而进一步激活 NF-κB，放大炎症反应，并激活血小板聚集和凝血反应，最终形成高凝状态。在本研究中，血栓形成导致小鼠尾静脉氧化应激损伤，从而导致炎症反应，包括 NF-κB 中心通路，其中 ICAM-1、VCAM-1 和 E 选择素的相关表达与正常状态下显著不同。肝素和 LDSB-KSFY07 都可以调节 NF-κB、ICAM-1、VCAM-1 和 E 选择素的表达，因此具有良好的预防血栓形成的作用。

PAI-1 是体内血浆纤溶活性的主要抑制剂。它可以调节和维持纤溶系统和凝血系统之间的动态平衡。临床和实验测试发现，血栓形成会直接降低 PAI-1 水平，导致纤溶系统和凝血系统之间的失衡。t-PA 也在纤溶系统中发挥重要作用。它可以抑制凝血酶引起的血小板聚集，削弱凝血过程，降低血液黏度，改善侧支循环，恢复并疏通血液。心脏是血液循环中非常重要的器官。血液循环不畅会对心脏产生重大影响。因此，除了测量小鼠尾部外，本研究还测量了这两种蛋白在心脏组织中的表达。研究结果证实，血栓形成对这两种重要凝血因子的表达有显著影响。LDSB-KSFY07 能够有效抑制这种异常，从而调节凝血异常，促进小鼠恢复正常状态。

在血栓形成的病理状态下，肠道菌群的细胞壁成分进入血液循环并导致内毒素血症，内毒素血症可促进体内大量自由基的产生，造成器官和组织损伤。目前认为，这种炎症在血栓形成的发病机制中具有重要作用。肠道菌群失调引起的机体损伤常伴有高凝血性，可增加凝血因子含量，降低纤溶酶原活性。人体肠道菌群主要由厚壁菌门和拟杆菌组成，占人体肠道菌群的 90%以上。与正常状态相比，如果肠道中的厚壁菌门微生物多于拟杆菌微生物，会增加血液黏度和凝血的可能性，并大大增加血栓形成的可能性。乳酸菌和双歧杆菌都是具有良好活性的益生菌，可以有效帮助机体维持正常的新陈代谢和排出有毒物质，同时它们还可以调节血液循环，从而减少体内各种因素引起的炎症和血栓形成的可能性。健康的肠道菌群可以通过多种机制降低血栓形成的风险，如调节血小板功能和改变凝血功能。κ-角叉菜聚糖可以破坏肠道溶酶体膜，并引起肠道炎症。肠道炎症会对肠道菌群产生重大影响。此外，κ-角叉菜聚糖引起血栓形成后，小鼠体内血液循环不畅，并且对免疫力的影响也会间接影响肠道菌群。临床研究结果显示，肠道微生物衍生代谢物水平已被证明可以预测动脉血栓形成。肠道微生物还可以通过血清素合成影响血小板的物质，并可能增强血管假性血友病因子的产生。一项针对老年患者的研究发现，肠道中缺乏益生菌的患者表现出较高的炎症状态、低白蛋白血症和严重的门静脉血栓形成（PVT）。这些研究表明，肠道微生物与血栓形成密切相关，并且对肠道菌群的干预可能在血栓形成中起关键作用。本研究还证实，LDSB-KSFY07 可以促进肠道内产生更多的拟杆菌和双歧杆菌微生物，补充小鼠肠道内的乳酸菌，减少厚壁菌门，从而抑制体内炎症，促进血液循环正常，抑制血栓形成。肝素的副作用包括恶心、呕吐和过敏。LDSB-KSFY07 是一种从食品中分离出来的乳酸菌，无副作用，是一种安全有效的生物制剂，因此，它具有非常好的应用前景。此外，本研究的测序结果还表明，ldsb-ksfy07 是一种新发现的乳酸菌，来自不受工业化影响的原生态牧区，具有良好的开发利用价值。

结论

本研究将一种新发现的乳酸菌（LDSB-KSFY07）应用于小鼠血栓形成模型中，并在动物实验中观察了其对血栓形成的抑制作用。实验结果表明，LDSB-KSFY07 能有效调节小鼠黑尾和血栓的程度以及血清和肝组织中氧化相关指标的水平，从而发挥氧化应激抑制作用，避免器官形成过程中自由基引起的炎症和损伤。进一步的分析表明，LDSB-KSFY07 能够调节 NF-κB 通路和促炎症因子的 mRNA 表达，从而减少由氧化应激诱导的炎症反应引起的血栓形成。此外，本研究进一步表明，LDSB-KSFY07 足以调节小鼠肠道微生物，改善肠道的健康，从而改善机体健康，降低自由基的损伤程度，抑制血栓形成。实验结果表明，LDSB-KSFY07 具有良好的实验性血栓抑制作用。然而，目前仍然缺乏人体试验的结果，因此，未来需要进行临床研究。

第二节　植物乳杆菌对血栓的作用

引言

随着人类生活水平的提高，饮食结构发生了很大变化，这给人类健康带来了诸多不利影响。心脑血管疾病继续威胁着人类的生命，尤其是中老年人。大多数心脑血管疾病在发病前并无明显症状，发病通常是突然并严重的。若治疗不及时，就会导致死亡，因此心脑血管疾病的死亡率非常高。血栓形成（包括慢性血栓形成）是心脑血管疾病导致死亡的主要原因，并可以导致脑缺血、缺氧、组织软化和坏死。角叉菜聚糖可诱发体内急性炎症反应。炎症因子释放到血液中后，会损伤血管内皮细胞并导致血栓形成。由于小鼠尾部只有一条股骨血管，栓塞后很难建立侧支循环，因此通常会导致其尾巴组织逐渐缺血和坏死。本研究报告了角叉菜聚糖可以引起小鼠全身炎症，导致小鼠尾静脉血栓形成。

炎症是对内源性或外源性损伤因子的复杂防御反应。最近的研究表明，炎症可诱发血栓形成，而血栓形成可促进炎症的发展。此外，血栓形成后器官损伤的程度不仅取决于最初的损伤，还取决于随后的血管血栓形成和炎症的程度。严重情况下，血栓引起的炎症可扩散到全身，并损害远端器官，尤其是肺和肾，从而导致多器官功能障碍和死亡。在炎症因子的作用下，血液处于高凝状态，从而能够诱发血栓形成。同时，多种血栓形成因素可进一步加重炎症的发生和发展。单核细胞、血小板、巨噬细胞和内皮细胞参与这一过程，形成复杂的网络，引起器官损伤，特别是炎症，它也是脑血栓形成的重要影响因素。

中国青藏高原居民食用的自然发酵牦牛酸奶是一种具有当地藏族食品特色的传统发酵乳制品，在营养和保健方面均优于普通酸奶。报告显示，牦牛酸奶的保健功效与其中所含的丰富乳酸菌有关，并且牦牛酸奶中乳酸菌的种类主要受各地牧民的生活习惯、挤奶和发酵设备、发酵温度、时间等因素的影响。因此，牧区从牦牛酸奶中分离出的乳酸菌与普通酸奶中常用的市售乳酸菌有很大不同。研究表明，从牦牛酸奶中分离出的乳酸菌在肠道内具有较好的定殖性，可以很好地预防和干预结肠炎和胃炎，调节高脂血症。因此，这些乳酸菌在体内具有良好的生物活性。本研究对研究小组从自然发酵牦牛酸奶中分离出的一种乳酸菌（植物乳杆菌 HFY05，LP-HFY05）进行了研究。研究使用小鼠尾静脉血栓形成模型，并通过评估其调节体内炎症的能力，观察了 LP-HFY05 对血栓形成的干预作用，从而确定了预防血栓形成和辅助消除血栓形成以及降低脑血栓形成等疾病风险的新方法。双嘧达莫是一种抗血栓药物，本研究将其用作阳性对照，并与 LP-HFY05 进行了比较。

结果

小鼠尾静脉血栓形成的长度

图 7-7 显示，腹腔内注射角叉菜聚糖后，各组小鼠尾尖呈黑色，即观察到尾静脉血栓形成。对照组黑尾最长，为（7.6±0.6）cm，显著长于其他组（$P<0.05$）。LP-HFY05-H 组黑尾最短，为（1.1±0.4）cm，与双嘧达莫组相似［（0.8±0.4）cm］，但显著短于 LP-HFY05-L 组［（4.4±0.5）cm，$P<0.05$］。

小鼠的 APTT、TT、FIB 和 PT

如表 7-3 所示，正常对照组小鼠的 APTT 显著高于其他组（$P<0.05$），而 TT、FIB 和 PT 则显著低于其他组（$P<0.05$）。而对照组则表现出相反的结果，APTT 显著低于其他组（$P<0.05$），TT、FIB 和 PT 则显著高于其他组（$P<0.05$）。LP-HFY05-H 组的 APTT 显著高于 LP-HFY05-L 组（$P<0.05$），而 TT、FIB 和 PT 则显著低于 LP-HFY05-L 组（$P<0.05$）。LP-HFY05-H 组的 APTT、TT、FIB 和 PT 与双嘧达莫组相似，两组之间差异无统计学意义（$P>0.05$）。

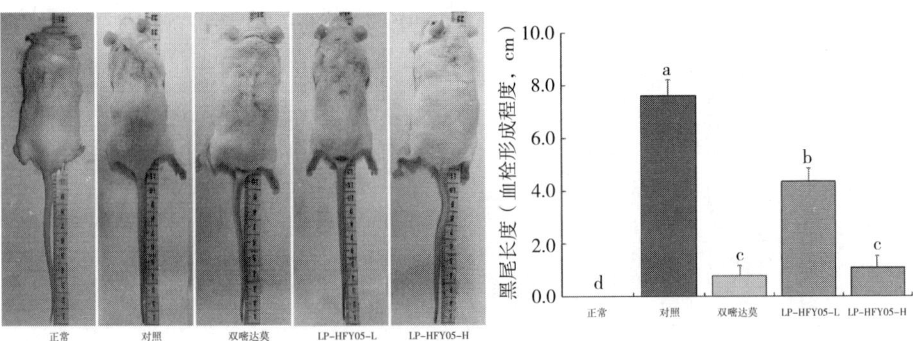

图 7-7　各组小鼠尾部血栓状态

注：不同英文小写字母表示在 $P<0.05$ 水平上相应两组间具有显著差异，下同。

表 7-3　小鼠活化部分凝血活酶时间（APTT）、凝血酶时间（TT）、纤维蛋白原（FIB）和凝血酶原时间（PT）

组别	APTT (s)	TT (s)	FIB (g/L)	PT (s)
正常	$162.2±4.3^{d}$	$50.7±5.0^{d}$	$75.2±4.1^{d}$	$7.6±1.1^{d}$
对照	$89.1±4.9^{a}$	$82.1±3.8^{a}$	$114.8±6.4^{a}$	$20.2±1.8^{a}$
双嘧达莫	$129.3±4.2^{c}$	$61.1±5.2^{c}$	$84.5±3.5^{c}$	$10.3±1.2^{c}$
LP-HFY05-L	$110.0±43.9^{b}$	$74.1±6.4^{b}$	$93.2±4.8^{b}$	$14.8±1.7^{b}$
LP-HFY05-H	$126.3±5.1^{c}$	$64.6±3.6^{c}$	$86.2±4.4^{bc}$	$11.4±1.3^{c}$

小鼠的 TNF-α、IL-6 和 IL-1β 水平

如图 7-8 和图 7-9 所示，正常对照组、双嘧达莫组、LP-HFY05-H 组、LP-HFY05-L 组和对照组的血清和肾组织中的 TNF-α、IL-6 和 IL-1β 水平呈现出由低到高的趋势。双嘧达莫组和 LP-HFY05-H 组的 TNF-α、IL-6 和 IL-1β 水平均显著低于 LP-HFY05-L 组（$P<0.05$），但双嘧达莫组与 LP-HFY05-H 组之间差异无统计学意义（$P>0.05$）。

小鼠的病理学观察

如图 7-10 所示，正常对照组尾静脉血管圆润干净，血管壁光滑。对照组则出现白细胞浸润、炎症渗出、血性病变、血小板聚集和尾静脉血管壁血栓形成。LP-HFY05 和双嘧达莫均能减轻小鼠尾静脉血管病变程度，并且 LP-HFY05-H 与双嘧达莫的效果相似，并优于 LP-HFY05-L。

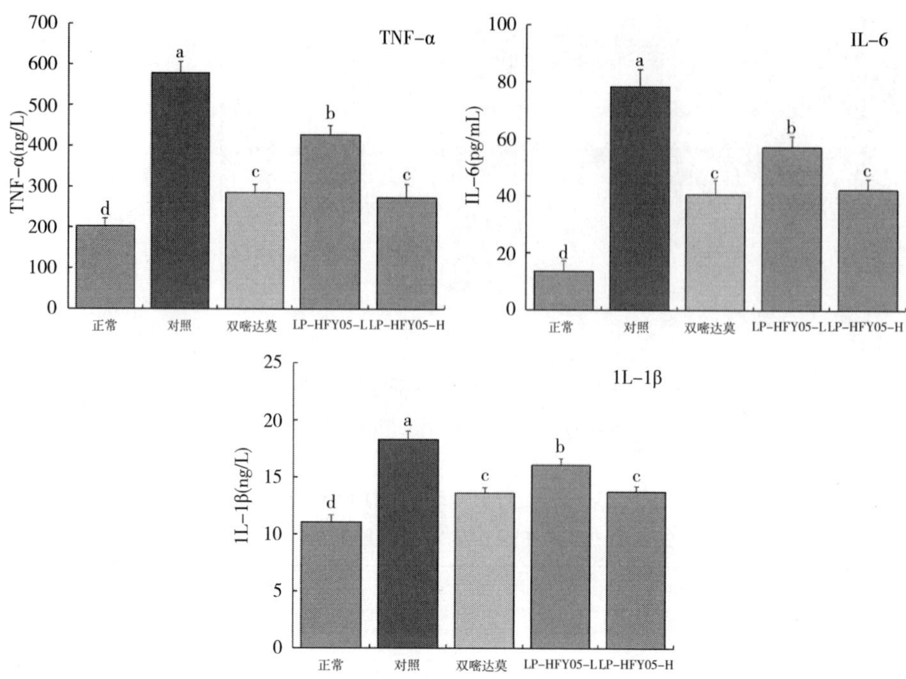

图 7-8　血栓形成小鼠血清中的 **TNF-α、IL-6** 和 **IL-1β** 水平

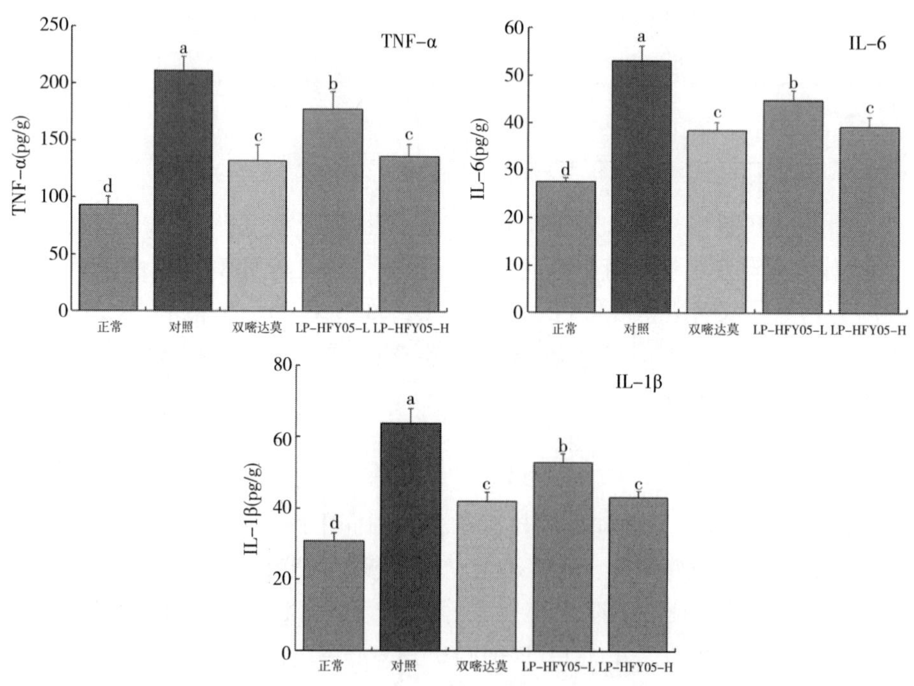

图 7-9　血栓小鼠肾组织中 **TNF-α、IL-6** 和 **IL-1β** 的水平

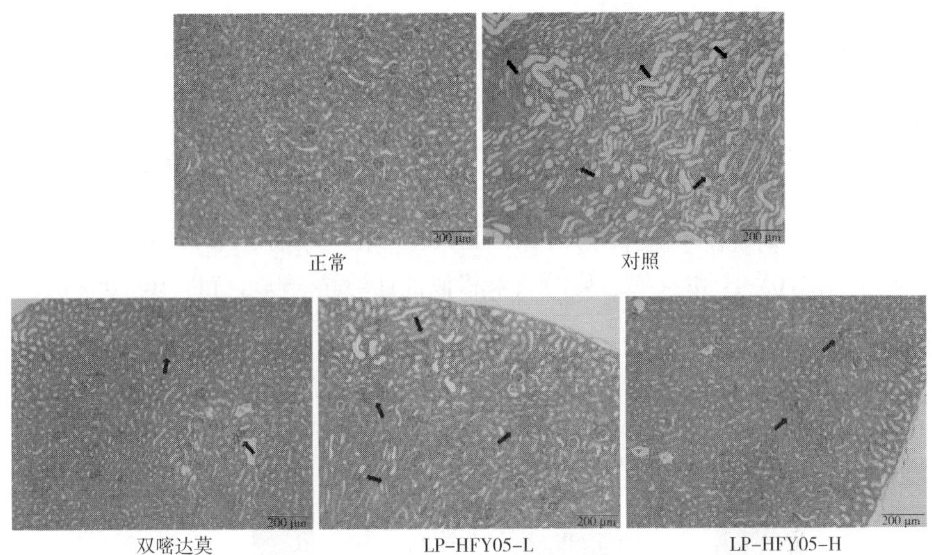

图 7-10　小鼠 H&E 染色的尾静脉血管图像，箭头指向损伤部位

苏木精-伊红染色结果如图 7-11 所示。对照组小鼠的肾组织表现为肾小球明显肿大病变、间质水肿、炎症细胞浸润、肾小管上皮细胞增生、变性肾小球上皮细胞肿胀、水肿样变性和管腔变窄。正常对照组小鼠的肾组织无变化，LP-HFY05-H 和双嘧达莫均可减轻血栓引起的肾组织炎症损伤，逆转肾组织形态，使其与正常对照组相似。LP-HFY05-L 还可以在一定程度上减轻血栓小鼠肾组织的病变程度。

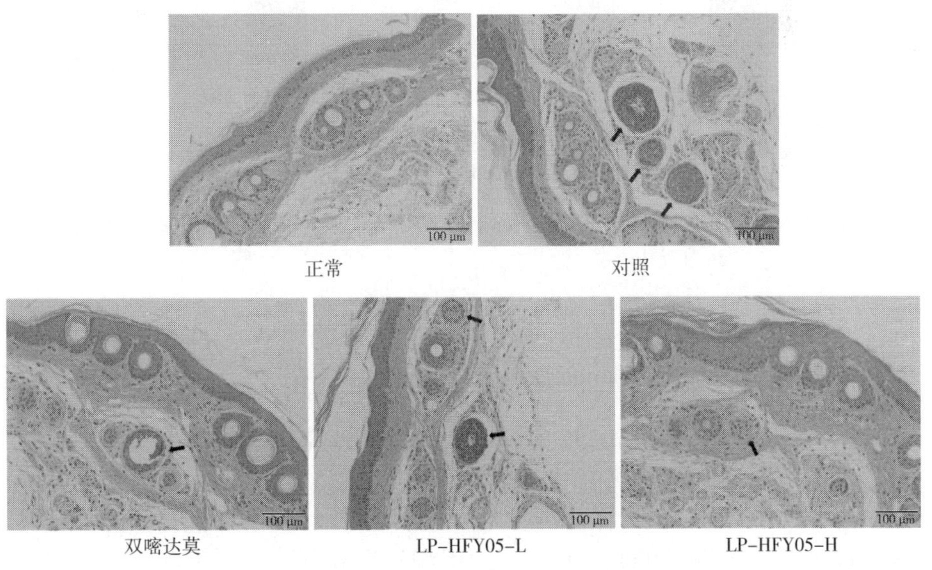

图 7-11　小鼠 H&E 染色肾组织的图像，箭头指向损伤部位

小鼠肾组织中 NF-κB p65、IL-6、TNF-α 和 IFN-γ 的 mRNA 表达

如图 7-12 所示，正常对照组小鼠肾组织中 NF-κB p65、IL-6、TNF-α 和 IFN-γ 的 mRNA 水平显著低于其他组（$P<0.05$），而对照组中 NF-κB p65、IL-6、TNF-α 和 IFN-γ 的 mRNA 水平显著高于其他组（$P<0.05$）。LP-HFY05 和双嘧达莫均能下调血栓小鼠肾组织中 NF-κB p65、IL-6、TNF-α 和 IFN-γ 的表达，并且 LP-HFY05-H 和双嘧达莫的效果相似，且均显著优于 LP-HFY05-L（$P<0.05$）。

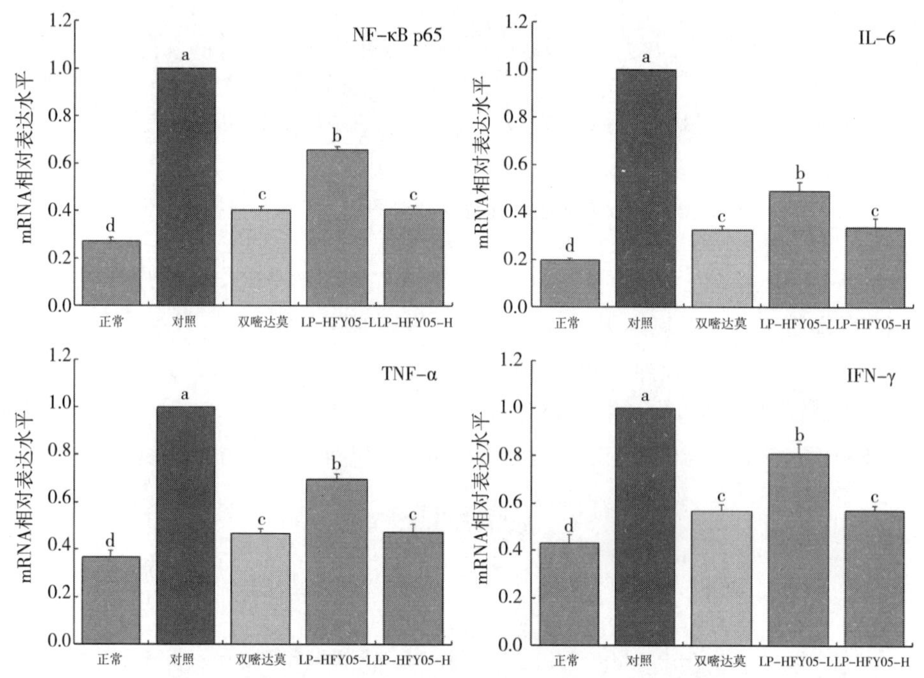

图 7-12　血栓形成小鼠肾组织中 NF-κB p65、IL-6、TNF-α 和 IFN-γ 的 mRNA 表达

小鼠尾静脉中 NF-κB p65、ICAM-1、VCAM-1 和 E 选择素的 mRNA 表达

如图 7-13 所示，对照组小鼠尾静脉血管中 NF-κB p65、ICAM-1、VCAM-1 和 E 选择素的 mRNA 水平最高。LP-HFY05-L、LP-HFY05-H 和双嘧达莫均可以显著下调血栓小鼠尾静脉中 NF-κB p65、ICAM-1、VCAM-1 和 E 选择素的表达（$P<0.05$）。然而，这些表达水平在 LP-HFY05-H 组和双嘧达莫组之间的差异无统计学意义（$P<0.05$），并且 LP-HFY05-H 和双嘧达莫组的 mRNA 水平高于正常对照组。

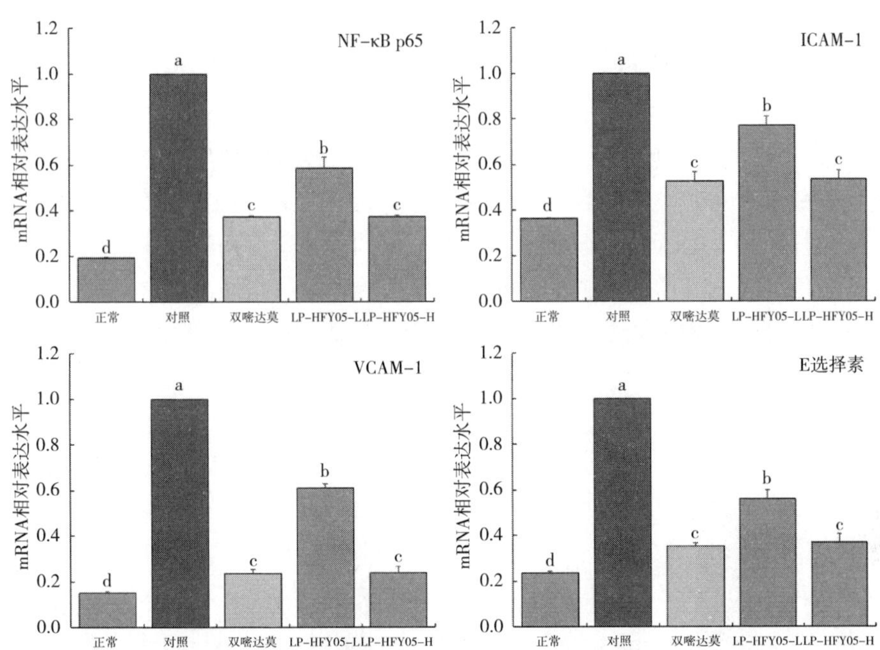

图 7-13 血栓形成小鼠尾静脉组织中 NF-κB p65、ICAM-1、VCAM-1 和 E-选择素的 mRNA 表达

NF-κB 在小鼠尾静脉和肾组织中的蛋白表达

如图 7-14 所示，对照组小鼠尾静脉和肾组织中 NF-κB 蛋白表达最高。相反，正常对照组 NF-κB 蛋白表达最低。与对照组相比，LP-HFY05-H 和双嘧达莫对 NF-κB 蛋白表达的下调作用大于 LP-HFY05-L。

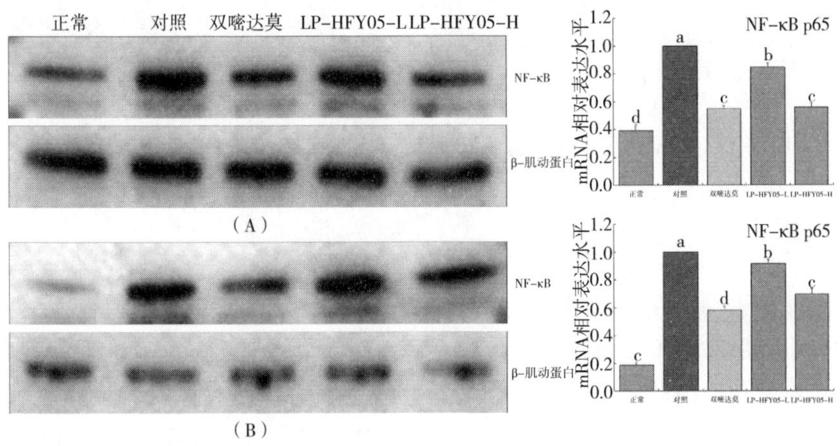

图 7-14 血栓形成小鼠肾（A）和尾静脉（B）组织中 NF-κB 的蛋白表达

小鼠粪便中厚壁菌门、拟杆菌、乳酸菌和双歧杆菌的 mRNA 表达

如图 7-15 所示，正常小鼠粪便中厚壁菌门的 mRNA 表达显著低于其他组（$P<0.05$），而拟杆菌和双歧杆菌的 mRNA 表达显著高于其他组（$P<0.05$）。诱导血栓形成后，对照组小鼠粪便中厚壁菌门的 mRNA 表达最高，而拟杆菌、乳酸菌、双歧杆菌的 mRNA 表达最低。LP-HFY05 和双嘧达莫均降低了血栓小鼠粪便中厚壁菌门的表达，增强了拟杆菌和双歧杆菌的表达。此外，正常对照组和 LP-HFY05-H 组的乳酸菌表达差异无统计学意义（$P>0.05$），但显著高于其他组（$P<0.05$）。

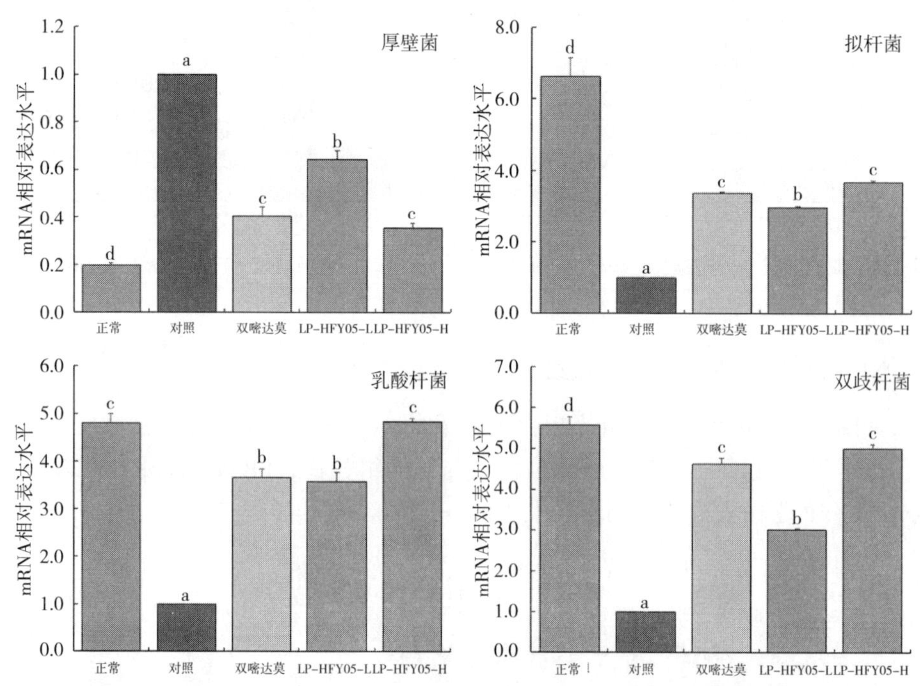

图 7-15　小鼠粪便中厚壁菌、拟杆菌、乳酸杆菌和双歧杆菌的 mRNA 表达

讨论

角叉菜聚糖可在小鼠尾部诱发血栓相关的血管内炎症，导致混合血栓充盈小静脉、小动脉和毛细血管，从而导致尾部组织缺血性坏死，可以直观地观察到小鼠的尾巴变黑。因此，小鼠黑尾程度是直观判断血栓形成程度的重要实验指标。本研究还证实了，角叉菜聚糖可以在小鼠体内形成黑尾。双嘧达莫和 LP-HFY05 均可减轻血栓形成引起的黑尾，高浓度 LP-HFY05 的效果较好，与常用药物双嘧

达莫的效果相似。

四项血凝参数（PT、APTT、TT 和 FIB）的检测对凝血异常相关血液疾病的诊断具有重要意义。在血栓形成过程中，涉及多种凝血因子，导致 PT 延长，而凝血因子的丢失导致 APTT 缩短。同时，在凝血酶的作用下，FIB 不断转化为纤维蛋白（血栓的主要成分），并使机体血液处于高凝状态。血液中纤维蛋白含量过高时，纤维蛋白溶解增强，纤维蛋白降解产物增多，从而导致 TT 延长。本研究中双嘧达莫和 LP-HFY05 可以控制四项血凝指标，表明双嘧达莫和 LP-HFY05 可以干预血栓形成。

炎症可诱发血栓形成，而血栓形成又可以进一步加重炎症的发展。这种恶性循环被称为“血栓炎症反应”。炎症发生后，单核细胞、巨噬细胞、淋巴细胞和内皮细胞可被 toll 样受体（TLR）激活，以促进 TNF-α、IL-6 和其他炎症因子的生成。其中，TNF-α 在协调免疫事件、连接血栓形成和炎症方面都发挥着关键作用。首先，作为炎症级联反应的启动因子，TNF-α 通过其受体调节下游的 NF-κB 和 MAPK 信号通路，促进巨噬细胞释放 IL-6、IL-8、IL-1 等炎症因子，从而诱导巨噬细胞和淋巴细胞等细胞的激活，加重血管内皮损伤和深静脉血栓形成。此外，TNF-α 可以促进内皮细胞释放 IL-1β。这会导致血管内皮细胞损伤、血小板黏附和血栓形成。TNF-α 和 IL-1β 等细胞因子不仅会降低内皮细胞中血栓调节蛋白（TM）的转录和表达，削弱其抗凝活性，还会诱导血管收缩剂的表达，引起血管收缩，促进血栓形成。因此，TNF-α、IL-6 和 IL-1β 可以控制炎症反应，避免血栓形成。此外，它们还可以抑制血栓形成。炎症反应与血栓形成的发展有关。TNF-α 和 IFN-γ 是典型的炎症因子，调节它们的水平对血栓形成的调节很重要。单核细胞和 T 细胞在维持免疫方面发挥作用，此外，它们也能发育成组织巨噬细胞和树突状细胞，并参与促凝（抗凝）的病理生理过程。TNF-α 和 IFN-γ 信号通路的激活可以调节单核细胞和 T 细胞。因此，LP-HFY05 可以通过控制 TNF-α 的表达来调节单核细胞和 T 细胞，从而调节血栓形成。

肾脏是排泄人体代谢物和水的重要器官。如果肾脏出了问题，那么人体内的毒素就无法排出。血栓形成如果涉及肾脏会对机体的新陈代谢和解毒有严重影响。肾脏发生炎症反应，可能导致肾衰竭，甚至危及生命。因此，肾脏的生理变化可以反映身体其他器官的血栓形成。本研究通过病理学观察发现，小鼠尾部血栓形成后肾组织出现炎症损伤，证实了小鼠尾部血栓形成可导致肾脏损伤。双嘧达莫和 LP-HFY05 可以抑制这些损伤，并且具有益生菌潜力的 LP-HFY05 表现出与双嘧达莫相似的效果。此外，炎症细胞因子和 mRNA 表达的检测也证实血栓可以影响肾脏的炎症反应，而 LP-HFY05 可以调节该器官的炎症反应。

NF-κB 是深静脉血栓形成中炎症反应的关键介质，可通过介导内皮细胞和血小板之间的相互作用以及炎症反应破坏凝血和融合之间的平衡，并诱导血栓形成。ICAM-1 可以介导细胞之间以及细胞与细胞外基质之间的黏附，并在炎症的发展中起重要作用。VCAM-1 可以负调节血小板黏附聚集，并在血栓部位诱导炎症反应。E 选择素可在血流中介导白细胞与内皮细胞之间的局部黏附，诱导内皮细胞的炎症损伤，增加内皮细胞的通透性，并加速白细胞渗出。NF-κB 信号通路是多种炎症反应的中心环节。在激活状态下，它可以上调促炎症因子的表达，并且炎症反应可被 NF-κB 通路激活，从而激活内皮细胞并导致黏附分子和细胞因子（如 ICAM-1、VCAM-1 和 E 选择素）的表达增加，最终进一步激活 NF-κB。为了放大炎症反应，必须诱导血小板聚集和凝血，以产生高凝状态。在本研究中，血栓形成导致了小鼠尾静脉的炎症反应。NF-κB 信号通路中 ICAM-1、VCAM-1 和 E 选择素的表达与正常状态下明显不同。双嘧达莫和 LP-HFY05 都可以调节 NF-κB p65、ICAM-1、VCAM-1 和 E 选择素的表达，因此可以得出结论，它们具有良好的血栓抑制作用。

血栓形成是中风发病机制中的主要现象。动脉粥样硬化性斑块破裂继发血栓形成是中风最常见的原因。在病理条件下，肠道菌群的细胞壁成分进入血液循环后会导致内毒素血症，从而引起全身慢性炎症。目前，人们认为炎症在血栓形成中起着重要作用。肠道菌群失调引起的炎症通常伴有高凝状态。炎症可增加凝血因子的含量，降低纤溶酶原的活性。人体肠道微生物群落主要由厚壁菌门和拟杆菌组成，占肠道菌群的 90%以上。当肠道中厚壁菌门的丰度高于拟杆菌时，血液黏度增加，凝血的可能性增加，并且血栓形成的可能性大大增加。乳酸菌和双歧杆菌是具有良好活性的益生菌，能有效帮助机体新陈代谢和排泄有毒物质，调节血液循环，减少各种因素引起的炎症，并降低血栓形成的可能性。健康的肠道菌群可以通过调节血小板功能和改变凝血功能来降低血栓形成的风险。本研究还证实，LP-HFY05 可以增加肠道内拟杆菌和双歧杆菌的丰度，补充小鼠肠道内乳酸菌的丰度，减少厚壁菌门的丰度，从而抑制炎症，促进血液循环，抑制血栓形成。双嘧达莫的副作用包括头痛、头晕、恶心、呕吐和腹泻等。然而，LP-HFY05 作为一种从食物中分离出来的乳酸菌，没有任何副作用，因此，具有较好的应用前景。

结论

本研究以新发现的植物乳杆菌 LP-HFY05 为研究对象，通过动物实验研究了其对小鼠血栓形成的抑制作用。结果表明，LP-HFY05 可有效调节血栓小鼠的黑尾和血凝程度。它还可以调节血清和肾组织中的炎症细胞因子水平，从而抑制炎症。进一步的研究结果表明，LP-HFY05 可以通过调节促炎症细胞因子来调节

NF-κB 通路中组分蛋白的表达，从而减少血栓形成。此外，本研究表明，LP-HFY05 可以调节小鼠肠道，使肠道微生物环境更加健康，从而维持机体整体健康，降低炎症程度，并抑制血栓形成。结果表明，LP-HFY05 对实验性血栓形成具有良好的抑制作用。然而，本研究仍然缺乏临床数据，因此需要开展进一步的临床研究。

第三节　发酵乳杆菌对血栓的作用

引言

近年来，血栓已成为继高血压、心脏病之后的中老年人高发疾病。抗血栓食品成分和溶栓药物的研究正在不断增加。血栓形成是致命性心血管疾病的主要原因。慢性血栓形成可导致脑缺血、缺氧、脑血栓软化和坏死。然而，大多数心脑血管疾病在发病前并无明显症状，通常是突发性的，可能很严重。若治疗不及时，可能导致死亡，尤其是脑血管疾病，其死亡率非常高。此外，最新研究表明，腺病毒载体新冠疫苗可能在疫苗诱导的血栓性血小板减少症（VITT）患者中诱发血栓形成。因此，血栓形成对人类健康构成了巨大威胁，值得更多关注。功能性食品的预防和干预作用已成为一项研究课题。腹腔内注射角叉菜聚糖可诱发实验动物肠道炎症。炎症产生的大量炎症因子和自由基被释放到血液中，可损伤血管内皮细胞并导致血栓形成。由于小鼠尾部只有一条股动脉，一旦栓塞，侧支循环就很难建立，从而导致小鼠尾部组织渐进缺血性坏死。本研究使用角叉菜聚糖刺激小鼠炎症，导致尾静脉血栓形成，建立动物血栓形成模型。

炎症可诱发血栓形成，而血栓形成又可以进一步加重炎症的发展。这种恶性循环被称为“血栓性炎症”。此外，血栓和血栓性炎症的发生发展伴随着活性氧（ROS）的产生和氧化应激损伤，导致氧化应激-炎症-凝血的恶性相互作用网络。炎症是机体对内源性或外源性损伤因子的复杂防御反应。如前所述，最近的研究表明，炎症可诱发血栓形成，而血栓形成又可以促进炎症的发展。血栓形成造成器官损伤的程度不仅取决于最初的损伤，还取决于随后的血管血栓形成和炎症的程度。严重情况下，血栓性炎症会扩散到全身，并损害远端器官，从而导致多器官功能障碍和死亡。在炎症因子的作用下，血液呈高凝状态，诱发血栓形成。此外，血栓形成中的一系列产物可进一步诱发炎症的发生和发展。研究发现，炎症是急性缺血性脑卒中、深静脉血栓形成、肺栓塞和脑静脉血栓形成等多种血栓性疾病的重要致病因素。炎症和氧化应激密切相关，并相互促进。ROS 是炎症的重要介质。炎症会促进 ROS 的产生，并导致氧化应激。氧化应激参与了许多血栓性疾病的病理过程，包括动脉粥样硬化、缺血性脑卒中和心肌梗死等动脉血栓性疾病，以及深静脉血栓形成和肺栓塞等静脉血栓性疾病。ROS 引起的血管内皮氧化应激损伤是诱发和加重血栓形成的重要因素。受到刺激时，血管内皮细胞会产生大量的 ROS。高水平的 ROS 会损伤血管，增加黏附分子，刺激并加重炎症和血栓形成。氧化应激诱发血栓形成，而血栓形成又会进一步加剧氧化应激。

中国的四川泡菜是一种自然发酵蔬菜。研究发现，四川泡菜的健康益处在很大程度上与它所含的丰富乳酸菌群有关。四川泡菜中乳酸菌的种类主要源于四川环境的特殊性。除泡菜生产所用的蔬菜种类、发酵温度、时间等因素外，从四川泡菜中分离出的乳酸菌与其他更常用的市售乳酸菌也有很大的不同。研究表明，从四川泡菜中分离出的乳酸菌在肠道内具有较好的定殖作用，可以很好地预防和干预便秘和结肠炎等肠道疾病，此外，这些细菌还可以调节高脂血症。乳酸菌在体内具有良好的生物活性。临床上常用肝素药物治疗血栓形成倾向患者，因此本研究也选择肝素作为阳性对照药物。本研究的重点是研究小组从四川泡菜中分离出的一株乳酸菌（发酵乳杆菌 CQPC03，LF-CQPC03）。通过小鼠尾部血栓形成模型，实验观察了 LF-CQPC03 通过调节小鼠肠道菌群来控制氧化应激和炎症水平对血栓形成的影响，以探讨益生菌预防血栓形成、辅助消除血栓形成以及减少各种血栓相关疾病发生的新用途。

结果

小鼠尾部血栓长度

腹腔内注射角叉菜聚糖后，各组小鼠尾尖出现黑色区域（图 7-16），表明尾端血栓形成。正常对照组小鼠尾部正常，没有黑色区域。对照组小鼠黑尾最长［(9.7±0.3) cm］，显著高于其他组（P<0.05）。LF-CQPC03-H 组小鼠的黑尾长度［(3.3±0.3) cm］与肝素组相似［(3.1±0.4) cm］，二者的差异无统计学意义。LF-CQPC03-H 组和肝素组小鼠的黑尾长度显著短于 LF-CQPC03-L 组［(8.2±0.5) cm，P<0.05］。

小鼠的 APTT、TT、FIB 和 PT

正常对照组小鼠的 APTT 显著高于其他组（图 7-17），而 TT、FIB 和 PT 则显著低于其他组（P<0.05）。对照组小鼠的 APTT 显著低于其他组（图 7-17），而 TT、FIB 和 PT 则显著高于其他组（P<0.05）。LF-CQPC03-H 组小鼠的 APTT 显著高于 LF-CQPC03-L 组，TT、FIB 和 PT 均显著低于 LF-CQPC03-L 组（P<0.05）。LF-CQPC03-H 组小鼠的 APTT、TT、FIB 和 PT 与肝素组相似，差异无统计学意义（P>0.05）。

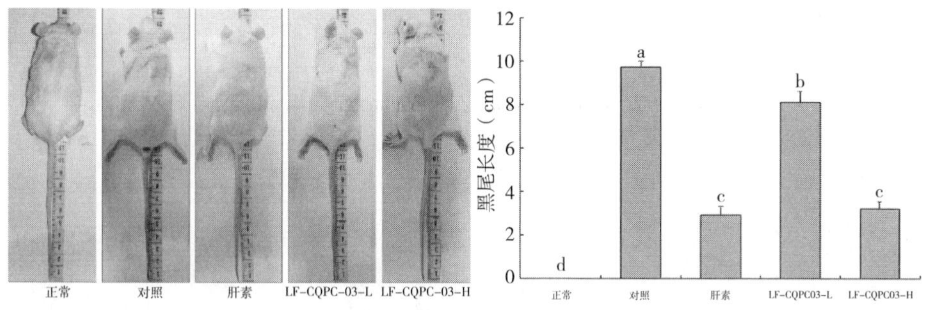

图 7-16　各组小鼠尾部血栓状态

注：不同英文小写字母表示在 $P<0.05$ 水平上相应两组间具有显著差异，下同。

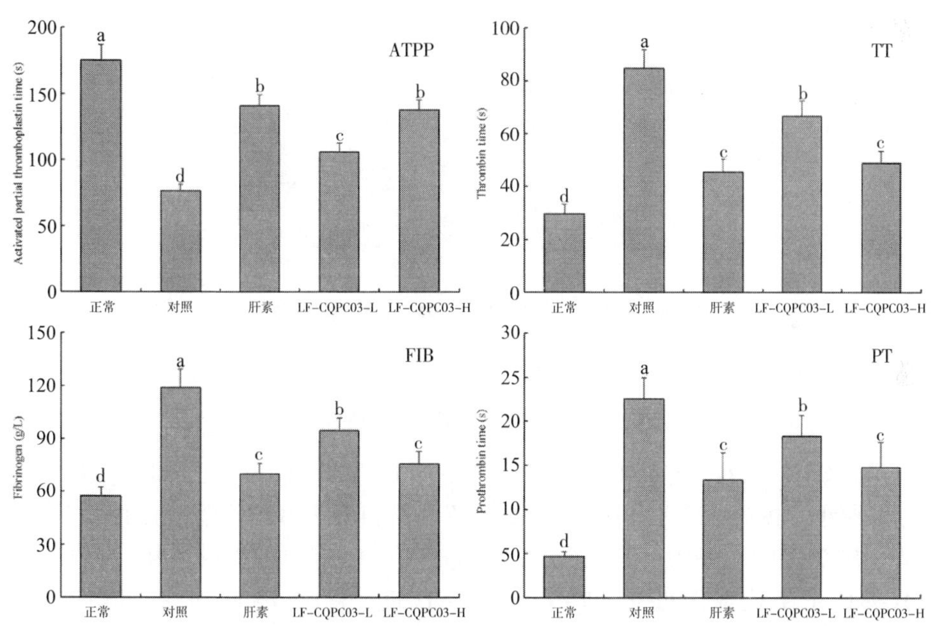

图 7-17　血栓小鼠活化部分凝血活酶时间（APTT）、凝血酶时间（TT）、纤维蛋白原（FIB）和凝血酶原时间（PT）

小鼠的 SOD、CAT 和 MDA 水平

血清检测结果显示，正常对照组小鼠的 SOD 和 CAT 酶活性在各组中最高（$P<0.05$），MDA 水平最低（图 7-18）。肝素组和 LF-CQPC03-H 组小鼠的 SOD 和 CAT 酶活性略低于正常对照组，高于 LF-CQPC03-L 组（$P<0.05$）。对照组小

鼠的 SOD 和 CAT 酶活性最低（$P<0.05$）。对照组小鼠的 MDA 水平最高；LF-CQPC03-L 组小鼠的 MDA 水平低于对照组，高于肝素组和 LF-CQPC03-H 组（$P<0.05$）。

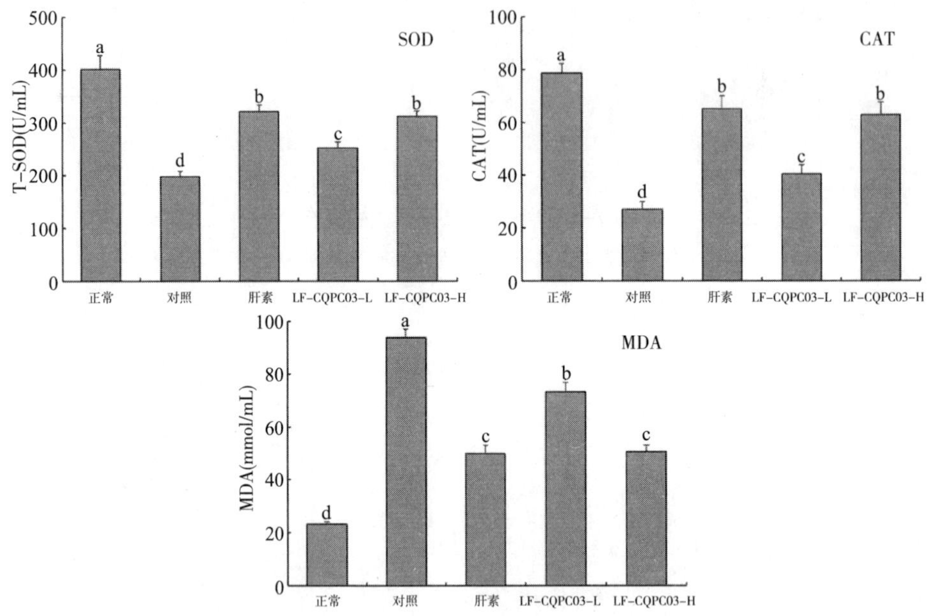

图 7-18　血栓小鼠血清中 SOD、CAT 和 MDA 水平

小鼠的 TNF-α、IL-6、NF-κB、和 IL-1β 水平

实验结果表明，正常对照组、肝素组、LF-CQPC03-H 组、LF-CQPC03-L 组和对照组小鼠血清中 TNF-α、IL-6、NF-κB 和 IL-1β 水平呈现出由低到高的趋势（图 7-19）。其中，肝素组和 LF-CQPC03-H 组的 TNF-α、IL-6、NF-κB 和 IL-1β 水平均显著低于 LF-CQPC03-L 组（$P<0.05$）。但肝素组与 LF-CQPC03-H 组之间差异无统计学意义（$P>0.05$）。

病理检查

H&E 染色切片显示，正常对照组小鼠尾部血管圆润干净，血管壁光滑（图 7-20）。而对照组小鼠尾部血管壁可见白细胞浸润和炎性渗出、出血灶、血小板聚集和血管内血栓形成。LF-CQPC03 和肝素均能减轻小鼠尾部血管病理变化程度。LF-CQPC03-H 和肝素的效果相似，且优于 LF-CQPC03-L。

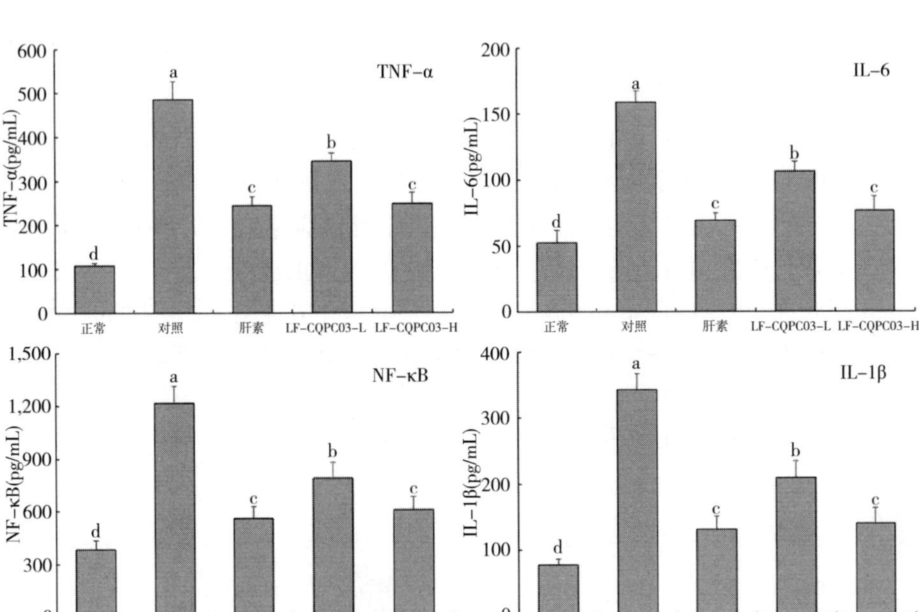

图 7-19 血栓小鼠血清中细胞因子 **TNF-α、IL-6、NF-κB** 和 **IL-1β** 水平

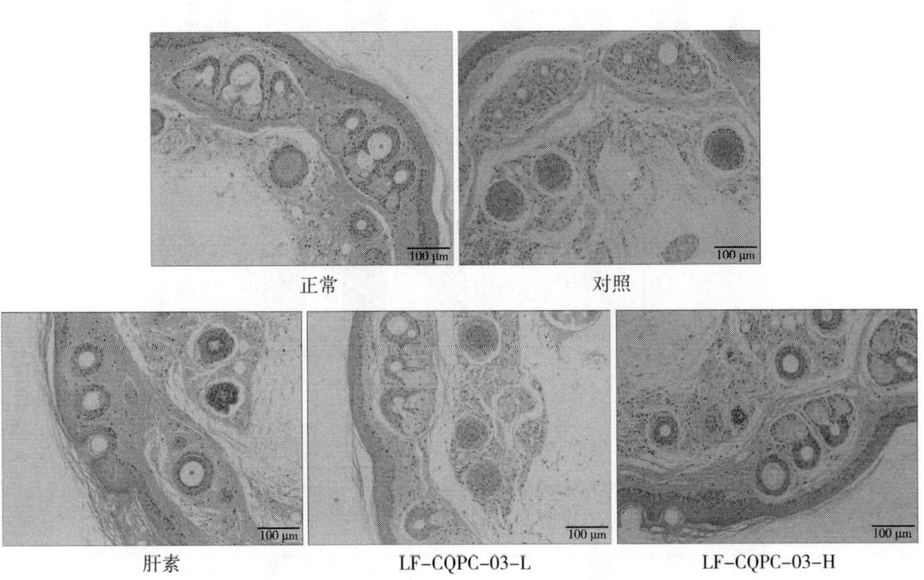

图 7-20 血栓小鼠尾静脉血管的 **H&E** 病理学观察

小鼠结肠组织中 Cu/Zn－SOD、Mn－SOD、CAT、NF－κB p65、IL－6、TNF-α 和 IFN-γ 的 mRNA 表达

定量聚合酶链反应（qPCR）实验结果表明，正常对照组小鼠结肠组织中 Cu/Zn-SOD、Mn-SOD 和 CAT 的 mRNA 表达最强（图 7-21），而这些表达在对照组中最弱。LF-CQPC03-H 组和肝素组小鼠结肠组织中 Cu/Zn-SOD、Mn-SOD 和 CAT 的表达强度相似，且高于 LF-CQPC03-L 组。正常对照组小鼠结肠组织中 NF-κB p65、IL-6、TNF-α 和 IFN-γ 的表达显著低于其他组，而对照组显著高于其他组（$P<0.05$）。LF-CQPC03 和肝素均能下调血栓小鼠结肠组织中 NF-κB p65、IL-6、TNF-α 和 IFN-γ 的表达。LF-CQPC03-H 和肝素的效果相似，且均显著优于 LF-CQPC03-L（$P<0.05$）。

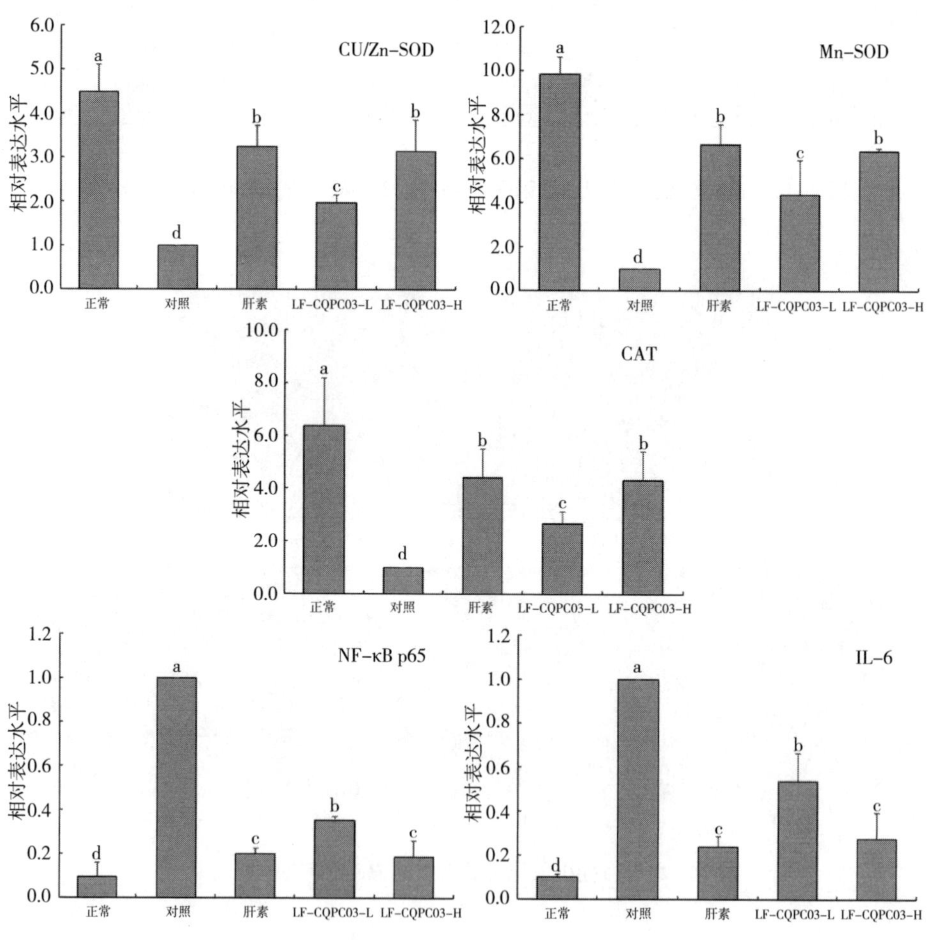

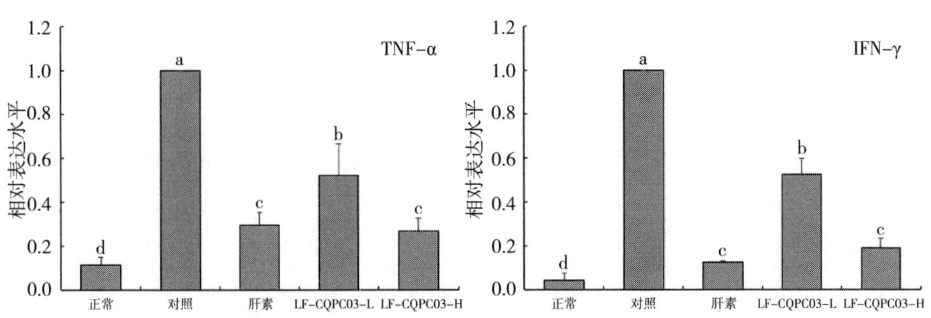

图 7-21 血栓小鼠结肠组织中 Cu/Zn-SOD、Mn-SOD、CAT、NF-κB p65、IL-6、TNF-α 和 IFN-γ 的 mRNA 表达

小鼠尾静脉组织中 NF-κB p65、ICAM-1、VCAM-1 和 E 选择素的 mRNA 表达

qPCR 实验结果表明，对照组小鼠尾静脉血管中 NF-κB p65、ICAM-1、VCAM-1 和 E 选择素的 mRNA 表达最强（图 7-22）。LF-CQPC03-L、LF-CQPC03-H 和肝素可显著下调血栓小鼠尾静脉血管中 NF-κB p65、ICAM-1、VCAM-1 和 E 选择素的表达（$P<0.05$）。LF-CQPC03-H 组和肝素组小鼠之间这些表达的差异无统计学意义，仅略高于正常对照组。

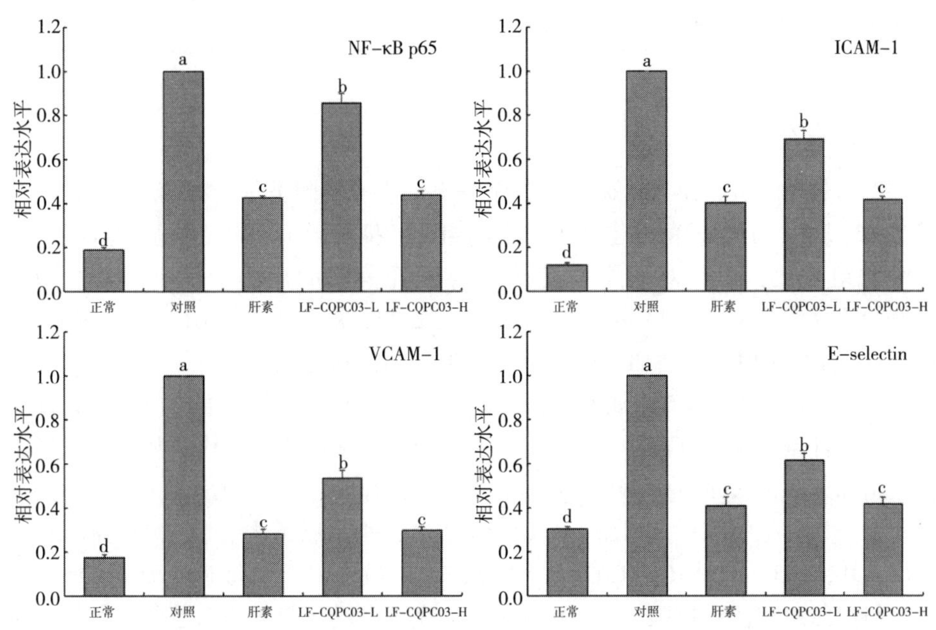

图 7-22 血栓小鼠尾静脉组织中 NF-κB p65、ICAM-1、VCAM-1 和 E-选择素的 mRNA 表达

群落多样性分析

通过评估一系列 α 多样性指数，获得了样本中的物种丰度和多样性等信息。如表 7-4 所示，各组 ACE 值、Chao 值、Shannon 指数和 Simpson 值的 α 多样性指数间差异有统计学意义（$P<0.05$）。与对照组相比，正常对照组和治疗组肠道内容物中的细菌丰度更高。不同剂量的 LP-CQPC03 组间细菌丰度差异有统计学意义。除正常对照组外，细菌多样性指数最高的是 LP-CQPC03-H 组（ACE 值：586.22，Chao 值：581.00）。α 多样性指数分析还表明，小鼠口服 LP-CQPC03 后肠道菌群的多样性显著高于对照组。LP-CQPC03-H 组的 Shannon 值为 4.16，Simpson 值为 0.04，这表明 LP-CQPC03-H 组的粪便菌群丰度较高，显著高于正常对照组和肝素组。

表 7-4　α 多样性指数

组别	Sobs	ACE	Chao	Shannon	Simpson	覆盖率
正常	619.00^{a}	670.83^{a}	662.13^{a}	3.86^{c}	0.05^{c}	0.9992
对照	152.00^{e}	156.69^{e}	156.58^{e}	1.63^{e}	0.37^{a}	0.9999
肝素	506.00^{c}	509.62^{c}	507.77^{c}	4.02^{b}	0.06^{b}	0.9999
LF-CQPC03-L	384.00^{d}	395.07^{d}	391.32^{d}	3.81^{d}	0.04^{d}	0.9999
LF-CQPC03-H	560.00^{b}	586.22^{b}	581.00^{b}	4.16^{a}	0.04^{d}	0.9996

群落成分分析

根据分类学分析结果，研究了各个分类层次上不同类群的群落结构组成。如图 7-23 所示，五组的菌群主要由三个门组成：拟杆菌门、厚壁菌门和放线菌门。与对照组相比，正常对照组厚壁菌门与拟杆菌门的比例最低（0.38），LP-CQPC03-H 组为 1.44，LP-CQPC03-L 组为 2.36，肝素组为 1.61。结果表明，随着 LP-CQPC03 用量的增加，厚壁菌门与拟杆菌门的比例降低。

图 7-24 显示了这 5 组属水平菌群的组成。对照组的菌群主要包括拟副杆菌、克雷白氏杆菌属和拟杆菌，占总菌群的 94.15%。正常对照组的菌群包括拟杆菌、乳酸菌和 *Muribaculaceae*，LP-CQPC03-H 组的菌群包括拟杆菌、乳酸菌、另枝菌属和未分类的毛螺菌科。口服 LF-CQPC03 后，小鼠肠道内容物中的乳酸菌显著增加（$P<0.05$）。LP-CQPC03-H 组增加效果最为显著，接近正常对照组。而且，与对照组相比，口服 LP-CQPC03 后，克雷白氏杆菌属等病原菌的数量减少，并且随着 LP-CQPC03 剂量的增加，也呈下降趋势。

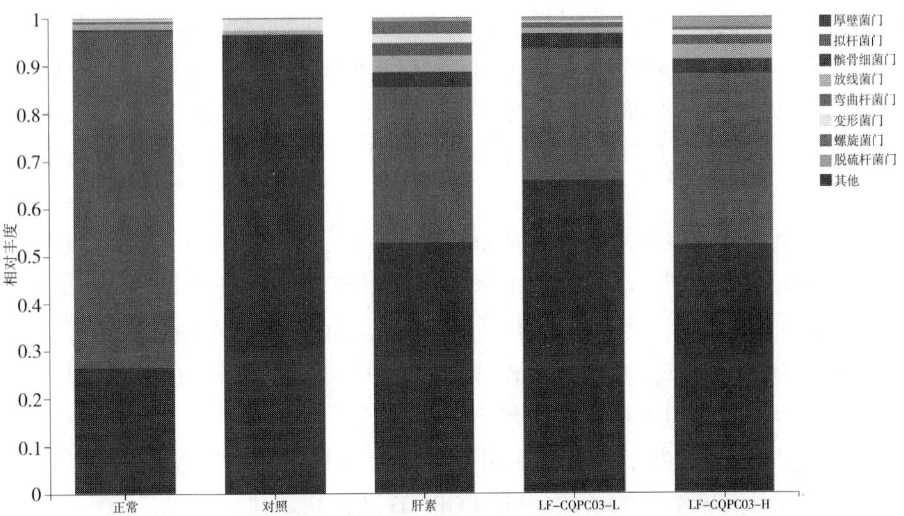

图 7-23 基于 16S 数据的微生物的平均细菌组成（门级）

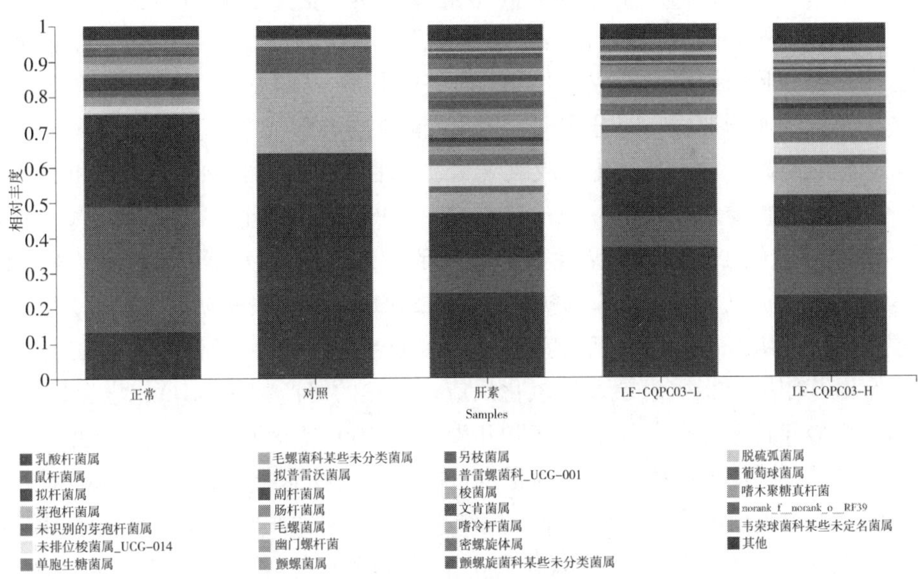

图 7-24 基于 16S 数据的微生物的平均细菌组成（属级）

讨论

角叉菜聚糖可导致小鼠尾部形成与血管内炎症相关的血栓，使小鼠尾部的小静脉、小动脉和毛细血管充盈混合血栓，进而导致尾部组织的缺血性坏死，在小鼠尾部可见为黑色。小鼠黑尾长度是直观判断血栓形成程度的重要实验指标。本研究还证实了，角叉菜聚糖可以在小鼠体内形成明显的黑尾。肝素和LF-CQPC03均能减轻血栓形成引起的黑尾，且高浓度LF-CQPC03效果优于低浓度LF-CQPC03。此外，LF-CQPC03-H可以达到与常用抗血栓药物肝素相近的效果。

四项凝血指标的检测对凝血异常血液病的临床诊断具有重要意义。血栓形成过程会消耗大量凝血因子，导致PT延长，而凝血因子缺乏会导致APTT缩短。此外，在凝血酶的作用下，FIB不断转化为纤维蛋白（血栓的主要成分），并使机体血液处于高凝状态。在高凝状态下，血液中纤维蛋白含量过高时，机体会促进纤维蛋白溶解，增加纤维蛋白降解产物，从而导致TT延长。在本研究中，肝素和LF-CQPC03均控制了四项凝血指标，这表明肝素和LF-CQPCO3可以干扰血栓形成，并且随着浓度的增加，LF-CQPC03的作用增强。

自由基的聚集是诱发和加重血栓形成的重要因素。ROS不仅可以直接激活血小板，还可以显著提高血小板对血小板聚集剂的敏感性，如凝血酶、胶原蛋白和花生四烯酸。此外，白细胞释放的ROS有助于诱导血小板和白细胞聚集，促进血栓形成。ROS还可以激活NF-κB信号通路，介导内皮细胞凋亡，促进血栓分子分泌，并导致静脉血栓形成。此外，研究还表明，自由基清除剂可以完全预防铁离子诱发的血栓形成，充分体现了氧化应激在血栓形成中的重要作用。SOD可以催化超氧阴离子自由基歧化生成氧气和过氧化氢，并在体内平衡氧化和抗氧化方面起着至关重要的作用。Cu/Zn-SOD和Mn-SOD是哺乳动物中存在的两种重要SOD类型。CAT是一种酶清除剂，可以促进H_2O_2分解为分子氧和水，其酶活性为机体提供抗氧化防御。作为抗氧化酶，SOD和CAT既是防止ROS对机体造成损伤的重要酶，也是预防氧化应激引起的血栓形成的有效活性物质。在生物体内，自由基作用于脂质，导致过氧化反应。氧化的终产物是MDA，它会促使蛋白质、核酸和其他有机大分子的交联和聚合。MDA具有细胞毒性，因此，MDA的含量可以反映体内脂质过氧化的程度，间接反映细胞损伤的程度。MDA水平也可能是血栓形成的重要指标。本研究结果显示，诱发血栓形成的小鼠体内氧化应激水平升高，SOD和CAT抗氧化酶水平及mRNA表达降低，MDA水平升高，这与之前的研究结果一致。这些结果表明血栓形成与氧化应激密切相关。高浓度LF-CQPC03可以帮助这些与氧化相关指标达到接近正常状态的水平，因为其效果与抗血栓药物的效果相似。

炎症可诱发血栓形成，而血栓形成又可以进一步加重炎症的发展。这种恶性循环称为“血栓性炎症”。炎症发生后，TLR可以激活单核细胞、巨噬细胞、淋巴细胞和内皮细胞，促进TNF-α和IL-6等炎症因子的生成。其中，TNF-α不仅在机体免疫-炎症协调信号网络中发挥重要作用，而且是连接血栓和炎症的关键介质。首先，作为炎症细胞级联反应的启动因子，TNF-α通过其受体调节下游的NF-κB和MAPK信号通路，促进巨噬细胞释放IL-6、IL-8、IFN-γ等炎症因子，从而诱导巨噬细胞和淋巴细胞等细胞的激活，加重血管内皮损伤和深静脉血栓形成。此外，TNF-α可以促进内皮细胞释放IL-1β和IFN-γ，导致血管内皮细胞损伤、血小板黏附和血栓形成。TNF-α和IL-1β等细胞因子不仅会降低内皮细胞中TM的转录和表达，削弱其抗凝活性，还会诱导血管收缩剂的表达，引起血管收缩，促进血栓形成。因此，调节TNF-α、IL-6、NF-κB和IL-1β可以控制炎症反应，避免和抑制血栓形成。本研究结果还显示，肝素药物干扰了上述炎症细胞因子，从而抑制了血栓形成。此外，高浓度LF-CQPC03也起到了类似的作用，可以很好地干预炎症细胞因子和血栓形成。由此可见，血栓形成和发展是一个复杂的过程，涉及血管内皮细胞、血小板、白细胞和物理环境的相互作用。其机制与“氧化应激-炎症-凝血的恶性相互作用网络”密切相关。阻断这一网络是开发新型有效抗血栓药物的重要突破口。作为一种无副作用的健康天然微生物，LF-CQPC03可能在阻断血栓形成方面发挥类似作用。

角叉菜聚糖可引起小鼠局部炎症，尤其是肠道炎症，还可引起内皮细胞损伤。因此，观察肠道损伤程度也是判断角叉菜聚糖引起的实验性血栓形成程度的一种手段。本研究观察到，小鼠尾部血栓形成后，小鼠结肠组织炎症表达发生变化，这再次证明小鼠尾部血栓形成与肠道病变密切相关。肝素药物和LF-CQPC03均可抑制这些病理变化。因此，具有益生菌潜力的LF-CQPC03可以发挥与肝素相近的作用。

NF-κB是深静脉血栓形成炎症机制的关键。NF-κB可以介导内皮细胞、血小板和炎症反应之间的相互作用，从而破坏凝血和纤维溶解的平衡，诱发血栓形成。ICAM-1主要介导细胞间及细胞与基质间的黏附反应，并在炎症的发生发展中起重要作用。VCAM-1可以负调节血小板黏附聚集，并在血栓部位诱导炎症反应。E选择素可以在血流状态下介导白细胞与血管内皮细胞的局部黏附，诱导炎症性内皮细胞损伤，增加内皮细胞通透性，并加速白细胞浸润。NF-κB信号通路是多种炎症反应的中心环节。在激活状态下，该通路可以上调促炎症因子的表达，而炎症反应可被激活内皮细胞的NF-κB通路激活；这导致粘附分子和细胞因子（如ICAM-1、VCAM-1和E选择素）的表达增强，并进一步激活NF-κB以放大炎症反应，激活血小板聚集和凝血反应，形成高凝状态。本研究结果显示，血栓形成导致小鼠尾静脉发炎。此外，在NF-κB中心通路中，ICAM-1、VCAM-1和E选择素的相关表达与正常状态下显著不同。肝素和LF-CQPC03都可以调节 NF-κB、ICAM-1、VCAM-1 和 E 选择素的表达，从而发挥良好的血栓形成抑制作用。

肠道菌群参与多种生理功能，包括免疫系统功能、解毒、炎症和神经传递。肠道菌群与炎症和身体抵抗自由基的能力密切相关。疾病患者的肠道菌群与健康人的肠道菌群存在较大差异，具体而言，随着病情的加重，肠道菌群的丰度发生变化。因此，保持肠道细菌的多样性可能是一种预防和缓解疾病的方法。肠道菌群失调与心血管疾病的诸多危险因素密切相关，如高脂血症、肥胖和 2 型糖尿病等，这些疾病与心血管血栓形成直接相关。本研究还表明，血栓导致小鼠肠道菌群丰度发生变化，而 LF-CQPC03 可以调节血栓小鼠的细菌丰度，并恢复肠道健康，抑制血栓形成。

拟副杆菌可以促进肥胖，而克雷白氏杆菌属是仅次于大肠杆菌的第二重要条件致病菌。实验结果表明，对照组小鼠肠道内的有害细菌较多。乳酸菌可用作益生菌，正常小鼠肠道内含有许多有益的乳酸菌。另枝菌属被证明具有干预炎症的作用，而毛螺菌科对造血系统和肠道系统具有保护作用。它们都是人体中重要的有益细菌。LF-CQPC03 通过增加这些小鼠肠道中的乳酸菌、另枝菌属和毛螺菌科来增加血栓小鼠肠道中有益细菌的数量，以增强免疫力，减轻炎症，从而抑制血栓形成。

研究报告称，在一些死于新冠肺炎的患者身上发现了大量血栓，这些血栓还可能会导致中风、心脏病和器官衰竭。虽然血栓形成的原因尚未明确，但这一发现为研究人员提供了治疗新冠肺炎的重症患者提供了新思路。治疗新冠肺炎的抗凝疗法研究正在进行中，欧洲药物管理局（EMA）表示，一些新冠疫苗可能与罕见疾病静脉血栓栓塞有关。这些情况都表明血栓是新冠肺炎的典型表现。因此，使用具有益生菌潜力的乳酸菌可能是帮助新冠肺炎康复患者和健康的新冠疫苗接种者预防血栓形成的一种方法。本研究中的 LF-CQPC03 显示出良好的血栓形成抑制作用，可以作为解决新冠肺炎引起的血栓形成的方法。

本研究还观察了新发现的发酵乳杆菌 CQPC03（LF-CQPC03）对小鼠血栓形成的抑制作用。实验结果表明，LF-CQPC03 能有效调节血栓小鼠的四项凝血指标，以及血清和结肠组织中的氧化应激和炎症水平。进一步的试验结果证明，LF-CQPC03 可以调节与 NF-κB 通路相关的氧化应激和炎症的表达，并通过调节这些表达来预防血栓形成。本研究进一步表明，LF-CQPC03 可以调节小鼠的肠道功能，帮助创造更健康的肠道微生物组成，从而通过减少氧化应激和炎症来保持身体健康，并抑制血栓形成。然而，仍需要开展进一步的临床研究和人体试验来证实本研究的结果。

参考文献

[1] Pan Wang, Fang Tan, Jianfei Mu, Hongjiang Chen, Xin Zhao, Yanan Xu. Inhibitory effect of *Lactobacillus delbrueckii* subsp. *bulgaricus* KSFY07 on kappa-carrageenan-induced thrombosis in mice and the regulation of oxidative damage [J]. Cardiovascular Therapeutics, 2022: 4415876.

[2] Shi Zeng, Ruokun Yi, Fang Tan, Peng Sun, Qiang Cheng, Zhao Xin. *Lactobacillus plantarum* HFY05 attenuates carrageenan-induced thrombosis in mice by regulating NF-κB pathway-associated inflammatory responses [J]. Frontiers in Nutrition, 2022, 9: 813899.

第八章　益生菌对增强运动能力的功效

第一节　植物乳杆菌增强运动能力的作用

引言

四川泡菜是一种中国传统发酵食品，距今已有两千多年的历史。它是由新鲜蔬菜先浸泡后发酵而成的。四川泡菜因其独特的发酵工艺而富含活性乳酸菌。现代科学方法表明，乳酸菌及其代谢产物，包括乳酸，占四川泡菜的 0.3%～1.0%。研究还表明，四川泡菜中的乳酸菌可以促进营养素的吸收，改善肠道功能，降低血清胆固醇水平和血脂浓度，还可能具有抗高血压和抗肿瘤作用，并调节免疫功能和缓解糖尿病。由相同的发酵蔬菜制成的韩国泡菜具有相似的有益特性，包括减少食物过敏、控制体重和改善骨质疏松症。因此，四川泡菜中的乳酸菌具有成为一种有用的营养补充剂或治疗性微生物制剂的潜力。

疲劳是由于身体无法保持运动强度而引起的一种生理现象。然而，运动性疲劳在运动员、学生、城市健身者和其他不同群体中很常见。康复患者和身体状况不佳者应定期锻炼，但这些人更容易疲劳。运动性疲劳主要是由于保持高强度运动或身体状况不佳时运动迅速耗尽储存的能量而产生的，从而导致能量代谢向无氧代谢过渡，以及与疲劳有关的代谢物过度积累。过度或剧烈运动会使细胞从有氧供能转向无氧供能，从而导致乳酸大量积累、pH 值和渗透压失衡，以及活性氧（ROS）水平升高。这些都是导致疲劳的重要生理因素。此外，ROS 会破坏细胞膜的完整性，并通过脂质过氧化作用诱导氧化性骨骼肌疲劳，两者都是导致身体疲劳的重要因素，因此有效清除自由基是缓解疲劳的关键。

研究发现，乳酸菌可以充当益生菌。其他研究还表明，一些乳酸菌可以增强生物活性、解毒和免疫力，并用于疾病的辅助治疗，因此可以用作微生物药物成分。由于从食品中分离出的乳酸菌通常具有较高的安全性，可能比大多数合成或生物药物更安全，因此它们在老年人、运动员、康复患者以及其他各种特殊敏感人群中具有良好的应用前景。

乳酸菌对运动疲劳的影响尚未得到充分研究，因此其潜在作用机制尚不清楚。本研究探讨了最近分离出的一种乳酸菌（LP-CQPC02）对力竭动物模型中疲劳和生化氧化过程的影响，旨在为未来研发运动型营养补充剂或微生物药物提供基础理论依据。

结果

小鼠游泳力竭时间

图 8-1 显示，维生素 C ［（71.92±9.12）min］、低剂量 LP-CQPC02 ［54.38±6.32）min］或高剂量 LP-CQPC02 ［（95.63±10.02）min］溶液灌胃后，记录的小鼠游泳力竭时间在 4 周后显著改善，这些组的力竭时间显著高于对照组［（27.38±5.36）min］或游泳组［（36.79±4.78）min］。同时，LP-CQPC02H 组的力竭时间显著高于维生素 C 组。此外，随着 LP-CQPC02 浓度的增加，小鼠力竭时间增加。

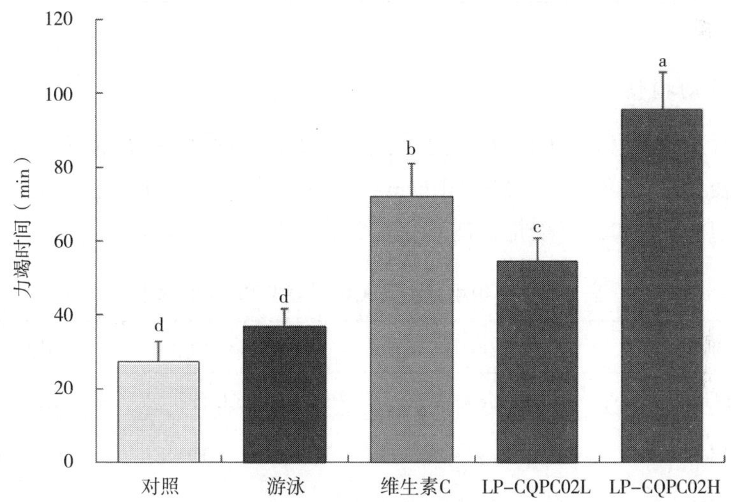

图 8-1　各组小鼠游泳力竭时间

注：不同英文小写字母表示在 $P<0.05$ 水平上相应两组间具有显著差异，下同。

小鼠能量代谢

表 8-1 显示，维生素 C 组、低剂量 LP-CQPC02 组或高剂量 LP-CQPC02 组小鼠肝糖原、骨骼肌糖原和游离脂肪酸含量显著高于对照组和游泳组。LP-CQPC02H 组小鼠的肝糖原、骨骼肌糖原和游离脂肪酸含量显著高于维生素 C 组。灌胃 LP-CQPC02 溶液能以剂量依赖性方式增加小鼠肝糖原、骨骼肌糖原和游离脂肪酸的含量。然而，维生素 C 组和两个 LP-CQPC02 组的小鼠乳酸水平和血尿素氮均显著低于游泳组。此外，LP-CQPC02H 组的乳酸水平和血尿素氮

显著低于维生素 C 组。随着 LP-CQPC02 浓度的增加，乳酸和血尿素氮水平逐渐降低。

表 8-1 各组小鼠肝糖原、骨骼肌糖原、乳酸、血尿素氮和游离脂肪酸水平

组别	肝糖原（mg/g）	骨骼肌糖原（mg/g）	乳酸（mg/L）	血尿素氮（mg/L）	游离脂肪酸（μmol/mL）
对照	4. 03±0. 36[e]	1. 44±0. 32[d]	0. 33±0. 04[e]	105. 36±6. 78[e]	420. 69±36. 78[e]
游泳	5. 12±0. 42[d]	2. 63±0. 39[c]	1. 25±0. 12[a]	339. 75±12. 36[a]	638. 97±55. 79[d]
维生素 C	9. 36±1. 02[b]	4. 11±0. 42[b]	0. 78±0. 04[c]	212. 09±10. 50[c]	1147. 36±102. 32[b]
LP-CQPC2L	7. 59±0. 77[c]	3. 46±0. 47[bc]	0. 96±0. 07[b]	265. 07±8. 56[b]	886. 98±88. 97[c]
LP-CQPC2H	14. 69±1. 56[a]	6. 86±0. 52[a]	0. 52±0. 06[d]	175. 32±12. 12[d]	1678. 32±154. 51[a]

小鼠运动损伤

维生素 C 组和 LP-CQPC02 组小鼠血清 CK、AST 和 ALT 水平均显著高于游泳组，见表 8-2。LP-CQPC02H 组的三项指标均显著低于维生素 C 组。随着 LP-CQPC02 浓度的增加，三项指标的水平也逐渐下降。

表 8-2 各组小鼠血清 CK、AST 和 ALT 水平

组别	CK（U/L）	AST（U/L）	ALT（U/L）
对照	72. 36±4. 56[e]	35. 62±3. 45[e]	30. 52±4. 12[e]
游泳	407. 65±38. 36[a]	102. 78±7. 89[a]	95. 67±10. 92[a]
维生素 C	225. 79±30. 32[c]	66. 87±6. 63[c]	58. 78±5. 36[c]
LP-CQPC2L	305. 87±24. 36[b]	78. 32±4. 85[b]	71. 08±6. 11[b]
LP-CQPC2H	145. 97±23. 75[d]	50. 23±5. 63[d]	42. 06±3. 60[d]

小鼠血清氧化水平

表 8-3 显示，维生素 C 组和两个 LP-CQPC02 组的血清 SOD 和 CAT 水平均显著高于游泳组。此外，补充 LP-CQPC02 能以剂量依赖性方式增加 SOD 和 CAT 水平。维生素 C 组和 LP-CQPC02 组的 MDA 水平均显著低于游泳组。同样，补充 LP-CQPC02 能以剂量依赖性方式降低 MDA 水平。

表 8-3　各组小鼠血清 SOD、CAT 和 MDA 水平

组别	SOD（U/L）	CAT（U/L）	MDA（μmol/L）
对照	52.36±4.36[e]	32.58±2.98[e]	4.56±0.42[d]
游泳	68.97±4.77[d]	45.78±4.02[d]	15.76±0.56[a]
维生素 C	112.36±9.24[b]	75.63±5.62[b]	8.12±0.66[c]
LP-CQPC2L	87.92±7.98[c]	60.32±4.88[c]	10.26±0.51[b]
LP-CQPC2H	163.05±12.12[a]	122.47±9.16[a]	5.39±0.57[cd]

病理学观察

游泳力竭实验前，对各组小鼠肝细胞核进行均匀染色，见图 8-2（A）。小鼠肝细胞结构正常，肝细胞呈放射状分布于中央静脉周围。这表明维生素 C 和 LP-CQPC02 组对小鼠肝脏无明显病理作用。游泳实验后，各组小鼠细胞排列不均［图 8-2（B）］，中央静脉不规则，部分细胞结构被破坏或坏死。维生素 C 和 LP-CQPC02 均能减轻力竭游泳引起的肝损伤，其中 LP-CQPC02H 效果最好。

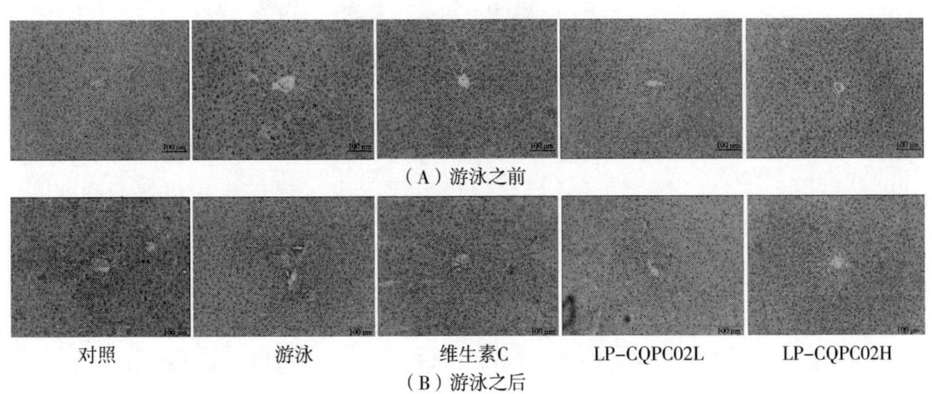

图 8-2　各组小鼠游泳前（A）和游泳后（B）肝组织 H&E 切片的病理学观察

小鼠肝脏中 Cu/Zn-SOD、Mn-SOD 和 CAT 的 mRNA 表达

图 8-3 显示，对照组小鼠中 Cu/Zn-SOD、Mn-SOD 和 CAT 的 mRNA 表达最弱［是对照组的（1.00±0.22）倍、（1.00±16）倍和 0.17 倍］，而与对照组相比，游泳组小鼠中的这些表达［是对照组的（1.26±0.25）倍、（1.22±0.12）倍和（1.25±0.20）倍］增加。与对照组和游泳组相比，维生素 C 组［是对照组的

（2.47±0.45）倍、（1.89±0.18）倍和（2.36±0.23）倍］、LP-CQPC02L 组［是对照组的（1.72±0.49）倍、（1.51±0.15）倍和（1.89±0.11）倍］和 LP-CQPC02H 组［是对照组的（3.81±0.56）倍、（2.49±0.23）倍和（4.33±0.41）倍］的表达显著上调，并且 LP-CQPC02H 组的表达最强。

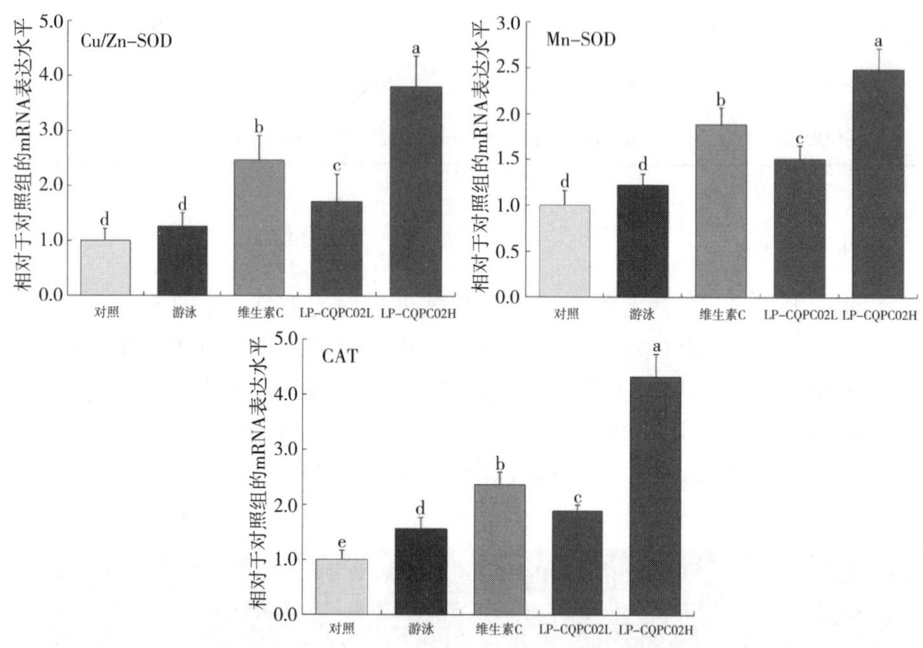

图 8-3　小鼠肝组织中 Cu/Zn-SOD、Mn-SOD 和 CAT 的 mRNA 表达

小鼠骨骼肌中合胞素-1、ASCT1、iNOS 和 TNF-α 的 mRNA 表达

图 8-4 显示了各组小鼠骨骼肌中合胞素-1［是对照组的（1.00±0.25）倍、（1.82±0.31）倍、（2.77±0.35）倍、（3.45±0.25）倍和（4.58±0.65）倍］、iNOS［是对照组的（1.00±0.12）倍、（1.68±0.21）倍、（2.06±0.15）倍、（2.64±0.32）倍和（3.2±0.17）倍］和 TNF-α［是对照组的（1.00±0.18）倍、（1.74±0.15）倍、（2.16±0.21）倍、（2.84±0.22）倍和（4.15±0.33）倍］的 mRNA 表达按降序排列为：对照组、LP-CQPC02H 组、维生素 C 组、LP-CQPC02L 组和游泳组。不同之处在于，ASCT1 表达按照如下顺序呈上升趋势：对照组、游泳组、LP-CQPC02L 组、维生素 C 组，最后是 LP-CQPC02H 组［是对照组的（1.00±0.38）倍、（2.03±0.46）倍、（3.55±0.52）倍、（4.13±0.46）倍和（6.82±0.78）倍］。

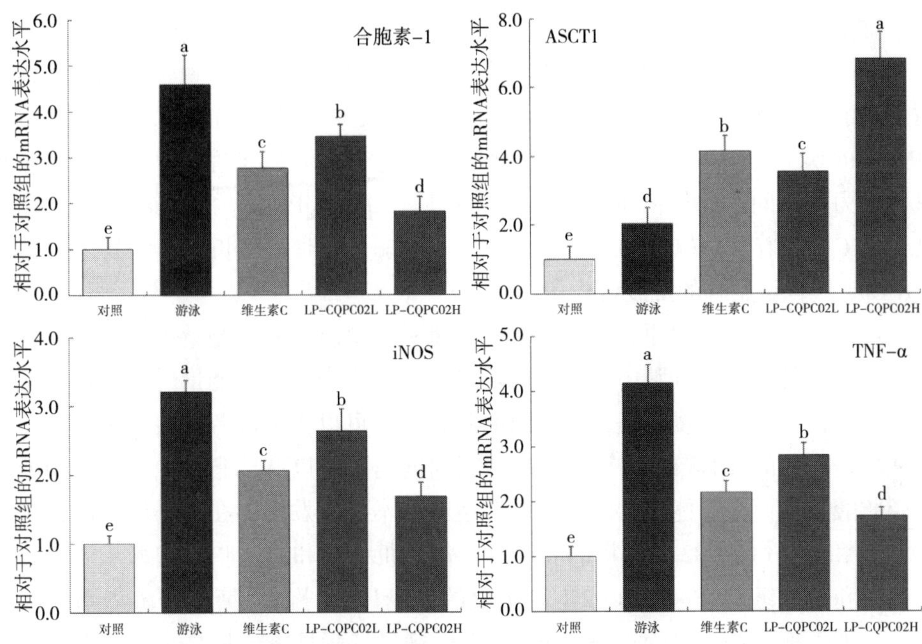

图 8-4 小鼠骨骼肌 c 组织的合胞素-1、ASCT1、iNOS 和 TNF-α mRNA 表达

讨论

运动性疲劳的机制包括能量供应不足、代谢物积累和自由基攻击。能量供应不足是由于过度消耗储存的长期和短期能量物质（如糖原和葡萄糖），以及过度或剧烈运动导致动力供应减少所致。剧烈运动或过度运动会影响代谢物的积累，从而导致有氧供能转化为无氧糖酵解，因此，葡萄糖（或糖原）中所含的能量用于形成三磷酸腺苷（ATP），而肌肉利用 ATP 和磷酸肌酸（CP）的无氧分解产生乳酸并释放能量。这一过程的代谢物（包括乳酸、氨和其他厌氧发酵产物）大量积累，扰乱酸碱平衡，导致细胞内微环境失衡，从而引起疲劳。自由基攻击是由于厌氧发酵增加氧自由基水平所致，会破坏细胞膜的流动性和通透性，导致组织损伤，从而引起疲劳。

病理性疲劳可能需要药物治疗。许多抵抗力较弱或患有其他疾病的人在进行轻度运动时容易出现运动性疲劳。药物干预通常会有副作用，因此对于这些人群来说，缓解疲劳的方法通常包括物理疗法、营养补充剂和生物制剂疗法。营养补充剂和生物制剂是当前疲劳研究的主要领域。乳酸菌已成为当前许多研究的主题，它可以提高免疫力，预防心血管疾病，介导抗衰老，用作抗氧化剂，从而产生抗疲劳作用。研究表明，乳酸菌的作用机制可能是通过能量调节和肌肉适应来改善运动表现。本研究结果还验证了一种新型乳酸菌（LP-CQPC02）的抗疲劳性，并证明了具有益生菌潜力的乳酸菌也可以发挥这种作用。

力竭游泳实验是一种常用的人体疲劳体内小鼠模型，用于观察研究干预措施对运动能力和疲劳缓解的影响。本研究以维生素 C 为阳性对照，研究了乳酸菌 LP-CQPC02 的抗疲劳作用和抗氧化能力。不同剂量的 LP-CQPC02 可显著延长小鼠游泳力竭时间。此外，在相同标称剂量下，LP-CQPC02 的力竭时间显著长于维生素 C。随着 LP-CQPC02 浓度的增加，小鼠力竭时间延长，表明高浓度 LP-CQPC02 具有更显著的抗疲劳作用。

肝糖原、骨骼肌糖原、乳酸、血尿素氮和游离脂肪酸在能量供应中都非常重要。肝糖原是储存在肝脏中的聚合葡萄糖分子。当身体需要能量时，肝糖原被水解成葡萄糖以释放能量。因此，肝糖原和骨骼肌可以作为疲劳的关键指标。游离脂肪酸是脂肪的分解产物。剧烈运动或长时间运动可以调动脂肪，增加可用的游离脂肪酸，从而为身体提供能量，缓解疲劳。本研究发现，在力竭运动后，维生素 C 组和 LP-CQPC02 组小鼠的肝糖原、骨骼肌糖原和游离脂肪酸水平显著高于对照组和游泳组。LP-CQPC02H 组小鼠的肝糖原、骨骼肌糖原和游离脂肪酸显著高于维生素 C 组。补充 LP-CQPC02 能以剂量依赖性方式提高小鼠肝糖原、骨骼肌糖原和游离脂肪酸水平。同时，由于体内糖原储存量不是很大，一般无氧运动的持续时间很短。这些观察结果表明，LP-CQPC02 可以增强肝糖原和骨骼肌糖原储备，从而延长无氧运动的持续时间以及疲劳发生的时间，起到抗疲劳的作用。

剧烈运动或长期运动会导致无氧糖酵解，从而导致乳酸的代谢生成，降低内环境 pH 值，降低肌肉收缩能力，从而引起疲劳。此外，剧烈运动或长期运动也会导致蛋白质降解，产生尿素，这是体内蛋白质分解代谢的最明显表现。研究发现，运动后，维生素 C 组和 LP-CQPC02 组小鼠的乳酸和血尿素氮水平显著低于游泳组。同样，LP-CQPC02H 组的乳酸和血尿素氮水平也显著低于维生素 C 组。随着 LP-CQPC02 浓度的增加，乳酸和血尿素氮水平逐渐降低。这表明补充 LP-CQPC02 可能有助于减少乳酸堆积并抑制蛋白质降解，从而通过积极调节能量代谢来缓解疲劳。

运动期间，肌肉和肝脏是最容易受伤的部位。这种损伤常伴有 CK、AST 和 ALT 水平的升高。研究发现，维生素 C 组和 LP-CQPC02 组小鼠的血清 CK、AST 和 ALT 水平显著高于游泳组，而 LP-CQPC02H 组的这三个指标显著低于维生素 C 组。这三个水平也随着 LP-CQPC02 浓度的增加而逐渐降低。因此，研究得出结论，LP-CQPC02 可以在疲劳性运动期间预防运动损伤。

过度运动会促进超氧自由基的产生和积累，从而破坏细胞膜和细胞代谢，导致组织和器官的氧化应激。SOD 和 CAT 是重要的抗氧化酶。SOD 可以修复受损细胞，并具有抗氧化作用。在脊椎动物中，SOD 主要有 Cu/Zn-SOD 和 Mn-SOD 两种类型。SOD 将自由基转化为毒性较小的 H_2O_2。它们又被 CAT 转化为 H_2O，从而清除自由基。研究发现，维生素 C 组和 LP-CQPC02 组的 SOD 和 CAT 水平均显著高于游泳组。补充 LP-CQPC02 能以剂量依赖性方式增加 SOD 和 CAT 水平。这表明 LP-CQPC02 具有良好的抗氧化能力。MDA 是细胞膜脂质的氧化产物，也是脂质过氧化的敏感指标。在疲劳期间，MDA 水平通常会增加。本研究显示，维生素 C 组和 LP-CQPC02 组的 MDA 水平均显著高于游泳组。补充 LP-CQPC02 能以剂量依赖性方式降低 MDA 水平，表明 LP-CQPC02 可能通过减弱脂质过氧化而发挥保护和抗氧化作用。

研究表明，在受伤、发生炎症和萎缩后，肌肉组织中合胞素-1 的表达会增强，从而影响运动能力。合胞素-1 的表达增强导致其受体 ASCT1 的表达受到抑制，而一氧化氮（NO）可以调节 ASCT1 表达。iNOS 水平随着炎症反应而升高，导致 NO 生成水平升高，进而抑制 ASCT1 表达。然而，TNF-α 可以诱导和增加肌肉中合胞素-1 的表达，导致自由基和细胞炎症因子的产生，从而抑制 ASCT1 的表达。本研究表明，在力竭运动后，维生素 C 和 LP-CQPC02 可以上调小鼠骨骼肌中 ASCT1 的表达，下调合胞素-1、iNOS 和 TNF-α 的表达。先前的研究也获得了相同的结果。由此可见，LP-CQPC02 可以减轻力竭运动引起的肌肉组织损伤。

大量证据支持乳酸菌能够改善肠道菌群组成，促进消化吸收，增强免疫功能。由于乳酸菌对健康的益处很多，研究已经证实，某些乳酸菌可以缓解疲劳，但具体的机制细节仍然缺乏研究。一些研究表明，乳酸菌在体外和体内都具有良好的抗氧化作用。本研究证实，LP-CQPC02 在体内具有良好的抗氧化作用，产生抗疲劳作用。此外，本研究还阐明了部分机理，但未来还需要进行更深入研究来探讨其具体的机制细节。

结论

综上所述，LP-CQPC02 具有优异的抗疲劳和抗氧化特性，其抗疲劳作用与提高肝糖原、骨骼肌糖原储备能力、增加脂肪动员、减少乳酸堆积和蛋白质分解有关。此外，其抗氧化能力与清除自由基和减少脂质过氧化有关。总之，作为一种微生物药物制剂或运动营养补充剂，LP-CQPC02 具有巨大且尚未开发的潜力。

第二节　发酵乳杆菌增强运动能力的作用

引言

由于其得天独厚的地理环境，青藏高原形成了不同于其他地区的饮食环境。当地牧民自然发酵的牦牛奶制成的酸奶中含有丰富的微生物。乳酸菌是青藏高原牦牛酸奶发酵过程中的主要微生物，其中大部分是不同于已知乳酸菌的新菌株，它们对胃酸和胆盐有很强的抵抗力。研究还表明，牦牛酸奶中的乳酸菌可以降低血脂浓度和血清胆固醇水平，改善肠道功能，预防高血压和炎症，调节免疫功能，抑制氧化应激。由此可见，牦牛酸奶具有作为微生物制剂和营养补充剂的潜力，但仍需进一步开发利用。

运动性疲劳在城市健身人群、运动员、上班族和学生中很常见。疲劳是由于身体无法保持运动强度而引起的一种生理现象。其形成原因非常复杂，包括疾病、运动、心理因素和作息不规律等。运动性疲劳通常与物质消耗率和高强度运动密切相关，这导致能量通过新陈代谢转化为许多代谢物，而这些代谢物过度积累就会产生疲劳。就人类或动物而言，剧烈运动或超负荷运动可能会导致细胞从有氧呼吸转变为无氧发酵。在这种状态下，身体会产生大量乳酸。当活性氧（ROS）水平、内部 pH 值和渗透压不平衡时，就会产生疲劳。根据研究结果，ROS 是导致细胞完整性破坏的主要因素，继而在脂质过氧化的影响下发生氧化性骨骼肌疲劳。中等浓度的 ROS 在信号传递过程中作为调节介质发挥重要作用。

研究发现，乳酸菌具有较强的生物活性，可以作为益生菌使用。据一些研究资料显示，乳酸菌的功能包括辅助治疗疾病、改善生物解毒能力、提升生物活性和免疫力等，可作为营养补充剂和微生物药物制剂。同时，从食物中分离出的乳酸菌通常比合成药物或激素药物更安全。因此，它们在老年人、运动员和患者等其他特殊群体中具有良好的应用前景。然而，有关乳酸菌对运动性疲劳的影响研究较少，因此其机制尚不清楚。因此，本研究观察了研究小组分离鉴定的 LF-HFY03 对力竭跑步小鼠的疲劳和抗氧化能力的影响，从而为研发微生物药物和运动营养补充剂提供必要的理论依据。

结果

小鼠跑步力竭时间

分析各组小鼠的力竭跑步时间时间（图 8-5），使用不同剂量的 LF-HFY03 溶液和维生素 C 对小鼠进行灌胃，持续 4 周。结果表明，小鼠的力竭跑步时间得到明显改善，且效果明显优于跑步组和对照组。此外，LF-HFY03H 组的力竭时间显著长于维生素 C 组，并且随着 LF-HFY03 溶液浓度的增加，小鼠的力竭时间也相应延长。

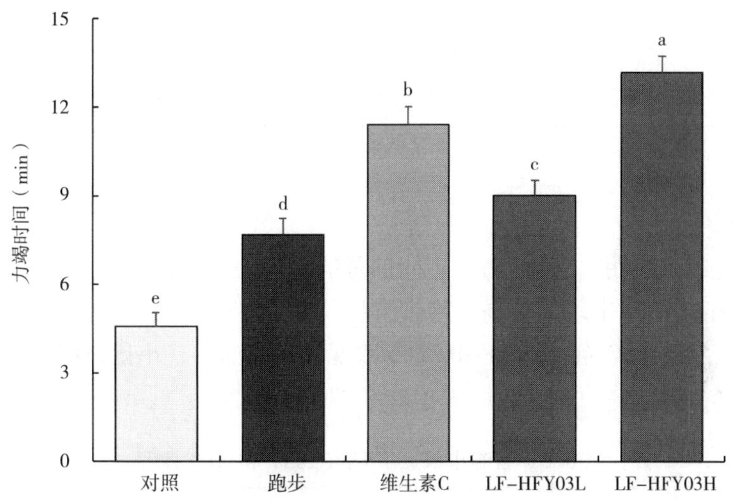

图 8-5　不同组小鼠运动衰竭时间的比较

注：不同英文小写字母表示在 $P< 0.05$ 水平上相应两组间具有显著差异，下同。

小鼠能量代谢

跑步试验后，测定各组小鼠的主要能量代谢指标。表 8-4 显示，使用不同剂量的 LF-HFY03 和维生素 C 治疗的小鼠的游离脂肪酸和肝糖含量均高于跑步组和对照组。同时，LF-HFY03H 组小鼠的游离脂肪酸和糖原含量明显高于维生素 C 组，且 LF-HFY03 溶液能以定量依赖性方式提高小鼠体内游离脂肪酸和糖原含量。然而，与跑步组相比，不同剂量的 LF-HFY03 组和维生素 C 组小鼠的尿素氮和乳酸含量较低。随着 LF-HFY03 浓度的增加，小鼠体内尿素氮和乳酸含量逐渐降低。

表 8-4　各组小鼠肝糖原、乳酸、血尿素氮和游离脂肪酸水平

组别	肝糖原（mg/g）	乳酸（mg/L）	血尿素氮（mg/L）	游离脂肪酸（μmol/mL）
正常	3.25 ± 0.52^{e}	0.29 ± 0.06^{e}	115.35 ± 6.89^{e}	339.92 ± 18.63^{e}
跑步	5.15 ± 0.61^{d}	1.17 ± 0.16^{a}	336.90 ± 11.52^{a}	1658.74 ± 87.20^{a}

续表

组别	肝糖原 (mg/g)	乳酸 (mg/L)	血尿素氮 (mg/L)	游离脂肪酸 (μmol/mL)
维生素 C	9.23±0.69^{b}	0.63±0.06^{c}	205.63±8.95^{c}	945.69±66.90^{c}
LF-HFY03L	7.70±0.52^{c}	0.82±0.08^{b}	264.14±9.03^{b}	1255.03±72.06^{b}
LF-HFY03H	15.06±0.58^{a}	0.43±0.06^{d}	167.92±6.96^{d}	569.35±36.97^{d}

小鼠运动损伤

本研究结果表明（表 8-5），不同剂量的 LF-HFY03 组和维生素 C 组小鼠的 ALT、CK 和 AST 水平均显著高于跑步组。同时，LF-HFY03H 组小鼠的上述三项指标均低于维生素 C 组。当 LF-HFY03 浓度不断增加时，小鼠体内的三项指标水平不断下降。

表 8-5　各组小鼠血清 CK、AST 和 ALT 水平

组别	CK (U/L)	AST (U/L)	ALT (U/L)
正常	95.20±5.03^{e}	14.63±1.15^{e}	8.93±1.21^{e}
跑步	356.72±21.08^{a}	108.36±6.30^{a}	89.63±4.36^{a}
维生素 C	210.36±15.39^{c}	52.93±4.69^{c}	44.50±3.87^{c}
LF-HFY03L	286.02±18.33^{b}	77.03±5.23^{b}	65.05±4.11^{b}
LF-HFY03H	155.92±10.30^{d}	30.82±2.99^{d}	18.93±1.88^{d}

小鼠血清氧化水平

如表 8-6 所示，不同剂量的 LF-HFY03 组和维生素 C 组小鼠的 SOD 和 CAT 水平显著高于跑步组。补充 LF-HFY03 能以定量依赖性方式提高小鼠的 CAT 和 SOD 水平。然而，不同剂量的 LF-HFY03 组和维生素 C 组小鼠的 MDA 水平显著低于跑步组，并且在补充 LF-HFY03 后，小鼠的 MDA 水平开始下降。

表 8-6　各组小鼠血清 SOD、CAT 和 MDA 水平

组别	SOD (U/L)	CAT (U/L)	MDA (μmol/L)
正常	40.89±3.69^{e}	28.36±1.91^{e}	2.88±0.42^{e}
跑步	61.02±4.08^{d}	44.28±2.97^{d}	16.98±2.26^{a}

续表

组别	SOD (U/L)	CAT (U/L)	MDA (μmol/L)
维生素 C	125.68±11.08[b]	108.36±4.90[b]	6.82±0.70[c]
LF-HFY03L	86.36±7.03[c]	74.52±5.88[c]	11.36±1.02[b]
LF-HFY03H	172.08±8.69[a]	145.25±10.02[a]	4.03±0.32[d]

病理学观察

在进行力竭跑步试验前，本研究使用 H&E 染色评估了小鼠的肝脏。结果显示［图 8-6（A）］，各组小鼠的肝细胞核染色均匀。小鼠肝组织细胞结构比较正常，中央静脉周围的肝细胞呈放射状分布状态，表明 LF-HFY03 组和维生素 C 组对小鼠肝脏没有产生非常显著的毒性和副作用。力竭跑步试验后，各组细胞在一定程度上排列不均，中央静脉规则，部分细胞结构受损坏死［图 8-6（B）］。维生素 C 和 LF-HFY03 均能减轻力竭跑步引起的肝损伤，其中 LF-HFY03H 效果最好。

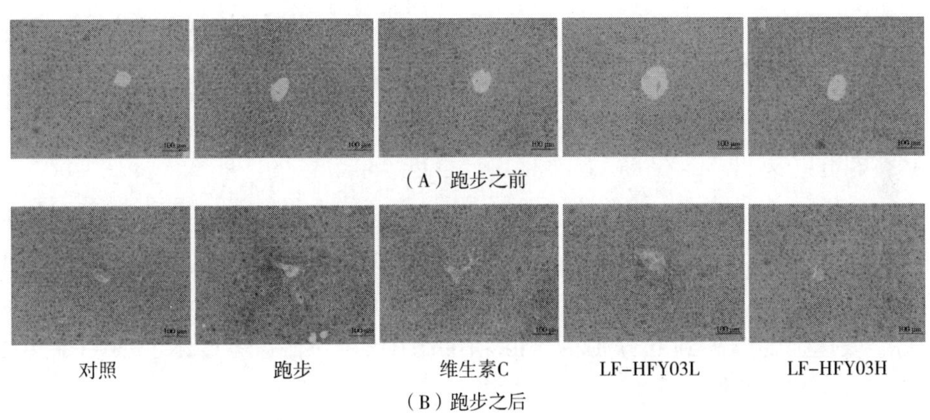

图 8-6　不同组运动前（A）和运动后（B）肝组织的 H&E 切片

小鼠肝脏中 Cu/Zn-SOD、Mn-SOD 和 CAT 的 mRNA 表达

从图 8-7 中可以看出，对照组 CAT、Cu/Zn-SOD 和 Mn-SOD 的 mRNA 表达最低，并且跑步组 CAT、Cu/Zn-SOD 和 Mn-SOD 的 mRNA 表达均高于对照组。而 LF-HFY03H 组、维生素 C 组和 LF-HFY03L 组 CAT、Cu/Zn-SOD 和 Mn-SOD 的 mRNA 表达均高于跑步组，且 LF-HFY03H 组表达最高。

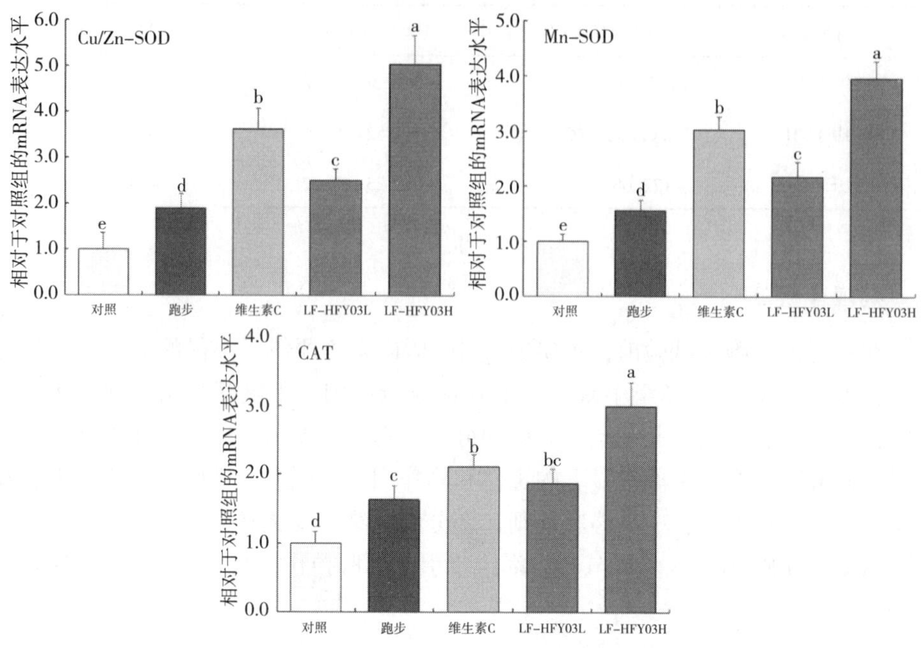

图 8-7　小鼠肝组织中 CAT、Cu/Zn-SOD 和 Mn-SOD mRNA 的表达

小鼠骨骼肌中 nNOS、eNOS、iNOS、合胞素-1、ASCT1 和 TNF-α 的 mRNA 和蛋白表达

从图 8-8 中可以看出，各组小鼠骨骼肌中肿瘤坏死因子 α（TNF-α）、iNOS 和合胞素-1 的 mRNA 和蛋白表达强度由高到低分别为：跑步组、LF-HFY03L 组、维生素 C 组、LF-HFY03H 组和对照组。AST1、nNOS 和 eNOS 则呈现相反的趋势，表达强度由高到低分别为：LF-HFY03H 组、维生素 C 组、LF-HFY03L 组、跑步组和对照组。

讨论

运动性疲劳的机制复杂，主要包括自由基攻击、能量生成和代谢物积累。所谓能量耗竭，是指身体由于过度运动和剧烈运动导致身体能量和物质消耗，并因缺乏个体供应能力而形成的疲劳状态。由于剧烈运动或过度运动而积累可能影响身体的代谢物，能量供应的方式从有氧供能转化为厌氧供能，并积累大量的乳酸和氨等厌氧呼吸代谢物，从而破坏酸碱平衡，导致细胞内部环境失衡，最终导致疲劳的形成。由于自由基攻击，厌氧呼吸会导致体内氧自由基的增加，从而导致细胞膜的通透性和流动性受损，也会导致组织损伤和疲劳。

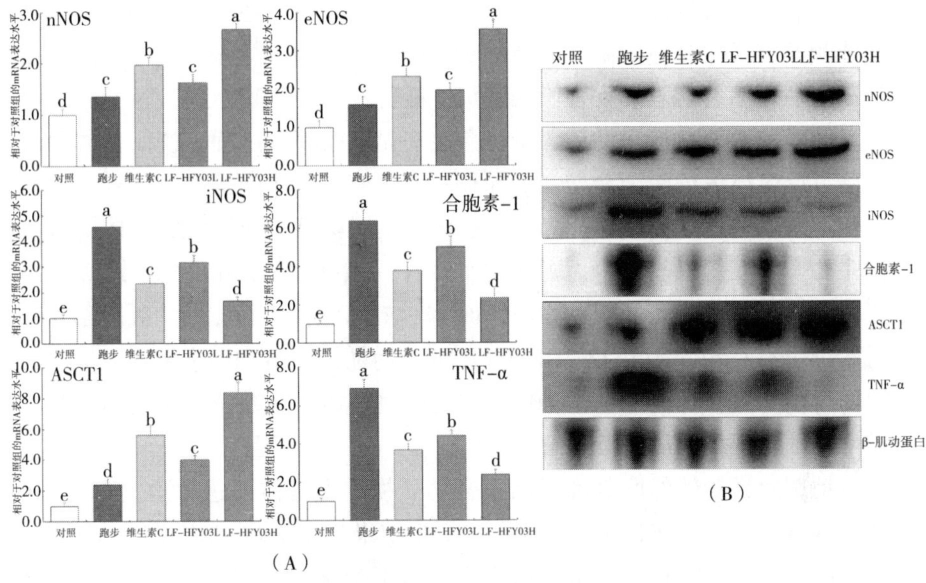

图 8-8 小鼠骨骼肌组织 nNOS、eNOS、iNOS、合胞素-1、AST1、TNF-α mRNA（A）和蛋白（B）的表达

大多数病理性疲劳都需要药物治疗。然而，在健康人群中，运动性疲劳最为常见。一般来说，病理性疲劳的治疗方法包括物理疗法、补充剂治疗法。物理疗法主要包括按摩、康复锻炼等。然而，物理疗法只能在短时间内缓解疲劳，并不能提高身体抵抗疲劳的能力。目前，抗疲劳领域的主要研究集中在营养补充剂上。一些研究结果表明，一些食物可以起到抗氧化、增强免疫力、抗衰老以及预测心血管疾病的作用。所以它们可以有一定的抗疲劳作用。然而，还没有关于此类食物对运动性疲劳的影响的研究报告。

目前，在体内动物试验中，广泛采用通过详细的跑步试验来观察目标对象的抗疲劳效果和运动能力水平的方法。本研究主要以小鼠为研究对象，以维生素 C 为阳性对照组，研究分析了 LF-HFY03 的抗氧化作用和抗疲劳作用。在相同剂量下，LF-HFY03 的力竭时间显著长于维生素 C。小鼠的力竭时间随着 LF-HFY03 浓度的增加而增加。由此可见，LF-HFY03 具有良好的抗疲劳作用。

游离脂肪酸、肝糖原、尿素氮含量和乳酸的产生是相关的。肝糖原主要储存在肝脏中，其主要成分是葡萄糖分子，分解后为机体提供必要的能量。因此，肝糖原水平是评估机体疲劳程度的关键指标。游离脂肪酸是脂肪分解的产物。如果身体处于长期运动或高强度运动状态，此时体内脂肪的消耗会增加，游离脂肪酸的含量也会增加，以提供身体运动所需的能量，从而缓解疲劳。根据研究结果，力竭运动后小鼠的游离脂肪酸和肝糖原水平显著高于跑步组和对照组。LF-HFY03H组小鼠体内脂肪酸水平高于维生素C组。综上所述，补充LF-HFY03能以剂量依赖性方式提高体内游离脂肪酸和肝糖原的含量。这表明补充LF-HFY03可以提高肝糖原储备能力，促进脂肪动员，缓解疲劳。

长时间运动或高负荷运动后，身体会促进无氧糖酵解过程，进而在体内产生大量乳酸。此时体内的酸度会增加，导致肌肉收缩等身体问题。此外，长时间运动和高负荷运动也会导致蛋白质降解，从而产生尿素氮，而尿素氮是体内蛋白质消耗的主要产物。结果表明，力竭运动实验后，LF-HFY03组和维生素C组小鼠的尿素氮和乳酸含量显著低于跑步组。而LF-HFY03H组小鼠的尿素氮和乳酸含量则低于维生素C组。随着LF-HFY03浓度的增加，乳酸和尿素氮的含量逐渐降低。研究得出结论，补充LF-HFY03可以有效调节能量代谢，从而缓解疲劳，减少乳酸堆积，实现蛋白质持续降解。

在运动期间，身体的肝脏和肌肉很容易受损。当身体因过度运动而受伤时，通常伴有ALT、CK和AST水平的升高。实验结果显示，LF-HFY03组和维生素C组小鼠的血清ALT、CK和AST水平显著高于跑步组。本研究对LF-HFY03H组和维生素C组的ALT、CK和AST进行了比较。随着LF-HFY03浓度的增加，3个指标的水平逐渐降低。这表明LF-HFY03具有预防运动损伤的作用。

过度运动时，体内会产生超氧阴离子自由基，它会破坏细胞代谢和细胞膜系统，并产生身体应激损伤。CAT和SOD是体内关键的抗氧化酶。除了具有抗氧化作用外，SOD还可以修复受损细胞。在大多数脊椎动物中，SOD的主要表达形式是Mn-SOD和Cu/Zn-SOD。在体内，SOD1可以将超氧自由基（$O_2^-\cdot$）转化为毒性相对较小的H_2O_2，经CAT催化后生成无毒的H_2O，最终消除自由基。动物实验也证实了SOD1和CAT的酶含量之间存在相关性，并且二者含量呈正相关。本研究结果显示，LF-HFY03组和维生素C组小鼠的CAT和SOD水平显著高于跑步组，并且一定剂量的LF-HFY03补充剂可以显著提高小鼠的CAT和SOD水平。因此，可以证明LF-HFY03具有抗氧化能力。作为细胞膜脂质过氧化后的产物，MDA可作为脂质过氧化后的重要指标参数。如果身体处于疲劳状态，体内的MDA水平会显著升高。在本研究中，LF-HFY03组和维生素C组小鼠的MDA水平显著低于跑步组，并且一定剂量的LF-HFY03补充剂可有效降低小鼠的MDA水平。综上所述，LF-HFY03可以减轻脂质过氧化，进而起到抗氧化和细胞保护的作用。

nNOS可以保护组织和神经细胞，以及修复氧化损伤引起的组织损伤。eNOS在组织中的表达相对稳定，eNOS产生NO，从而修复氧化应激引起的肝损伤。当iNOS被激活时，酶活性可以维持很长时间，并伴随着大量NO的释放。NO水平过高会导致基因突变和组织损伤。氧化应激可以加重炎症，导致 iNOS 过度表达，nNOS 和 eNOS 表达不足，以及组织损伤加重。研究表明，肌肉组织受损、发炎和萎缩时，合胞素-1 的表达会显著升高，从而影响运动能力。合胞素-1 表达升高会抑制 ASCT1 的表达，而 NO 可以调节 AST1 的表达。机体发生炎症反应时，iNOS 水平升高，导致大量 NO 产生，从而抑制 ASCT1 的表达。然而，TNF-α 可以诱导并增强肌肉组织中 syncytosin-1 的表达，导致炎症细胞因子和自由基的产生，从而抑制 ASCT1 的表达。本研究结果显示，LF-HFY03 和维生素 C 均能控制剧烈运动后小鼠骨骼肌中 AST1 的表达，同时降低 TNF-α、合胞素-1 和 iNOS 的表达。先前的研究也获得了相同的结果，表明 LF-HFY03 可用于减轻力竭运动造成的肌肉组织损伤。

研究表明，优质动物乳是一种强抗氧化剂。动物乳在乳酸菌作用下发酵的酸奶不仅提高了其抗氧化活性，而且由于在长期自然发酵过程中对乳酸菌的驯化作用，更好地保留了抗氧化活性优异的菌种。乳酸可以调节肠道菌群的组成，从而提高人体免疫力，促进消化吸收。乳酸菌在改善人体健康方面具有多种益处。根据许多科学验证，已经发现一些乳酸菌可以缓解疲劳，但关于其作用机制的研究相对较少。此外，一些研究结果显示，乳酸菌在身体内外的各个环节都具有抗氧化作用。本研究还证实 LF-HFY03 在体内具有良好的抗氧化和抗疲劳作用。此外，本研究还解释了一些作用机制，但未来仍需要进行更深入的研究来详细探讨其机制。

结论

研究得出的结论是，LF-HFY03 具有良好的抗疲劳和抗氧化能力，并且其抗疲劳特性与减少蛋白质分解、提高肝糖原储存能力、减少乳酸堆积和增加脂肪消耗有关。而其抗氧化能力与减少脂质过氧化和清除自由基密切相关。作为一种运动营养补充剂或药用微生物制剂，LF-HFY03 具有很好的开发和应用前景。本研究为其在这些方面的应用提供了理论基础。

参考文献

［1］ Yi Ruokun, Feng Min, Chen Qiuping, Long Xingyao, Park Kun-Young, Zhao Xin, The effect of *Lactobacillus plantarum* CQPC02 on fatigue and biochemical oxidation levels in a mouse model of physical exhaustion [J]. Frontiers in Nutrition, 2021, 8: 641544.

［2］ Junxiao Zhang, Ling Chen, Lingyan Zhang, Qiuping Chen, Fang Tan, Xin Zhao,

Effect of *Lactobacillus fermentum* HFY03 on the antifatigue and antioxidation ability of running exhausted mice [J]. Oxidative Medicine and Cellular Longevity, 2021, 2021: 8013681.

第九章　益生菌对清除重金属元素的功效

第一节　发酵乳杆菌减轻重金属对神经损伤的作用

引言

铅是一种多亲和性有毒重金属，随着时间的推移会在环境中积累，污染环境，并直接或间接污染食物。环境中的铅还可以通过呼吸道、消化道、皮肤和黏膜等多种渠道进入人体。联合国粮农组织和世界卫生组织下的食品添加剂联合专家委员会（JECFA）将成人每日铅摄入量限制为 1.3 μg/kg b. w.，儿童为 0.6 μg/kg b. w.。铅的化学性质相对稳定，不易腐烂或转移。铅在体内蓄积，会损害人体神经系统、生殖系统和循环系统，以及大脑、肾脏、肝脏、心血管器官等组织器官。儿童对铅的毒性比成人更敏感，并且神经系统是最敏感的器官。铅主要影响成人的外周神经系统和儿童的中枢神经系统，尤其是发育中儿童的中枢神经系统。本研究表明，铅中毒对神经系统的直接机制主要包括：①通过血脑屏障进入脑组织，与脑组织中的神经细胞结合，改变细胞功能和形态，阻碍营养和能量的供应；②通过抑制神经递质的释放和传导引起神经毒性；③竞争性抑制体内 Ca^{2+}，形成铅钙调素复合物，影响脑组织中 Ca^{2+} 的正常流动，干扰神经细胞膜对 Ca^{2+} 的吸收和释放，破坏细胞内 Ca^{2+} 的稳态，引起神经毒性；④干扰脑源性神经因子和突触素（SYN）的合成以及立即早期基因的表达，影响学习和记忆相关蛋白的表达，进而导致学习和记忆障碍；⑤抑制突触的生长和修复，影响突触的正常功能，降低神经元突触可塑性。

除了直接损害神经元外，铅还可以导致机体内产生氧自由基。自由基不能通过新陈代谢排出体外，造成氧化损伤，而机体在氧化损伤发生前无法自我修复，从而导致代谢失衡。体内的活性抗氧化物质可以有效对抗机体内自由基产生所造成的氧化损伤。铅可以降低细胞内抗氧化酶的活性，抑制巯基依赖酶的活性，降低质膜对活性氧（ROS）的防御能力，增加神经元细胞的脂质过氧化，以及降低谷胱甘肽（GSH）和超氧化物歧化酶（SOD）的活性。这些作用会诱导神经细胞的氧化损伤。

铅中毒的传统治疗方法是联合使用金属螯合剂和维生素。目前临床治疗铅中毒常用的金属螯合剂包括 2，3-二巯基丁二酸（DMSA）和依地酸钙钠（EDTA）。然而，螯合剂在治疗铅中毒方面的疗效因个体而异。此外，长期使用或一次性大剂量使用螯合剂会损害肝肾功能，并对肝肾造成不可逆转的损伤。因此，为了提高铅中毒患者的生活质量，减少铅暴露高危人群的潜在损害，迫切需要研发新的铅中毒防治方法。

益生菌可以定殖宿主并发挥益生菌作用。多项研究表明，人体和动物体内的益生菌对有毒重金属离子具有吸附作用。益生菌对重金属解毒的可能机制是通过表面吸附、细胞内吸附和细胞外吸附与重金属发生反应，从而净化重金属污染。此外，益生菌还可以通过氧化或还原来改变重金属的化合价，并降低毒性。人体和动物体内的乳酸菌（LAB）是一种可食用的益生菌，在维持机体微生态平衡和提高免疫功能方面发挥着重要作用。乳酸菌有很多来源，很容易获得，也很容易培育。近年来，利用 LAB 在体内和体外去除重金属已成为重金属生物降解的重要方法。

本研究中使用的发酵乳杆菌 SCHY34 是从四川红原牦牛酸奶中分离得到的。体外实验发现，LF-SHY34 具有有效的抗人工胃酸和抗胆盐能力，以及较强的铅离子吸附能力。动物实验验证了发酵乳杆菌 SCHY34 对铅暴露 SD 大鼠的神经、肝脏和肾脏的保护作用，并可以减轻铅引起的氧化损伤。

结果

SD 大鼠体外实验结果

体外抗人工胃液和抗胆盐实验、表面疏水性实验和铅离子吸附能力试验表明，发酵乳杆菌 SCHY34 在人工胃液中的存活率为 88.71%±0.23%，在 0.3%和 1.0%的胆盐中的生长效率分别为 85.32%±0.41%和 59.31%±2.06%，表面疏水率为 43.78%±0.75%，铅离子吸附率为 69.58%±0.56%。

发酵乳杆菌 SCHY34 吸附铅离子前后的 SEM、扫描能谱和 TEM 分析

通过观察发现，正常对照组乳酸菌细胞形态完整，轮廓清晰，干净饱满，表面光滑，表面无黏附颗粒物，而吸附铅的乳酸菌已黏附成片状，不规则聚集，细菌表面堆积了大量的黏着物质，且不光滑。此外，许多乳酸菌细胞受损、凹陷和塌陷［图 9-1（A）（C）］。

正常对照组菌群切面无沉淀物，表面清晰，无黏附。与正常对照组细菌相比，铅吸附乳酸菌切面表现出大量黑色沉积物，细胞内有空白区域，细菌边缘断裂，部分细菌溶解［图 9-1（B）（D）］。

分析表明，经铅处理后，发酵乳杆菌 SCHY34 表面吸附了大量的铅离子，C

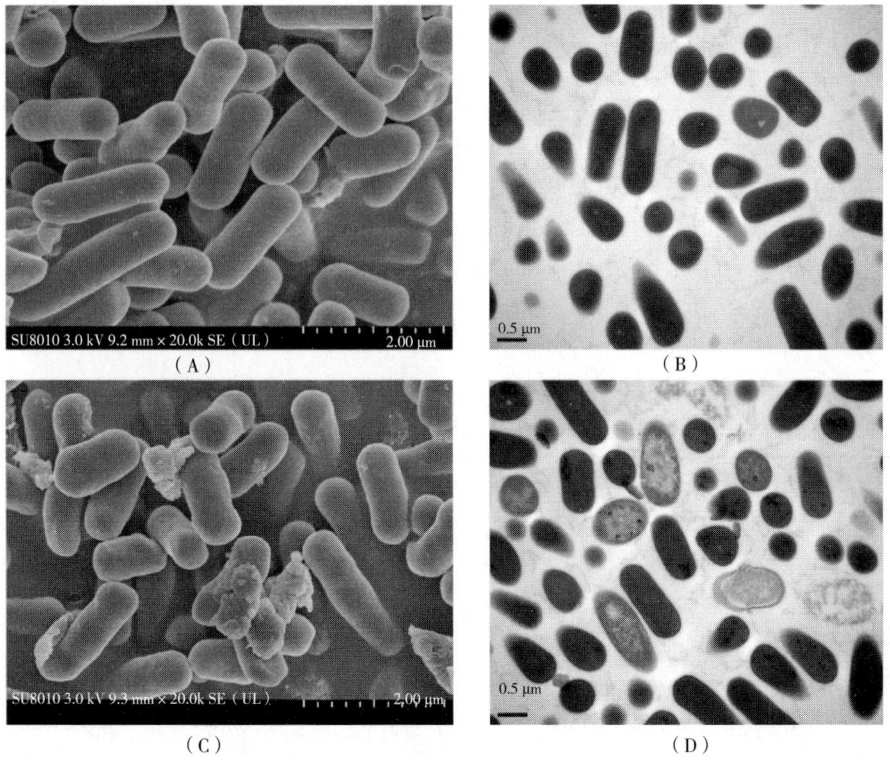

图 9-1 扫描电子显微镜（SEM）和透射电子显微镜（TEM）的图像

注：（A）正常组扫描电镜图像；（B）空白细菌细胞的透射电镜图像；（C）铅吸附后乳酸菌的扫描电镜照片；（D）铅吸附乳酸菌细胞的 TEM 图像。

和 P 元素的重量略有增加，Pb 元素的重量显著增加，而 O 和 N 元素的重量减少（表 9-1，图 9-1）。

表 9-1 铅离子吸附前后的重量和原子百分比

元素	铅离子吸附前		铅离子吸附后	
	质量比（%）	原子百分比	质量比（%）	原子百分比
C	47. 34	53. 29	47. 55	55. 17
N	25. 83	24. 93	22. 91	22. 80
O	25. 00	21. 13	23. 99	20. 90
P	1. 45	0. 63	1. 99	0. 89
Pb	0. 38	0. 02	3. 56	0. 24
合计	100. 00	100. 00	100. 00	100. 00

SD 大鼠行为指标分析

表 9-2 显示，在 Morris 水迷宫实验中，正常对照组大鼠潜伏期最短，穿梭次数最多，其次是发酵乳杆菌 SCHY34 组，然后是 EDTA 组。在主动回避实验中，正常对照组大鼠的条件反射潜伏期最短，条件反射次数最多。发酵乳杆菌 SCHY34 组大鼠的数据仅次于正常对照组。铅诱导组 Morris 水迷宫实验和主动回避实验结果显示，条件反射的潜伏期显著高于其他组，穿梭次数和条件反射次数显著低于所有其他组。然而，各组大鼠的平均游泳速度差异无统计学意义。

表 9-2　大鼠行为实验

实验	指标	正常组	铅诱导组	EDTA 组	发酵乳杆菌 SCHY34 组
莫里斯水迷宫	孵化期（s）	20.48±1.65[a]	109±5.71[d]	83.65±3.10[c]	52.39±2.58[b]
	穿越次数	23.4±1.54[d]	10.6±1.75[a]	15.8±1.15[b]	18.9±1.63[c]
	游泳速度（cm/s）	23.45±1.64[a]	22.98±1.01[a]	23.78±0.97[a]	23.17±1.33[a]
主动回避实验	条件反射潜伏期（s）	36.85±7.94[a]	96.25±5.41[d]	80.78±6.98[c]	68.19±5.76[b]
	条件反射次数	24.16±1.89[d]	12.74±1.36[a]	15.15±1.43[b]	20.03±1.65[c]

注：不同小写英文字母表达在 $P< 0.05$ 水平上相应两组具有显著差异。铅诱导组：大鼠每天自由饮用 200 mg/L 醋酸铅溶液；EDTA 组：大鼠每天自由饮用 200 mg/L 醋酸铅溶液，从 8 周到 12 周每天灌胃 500 mg/kg（bw）EDTA；发酵乳杆菌 SCHY34 组：大鼠每天自由饮用 200 mg/L 醋酸铅溶液，每天灌胃 1.0×10^9 CFU/kg（bw）发酵乳杆菌 SCHY34。

肝肾 H&E 切片、海马尼氏染色切片和免疫切片的组织病理学分析

铅诱导大鼠肝小叶模糊，肝索紊乱，且单核细胞聚集后分散在不同的细胞间隙。肝细胞出现局灶性坏死、大量炎症细胞浸润、核间包涵体和细胞核碎裂。与铅诱导大鼠相比，EDTA 和发酵乳杆菌 SCHY34 治疗的大鼠肝细胞更有序、炎症细胞浸润更少、肝细胞损伤和坏死更少（图 9-2）。

铅诱导组 SD 大鼠肾脏肾小球破裂，细胞核数量显著增加。肾小球内有大量空泡，肾小管壁扩张，出现充血肿胀、上皮细胞颗粒变性、细胞破损、淋巴细胞浸润，肾包膜腔层消失。与铅诱导组相比，EDTA 组和发酵乳杆菌 SCHY34 组 SD

大鼠肾切片细胞完整性更好、炎症细胞浸润更少、肾小管扩张不明显。肾小球结构虽然轻微受损，但比铅诱导组更完整（图 9-3）。

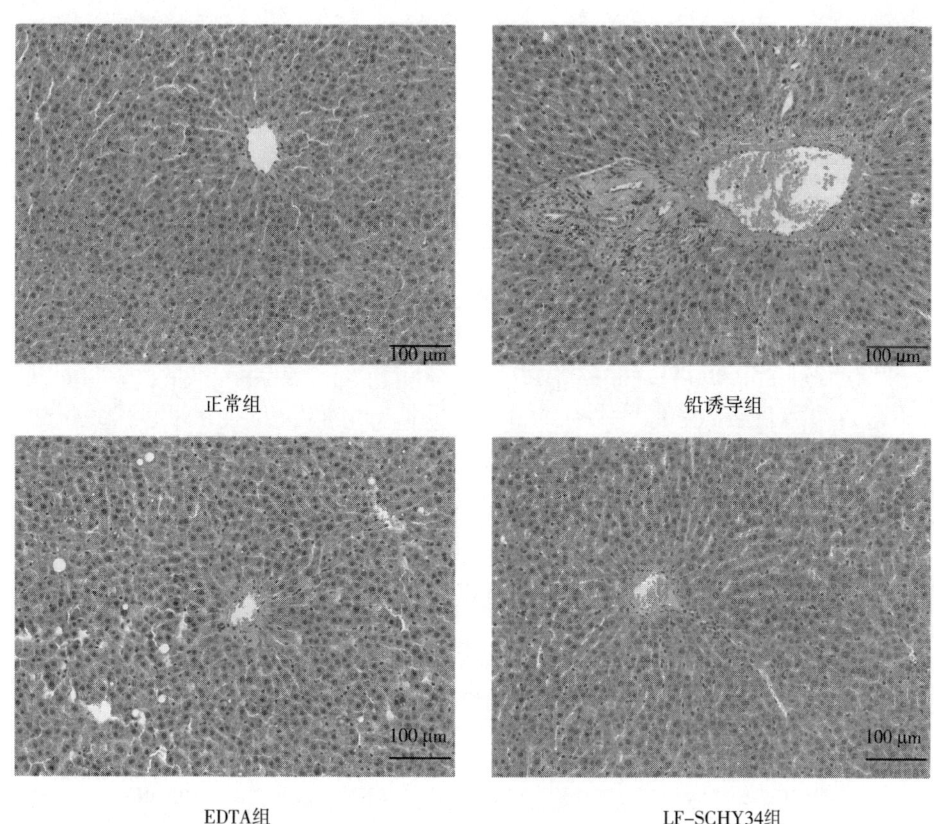

正常组　　铅诱导组

EDTA组　　LF-SCHY34组

图 9-2　SD 大鼠肝组织病理学观察（H&E）

正常对照组海马神经元排列整齐致密，细胞形态规则完整，且胞浆内含有丰富致密的尼氏体。星形胶质细胞表达强，细胞数量多，胞体大，呈深棕黄色染色，突起厚而长，分支少，细胞比例大。铅诱导大鼠齿状回 CA1 区、CA3 区和海马神经元松散，神经元缺失，形状不规则，多呈三角形或多边形，核仁不明显，细胞质内尼氏体减少。海马区星形胶质细胞的数量和比例明显减少，细胞形态受损，放射状神经突起缩短，表达水平降低。发酵乳杆菌 SCHY34 组和 EDTA 组大鼠的海马神经元外观正常，排列整齐。星形胶质细胞的表达和细胞形态与正常对照组相似（图 9-4 和图 9-5）。

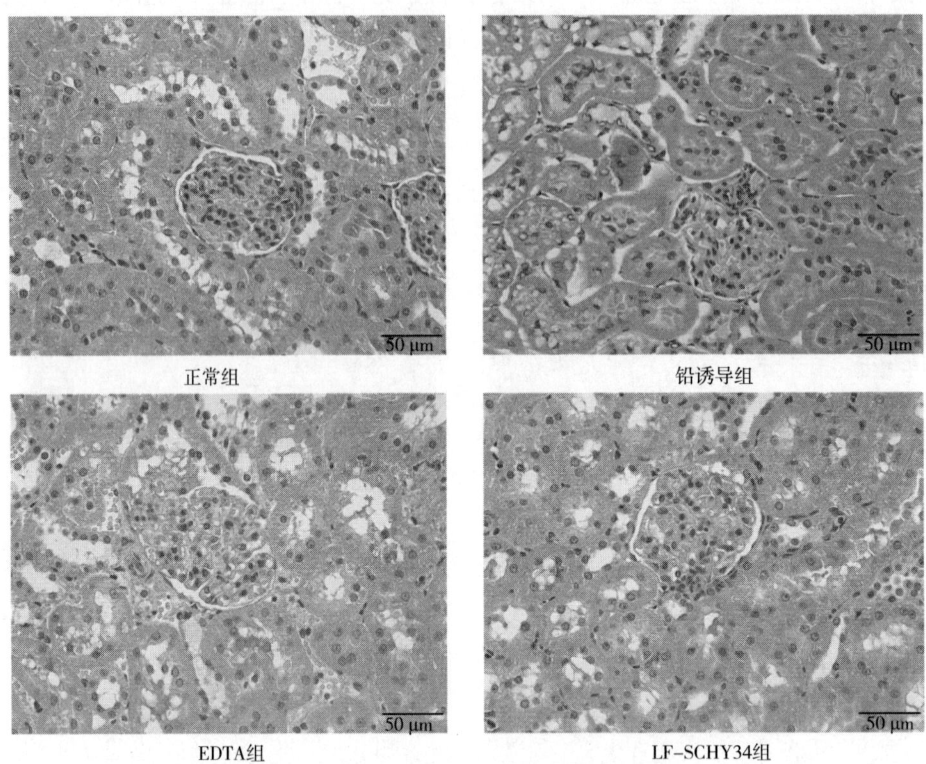

图 9-3　SD 大鼠肾组织病理学观察（H&E）

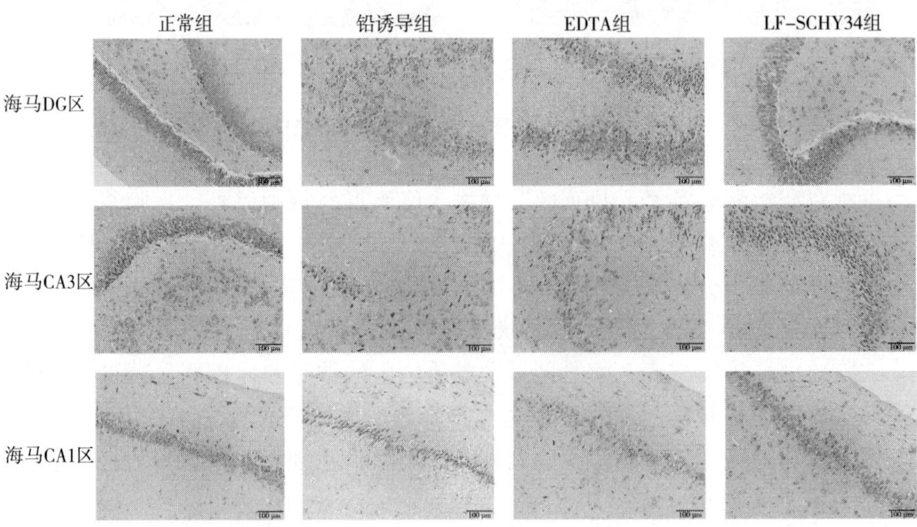

图 9-4　SD 大鼠海马病理学观察（Nissl 染色切片）

正常组　　铅诱导组

EDTA组　　LF-SCHY34组

图 9-5　SD 大鼠海马 GFAP 免疫反应

发酵乳杆菌 SCHY34 组 SD 大鼠的肝细胞形态、肾细胞形态、海马组织形态和星形胶质细胞形态接近正常对照组大鼠，且效果优于 EDTA 组。

SD 大鼠血液、肝组织、肾组织和脑组织的铅含量分析

结果显示，正常对照组血液、肝组织、肾组织和脑组织中的铅含量在所有组中最低。铅诱导组大鼠血液、肝组织、肾组织和脑组织中的铅含量在所有组中最高。在这些组织中，SD 大鼠血液和肾脏中的铅含量最高，其次是肝脏和脑组织。铅诱导组血液和组织中的铅含量约为正常对照组的 15 倍。发酵乳杆菌 SCHY34 组是正常对照组的 5~8 倍，EDTA 组是 7~12 倍（表 9-3）。

表 9-3　SD 大鼠血、肝、肾和脑组织中铅含量

组别	血液含铅量（μg/L）	肝组织含铅量（μg/g）	肾组织含铅量（μg/g）	脑组织含铅量（μg/g）
正常组	2.14± 0.30^{a}	0.84 ± 0.11^{a}	1.69 ± 0.18^{a}	0.45 ± 0.07^{a}

续表

组别	血液含铅量（μg/L）	肝组织含铅量（μg/g）	肾组织含铅量（μg/g）	脑组织含铅量（μg/g）
铅诱导组	32. 48 ± 1. 28^{d}	13. 05 ± 0. 26^{d}	23. 39 ±1. 97^{d}	6. 75 ± 0. 09^{d}
EDTA 组	21. 69 ± 0. 49^{c}	10. 41 ± 0. 20^{c}	20. 28 ± 0. 19^{c}	3. 34 ± 0. 06^{c}
发酵乳杆菌 SCHY34 组	18. 93 ± 0. 52^{b}	6. 16 ± 0. 18^{b}	13. 54 ± 0. 94^{b}	2. 48 ±0. 04^{b}

SD 大鼠血清、肝组织、肾组织和脑组织的氧化水平分析

通过对表 9-4 中数据的分析发现，正常对照组 SD 大鼠血液、肝脏、肾脏和脑组织中 CAT、T-SOD 和 GSH 的水平在四组中最高，MDA 和 ROS 的值最低。这一趋势与铅诱导组大鼠相反。铅诱导组大鼠血液、肝组织、肾组织和脑组织中的 CAT、T-SOD 和 GSH 水平最低，而 MDA 和 ROS 水平在四组中最高。发酵乳杆菌 SCHY34 组大鼠氧化指数结果的变化趋势比 EDTA 组大鼠更接近正常对照组。

表 9-4　SD 大鼠肝、肾、脑组织和血清中的氧化指数（T-SOD、CAT、MDA、GSH 和 ROS）

指标	组织/血清	组别			
		正常组	铅诱导组	EDTA 组	发酵乳杆菌 SCHY34 组
T-SOD	肝（U/mgprot）	253. 78±14. 29^{d}	155. 41±10. 76^{a}	182. 33±9. 91^{b}	224. 65±10. 37^{c}
	肾（U/mgprot）	111. 95±4. 38^{d}	56. 18±2. 56^{a}	86. 21±4. 31^{b}	99. 39±3. 68^{c}
	脑（U/mgprot）	264. 72±7. 26^{d}	94. 59±6. 76^{a}	146. 34±8. 43^{b}	200. 75±10. 76^{c}
	血清（U/mL prot）	409. 48±10. 58^{d}	218. 67±7. 29^{a}	338. 45±15. 47^{b}	386. 47±3. 85^{c}
CAT	肝（U/mgprot）	52. 48±1. 71^{d}	13. 84±0. 79^{a}	30. 76±3. 01^{b}	41. 58±1. 78^{c}
	肾（U/mgprot）	12. 79±0. 64^{d}	2. 18±0. 30^{a}	4. 16±0. 71^{b}	8. 59±0. 45^{c}
	脑（U/mgprot）	45. 89±1. 96^{d}	18. 15±1. 03^{a}	28. 43±1. 61^{b}	35. 97±1. 97^{c}
	血清（U/mL prot）	37. 81±1. 45^{d}	13. 49±1. 48^{a}	25. 49±1. 56^{b}	31. 33±1. 72^{c}
GSH	肝（μmol/g）	416. 81±14. 56^{d}	206. 81±11. 74^{a}	290. 25±18. 65^{b}	352. 24±15. 51^{c}
	肾（μmol/g）	291. 46±16. 45^{d}	118. 64±15. 71^{a}	186. 93±13. 52^{b}	235. 02±15. 23^{c}
	脑（μmol/g）	354. 32±10. 53^{d}	178. 52±17. 10^{a}	221. 85±18. 79^{b}	295. 11±10. 25^{c}
	血清（μmol/L）	286. 57±15. 22^{d}	104. 82±14. 67^{a}	195. 64±13. 71^{b}	247. 50±11. 63^{c}

续表

指标	组织/血清	组别			
		正常组	铅诱导组	EDTA 组	发酵乳杆菌 SCHY34 组
MDA	肝（nmol/mgprot）	1. 11±0. 04[a]	3. 35±0. 20[d]	2. 87±0. 14[c]	1. 58±0. 19[b]
	肾（nmol/mgprot）	0. 57±0. 14[a]	3. 30±0. 54[d]	2. 16±0. 21[c]	1. 40±0. 17[b]
	脑（nmol/mgprot）	7. 49±0. 45[a]	28. 56±0. 12[d]	18. 43±0. 25[c]	12. 71±0. 57[b]
	血清（nmol/ml prot）	1. 45±0. 09[a]	7. 97±0. 53[d]	5. 36±0. 41[c]	3. 04±0. 30[b]
ROS	肝（$\times 10^4$）	2. 32±0. 19[a]	6. 41±0. 12[d]	3. 61±0. 17[c]	2. 88±0. 13[b]
	肾（$\times 10^4$）	1. 94±0. 41[a]	5. 82±0. 21[d]	6. 57±0. 23[c]	4. 99±0. 17[b]
	脑（$\times 10^4$）	0. 94±0. 14[a]	6. 14±0. 32[d]	3. 87±0. 16[c]	2. 60±0. 37[b]
	血清（$\times 10^4$）	2. 74±0. 10[a]	9. 96±0. 39[d]	6. 68±0. 29[c]	4. 56±0. 26[b]

SD 大鼠血清 ALT、AST、BUN、CRE 和 δ-ALAD 指数分析

在四组大鼠中，正常对照组的 ATL 和 AST 酶活性最低，δ-ALAD 酶活性最高，而 BUN 和 CRE 含量最低。由于铅离子的作用，铅诱导组 ATL 和 AST 活性、BUN 和 CRE 含量最高，而δ-ALAD 酶活性最低。EDTA 和发酵乳杆菌 SCHY34 组的 ALT 和 AST 酶活性以及 BUN 和 CRE 含量显著低于铅诱导组。此外，δ-ALAD 酶活性显著高于铅诱导组，并且发酵乳杆菌 SCHY34 干预效果优于 EDTA（表 9-5）。

表 9-5 SD 大鼠血清中 ALT、AST、BUN、CRE 和 δ-ALAD

组别	ALT（μmol/L）	AST（μmol/L）	BUN（μmol/L）	CRE（μmol/L）	δ-ALAD（μmol/L）
正常组	31. 06±2. 52[a]	58. 51±2. 78[a]	1344. 85±48. 76[a]	29. 48±1. 21[a]	505. 04±16. 98[d]
铅诱导组	63. 79±2. 42[d]	87. 43±2. 85[d]	2070. 89±49. 60[d]	42. 12±1. 14[d]	351. 47±15. 74[a]
EDTA 组	51. 46±2. 87[c]	76. 67±2. 45[c]	1859. 42±36. 81[c]	34. 49±1. 82[c]	390. 24±17. 85[b]
发酵乳杆菌 SCHY34 组	42. 30±1. 65[b]	69. 65±2. 74[b]	1609. 09±37. 64[b]	31. 12±1. 34[b]	435. 74±15. 87[c]

SD 大鼠脑组织神经信号物质水平分析

正常对照组 SD 大鼠脑组织谷氨酸（Glu）含量最低，单胺氧化酶（MAO）活性最低，其他神经递质和酶在所有组中含量最高，活性也最高。铅暴露后，铅诱导组大鼠的 Glu 含量最高，MAO 活性最高，Gln、NE、cAMP、GS、AChE 和 AC 的含量和活性在四组中最低。发酵乳杆菌 SCHY34 和 EDTA 均能有效缓解铅离子对脑组织神经递质和酶的影响，发酵乳杆菌 SCHY34 的缓解效果优于 EDTA（表 9-6）。

表 9-6　SD 大鼠大脑组织中 Glu、Gln、GS、MAO、AChE、NE、cAMP、AC 水平

组别	正常组	铅诱导组	EDTA 组	发酵乳杆菌 SCHY34 组
Glu（μmol/gprot）	49. 38±0. 59[a]	139. 41±1. 68[d]	93. 31±1. 01[c]	65. 66±0. 85[b]
Gln（μmol/gprot）	331. 58±9. 48[d]	104. 76±5. 17[a]	194. 33±7. 53[b]	260. 85±7. 69[c]
GS（U/gprot）	103. 94±5. 90[d]	46. 78±2. 59[a]	55. 67±2. 41[b]	76. 38±3. 08[c]
MAO（U/gprot）	38. 14±6. 87[a]	193. 63±4. 83[d]	128. 67±3. 39[c]	75. 92±6. 51[b]
AChE（U/gprot）	143. 18±3. 62d	55. 74±1. 43[a]	79. 06±2. 79[b]	117. 54±4. 78[c]
NE（pg/mL）	376. 91±11. 35[d]	190. 46±8. 30[a]	250. 73±8. 85[b]	309. 82±13. 79[c]
cAMP（μmol/gprot）	238. 14±6. 87[d]	128. 67±3. 39[a]	145. 92±6. 51[b]	193. 63±4. 83[c]
AC（U/gprot）	77. 68±2. 36[d]	23. 15±0. 79[a]	43. 56±1. 12[b]	59. 62±1. 75[c]

SD 大鼠脑组织的 mRNA 和蛋白表达分析

在正常对照组 SD 大鼠脑组织中，BDNF 及其早期基因 c-fos 和 c-jun 的 mRNA 和蛋白表达最高，氧化相关的 SOD1、SOD2 和 NOS1 表达最高，Nrf2 和 HO-1 表达最低，凋亡相关的 Bax 和 Caspase-3 表达最低，Bcl-2 表达最高。铅诱导组大鼠脑组织中 BDNF、c-fos、c-jun、SOD1、SOD2、NOS1 和 Bcl-2 基因的表达最低，而 Bax 和 Caspase-3 的表达最高。此外，发酵乳杆菌 SCHY34 组和 EDTA 组大鼠脑组织中 Nrf2 和 HO-1 的表达略高于正常对照组，但 mRNA 表达显著低于正常对照组（图 9-6）。

正常对照组大鼠脑组织中 CaM、PKA、NMDAR1、NMDAR2、SYN、GSH 和 p-CREB 的蛋白表达最高，而铅诱导组大鼠的脑组织中这些表达最低。发酵乳杆菌 SCHY34 组的蛋白表达强度第二高，其次是 EDTA 组（图 9-6）。

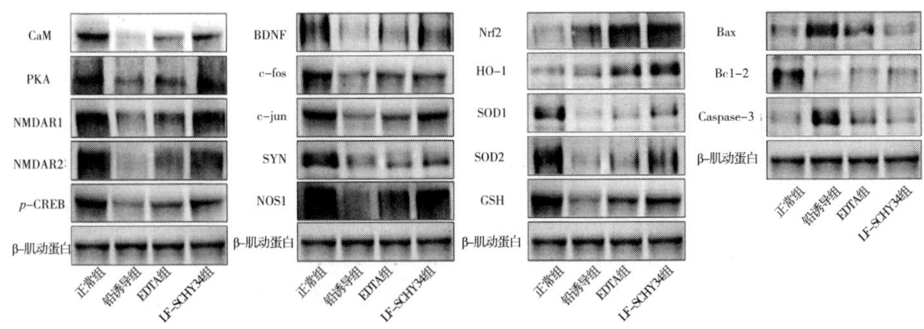

图 9-6　大鼠脑组织蛋白表达

讨论

由于环境污染、食品和日用品污染、家庭污染、卫生状况不佳和饮食习惯等，高铅血症和铅中毒已成为发达国家和发展中国家的现代疾病。铅具有很强的神经毒性，对大脑发育和神经系统尤其有害。作为一种可食用益生菌，乳酸菌通过调节菌群平衡和分泌有益代谢物，为宿主创造健康的肠道环境。近年来，已经开展了使用乳酸菌改善铅中毒的研究。进入体内后，乳酸菌首先通过口腔、食道和胃，然后进入肠道并开始发挥作用。因此，对胃液和肠液的耐受性决定了通过口腔进入肠道的乳酸菌的数量。耐受性越强，能够存活的活菌数量就越多。乳酸菌表面的疏水性反映了乳酸菌的黏附能力。疏水性越强，益生菌与肠上皮细胞的相互作用就越有效。发酵乳杆菌 SCHY34 在人工胃液中的存活率为 84.3%±3.1%，表面疏水性为 43.8%±0.7%，显著高于 Ilavenil Soundharrajan 等报告的乳酸菌 TC50 在胃液中 70%的存活率，28.94%±7.5%的表面疏水性；在 0.3%和 1.0%的胆盐中的生长效率分别为 85.3%±0.4%和 59.31%±2.06%，低于 1.0%的胆盐中植物乳杆菌 C1179%的生长效率。可能的原因是在 1.0%的胆盐下对发酵乳杆菌 SCHY34 培养了 24 h，而仅对植物乳杆菌 C11 培养了 4 h。结果表明，发酵乳杆菌 SCHY34 能够更多地通过消化系统并在人体肠道中定殖。

细菌菌株对 Pb^{2+} 的吸附主要是由于—OH、—NH 和—COOH 等官能团参与了吸附过程。吸附机理主要包括表面静电相互作用、络合作用、离子交换和细胞内积累。此外，核酸、磷酸酯、多糖、S 层蛋白和脂肪酸等大分子物质也参与吸附过程。从实验结果来看，铅吸附后，发酵乳杆菌 SCHY34 在电子显微镜下显示出大量聚集。O 和 N 元素含量减少，C、P 和 Pb 元素含量增加，表明发酵乳杆菌 SCHY34 细胞表面的—NH 和—COOH 参与了对铅羟基磷灰石的吸附。发酵乳杆菌 SCHY34 在体外对溶液中铅离子的去除率为 69.6%±0.6%，显著高于 Marc A.

Monachese 等报告的 25%的乳酸菌铅离子去除能力。正如 Xiao 的结果，它显著降低了大鼠血液和组织中的铅。这也表明发酵乳杆菌 SCHY34 具有很强的铅吸附能力。

人体内的铅主要通过肾脏排出。当肾脏排出的铅达到最大值时，铅沉积在近端肾小管上皮细胞中，从而影响细胞代谢并破坏肾脏的结构和功能。当细胞受损或坏死时，肾小管重吸收功能下降，导致肌酐（CRE）和尿素滞留在血液中，从而导致血肌酐和血尿素氮浓度增加。铅还可以抑制 δ-氨基乙酰丙酸脱水酶（δ-ALAD）的活性，从而增加血液中的 ALA。δ-ALA 随尿液排出，从而导致血液中 δ-ALA 含量降低。肝脏是最重要的解毒器官。实验表明，铅可以引起不同程度的肝病和严重炎症，影响肝脏相关酶的活性，最终导致肝脏损伤。ALT 和 AST 分布于肝细胞中。当肝细胞受损时，细胞质中的 ALT 和 AST 被释放到血液中。因此，铅会导致血清中的 AST 和 ALT 水平升高。血清指标检测结果显示，发酵乳杆菌 SCHY34 可以增加 δ-ALAD，降低 ALT、AST、CRE 和 BUN。肝肾切片的病理分析结果显示，发酵乳杆菌 SCHY34 可以保护肝肾细胞的完整性，并减轻铅诱导 SD 大鼠的肝肾损伤，该结果与 Zhai 和 Muhammad 报告的结果相同。

学习逃离水环境的过程反映了动物的学习能力。根据周围环境进行空间定位，并有目的地游到水中的安全位置（平台），反映了动物的空间记忆能力。主动回避实验可以反映大鼠的反应能力和记忆能力。大鼠行为试验结果显示，发酵乳杆菌 SCHY34 组潜伏期短，主动回避快，记忆力较好。

海马区是大脑中负责学习和记忆的重要部分。在海马区中，DG 区在模式分离或区分相似的场模式、相似的事件或相似的空间位置方面起着至关重要的作用。CA3 区参与记忆恢复或模式完成，即通过回忆先前存储的信息来响应不完整的刺激。CA1 区在物体和事件的短期学习和空间模式中发挥着重要作用。海马 CA1 和 CA3 区富含定位细胞。因此，CA1 和 CA3 区在空间导航中也发挥着重要作用。大鼠脑组织切片显示，发酵乳杆菌 SCHY34 维持了大鼠海马 DG 区、CA1 区和 CA3 区神经细胞的形态和数量。

大脑中的星形胶质细胞执行许多功能，是连接周围环境和中枢神经系统的桥梁。星形胶质细胞不仅参与血脑屏障的组成，还维持神经系统内部环境的稳定。它们还参与消除神经元活动产生的代谢物（如谷氨酸和钾离子），并分泌细胞因子介导神经系统的免疫反应。星形胶质细胞还可以释放神经递质，参与神经信号的传递和整合，调节神经元的兴奋性和突触传导效率，影响突触的形成和调节突触可塑性，在学习和记忆中发挥重要作用。GFAP 阳性星形胶质细胞可在海马区呈明显的层状结构，排列规则。这种有序性有助于神经元之间建立固定的位置关系和稳定的功能关系，从而更好地调节神经元的功能活动。发酵乳杆菌 SCHY34

可以保护星形胶质细胞免受铅中毒，并稳定海马结构。结合行为实验，这些结果表明发酵乳杆菌 SCHY34 可以改善铅对大鼠学习和记忆能力的损伤，保护大鼠脑组织的正常功能，这与 Alves 等的研究结果相同。

大脑中的星形胶质细胞可以通过谷氨酸转运蛋白摄取细胞间隙中的大部分谷氨酸，并在谷氨酰胺合成酶的催化下生成谷氨酰胺。然后谷氨酰胺从星形胶质细胞中释放出来并进入神经元，在那里水解成谷氨酸。其中一部分被转化为 γ-氨基丁酸，其余的被转运到突触小泡，以参与新一轮的刺激反应。MAO 主要存在于中枢神经系统细胞线粒体膜表面，可降解 NE 等单胺类神经递质。NE 是一类非常重要的儿茶酚胺，广泛分布于中枢神经系统。NE 可以投射到多个大脑区域，包括海马体、杏仁核和纹状体。它在兴奋、注意力、奖赏、学习和记忆功能、与压力相关的学习和记忆以及突触可塑性方面发挥着至关重要的作用。中枢神经系统的 MAO 活性增加时，NE 等单胺类神经递质的分解代谢增加，可能出现记忆力减退、抑郁等症状。MAO 活性也是影响自由基产生的重要因素。提高 MAO 活性会促进自由基的产生。过量的自由基会产生毒性作用，攻击线粒体膜，并进一步损害神经细胞。AChE 是生物神经传导中的关键酶。它可以降解乙酰胆碱，阻断神经递质对突触后膜的刺激作用，并确保神经信号在生物体内的正常传递。AChE 还参与神经细胞的发育和成熟，并可促进神经发育和神经再生。

cAMP 是一种重要物质，参与细胞内物质代谢和生物功能的调节。它是信息传递的“第二信使”，参与学习和记忆过程。目前认为，当某些神经细胞受到刺激时，突触前神经末梢释放递质，并作用于突触后膜上的相应受体，激活 AC，催化突触后膜合成三磷酸腺苷（ATP），进而激活 PKA。PKA 激活导致下游靶环腺苷 p-CREB 的磷酸化。p-CREB 促进 BDNF、立即早期基因 c-fos 和 c-jun 以及 SYN 的转录，并形成新的突触连接。它还促进抗凋亡蛋白基因 Bcl-2 的表达，从而促进神经细胞的存活，提高突触可塑性。BDNF 在动物学习、记忆和认知过程中的突触重塑中发挥重要作用。它会与其特异性受体酪氨酸激酶受体 B（TrkB）结合，在 TrkB 受体的特定位点诱导磷酸化，并将 BDNF 信号传递到细胞核以提供神经保护。立即早期基因 c-fos 和 c-jun 属于一类原癌基因，可由第二信使诱导，对神经递质、激素和神经冲动等外部刺激作出快速反应。这些基因作为第三信使表达它们的表达产物，参与调节细胞内与学习和记忆密切相关的信号转导。在正常的学习和记忆活动后或学习和记忆障碍后，它们的表达会发生规律性变化。SYN 是一种与突触结构和功能密切相关的膜蛋白。它形成突触小泡特异性膜通道，参与小泡的运输和排出，也可用作突触前末梢特异性标志物。NMDA 是离子型谷氨酸的效应受体，在突触兴奋性传导、突触可塑性、学习和兴奋毒性中发挥重要作用。谷氨酸与 NMDA 受体结合，可打开 Ca^{2+}通道。Ca^{2+}进入细胞后，激活 CaM，进而激活一氧化氮合酶（nNOS）和 AC。nNOS 在中枢神经系统和外周神经系统的神经组织中产生一氧化氮，并协助细胞通信和与原生膜的结合。

铅离子进入脑组织后，它会损伤星形胶质细胞，抑制大脑皮层中谷氨酰胺合成酶的活性，阻止谷氨酸合成谷氨酰胺，并导致过量的谷氨酸在大脑皮层的星形胶质细胞中堆积。过量的谷氨酸会抵消分布在细胞膜上的谷氨酸/天冬氨酸转运蛋白（GLAST）和谷氨酸转运蛋白-1（GLT-1），以减少谷氨酸的再摄取，从而导致谷氨酸在接触间隙中堆积，引起中枢神经系统兴奋的一系列症状，最终损伤神经系统。此外，铅还可以激活 MAO 的活性，产生 ROS，并对脑组织造成氧化损伤。此外，铅还可以抑制 GS 和 AChE 的活性，减少 NE 的分泌，损害脑组织的正常活动。铅还与相关蛋白竞争性结合以抑制 Ca^{2+} 流入并破坏细胞内 Ca^{2+} 平衡，从而抑制 CaM 的激活和 nNOS 的分泌。这会抑制 AC 和 cAMP，影响 PKA 的激活和 CREB 的磷酸化，最终抑制 BDNF、C-fos、C-jun 和 SYN 的表达。发酵乳杆菌 SCHY34 可以减轻铅对 SD 大鼠脑组织的神经毒性，维持各种神经递质及相关酶的正常分泌和活性（如增加 Gln、GS、AChE、NE、cAMP 和 AC，降低 Glu 和 MAO），并确保 Ca^{2+} 通道畅通，从而保证脑神经营养因子和能量的供应，这与 Shaban 得出的结果相同。发酵乳杆菌 SCHY34 还可以激活 Nrf2/HO-1 抗氧化通路，升高下游 SOD1、SOD2 和 GSH 的表达，从而减少铅对脑组织的氧化损伤。此外，发酵乳杆菌 SCHY34 能抑制凋亡相关基因 Bax 和 Caspase-3 的表达，升高抗凋亡基因 Bcl-2 的表达，促进神经细胞的存活，这与 Shao 等得出的结果相似。

结论

发酵乳杆菌 SCHY34 具有高抗酸和抗胆盐能力、高疏水性和显著的体外铅离子吸附能力。发酵乳杆菌 SCHY34 可以阻止铅离子进入血脑屏障，保护脑组织细胞和组织的完整性。它还可以调节神经递质和相关酶的释放，促进 cAMP 及其下游相关基因的表达，激活抗氧化通路 Nrf2/HO-1 和抗凋亡基因 Bcl-2 的表达，维持突触的正常功能和脑组织的正常活动。总之，发酵乳杆菌 SCHY34 对暴露于铅离子的脑组织的结构和功能活动具有很强的保护作用。这为乳酸菌的多种生物利用方法提供了新思路。

第二节　发酵乳杆菌清除铅离子的作用

引言

重金属不能被生物分解，但可以通过食物链被吸收，并可能转化为毒性更强的金属有机化合物。近年来，重金属污染引起了广泛关注。铅是一种亲和性强、富集性强的重金属，毒性较大。铅是一种常见的环境污染物。它可以通过多种通路进入人体，损伤大脑和神经组织，堆积在肾脏和肝脏中，引起急慢性肾病和肝病，最终对全身各器官造成损伤。目前，螯合物主要用于治疗重金属中毒，但这种治疗会对身体造成损害，而且解毒不彻底。

氧化损伤被认为是铅发挥毒性作用的重要机制之一。大量研究表明，铅可以改变细胞的氧化还原状态，从而引起氧化应激。铅可以通过激活以下两种通路引起细胞氧化应激，一种是促进氧化自由基的产生，如活性氧（ROS）和活性氮（RNS）；另一种是削弱细胞的抗氧化能力，如降低 SOD 的活性。铅还可以降低细胞内 GSH 的含量，抑制巯基依赖性酶的活性，干扰某些必需的微量金属元素的作用，从而提高神经细胞对氧化损伤的敏感性，最终进一步加重氧化损伤。机体对自由基损伤作出反应时，会形成一个复杂的氧化应激反应系统。机体本身可以诱导一系列保护性蛋白质来减轻细胞损伤。核因子红细胞 2 相关因子 2（Nrf2）是通过大量 ROS 和 RNS 对细胞损伤作出反应的氧化应激表达的关键转录因子，并且 ARE 位于机体氧化应激反应系统分泌的保护蛋白基因上游。Nrf2 是 ARE 的激活因子。Nrf2 与 ARE 结合后，会介导下游保护性抗氧化基因的表达，产生超氧化物歧化酶（SOD）、NAD（P）H、醌氧化还原酶 1（NQO1）、血红素加氧酶 1（HO-1）和 γ-谷氨酰半胱氨酸合成酶（γ-GCS）等保护性蛋白，它们共同在抑制细胞氧化损伤方面发挥重要作用，并可作为抵抗体内氧化损伤的第一道防线。Nrf2-ARE 通路是迄今为止发现的最重要的内源性抗氧化应激通路。

传统发酵泡菜主要由蔬菜本身所含的乳酸菌发酵。因此，发酵泡菜中所含的乳酸菌种类也是多种多样的。研究表明，中国泡菜中的发酵细菌主要是乳酸菌，如植物乳杆菌、戊糖乳杆菌、清酒乳杆菌、短乳杆菌、干酪乳杆菌和发酵乳杆菌。

乳酸菌是一类利用可发酵糖（碳水化合物）产生大量乳酸的细菌的总称。发酵食品中的乳酸菌不仅可以降解食品中的亚硝酸盐，还可以降低胆固醇、提高抗氧化能力、调节肠道健康。随着对乳酸菌研究的不断深入，研究发现一些乳酸菌对重金属具有良好的抗性和吸附性。重金属的生物修复具有原料范围广、成本低、操作简单、环保、无二次危害等优点。然而，目前文献中关于使用乳酸菌作为生物吸附剂的报告相对较少，主要是因为大多数乳酸菌的吸附效果较低，而吸附能力较好的乳酸菌难以在食品生产中使用。因此，鉴定出一株可添加到食品中且对重金属铅离子具有良好吸附能力的乳酸菌已成为一项重要的研究课题。

本研究利用实验室从传统发酵泡菜中分离得到的食用乳酸菌发酵乳杆菌 CQPC08（LF-CQPC08）进行体外抗人工胃酸和胆盐、抗氧化和铅吸附能力的测试，以确定 LF-CQPC08 的体外性能。然后，研究在动物身上进行了铅排泄和抗氧化实验，并通过测量 Sprague-Dawley（SD）大鼠血清和组织中的氧化指标以及 Keap1/Nrf2/ARE 通路相关基因的表达评估了 LF-CQPC08 对铅诱导的氧化损伤的缓解作用。

结果

发酵乳杆菌 CQPC08（LF-CQPC08）体外实验结果

通过一系列体外实验获得的结果如下。LF-CQPC08 在人工胃液中的存活率为 93.6%±2.2%，在人工胆盐中的生长效率为 77.2%±0.8%，表面疏水率为 45.5%±0.3%。

人胃液的 pH 值通常为 3.0 左右，小肠的胆盐含量为 0.03%~0.30%。对酸和胆盐耐受性低的乳酸菌无法在这种环境中生存，但能够适应这种环境的乳酸菌却可以在消化道中生存。疏水性是乳酸菌细胞与肠上皮细胞黏附的重要指标之一。疏水性越高，乳酸菌的黏附能力越好。Nadia S. AlKalbani 等发现，不同乳酸菌的疏水性为 27.0%~44.0%.

发酵乳杆菌 CQPC08 吸附铅离子前后的扫描电子显微镜、扫描能谱和透射式电子显微镜分析

图 9-7（A）显示了 LF-CQPC08 正常对照组的扫描电子显微镜图像。可以观察到，乳酸菌细胞形态完整，轮廓清晰，胞体干净饱满，表面光滑，边缘边界清晰，表面未见颗粒或黏连。图 9-7（C）显示了铅吸附后乳酸菌的扫描电子显微镜图像。可以看出，乳酸菌菌株的细胞严重变形；细菌细胞体出现凹陷和塌陷，且比较粗糙；细胞边缘轮廓不清晰；甚至可见黏连和不规则聚集。此外，细胞表面覆盖着细小颗粒。

图 9-7（B）显示了铅吸附前细菌细胞的透射式电子显微镜图像。正常菌株的细胞切片上无沉淀物，表面清晰，无黏连。与正常对照组细菌相比，图 9-7（D）中铅吸附乳酸菌细胞切片有大量黑色沉积物，细胞内有空白部分。

（A）

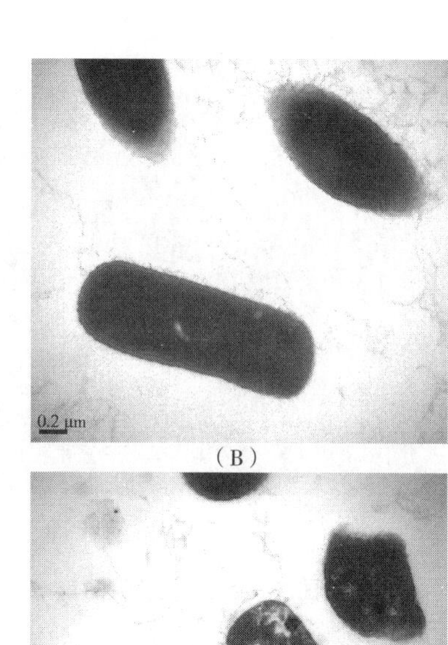

（B）

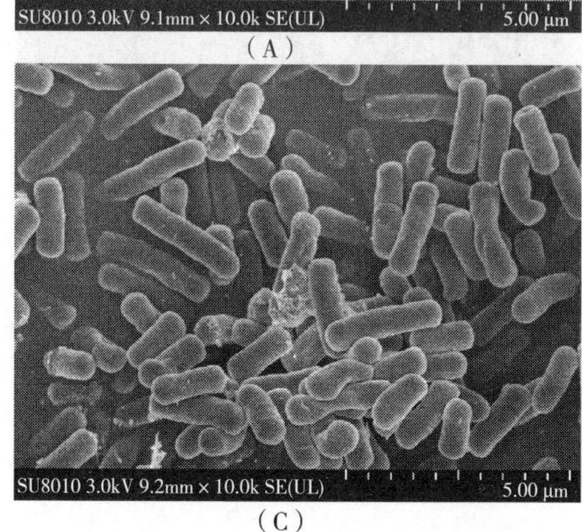

（C）

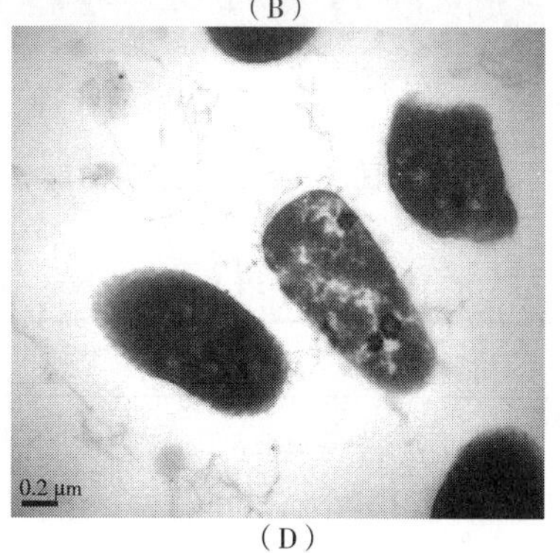

（D）

图 9-7　扫描电子显微镜（SEM）和透射电子显微镜（TEM）的图像

注：（A）正常组扫描电镜图像；（B）空白细菌细胞的透射电镜图像；
（C）铅吸附后乳酸菌的扫描电镜照片；（D）铅吸附乳酸菌细胞的 TEM 图像。

从图 9-8 和表 9-7 中可以看出，与正常对照组相比，铅吸附后乳酸菌表面的 C 和 N 元素含量降低，O 和 Pb 元素含量增加，P 元素含量几乎没有变化。

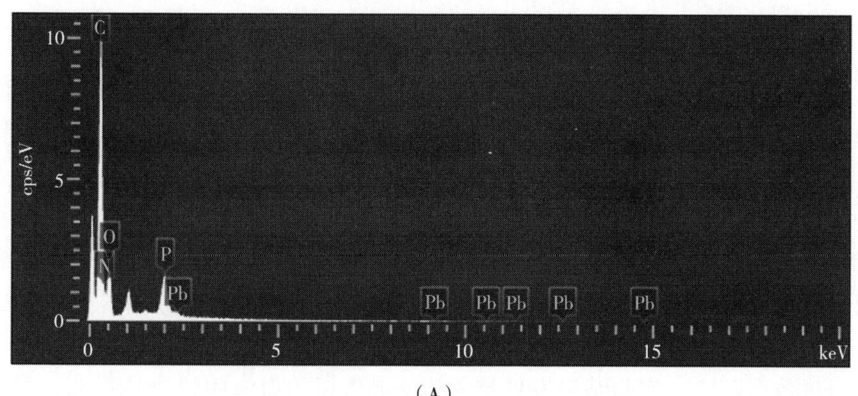

（A）

图 9-8

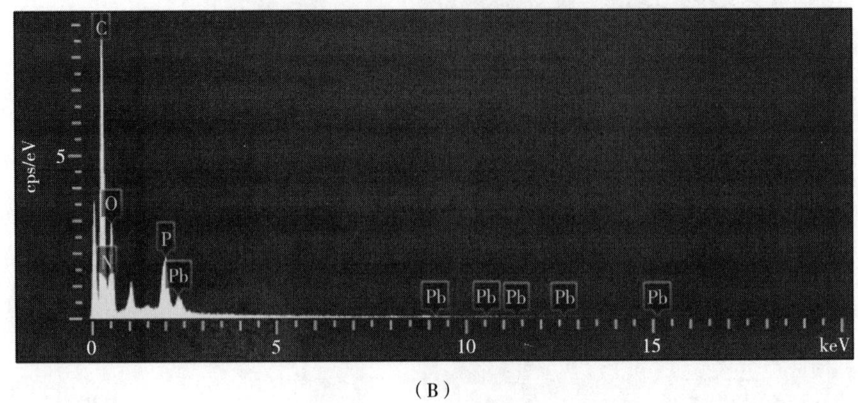

（B）

图 9-8 铅离子吸附前（A）和吸附后（B）的扫描能谱图像

表 9-7 铅离子吸附前后的重量和原子百分比

	铅离子吸附前		铅离子吸附后	
元素	质量比（%）	原子百分比	质量比（%）	原子百分比
C	50.34	56.17	47.09	54.30
N	26.10	24.97	21.96	21.71
O	21.56	18.06	26.55	22.98
P	1.81	0.79	1.86	0.83
Pb	0.20	0.01	2.54	0.17
合计	100.00	100.00	100.00	100.00

SD 大鼠血液、肝组织、肾组织和脑组织的铅含量分析

从表 9-8 中的数据可以看出，未经醋酸铅溶液诱导的正常对照组大鼠血液、肝组织、肾组织和脑组织中的铅含量在所有组中最低。相反，铅诱导组大鼠血液、肝组织、肾组织和脑组织中的铅含量在所有组中最高。血液和肾脏中的铅含量分别是正常对照组大鼠的 20 倍和 17 倍。EDTA 和 LF-CQPC08 干预后，大鼠血液、肝组织、肾组织和脑组织中的铅含量显著降低。特别是 LF-CQPC08 干预后大鼠血液和肾组织中铅含量分别是正常对照组的 7 倍和 10 倍左右，且干预效果优于 EDTA。

通过数据对比，实验结果发现醋酸铅诱导大鼠的血液中铅含量最高，显著高于其他组织器官中的铅含量。在其他三个器官中，肾脏的铅含量最高，其次是肝脏和脑组织。

表 9-8　SD 大鼠血液、肝组织、肾组织和脑组织的铅含量

组别	血液含铅量（μg/L）	肝组织含铅量（μg/g）	肾组织含铅量（μg/g）	脑组织含铅量（μg/g）
正常组	1.35 ± 0.41[a]	0.98 ± 0.15[a]	1.22 ± 0.16[a]	0.31 ± 0.03[a]
铅诱导组	27.31 ± 1.12[d]	15.14 ± 0.45[d]	21.64 ±2.08[d]	5.59± 0.10[d]
EDTA 组	19.25 ± 0.75[c]	11.94 ± 0.37[c]	18.01 ± 1.77[c]	3.15± 0.07[c]
发酵乳杆菌 CQPC08 组	15.36 ± 0.84[b]	6.88 ± 0.31[b]	11.86 ± 1.04[b]	2.55± 0.05[b]

注：不同小写英文字母表达在 $P< 0.05$ 水平上相应两组具有显著差异。铅诱导组：大鼠每天自由饮用 200 mg/L 醋酸铅溶液；EDTA 组：大鼠每天自由饮用 200 mg/L 醋酸铅溶液，从 8 周到 12 周每天灌胃 500 mg/kg（bw）EDTA；发酵乳杆菌 CQPC08 组：大鼠每天自由饮用 200 mg/L 醋酸铅溶液，每天灌胃 1.0×10^9 CFU/kg（bw）发酵乳杆菌 CQPC08。

SD 大鼠肝肾组织病理学分析

肝脏是人体内最重要的解毒器官。它可以将通过消化系统进入体内的不同毒素转化为低毒物质，并通过生化反应排出体外。实验表明，铅可导致不同程度的肝病和严重炎症，影响肝脏相关酶的活性，最终导致肝脏损伤。

从肝切片上，实验观察到正常对照组大鼠肝小叶结构有序，中央静脉和肝窦清晰。醋酸铅诱导大鼠的肝小叶模糊不清，肝索排列紊乱，单核细胞聚集，各种团块散布各处，且可见肝细胞局灶性坏死、大量炎症细胞浸润、核间包涵体和细胞核碎裂。使用 EDTA 和 LF-CQPC08 干预的醋酸铅诱导大鼠的肝细胞排列更有序，炎症细胞浸润更少，肝细胞损伤和坏死更少（图 9-9）。

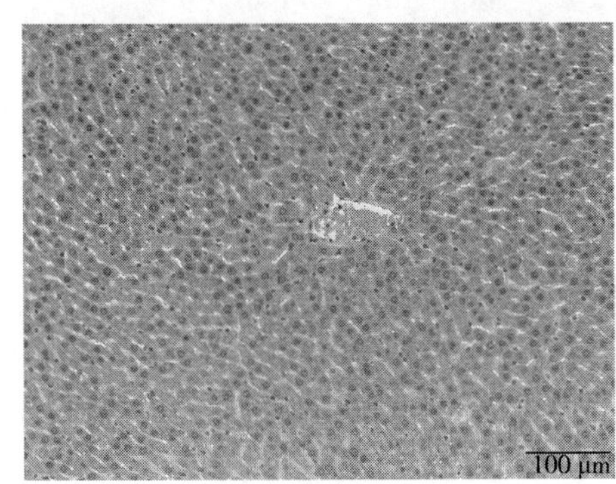

正常组

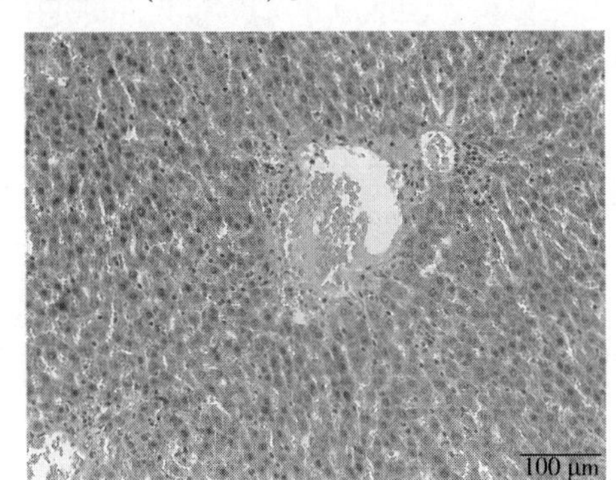

铅诱导组

图 9-9

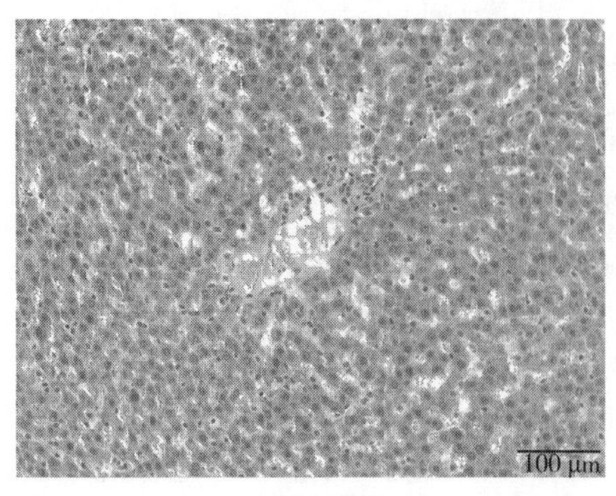

EDTA组

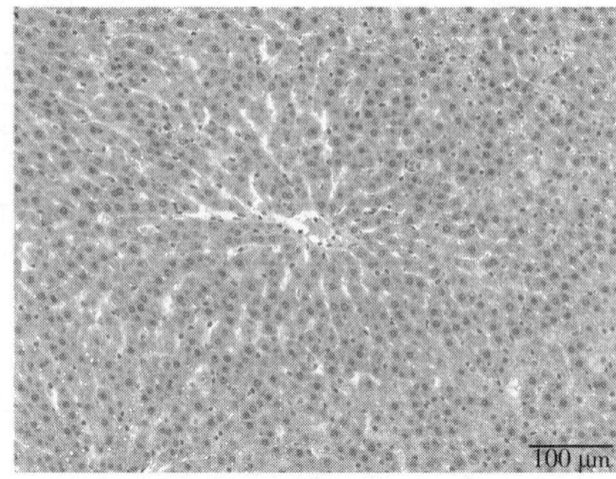

LF-CQPC08组

图 9-9 SD 大鼠肝组织病理学观察

注：LF-CQPC08 组：发酵乳杆菌 CQPC08 组。

人体内的铅首先通过肾脏排出，当肾脏达到最大排铅能力时，铅在近端肾小管上皮细胞中浓缩沉积，从而影响细胞代谢，并损害肾脏的结构和功能。

正常对照组肾小球、肾小管结构正常，细胞排列紧密，细胞数量正常。在醋酸铅诱导 SD 大鼠的肾切片中，实验观察到肾小管和肾小球肿大，细胞增多，毛细血管扩张和充血，肾小管管腔扩张，空泡和上皮细胞颗粒变性，细胞破裂，淋巴细胞浸润。与铅诱导组相比，EDTA 和 LF-CQPC08 组 SD 大鼠肾小球和肾小管损伤较少，细胞完整性较好，炎症细胞浸润较少，且肾小管未出现严重扩张和空泡。LF-CQPC08 治疗组 SD 大鼠的肝脏和肾脏形态更接近正常对照组（图 9-10）。

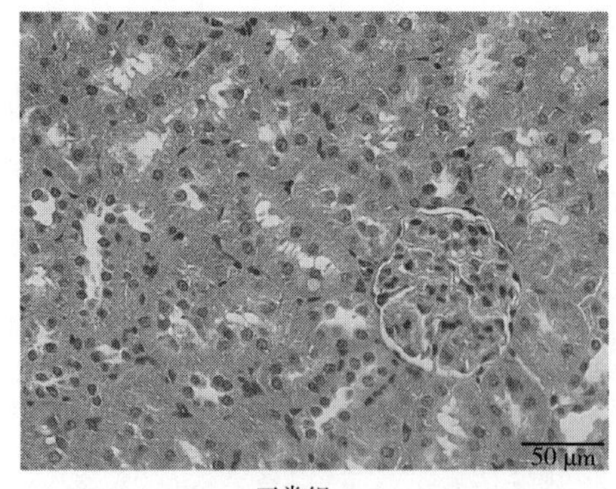

正常组

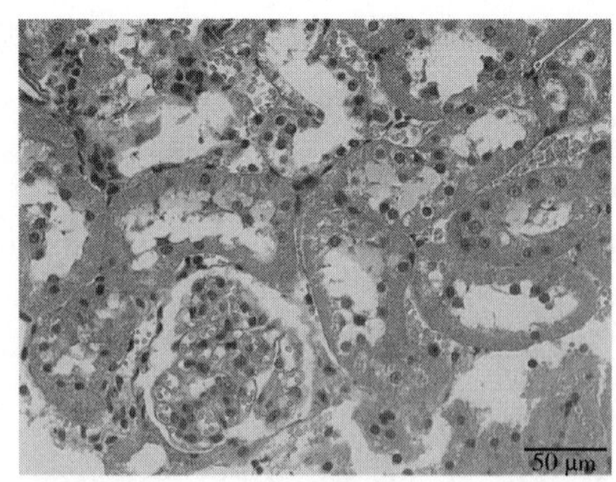

铅诱导组

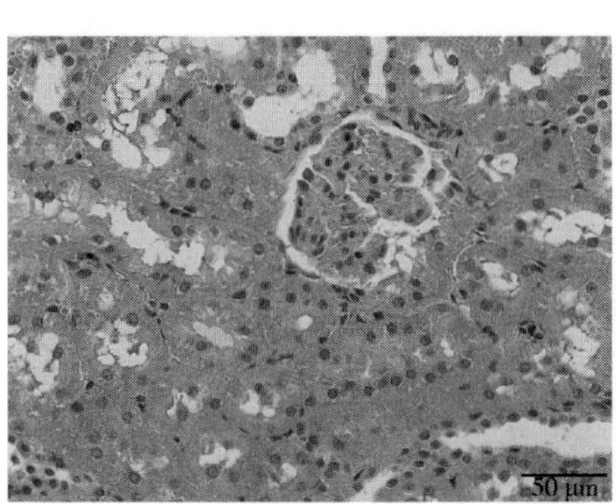

EDTA组

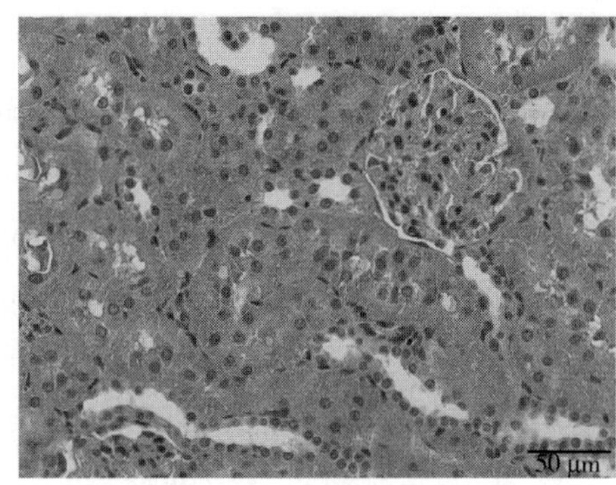

LF-CQPC08组

图 9-10　SD 大鼠肾组织病理学观察

SD 大鼠血清、肝脏、肾脏和脑组织中氧化指数（T-SOD、CAT、MDA、GSH 和 ROS）的分析

SD 大鼠血清、肝脏、肾脏和脑组织中的氧化指数数据如表 9-9 所示。从表中可以看出，正常对照组大鼠血液、肝脏、肾脏和脑组织中 CAT、SOD 和 GSH 水平在四组中最高，MDA 和 ROS 在四组之间最低。铅诱导组的血液、肝脏、肾脏和脑组织的变化趋势与正常对照组完全相反。四组中，铅诱导组 CAT、SOD 和 GSH 水平最低，而 MDA 和 ROS 水平最高。EDTA 组和 LF-CQPC08 组的氧化指数趋势与正常对照组相似，并且 LF-CQPC08 的氧化指数值更接近正常对照组。

表 9-9　SD 大鼠肝、肾、脑组织和血清中的氧化指数（T-SOD、CAT、MDA、GSH 和 ROS）

指标	组织或血清	正常组	铅诱导组	EDTA 组	发酵乳杆菌 CQPC08 组
T-SOD	肝（U/mgprot）	265.58±16.26[d]	124.27±13.74[a]	175.97±14.22[b]	211.85±15.51[c]
	肾（U/mgprot）	102.64±5.65[d]	67.06±1.41[a]	82.83±3.88[b]	90.43±2.45[c]
	脑（U/mgprot）	248.92±8.46[d]	119.14±8.52[a]	151.68±11.89[b]	196.83±9.49[c]
	血清（U/mL prot）	418.53±15.24[d]	238.25±11.60[a]	327.73±18.36[b]	378.09±12.90[c]
CAT	肝（U/mgprot）	48.86±2.08[d]	12.34±1.88[a]	26.59±2.81[b]	39.18±3.98[c]
	肾（U/mgprot）	10.96±0.95[d]	2.87±0.64[a]	5.35±0.46[b]	7.53±0.86[c]
	脑（U/mgprot）	34.62±1.65[d]	18.87±1.97[a]	24.55±1.32[b]	28.74±1.10[c]
	血清（U/mL prot）	29.49±0.79[d]	17.56±2.02[a]	22.78±2.31[b]	26.17±2.81[c]

续表

指标	组织或血清	正常组	铅诱导组	EDTA 组	发酵乳杆菌 CQPC08 组
GSH	肝（μmol/g）	439. 15±16. 31[d]	190. 11±13. 22[a]	280. 48±16. 80[b]	331. 82±15. 00[c]
	肾（μmol/g）	249. 97±19. 15[d]	105. 91±8. 29[a]	142. 49±13. 43[b]	174. 52±16. 48[c]
	脑（μmol/g）	363. 98±12. 61[d]	202. 78±10. 61[a]	247. 97±14. 62[b]	325. 49±17. 42[c]
	血清（μmol/L）	280. 00±10. 71[d]	105. 26±10. 59[a]	155. 79±16. 48[b]	234. 03±16. 24[c]
MDA	肝（nmol/mgprot）	0. 42±0. 21[a]	1. 98±0. 15[d]	1. 54±0. 19[c]	1. 12±0. 20[b]
	肾（nmol/mgprot）	1. 07±0. 22[a]	2. 76±0. 31[d]	1. 88±0. 10[c]	1. 45±0. 12[b]
	脑（nmol/mgprot）	8. 92±0. 89[a]	18. 89±0. 22[d]	15. 33±0. 49[c]	12. 32±0. 39[b]
	血清（nmol/mL prot）	2. 15±0. 25[a]	5. 10±0. 36[d]	4. 03±0. 27[c]	3. 23±0. 35[b]
ROS	肝（$\times10^4$）	2. 25±0. 34[a]	7. 45±0. 31[d]	5. 48±0. 17[c]	4. 38±0. 22[b]
	肾（$\times10^4$）	1. 94±0. 41[a]	7. 98±0. 41[d]	6. 57±0. 23[c]	4. 99±0. 17[b]
	脑（$\times10^4$）	1. 13±0. 23[a]	6. 08±0. 75[d]	4. 65±0. 12[c]	3. 14±0. 25[b]
	血清（$\times10^4$）	2. 68±0. 37[a]	9. 15±0. 33[d]	7. 12±0. 36[c]	5. 94±0. 19[b]

SD 大鼠血清、肝脏、肾脏细胞因子指标分析

血清和器官组织中的炎症因子可以反映机体炎症损伤的程度。IL-1β、IL-6、TNF-α 和 IFN-γ 是非常重要的促炎症细胞因子，可增加体内炎症的发生。相反，IL-10 是体内的一种抗炎症细胞因子，能很好地抑制体内炎症的产生。表 9-10 显示了 SD 大鼠血清、肝脏和肾脏炎症指标的数据。研究发现，正常对照组大鼠血清、肝脏和肾脏中 IL-1β、IL-6、TNF-α 和 IFN-γ 的水平在四组中最低，而 IL-10 水平在四组中最高。铅诱导组的血清、肝脏和肾脏中 IL-10 水平在四组中最低，而 IL-1β、IL-6、TNF-α 和 IFN-γ 水平最高。EDTA 组和 LF-CQPC 组的 IL-1β、IL-6、TNF-α 和 IFN-γ 水平与铅诱导组相比均呈下降趋势，而 IL-10 水平与铅诱导组相比均呈现上升趋势。然而，LF-CQPC08 组的下降和上升趋势比 EDTA 组更明显。

表 9-10　SD 大鼠血、肝、肾细胞因子指数

指标	组织或血清	正常组	铅诱导组	EDTA 组	发酵乳杆菌 CQPC08 组
IL-1β	血清（μmol/L）	22. 39±0. 54[a]	36. 58±0. 49[d]	30. 14±0. 28[c]	25. 55±0. 66[b]
	肝（μmol/g）	21. 65±0. 20[a]	40. 68±0. 95[d]	33. 74±0. 41[c]	30. 38±0. 59[b]
	肾（μmol/g）	19. 23±0. 34[a]	26. 52±0. 23[d]	23. 80±0. 31[c]	21. 37±0. 18[b]

续表

指标	组织或血清	正常组	铅诱导组	EDTA 组	发酵乳杆菌 CQPC08 组
IL-6	血清（μmol/L）	49.86±0.74[a]	69.45±1.13[d]	63.43±1.02[c]	54.54±0.61[b]
	肝（μmol/g）	53.33±0.67[a]	65.61±0.73[d]	61.12±0.58[c]	58.12±0.46[b]
	肾（μmol/g）	50.86±0.69[a]	88.46±0.50[d]	71.39±0.49[c]	68.56±0.94[b]
IL-10	血清（μmol/L）	36.93±1.36[d]	15.51±0.64[a]	20.11±0.79[b]	29.36±0.68[c]
	肝（μmol/g）	43.37±0.94[d]	13.68±0.57[a]	25.19±0.71[b]	38.10±0.855[c]
	肾（μmol/g）	45.43±1.18[d]	25.09±2.65[a]	31.97±1.43[b]	36.82±1.55[c]
TNF-α	血清（μmol/L）	265.43±6.31[a]	397.12±10.65[d]	339.96±9.45[c]	299.96±8.45[b]
	肝（μmol/g）	185.37±7.15[a]	297.60±10.75[d]	261.15±4.33[c]	212.94±6.73[b]
	肾（μmol/g）	153.70±7.23[a]	237.51±9.51[d]	206.71±12.24[c]	179.00±6.40[b]
IFN-γ	血清（μmol/L）	40.77±1.22[a]	85.36±1.63[d]	70.19±1.17[c]	56.21±0.99[b]
	肝（μmol/g）	36.63±0.87[a]	81.95±1.08[d]	55.79±0.93[c]	47.63±1.13[b]
	肾（μmol/g）	32.75±1.14[a]	79.88±1.77[d]	61.04±1.36[c]	54.65±1.57[b]

SD 大鼠血清 ALT、AST、BUN、CRE 和 δ-ALAD 指标分析

ALT 和 AST 分布于肝细胞中。当肝细胞受损时，细胞质中的 ALT 和 AST 会释放到血液中。因此，血液中 ALT 和 AST 的浓度可以反映肝细胞受损的程度。细胞受损或坏死时，肾小管重吸收功能降低，CRE 和尿素随着重吸收能力降低而残留在血液中。因此，血液 CRE 和 BUN 浓度可以反映肾功能是否受损。铅可以抑制体内 δ-ALAD 的活性，增加血液中的 ALA，并随尿液排出 δ-ALA，导致血液中的 δ-ALA 浓度降低。

表 9-11 显示了 SD 大鼠血清中 ALT、AST 和 δ-ALAD 的活性以及 BUN 和 CRE 的水平。四组中，正常对照组中 SD 大鼠 ATL 和 AST 酶活性最低，δ-ALAD 酶活性最高，BUN 和 CRE 水平最低。铅诱导组肝脏相关 ATL 和 AST 酶活性最低，而铅诱导组 δ-ALAD 酶活性和肾脏相关 BUN 和 CRE 水平最高。EDTA 组和 LF-CQPC08 组的三种酶活性以及 BUN 和 CRE 水平的趋势与正常对照组相似。从酶活性值以及 BUN 和 CRE 含量来看，LF-CQPC08 的干预效果优于 EDTA。

表 9-11 SD 大鼠血清中 ALT、AST、BUN、CRE 和 δ-ALAD

组别	ALT（μmol/L）	AST（μmol/L）	BUN（μmol/L）	CRE（μmol/L）	δ-ALAD（μmol/L）
正常组	20.87±2.41[a]	54.51±1.64[a]	1519.87±47.02[a]	29.48±1.21[a]	489.10±18.24[d]

续表

组别	ALT (μmol/L)	AST (μmol/L)	BUN (μmol/L)	CRE (μmol/L)	δ-ALAD (μmol/L)
铅诱导组	58.42±2.88[d]	84.68±2.83[d]	2134.23±58.85[d]	42.12±1.14[d]	309.54±15.22[a]
EDTA 组	44.86±2.81[c]	79.87±2.77[c]	1927.16±36.39[c]	34.49±1.82[c]	353.54±34.04[b]
发酵乳杆菌 CQPC08 组	33.70±1.96[b]	66.41±2.52[b]	1764.79±33.99[b]	31.12±1.34[b]	393.54±34.04[c]

SD 大鼠肝肾组织的 mRNA 和蛋白表达分析

实验检测了大鼠肝脏和肾脏中与 Keap1/Nrf2/ARE 通路相关的 Keap1、Nrf2、HO-1、SOD、GSH、NQO1 和 γ-GCS 的 mRNA 和蛋白表达。图 9-11 显示了与正常对照组的比较结果，除 SOD 和 GSH 的表达外，其余四组大鼠中 Keap1、Nrf2、HO-1、SOD、GSH、NQO1 和 γ-GCS 的 mRNA 和蛋白表达均有不同程度的升高。正常对照组 SOD 和 GSH 的 mRNA 和蛋白表达在四组中最高。虽然铅诱导组 Keap1、Nrf2、HO-1、NQO1 和 γ-GCS 的 mRNA 和蛋白表达均高于正常对照组，但差异无统计学意义（$P>0.05$）。与铅诱导组相比，EDTA 组和 LF-CQPC08 组的 Keap1、Nrf2、HO-1、SOD1、SOD2、GSH、NQO1 和 γ-GCS 的 mRNA 和蛋白表达显著升高。LF-CQPC08 组相关基因的 mRNA 和蛋白表达水平显著高于 EDTA 组。

讨论

随着工业化进程的加快，铅被广泛应用于印刷、涂料、陶瓷、合金、汽油等工业材料。由于其不可降解性和强毒性，铅已成为最严重的环境污染物之一。人体主要通过饮食和呼吸来摄取铅。当铅在体内堆积到一定量时，会造成全身性损伤，同时还具有一定的致畸、致癌和致突变作用。许多研究证实，孕期铅暴露与后期儿童的智商水平显著相关，并且铅暴露对儿童智商的影响甚至可以持续到 10 岁。儿童的铅暴露仍然是世界上最重要的公共卫生问题，因为儿童对铅的敏感性高于成人，并且会从口腔中吸收 40%~50%的铅。儿童被铅感染后，会出现食欲不振、贫血、智力发育和学习迟缓、疲劳、头痛、多动、失眠、体重减轻等症状，甚至可能发展为神经疾病。铅对儿童的健康成长有着不可逆转的影响。因此，消除铅暴露对儿童和整个社会都具有重要意义。

生物修复是一种环保且高效的除铅方法。乳酸菌来源于食物，一些研究表明它对铅有降解作用。乳酸菌对重金属的吸附一般分为两个阶段：生物吸附和生物

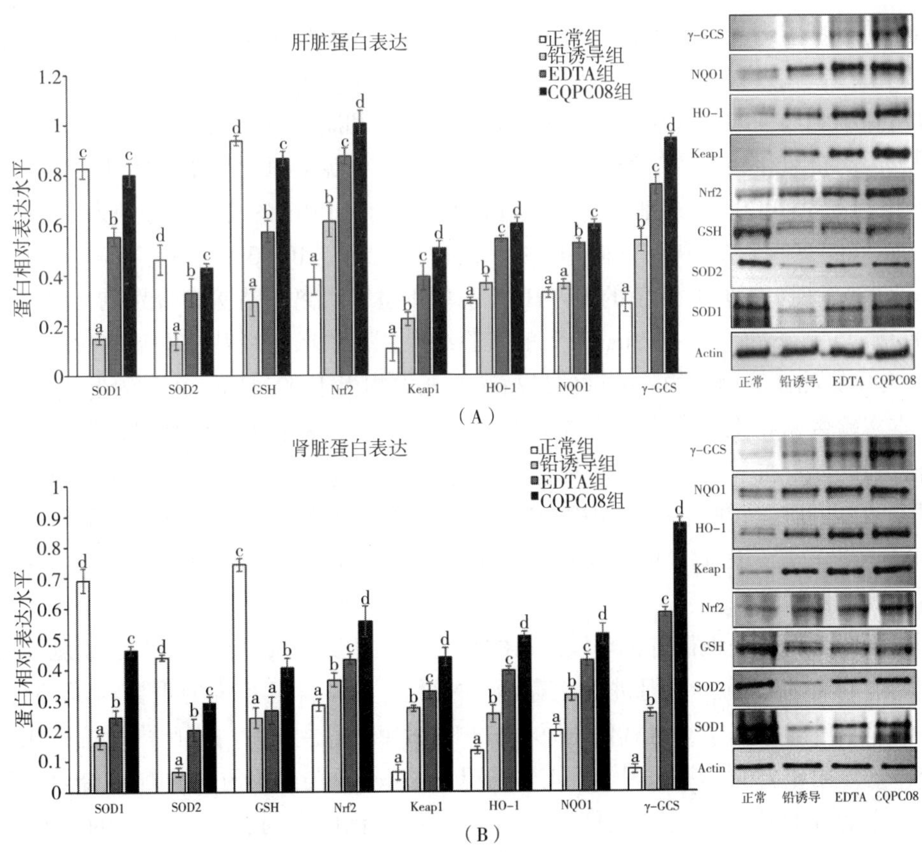

图 9-11　Keap1/Nrf2/ARE 信号通路蛋白表达

积累。生物吸附包括细胞外沉淀、表面络合和离子交换。这主要涉及一些微生物表面的化学基团（如蛋白质、多糖、脂类），以及细胞表面与金属相互作用形成金属络合物的一些离子。生物积累涉及跨膜转运、细胞内积累、细胞生理代谢和自我调节机制等。本研究发现 LF-CQPC08 对铅离子的体外吸附率为 76.9%，吸附能力远高于乳酸菌，而 Halttunen 等的研究显示，铅吸附率为 39.70% ~ 69.60%。本研究结果还清楚地表明，LF-CQPC08 可以降低 SD 大鼠血液、肝组织、肾组织和脑组织中的铅含量。扫描电子显微镜、透射电子显微镜法和扫描能谱实验分析结果显示，LF-CQPC08 在铅吸附过程中能更好地吸附溶液中的铅离子。细菌表面的含碳和含氮基团参与吸附过程。吸附大量铅离子后，部分乳酸菌细胞受损或发生内部变化，甚至破裂，细胞中的含氧物质溶解，导致氧含量大幅度增加。因此，可以推断 LF-CQPC08 对铅离子的吸附包括两种机制：生物吸附和生物积累；并且 LF-CQPC08 是一种优质的铅吸附乳酸菌。

人体和动物组织器官长期接触铅时，ROS 含量增加，而 GSH 浓度和 SOD、CAT 等一些重要抗氧化酶的活性降低甚至丧失。MDA 浓度的增加加速了细胞膜内脂质过氧化过程。ROS 主要包括过氧化物、氧离子和含氧自由基。乳酸菌可通过清除细胞周围的活性氧自由基来减轻氧化损伤和脂质过氧化，并通过调节宿主细胞内与抗氧化相关的信号通路来进一步保护机体免受氧化应激。体外实验结果表明，LF-CQPC08 对羟基自由基、超氧阴离子和 DPPH 的清除率分别为 47.8%±0.9%、63.9%±1.2% 和 83.6%±1.5%，还原能力为（107.3 ± 2.8）μmol/L。Kachouri 等发现，不同乳酸菌的 DPPH 清除率和超氧阴离子清除率分别约为 78%~90% 和 45%~62%。根据 Bhat B 等的实验结果，乳酸菌对羟基自由基的清除率为 45.79%。Zhai 等测定的乳酸菌的最高还原能力相当于 99.41 μmol/L 的半胱氨酸。与本实验数据相比，上述实验结果表明，LF-CQPC08 能有效清除自由基，并具有较强的体外抗氧化能力。动物实验结果显示，与铅诱导组相比，LF-CQPC08 组血清、肝脏、肾脏和脑组织中 SOD 和 CAT 活性以及 GSH 水平较高，而 ROS 和 MDA 水平较低。因此，可以推断 LF-CQPC08 是一株具有高体外和体内抗氧化能力的优势菌株。

机体具有一个抵御有害环境因素的自卫系统，从而减少其对组织、细胞形态和功能的有害影响，并促进细胞存活。Nrf2 是人体自卫系统的重要组成部分。Nrf2 是一种转录因子，对氧化还原状态非常敏感。它主要参与细胞内的抗氧化反应，是体内重要的抗氧化因子。正常情况下，Keap1 与细胞质中的 Nrf2 结合，使其失去活性并逐渐被泛素化降解。机体受到氧化应激时，细胞质中的 Nrf2 与 Keap1 解离，转移至细胞核中，与某些基因上游的 ARE 区结合，并启动基因表达。这些基因编码 NQO1、HO-1 和 γ-GCS。这些细胞保护基因的表达可以增强细胞对有害刺激的自卫能力，促进细胞存活。HO-1 对成纤维细胞、肝细胞和肾上皮细胞具有保护性抗氧化、抗炎和抗凋亡作用。它也是第一种催化氧化血红素分解的限速酶。最终分解产物是一氧化碳、胆绿素和离子等。HO-1 在各种心血管疾病、肝肾失调和中枢神经系统疾病中也发挥着重要的保护作用。HO-1 蛋白和 mRNA 表达水平的增加通常会提高机体抵抗氧化应激和细胞损伤的能力。NQO1 是一种广泛存在于几乎所有动物物种中的可溶性黄酮酶，其在脂肪细胞、血管内皮细胞和上皮细胞中的表达水平均很高。NQO1 以 NADPH 为供体生成稳定的对苯二酚，以避免有毒的半醌自由基和活性氧的单电子还原反应以及细胞内巯基的直接反应。NQO1 可以解毒活性强的醌类物质，并保持脂溶性抗氧化剂的还原形式，从而保护机体免受氧化应激。γ-GCS 是 Keap1/Nrf2/ARE 信号通路的下游抗氧化因子，也是 GSH 生物合成中的限速酶。表达水平升高时，γ-GCS 可以清除大量自由基，从而减少细胞氧化损伤。研究发现，在铅诱导的氧化应激模型中，Nrf2 与细胞质中 Keap1、SOD1、SOD2、GSH、HO-1、NQO1 和 γ-GCS 的表达水平呈显著正相关，并与细胞核中的 Keap1 呈负相关。本研究通过检测肝脏和肾脏中 Keap1/Nrf2/ARE 信号通路相关基因和蛋白的表达，发现所有铅诱导 SD 大鼠都会产生氧化应激，导致体内 Keap1/Nrf2/ARE 的激活，并将其作为机体的保护机制，然而，下游蛋白表达的激活程度不同。虽然铅诱导组的抗氧化蛋白表达升高，但与正常对照组的差异无统计学意义。可能的原因是铅引起的氧化应激首先会减少细胞内的 SOD 和 GSH 等抗氧化物质。虽然机体在后期可以通过自我调节产生少量抗氧化剂，但铅离子造成的持续损伤所带来的破坏大于机体的修复能力，因此，产生的抗氧化剂很难抵抗铅对机体造成的氧化损伤。LF-CQPC08 可增强 Keap1/Nrf2/ARE 信号通路的反应，并刺激更多下游基因的表达，以产生具有抗氧化能力的 HO-1、NQO1 和 γ-GCS，从而减轻铅诱导 SD 大鼠氧化应激反应。

本研究使用从自然发酵泡菜中分离出的乳酸菌来检测其在体内和体外对铅离子的吸附能力及其抗氧化能力。研究证明，LF-CQPC08 一方面可以有效吸附铅离子，另一方面可以清除自由基，从而增强机体的抗氧化能力，并通过两种机制保护机体免受铅引起的氧化应激损伤。本研究结果为未来研究食品级乳酸菌治疗铅中毒提供了理论和数据。

结论

综上所述，LF-CQPC08 可以在体内外吸收铅离子，减少炎症，降低血液和器官中的铅含量，并保护肝组织、肾组织和脑组织。此外，LF-CQPC08 可以清除自由基，激活 Keap1/Nrf2/ARE 信号通路，分泌更多抗氧化剂，从而更好地减轻铅对机体的氧化损伤。由此看来，LF-CQPC08 是一株具有很强铅吸附和抗氧化能力的优良菌株。发酵乳杆菌是我国公布的一种可用于食品的细菌，由 LF-CQPC08 制成的乳酸菌膳食补充剂在解决人体铅离子引起的氧化应激和减轻其他重金属毒性方面具有很大的开发和研究价值。

参考文献

[1] Xingyao Long, Haibo Wu, Yujing Zhou, Yunxiao Wan, Xuemei Kan, Jianjun Gong, Zhao Xin. Preventive effect of *Limosilactobacillus fermentum* SCHY34 on lead acetate-induced neurological damage in SD rats. Frontiers in Nutrition, 2022, 9: 852012.

[2] Long Xingyao, Sun Fengjun, Wang Zhiying, Liu Tongji, Gong Jianjun, Kan Xue-

mei, Zou Yujie, Xin Zhao, *Lactobacillus fermentum* CQPC08 protects rats from lead-induced oxidative damage by regulating the Keap1/Nrf2/ARE pathway, Food & Function, 2021, 12 (13): 6029.

第十章　益生菌对骨质疏松的功效

第一节　发酵乳杆菌对骨质疏松的作用

引言

骨质疏松症（OP）是一种常见的复杂代谢性疾病，其特点是骨量减少、骨组织微结构退化和骨脆性增加，由于全球人口结构的变化，该疾病正成为全球医疗服务日益沉重的负担。根据发病机制和病因，OP 可分为两大类型，即原发性 OP 和继发性 OP。除特发性原因外，原发性 OP 还可进一步分为Ⅰ型和Ⅱ型。Ⅰ型是一种高转化型，主要由缺乏雌激素引起，因此也称为绝经后 OP。Ⅱ型是一种低转化型，主要由年龄增长引起，因此也称为老年性 OP。继发性 OP 是继发于长期药物治疗甲状腺机能亢进、糖尿病和恶性肿瘤等疾病的不良反应。

糖皮质激素被广泛用作慢性非感染性炎症疾病，以及过敏和器官移植后的免疫抑制剂。糖皮质激素治疗最严重的副作用之一是 OP。即使是生理剂量的糖皮质激素也会导致骨质流失。糖皮质激素引起的 OP 是继发性 OP 的最常见形式。器官移植后使用其他免疫抑制剂也可能导致继发性 OP。视黄酸是一种用于治疗恶性肿瘤的药物，其副作用之一是诱导继发性 OP。

OP 的治疗和护理需要大量的人力和物力资源，给患者家庭和整个社会带来沉重的负担。市售抗 OP 药物（如二磷酸盐和甲状旁腺激素）价格昂贵，并且有其自身的副作用，包括会产生强烈的依赖性和无法完全恢复骨代谢平衡。一些研究表明，益生菌在小鼠肠道定殖可以影响骨形成和重塑，并对 OP 有一定的预防作用。相关实验表明，益生菌鼠李糖乳杆菌可以提高小鼠体内丁酸盐和 Wnt10b 的表达水平，从而正向调节骨形成。

发酵乳杆菌 ZS40（ZS40）是研究小组在自然发酵牦牛酸奶中分离鉴定出的一种乳酸菌。本研究采用视黄酸建立继发性 OP 大鼠模型，并探讨了 ZS40 对 OP 的预防作用。研究发现，补充 ZS40 可升高成骨标志基因的表达并刺激骨形成。这一结果可能为 OP 的预治提供一种新的有效策略。

结果

血清钙磷生化指标水平

表 10-1 显示了大鼠血清中钙和磷的水平，表明对照组的钙和磷水平最低，而药物组和 ZS40 组的钙和磷水平显著高于正常对照组和对照组。

表 10-1　大鼠血清钙磷水平

组别	正常	模型	药物	ZS40
钙（mmol/L）	1. 26±0. 10[a]	1. 10±0. 15[a]	1. 15±0. 14[a]	1. 78±0. 24[b]
磷（mmol/L）	1. 94±0. 23[a]	1. 72±0. 16[a]	2. 23±0. 32[b]	2. 40±0. 30[b]

注：不同小写英文字母表达在 $P< 0.05$ 水平上相应两组具有显著差异。正常（Normal）：正常大鼠；对照（Model）：维甲酸（80 mg/kg/d）处理大鼠；药物（Medicine）：维甲酸（80 mg/kg/d）和唑来膦酸（0. 5 mL/100 g）处理大鼠；ZS40：维甲酸（80 mg/kg/d）和发酵乳杆菌 ZS40（10^{10} CFU/kg）处理大鼠。

血清细胞因子 BAP、BGP、IGF-1R、TRACP-5b 和 GABA 水平

血清细胞因子检测结果显示，对照组大鼠的血清 BAP、BGP、IGF-1R 和 GABA 水平最低，而药物组和 ZS40 组的这些水平显著高于正常对照组和对照组。此外，对照组血清 TRACP-5b 水平最高，而药物组和 ZS40 组的水平显著低于正常对照组和对照组（表 10-2）。

表 10-2　大鼠血清 BAP、BGP、IGF-1R、TRACP-5b 和 GABA 水平

组别	正常	对照	药物	ZS40
BAP（ng/mL）	12. 22±0. 99[b]	10. 61±1. 02[a]	13. 89±1. 55[c]	14. 63±1. 73[c]
BGP（ng/mL）	2. 99±0. 49[b]	1. 53±0. 47[a]	4. 02±1. 15[c]	4. 33±1. 43[c]
IGF-1R（pg/mL）	690±199. 72[b]	262. 86±81. 72[a]	1036. 43±91. 96[c]	1052. 86±96. 32[c]
TRACP-5b（ng/mL）	0. 74 ±0. 39[a]	2. 24±0. 67[b]	0. 40±0. 20[a]	0. 78±0. 43[a]
GABA（μmol/L）	7. 52±0. 18[b]	7. 08±0. 31[a]	7. 72±0. 27[bc]	7. 88±0. 39[c]

脊髓中 RNA 的表达

β-连环蛋白、Wnt10b、Lrp5、Lrp6、Runx2、ALP、RANKL 和 OPG 的 mRNA 表达水平在对照组大鼠脊髓中最低，在药物组和 ZS40 组中最高。此外，DKK1、RANK、TRACP 和 CTSK 的表达水平在对照组中最高，在药物组和 ZS40 组中最

低。ZS40 效果较强，并且 ZS40 组脊髓骨标志基因表达接近于药物组和正常对照组大鼠（图 10-1）。

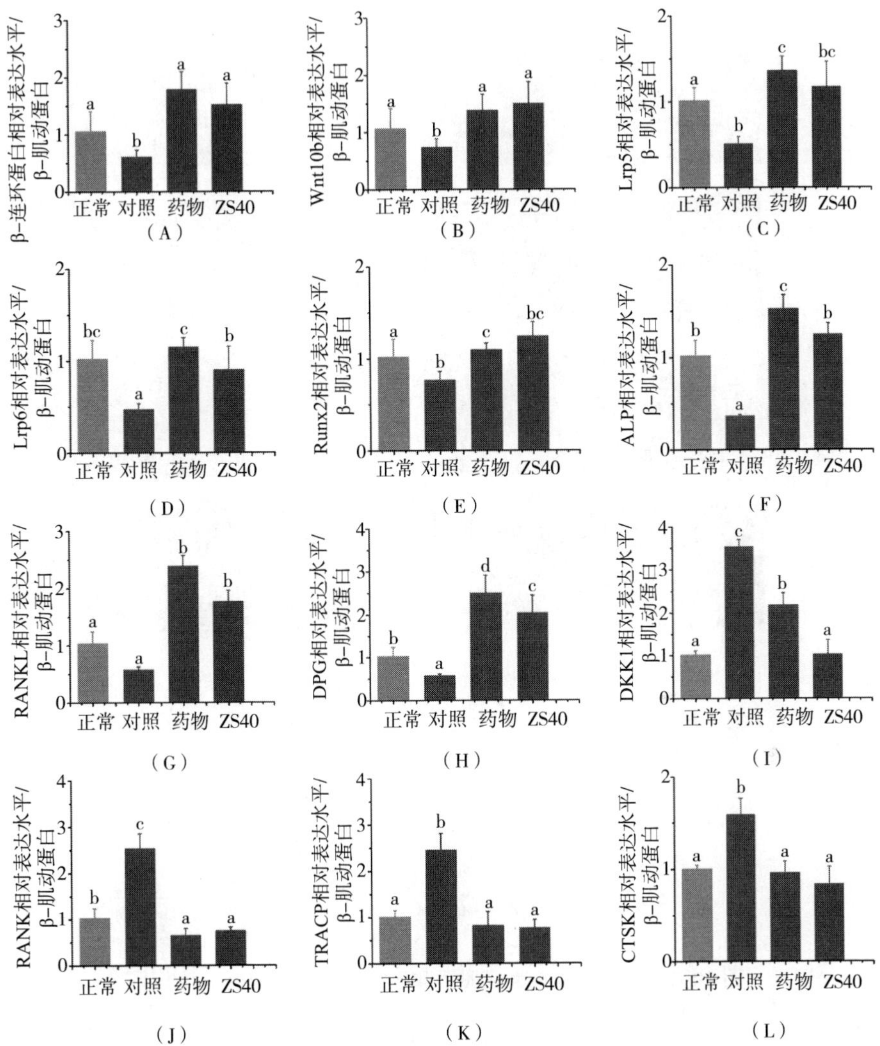

图 10-1　大鼠脊髓中 β-连环蛋白、Wnt10b、Lrp5、Lrp6、Runx2、ALP、RANKL、OPG、DKK1、RANK、TRACP 和 CTSK mRNA 表达

大鼠股骨和胫骨的病理学观察

图 10-2 显示了大鼠股骨和胫骨的组织学显微照片。正常对照组股骨和胫骨破骨细胞数量、形态及融合程度均正常。对照组大鼠破骨细胞数量显著增加，并

出现大量融合的巨多核细胞。此外，药物组和ZS40组与正常对照组相似，并且破骨细胞数量显著减少至与正常对照组相同的水平。

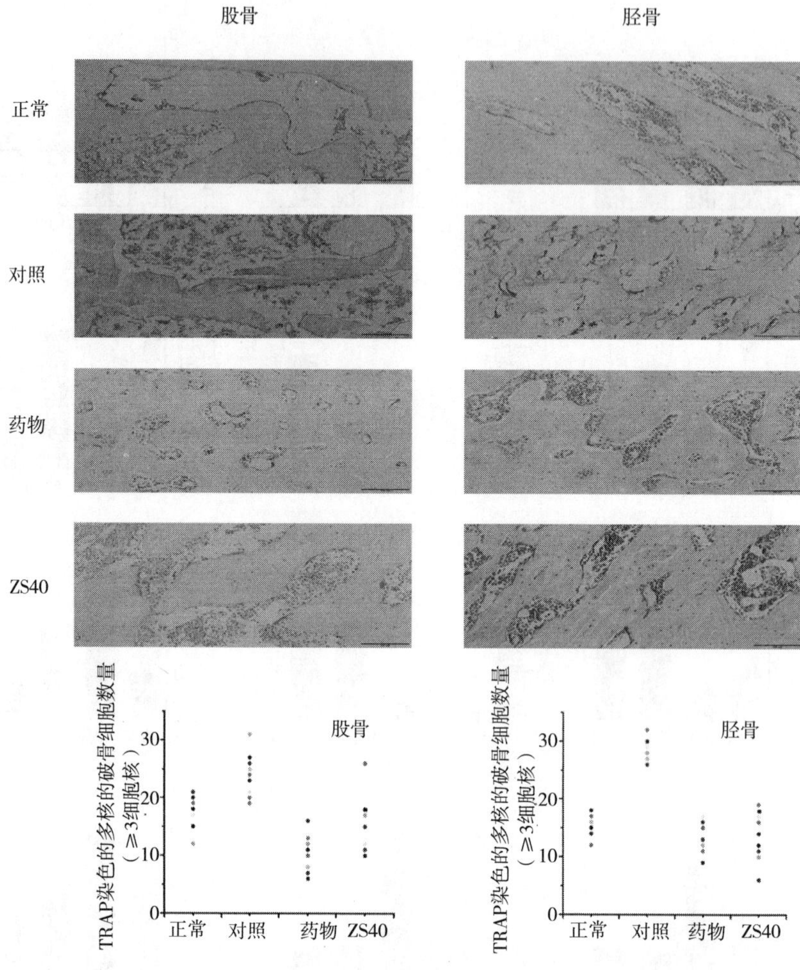

图10-2 TRAP染色大鼠股骨和胫骨的病理学观察（100×）

大鼠股骨显微CT

图10-3显示了大鼠股骨的显微CT结果。正常对照组中股骨的骨体积百分比（BV/TV）、骨小梁数量（Tb. N）、骨小梁厚度（Tb. Th）、骨小梁间距（Tb. Sp）和骨密度（BMD）均正常。对照组中股骨BV/TV、Tb. N、Tb. Th和BMD最低，而Tb. Sp最高。药物组和ZS40组的股骨结果与正常对照组相似。与对照组相比，BV/TV、Tb. N、Tb. Th和BMD显著升高，而Tb. Sp显著降低。

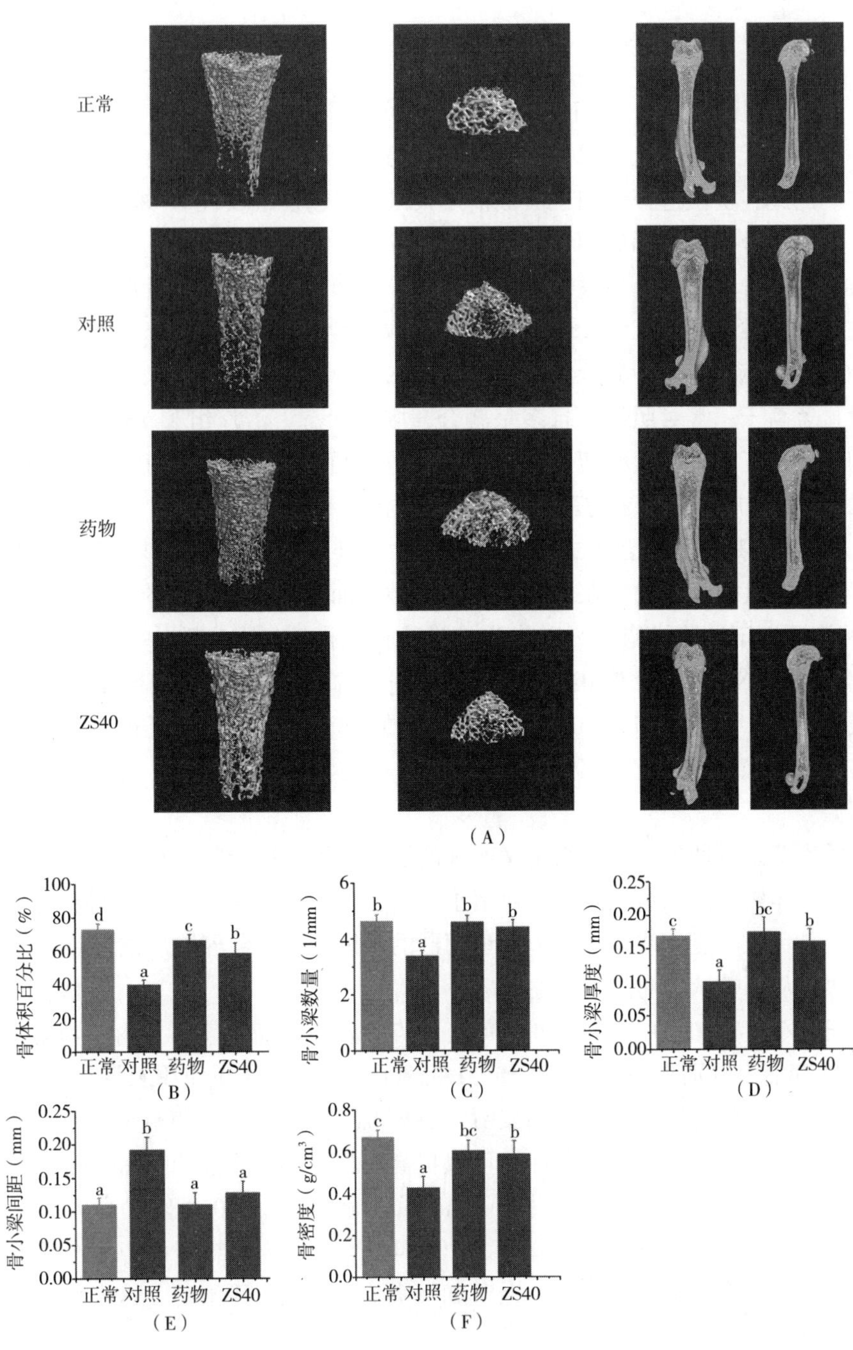

图 10-3 大鼠股骨的显微 CT 结果

注：每个面板内横条上的不同字母表示组间存在显著差异（$P<0.05$）。

（A）所有图像都代表了各自的组（$n=6$）；（B）骨体积百分比（BV/TV）；（C）小梁数（Tb. N）；（D）小梁厚度（Tb. Th）；（E）小梁分离（Tb. Sp）；（F）骨密度（BMD）。

讨论

视黄酸是维生素 A 的衍生物。它是人类肿瘤的天然抑制剂，常用于治疗多种疾病。然而，大量研究表明，长期使用视黄酸可导致多种疾病，OP 是最常见的一种。因此，实验选择使用视黄酸治疗大鼠，以创建继发性 OP 模型。

身体的骨量在骨形成和骨吸收之间保持着恒定的动态平衡。一旦这种动态平衡被打破，骨吸收就会超过骨形成，从而导致 OP 的发展。在骨质丢失期间，单核破骨细胞融合形成巨多核细胞。抗酒石酸酸性磷酸酶（TRAP）是破骨细胞的一种特异性标记酶，可显示破骨细胞的状态。对照组大鼠股骨和胫骨中破骨细胞数量显著高于正常对照组，且多呈融合、多核状态。治疗组和 ZS40 组中破骨细胞的数量与正常对照组相似。这表明 ZS40 可以预防因过量使用视黄酸药物而导致的 OP 的发展，其效果与药物组唑来膦酸治疗相似。

显微 CT 是一种结合了成像的非侵入性特征和高分辨率组织学检测的技术。由于骨骼和其他身体组织在 X 射线衰减系数方面存在比较明显的差异，因此显微 CT 特别适用于骨骼成像，可以作为骨量的直接指标。在实验中，对照组股骨的 BV/TV、Tb. N、Tb. Th 和 BMD 最低，Tb. Sp 最高。这清楚地表明本研究模型已经成功建立。药物组和 ZS40 组大鼠股骨中的所有这些值均恢复正常，再次表明本实验室分离纯化的 ZS40 对继发性 OP 具有良好的预防作用，其效果与唑来膦酸相似。

益生菌是一种单一或一组定义明确的活性微生物混合物，在宿主体内定殖并改变宿主体内的菌群组成，从而对宿主产生有益影响。益生菌通过调节宿主的黏膜和全身免疫功能，或通过调节肠道菌群的平衡，促进营养物质的吸收，维护肠道健康，从而被认为对健康有益。

研究小组对 ZS40 进行了初步实验，结果表明，经人工胃液和胆盐治疗后，ZS40 的存活率分别为 79.32%和 15.31%。此外，本研究还使用长期灌胃使 ZS40 在大鼠的肠道中定殖。实验结果表明，ZS40 确实可以预防继发性 OP 的发生。相关实验表明，益生菌鼠李糖乳杆菌可以提高小鼠体内丁酸盐和 Wnt10b 的表达水平，从而正向调节骨形成。通过 ELISA，实验还发现 ZS40 可以提高大鼠血清中 γ-氨基丁酸的水平（表 10-2）。然而，ZS40 是否直接参与 Wnt /β-连环蛋白和 OPG / RANK / RANKL 信号通路及其如何影响骨形成尚不清楚。这也将是后续研究的重点。

结论

本研究探讨了 ZS40 对大鼠继发性 OP 的预防作用。结果表明，它能有效提高大鼠血清和脊髓中成骨标志基因的表达，促进大鼠体内骨形成。本研究为进一步研究 ZS40 奠定了基础。由于本研究仅进行了动物实验，因此未来还需要进行人体临床试验，以证实 ZS40 对继发性 OP 的预防作用。

第二节　植物乳杆菌对骨质疏松的作用

引言

继发性骨质疏松症（OP）是由某些干扰骨密度并导致骨质流失的疾病和治疗引起的。高达 30%患有骨质疏松症的绝经后女性和 50%患有骨质疏松症的男性可能存在潜在原因。骨质疏松症患者通常不会出现症状。因此，骨质疏松症往往多年不会被发现，直到发生骨折。与骨质疏松症相关的常见骨折包括髋部、腕部或脊柱骨折。骨质疏松症偶尔会表现出一些症状。继发性骨质疏松症的潜在发病机制通常是多因素的。正确治疗导致骨质疏松症的症状，并防止使用抗重吸收药物进行不必要的治疗，可以降低骨折的风险。

许多疾病、药物和生活方式因素可导致继发性骨质疏松症。导致继发性骨质疏松症的常见医学疾病有导致骨质流失的癌症，包括骨癌、乳腺癌和前列腺癌，以及激素失调，如甲状腺机能亢进。肾功能衰竭、类风湿性关节炎、系统性红斑狼疮、干燥综合征、皮肌炎和混合性结缔组织病等疾病也会导致继发性骨质疏松症。长期使用糖皮质激素治疗会导致肠道钙吸收减少，尿钙排泄增加，血清甲状腺激素升高，从而导致骨质流失。长期使用质子泵抑制剂、抗癫痫药、利尿剂、抗凝剂和环孢霉素 A 等药物会导致严重的骨质流失。除了疾病和药物使用外，不良的生活习惯，如酗酒、吸烟、低体力活动和长期缺乏维生素摄入等，也会导致骨质流失，进而导致继发性骨质疏松症。

为了治疗继发性骨质疏松症，除了改变生活习惯和提高维生素和钙吸收等常规方法外，二膦酸盐、降钙素、雌激素和雌激素受体调节剂也被用于临床治疗骨质疏松症，并可增加患者的骨密度。然而，这些药物可能存在安全性、耐受性等问题，并可能给患者带来巨大的经济负担。研究表明，益生菌在小鼠肠道定殖可以影响骨形成和重塑，并可辅助预防 OP。相关实验表明，益生菌和肠道菌群对骨代谢有积极影响。

植物乳杆菌 HFY15（HFY15）是研究小组从天然牦牛酸奶中分离鉴定的一种乳酸菌。本研究采用视黄酸建立继发性 OP 大鼠模型，并探讨了 HFY15 对 OP 的预防作用。研究发现，补充 HFY15 可升高成骨标志基因的表达并刺激骨形成。这一结果可能为防治 OP 提供一种新的有效策略。

结果

血清生化指标和细胞因子水平

表 10-3 显示了大鼠血清中的钙和磷水平。对照组的水平最低，药物组和 HFY15 组的水平显著高于正常对照组和对照组。血清细胞因子检测结果显示，对照组大鼠的血清 BAP、BGP、IGF-1R 和 GABA 水平最低，而药物组和 HFY15 组的这些水平显著高于对照组。对照组血清 TRACP-5b 水平最高，并且药物组和 HFY15 组的水平显著低于对照组。

表 10-3　大鼠血清生化指标和细胞因子水平

组别	正常	对照	药物	HFY15
Calcium（mmol/L）	1. 30±0. 11[b]	1. 08±0. 20[a]	1. 16±0. 14[ab]	1. 50±0. 23[c]
Phosphorus（mmol/L）	1. 95±0. 19[b]	1. 65±0. 19[a]	2. 38±0. 32[c]	2. 38±0. 33[c]
BAP（ng/mL）	11. 21±0. 90[b]	9. 86±1. 52[a]	12. 66±0. 98[c]	13. 81±1. 75[c]
BGP（ng/mL）	1. 96±0. 76[b]	1. 31±0. 39[a]	3. 26±1. 12[c]	3. 32±1. 68[c]
IGF-1R（pg/mL）	615. 32±115. 61[b]	320. 93±101. 72[a]	555. 48±222. 39[b]	535. 71±259. 26[b]
TRACP-5b（ng/mL）	0. 62±0. 36[ab]	2. 61±0. 56[c]	0. 30±0. 20[a]	0. 70±0. 33[b]
GABA（μmol/L）	7. 49±0. 31[b]	7. 10±0. 40[a]	7. 43±0. 24[b]	7. 89±0. 39[c]

注：不同小写英文字母表达在 $P<0.05$ 水平上相应两组具有显著差异。正常（Normal）：正常大鼠；对照（Model）：维甲酸（80 mg/kg/d）处理大鼠；药物（Medicine）：维甲酸（80 mg/kg/d）和唑来膦酸（0. 5 mL/100 g）处理大鼠；ZS40：维甲酸（80 mg/kg/d）和植物乳杆菌 HFY15（10^{10} CFU/kg）处理大鼠。

脊髓中 Wnt/β-连环蛋白信号通路基因的表达

Wnt/β-连环蛋白经典信号通路在成骨细胞分化和增殖中发挥重要作用。研究表明，调节任何 Wnt/β-连环蛋白经典信号通路的因子都可以影响成骨细胞的分化和增殖。在 Wnt/β-连环蛋白经典信号通路中，β-连环蛋白、Lrp5/6 和 Wnt10b 正调控骨形成，而 DKK1 通过抑制该通路负调控骨形成。β-连环蛋白、Wnt10b、Lrp5 和 Lrp6 的 mRNA 表达水平在对照组大鼠脊髓中最低，在药物组和 HFY15 组脊髓中最高。DKK1 表达水平在对照组最高，在药物组和 HFY15 组最低（图 10-4）。

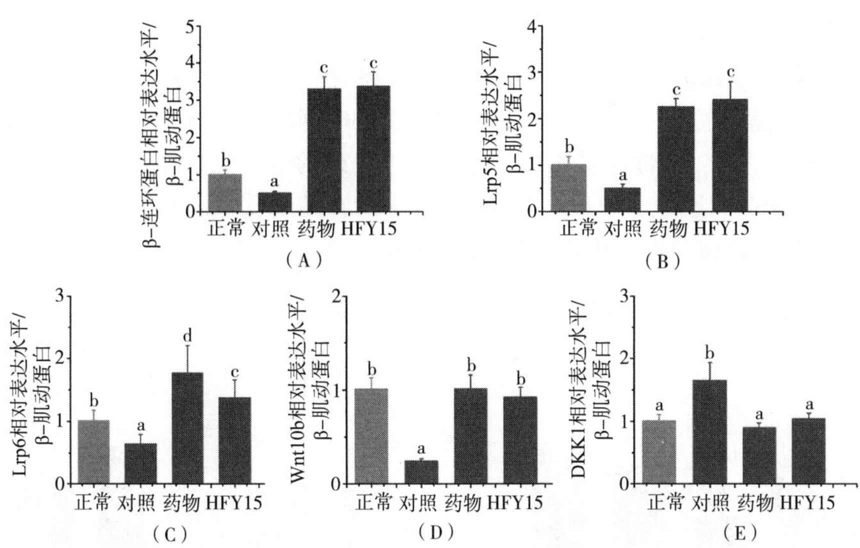

图 10-4　大鼠脊髓中 *β*-连环蛋白、Lrp5、Lrp6、Wnt10b 和 DKK1 的表达

脊髓中 OPG/RANK/RANKL 信号通路基因的表达

骨保护蛋白（OPG）/核因子-Kβ 受体激活因子（RANK）/核因素-Kβ 接收器激活因子配体（RANKL）信号通路在骨重建过程中调节破骨细胞功能。细胞释放 RANKL，与破骨细胞表面的 RANK 结合，通过 NF-Kβ、JNK 和蛋白激酶 B 通路促进破骨细胞分化和活化。OPG 可竞争性抑制 RANK 与 RANKL 的结合，改善骨细胞功能，减少骨破坏。OPG 和 RANKL 的 mRNA 表达水平在对照组脊髓中最低，在药物组和 HFY15 组脊髓中最高。RANK 表达水平在对照组最高，在药物组和 HFY15 组最低（图 10-5）。

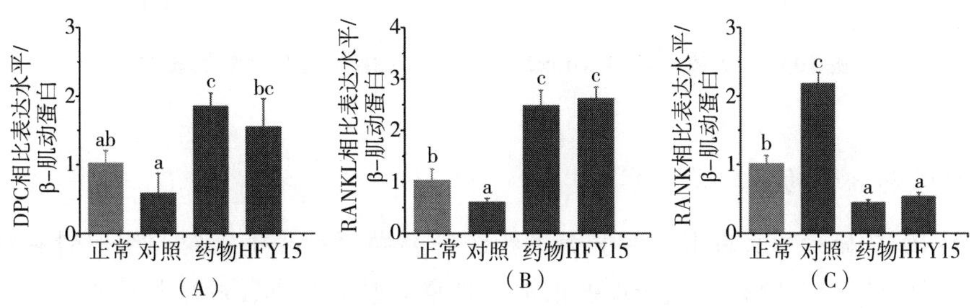

图 10-5　大鼠脊髓中 OPG、RANKL 和 RANK 的表达

脊髓中成骨标志基因的表达

成骨标志基因 Runx2 的 mRNA 表达水平在对照组脊髓中最低，在药物组和 HFY15 组脊髓中最高。碱性磷酸酶（ALP）的表达水平在对照组最低，在药物组和 HFY15 组最高。成骨标志基因 CTSK 和 TRACP 的表达水平在对照组最高，在药物组和 HFY15 组最低。HFY15 能够显著影响脊髓中骨标志基因的表达，这些表达水平接近药物组和正常对照组（图 10-6）。

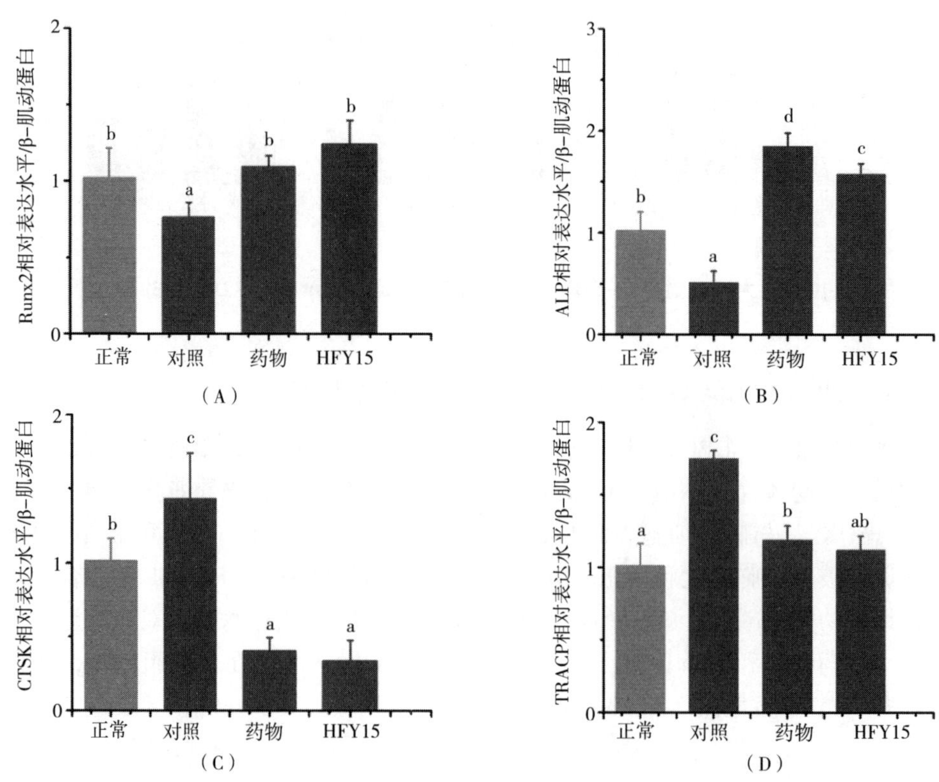

图 10-6 大鼠脊髓中 Runx2、ALP、CTSK 和 TRACP 的表达

股骨和胫骨的病理学观察

图 10-7 显示了大鼠股骨和胫骨的组织学显微照片。正常对照组股骨和胫骨中破骨细胞数量、形态和融合程度正常。对照组破骨细胞数量显著增加，并伴有大量融合的巨多核细胞。相反，药物组和 HFY15 组的破骨细胞数量减少到与正常对照组相同的水平。

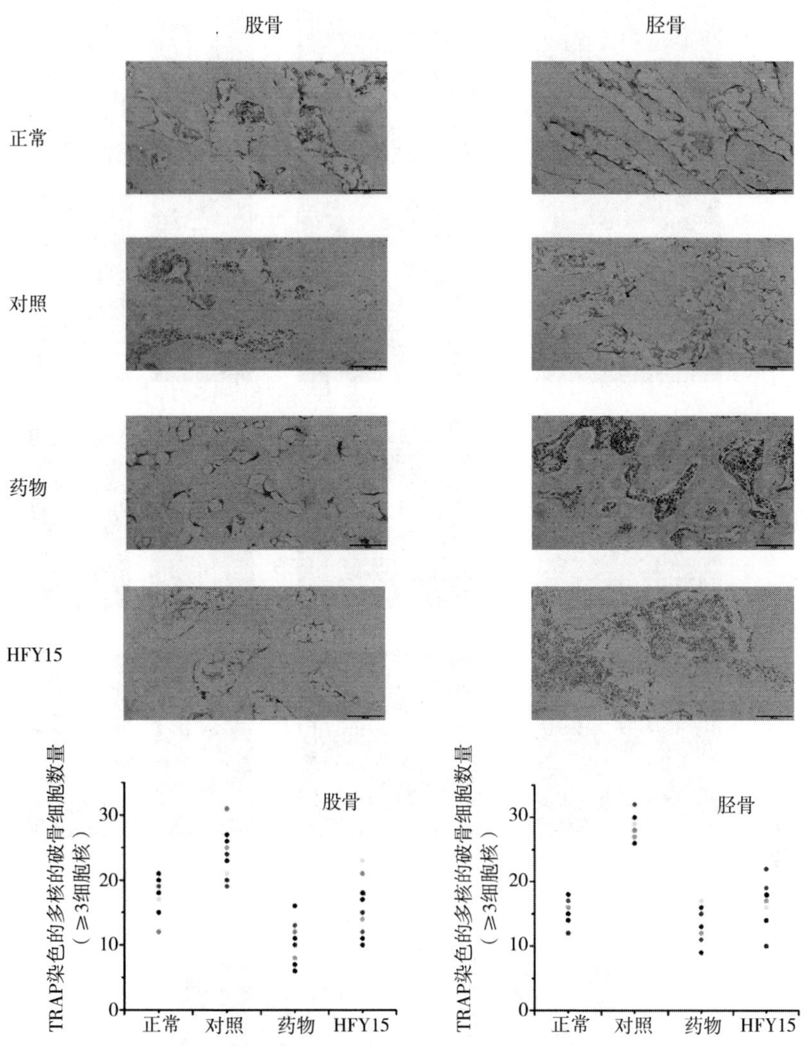

图 10-7 TRAP 染色大鼠股骨和胫骨的病理学观察（100×）

股骨和胫骨的显微 CT

图 10-8 显示了大鼠股骨的显微 CT 结果。正常对照组中股骨的骨体积百分比（BV/TV）、骨小梁数量（Tb. N）、骨小梁厚度（Tb. Th）、骨小梁间距（Tb. Sp）和骨密度（BMD）均正常。对照组中股骨 BV/TV、Tb. N、Tb. Th 和 BMD 最低，而 Tb. Sp 最高。药物组和 HFY15 组的股骨结果与正常对照组相似；与对照组相比，BV/TV、Tb. N、Tb. Th 和 BMD 显著升高，而 Tb. Sp 显著降低。

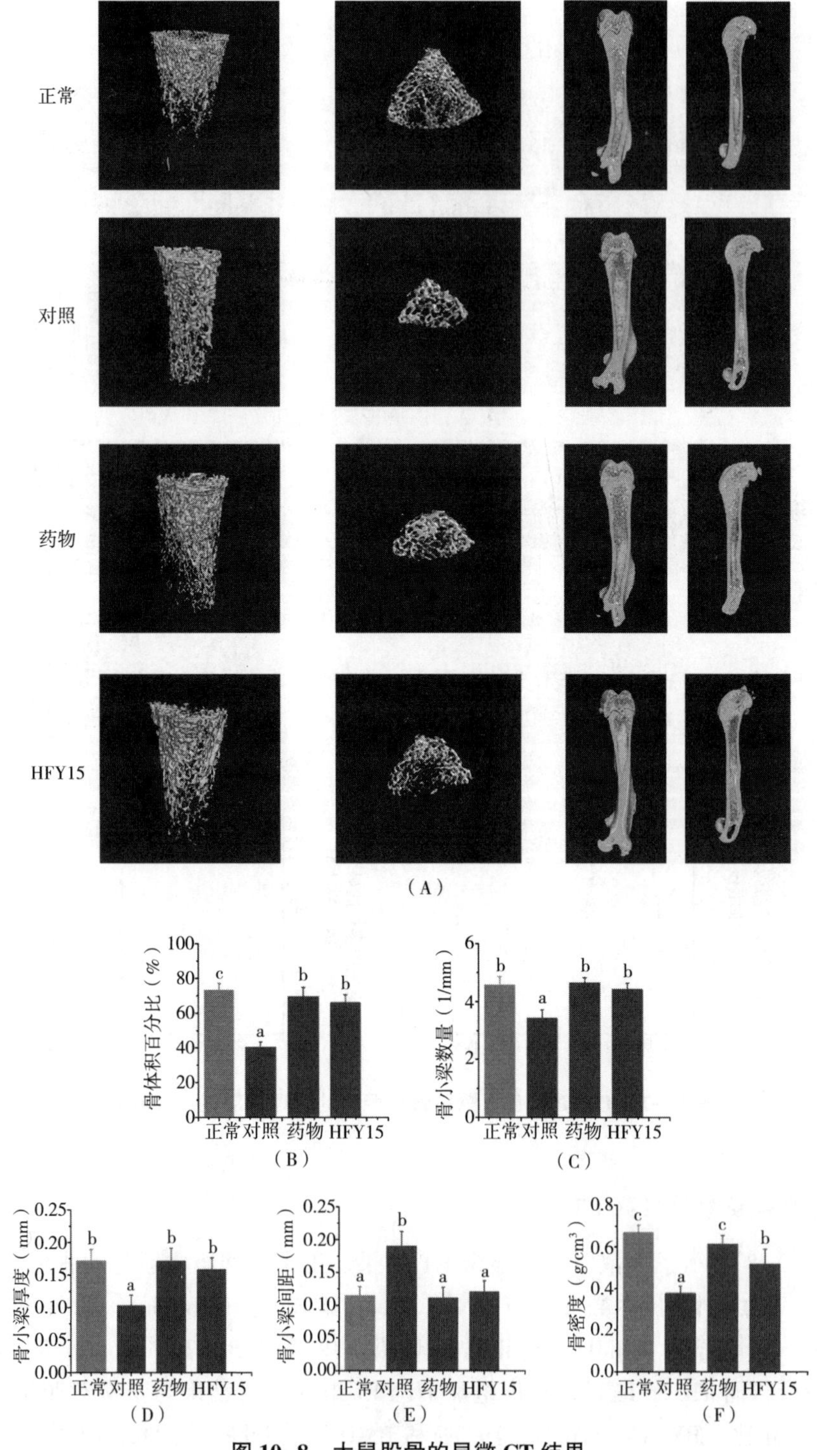

图 10-8　大鼠股骨的显微 CT 结果

讨论

全反式视黄酸是视黄酸家族中维生素 A 的活性代谢物。视黄酸通过其同源核受体发挥对细胞生长、分化和凋亡的有效作用，并在癌症治疗和化学预防方面具有潜在的应用前景。视黄酸在维持免疫稳态和治疗阿尔茨海默病方面也发挥着重要作用。但长期使用视黄酸会导致肝损伤、骨质流失和皮肤皲裂等不良反应。许多研究已使用视黄酸来构建继发性骨质疏松症的动物模型。因此，实验使用视黄酸诱导大鼠，以创建继发性 OP 模型。

与其他身体组织一样，骨骼不断地进行细胞代谢或骨代谢，分为两个阶段：形成和重塑。骨形成在个体生长发育中起着重要作用，而骨重塑在整个生命周期中持续进行。成骨细胞分化成骨细胞是一个复杂的过程，涉及多个信号通路，其中 Wnt/β-连环蛋白和 OPG/RANK/RANKL 信号通路研究最多。研究表明，参与 Wnt/β-连环蛋白和 OPG/RANK/RANKL 信号通路的基因对成骨具有重要影响。建模后，实验直接检测相关基因表达，以探讨 HFY15 对骨量的影响。qPCR 分析显示，对照组 β-连环蛋白、Wnt10b、Lrp5、Lrp6、OPG、RANKL 和 Runx2 的表达水平最低，而负调控基因 DKK1、ALP、CTSK 和 TRACP 的表达水平升高，表明实验成功构建了继发性骨质疏松模型。同样，qPCR 结果分析表明，HFY15 可以正向调控大鼠骨形成，其效果与唑来膦酸相似。这两个通路涉及许多基因，本研究未使用蛋白质印迹进一步验证基因表达水平的变化。然而，酶联免疫吸附试验（ELISA）结果显示，IGF-1R 含量和 BAP、BGP 和 TRACP 表达水平发生变化，从而证实了 qPCR 结果。

少量摄入视黄酸可促进骨形成，但大量摄入视黄酸会损伤大鼠卵巢，减少雌激素分泌，减弱对破骨细胞的抑制作用，增加破骨细胞的活性和数量。在骨重塑过程中，来自单核巨噬细胞的破骨细胞融合成多核破骨细胞，吸收骨并减少骨量。计数具有三个或更多细胞核的破骨细胞可以准确反映骨重塑的发生情况。本研究使用 TRAP 对骨组织切片进行染色，使破骨细胞中的细胞质呈紫红色，细胞核呈浅蓝色。对骨组织进行切片和染色后，实验对 40 只大鼠的多核破骨细胞进行了计数。对照组的多核破骨细胞最多，而药物组和 HFY15 组的破骨细胞较少。这表明 HFY15 可以有效地阻止视黄酸促进骨吸收。由于大鼠骨组织较大，因此很难计算一个切片中多核破骨细胞的总数，并可能导致误差。因此，实验从每个切片中随机选择三个视图，并对每个视图的总数进行平均，以表示每个切片中多核破骨细胞的数量。

qPCR、ELISA 和组织学显微照片只能反映骨形成和骨吸收的局部情况，不能直接或有效地反映骨量的真实变化。因此，必须使用能够直接反映骨量变化的技术来准确检测骨量。显微 CT 是一种结合成像和高分辨率组织学检测的无创技术。衰减系数的差异允许使用显微 CT 进行骨骼成像，以直接指示骨质量。实验从四组中随机抽取 6 块股骨和 6 块胫骨进行 CT 扫描，以反映骨量的真实情况。对照组的 BV/TV、Tb. N、Tb. Th 和 BMD 最低，Tb. Sp 最高，表明实验的模型成功建立。药物组和 HFY15 组大鼠股骨中的这些值均恢复正常，再次表明本实验室分离纯化的 HFY15 乳酸菌对继发性 OP 具有良好的预防作用，其效果与唑来膦酸相似。

益生菌是一组活性微生物，通过在体内定殖和改变宿主部分菌群的组成对宿主产生有益影响。调节宿主的黏膜和免疫系统功能或调节肠道菌群平衡可促进营养吸收，并维持肠道健康，从而产生有益于宿主健康的具有明确效果的单一或混合微生物。研究益生菌对生命活动的影响之前，研究人员必须确保益生菌能够定殖肠道并抵抗胃酸和胆盐的损伤。研究小组对分离纯化的 HFY15 进行了相关实验。人工胃酸和胆盐培养后，HFY15 的存活率分别为 86.26%±10.78% 和 53.45%±2.74%。开始实验前，给大鼠注射 HFY15 两周，以确保 HFY15 在大鼠体内定殖。

结果表明，HFY15 对视黄酸引起的骨质疏松症具有良好的预防作用，但具体机制尚不清楚。HFY15 是否单独影响肠道对钙和磷的吸收或肠道菌群的平衡，进而影响骨形成和吸收，尚不确定。并且 HFY15 如何参与 Wnt/β-连环蛋白和 OPG/RANK/RANKL 信号通路以及所涉及的关键因素有待进一步研究。后续研究将解决这些问题。Roberto Pacifici 教授对鼠李糖乳杆菌（LGG）对小鼠和家兔骨量影响的研究表明，LGG 可以提高肠道中的丁酸盐水平。反过来，丁酸盐可以促进骨髓中的 T 细胞产生 Wnt10b，这对骨生长至关重要。这一结果为本研究奠定了基础，本研究进行的 ELISA 结果表明，HFY15 对 GABA 具有正向调节作用。这也将是后续研究的重点。

结论

本研究探讨了植物乳杆菌 HFY15 对大鼠继发性 OP 的预防作用，表明它可有效提高大鼠血清和脊髓中成骨标志基因的表达，促进大鼠体内骨形成。本研究为进一步研究 HFY15 奠定了基础。由于本研究仅进行了动物实验，因此未来还需要进行人体临床试验，以证实 HFY15 对继发性 OP 的预防作用。

参考文献

[1] Xinhong Liu, Jian-Bo Fan, Jing Hu, Fang Li, Ruokun Yi, Fang Tan, Xin Zhao,

Lactobacillus Fermentum ZS40 prevents secondary osteoporosis in Wistar Rat [J]. Food Science & Nutrition, 2020, 8 (9): 5182-5191.

[2] Liu Xinhong, Zheng Jiazhuang, Li Fang, Yi Ruokun, Mu Jianfei, Tan Fang, Zhao Xin, *Lactobacillus plantarum* HFY15 helps prevent retinoic acid-induced secondary osteoporosis in Wistar rats [J]. Evidence-Based Complementary and Alternative Medicine, 2020, 2020: 2054389.

第十一章　益生菌对衰老的功效

第一节　发酵乳杆菌对衰老的作用

引言

2016~2021年，中国老年人口占中国人口的1/10，居世界首位。许多研究表明，衰老是由于过度的细胞内或细胞外应激和损伤导致不可逆的长期细胞周期停滞。它是一种复杂的自然现象，表现为身体结构的退行性病变、各种功能的衰退、环境适应性和抵抗力的减弱，从而导致心脏病、中风和糖尿病等各种慢性疾病。在生命科学、医学和营养科学等领域已经有大量研究探讨了氧化应激（OS），特别是OS的干预措施。正常生理条件下，氧代谢产生的活性氧（ROS），包括超氧阴离子（O_2^-）、过氧化氢（H_2O_2）、羟基自由基（·OH）和过氧亚硝酸阴离子（$ONOO^-$），可以被内源性抗氧化剂［如超氧化物歧化酶（SOD）、谷胱甘肽过氧化物酶（GSH-Px）和过氧化氢酶（CAT）］代谢。

在食品生物工程领域，人们对乳酸菌（LAB）的功能开发和利用进行了大量研究。LAB已被证明对人体健康有益，并且具有潜在的抗衰老作用。报告显示，联合使用长双歧杆菌和动物双歧杆菌可以通过调节NF-κB/TLR4信号通路相关蛋白的表达，对D-gal引起的阿尔茨海默病具有保护作用。一些研究发现，使用抗氧化乳酸菌可以增强其发酵产物的抗氧化能力。Zhou等发现，使用植物乳杆菌HFY09发酵的豆奶可有效缓解D-gal诱导的小鼠衰老。Xiao等还注意到，从酸奶中分离出的益生菌具有很强的抗衰老作用，可以增强使用D-gal诱导的衰老小鼠体内SOD抗氧化酶的活性。Rohit Sharma的研究发现，补充发酵乳杆菌发酵乳可以增强衰老小鼠的全身免疫应答和抗氧化能力。

D-半乳糖（D-gal）是人体内的一种天然营养素。将大量D-gal注入体内时，细胞内D-gal浓度过高会诱发衰老，这种模型被广泛应用于衰老相关研究。D-gal转化为醛糖和H_2O_2，可加速O_2^-的生成，从而增强氧化应激损伤。

本研究以OS为靶点研究了LAB的功能和机制。本研究使用了从传统发酵牦牛酸奶中分离出的一种新型乳酸菌菌株，名为发酵乳杆菌HFY06，它对pH值为3.0的人工胃液和0.3%的胆盐表现出高抗性。灌胃给予衰老小鼠发酵乳杆菌

HFY06，以研究其缓解 OS 的作用及机制。本研究将为进一步研究乳酸的积极作用奠定基础，并为开发功能性食品和保健品提供可靠的菌种资源。

结果

小鼠脏器指数

机体正常时，器官与体重的比例是恒定的。然而，随着动物年龄的增长，受损器官的重量会发生变化，脏器指数也会随之变化。例如，大脑、脾脏和肝脏是人类衰老的重要指标。衰老通常会导致大多数器官的重量下降，并影响机体的免疫和代谢能力。与正常组相比，模型组的肝脏、脾脏、大脑和肾脏指数分别下降了 28.72%、36.78%、16.68%和 15.99%（表 11-1），而 HFY06 治疗组、LB 治疗组、维生素 C 治疗组的器官萎缩均得到了一定程度的缓解。HFY06 治疗组和维生素 C 治疗组的脏器指数高于模型组，接近正常对照组，且比 LB 治疗组表现出更好的效果。这表明，可以通过保持器官重量来延缓小鼠的衰老。

表 11-1　小鼠的器官指数

组别	肝指数（mg/g）	脾脏指数（mg/g）	脑指数（mg/g）	肾指数（mg/g）
正常	37.49 ± 0.06^{d}	2.61 ± 0.02^{c}	12.05 ± 0.01^{c}	10.38 ± 0.02^{b}
模型	26.72 ± 0.12^{a}	1.65 ± 0.02^{a}	10.04 ± 0.04^{a}	8.72 ± 0.04^{a}
HFY06	32.46 ± 0.06^{c}	2.18 ± 0.02^{bc}	11.83 ± 0.01^{c}	9.69 ± 0.04^{ab}
LB	28.12 ± 0.10^{ab}	1.74 ± 0.01^{ab}	10.84 ± 0.03^{b}	9.00 ± 0.03^{a}
维生素 C	30.46 ± 0.10^{bc}	2.13 ± 0.02^{bc}	11.84 ± 0.02^{c}	9.33 ± 0.04^{ab}

注：HFY06：发酵乳杆菌 HFY06（1×10^{10} CFU/kg）处理小鼠；LB：保加利亚乳杆菌（1×10^{10} CFU/kg）处理小鼠；维生素 C：维生素 C（200 mg/kg）处理小鼠。

小鼠血清中抗氧化标志物的水平

发酵乳杆菌 HFY06 对 D-gal 诱导的衰老小鼠抗氧化能力的影响如表 11-2 所示。腹腔内注射 D-gal 后，血清 SOD、GSH 和 CAT 水平显著降低，MDA 水平升高。这些差异表明实验成功建立了 D-gal 诱导衰老小鼠模型。使用 HFY06、LB 和维生素 C 治疗后，氧化衰老小鼠的 MDA 水平降低，而 SOD、GSH 和 CAT 活性增加。根据综合抗氧化能力指标，使用发酵乳杆菌 HFY06 和维生素 C 治疗后，缓解效果更强。

表 11-2 益生菌治疗对 D-gal 诱导的衰老小鼠血清 SOD、GSH、CAT 和 MDA 的影响

组别	SOD (U/mL)	GSH (mg/L)	CAT (U/mL)	MDA (nmol/mL)
正常	88.00 ± 2.16[c]	7.46 ± 0.80[c]	58.25 ± 4.63[d]	7.97 ± 1.97[a]
模型	51.19 ± 8.61[a]	2.63 ± 0.88[a]	20.46 ± 2.84[a]	20.50 ± 2.41[d]
HFY06	79.98 ± 8.80[bc]	5.56 ± 0.93[b]	38.94 ± 4.86[c]	11.25 ± 1.51[b]
LB	57.00 ± 9.98[a]	4.08 ± 1.35[ab]	28.98 ± 3.13[b]	14.12 ± 1.09[c]
维生素 C	76.54 ± 4.00[b]	4.95 ± 0.60[b]	33.71 ± 5.70[bc]	10.86 ± 2.36[b]

注：同表 11-1。

小鼠血清中炎症介质的水平

为了评估发酵乳杆菌 HFY06 是否可以减轻小鼠的炎症反应，本研究测定了各组的血清 IL-6、IL-1β、TNF-α 和 IFN-γ 水平，如表 11-3 所示。D-gal 诱导后，氧化衰老小鼠的炎症因子水平显著高于正常对照组。与模型组相比，HFY06 治疗组、LB 治疗组和维生素 C 治疗组的炎症因子水平显著降低（$P<0.05$），表明 HFY06、LB 和维生素 C 具有降低体内炎症因子水平的潜力。

表 11-3 益生菌治疗对 D-gal 诱导的衰老小鼠血清 IL-6、IL-1β、TNF-α 和 IFN-γ 的影响

组别	IL-6 (ng/L)	IL-1β (ng/L)	TNF-α (ng/L)	IFN-γ (ng/L)
正常	128.45 ± 6.08[a]	92.09 ± 7.42[a]	596.79 ± 18.11[a]	160.83 ± 9.87[ab]
模型	212.53 ± 7.97[c]	178.76 ± 9.34[c]	928.93 ± 44.28[b]	224.91 ± 12.30[c]
HFY06	155.33 ± 7.55[ab]	127.69 ± 16.04[a]	613.57 ± 25.16[a]	177.24 ± 12.36[a]
LB	162.15 ± 8.90[b]	149.08 ± 10.01[bc]	722.50 ± 30.28[a]	213.93 ± 11.16[bc]
维生素 C	152.72 ± 5.34[ab]	129.12 ± 7.86[ab]	648.78 ± 37.14[a]	212.64 ± 12.49[abc]

注：同表 11-1。

皮肤、脾脏和肝脏的病理学观察

可以通过皮肤的状态判定衰老的程度，如胶原纤维含量和脂质空泡等。如图 11-1 所示，正常对照组皮肤结构完整，表皮、真皮和皮下组织边界清晰，真皮组织中的肌原纤维排列整齐，连接紧密，无损伤（图 11-1）。使用 D-Gal 诱导后，衰老小鼠皮肤结构被破坏，各层边界不清晰，肌原纤维显著减少，残留的肌原纤维被破坏。而使用发酵乳杆菌 HFY06 治疗后，与模型组相比，观察到显著差异，皮肤组织状态改善，皮肤结构更清晰，肌原纤维排列更有序。

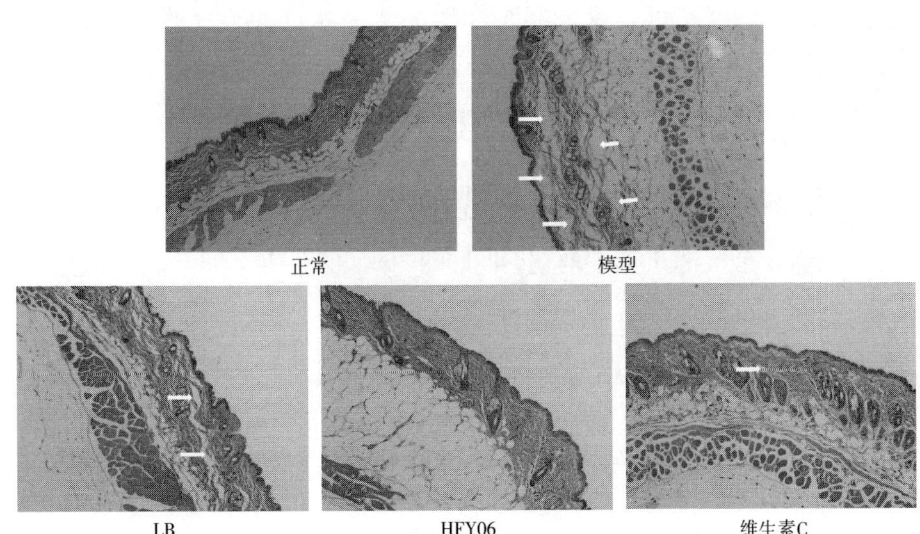

图 11-1　益生菌治疗对 D-半乳糖致衰老小鼠皮肤病理学观察的影响，放大 100×

脾脏是人体中枢免疫器官之一，也是人体最大的淋巴器官。随着身体的逐渐衰老，脾脏出现病变和萎缩。正常脾脏的组织如图 11-2（A）所示正常对照组脾囊无损伤。白髓、红髓和边缘区边界清晰，脾小梁无增生［图 11-2（A）］。与正常对照组相比，衰老对照组脾脏结构紊乱，白髓减少，巨噬细胞和中性粒细胞数量增加，淋巴细胞排列疏松，白髓纤维减少，红髓纤维增加并加厚［图 11-22（B）］。发酵乳杆菌 HFY06、德氏乳杆菌保加利亚亚种和维生素 C 灌胃后，衰老模型组脾脏形态均有不同程度改善［图 11-2（C~E）］。HFY06 治疗组脾脏结构完整，白髓与红髓分界清晰，脾脏形态最接近正常对照组。此外，脾脏白髓比例的结果也证实，D-gal 显著降低了脾脏中白髓的比例，而发酵乳杆菌 HFY06 和维生素 C 显著增加了 D-gal 引起的白髓比例下降（$P<0.05$）［图 11-2（F）］。

为了研究发酵乳杆菌 HFY06 对 D-gal 诱导的衰老的抑制作用，本研究分析了 H&E 染色后肝脏的组织病理学变化，如图 11-3（A-E）所示。正常对照组小鼠肝细胞为典型的多角形腺上皮细胞，中央静脉（图 11-3 箭头所示）呈放射状分布，肝细胞边界清晰，细胞形态完整、明显。D-gal 诱导衰老模型组小鼠肝细胞紊乱，细胞质疏松，细胞核收缩。与模型组相比，HFY06 治疗组、LB 治疗组和维生素 C 治疗组肝细胞损伤均有一定程度的减轻。其中，HFY06 治疗组肝细

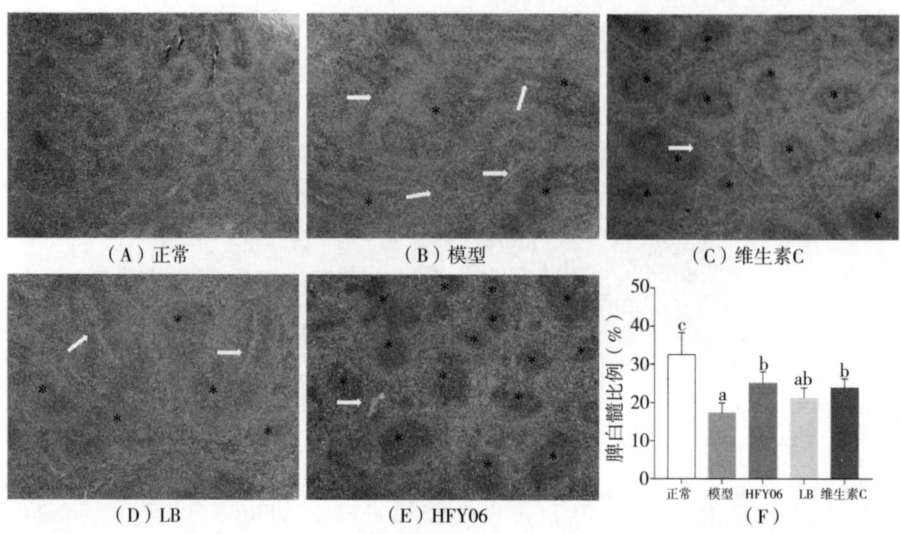

图 11-2 益生菌治疗对 D-半乳糖致衰老小鼠脾脏病理学观察的影响，放大 100×

注“*”表示白髓。

胞变性明显减少，细胞边界清晰，形态完整，细胞排列也更加有序。此外，肝细胞相关核大小的结果也证实，D-gal 显著增加了相关核大小（$P<0.05$），而发酵乳杆菌 HFY06 显著改善了这一趋势，接近正常对照组［图 11-3（F）］。结果表明，发酵乳杆菌 HFY06 能减轻 D-gal 引起的肝损伤。

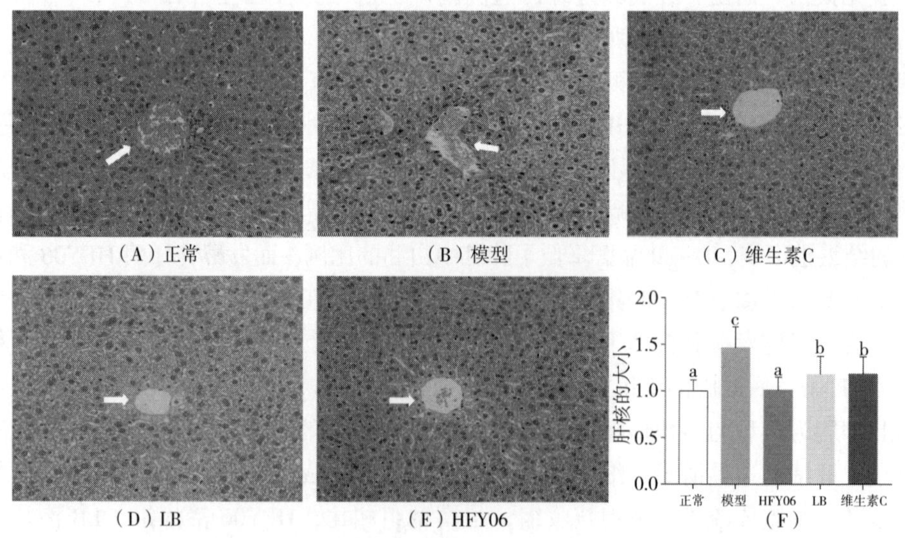

图 11-3 益生菌治疗对 D-半乳糖致衰老小鼠肝脏病理学观察的影响，放大 100×

小鼠肝脏中 OS 相关基因的 mRNA 表达

图 11-4 显示，肝脏基因［如神经元型一氧化氮合酶（NOS1）、内皮型一氧化氮合酶（NOS3）、铜锌超氧化物歧化酶（SOD1）、锰超氧化物歧化酶（SOD2）、CAT、核因子红细胞 2 相关因子 2（Nrf2）和 γ-谷氨酰半胱氨酸合酶（γ-GCS）］的相对表达水平在正常对照组小鼠中最高，而 NOS2 的相对表达水平最低。D-Gal 治疗显著降低了相关转录因子 NOS1、NOS3、SOD1、SOD2、CAT、Nrf2 和 γ-GCS 的基因表达水平，并提高了 NOS2 的相对表达水平（$P<0.05$）。HFY06、LB 和维生素 C 灌胃后，抗氧化和炎症因子相关基因的表达受到影响。HFY06 治疗组 NOS1、NOS3、SOD1、SOD2、CAT、Nrf2 和 γ-GCS 的基因表达分别是模型组的 3.17、1.92、3.06、3.78、2.53、2.11 和 3.03 倍。此外，与模型组相比，HFY06 治疗组和维生素 C 治疗组中 NOS1 和 Nrf2 的 mRNA 表达水平相同，且 HFY06 治疗组 NOS3、SOD1、SOD2、CAT 和 γ-GCS 的 mRNA 的表达水平优于维生素 C 治疗组。

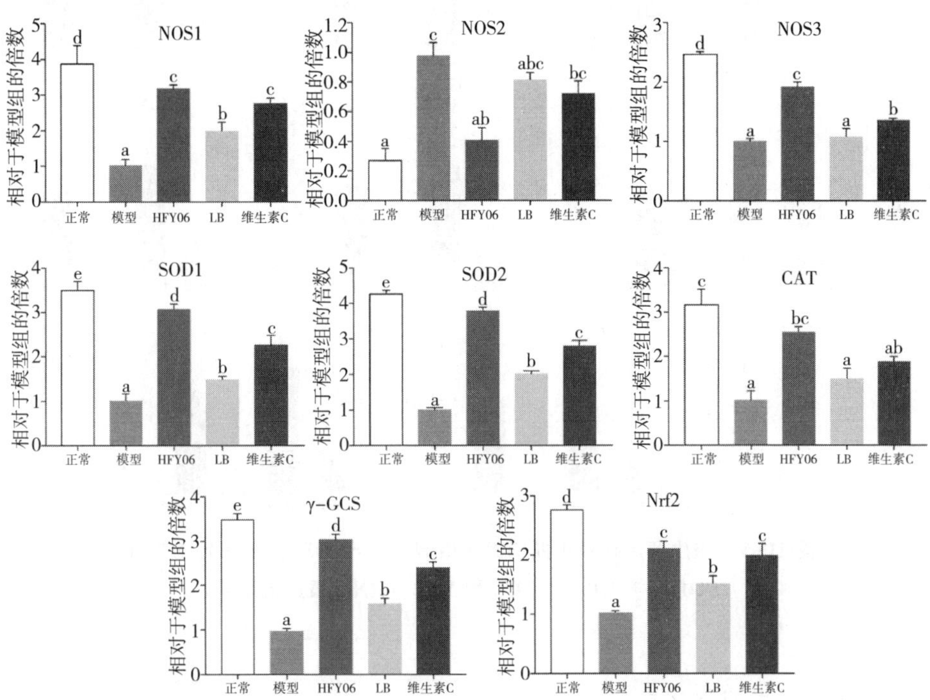

图 11-4 益生菌治疗对小鼠肝组织中 NOS1、NOS2、NOS3、SOD1、SOD2、CAT、γ-GCS 和 Nrf2 mRNA 表达的影响

小鼠大脑中OS相关基因的mRNA表达

小鼠脑组织中的基因表达结果如图11-5所示，mRNA表达趋势与肝组织中观察到的趋势相似。与正常对照组相比，模型组脑组织中NOS1、NOS3、SOD1、SOD2、CAT、Nrf2和γ-GCS的表达显著降低，而NOS2的表达显著升高。使用HFY06、LB和维生素C干预后，与模型组相比，基因表达水平发生了变化。NOS1、SOD1、SOD2、CAT和Nrf2的表达水平在HFY06治疗组最高（是模型组的3.91、3.40、3.12、3.77和3.01倍），其次是维生素C治疗组（是模型组的2.67、2.56、2.52、2.90和2.42倍），以及LB治疗组（是模型组的2.12、1.96、1.94、1.68和1.66倍）。因此，发酵乳杆菌HFY06、LB和维生素C可以不同程度地抑制D-gal对脑组织基因表达的影响。

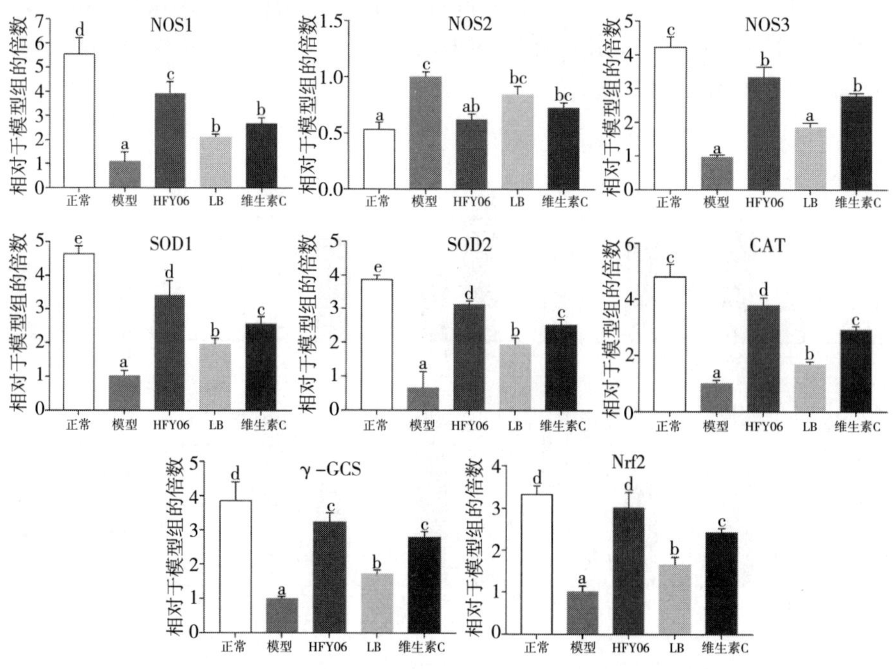

图11-5 益生菌治疗对小鼠脑组织中NOS1、NOS2、NOS3、SOD1、SOD2、CAT、γ-GCS和Nrf2 mRNA表达的影响

小鼠肝脏中的蛋白表达

小鼠肝脏中的蛋白表达如图11-6所示。正常对照组SOD1、SOD2和CAT的蛋白表达显著高于其他组（$P<0.05$）。腹腔内注射D-gal后，肝组织中SOD1、SOD2和CAT蛋白的表达降低，再经HFY06、LB和维生素C治疗后，抗氧化酶的表达显著降

低（$P<0.05$）。发酵乳杆菌 HFY06 和维生素 C 对小鼠肝组织中 SOD1、SOD2 和 CAT 蛋白表达的效果强于 LB，并且 HFY06 的治疗效果与维生素 C 更相似。

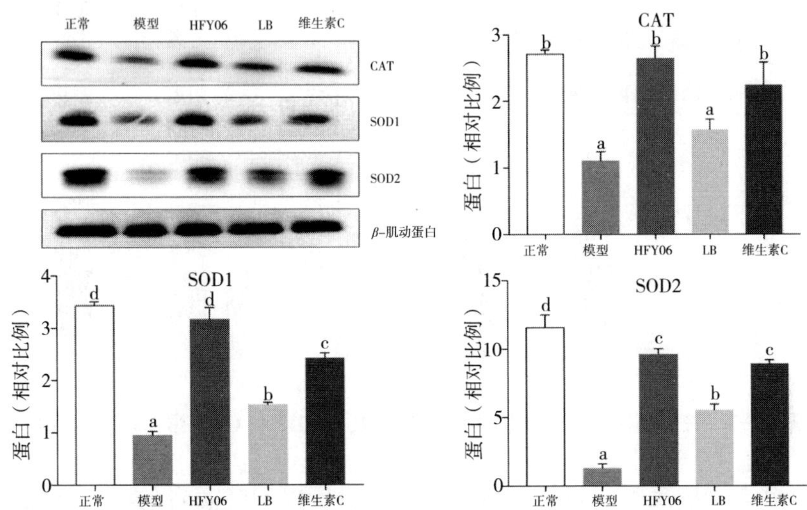

图 11-6 益生菌治疗对小鼠肝组织中 SOD1、SOD2 和 CAT 蛋白表达的影响

小鼠大脑中的蛋白表达

脑组织中 SOD1、SOD2 和 CAT 的蛋白表达趋势与肝组织中的趋势相似。图 11-7 显示，与模型组相比，不同治疗组小鼠脑组织中 CAT、SOD1 和 SOD2 的活性水平均有所升高，HFY06 治疗组小鼠脑细胞中抗氧化酶的活性水平最高，与模型对照组之间差异有统计学意义（$P<0.05$）。与模型组相比，HFY06 治疗组的 CAT、SOD1 和 SOD2 分别增加了 1.51、9.74 和 2.25 倍，这表明治疗对大脑蛋白表达产生了影响。

讨论

衰老与各种慢性疾病密切相关，包括癌症、代谢综合征、2 型糖尿病。随着益生菌在世界范围内的广泛使用，人们对其免疫增强活性和抗氧化能力进行了深入研究。许多研究表明，益生菌可以通过抑制病原体和提高免疫力来增强机体对疾病的抵抗力。益生菌还具有减慢 OS 的能力。本研究从益生菌的免疫调节作用与抗氧化作用的关系来评估益生菌对衰老过程的影响。

脏器指数是反映动物器官病理过程和整体营养状况的重要指标。大脑和肝脏是人体重要的功能器官。前者是一个需氧量大的组织器官，而后者是一个重要的解毒器官。它们都可以产生许多与抗氧化和氧化有关的物质。因此，大脑和肝脏

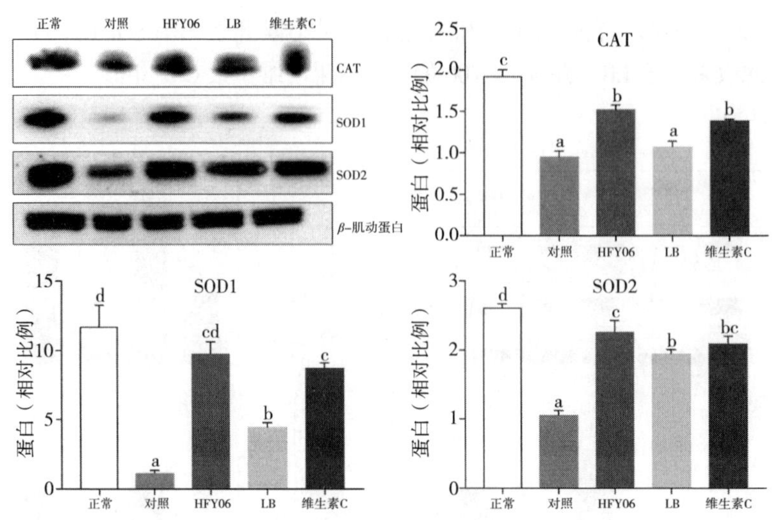

图 11-7　益生菌治疗对小鼠脑组织中 SOD1、SOD2 和 CAT 蛋白表达的影响

的功能和状态直接反映了机体的抗氧化能力，所以测量两者的脏器指数尤为重要。脾脏是一个重要的免疫器官，包括 T 淋巴细胞、B 淋巴细胞和巨噬细胞，它们是体液免疫和细胞免疫的中心。脾脏指数是衡量免疫系统准备状况的首要指标，其重量变化可以初步反映出测试样本对机体免疫的调节作用。本研究发现发酵乳杆菌 HFY06 显著抑制了 D-gal 引起的脏器指数下降，并且该指数与正常对照组相似。这些结果表明，发酵乳杆菌 HFY06 可以显著抑制 D-gal 引起的器官组织变性。

同样，皮肤、脾脏和肝脏的组织病理学切片可以直接反映衰老对各个组织器官造成的损伤程度。D-gal 诱导的衰老小鼠皮肤胶原纤维发生结构变化和降解，皮肤变薄，皱纹增多，弹性丧失。衰老的脾脏还具有结构不完整和红髓与白髓界限模糊的特点。肝脏是最大的解毒器官，细胞排列紊乱，形态不规则，肿胀，炎症细胞浸润。本研究发现灌胃给予发酵乳杆菌 HFY06 可以减少 D-gal 引起的皮肤、脾脏和肝组织的衰老和变性，并确保其功能的完整性。

体内注射大量 D-gal 时，会诱发大量 H_2O_2 和 O_2^-，这将加速 ROS 破坏生物膜的过程，也会影响蛋白质分解，加速细胞 SOD 活性，并增加 MDA。作为脂质氧化的产物，MDA 可以与某些物质反应生成脂褐质，脂褐质不能在细胞内进一步代谢，但会破坏细胞膜结构。然而，生物体内抗氧自由基的保护系统可用于抵抗 ROS 的损伤，保护细胞免受氧化损伤。例如，SOD、GSH-Px 和 CAT 是重要的自由基清除酶，也是氧化代谢物的二级防御系统。作为最初的防御系统，SOD 也是清除 ROS 的关键酶。

生物体内最主要的自由基主要是 O_2^-，它在 SOD 的催化下产生额外的 H_2O_2，然后通过相关酶的催化分解产生水和氧气，从而防止机体受到 ROS 的损伤，延缓衰老。本研究结果表明，发酵乳杆菌 HFY06 可以提高血清中 SOD、CAT 和 GSH 的活性。此外，发酵乳杆菌 HFY06 可以通过显著降低血清 MDA 水平来影响脂质过氧化，这一结果与一些益生菌动物模型的结果一致。这些结果表明，发酵乳杆菌 HFY06 可用作抗氧化剂。

衰老导致身体无法识别细胞或分子中的细微变化。即使能识别部分抗原分子，机体也无法调动免疫系统来完全消除抗原分子，这会增加恶性细胞的发生率。随着年龄的增长，免疫系统的功能逐渐减弱，先天性和获得性免疫应答也相应减弱，从而诱发一些严重影响组织器官的疾病，加剧了机体各系统的衰老。

免疫功能下降是导致机体衰老的重要因素之一。因此，增强免疫功能可以减少病理性衰老的发生。TNF-α 和 IL-1β 可以调节体内平衡，对身体的正常发育具有重要意义。TNF-α 和 IL-1β 可以激活 T 细胞，增强机体的免疫应答。过量的 TNF-α 和 IL-1β 通过协同作用促进 IL-2 和 IL-6 的产生并诱导炎症反应。本研究结果表明，与 D-gal 组相比，发酵乳杆菌 HFY06 治疗组的 TNF-α、IL-1β 和 IL-6 水平显著降低，表明 D-gal 可以刺激大量炎症因子的产生，诱导炎症反应的发生。使用发酵乳杆菌 HFY06 干预后，炎症因子减少。TNF-α、IL-1β 和 IL-6 的降低表明发酵乳杆菌 HFY06 抑制了炎症因子的产生。

为了进一步研究发酵乳杆菌 HFY06 对 D-gal 诱导小鼠的抗衰老作用，本研究采用定量 PCR 方法检测了肝组织和脑组织中 NOS1、NOS2、NOS3、SOD1、SOD2、CAT、γ-GCS 和 Nrf2 的基因表达水平，并使用蛋白质印迹检测了小鼠肝脏和大脑中 SOD1、SOD2 和 CAT 的蛋白表达。Nrf2 是一种激活抗氧化反应元件（ARE）的转录因子。Nrf2 通过与 ARE 相互作用来调节和编码下游抗氧化蛋白，ARE 是迄今发现的最重要的内源性抗氧化通路。Nrf2 相互作用以调节下游抗氧化酶，包括 γ-GCS、SOD 和 HO-1。此外，一些研究发现，Nrf2 可以减弱或延缓炎性细胞因子基因表达的上调。因此，推测其具体机制可能与 OS 刺激有关。核转录因子 NF-kB 随后被激活，产生大量 ROS、炎症因子和趋化因子，如 TNF-α、IL-1β 和 IL-6，并通过上调 NOS2 表达产生大量一氧化氮（NO）。NO 是人体内非常重要的小分子，因为它起着第二信使和神经递质的作用，参与了神经系统的许多功能。一氧化氮合酶（NOS）是一种重要的 NO 合成限速酶，神经科学领域已对其作用进行了大量研究。目前，NOS 有三种亚型：神经元型 NOS1、内皮型 NOS3 和诱导型 NOS2。前两者可以调节正常生理功能，但 NOS2 通常只在各种病理条件下产生。本研究结果显示，腹腔内注射 D-gal 的小鼠肝脏和大脑中 Nrf2 的 mRNA 表达下调。它还下调了 Nrf2 转录调控的 γ-GCS、SOD1、SOD2、CAT、NOS1 和 NOS3 的表达，但上调了 NOS2 的表达。此外，它也可以下调 SOD1、CAT 和 SOD2 以及肝组织和脑组织中的蛋白表达。使用发酵乳杆菌 HFY06 治疗后，肝脏和脑组织中 Nrf2、γ-GCS、SOD1、SOD2、CAT、NOS1 和 NOS3 的 mRNA 表达升高，而 NOS2 的表达降低。此外，肝脏和脑组织中 SOD1、SOD2 和 CAT 的蛋白表达升高。因此，发酵乳杆菌 HFY06 可以促进 Nrf2 的激活，从而减少 D-gal 对小鼠各种组织和器官的氧化应激损伤和炎症。

结论

本研究结果显示，发酵乳杆菌 HFY06 对 D-gal 引起的小鼠衰老症状具有预防作用。它能有效缓解小鼠衰老症状，并在预防衰老方面具有潜在意义。其潜在机制可能是发酵乳杆菌 HFY06 的干预激活了 Nrf2 信号通路，并增加了下游炎症因子和抗氧化酶的水平。然而，仍需开展进一步的研究来证实发酵乳杆菌 HFY06 是否可以预防老年病。

第二节　发酵乳杆菌和烟酰胺单核苷酸对皮肤衰老的作用

引言

皮肤是人体最大、最复杂的器官之一，约占体重的 15%，它也是抵御环境破坏的第一道防线。皮肤老化是人体衰老的重要组成部分，它不仅不利于美容，而且与脂溢性角化病、日光性角化病、基底细胞癌（BCC）和鳞状细胞癌（SCC）等多种皮肤病的发生密切相关。光老化是指由于反复光照导致皮肤过早老化。其临床表现、组织病理学和生化变化均不同于皮肤的自然老化。光老化会减少皮肤真皮中成熟的 I 型胶原蛋白和弹性纤维的数量。光老化的临床特征主要发生在暴露的皮肤上，如面部、颈部和前臂，那里皮肤粗糙、弹性丧失、皱纹加深并增厚、皮样外观、色素沉着，毛细血管扩张。研究表明，约 65%的黑色素瘤患者和 90%的非黑色素瘤皮肤癌患者（包括 BCC 和 SCC）与皮肤光老化有关。皮肤的光老化可归因于许多外部因素，如紫外线（UV）、红外线、化学烟雾、灰尘和烟雾，其中紫外线辐射最为显著。

抗衰老皮肤已成为众多学者和临床医生的研究热点，也引起了众多美容人士的关注。因此，建立一个实用的光老化模型对于研究抗光老化剂的发生、发展机制和筛选尤为重要。紫外线辐射诱导的皮肤光老化的发生和发展涉及多种通道，包括凋亡、增殖、自噬、DNA 修复、检查点信号转导、细胞转导和炎症。紫外线辐射通常根据波长分为长波 UVA（315~400 nm）、中波 UVB（280~315 nm）和短波 UVC（200~280 nm）。尽管 UVB 辐射（280~315 nm）仅占太阳紫外线的 1%~2%，但它被认为是导致皮肤癌的主要环境致癌物，与肿瘤的发生和发展有关。生活在阳光强烈地区的慢性免疫抑制患者更容易出现皮肤红肿。在接受持续免疫抑制治疗的器官移植受者中，皮肤癌的发病率很高。实验模型是应用最广泛的光老化模型。这种实验模型通常使用 UVB 创建，因为 UVB 引起的皮肤组织变化与人体皮肤的光老化非常相似。

烟酰胺核苷酸（NMN）由烟酰胺和 5′-磷酸焦磷酸通过烟酰胺磷酸转移酶合成，是 NAD^+的关键中间体。NMN 可以增强 NAD^+生物合成，并改善小鼠疾病模型中的各种病理，如心肌和脑缺血、阿尔茨海默病、其他神经退行性疾病和糖尿病。NMN 的药理作用大部分是通过促进 NAD^+的合成来实现的，因为直接服用大剂量的 NAD^+会导致失眠、疲劳和焦虑等副作用，而 NAD^+对质膜的穿透能力比 NMN 差（Mills 等，2016）。在小鼠模型中新发现的抗衰老和长寿特性使 NMN 更具吸引力。研究表明，补充 NMN 可以改善不同年龄的小鼠的代谢和应激反应；因此，NMN 被认为是治疗与年龄相关的生理功能障碍和疾病的一种前景良好的方法。

乳酸菌（LAB）是广泛分布于自然界的革兰氏阳性菌。它们在工业、农业、畜牧业、食品、医药等与人类密切相关的领域具有重要的应用价值。LAB 对人体健康有许多有益影响，如平衡胆固醇、调节免疫系统、降低肿瘤风险和降低血清胆固醇等。另外，抗衰老和抗氧化活性都是 LAB 的重要益生菌功能，已引起了研究人员的关注。研究报告称，活细菌或热杀细菌可以改善日本女性的皮肤状况。小鼠实验也表明，LAB 可以降低皮肤溃疡的发生率，并减少骨质疏松和脱发。在另一项研究中，一株名为植物乳杆菌 MA2 的菌株表现出很高的抗氧化潜力。新型 LAB 的血清研究和具有人体健康功能的新型 LAB 的研究也越来越受到食品和医药领域的关注。

先前的研究表明，肠道菌群会影响皮肤健康。最近发表的一项研究发现，将 TLR7 激动剂应用于小鼠皮肤会诱发银屑病皮炎，这会影响肠道免疫细胞和菌群的组成，从而导致 DSS 诱发的结肠炎。这些研究结果显示了肠道菌群调节与皮肤炎症之间存在联系。紫外线辐射也会导致肠道菌群的多样性和丰度发生变化，从而可能导致皮肤病。此外，肠道菌群的变化和益生菌的摄入会影响皮肤的免疫应答。事实上，来自 LGG（鼠李糖乳杆菌）的脂磷壁酸（LTA）可以预防长期暴露于紫外线下的小鼠的皮肤肿瘤。

维生素 C，也称为抗坏血酸，是一种水溶性电子供体。维生素 C 已知的最明显的生物学功能是用作还原剂。维生素 C 是一种有效的抗氧化剂，它可以清除体内许多有害的自由基和活性氧。此外，维生素 C 可以促进 α-生育酚（维生素 E）的产生，从而抑制脂质过氧化。因此，许多抗氧化实验都选择维生素 C 作为阳性对照。

本研究使用了 UVB 诱导的小鼠皮肤损伤模型。灌胃给予小鼠烟酰胺单核苷酸和发酵乳杆菌 TKSN041 细菌悬液。实验使用血清和皮肤氧化指标、炎症指标以及皮肤和肝脏相关基因的mRNA和蛋白表达水平来评估NMN联合发酵乳杆菌TK-SN041对UVB诱导的小鼠皮肤损伤的影响。本研究旨在寻找预防皮肤老化的新方法或开发NMN与LAB制剂相结合的新微生态，以提供理论参考和可用原料。

结果

抗氧化活性

OH、ABTS和DPPH通常用于测试生物活性物质的自由基清除能力，它们也是衡量抗氧化活性的重要指标。如图11-8所示，不同样本的OH、ABTS和DP-PH自由基清除活性和总抗氧化能力不同，其中NMN+L的效果高于单独使用NMN或L的效果。结果表明，联合使用NMN溶液和发酵乳杆菌TKSN041细胞胞内提取物可以协同增强自由基清除能力，并显示出良好的体外抗氧化作用。

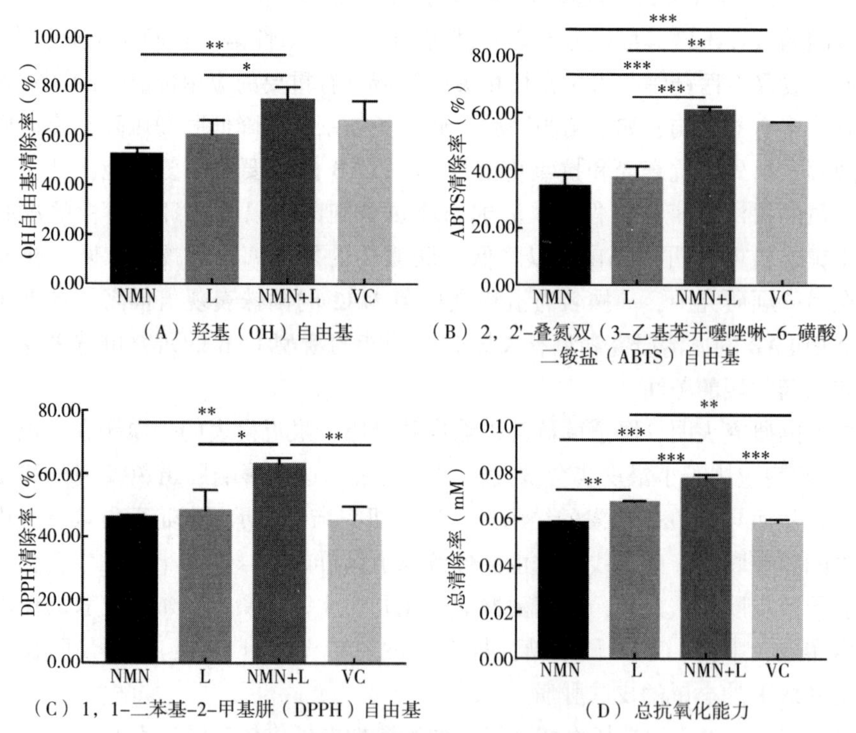

图11-8 各实验组的体外抗氧化活性

注：* $P< 0.05$；** $P< 0.01$；*** $P< 0.001$。NMN：烟酰胺单核苷酸溶液（30 mg/mL）；L：10^9个发酵乳杆菌TKSN041细胞提取物；VC：抗坏血酸（0.2 mg/mL）；NMN+L：烟酰胺单核苷酸溶液soulution（30 mg/mL）联合10^9个发酵乳杆菌TKSN041细胞提取物。

小鼠肝脏指数和病理形态

动物器官重量和脏器指数是生物医学研究的重要指标。衰老通常会导致细胞退化、萎缩、数量减少、组织脱水，并最终导致大多数器官的重量下降。图 11-9（A）显示，正常对照组小鼠的肝脏指数得分显著高于模型组。与模型组相比，维生素 C 组、NMN 组、L 组和 NMN+L 组的肝脏指数得分均有不同程度的升高，其中 NMN+R 组得分显著升高，与正常对照组之间的差异无统计学意义。

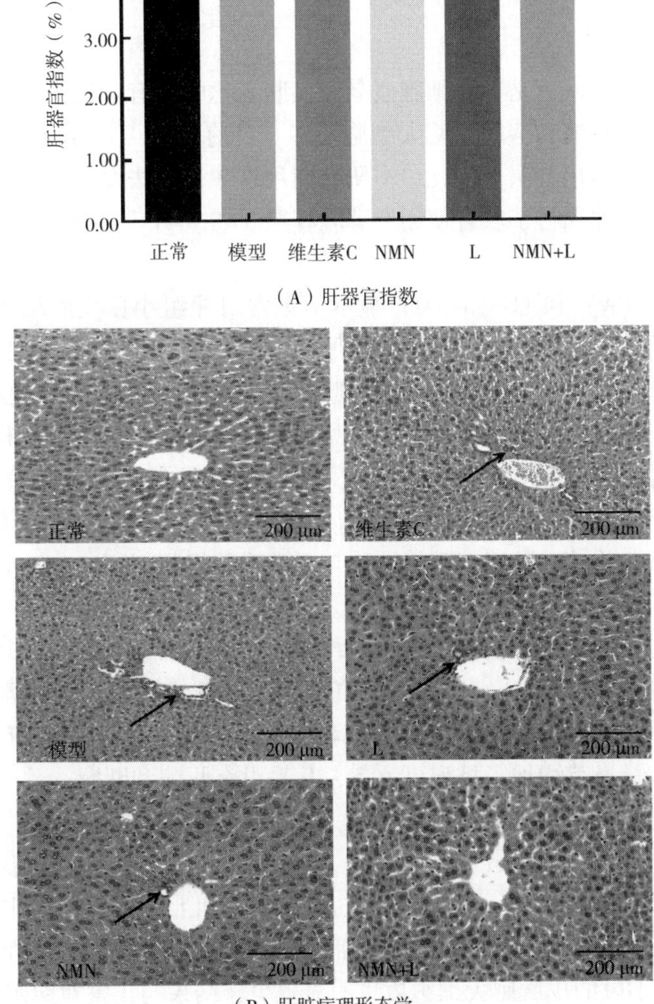

（A）肝器官指数

（B）肝脏病理形态学

图 11-9 小鼠肝脏的器官指数和病理形态学，放大 100×

研究表明，人体衰老过程加速通常会促发肝功能障碍，使肝细胞呈现促炎状态，而病理学观察可以直接反映肝脏的明显异常。如图 11-9（B）所示，正常对照组小鼠的肝脏完好无损。肝细胞在中央静脉周围排列整齐有序，呈卫星发射状。细胞核大而圆，未见炎症细胞浸润。模型组小鼠肝细胞紊乱。中央静脉周围的肝细胞部分坏死，并被炎症细胞浸润。与正常对照组相比，肝脏的整体结构完整性较差。维生素 C 组、NMN 组和 L 组小鼠的肝细胞结构优于模型组，但存在部分细胞坏死和炎症细胞浸润现象。NMN+L 组小鼠的肝脏形态明显比模型组、NMN 组、L 组和维生素 C 组更完整，几乎没有细胞坏死或炎症细胞浸润。整体肝脏结构与正常对照组相似。

皮肤病理形态

紫外线辐射被认为是导致细胞衰老和皮肤老化的最有害因素。皮肤老化通常表现为胶原纤维收缩和溶解，肥大细胞增多。目前，H&E、TB 和 Masson 染色是观察皮肤病理的常用方法。因此，本研究使用这 3 种方法评估了紫外线对小鼠皮肤的损伤程度，并探讨了联合使用发酵乳杆菌 TKSN041 和 NMN 对受损皮肤的改善作用。

图 11-10（A）和 11-10（D）显示，正常对照组小鼠皮肤结构完整，表皮层较薄，角质层无过度角化；真皮层较厚，胶原束形态结构完整，排列有序，分布均匀。模型组真皮层厚度显著变薄。胶原纤维束数量明显减少，皮下组织排列紊乱，边界不明显。此外，附肢周围可见炎症细胞浸润。与模型组相比，维生素 C 组、NMN 组和 L 组的皮肤真皮层厚度增加，但胶原纤维分散疏松。与模型组、NMN 组、L 组和维生素 C 组相比，NMN+L 组皮肤真皮层厚度显著增加；胶原纤维束未见断裂、收缩、粘连，整体结构与正常对照组相似。

Masson 染色后，胶原纤维呈蓝紫色。图 11-10（B）显示正常对照组有大量胶原纤维均匀有序分布。模型组的胶原纤维明显少于正常对照组，并出现断裂和收缩。维生素 C 组、NMN 组和 L 组的真皮层胶原纤维明显少于正常对照组，但多于模型组。与模型组、NMN 组、L 组和维生素 C 组相比，NMN+L 组皮肤真皮层胶原纤维数量显著增加。排列更整齐，几乎没有收缩和断裂。

根据 TB 染色结果［图 11-10（C）和 11-10（E）］，与正常对照组相比，模型组真皮中的肥大细胞数量显著增加，表明 UVB 照射诱导了皮肤肥大细胞的产生，从而导致皮肤炎症。维生素 C 组、NMN 组和 L 组小鼠的皮肤肥大细胞数量均较模型组减少，但显著高于正常对照组。使用 NMN 和 LAB 治疗后，NMN 组和 NMN+L 组小鼠的皮肤肥大细胞数量明显减少，结果与正常对照组相似。

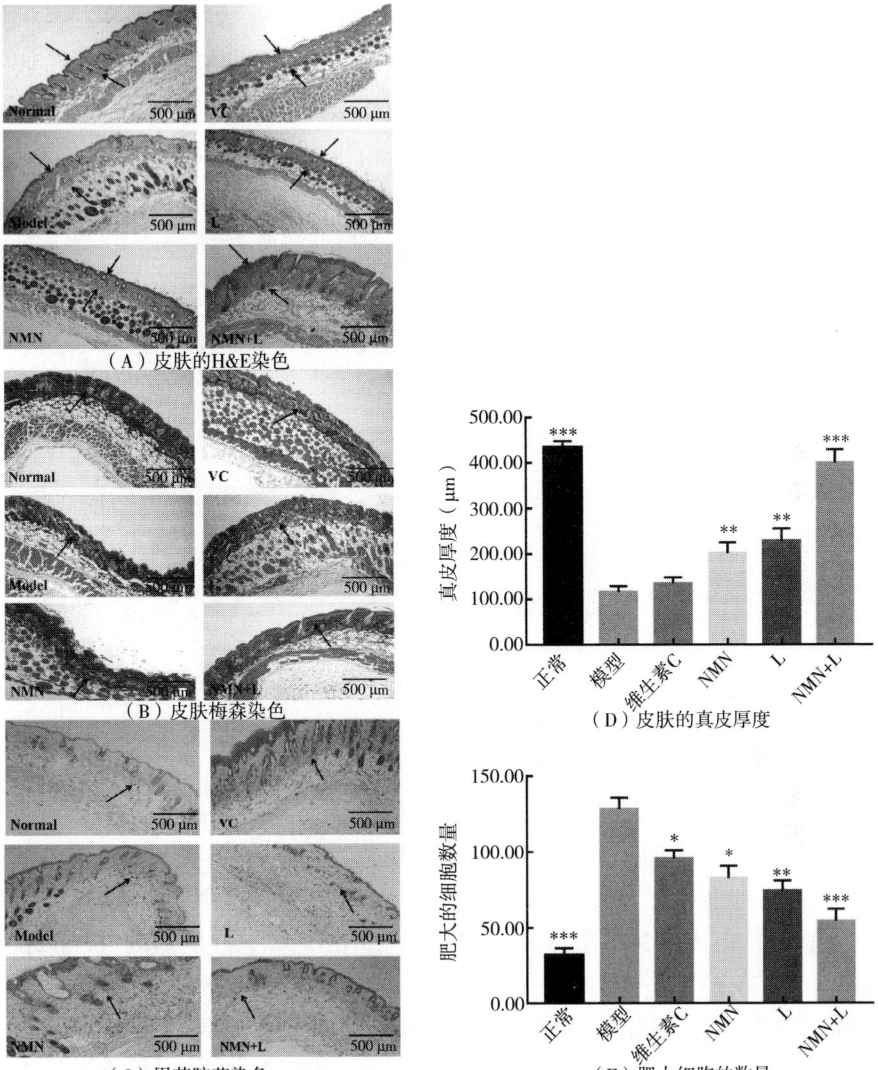

（A）皮肤的H&E染色

（B）皮肤梅森染色

（C）甲苯胺蓝染色

（D）皮肤的真皮厚度

（E）肥大细胞的数量

图 11-10　皮肤病理形态学，放大 40×

血清氧化应激和炎症指标水平

为了确定联合使用发酵乳杆菌 TKSN041 和 NMN 治疗 UVB 诱导的皮肤炎症是否能引起氧化应激指标和炎性细胞因子释放的变化，本研究测定了正常对照组、模型组、NMN 组和 NMN+L 组小鼠血清 T-SOD、CAT、MDA、AGE、TNF-α、IL-6 和 IL-10 的水平。表 11-4 显示，模型组血清 T-SOD、CAT 和 IL-10 的水平显著低于正常对照组，而 MDA、AGE、TNF-α 和 IL-6 水平则显著高于正常对照组（$P<0.05$）。与模型组相比，VC 组、NMN 组、L 组和 NMN+L 组小鼠血清 T-SOD、CAT 和 IL-10 的水平升高，而 MDA、AGE、TNF-α 和 IL-6 水平降低。值得注意的是，NMN+L 组小鼠血清 T-SOD、CAT、IL-10、MDA、AGE、TNF-α 和 IL-6 的水平接近正常对照组，其中 T-SOD 活性显著高于正常对照组（$P<0.05$）。

表 11-4　小鼠血清氧化应激水平和炎症指数

组别	T-SOD/（U·mL^{-1}）	CAT/（U·mL^{-1}）	MDA/（mmol·L^{-1}）	AGEs/（pg·mL^{-1}）	TNF-α/（ng·L^{-1}）	IL-6/（pg·mL^{-1}）	IL-10/（pg·mL^{-1}）
正常	93.72±16.79^{b}	39.68±5.20^{a}	11.38±2.55^{b}	35.40±7.15^{b}	238.87±67.66^{c}	17.36±5.53^{c}	320.38±47.29^{a}
模型	50.59±8.49^{c}	19.49±4.65^{c}	30.48±7.83^{a}	126.93±12.80^{a}	534.70±86.93^{a}	73.72±9.09^{a}	136.85±27.68^{c}
维生素 C	86.65±15.80^{b}	25.19±4.31^{b}	25.90±8.19^{a}	116.81±14.22^{a}	309.10±59.64^{b}	50.12±8.02^{b}	141.07±16.49^{c}
NMN	173.31±13.56^{a}	33.09±5.30^{b}	15.80±3.26^{cd}	32.83±7.38^{b}	253.23±44.90^{bc}	19.21±5.14^{c}	163.20±40.08^{bc}
L	140.75±13.01^{b}	35.90±5.47^{ab}	21.61±3.87^{bc}	37.16±7.21^{b}	249.26±39.85^{bc}	18.84±5.07^{c}	170.25±34.98^{bc}
NMN+L	186.04±29.54^{a}	36.31±4.51^{a}	13.33±3.31^{b}	19.52±3.25^{c}	216.96±31.50^{c}	13.09±3.94^{c}	187.30±27.74^{b}

皮肤相关氧化应激指标和炎症指标水平

长期的 UVB 辐射会导致皮肤出现严重的氧化应激和炎症症状。因此，对皮肤组织中这两个指标的评估可以反映联合使用发酵乳杆菌 TKSN041 和 NMN 对 UVB 诱导的皮肤损伤的具体作用。如表 11-5 所示，正常对照组小鼠皮肤组织中的 T-SOD、CAT、IL-10、$Na^{+}-K^{+}$-ATPase 和 NAD^{+} 水平分别为（26.68±6.52）U/mgprot、（23.07±3.41）U/mgprot、（632.98±82.99）pg/mL、（0.86±0.15）U/mgprot 和（16.98±0.15）nmol/min/mgprot，显著高于模型组，而 TNF-α 水平为（102.18±15.55）ng/L，显著高于正常对照组（$P<0.05$）。与模型组相比，维生素 C 组、NMN 组、L 组和 NMN+L 组小鼠皮肤中这些指标的水平均有不同程度的改善。其中，NMN 和 LAB 治疗的小鼠皮肤中上述指标的水平与正常对照组相同。

表 11-5　小鼠皮肤中 T-SOD、CAT、IL-10、$Na^{+}-K^{+}$-ATPase、NAD^{+} 的水平

组别	T-SOD/（U·mgprot^{-1}）	CAT/（U·mgprot^{-1}）	$Na^{+}K^{+}$-ATP/（U·mgprot^{-1}）	NAD^{+}/（nmol·min^{-1} mgprot^{-1}）	TNF-α/（ng·L^{-1}）	IL-10/（pg·mL^{-1}）
正常	26.68±6.52^{a}	23.07±3.41^{a}	0.86±0.15^{a}	16.98±2.49^{a}	102.18±15.55^{b}	632.98±82.99^{a}

续表

组别	T-SOD/（U·mgprot^{-1}）	CAT/（U·mgprot^{-1}）	Na$^+$K$^+$-ATP/（U·mgprot^{-1}）	NAD$^+$/（nmol·min^{-1} mgprot^{-1}）	TNF-α/（ng·L^{-1}）	IL-10/（pg·mL^{-1}）
模型	7.21±1.29^d	15.70±4.20^c	0.22±0.06^c	13.35±0.96^c	154.01±17.99^a	105.40±32.65^c
维生素 C	16.44±3.79^c	19.58±2.90^b	0.47±0.15^b	14.89±1.58^{bc}	145.79±28.39^a	146.99±36.60^c
NMN	18.62±3.60^c	21.48±3.99^b	0.60±0.11^{bc}	15.73±0.84^{ab}	115.35±9.47^b	259.06±34.66^c
L	18.68±1.25^c	21.52±3.43^b	0.62±0.16^{bc}	14.72±0.42^{bc}	117.23±17.78^b	223.79±27.68^c
NMN+L	25.83±6.06^b	23.80±3.67^a	0.75±0.17^a	16.53±1.03^{ab}	94.85±14.57^b	376.55±63.75^b

皮肤和肝脏中 AMPK、NF-κBp65、IκB-α、SOD1 和 CAT 的 mRNA 和蛋白表达水平

AMPK、NF-κBp65、IκB-α、SOD1 和 CAT 都是氧化应激和炎症的生物标志物。本研究采用实时荧光定量 PCR（RT-qPCR）和蛋白免疫印迹检测了上述基因的 mRNA 表达和蛋白表达。图 11-11（A）显示，与正常对照组相比，UVB 照射提高了小鼠皮肤和肝脏中 NF-κBp65 的 mRNA 表达水平，并降低了 IκB-α、AMP 活化蛋白激酶（AMPK）、SOD 和 CAT 的表达。与模型组相比，维生素 C 组、NMN 组、L 组和 NMN+L 组皮肤和肝脏中 IκB-α、AMPK、SOD 和 CAT 的 mRNA 表达水平均有不同程度升高，而 NF-κBp65 的表达降低。图 11-11（B）和图 11-11（C）显示，UVB 照射升高了小鼠皮肤中 NF-κBp65 的蛋白表达水平，并降低了 IκB-α、AMPK、SOD 和 CAT 的表达水平。然而，NMN+L 组皮肤中 NF-κBp65、IκB-α、AMPK、SOD 和 CAT 的蛋白表达水平与模型组之间的差异有统计学意义。其中，NMN+L 组上述指标的 mRNA 和蛋白表达水平接近正常对照组。

皮肤和肝脏中 PGC-1α、APPL1、mTOR、FOXO、TNF-α、IL-6、IL-10 和 GSH 的 mRNA 表达水平

为了更全面地分析紫外线辐射对皮肤和肝脏氧化应激和炎症的影响，本研究还通过 RT-qPCR 检测了皮肤和肝脏中 PGC-1α、APPL1、mTOR、FOXO、TNF-α、IL-6、IL-10 和 GSH 的 mRNA 表达水平。图 11-12 显示，正常对照组小鼠皮肤和肝脏中 PGC-1α、APPL1、FOXO、IL-10 和谷胱甘肽（GSH）的 mRNA 表达水平最高，而 mTOR、TNF-α 和 IL-6 的表达水平最低。与正常对照组相比，模型组皮肤和肝脏中这些指标的表达水平呈现出完全相反的趋势，两者之间差异有统计学意义。使用维生素 C、NMN、发酵乳杆菌 TKSN041 和 NMN 与发酵乳杆菌

TKSN041 联合治疗后，皮肤和肝脏中 PGC-1α、APPL1、FOXO、IL-10 和 GSH 的表达水平升高，而 mTOR、TNF-α 和 IL-6 的表达水平降低。NMN+L 组的表达水平接近正常对照组。

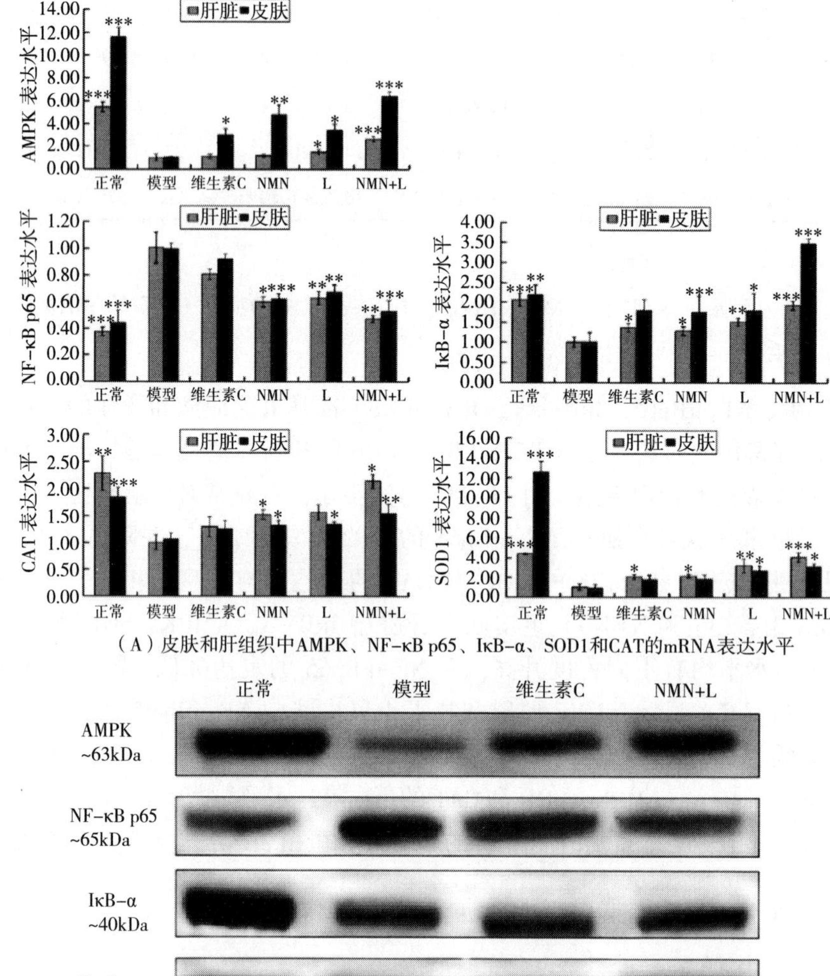

（A）皮肤和肝组织中AMPK、NF-κB p65、IκB-α、SOD1和CAT的mRNA表达水平

（B）皮肤中AMPK、NF-κB p65、IκB-α、SOD1和CAT的蛋白条带

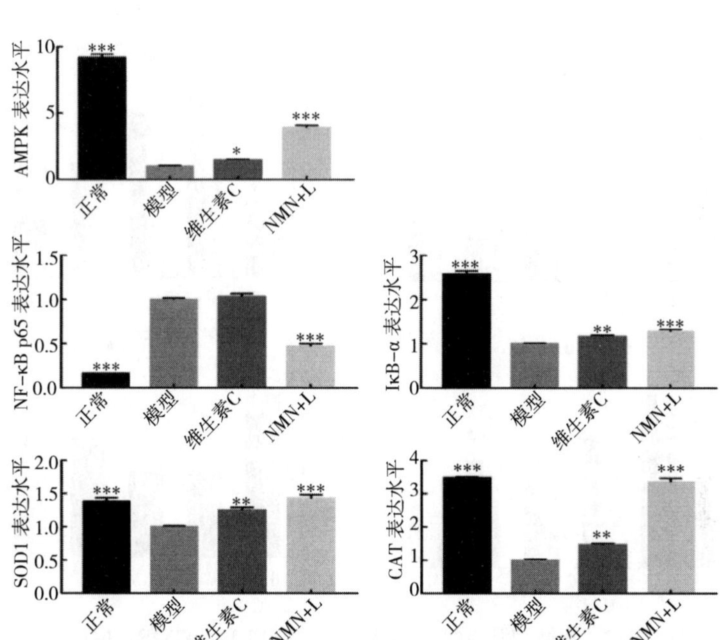

（C）皮肤中AMPK、NF-κB p65、κB-α、SOD1和CAT蛋白表达水平

图 11-11 皮肤和肝组织中 AMPK、NF-κBp65、IκB-α、SOD1 和 CAT mRNA 和蛋白表达水平

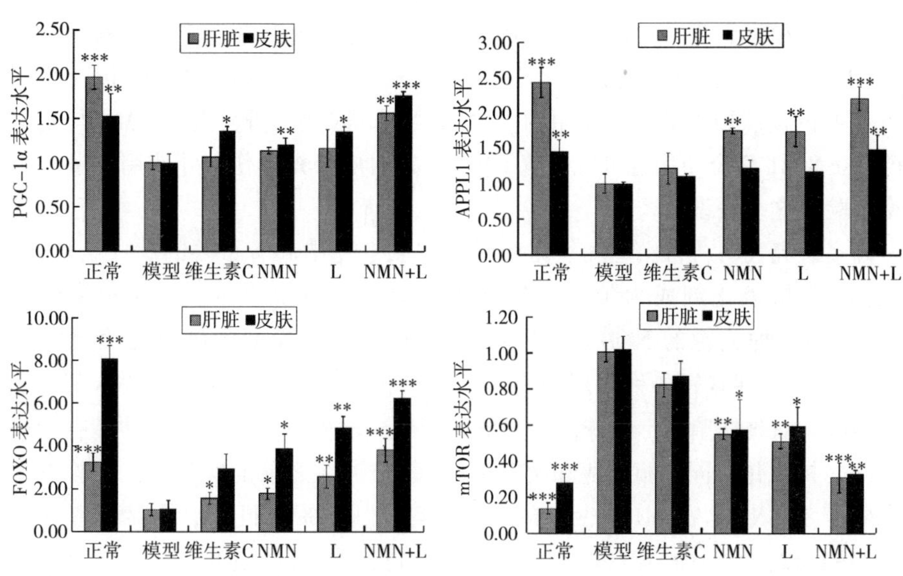

图 11-12

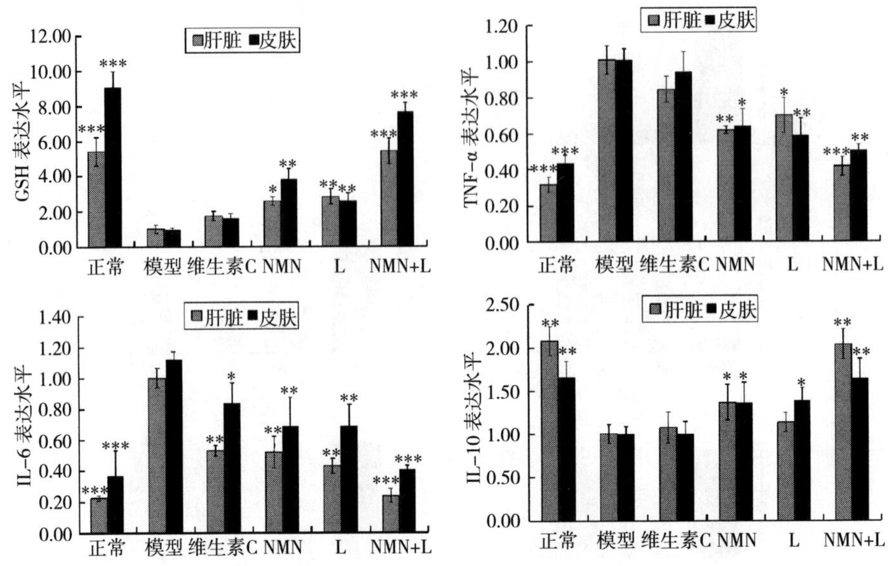

图 11-12 皮肤和肝组织中 PGC-1α、APPL1、mTOR、FOXO、TNF-α、IL-6、IL-10 和 GSH mRNA 表达水平

讨论

UVB 暴露（290~320 nm）可能导致组织学和临床损伤，如皮肤老化、皮肤炎症、感染和癌症等。一些报告表明，NMN 和乳酸菌都具有多种生物活性，并对 UVB 损伤的皮肤具有光保护作用。然而，关于研究这两种物质联合使用对 UVB 引起的皮肤损伤的改善作用的报告却很少。因此，研究假设 NMN 与发酵乳杆菌 TKSN041 联合使用也可以改善 UVB 引起的皮肤光损伤，并使用小鼠光损伤模型来验证这一假设。

许多研究表明，自由基和氧化应激在皮肤老化中起着重要的病理生理作用。因此，摄入抗氧化剂成为预防或延缓皮肤老化的重要手段。烟酰胺单核苷酸（NMN）是一种关键的 NAD^+ 中间产物，在小鼠疾病模型中已被证明可以增强 NAD^+ 生物合成并减轻各种病理损伤。一般而言，许多乳酸菌属于益生菌，如乳酸杆菌属、双歧杆菌属、链球菌属和肠球菌属。这些益生菌菌株通常具有一些功能特性（抗氧化、同化胆固醇和缓解糖尿病等）。在之前的实验中，实验发现发酵乳杆菌 TKSN041 在 pH 值 3.0 的模拟胃液和 0.3%的胆盐中的存活率分别为（91.24±1.12）%和（15.81±0.47）%，表现出良好的体外抗性，这一结果表明发酵乳杆菌 TKSN041 具有定殖肠道的能力，以及发挥益生菌作用的潜力。本研究采用体外抗氧化性评估方法评估 NMN 和发酵乳杆菌 TKSN041 的抗氧化能力。结果表明，NMN 与发酵乳杆菌 TKSN041 联合使用时的自由基清除能力高于 NMN 或发酵乳杆菌单独使用时的清除能力。随着对肠-皮肤轴研究的不断深入，乳酸菌胞内产物对皮肤保护作用的研究也在不断增加。使用鼠李糖乳杆菌裂解物可以提高紧密连接蛋白的表达，从而改善皮肤屏障功能。乳酸菌胞内产物对皮肤的保护作用可能与有益的胞内代谢物有关，如短链脂肪酸（SCFA）对关节炎和过敏等炎症疾病的保护作用，但其具体机制有待进一步研究和确定。基于上述研究，结合后续的体内实验，探讨联合使用发酵乳杆菌 TKSN041 与 NMN 对皮肤的有益作用具有重要意义。

组织器官的重量，特别是肝、脑和脾等重要器官重量的变化，是动物衰老的重要指标。衰老通常会导致大多数器官的重量减轻，从而影响身体的免疫应答和新陈代谢活动。肝脏是衰老过程中最敏感的器官之一。小鼠脏器指数和肝脏病理形态学直接反映了器官的结构变化和功能，对于评估受试样本的功能特征具有重要意义。本研究中模型组小鼠的肝脏指数和肝脏病理形态在经 UVB 照射后显著下降，表明 UVB 照射不仅直接加速皮肤老化，而且间接导致肝脏老化，这可能与 UVB 引起的氧化应激或炎症有关。然而，联合使用 NMN 与发酵乳杆菌 TKSN041 灌胃后，小鼠的肝脏指数和肝脏病理形态显著改善，表明联合使用 NMN 与发酵乳杆菌 TKSN041 可以维持小鼠肝脏的正常重量，延缓肝脏衰老。先前有关 NMN 或植物乳杆菌 AR501 对肝功能的影响的研究也得到了相同的结果，即这两种物质可以减轻肝脏的氧化应激和炎症损伤。

组织病理学观察可以快速确定由紫外线引起的严重皮肤损伤。H&E、Masson 染色和甲苯胺蓝染色常用于观察皮肤的病理变化。最近的一项研究证实，UVB 照射导致皮肤真皮在 H&E 染色后变薄，本研究也发现了同样的结果。本研究中，UVB 引起的皮肤损伤小鼠中胶原纤维数量减少，同时胶原纤维出现萎缩、断裂和粘连。此外，UVB 照射后真皮层肥大细胞数量显著增加，表明皮肤炎症加重。有趣的是，联合使用 NMN 与发酵乳杆菌 TKSN041 治疗后，皮肤的病理形态显著改善。

氧化应激反应是 UVB 引起的皮肤老化的一个重要因素。正常情况下，氧自由基的产生和清除处于平衡状态。而受到外源刺激时，机体因局部缺氧而产生大量氧自由基，导致细胞凋亡和损伤。SOD 和 CAT 是两个重要的自由基清除酶，一些报告发现，紫外线辐射引起的氧化应激会迅速降低这些酶的活性。实验发现，UVB 辐射后小鼠体内的 SOD 和 CAT 酶活性显著降低。实验还发现，UVB 照射会大大降低 GSH 水平，而 GSH 的大幅度降低加剧了 UVB 产生的活性氧对皮肤的损伤。MDA 是脂质氧化的最终产物，其含量反映了脂质过氧化，并间接反映了细胞损伤程度。AGE 是非酶糖基化反应的最终产物。老年疾病与 AGE 蛋白的修饰密切相关。本研究结果发现，UVB 引起的皮肤损伤小鼠血清和皮肤中 MDA 和 AGE 的含量显著增加，表明 UVB 照射加速了脂质过氧化和糖基化反应。然而，联合使用 NMN 与发酵乳杆菌 TKSN041 增加了小鼠血清和皮肤组织中 T-SOD 和 CAT 的活性，提高了肝脏和皮肤中 SOD 和 CAT 的 mRNA 和蛋白表达水平，并降低了血清中 AGE 和 MDA 的含量。这些结果表明，联合使用 NMN 与 LAB 可通过增加抗氧化酶活性和提高机体整体抗氧化水平来抵抗 UVB 照射引起的小鼠皮肤氧化应激。

报告显示，NMN 抗衰老作用的一个关键机制是逆转与年龄相关的线粒体功能下降。NAD^+作为 sirtuin 酶的限速底物，是内皮细胞促生存通道和线粒体功能的关键调节因子。有证据表明，细胞内 NAD^+的可用性随着年龄的增长或 UVB 照射的暴露而降低，从而促进皮肤老化或身体衰老。支持这一理论的依据是，增强 NAD^+生物合成可以延长小鼠的健康寿命，并可以逆转老年小鼠的各种与年龄相关的器官功能障碍。作为一种辅酶，Na^+-K^+-ATPase 可以改善机体新陈代谢，并参与脂肪、蛋白质、糖、核酸和核苷酸的代谢。它也是体内主要的能量来源，为吸收、分泌、肌肉收缩和生化合成提供能量。研究表明，NMN 可恢复 NAD^+ 和 ATP 水平，降低血管中的氧化应激，维持 GSH 和硫氧还蛋白的抗氧化系统，抑制细胞凋亡，并改善线粒体抑制剂引起的能量代谢紊乱。本研究中模型组皮肤组织中 NAD^+和 Na^+-K^+-ATPase 的含量显著低于正常对照组，表明 UVB 照射会导致皮肤能量代谢紊乱。联合使用 NMN 与发酵乳杆菌 TKSN041 治疗后，皮肤中 NAD^+和 Na^+-K^+-ATPase 的水平显著升高，表明口服 NMN 与发酵乳杆菌 TKSN041 可维持小鼠能量代谢平衡，从而减轻氧化损伤。研究表明，哺乳动物可以将 NMN 转化为 NAD^+，其机制可能与细菌活化脱酰胺作用有关，本研究表明，研究中的发酵乳杆菌 TKSN041 通过促进 NMN 合成为 NAD^+来改善皮肤损伤。

皮肤持续暴露于紫外线下时会释放大量活性氧（ROS），从而产生强烈的氧化应激反应。ROS 作为上游信号激活 NF-κB 介导的炎症通道，导致皮肤干燥，出现瘙痒、红斑、水肿和其他炎症症状。正常情况下，核转录因子 NF-κB 及其抑制蛋白 IκB 结合并在静止期间储存在细胞中。一旦被激活，NF-κB 就会从细胞质转移到细胞核，从而进一步增加促炎性细胞因子 TNF-α、IL-6、IL-12、环氧合酶-2 和诱导型一氧化氮合酶的释放，最终诱发炎症损伤。各种研究已经证明，乳酸菌和 NMN 通过抑制 IKK 激酶的激活来下调 IκB 磷酸化，从而消除 NF-κB 与 I-κB 的分离，最终阻断 NF-κB 的核转位。与这些研究结果类似，联合使用 NMN 与发酵乳杆菌 TKSN041 上调了皮肤和肝组织中 IκB-α 的 mRNA 和蛋白表达，从而抑制 NF-κBp65 信号通路的激活。

为了研究 UVB 照射引起的皮肤炎症程度，实验测量了与激活 NF-κB 相关的 TNF-α 和 IL-6 的水平。结果表明，联合使用 NMN 与发酵乳杆菌 TKSN041 可下调血清和皮肤组织中促炎性细胞因子 TNF-α 和 IL-6 的 mRNA 表达，并上调炎性细胞因子 IL-10 的表达。TNF-α 和 IL-6 都是重要的促炎性细胞因子，而 IL-10 是一种重要的负调控细胞因子，可阻断免疫炎症反应的多个环节。先前的研究发现，紫外线辐射可以引起 TNF-α 和 IL-6 的分泌和表达，但会减少 IL-10 的分泌和表达。此外，一些研究证实，乳酸菌或 NMN 可以降低 TNF-α 和 IL-6 水平，升高 IL-10 水平，这可能为本实验结果提供了依据。

AMPK 是一种丝氨酸/苏氨酸蛋白激酶，是由催化亚基 α 和 β 和调节亚基 γ 组成的异源三聚体。它主要参与调节糖、脂质和能量代谢，研究表明激活 AMPK 可以抑制炎症和氧化应激。除了维持细胞能量稳态外，实验结果还表明，抑制 AMPK 活性可显著升高炎症因子 TNF-α、IL-1β 和 IL-6 的表达水平，从而加重炎症损伤。此外，年轻细胞中 AMPK 的高表达水平提供了 SIRT1、FOXO 和 PGC-1α 等因子的活性，从而抑制了 NF-κB 的活性。细胞老化后，由于 AMPK 活性降低，NF-κB 信号传导增强。本实验中，联合使用 NMN 与发酵乳杆菌 TKSN041 进行灌胃治疗显著升高了肝脏和皮肤组织中 AMPK 的 mRNA 和蛋白表达水平，表明联合使用 NMN 与发酵乳杆菌 TKSN041 有效促进了细胞能量合成并减轻了氧化应激。AMPK 依赖于与 ATP 代谢相关的代谢物和常见底物，而 NMN 通过促进 NAD^+合成来加速 ATP 的产生。此外，研究证实，乳酸菌能够正向调节肠道菌群，减少革兰氏阴性菌的数量，提高短链脂肪酸的水平，并且能够通过磷酸化激活哺乳动物细胞培养物中的 AMPK 通道。虽然有很多关于乳酸菌和 NMN 单独激活 AMPK 信号通路的研究，但关于这两种物质联合激活 AMPK 的研究却很少。本研究结果表明，这两种物质可以协同促进 AMPK 的激活，但仍需要进一步的实验来探讨其具体机制。

作为 AMPK 的上游基因，APPL1 可以调节细胞的炎症反应、抗氧化和动脉硬化。本研究表明，联合使用 NMN 与发酵乳杆菌 TKSN041 治疗后，APPL1 水平随着 AMPK 的激活而增加。报告显示，UVB 可以激活 mTOR 信号，并促进皮肤癌的发展，但激活的 AMPK 可以抑制 mTOR 活性。本研究结果还证实，UVB 照射可以下调 AMPK 的表达，然后降低 mTOR 的表达。然而，联合使用 NMN 与发酵乳杆菌 TKSN041 进行灌胃治疗可逆转这种变化，这可能与乳酸菌对 mTOR 信号通路的调节作用有关。

最后，实验发现 UVB 照射降低了小鼠皮肤和肝脏中 FOXO 和 PGC-1α 的 mRNA 表达水平。然而，联合使用 NMN 与发酵乳杆菌 TKSN041 进行灌胃治疗后，小鼠皮肤和肝脏中 FOXO 和 PGC-1α 的 mRNA 表达水平显著升高。FOXO 与细胞死亡和氧化应激有关。PGC-1α 是 AMPK 的调节因子，通过调节机体的适应性产热、糖脂代谢和血糖平衡参与线粒体生物合成；它可以改善线粒体呼吸并调节脂肪酸氧化。报告显示，副干酪乳杆菌可以通过代谢乙酰辅酶 A 和 AMP 促进脂质氧化，然后上调 AMPK/PGC-1α/PPARα 通道（Araújo 等，2020），这可以为本研究结果提供一些参考。

结论

综上所述，联合使用 NMN 与发酵乳杆菌 TKSN041 具有良好的体外抗氧化能力，并可以改善 UVB 引起的小鼠皮肤损伤。可能的机制是 NMN 与发酵乳杆菌 TKSN041 的结合激活了 AMPK 信号通路，从而抑制了 NF-κB 信号通路的激活，并减少了炎症介质对小鼠造成的损伤。此外，激活的 AMPK 通过调节血液、肝脏和皮肤中相关氧化应激指标的水平，减轻了皮肤的氧化损伤，并提高了机体的整体抗氧化能力。本研究对防治 UVB 引起的皮肤损伤具有重要参考价值，为研发兼具 NMN 和 LAB 的保健食品提供了理论依据和可用菌株来源。

第三节　植物乳杆菌发酵豆奶对衰老的作用

引言

氧化是大多数生物体需经历的一个必要过程，但大多数氧化会对身体造成损伤。人体内发生氧化时，体内会产生自由基。自由基非常不稳定，因为它们的孤电子作用于其他稳定分子，并使这些分子也转变为自由基。如果这样循环下去，就会产生很多自由基，最终损害身体。自由基主要破坏脂质、碳水化合物、蛋白质和核酸。人类的一些疾病与自由基有关，虽然每个人的身体都存在抗氧化系统，但这些抗氧化系统并不能完全抵抗或修复自由基引起的氧化损伤。因此，人们一直在努力研究和开发天然抗氧化剂。

D-半乳糖是一种衰老剂，已被广泛用于构建细胞和动物早衰模型，但其作用机制尚不完全清楚。过量摄入 D-半乳糖会导致细胞代谢紊乱、酶活性改变和过氧化物增多，从而导致生物大分子结构和功能的氧化损伤，进而引发全身炎症反应和各种并发症。

乳酸菌是日常生活中常见的细菌，对发酵食品尤为重要。人类的生命活动与乳酸菌的正常生理功能密切相关。这些细菌具有许多保健功能，如改善营养水平、降低血清胆固醇含量、增强抗氧化和抗辐射作用、降低肠道内毒素水平、抑制胃肠道腐败菌的繁殖、增强机体免疫能力、预防病原菌在胃肠道的侵袭和定殖，以及预防和抑制肿瘤的发生。自然界中乳酸菌的来源很多，自古以来，乳酸菌的应用就很广泛。这些细菌的抗氧化能力一直是乳酸菌产品开发中的热门话题。这些细菌具有很好的抗氧化作用，但不同种类的乳酸菌具有不同的抗氧化能力，这可能是由于抗氧化成分的浓度和类型不同。植物乳杆菌不同于其他种类的乳杆菌，因为植物乳杆菌可以产生大量的酸，导致水的 pH 值不稳定，并且其中许多细菌是活的。植物乳杆菌具有调节慢性肠道疾病、提升免疫功能等多种功能。

中国藏区的一种特产是自然发酵的牦牛酸奶，它是由多种乳酸菌发酵而成。牦牛酸奶具有多种保健功能和营养价值。牦牛酸奶中的乳酸菌可以调节肠道菌群，抑制肠道病原菌的生长和发育，抑制代谢物的产生，预防肠道疾病，维持体内稳态，降低胆固醇水平，并产生抗衰老、抗肿瘤和抗癌作用。

大豆具有抗氧化功能，涉及多种抗氧化成分，其中异黄酮和酚类物质发挥主要作用；它们有助于延缓衰老、降低胆固醇水平、调节血脂水平等。在豆奶发酵过程中，微生物分解牛奶中的蛋白质并改变大豆异黄酮的结构。蛋白质水解过程中大分子的重组和分解会产生独特的产物。另外，抗营养物质被乳酸菌分解，从而使豆奶中的营养成分能够被人体充分吸收利用，并且发酵豆奶比未发酵豆奶具有更强的抗氧化作用。

本研究中使用的植物乳杆菌 HFY01（LP-HFY01）是一种从藏区自然发酵牦牛酸奶中分离出的具有良好抗氧化活性的新型植物乳杆菌。研究将使用 LP-HFY01 发酵的豆奶喂给 D-半乳糖诱导的早衰小鼠，并评估了血清、肝脏、脾脏、大脑和皮肤的氧化应激水平，以评估 LP-HFY01 发酵豆奶的抗氧化能力，为乳酸菌发酵豆奶产品的后续开发提供理论支持。

结果

体外抗氧化能力分析

NF-DR、LB-DR 和 LP-HFY01-DR 在体外表现出显著的 DPPH 和 ABTS 自由基清除活性（图 11-13）。LP-HFY01-DR 对 DPPH 和 ABTS 自由基的 SC^{50} 值分别为 0.98 mg/mL 和 0.87 mg/mL。此外，NF-DR 和 LB-DR 对 DPPH 和 ABTS 自由基有一定的抑制作用，但与 LP-HFY01-DR 相比，它们的清除效果较差。NF-DR 对 DPPH 和 ABTS 自由基的 SC^{50} 值分别为 1.27 mg/mL 和 1.68 mg/mL，而 LB-DR 对 DPPH 和 ABTS 的 SC^{50} 值分别为 1.10 mg/mL 和 1.29 mg/mL。

肝脏、脾脏和皮肤组织的组织学分析

如图 11-14 中 H&E 染色所示，D-半乳糖诱导的早衰模型小鼠的表皮（紫色

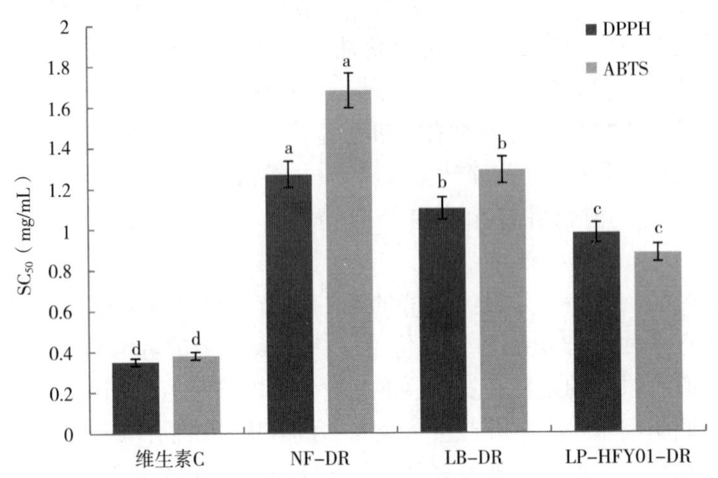

图 11-13 NF-DR、LB-DR 和 LP-HFY01-DR 对 DPPH 和 ABTS 的自由基清除能力

注：维生素 C 被用作阳性参考。SC_{50}：清除 50%DPPH 或 ABTS 自由基所需的样品浓度。不同小写英文字母表达在 $P<0.05$ 水平上相应两组具有显著差异。NF-DR：未发酵豆奶；LB-DR：保加利亚乳杆菌发酵豆奶；LP-HFY01-DR：植物乳杆菌 HFY01 发酵豆奶。

区域）和真皮（红色区域）肿胀增厚。使用 LP-HFY01-DR 治疗后，损伤症状有所改善。在 Masson 三色染色中，蓝色代表真皮中的胶原纤维含量。胶原蛋白交联时，皮肤会出现皱纹，并显示出其他过早衰老的迹象。与正常对照组相比，早衰模型组表皮较厚，而使用 LP-HFY01-DR 治疗后，表皮变薄。甲苯胺蓝染色显示肥大细胞（蓝色和紫色点）。肥大细胞是炎症反应的来源，因此与炎症水平呈正相关。早衰模型组的皮肤肿胀厚度和肥大细胞数量均大于其他组，而维生素 C 组、NF-DR 组、LB-DR 组和 LP-HFY01-DR 组的肿胀厚度和炎症细胞数量均有不同程度的减少，这些结果均表明 LP-HFY01-DR 对 D-半乳糖引起的小鼠皮肤损伤的治疗效果最好。

为了进一步评估 LP-HFY01-DR 对早衰小鼠的治疗效果，实验使用 H&E 染色观察了肝脾组织病理学变化（图 11-15）。正常对照组脾细胞完整，结构清晰，排列有序。相反，早衰小鼠脾脏损伤明显，结构紊乱，红白髓混杂，红细胞增多，白髓淋巴细胞减少。维生素 C 组和 NF-DR 组的这些特征得到部分改善；LP-HFY01-DR 和 LB-DR 组的这些特征得到显著改善，损伤明显减轻，脾脏充血减少，白髓和红髓界限清晰。脾脏白髓和红髓的定量分析结果显示，早衰模型组红髓面积显著增加，白髓面积减少，但使用 LB-DR 和 LP-HFY01-DR 治疗后，得到了显著改善。

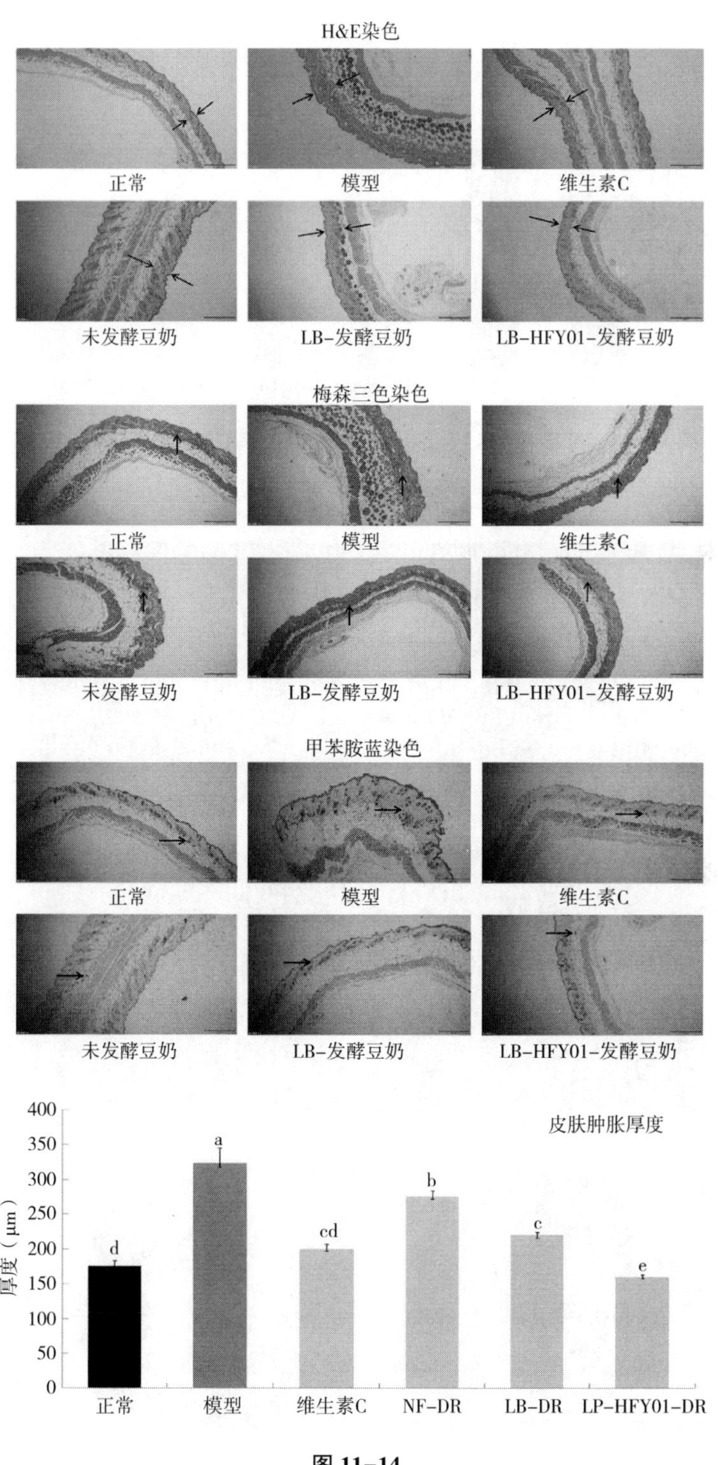
H&E染色
正常
模型
维生素C
未发酵豆奶
LB-发酵豆奶
LB-HFY01-发酵豆奶
梅森三色染色
正常
模型
维生素C
未发酵豆奶
LB-发酵豆奶
LB-HFY01-发酵豆奶
甲苯胺蓝染色
正常
模型
维生素C
未发酵豆奶
LB-发酵豆奶
LB-HFY01-发酵豆奶
皮肤肿胀厚度
厚度（μm）
400
350
300
250
200
150
100
50
0
a
b
cd
c
d
e
正常
模型
维生素C
NF-DR
LB-DR
LP-HFY01-DR

图 11-14

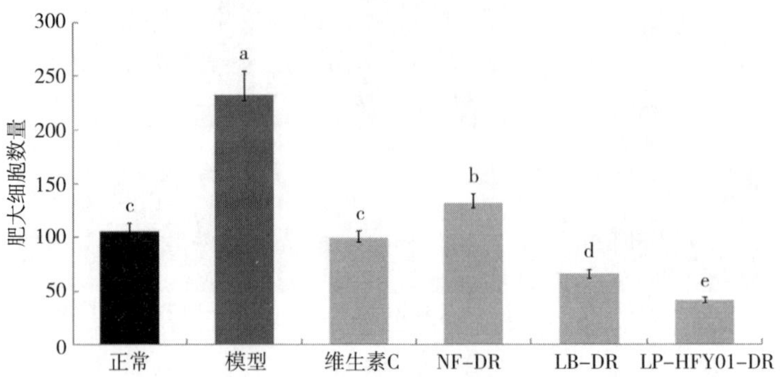

图 11-14　使用 H&E、梅森三色和甲苯胺蓝染色进行皮肤切片分析

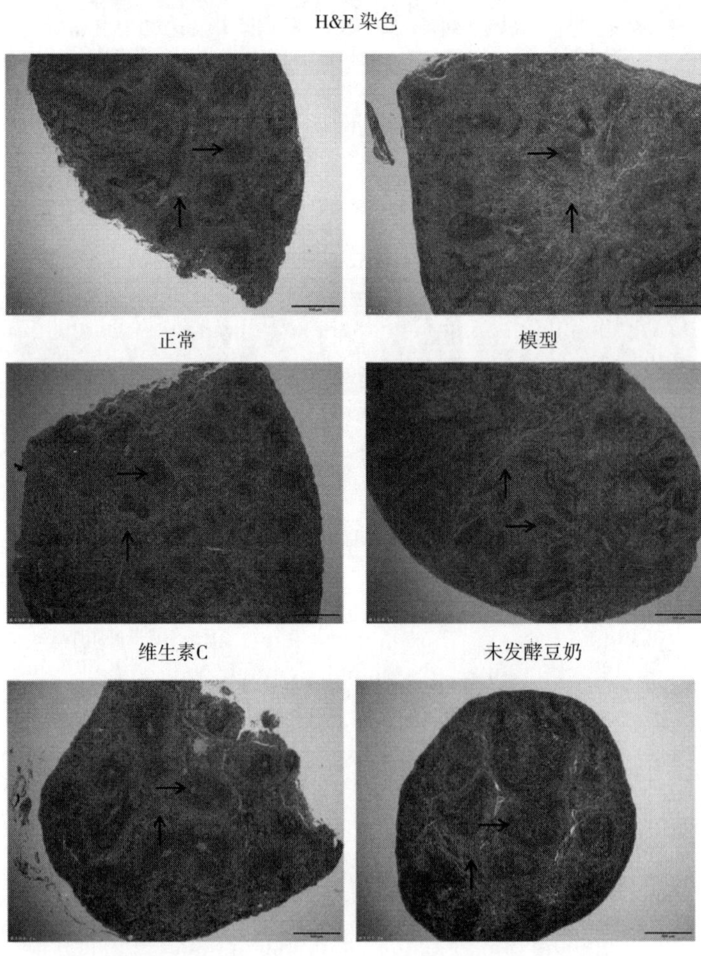

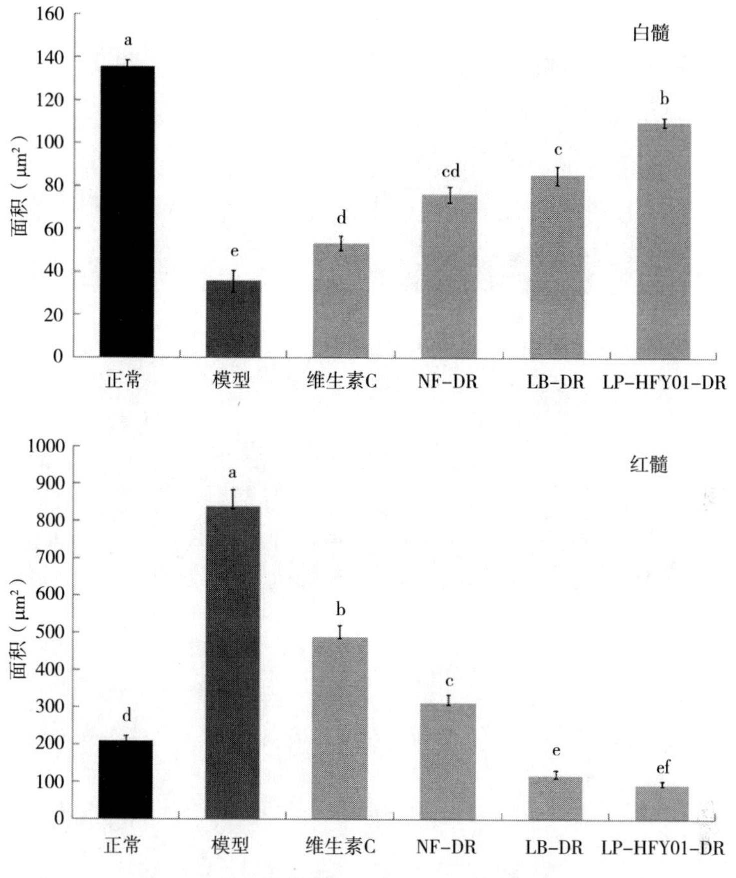

图 11-15　使用 H&E 染色进行脾切片分析

正常肝细胞呈放射状分布于中央静脉周围，结构正常（图 11-16）。然而，早衰模型组的肝细胞排列紊乱，结构被破坏，炎症细胞浸润，细胞坏死增加，肝细胞脂肪变性。维生素 C、NF-DR、LB-DR 和 LP-HFY01-DR 可减轻肝窦和肝板紊乱，并减少细胞坏死以及炎症细胞浸润。LB-DR 和 LP-HFY01-DR 的效果最好，结果更接近正常对照组。肝组织的组织学观察、脂肪细胞和炎症细胞面积的定量分析表明，LP-HFY01-DR 可以改善 D-半乳糖引起的器官氧化损伤。

抗氧化生化指标分析

NF-DR 组、LP-DR 组和 LP-HFY01-DR 组肝组织中的 MDA 含量分别为（14.91±0.55）nmol/mL、（12.88±0.73）nmol/mL 和（10.50±0.57）nmol/mL（表 11-6）。这些数值显著低于早衰模型组（$P<0.05$）。各治疗组脑组织和血清

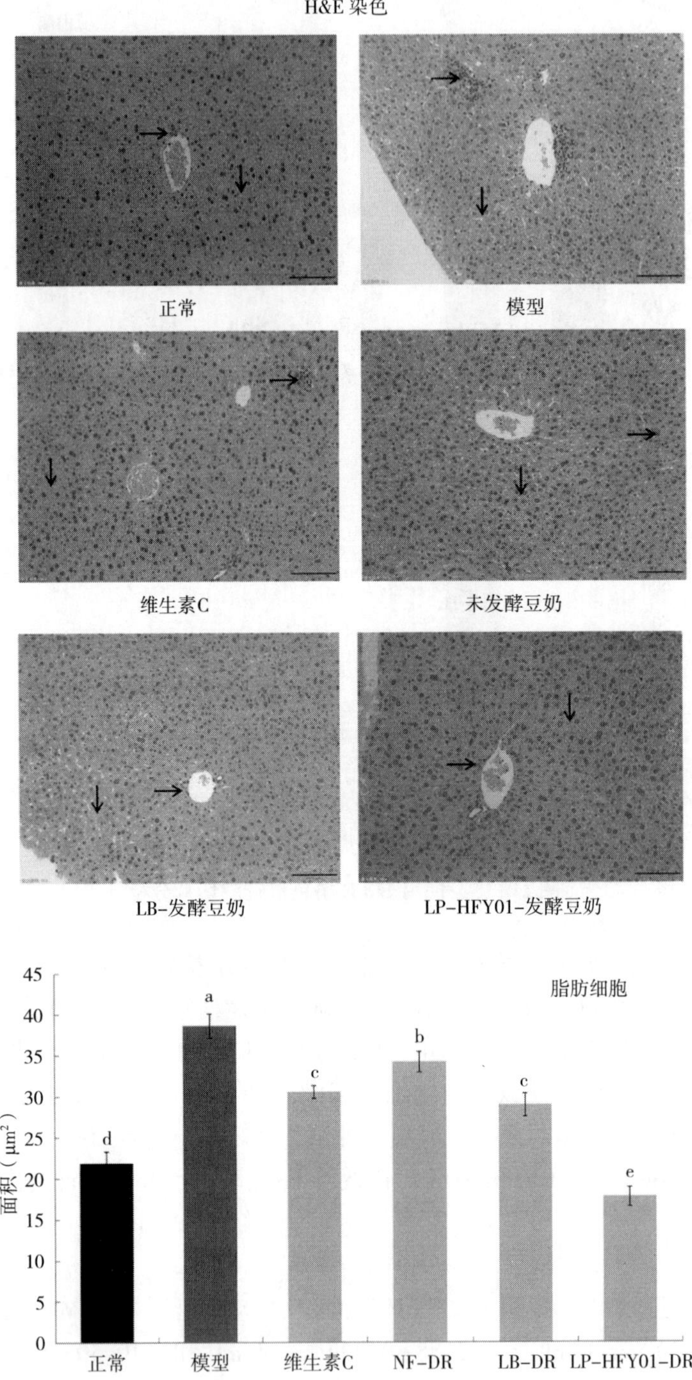
H&E 染色
正常
模型
维生素C
未发酵豆奶
LB-发酵豆奶
LP-HFY01-发酵豆奶
45
40
35
30
25
20
15
10
5
0
面积（μm²）
脂肪细胞
a
b
c
c
d
e
正常
模型
维生素C
NF-DR
LB-DR
LP-HFY01-DR

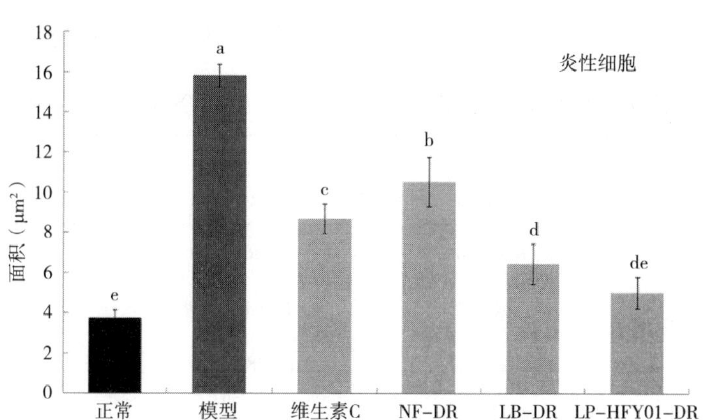

图 11-16　使用 H&E 染色进行肝脏切片分析

中 MDA 含量均低于衰老模型组，并且 LP-HFY01-DR 组大脑和血清中的 MDA 含量显著降低（$P<0.05$），分别为（36.29±1.99）nmol/mL 和（3.74±0.15）nmol/mL。早衰模型组血清、肝组织和脑组织中 MDA 的含量分别为（6.52±0.34）nmol/mL、（24.45±1.03）nmol/mL、（50.91±1.3）nmol/mL。经过不同治疗后，维生素 C 组、NF-DR 组、LP-HFY01-DR 组和 LB-DR 组小鼠脑、肝和血清中 MDA 的含量均降低，表明维生素 C、未发酵豆奶、LP-HFY01 发酵豆奶和 LB 发酵豆奶可以降低小鼠的 MDA 含量。结果表明，LP-HFY01 发酵豆奶比 LB 发酵豆奶更有利于降低肝组织、脑组织和血清中的 MDA 含量。

表 11-6　不同菌株发酵豆奶对小鼠肝组织、脑组织和血清中 MDA 含量的影响

组别	肝脏（nmol/mL）	脑（nmol/mL）	血清（nmol/mL）
正常	$13.68±0.66^{cd}$	$31.69±1.54^{f}$	$4.73±0.13^{c}$
模型	$24.45±1.03^{a}$	$50.91±1.3^{a}$	$6.52±0.34^{a}$
维生素 C	$19.57±1.06^{b}$	$42.32±0.96^{c}$	$4.67±0.21^{c}$
NF-DR	$14.91±0.55^{c}$	$45.81±1.51^{b}$	$5.55±0.38^{b}$
LB-DR	$12.88±0.73^{d}$	$39.21±1.19^{d}$	$4.38±0.30^{c}$
LP-HFY01-DR	$10.50±0.57^{e}$	$36.29±1.99^{e}$	$3.74±0.15^{d}$

从表 11-7 中可以看出，LP-HFY01-DR 组和 LB-DR 组血清、肝组织和脑组织中的 GSH 含量显著高于早衰模型组（$P<0.05$），而 LP-HFY01-DR 组肝脏中的 GSH 含量显著高于其他组（$P<0.05$）。NF-DR 组血清中 GSH 含量水平接近早衰模型组，并且改善效果较差。结果表明，维生素 C、未发酵豆奶、LB 发酵豆奶和 LB-

HFY01 发酵豆奶可以提高小鼠体内 GSH 含量，而 LB-HFY1 发酵豆奶效果最好。

表 11-7　不同菌株发酵豆奶对小鼠肝组织、脑组织和血清中谷胱甘肽（GSH）含量的影响

组别	肝脏（mg/gprot）	脑（mg/gprot）	血清（mg/L）
正常	33. 78±1. 44[a]	21. 36±1. 03[a]	10. 56±0. 19[a]
模型	8. 61±1. 15[ef]	11. 91±1. 47[e]	7. 51±0. 23[d]
维生素 C	10. 25±1. 26[d]	16. 48±0. 44[cd]	8. 43±0. 18[bc]
NF-DR	10. 65±0. 86[d]	15. 43±0. 39[d]	7. 64±0. 41[d]
LB-DR	21. 71±1. 49[c]	17. 32±0. 28[bc]	8. 30±0. 25[c]
LP-HFY01-DR	28. 47±0. 87[b]	18. 59±0. 41[b]	8. 77±0. 13[b]

早衰模型组肝组织、脑组织和血清中 SOD 的活性水平分别为（177. 67±9. 42）U/mgprot、（162. 88±8. 04）U/mgprot 和（126. 31±11. 84）U/mL（表 11-8）。使用未发酵豆奶、维生素 C、LB 发酵豆奶和 LP-HFY01 发酵豆奶治疗后，SOD 活性均有不同程度的提高，但 LP-HFY01 发酵豆奶治疗后的肝组织、血清和脑组织中 SOD 活性水平最接近正常对照组（$P<0.05$）。

表 11-8　不同菌株发酵豆奶对小鼠肝组织、脑组织和血清中 SOD 活性的影响

组别	肝脏（U/mgprot）	脑（U/mgprot）	血清（U/mL）
正常	268. 25±14. 20[b]	361. 66±20. 58[a]	193. 88±10. 05[a]
模型	177. 67±9. 42[e]	162. 88±8. 04[e]	126. 31±11. 84[c]
维生素 C	213. 2±9. 20[d]	267. 69±27. 62[c]	178. 51±11. 99[ab]
NF-DR	225. 13±7. 04[d]	216. 76±36. 10[d]	164. 62±7. 42[b]
LB-DR	289. 45±5. 79[a]	254. 84±14. 16[cd]	161. 74±4. 98[b]
LP-HFY01-DR	245. 09±12. 70[c]	316. 70±8. 29[b]	195. 82±12. 49[a]

表 11-9 显示，与早衰模型组相比，LB-DR 组和 LP-HFY01-DR 组肝组织中 CAT 活性水平显著升高，分别为（130. 87±4. 11）U/mgprot 和（143. 93±13. 59）U/mgprot，差异有统计学意义（$P<0.05$）。LP-HFY01-DR 组脑组织 CAT 活性显著高于早衰模型组（$P<0.05$），而维生素 C 组和 LB-DR 组的 CAT 活性变化相似。

LP-HFY01-DR 组和 LB-DR 组血清 CAT 活性水平分别为（86.70±3.13）U/mL 和（72.46±1.33）U/mL。与早衰模型组相比，LP-HFY01-DR 组和 LB-DR 组 CAT 活性显著升高（$P<0.05$）。因此，LP-HFY01 发酵豆奶可以提高小鼠肝组织、血清和脑组织中 CAT 的活性。

表 11-9 不同菌株发酵豆奶对小鼠肝组织、脑组织和血清 CAT 含量的影响

组别	肝脏（U/mgprot）	脑（U/mgprot）	血清（U/mL）
正常	164.21±12.20[a]	86.05±3.59[a]	103.37±2.26[a]
模型	99.98±2.09[d]	61.71±1.37[e]	60.27±2.09[f]
维生素 C	121.64±4.38[c]	75.31±1.67[bc]	78.29±1.63[c]
NF-DR	120.19±5.06[c]	68.55±0.45[d]	65.66±2.29[e]
LB-DR	130.87±4.11[bc]	72.36±0.84[c]	72.46±1.33[d]
LP-HFY01-DR	143.93±13.59[b]	78.24±1.25[b]	86.70±3.13[b]

表 11-10 显示，与早衰模型组相比，NF-DR 组和维生素 C 组肝组织、大脑和血清中的 GSH-Px 活性水平均升高，且差异有统计学意义（$P<0.05$）。LP-HFY01-DR 组血清、肝组织和脑组织中 GSH-Px 活性水平分别为（736.86±20.05）U/mL、（1700.23±83.63）U/mgprot 和（712.67±5.81）U/mgprot，高于其他组（正常对照组脑组织和血清除外）。LB-DR 组肝组织和脑组织中的 GSH-Px 活性水平与 LP-HFY01-DR 组相似，但 LB-DR 组血清中 GSH-Px 活性与 LP-HFY01-DR 组之间的差异有统计学意义。结果表明，LB 发酵豆奶对 GSH-Px 活性的影响略低于 LP-HFY01 发酵豆奶，而 LP-HFY01 发酵豆奶的 GSH-Px 活性最高。

表 11-10 不同菌株发酵豆奶对小鼠肝组织、脑组织和血清中 GSH-Px 含量的影响

组别	肝脏（U/mgprot）	脑（U/mgprot）	血清（U/mL）
正常	850.63±34.33[c]	724.17±9.83[a]	946.66±17.65[a]
模型	723.15±26.88[d]	642.83±6.83[d]	569.60±11.88[e]
维生素 C	1010.72±68.60[b]	706.06±7.82[b]	689.80±9.14[c]
NF-DR	917.4±22.37[bc]	671.49±12.87[c]	627.97±15.54[d]

续表

组别	肝脏 (U/mgprot)	脑 (U/mgprot)	血清 (U/mL)
LB-DR	1659.79±91.12[a]	699.25±6.08[b]	668.23±18.48[c]
LP-HFY01-DR	1700.23±83.63[a]	712.67±5.81[ab]	736.86±20.05[b]

肝脏、皮肤和脾脏中抗氧化相关基因的表达

为了进一步探讨 LP-HFY01-DR 的抗氧化机制，本研究采用实时定量逆转录 PCR（qRT-PCR）检测了肝脏、脾脏和皮肤中 SOD1、SOD2、CAT、GSH 和 GSH-Px 的相对基因表达水平（图 11-17~图 11-21）。正常对照组肝脏、脾脏和皮肤中 SOD1、SOD2、CAT、GSH 和 GSH-Px 的水平最强。治疗组（维生素 C、NF-DR、LB-DR 和 LP-HFY01-DR）的 SOD1、SOD2、CAT、GSH 和 GSH-Px 水平高于早衰模型组，但低于正常对照组。在治疗组中，LB-DR 组和 LP-HFY01-DR 组肝脏、脾脏和皮肤中抗氧化相关基因（SOD1、SOD2、CAT、GSH 和 GSH-Px）的表达水平高于 NF-DR 组。此外，LP-HFY01-DR 组抗氧化相关基因的表达水平高于 LB-DR 组，尤其是 GSH-Px 编码基因（$P<0.05$）。结果表明，LP-HFY01-DR 可有效改善 D-半乳糖引起的早衰小鼠肝脏、脾脏和皮肤中抗氧化相关基因的表达。

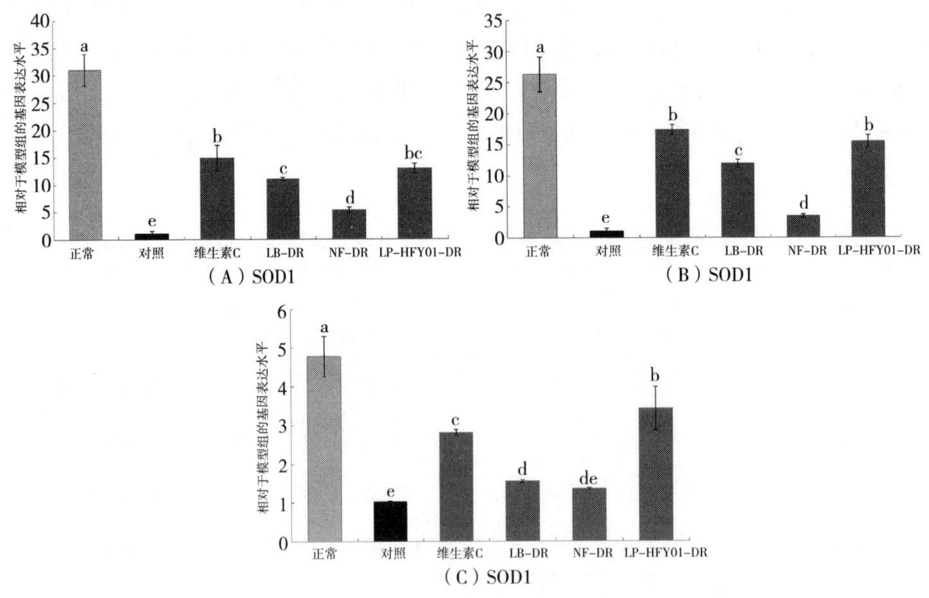

图 11-17 肝脏、皮肤和脾脏中 SOD1 的基因表达

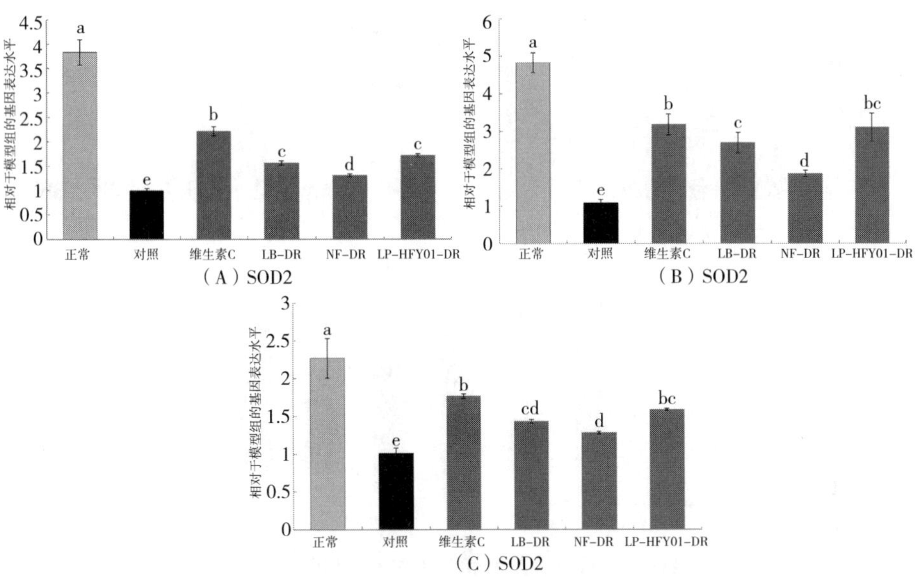

图 11-18 肝脏、皮肤和脾脏中 SOD2 的基因表达

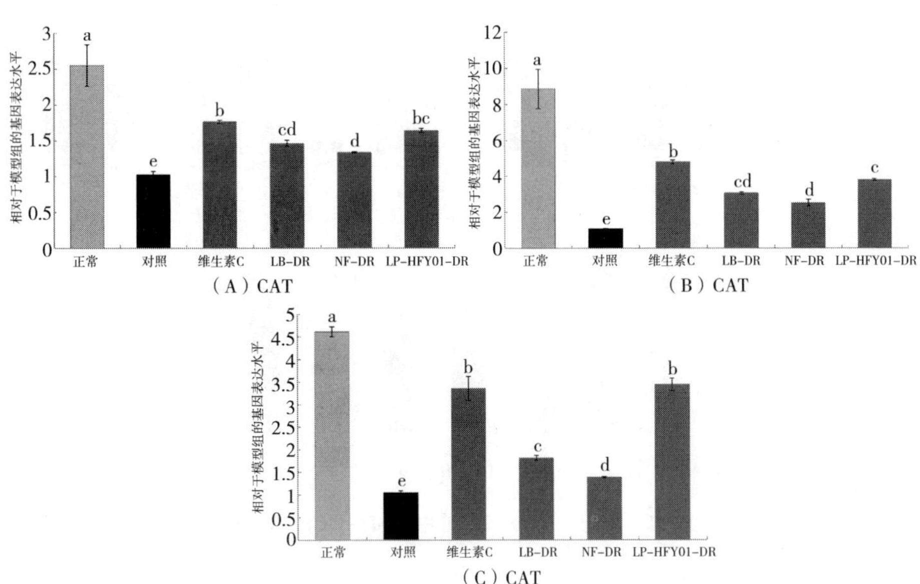

图 11-19 肝脏、皮肤和脾脏中 CAT 的基因表达

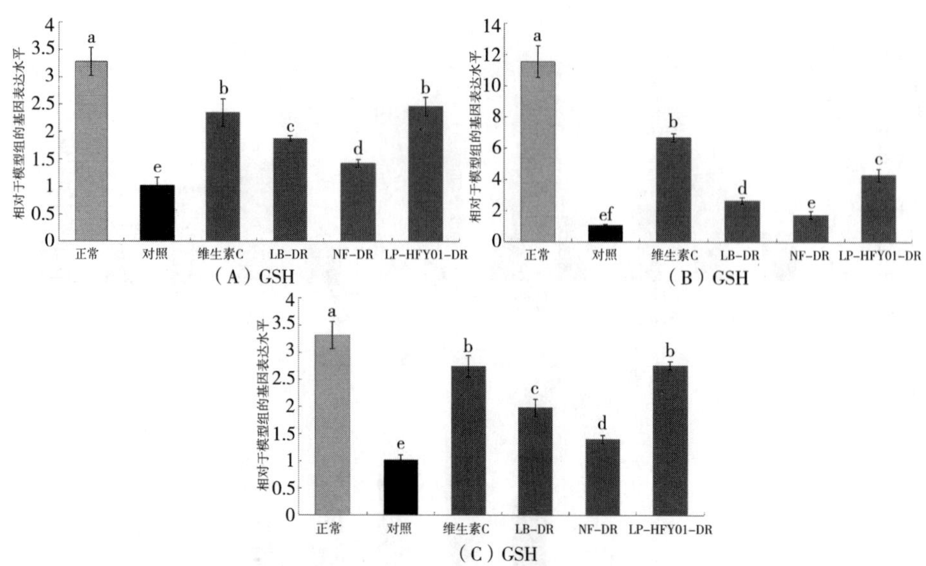

图 11-20 肝脏、皮肤和脾脏中 GSH 的基因表达

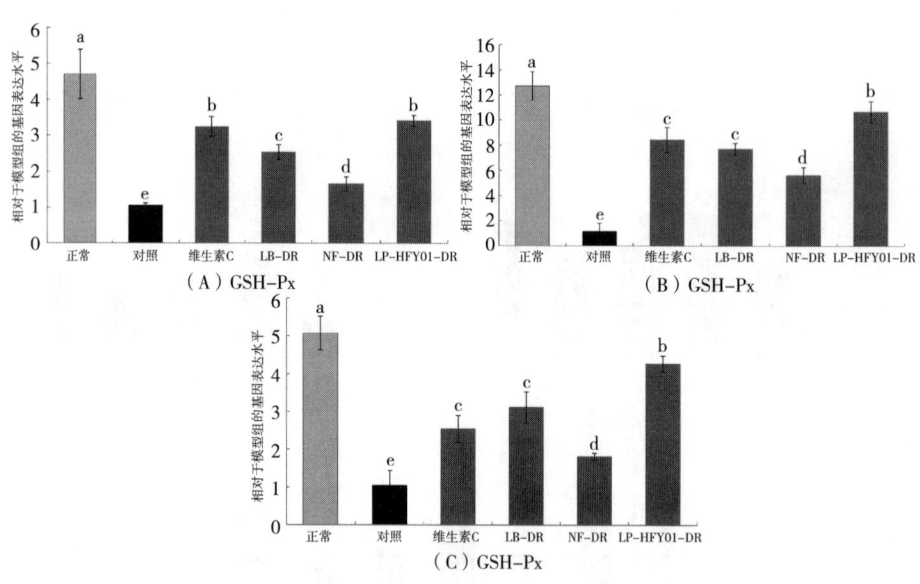

图 11-21 肝脏、皮肤和脾脏中 GSH-Px 的基因表达

发酵豆奶和未发酵豆奶中异黄酮的分析

与标准 HPLC 色谱图［图 11-22（A）］相比，在未发酵豆奶［图 11-22

(B)]、LB 发酵豆奶[图 11-22(C)]和 LP-HFY01 发酵豆奶中鉴定出 6 种异黄酮[图 11-22(D)]：黄豆苷(峰 1)、黄豆黄苷(峰 2)、染料木苷(峰 3)、黄豆苷元(峰 4)、黄豆黄素(峰 5)和染料木素(峰 6)。发酵后黄豆苷和染料木苷含量降低，而黄豆苷元和染料木素含量增加，这可能是由于益生菌在异黄酮降解中的作用所致。

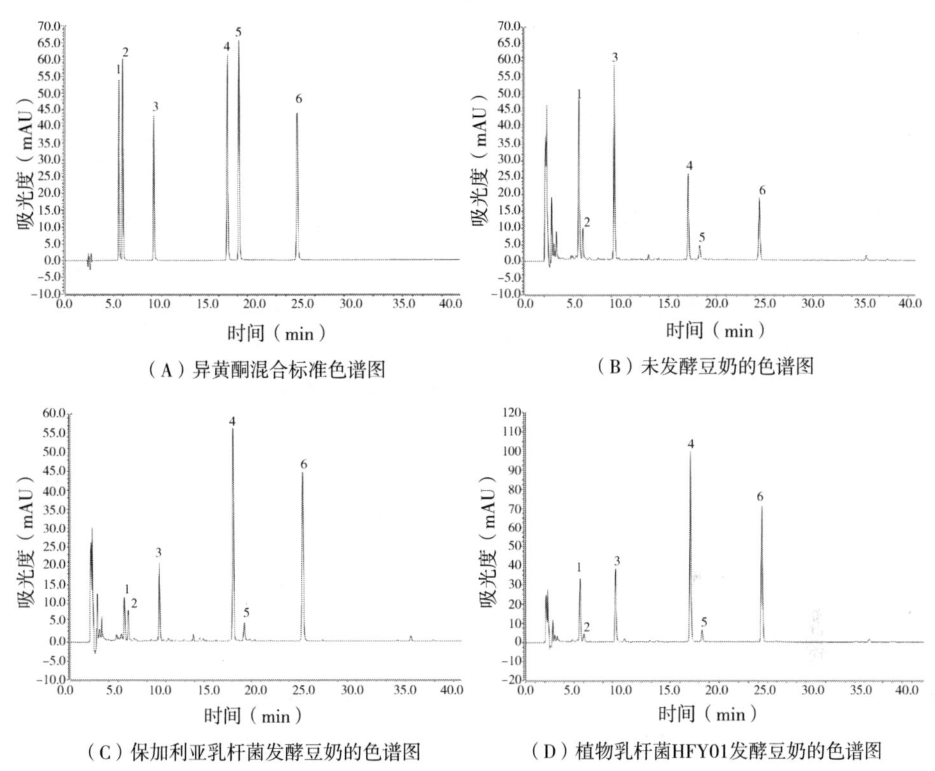

(A)异黄酮混合标准色谱图

(B)未发酵豆奶的色谱图

(C)保加利亚乳杆菌发酵豆奶的色谱图

(D)植物乳杆菌HFY01发酵豆奶的色谱图

图 11-22 异黄酮的高效液相色谱分析

注：峰 1：黄豆苷；峰 2：黄豆黄苷；峰 3：染料木苷；
峰值 4：黄豆苷元；峰 5：黄豆黄素；峰 6：染料木素。

讨论

自由基引起的氧化是人体衰老的主要诱因，因此，对抗氧化水平和抗氧化相关产品的评估一直受到关注。DPPH 是一种人工合成的稳定有机自由基，其甲醇或乙醇溶液呈深紫红色。DPPH 与其孤电子配对后，还原为黄色的非自由基形式，其褪色程度与接受的电子数有定量关系。ABTS 是一种显色剂，在合适的氧化剂作用下可以氧化成绿色的 $ABTS^+$。添加抗氧化剂可抑制 $ABTS^+$的产生，因此可以通过测量特定波长的吸光度来评估抗氧化活性。本研究以维生素 C 为阳性对照，检测了 LP-HFY01-DR、LB-DR 和 NF-DR 对 DPPH 和 ABTS 的清除能力，并初步确定了各物质的抗氧化能力，为后续实验提供参考。体外抗氧化实验结果表明，LP-HFY01-DR 对 DPPH 和 ABTS 的清除能力最强。

D-半乳糖是一种天然还原糖，是动物体内的正常代谢物。正常情况下，乳糖在体内水解成葡萄糖和半乳糖，而半乳糖又在肝脏中水解成葡萄糖。过量摄入 D-半乳糖会导致体内新陈代谢率增加和自由基的更多氧化积累，从而导致 DNA、蛋白质、细胞膜脂质和细胞中的其他大分子受损，并导致线粒体损伤、神经损伤和认知能力下降，最终导致身体衰老。D-半乳糖诱导的早衰动物模型在生理生化指标上与自然衰老相似，因此被广泛应用于药物筛选和抗衰老食品的评估。

肝脏在调节体内稳态（生长发育、抗病性和能量供应）方面发挥着重要作用。肝脏的代谢活动包括合成代谢、能量代谢、分解代谢和碳水化合物代谢。食物在消化后分解为葡萄糖，然后被运至肝脏，并在肝脏代谢后被人体吸收。药物也经肝脏代谢，因此盲目服用药物可能会损害肝脏。脾脏在消化系统、免疫系统和血液系统中起着重要作用。脾脏中的白细胞是抗体的重要来源，可以抵抗感染，吞噬病原菌，促进伤口愈合。脾脏可以恢复和储存用于制造新红细胞的铁，因此在失血状态下，人体可以快速补充和释放这些铁。脾脏在过滤血液中的有害细菌以及管理和调节血容量方面也起着重要作用。皮肤的氧化损伤是衰老的一个重要标志。皮肤的主要成分是蛋白质、脂肪、碳水化合物、水和电解质。蛋白质是构成表皮和真皮的胶原蛋白的主要成分。D-半乳糖引起的氧化应激可以破坏蛋白质，增加胶原蛋白交联，降低胶原蛋白敏感性，减少胶原蛋白分解，并降低弹性和韧性。之前使用 H&E、Masson 三色和甲苯胺蓝染色的皮肤切片进行的研究表明，LP-HFY01-DR 可以通过降低皮肤组织中的氧化应激水平和蛋白质交联来减少皮肤肿胀和增厚，并抑制 D-半乳糖引起的皮肤氧化损伤。此外，早衰小鼠的脑萎缩比其他器官萎缩更为明显，而脑老化是全身性衰老的一个特征。长期注射 D-半乳糖会引起氧化应激，从而导致小鼠线粒体损伤、神经退行性变形和认知能力下降。LP-HFY01-DR 可以通过提高机体的整体抗氧化能力来抑制脑组织的氧化损伤。

通过体内抗氧化酶和非酶抗氧化成分的作用，机体可以抵抗长期低剂量注射 D-半乳糖所引起的细胞损伤。SOD 是一种广泛存在于生物体内的金属酶，它具有良好的热稳定性和酸碱稳定性，能催化超氧离子转化为氧气和过氧化氢。SOD 可分为 3 种金属辅因子：Cu/Zn-SOD、Mn-SOD 和 Fe-SOD。作为真核酶，Cu/Zn-SOD（蓝绿色）存在于真核细胞的细胞质中，以 Cu^{2+} 和 Zn^{2+} 为活性中心；Mn-SOD（紫色）主要存在于原核细胞和真核细胞基质（如线粒体）中，以

Mn^{4+}为活性中心；而 Fe-SOD（黄褐色）主要存在于原核细胞和少数植物中。内源性和外源性 ROS 增加时，细胞内 SOD1 迅速易位至细胞核，以维持核基因组的稳定性。H_2O_2 可以促进 SOD1 直接转位到细胞核，并通过 Mec1/ATM 和 Dun1/Cds1 激酶的效应物调节 SOD1 与 dun1 的结合，并磷酸化 SOD1 的 S60 和 S99。在多种细胞系和炎症组织中，SOD1 都可以通过 ROS 信号通路调节 TNF-α、NF-κB、MAPK、JNK、Akt、AP-1 和 JAK-STAT 的活性。SOD2 编码的锰超氧化物歧化酶可以清除超氧化物并产生过氧化氢和氧气。本研究发现，过氧化物和超氧化物可以诱导 SOD2 基因的转录，并且锰超氧化物歧化酶对肿瘤细胞的抑制也可能通过上调 p53 而导致肿瘤细胞的衰退。本研究结果显示，LP-HFY01-DR 上调了 D-半乳糖诱导的早衰小鼠肝脏、血清和大脑中的 SOD 水平。此外，LP-HFY01-DR 升高了氧化损伤小鼠肝脏、脾脏和皮肤中 Cu/Zn-SOD 和 Mn-SOD 的 mRNA 表达，进一步修复了肝脏、脾脏和大脑的氧化损伤，并改善了皮肤过氧化症状。样本对 SOD1 和 SOD2 的调控可能影响炎症和癌症通路，对某些疾病具有预防和控制作用。深入机制有待进一步研究。CAT 是一种抗氧化酶，主要存在于红细胞等组织和细胞的微粒体以及线粒体和血浆中。它能将过氧化氢分解成分子氧和水，清除体内的过氧化氢，并防止细胞氧化损伤。在本实验中，实验检测到经 LP-HFY01-DR 治疗的氧化损伤小鼠的肝脏、脾脏、大脑、皮肤和血清中 CAT 水平升高，表明 CAT 和 SOD 具有协同作用。SOD 可以将 O_2^- 分解为过氧化氢，而过氧化氢可以进一步被 CAT 还原为 H_2O。同时细胞内含氧量增加，对氧化损伤有保护作用。GSH 是一种低分子量的非酶清除剂，对脂质自由基有很强的清除作用。它直接或间接参与多种细胞活动，其主要功能之一是与其他相关代谢酶协同形成对氧化应激的抵抗力。LP-HFY01-DR 可以减少 D-半乳糖引起的 GSH 消耗，从而减轻过氧化损伤。GSH-Px 是一种广泛分布于体内的过氧化物酶。它主要分为细胞质 GSH-Px、血浆 GSH-Px、磷脂氢过氧化物 GSH-Px 和胃肠道特异性 GSH-Px。GSH-Px 可以催化 GSH 生成谷胱甘肽二硫化物，将有毒过氧化物还原为无毒的羟基化合物，促进 H_2O_2 的分解，从而保护细胞膜的结构和功能免受 D-半乳糖引起的氧化损伤。MDA 含量反映了氧自由基的水平和脂质过氧化的强度。长期 D-半乳糖刺激会产生自由基，导致脂质过氧化，最终产物是 MDA。MDA 可以引起大分子的聚合（如交联蛋白质和核酸），并具有细胞毒性。因此，抑制 MDA 活性可以保护器官和组织免受氧化损伤。在本研究中，LB-DR 和 LP-HFY01-DR 均提高了血清、肝脏和大脑中 SOD、CAT、GSH 和 GSH-Px 的水平，并降低了 MDA 的水平，从而减少了 D-半乳糖造成的损伤。此外，LB-DR 和 LP-HFY01-DR 均能有效降低肝脏、脾脏和皮肤中 SOD1、SOD2、CAT、GSH 和 GSH-Px 的 mRNA 表达，以减轻氧化损伤，但 LP-HFY01-DR 的效果优于

LB-DR。

近年来，随着对天然抗氧化剂的深入研究，乳酸菌及其相关产品的研究和应用也受到了广泛关注。作为活的益生菌，乳酸菌可以从可发酵的碳水化合物中产生大量的乳酸。这些细菌广泛存在于人类、牲畜、家禽的肠道和发酵食品中。大多数乳酸菌在人体内具有重要的生理功能。这些细菌可以分泌多种酶，帮助人体消化食物、提供营养，并传递遗传信息；此外，这些细菌在肠道内的黏附和定殖（形成生理屏障）以及合成产品中的乳酸和乙酸可以降低 pH 值和氧化还原电位，从而抑制有害细菌的生长。因此，乳酸菌在营养状况、生理功能、免疫反应、肿瘤发生和抗衰老过程中发挥着重要作用。植物乳杆菌具有良好的抗氧化能力。本研究从实验室早期发酵牦牛酸奶中筛选出了 LP-HFY01，它具有良好的胃肠道耐受性和体外抗氧化能力。研究发现，LP-HFY01-DR 可以降低血清和主要组织器官的氧化水平，显著改善肝脏、脾脏和大脑的氧化损伤。

大豆异黄酮是多酚的混合物，主要以染料木素、黄豆苷元和黄豆黄素的形式存在。自然条件下，大多数以 β-葡萄糖苷的形式存在。近年来，人们发现异黄酮苷元具有乙酰化、丙二酰化和琥珀酰化等作用，其中染料木素、黄豆苷元及其糖苷发挥着主要的生理功能。本研究采用高效液相色谱法对 LP-HFY01 发酵豆奶进行了分析，鉴定出 6 种异黄酮，分别为黄豆苷、黄豆黄苷、染料木苷、黄豆苷元、黄豆黄素和染料木素。大豆异黄酮性质稳定，烹调过程中不易被破坏，但烘烤会导致部分异黄酮流失。未发酵的大豆制品主要以糖苷的形式存在，而发酵的大豆制品主要以苷元的形式存在，具有较高的生物利用度，如本实验所示。大豆异黄酮是很好的抗氧化剂和抑癌剂，尤其是对与激素相关的肿瘤而言，如乳腺癌和前列腺癌；它可以降低血液胆固醇水平，防治冠状动脉粥样硬化和外周动脉血管损伤，并且其微弱的雌激素样作用对女性更年期综合征和骨质流失有一定的预防作用。此外，大豆异黄酮还可以改善脂质代谢，增强非特异性免疫和抗炎作用，这主要与黄豆苷元和染料木素有关。因此，基于豆奶（大豆异黄酮）和 LP-HFY01 的抗氧化特性，本研究验证了本文所述的因素，LP-HFY01 发酵豆奶表现出高抗氧化能力，能够全面抑制 D-半乳糖引起的小鼠早衰。

LP-HFY01 发酵豆奶改善了豆奶的风味，增加了有益于人体吸收的营养成分，并具有大豆和植物乳杆菌的双重保健功能，因此可用于开发有益于胃肠吸收的保健食品。然而，研究还没有从蛋白质水平和生物活性成分（如大豆异黄酮）在 LP-HFY01 发酵豆奶过程中的变化机制等方面深入研究 LP-HFY01 发酵豆奶的抗早衰生物活性和特异性抗早衰机理，这也将是后续研究中的重点。

结论

综上所述，LP-HFY01 发酵豆奶可以保护多个器官免受氧化应激损伤；显著提高血清、大脑和肝脏中 GSH、SOD、CAT 和 GSH-Px 的水平；降低 MDA 含量。此外，LP-HFY01 发酵豆奶可以有效调节肝脏、脾脏和皮肤中抗氧化相关基因的表达（提高 SOD1、SOD2、CAT、GSH 和 GSH-Px 的水平）。实验在 LP-HFY01 发酵豆奶中鉴定出 6 种大豆异黄酮（黄豆苷、黄豆苷元、黄豆黄苷、黄豆黄素、染料木素、和染料木苷）。因此，LP-HFY01 发酵豆奶可以显著改善 D-半乳糖引起的小鼠早衰，其抗氧化作用比 LB 发酵豆奶更为明显，具有广泛的应用前景。

第四节 发酵乳杆菌发酵豆奶的抗衰老作用

引言

衰老不仅会导致身体机能下降，还会诱发各种疾病，如糖尿病、骨关节炎、白内障和癌症。对于许多国家而言，人口老龄化的加剧将给经济和医疗带来压力，并减少劳动力储备中的可用人数。因此，研究如何延缓衰老或如何在衰老过程中保持健康具有重要意义，因为它可以提高老年人的生活质量，减轻国家和家庭的负担。

发酵大豆制品具有多种健康益处。使用乳酸菌或酵母菌发酵豆奶时，其营养成分会增加，对人体的生物利用率更高。大豆异黄酮和肽是豆奶中两种以大豆异黄酮与蛋白质结合的形式存在的生物活性成分，不利于肠道消化和吸收。经过微生物发酵，类黄酮转化为更容易被人体吸收的苷元形式，蛋白质分解为氨基酸和生物活性肽，从而提高豆奶的营养价值。

发酵豆奶的微生物也会产生抗氧化剂。研究表明，短乳杆菌、戊糖片球菌和植物乳杆菌均能促进异黄酮和蛋白质转化为苷元和肽，在发酵豆奶中具有更高的抗氧化能力，可以抵抗 2，2′-联氮-双（3-乙基苯并噻唑啉-6-磺酸）（ABTS）、2，2-二苯基-1-苦基-肼基水合物（DPPH）和羟基。乳酸菌发酵过程中产生的代谢物，如维生素、胞外多糖、抑菌素和短链脂肪酸，也具有抗氧化、降血脂和抗菌的作用。

发酵乳杆菌 CQPC04 是从自然发酵泡菜中分离纯化的一株新菌株，之前的研究发现该菌株在体外对 0.3%的胆盐和 pH 值 3.0 人工胃液中具有良好的耐受性，并提高了结肠炎小鼠血清中 T-SOD 和 CAT 的酶活性。基于早期的研究结果，研究决定进一步探讨发酵乳杆菌 CQPC04 对 D-半乳糖引起的小鼠氧化衰老的影响。

已经创建的自然衰老模型和加速衰老模型，其中加速衰老模型因其研究持续时间短、动物存活率高、易于应用等优点而被广泛使用。D-半乳糖是一种存在于许多食物中的己醛糖，广泛用于诱导衰老动物模型。诱导机制是半乳糖氧化酶的催化作用将高水平的 D-半乳糖转化为醛糖和过氧化氢，进而诱导活性氧（ROS）的生成，引起线粒体功能障碍、氧化应激、细胞凋亡和炎症。维生素 C 是人体内的一种高效抗氧化剂，参与多种生理生化反应。它常被选为抗氧化剂实验的阳性对照品。

本研究使用发酵乳杆菌 CQPC04 发酵豆奶，然后测量了大豆异黄酮和肽含量，并获得了肽谱。向 D-半乳糖诱导的氧化衰老小鼠给予发酵乳杆菌 CQPC04 发酵豆奶，测定脏器指数、血清和组织指标以及基因表达，并进行病理学观察，以评估发酵乳杆菌 CQPC04 发酵豆奶的抗衰老作用。

结果

大豆异黄酮的定量

从图 11-23（D）中可以看出，未发酵豆奶中的黄豆苷、黄豆黄苷、染料木苷、黄豆苷元、黄豆黄素和染料木素含量分别为 58. 35 mg/mL、13. 17 mg/mL、58. 27 mg/mL、19. 41 mg/mL、7. 55 mg/mL 和 6. 87 mg/mL。发酵乳杆菌 CQPC04 发酵豆奶中的黄豆苷、黄豆黄苷和染料木苷含量较少，分别为 13. 78 mg/mL、11. 44 mg/mL、5. 34 mg/mL，而黄豆苷元和染料木素含量分别增加到 39. 06 mg/mL 和 42. 39 mg/mL，黄豆黄素则降低到 5. 931 mg/mL。结果表明，发酵乳杆菌 CQPC04 将共轭大豆异黄酮转化为游离大豆异黄酮，更容易被人体吸收。

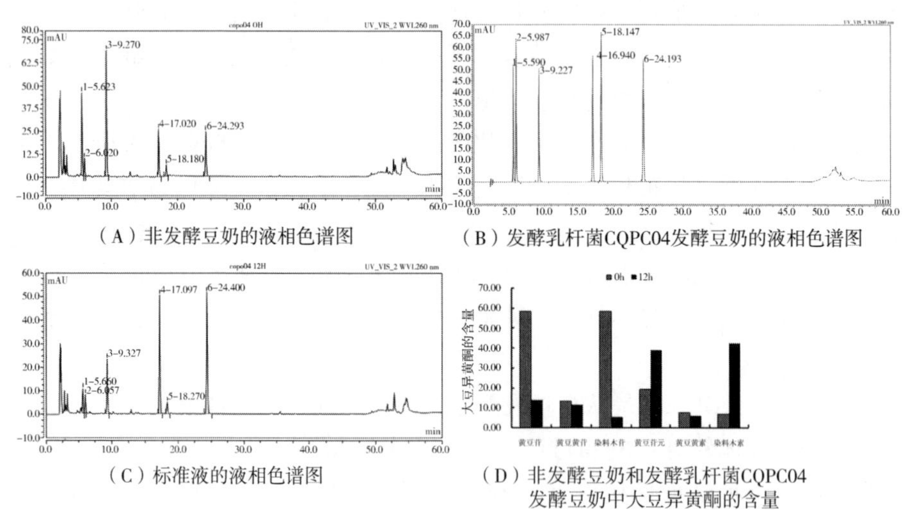

（A）非发酵豆奶的液相色谱图

（B）发酵乳杆菌CQPC04发酵豆奶的液相色谱图

（C）标准液的液相色谱图

（D）非发酵豆奶和发酵乳杆菌CQPC04发酵豆奶中大豆异黄酮的含量

图 11-23　发酵前后豆奶中大豆异黄酮的变化

注：1：黄豆苷；2：黄豆黄苷；3：染料木苷；4：黄豆苷元；5：黄豆黄素；和 6：染料木素。

肽含量和蛋白质谱

肽含量和蛋白质谱是两个可以反映发酵前后豆奶中蛋白质变化的关键指标(图 11-24)。从图 11-24（A）中可以看出，未发酵豆奶中的肽含量为（0.10±0.006）g/100 g，而发酵乳杆菌 CQPC04 发酵豆奶中的肽含量显著增加至（0.26±0.015）g/100 g（P<0.05）。图 11-24（B）显示，未发酵豆奶中的大分子蛋白质显著高于发酵乳杆菌 CQPC04 发酵豆奶（P<0.05）。上述结果表明，使用发酵乳杆菌 CQPC04 发酵可以将豆奶中的大分子蛋白质转化为小分子肽。

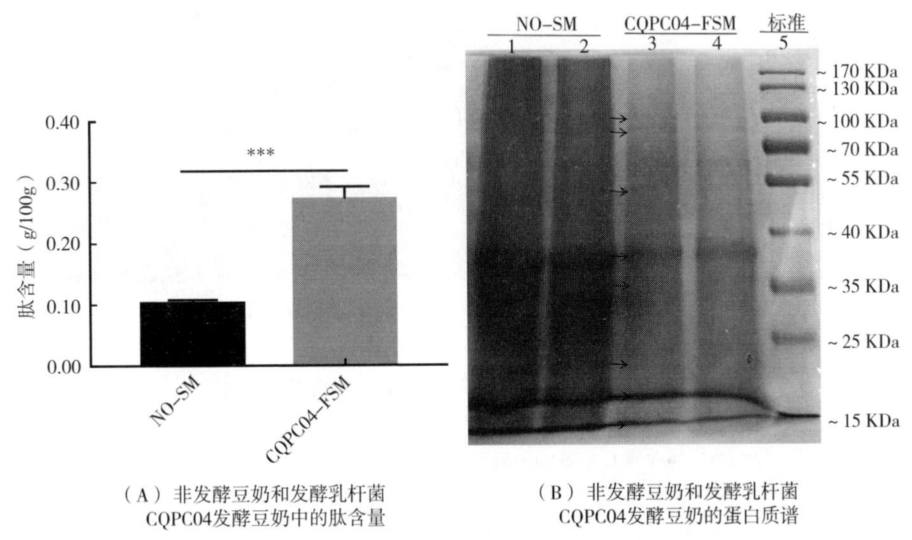

（A）非发酵豆奶和发酵乳杆菌CQPC04发酵豆奶中的肽含量

（B）非发酵豆奶和发酵乳杆菌CQPC04发酵豆奶的蛋白质谱

图 11-24　发酵前后豆奶中的肽含量和蛋白质组成

注：NO-SM：非发酵豆奶；CQPC04-FSM：发酵乳杆菌 CQPC04 发酵豆奶。

***：与 D-gal 组相比 P< 0.001 。

肝脾指数

在衰老过程中，器官通常会出现退化或萎缩。如图 11-25 所示，D-gal 组的肝脾指数最低，而正常对照组最高。与 D-gal 组相比，使用未发酵豆奶、维生素 C 和发酵乳杆菌 CQPC04 发酵豆奶治疗后，小鼠的肝脾指数均有不同程度的增加，其中 D-gal+CQPC04 组的脏器指数增加幅度大于其他两组，与正常对照组相似。

肝脏病理形态

图 11-26 表明，健康小鼠肝脏结构完整，肝细胞以卫星发射形式散布在中央静脉周围，无坏死细胞和炎症细胞。相反，D-gal 组小鼠肝细胞结构紊乱，有大

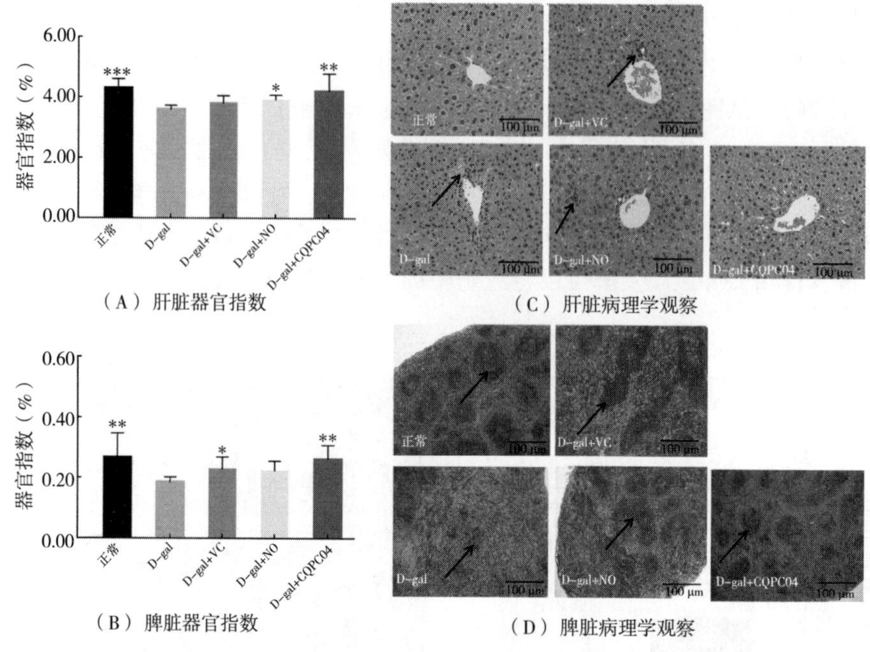

图 11-25　肝脏和脾脏的器官指数和病理学观察

注：D-gal：小鼠通过腹腔注射 D-半乳糖（120 mg/kg 体重）喂养标准饮食加饮用水；D-gal + 维生素 C：维生素 C（100 mg/kg BW）加腹腔注射 D-半乳糖（120 mg/kg BW）；D-gal + NO：非发酵豆奶（0.1 mL/10 g BW）加腹腔注射 D-半乳糖（120 mg/kg BW）；D-gal + CQPC04：发酵乳杆菌 CQPC04 发酵豆奶（0.1 mL/10 g BW）加腹腔注射 D-半乳糖（120 mg/kg BW）。*，**，***分别表示与 D-gal 组相比 $P<0.05$，$P<0.01$，$P<0.001$。在图 11-25（C）中，黑色箭头表示坏死细胞，黑色条表示 100 μm。在图 11-25（D）中，黑色箭头表示白色纸浆，黑色条表示 100 μm。

量坏死细胞。虽然 D-gal+维生素 C 组和 D-gal+NO 组的肝细胞部分坏死，但总体细胞形态明显比 D-gal 组正常。此外，D-gal+CQPC04 组小鼠的肝脏结构与正常对照组相似，并且没有坏死或炎症细胞。

脾脏的病理学观察

使用 H&E 染色的脾脏切片的组织学特征如图 11-26 所示。与正常对照组相比，D-gal 组脾脏白髓比例明显降低，红髓和白髓之间无明显界限。然而，维生素 C 组、未发酵豆奶组和发酵乳杆菌 CQPC04 发酵豆奶组均显示出不同程度的白浆比例增加。此外，D-gal+CQPC04 组的牙髓白度最高，这与正常对照组相似。

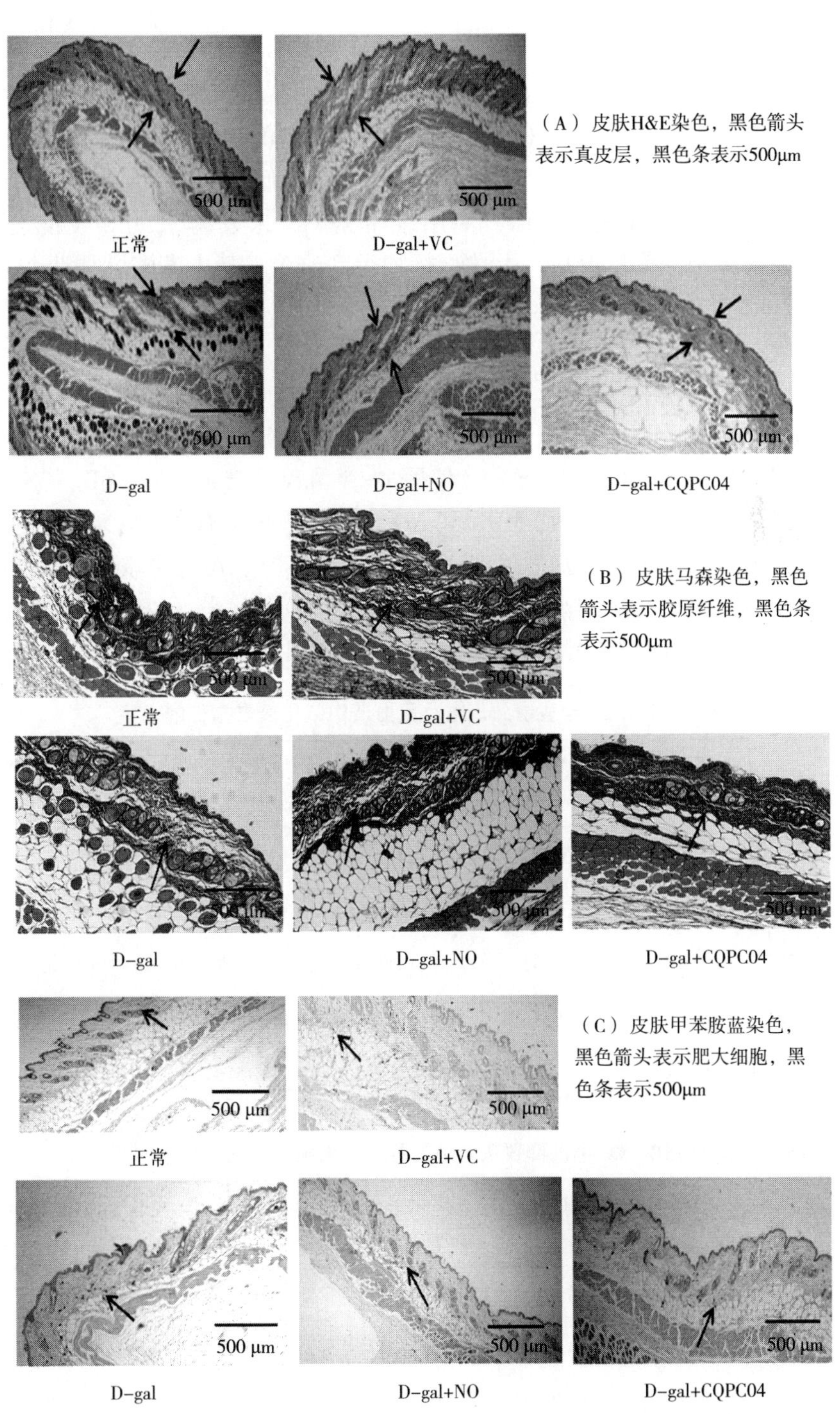

图 11-26　皮肤病理学观察

皮肤的病理学观察

皮肤老化是身体衰老最明显的表现。H&E、Masson 和甲苯胺蓝染色常用于观察皮肤的病理特征。与正常对照组相比，D-gal 组的皮肤真皮厚度［图 11-26（A）］和胶原纤维含量［图 11-26（B）］显著降低，而肥大细胞数量则［图 11-26（C）］显著升高。然而，使用维生素 C、未发酵豆奶和发酵乳杆菌 CQPC04 发酵豆奶治疗小鼠后，上述指标均得到改善，其中发酵乳杆菌 CQPC04 发酵豆奶的效果比其他组更为显著。

血清、肝组织和脑组织中氧化指标的结果

抗氧化酶、MDA、GSH 和 NO 可以反映 D-半乳糖诱导的衰老小鼠的氧化应激水平。表 11-11 和表 11-12 显示，使用 D-半乳糖诱导后，T-SOD、GSH-Px、GSH 和 CAT 水平显著降低，而 MDA 和 NO 也显著降低（$P<0.05$），这表明小鼠的抗氧化能力下降。值得注意的是，发酵乳杆菌 CQPC04 发酵豆奶显著提高了 GSH-Px、T-SOD、GSH 和 CAT 的水平，降低了 MDA 和 NO 的水平（$P<0.05$）。此外，正常对照组与 D-gal+CQPC04 组在这些指标上的差异无统计学意义（$P>0.05$）。

表 11-11　D-半乳糖致衰老小鼠血清中氧化衰老指标的水平

组别	T-SOD (U/mL)	MDA (nmol/mL)	GSH-PX (activity unit)	GSH (mgGSH/L)	CAT (U/mL)	NO (μmol/L)
正常	19.87±6.44[a]	5.57±2.14[b]	690.63±185.83[a]	165.62±23.43[a]	46.83±10.44[a]	1.12±0.56[d]
D-gal	11.56±1.58[c]	47.23±16.82[a]	415.00±79.80[c]	109.97±14.49[b]	26.58±2.39[c]	8.65±1.03[a]
D-gal + VC	12.50±3.27[c]	16.51±4.21[b]	448.81±111.95[c]	125.29±10.74[b]	27.99±7.52[c]	6.18±1.19[b]
D-gal + NO	13.80±5.00[bc]	14.11±5.56[b]	511.90±77.41[bc]	152.00±14.96[a]	36.46±8.94[b]	6.72±2.02[ab]
D-gal + CQPC04	17.60±4.24[ab]	11.23±3.31[b]	621.88±86.25[ab]	167.73±15.60[a]	41.01±5.51[b]	4.16±0.97[c]

表 11-12　D-半乳糖致衰老小鼠肝脏和大脑中氧化指标的水平

组别	T-SOD (U/mgprot)	MDA (nmol/mgprot)	GSH-PX (activity unit)	GSH (mgGSH/gprot)	CAT (U/mgprot)	NO (μmol/gprot)
肝组织水平						
正常	44.19±7.93[a]	3.00±0.99[b]	866.50±53.79[a]	9.22±1.07[a]	105.84±4.31[ab]	0.023±0.009[c]
D-gal	37.54±1.37[d]	9.19±0.95[a]	658.35±144.34[c]	7.21±0.41[c]	99.27±3.95[c]	0.038±0.015[a]

续表

组别	T-SOD (U/mgprot)	MDA (nmol/mgprot)	GSH-PX (activity unit)	GSH (mgGSH/gprot)	CAT (U/mgprot)	NO (μmol/gprot)
D-gal +VC	39. 83±4. 54[c]	2. 52±1. 14[b]	790. 46±47. 55[b]	7. 77±0. 55[bc]	102. 98±2. 73[bc]	0. 030±0. 008[ab]
D-gal +NO	38. 76±3. 17[c]	3. 54±1. 8[b]	804. 46±87. 35[b]	8. 02±0. 60[b]	102. 57±2. 40[bc]	0. 032±0. 010[ab]
D-gal +CQPC04	42. 99±3. 84[b]	2. 56±0. 89[b]	819. 40±100. 54[a]	9. 21±1. 14[a]	106. 87±3. 14[a]	0. 012±0. 007[bc]
脑组织水平						
正常	8. 98±0. 61[a]	1. 52±0. 16[c]	57. 68±11. 49[a]	10. 44±0. 58[a]	28. 89±8. 15[a]	0. 005±0. 004[c]
D-gal	7. 54±0. 68[c]	2. 05±0. 38[a]	29. 33±12. 60[c]	8. 85±0. 42[c]	18. 72±2. 04[c]	0. 040±0. 008[a]
D-gal +VC	7. 52±0. 63[c]	1. 92±0. 21[ab]	39. 20±8. 89[bc]	9. 35±0. 58[bc]	22. 00±4. 47[bc]	0. 034±0. 012[ab]
D-gal +NO	7. 98±0. 60[bc]	1. 81±0. 22[abc]	41. 96±5. 48[b]	9. 42±0. 50[bc]	23. 48±4. 24[abc]	0. 030±0. 009[ab]
D-gal +CQPC04	8. 29±0. 51[b]	1. 65±0. 36[bc]	44. 80±7. 05[b]	10. 59±0. 68[a]	29. 92±6. 96[a]	0. 026±0. 004[b]

皮肤组织中氧化指标的结果

为了进一步评估发酵乳杆菌 CQPC04 发酵豆奶对 D-半乳糖诱导的衰老小鼠的影响，实验测量了皮肤组织中 AGE、透明质酸、Col Ⅰ、过氧化氢和 Col Ⅲ的含量（图 11-27）。实验结果发现正常对照组的 Col Ⅰ、透明质酸和 Col Ⅲ的水平最高，AGE 和过氧化氢的水平最低，但 D-gal 组的这些指标完全相反。此外，维生素 C、未发酵豆奶和发酵乳杆菌 CQPC04 发酵豆奶提高了 Col Ⅰ、透明质酸和 Col Ⅲ的水平，但降低了过氧化氢和 AGE 的水平。D-gal+CQPC04 组的这些指标与正常对照组相似，这表明发酵乳杆菌 CQPC04 具有延缓皮肤老化的能力。

肝脾中 Nrf2 相关基因的 mRNA 表达水平

RT-qPCR 结果表明，相关基因在肝脾中的表达趋势是一致的（图 11-28）。使用 D-半乳糖诱导小鼠后，Nrf2、HMOX1、Nqol、NOS1、NOS3、CAT、Cu/Zn-SOD 和 Mn-SOD 的表达水平降低，而 NOS2 和 Gclm 的表达水平升高，其中 D-gal 组上述指标变化最大。维生素 C、未发酵豆奶和发酵乳杆菌 CQPC04 发酵豆奶上调了 Nrf2、HMOX1、Nqol、NOS1、NOS3、CAT、Cu/Zn-SOD 和 Mn-SOD 的表达，下调了 NOS2 和 Gclm 的表达。与 D-gal+VC 组和 D-gal+NO 组相比，D-gal+CQPC04 组小鼠肝脾组织中 Nrf2、HMOX1、Nqol、NOS1、NOS3、CAT、Cu/Zn-SOD 和 Mn-SOD 基因的表达显著升高，而 NOS2 和 Gclm 基因的表达显著降低，

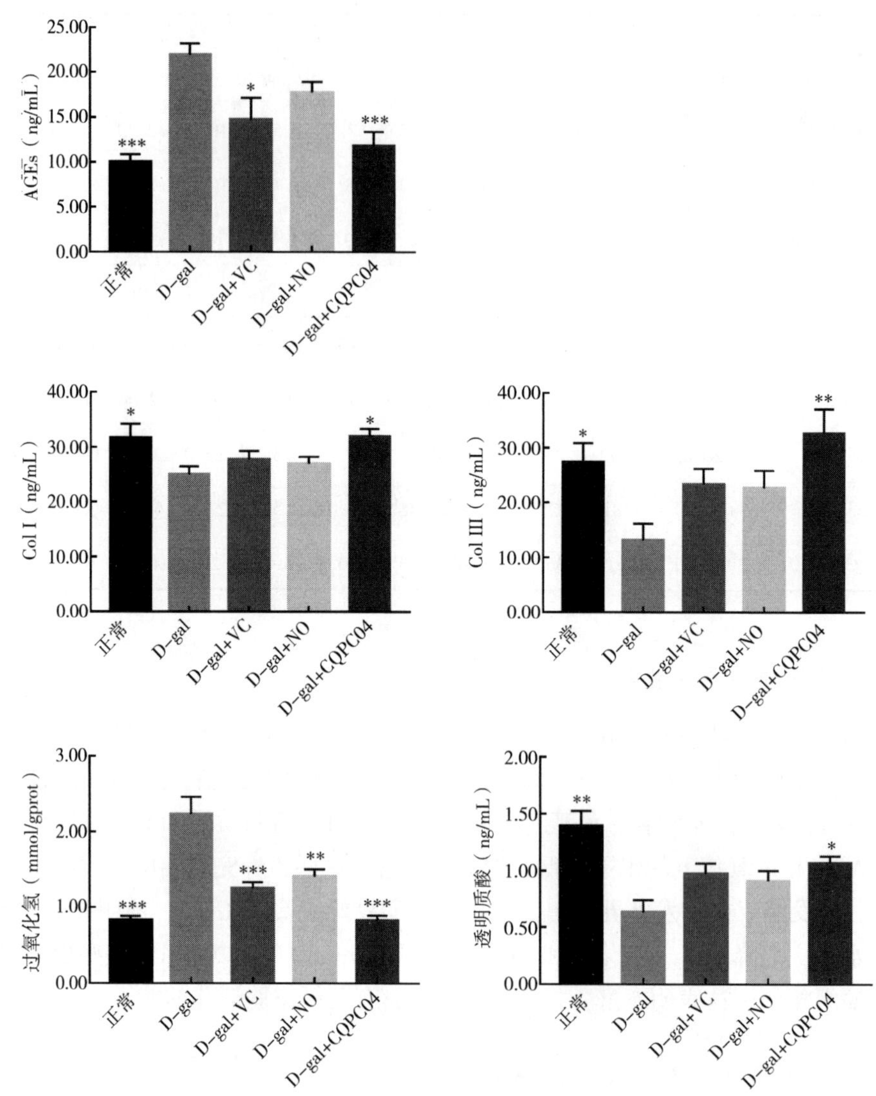

图 11-27　皮肤组织中 Col I、Col Ⅲ、AGEs、透明质酸和过氧化氢的水平

结果与正常对照组相似（$P>0.05$）。

皮肤氧化老化基因的 mRNA 表达水平

抗氧化酶和基质金属蛋白酶是评价皮肤老化程度的重要指标。如图 11-29 所示，D-gal 组 Cu/Zn-SOD、Mn-SOD、CAT、GSH-Px、金属蛋白酶组织抑制剂（TIMP）1 和 TIMP2 的 mRNA 表达最低，而基质金属蛋白酶（MMP）2 和 MMP9

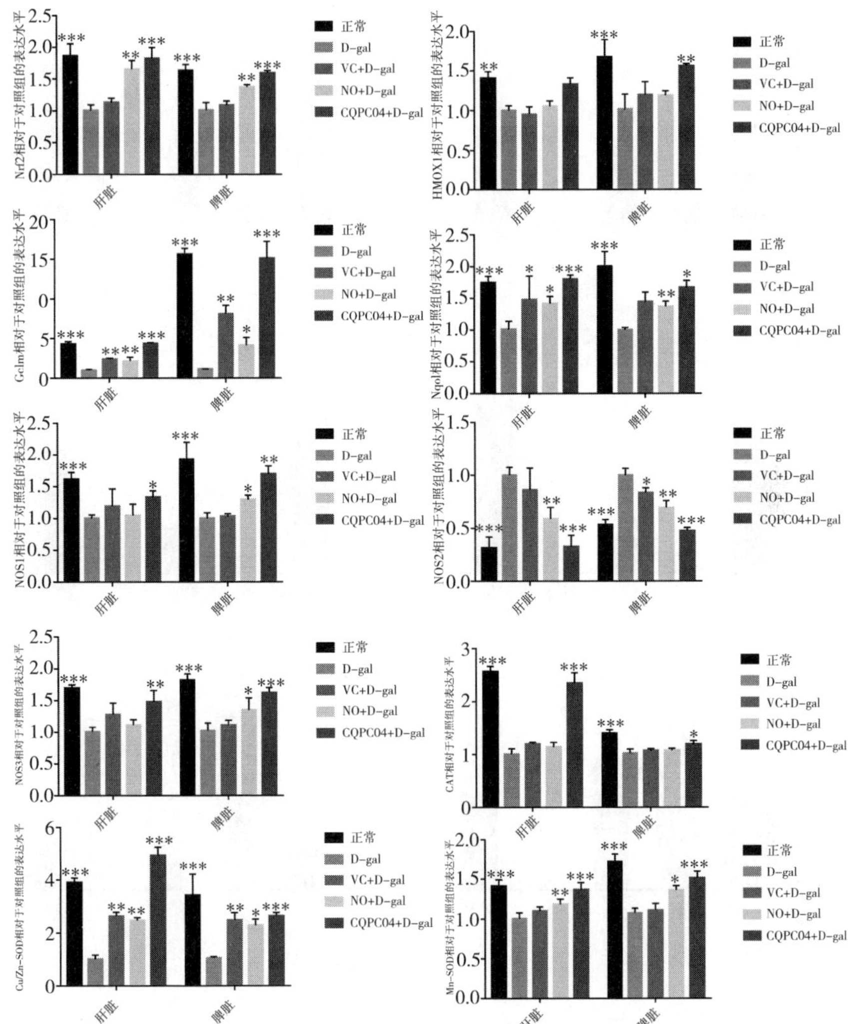

图 11-28 肝脏和脾脏中 Nrf2、HMOX1、Nqol、Gclm、NOS1、NOS2、NOS3、CAT、Cu/Zn SOD 和 Mn-SOD 的 mRNA 表达

的 mRNA 的表达最高。与 D-gal 组相比，D-gal+VC 组、D-gal+NO 组和 D-gal+CQPC04 组 Cu/Zn-SOD、Mn-SOD、CAT、GSH-Px、TIMP1 和 TIMP2 的表达水平升高，而 MMP2 和 MMP9 的表达水平降低。值得注意的是，除正常对照组外，D-gal+CQPC04 组小鼠皮肤 Cu/Zn-SOD、Mn-SOD、CAT、GSH-Px、TIMP1 和 TIMP2 的 mRNA 表达水平最高，而 MMP2 和 MMP9 的表达水平最低，这表明发酵乳杆菌 CQPC04 发酵豆奶可减轻皮肤的氧化老化，减少胶原纤维的降解。

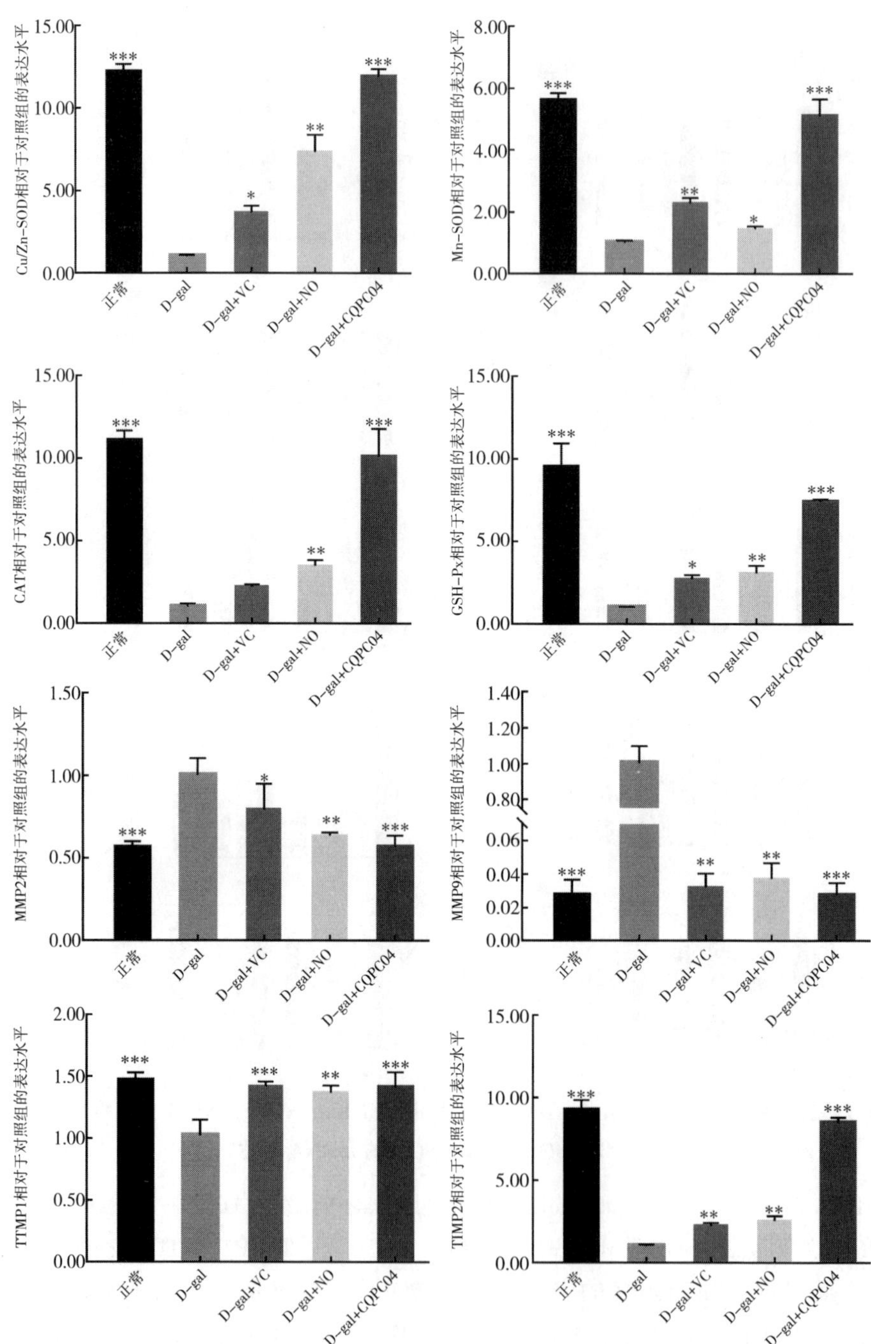

图 11-29　皮肤中 Cu/Zn SOD、Mn SOD，CAT、GSH Px、MMP2、MMP9、TIMP1 和 TIMP2 的 mRNA 表达

讨论

乳酸菌发酵豆奶对人体健康有益，因为豆奶中的生物活性成分可改善人类健康。研究证明，乳酸菌发酵豆奶可以将共轭异黄酮和蛋白质分别转化为苷元异黄酮和生物活性肽，从而提高这些物质在人体肠道的生物利用度。目前已有多项研究证实，发酵豆奶具有减肥、辅助抗癌、抗高血糖、抗高血压等作用，还可以预防心血管疾病，但很少有研究报告证实发酵豆奶有抗衰老作用。因此，选择发酵乳杆菌 CQPC04 发酵豆奶评估了其异黄酮和肽的变化，并探讨了该发酵豆奶的抗氧化作用。

豆奶等大豆制品中含有大量蛋白质和共轭异黄酮，而这些成分可以通过微生物发酵转化为小的生物活性肽和苷元异黄酮，对发酵豆奶的总抗氧化能力起决定性作用。之前的研究表明，使用不同类型的微生物发酵的大豆制品中异黄酮和肽的含量和组成不同。之前的一项研究发现，植物乳杆菌 CQPC02 发酵豆奶中的游离糖苷（7. 59 g/mL）显著高于未发酵豆奶（4. 01 g/mL）和保加利亚乳杆菌发酵豆奶（4. 05 g/mL）。另一项研究表明，不同乳酸菌对异黄酮的转化能力存在显著差异，其中屎肠杆菌 3 发酵豆奶中的苷元可增加到总异黄酮的 71%。实验结果表明，发酵乳杆菌 CQPC04 发酵豆奶中肽和苷元异黄酮的含量显著增加，表明发酵乳杆菌 CQPC04 可以促进豆奶中生物活性成分的生成，提高豆奶的抗氧化能力。

随着年龄的增长或衰老进程的加快，人体器官和组织将逐渐发生萎缩和功能退化等变化。本研究发现，小鼠肝脾指数显著降低，肝脏、脾脏和皮肤的组织病理形态都出现不同程度的损伤，这表明抗氧化衰老模型已成功建立。相比之下，使用发酵乳杆菌 CQPC04 发酵豆奶治疗小鼠后，上述指标均得到显著改善，肝脾指数也有所增加，肝脏、脾脏和皮肤结构恢复正常，胶原纤维增加，皮肤中肥大细胞减少。

此前的一项研究报告显示，纳豆可以抑制脂肪酸合成，促进脂肪酸分解代谢，并维持肝脏的正常生理机能。另一项研究表明，来自传统韩国发酵豆酱的清酒乳杆菌 K040706 增加了环磷酰胺诱导的免疫抑制小鼠的脾脏指数。此外，本研究还证明了，异黄酮和大豆肽能够增加皮肤中的胶原蛋白，减少皮肤的光老化。基于这些发现，初步结论是，发酵乳杆菌 CQPC04 发酵豆奶对器官或组织的抗氧化作用可能与发酵乳杆菌、异黄酮和肽的协同抗氧化能力有关。

抗氧化剂，如 Cu/Zn-SOD、Mn-SOD、T-SOD、GSH-Px、CAT 和 GSH 等，在防御自由基对人体的损伤方面发挥着至关重要的作用。此外，MDA 和 NO 也是评估氧化应激的关键指标。众所周知，发酵会极大地影响豆奶中异黄酮苷元和肽的含量以及抗氧化活性。本研究结果显示，发酵乳杆菌 CQPC04 发酵豆奶提高了血清、肝脏和脑组织中 T-SOD、GSH-Px、CAT 和 GSH 的水平，但降低了 MDA 和 NO 的水平。它还上调了肝组织、脾组织和皮肤组织中 Cu/Zn-SOD、Mn-SOD，GSH-Px 和 CAT 的 mRNA 表达。一项体视学研究表明，干酪乳杆菌发酵豆奶显著提高了血液中的 CAT 水平和总抗氧化能力（TAC）。之前的一项研究表明，豆粕经解淀粉芽孢杆菌 SWJS22 发酵后，与异黄酮和肽含量相关的体外和体内抗氧化活性显著增强，具体表现为 D-半乳糖诱导的氧化衰老小鼠的 DPPH 自由基清除能力和还原能力增强，T-SOD、CAT、GSH-Px 和 TAC 活性升高，肝脏和血清中 MDA 含量降低。

长期的氧化应激反应会产生大量的 ROS，从而对皮肤造成氧化损伤。胶原蛋白、AGE、HA、过氧化氢、MMP 和 TIMP 在皮肤老化过程中发挥重要作用。胶原蛋白 I 和胶原蛋白Ⅲ是细胞外基质（ECM）的主要结构蛋白，对保持年轻肌肤很重要。当皮肤暴露于 UVB 或其他氧化应激时，它们会被 MMP2 和 MMP9 水解。MMP 抑制剂（如 TIMP1 和 TIMP2）主要负责降解金属蛋白酶，并间接延缓皮肤的氧化老化。此外，之前的一项研究声称，AGE 的积累改变了 MMP 的活性，并导致了 EMC 的降解。高水平的 H_2O_2 会对皮肤造成细胞毒性，低水平的 HA 会导致水分减少，皮肤粗糙并出现皱纹，并失去皮肤弹性。

本研究发现，发酵乳杆菌 CQPC04 发酵豆奶提高了皮肤组织中 Col I、Col Ⅲ和 HA 水平，但降低了 H_2O_2 和 AGE 水平。它还上调了皮肤组织中 TIMP1 和 TIMP2 的 mRNA 表达，降低了 MMP2 和 MMP9 的表达。这些结果表明，发酵乳杆菌 CQPC04 发酵豆奶有益于保持皮肤的年轻健康状态，可以为皮肤护理爱好者提供一种新的饮食选择。

除了皮肤组织中的相关基因表达变化外，实验还发现发酵乳杆菌 CQPC04 发酵豆奶在肝脾组织中修饰了其他基因，即升高了 Nrf2、HMOX1、Nqo1、NOS1 和 NOS3 的 mRNA 表达，降低了 NOS2 和 Gclm 的表达。Nrf2/HMOX1 信号通路负责数百种抗氧化基因或酶的表达。先前的一项研究报告显示，D-半乳糖诱导的衰老小鸡中 Nrf2 和 HMOX1 的 mRNA 表达降低，而 Gclm 的表达升高，这与本研究结果一致。Nrf2 的激活通常伴随着 Nqo1 基因的高表达，该基因在细胞氧化还原状态中发挥着重要作用。此外，NOS1、NOS2 和 NOS3 都是与 Nrf2/HMOX1 信号通路相关的氧化基因。大豆肽能够通过激活 Nrf2 的基因表达上调 SOD、CAT 和 GSH-Px 的酶活性，降低 MDA，这与本研究结果类似。另一项研究表明，大豆异黄酮通过激活 Nrf2 来降低缺血性中风患者的氧化应激和炎症反应。基于这些研究得出结论，发酵乳杆菌 CQPC04 发酵豆奶具有抗氧化作用，这可能与 Nrf2 的激活有关，并且它还可以用作功能性食品。

结论

本研究发现，发酵乳杆菌 CQPC04 可以促进大豆蛋白和共轭异黄酮转化为生物活性肽和苷元异黄酮。此外，发酵乳杆菌 CQPC04 发酵豆奶显著提高了使用 D-半乳糖诱导的小鼠的抗氧化能力，其机制可能与 Nrf2/HMOX1 激活肽和苷元异黄酮有关。本实验结果可为食品工业开发新型功能性发酵豆奶提供参考和数据支持，也可为减轻氧化反应的研究提供新思路。

参考文献

[1] Li Fang, Huang Hui, Wu Yangkun, Lu Zhe, Zhou Xianrong, Tan Fang, Zhao Xin, *Lactobacillus fermentum* HFY06 attenuates D-galactose-induced oxidative stress and inflammation in male Kunming mice [J]. Food & Function, 2021, 12 (24): 12479.

[2] Zhou Xianrong, Du Hang-Hang, Ni Luyao, Ran Jie, Hu Jian, Yu Jianjun, Zhao Xin, Nicotinamide mononucleotide combined with *Lactobacillus fermentum* TKSN041 reduces the photoaging damage in murine skin by activating AMPK signaling pathway [J]. Frontiers in Pharmacology, 2021, 12: 643089.

[3] Li Chong, Fan Yang, Li Shuang, Zhou Xianrong, Park Kun-Young, Zhao Xin, Liu Huazhi, Antioxidant effect of soymilk fermented by *Lactobacillus plantarum* HFY01 on D-galactose-induced premature aging mouse model [J]. Frontiers in Nutrition, 2021, 8: 667643.

[4] Zhou Xianrong, Du Hang-hang, Jiang Meiqing, Zhou Chaolekang, Deng Yuhan, Long Xingyao, Zhao Xin, Antioxidant effect of *Lactobacillus fermentum* CQPC04-fermented soy milk on D-galactose-induced oxidative aging mice [J]. Frontiers in Nutrition, 2021, 8: 727467.